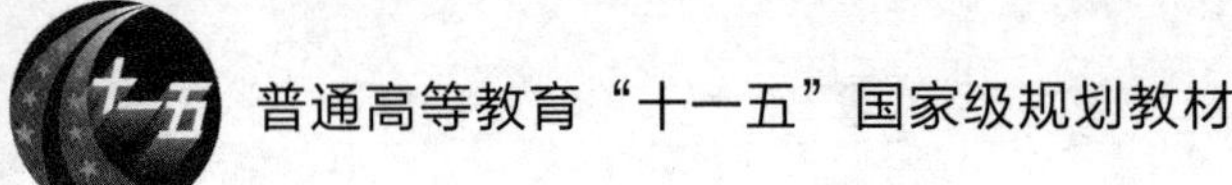

新型传感技术及应用

（第3版）

樊尚春　刘广玉

中国教育出版传媒集团
高等教育出版社·北京

内容简介

传感器在当代科学技术中占有十分重要的地位,所有以计算机为基础的自动化、智能化系统,都需要传感器提供赖以做出实时决策的数据。近年来传感器技术发展非常迅速,非常明显的发展趋势是:沿用传统的作用原理和某些新效应,优先使用晶体材料,采用微机械加工工艺和微电子技术,从传统的结构设计转向微机械加工工艺的微结构设计,研制各种新型传感器及传感器系统,以满足体积、质量、功耗及动、静态特性等方面的要求。

本教材正是基于这一发展趋势构思、选材编著的。本教材简要介绍了新型传感技术的发展趋势、传感技术中的一些共性基础问题;重点介绍了传感器技术中采用的先进材料、以硅材料为重点的先进制造技术;重点介绍了一些具有代表性的传感器敏感结构的建模和模拟计算方法;介绍了多类具有代表性的传感器的检测原理及应用。

本教材可作为仪器科学与技术、控制科学与工程、机械工程等领域的高年级本科生、研究生的教材,也可供有关的工程技术人员参考。

图书在版编目(CIP)数据

新型传感技术及应用 / 樊尚春, 刘广玉编著. -- 3版. -- 北京 : 高等教育出版社, 2022.7

ISBN 978-7-04-058599-5

Ⅰ. ①新… Ⅱ. ①樊… ②刘… Ⅲ. ①传感器-高等学校-教材 Ⅳ. ①TP212

中国版本图书馆 CIP 数据核字(2022)第 066601 号

Xinxing Chuangan Jishu ji Yingyong

策划编辑 韩 颖　　责任编辑 韩 颖　　封面设计 李小璐　　版式设计 张 杰
责任绘图 黄云燕　　责任校对 刘丽娴　　责任印制 存 怡

出版发行	高等教育出版社	网　址	http://www.hep.edu.cn
社　址	北京市西城区德外大街4号		http://www.hep.com.cn
邮政编码	100120	网上订购	http://www.hepmall.com.cn
印　刷	三河市潮河印业有限公司		http://www.hepmall.com
开　本	787 mm×1092 mm 1/16		http://www.hepmall.cn
印　张	22.75	版　次	2005年8月第1版
字　数	560千字		2022年7月第3版
购书热线	010-58581118	印　次	2022年7月第1次印刷
咨询电话	400-810-0598	定　价	45.70元

本书如有缺页、倒页、脱页等质量问题,请到所购图书销售部门联系调换

物 料 号 58599-00

第 3 版前言

本教材 2005 年 8 月首次出版，2006 年评为北京市精品教材，第 2 版遴选为“教育部普通高等教育‘十一五’国家级规划教材”，2011 年 1 月第二版出版。自出版以来，本教材得到了许多专家、教师和学生的关注，期间收到一些读者来信，就教材所涉及的传感技术的发展、新原理、新技术以及出现的新应用进行研讨，提出了一些宝贵的建议和意见。在此，作者对为本教材修订再版给予帮助与支持的专家表示衷心的感谢！

借再版之机，作者全面认真检查了第 2 版教材，对当时出版中的疏漏逐一进行了核实、修正、补充与完善；进一步完善了不同章节内容，相关知识点之间的衔接；进一步强化了教材整体结构与内容的科学性、系统性、逻辑性；不同章节内容的相互联系更加紧密。同时，结合当前传感器的发展现状，对一些重点内容进行了增补和修改。主要反映在：

1. 本教材是研究生 0804 仪器科学与技术一级学科研究生核心课程“新型传感技术”（2019 年之前为“新型传感技术及应用”）的选用教材。课程“新型传感技术”已在所在单位开设 30 多年，重在针对近年来传感器技术中出现的新原理、新材料、新工艺以及由此带来的基础理论与科学问题、关键技术与系统实现和实际工程应用中新的典型案例。教材进一步强化了所制定的以传感器敏感机理为主线的编写思路，强调针对敏感结构新颖的传感器的参数定量模型的精确建立，通过传感器核心指标的定量分析对敏感结构参数及其边界的优化设计，为先进传感器优化设计奠定理论基础；突出当今传感技术的先进性、前沿性、综合性，定位于专业“学术提高”。

2. 充分考虑教材自身的系统性、整体性、相对独立性，以及作为研究生“仪器科学与技术”一级学科核心课的课程教学需要，同时考虑到部分选课研究生在本科阶段（硕士生、直博生）或本硕阶段（博士生）没有学习过先修课程“传感器技术及应用”或类似课程，总结性地增加了与传感器性能指标密切相关的一些重要内容。

3. 进一步强调作为信息获取的传感器技术，特别是基于结构新颖、较为复杂的弹性敏感结构的一些新型传感器的最新成果，及时引入教材。如直接输出频率的硅微机械谐振式角速率传感器、谐振式直接质量流量传感器的抗干扰结构优化设计与微弱次干扰因素影响的抑制方法、石墨烯谐振式传感器等。

4. 为了便于读者更好地掌握重要知识点，遵循认知规律，作者尝试以系统论讲述传感器，创新提出“自然现象→科学问题→关键技术→工程应用→完善提高”闭环教学模式；便于学生扎实掌握传感器知识、形成传感器的高级思维。同时突出研究性，教材案例丰富，将作者获得的国家奖，完成的国家自然科学基金、“863 计划”等研究成果有机融入相应章节，便于读者在理论知识学习中，感受到学术前沿与工程应用。每一章配有内容丰富而新颖的习题与思考题，既满足不同层次教学需要，也指出深入研究线索。

本教材由北京航空航天大学仪器科学与光电工程学院樊尚春教授（第 1、2、5～10 章）和刘广玉教授（第 3、4、11 章）编著。清华大学丁天怀教授审阅了教材全稿并提出了许多宝贵的建议和意见，在此表示衷心的感谢！

作　者

2021 年 8 月

联系方式：fsc@ buaa.edu.cn

第 2 版前言

本书 2005 年 8 月出版以来，得到了许多专家、教师和学生的关注。期间，收到了一些读者来信，就教材涉及的传感器应用的新型功能材料，传感器的模型建立，几种典型的传感器原理、技术与应用与作者进行了交流研讨，提出了一些宝贵的建议与意见。2006 年，本书被评为“北京市高等教育精品教材”。在本书准备修订过程中，适逢教育部遴选“普通高等教育‘十一五’国家级规划教材(补充)”，本教材顺利入选。在此，作者对为本书修订再版给予帮助与支持的专家们表示衷心的感谢！

借再版之机，作者全面认真地检查了初版教材，对本书第 1 版中的疏漏逐一进行了核实、修正、补充与完善。此外，结合当前传感器原理、技术与应用的发展现状，对一些重点内容进行了增补和修改。这些主要反映在传感器的敏感材料、传感器的建模、谐振式传感器等内容中，同时将第 1 版中第 5 章传感器的智能化和第 10 章光电传感器删去，使本书基础部分与典型传感器之间的呼应更紧凑。

教材中的许多内容，反映了作者近年来承担的国家自然科学基金科研项目“新型传感技术——谐振式角速率传感器的研究”“谐振式直接质量流量传感器结构优化及系统实现”“科氏质量流量计若干干扰因素影响机理与抑制”“谐振式硅微结构压力传感器优化设计与闭环系统实现”“谐振式硅微结构传感器综合测试分析仪器”和航空科学基金项目“谐振式硅微结构压力传感器的热学特性研究”“谐振式硅微结构压力传感器闭环系统研究”等的研究结果，在此，向国家自然科学基金委员会和航空科学基金委员会表示衷心感谢。清华大学丁天怀教授和中国科学院夏善红研究员审阅了全稿并提出了许多宝贵的意见和建议，在此一并表示衷心感谢。

编　者

2010 年 7 月

电子邮箱：shangcfan@ buaa.edu.cn

电　　话：010-82338323

第1版前言

本书是根据北京市高等教育精品教材建设项目制定的教学大纲编写的，主要用于仪器科学与技术、控制科学与工程及机械工程等学科专业作为研究生教材，同时也可作为其他相关学科专业的参考书。

传感器在当代科学技术中占有十分重要的地位，所有以计算机为基础的自动化、智能化系统，都需要传感器提供赖以做出实时决策的数据。针对这一趋势，在信息、自动化、机电一体化等技术领域，国内外都明显加强了对传感技术及应用方面的研究；在仪器科学与技术、控制科学与工程以及机械工程等学科的研究生和本科生教学中，也都新开设了以“传感器”为核心的课程，而且有逐步加强的趋势。

近年来传感技术发展非常迅速，国内外在传感技术方面开展了许多探索性的预研工作，非常明显的发展趋势是：沿用传统的作用原理和某些新效应，优先使用晶体材料（如硅、石英、陶瓷等），采用微机械加工工艺和微电子技术，从传统的结构设计转向微机械加工工艺的微结构设计，研制各种新型传感器及传感器系统，以满足自动化与智能化系统对传感器在体积、质量、功耗及动、静态特性等方面的要求。本书正是基于这一发展趋势构思、选材编著的。

全书共分 11 章。前五章介绍传感技术中的一些共性基础问题，重点介绍传感技术中采用的先进材料，如硅及其化合物材料、半导体化合物材料，电致伸缩和磁致伸缩材料，恒弹和高弹合金材料，以及具有广泛应用前景的纳米材料；介绍以硅材料为重点的制造技术，包括硅半导体平面工艺和三维体型加工工艺；介绍一些有代表性的传感器敏感结构的建模和模拟计算方法；介绍传感器向智能化方向发展的一些新概念、新思想。后六章介绍六类有代表性的传感器：电容式传感器、谐振式传感器、声表面波式传感器、薄膜式传感器、光电式传感器与磁传感器的检测原理和应用。

本书与已出版的同类型书籍相比，内容充实、编排新颖，并且增补了传感器的若干最新研究成果，不但重理论，而且重应用。

本书由北京航空航天大学仪器科学与光电工程学院测控与信息技术系樊尚春教授（第 3~9 章）和刘广玉教授（第 1,2,10,11 章）编著。在编写过程中，作者结合多年来在研究生教学工作中积累的经验与科研工作中取得的研究结果，同时参考、引用了许多专家学者的论著和教材；清华大学精密仪器及机械学系丁天怀教授审阅了全稿并提出了许多宝贵的意见和建议，在此一并表示衷心感谢。

新型传感技术领域内容广泛且发展迅速，尽管我们做了很大努力，由于编著者水平所限，不免一些内容仍有疏漏与不妥之处，敬请读者批评指正。

作　者
2005 年 1 月

目　录

第1章

绪　论

基本内容

包括传感器在信息技术中的重要作用，基于传感器的应用特点、发展趋势讨论新型传感技术，传感技术领域的主要学术交流情况。

1.1 传感器的作用

传感器的作用与功能就是测量，即信息获取。利用传感器，可以获得对被测对象（被测目标）的特征参数，在此基础上进行处理、分析、反馈（监控），从而掌握被测对象的运行状态与趋势。传感技术是信息技术的前端，在信息技术中具有十分重要的地位，是信息技术发展的基石。有了强大的传感技术，信息技术中的传输技术与处理技术，才能够更好地发展，才能在科学技术与人类社会的进步中，释放出更加强大的能量，发挥出更加强大的作用。

图 1.1.1 所示为谐振筒式压力传感器（resonant cylinder pressure transducer）的结构示意图。该传感器的核心部件是圆柱壳，又称谐振筒，由它直接感受被测压力。气体压力变化引起谐振筒的应力变化，导致其等效刚度变化，进而引起谐振筒谐振频率的变化。所以通过对谐振筒谐振频率的测量就可以得到作用于谐振筒内的气体压力的量值。至于传感器输出频率信号与被测气体压力的定量关系，就必须深入研究、分析传感器的敏感元件，即谐振筒自身在气体压力作用下，其固有振动特性的有关规律；还要研究谐振筒的几何结构参数和材料参数对这种定量关系的影响规律。在此基础上，合理设计、选择谐振筒的有关参数，以便使所实现的谐振筒式压力传感器达到较理想的工作状态。图 1.1.2 给出了谐振筒式压力传感器的实物图。

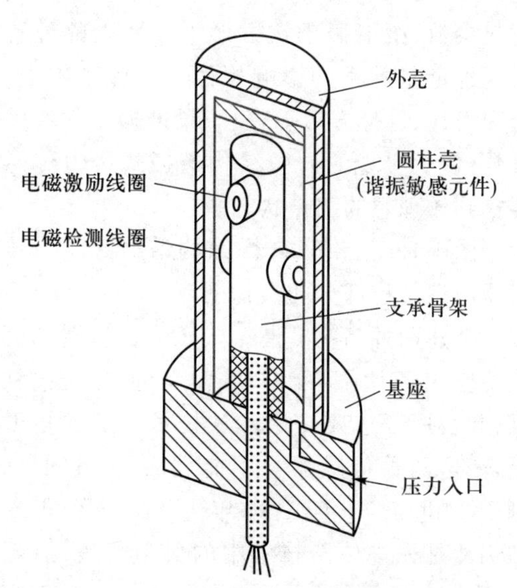

图 1.1.1　谐振筒式压力传感器的结构示意图

图 1.1.3 所示为一种典型的热激励硅微结构谐振式压力传感器的敏感结构，由方形平膜片、梁谐振子和边界隔离部分构成。方形平膜片作为一次敏感元件，直接感受被测压力，将

图 1.1.2 谐振筒式压力传感器实物图

被测压力转化为膜片的应变与应力；在膜片的上表面制作浅槽和梁谐振子，以硅梁作为二次敏感元件，感受膜片上的应力，即间接感受被测压力。外部压力的作用使梁谐振子的等效刚度发生变化，从而梁的固有频率随被测压力的变化而变化。通过检测梁谐振子的固有频率的变化，即可间接测出外部压力的变化。至于传感器输出频率信号与被测气体压力的定量关系，就必须深入研究、分析传感器的敏感元件，即方形平膜片在压力作用下，梁谐振子固有振动特性的有关规律；还要研究方形平膜片、梁谐振子的几何结构参数和材料参数，梁谐振子在方形平膜片上的位置对这种定量关系的影响规律。在此基础上，合理设计、选择方形平膜片、梁谐振子的有关参数，使所实现的硅微结构谐振式压力传感器达到较理想的工作状态。

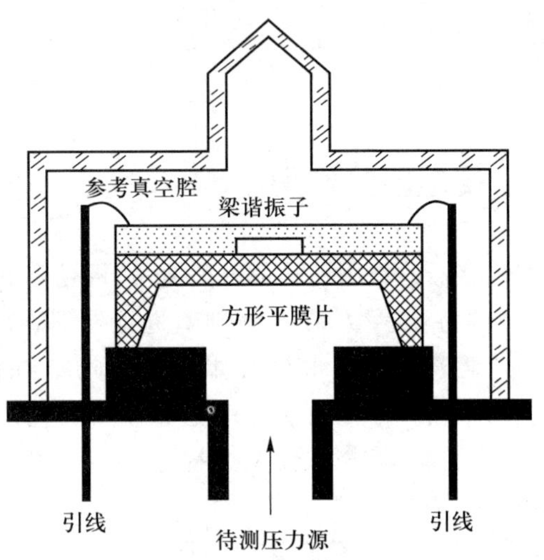

图 1.1.3 热激励硅微结构谐振式压力传感器的敏感结构示意图

图 1.1.4 给出了硅微结构谐振式压力传感器敏感结构部分的实物图。

图 1.1.4 硅微结构谐振式压力传感器敏感结构部分实物图

上述两种高精度谐振式压力传感器均已成功应用于计量、航空机载、工业自动化领域，并发挥了重要作用。从技术发展的角度而言，这两种传感器并不能算“新”，它们分别于 20 世纪 70 年代、90 年代开始应用，但现在仍然是先进传感技术中的典型代表，后者更是新型传感技术中的重要代表。这是作为信息获取的传感技术与信息技术中传输、处理的通信技术、计算机技术截然不同发展特征与周期属性，是由传感技术内在的、个性十足的技术特点以及应用需求的复杂多样性决定的。因此，要正确理解新型传感技术的内涵与自身发展的长周期性。

1.2 新型传感技术的发展

1.2.1 新原理、新材料和新工艺的发展

1. 新原理传感器

传感器的工作机理是基于多种物理(化学或生物)效应和定律,由此启发人们进一步探索具有新机理的现象和新效应的敏感功能材料。并以此研制具有新原理的传感器,这是发展高性能、多功能、低成本和小型化传感器的重要途径。例如,近年来量子力学为纳米技术、激光、超导研究、大规模集成电路等的发展提供了理论基础,利用量子效应研制具有敏感某种被测量的量子敏感器件,像共振隧道二极管、量子阱激光器和量子干涉部件等,具有高速(比电子敏感器件速度提高 1 000 倍)、低耗(低于电子敏感器件能耗的千分之一)、高效、高集成度、经济可靠等优点。此外,仿生传感器也有了较快的发展。这些将会在传感器技术领域中引起一次新的技术革命,从而把传感器技术推向更高的发展阶段。

2. 新材料传感器

传感器材料是传感器技术的重要基础。任何传感器,都要选择恰当的材料来制作,而且要求所使用的材料具有优良的机械品质与特性。近年来,在传感器技术领域,所应用的新型材料主要有:

(1) 半导体硅材料。包括单晶硅、多晶硅、非晶硅、硅蓝宝石等,它们具有相互兼容的优良的电学特性和机械特性,因此,可采用硅材料研制多种类型的硅微结构传感器和集成传感器。

(2) 石英晶体材料。包括压电石英晶体和熔凝石英晶体(又称石英玻璃),它们具有极高的机械品质因数和非常好的温度稳定性;同时,天然的石英晶体还具有良好的压电特性。因此,可采用石英晶体材料研制多种微小型化的高精密传感器。

(3) 功能陶瓷材料。近年来,利用某些精密陶瓷材料的特殊功能可以实现一些新型传感器,在气体传感器的研制、生产中尤为突出。利用不同配方混合的原料,在精密调制化学成分的基础上,经高精度成型烧结而成,可以制作出对某一种或某几种气体进行识别的功能识别陶瓷敏感元件,实现新型气体传感器。功能陶瓷材料具有半导体材料的许多特点,而且工作温度上限很高,可有效弥补半导体硅材料工作上限温度低的不足。因此,功能陶瓷材料的进步意义很大,应用领域广阔。

此外,一些化合物半导体材料、复合材料、薄膜材料、石墨烯材料、形状记忆合金材料等,在传感器技术中得到了成功的应用。随着研究的不断深入,未来将会有更多更新的传感器材料被研发出来。

3. 加工技术微精细化

传感器有逐渐小型化、微型化的趋势,这为传感器的应用带来了许多方便。以 IC 制造技术发展起来的微机械加工工艺,可使被加工的敏感结构的尺寸达到微米、亚微米,甚至纳米级,并可以批量生产,从而制造出微型化、价格便宜、性价比高的传感器。如微型加速度传感器、压力传感器、流量传感器等,已广泛应用于汽车电子系统,大大促进了汽车工业的快速发展。

微机械加工工艺主要包括：

(1) 平面电子加工工艺技术，如光刻、扩散、沉积、氧化、溅射等。

(2) 选择性的三维刻蚀工艺技术，各向异性腐蚀技术、外延技术、牺牲层技术、LIGA 技术（X 射线深层光刻、电铸成型、注塑工艺的组合）等。

(3) 固相键合工艺技术，如 Si-Si 键合，实现硅一体化结构。

(4) 机械切割技术，将每个芯片用分离切断技术分割开来，以避免损伤和残余应力。

(5) 整体封装工艺技术，将传感器芯片封装于一个合适的腔体内，隔离外界干扰对传感器芯片的影响，使传感器工作于较理想的状态。

图 1.2.1 给出了利用硅微机械加工工艺制成的一种精巧的复合敏感结构。被测量直接作用于 E 形圆膜片的下表面，在其环形膜片的上表面，制作一对结构参数完全相同的双端固支梁谐振子：梁谐振子 1、梁谐振子 2，并封装于真空内。由于 E 形圆膜片具有的应力分布规律，这两个梁谐振子一个处于拉伸状态，另一个处于压缩状态，可以实现差动检测机制，不仅提高了测量灵敏度，更大幅减小了共模干扰因素，特别是温度的影响，从而实现高性能测量。此外，基于该复合敏感结构的信号转换机制，通过适当调节 E 形圆膜片的厚度 H，便可以方便地适用于不同的测量范围。该复合敏感结构可用于测量绝对压力、集中力或加速度。图中所示为测量绝对压力的结构。

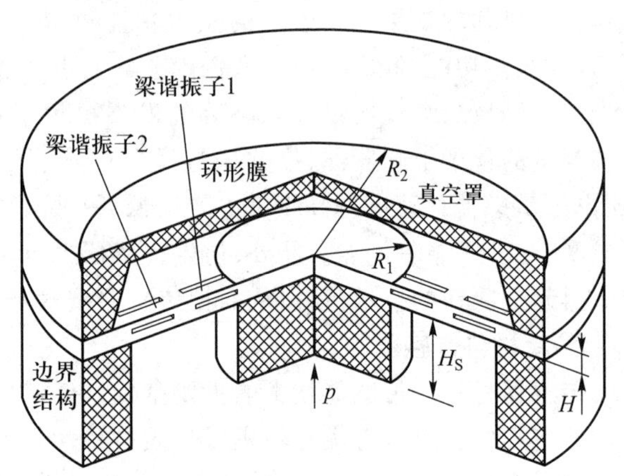

图 1.2.1 一种精巧的复合敏感结构

4. 传感器模型及其仿真技术

针对传感器技术的上述发展特点，传感器技术充分体现了其综合性。特别是涉及敏感元件输入-输出特性规律的参数以及影响传感器输入-输出特性的不同环节的参数越来越多。因此，在分析、研究传感器的特性，设计、研制传感器的过程中，甚至在选用、对比传感器时，都要对传感器的工作机理有针对性地建立模型和进行细致的模拟计算。如图 1.1.1 所示的谐振筒式压力传感器和图 1.2.1 所示的精巧的复合敏感结构，没有符合实际情况的传感器的模型建立与相应的模拟计算就不可能在定量意义上系统掌握它们，更谈不上研究、分析和设计。可见，传感器模型及其仿真技术在传感器技术领域中的地位日益突出。

1.2.2 微型化、集成化、多功能和智能化发展

1. 微型化传感器

微传感器的特征之一就是体积小，其敏感元件的尺寸一般为微米级，由微机械加工技术制作，包括光刻、腐蚀、淀积、键合和封装等工艺。利用各向异性腐蚀、牺牲层技术和 LIGA 工艺，可以制造出层与层之间有很大差别的三维微结构，包括可活动的膜片、悬臂梁、桥以及凹槽、孔隙、锥体等。这些微结构与特殊用途的薄膜和高性能的集成电路相结合，已成功地用于制造多种微传感器乃至多功能的敏感元阵列（如光电探测器等），实现了诸如压力、力、加速度、角速率（度）、应力、应变、温度、流量、成像、磁场、湿度、pH 值、气体成份、离子和分子浓

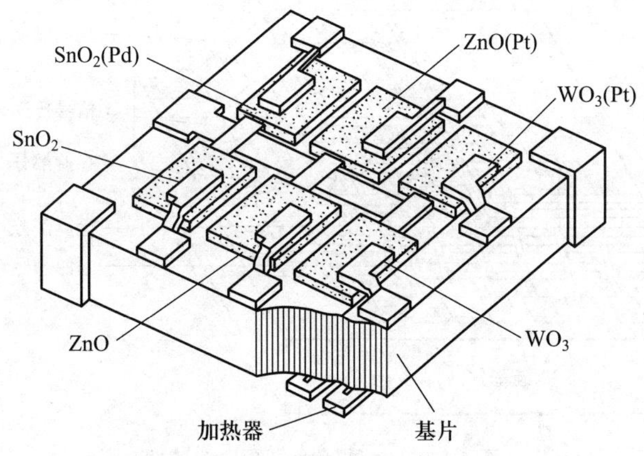

图 1.2.2 一种多功能气体传感器

度以及生物传感器等。

2. 集成化传感器

集成化技术包括传感器与 IC 的集成制造技术以及多参量传感器的集成制造技术，缩小了传感器的体积、提高了抗干扰能力。采用敏感结构和信号处理电路于一体的单芯片集成技术，能够避免多芯片组装时管脚引线引入的寄生效应，改善器件的性能。单芯片集成技术在改善器件性能的同时，还可以充分地发挥 IC 技术可批量化、低成本生产的优势。

3. 多功能传感器

一般的传感器多为单个参数测量的传感器。近年来，也出现了利用一个传感器实现多个参数测量的多功能传感器。如一种同时检测 Na^+、K^+和 H^+的传感器，其几何结构参数为 $2.5\times0.5\times0.5\ mm^3$，可直接用导管送到心脏内进行检测，检测血液中的 Na^+、K^+和 H^+的浓度，对诊断心血管疾患非常有意义。

气体传感器在多功能方面的进步最具代表性。图 1.2.2 所示为一种多功能气体传感器结构示意图，能够同时测量 H_2S、C_8H_{18}、$C_{10}H_{20}O$、NH_3 四种气体。该结构共有 6 个用不同敏感材料制成的敏感部分，其敏感材料分别是：WO_3、ZnO、SnO_2、SnO_2(Pd)、ZnO(Pt)、WO_3(Pt)。它们对上述四种被测气体均有响应，但其响应的灵敏度差别很大；利用其从不同敏感部分输出的差异，即可测出被测气体的浓度。这种多功能的气体传感器采用厚膜制造工艺做在同一基板上，根据敏感材料的工作机理，在测量时需要加热。

4. 智能化传感器

所谓智能化传感器就是将传感器获取信息的基本功能与专用的微处理器的信息处理、分析功能紧密结合在一起，并具有诊断、数字双向通信等新功能的传感器。由于微处理器具有强大的计算和逻辑判断功能，故可方便地对数据进行滤波、变换、校正补偿、存储记忆、输出标准化等；同时实现必要的自诊断、自检测、自校验以及通信与控制等功能。智能化传感器由多片模块组成，其中包括传感器、微处理器、微执行器和接口电路，它们构成一个闭环系统，有数字接口与更高一级的计算机控制相连，通过利用专家系统中得到的算法对传感器提供更好的校正与补偿。

图 1.2.3 为一个应用三维集成器件和异质结技术制成的三维图像传感器示意图，主要由光电变换部分（图像敏感单元）、信号传送部分、存储部分、运算部分、电源与驱动部分等组成。

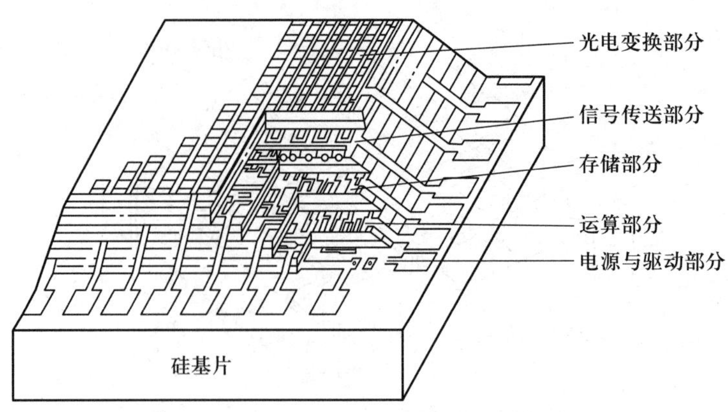

图 1.2.3 一种智能化图像传感器

智能化传感器的特征表明,其优点更突出,功能更多,精度和可靠性更高,应用更广泛。

1.2.3 多传感器融合与网络化发展

1. 多传感器的集成与融合

由于单传感器不可避免存在不确定或偶然不确定性,缺乏全面性,缺乏鲁棒性,所以偶然的故障就会导致系统失效。多传感器集成与融合技术正是解决这些问题的良方。多个传感器不仅可以描述同一环境特征的多个冗余的信息,而且可以描述不同的环境特征。其显著特点是冗余性、互补性、及时性和低成本性。

多传感器的集成与融合技术涉及信息技术的多个领域,是新一代智能化信息技术的核心基础之一,已经成为智能机器与系统领域的一个重要研究方向。从 20 世纪 80 年代初以军事领域的研究为开端,多传感器的集成与融合技术迅速扩展到许多应用领域,如自动目标识别、自主车辆导航、遥感、生产过程监控、机器人、医疗应用等。

2. 传感器的网络化

随着通信技术、嵌入式计算技术和传感器技术的飞速发展和日益成熟,具有感知能力、计算能力和通信能力的微型传感器广泛应用。由这些微型传感器构成的传感器网络更是引起人们的极大关注。这种传感器网络能够协作地实时监测、感知和采集网络分布区域内的多种环境或监测对象的信息,并对这些信息进行处理分析,获得详尽而准确的信息,传送到需要这些信息的用户。例如,传感器网络可以向正在准备进行登陆作战的部队指挥官报告敌方岸滩的详实特征信息,如丛林地带的地面坚硬度、干湿度等,为制定作战方案提供可靠的信息。总之,传感器网络系统可应用于国防军事、国家安全、环境监测、交通管理、医疗卫生、制造业、反恐抗灾等领域,并重点发展无线传感器网络(wireless sensors network,WSN)。

3. 传感器在物联网中的应用

物联网是指通过传感器、射频识别(radio frequency identification,RFID,如图 1.2.4 所示)、红外感应器、全球定位系统等信息传感设备,按照约定的协议,把物品与互联网相链接以进行信息交换和通信,实现智能化识别、定位、跟踪、监控和

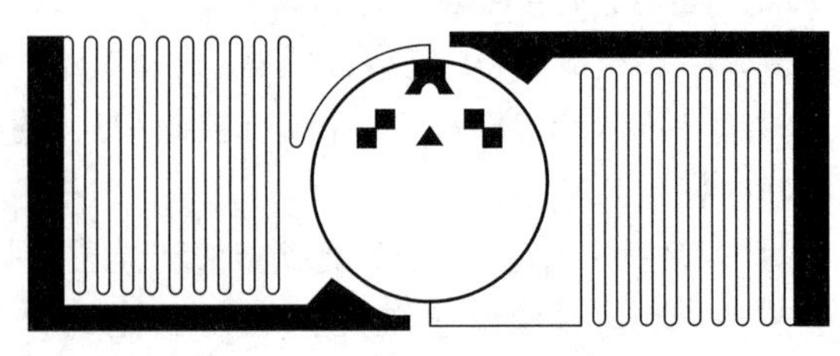

图 1.2.4 RFID 射频标签

管理的一种网络。

物联网主要分为感知层、网络层和应用层,其中由大量、多类型传感器构成的感知层是物联网的基础。传感器是物联网关键技术之一,主要用于感知物体属性和进行信息采集。物体属性包括直接存储在射频标签中的静态属性和实时采集的动态属性,如环境温度、湿度、重力、位移、振动等。目前传感器在物联网领域主要应用于物流及安防监控领域、环境参数监测、设备状态监测、制造业过程管理。

1.2.4 量子传感技术的快速发展

自冷原子捕获成功(1997 年诺贝尔物理学奖)以来,波色-爱因斯坦凝聚(2001 年诺贝尔物理学奖)、量子相干光学理论(2005 年诺贝尔物理学奖),以及单个量子系统的测量与操控(2012 年诺贝尔物理学奖)等关键物理基础理论和技术的新发现、新突破,使得基于量子调控理论与技术的量子传感技术快速发展。同时,基于核磁共振的磁谱技术(1991 年诺贝尔化学奖)和核磁共振成像技术(2001 年诺贝尔生理学或医学奖)说明高灵敏度的科学仪器促进了新领域的研究。这充分说明,基础研究大大促进了新传感器、新仪器的发展,而新传感器和新仪器的实现又不断提升人类的探测能力,二者相辅相成。因此,量子传感技术的发展促进了超高灵敏测量科学仪器的发展,促进了研究人员不断获取新的实验数据、揭示新的自然现象、发现新的科学规律,为推动科学研究的持续创新与成果转化奠定坚实的理论与技术基础。

量子传感技术的研究在国际范围内得到了越来越多的重视与关注,已经成为学术研究与关键技术攻关的热点、重点、难点,虽然目前还没有完全发挥出其优势,还需要解决许多技术问题,但它的成功研制将会对人类社会、科学研究、国计民生、军事国防产生重要的影响,必将产生广泛的应用价值。

综上,近年来传感器技术得到了较大的发展,有力地推动着各个技术领域的发展与进步。有理由相信:作为信息技术源头的传感器技术,当其产生较快的发展时,必将为信息技术领域以及其他技术领域的发展、进步带来新的动力与活力。

1.3 传感器的分类与命名

1. 按输出信号的类型分类

按传感器输出信号的类型,可以分为模拟式传感器、数字式传感器、开关型(二值型)传感器三类;模拟式传感器直接输出连续电信号,数字式传感器输出数字信号,开关型传感器又称二值型传感器,即传感器输出只有“1”和“0”或开(ON)和关(OFF)两个值,用来反映被测对象的工作状态。

2. 按传感器能量源分类

按传感器能量源,可以分为无源型和有源型两类。无源型传感器不需要外加电源,而是将被测量的相关能量直接转换成电量输出,故又称能量转换器,如热电式、磁电感应式、压电式、光电式等传感器;有源型需要外加电源才能输出电信号,故又称能量控制型。这类传感器有应变式、压阻式、电容式、电感式、霍尔式等。

3. 按被测量分类

按传感器的被测量——输入信号分类,能够很方便地表示传感器的功能,也便于用户使用。按这种分类方法，传感器可以分为温度、压力、流量、物位、质量、位移、速度、加速度、角位移、转速、力、力矩、湿度、浓度等传感器。生产厂家和用户都习惯于这种分类方法。

4. 按工作原理分类

传感器按其工作原理或敏感原理，分为物理型、化学型和生物型三大类，如图1.3.1所示。

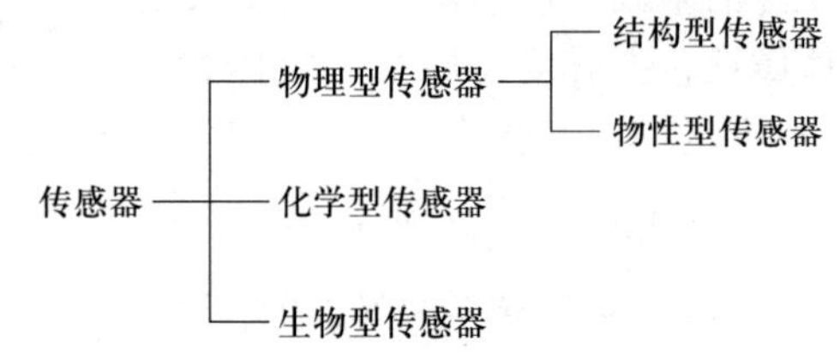

图1.3.1 传感器按照工作原理的分类

物理型传感器是利用某些敏感元件的物理性质或某些功能材料的特殊物理性能制成的传感器。如利用金属材料在被测量作用下引起的电阻值变化的应变效应的应变式传感器，利用半导体材料在被测量作用下引起的电阻值变化的压阻效应制成的压阻式传感器，利用电容器在被测量的作用下引起电容值的变化制成的电容式传感器，利用磁阻随被测量变化的简单电感式、差动变压器式传感器，利用压电材料在被测力作用下产生的压电效应制成的压电式传感器等。

物理型传感器又可以分为结构型传感器和物性型传感器。

结构型传感器是以结构（如形状、几何参数等）为基础，利用某些物理规律来感受（敏感）被测量，并将其转换为电信号实现测量的。例如图1.1.3所示的热激励硅微结构谐振式压力传感器，必须有按规定参数设计制成的方形平膜片、梁谐振子。被测压力作用于方形平膜片，引起膜片的位移，导致在膜片上的梁的拉伸状态发生变化、梁谐振子的等效刚度发生变化。即梁的固有频率随被测压力的变化而变化，从而实现压力测量。

物性型传感器就是利用某些功能材料本身所具有的内在特性及效应感受（敏感）被测量，并转换成可用电信号的传感器。例如，利用半导体材料在被测压力作用下引起其内部应力变化导致其电阻值变化制成的压阻式传感器，就是利用半导体材料的压阻效应而实现对压力测量的；利用具有压电特性的石英晶体材料制成的压电式压力传感器，就是利用石英晶体材料本身具有的正压电效应而实现对压力测量的。

一般而言，物理型传感器对物理效应和敏感结构都有一定要求，但侧重点不同。结构型传感器强调要依靠精密设计制作的结构才能保证其正常工作，而物性型传感器则主要依靠材料本身的物理特性、物理效应来实现对被测量的敏感。

化学传感器是利用电化学反应原理，把无机或有机化学的物质成分、浓度等转换为电信号的传感器。最常用的是离子敏传感器，即利用离子选择性电极，测量溶液的pH值或某些离子的活度，如K^+，Na^+，Ca^{2+}等。

生物传感器利用生物活性物质的选择性来识别和测定生物化学物质。生物活性物质对某种物质具有选择性亲和力或功能识别能力；利用这种单一识别能力来判定某种物质是否存在，浓度是多少，进而利用电化学的方法转换成电信号。生物传感器的最大特点是能在分子水平上识别被测物质，在医学诊断、化工监测、环保监测等方面应用广泛。

本教材重点讨论物理型传感器。

对于传感器，同一个被测量，可以采用不同的测量原理；而同一种测量原理，也可以实现对不同被测量测量的传感器。例如，对压力传感器，可用不同材料和方法来实现，如应变式压力传感器、硅压阻式压力传感器、谐振式压力传感器等。而对于谐振式测量原理，可以实现对多个参数测量的传感器，如谐振式压力传感器、谐振式加速度传感器、谐振式力传感器、谐振式直接质量流量传感器等。

通常,将传感器的工作原理和被测量结合在一起,可以对传感器进行命名。即先说工作原理,后说被测参数,如硅压阻式加速度传感器、电容式压力传感器、谐振式直接质量流量传感器等。

1.4 传感器技术的特点

传感器技术涉及传感器的机理研究与分析、传感器的设计与研制、传感器的性能评估与应用等,是一门综合性技术。传感器技术具有以下特点:

1. 涉及多学科与技术

传感器的敏感机理涉及许多基础学科,如物理量传感器就包括物理学科中的力学、电磁学、光学、声学、热学、原子物理等;而传感器的实现与多个技术学科密切相关,如材料、机械、电工电子、微电子、控制、信号处理、计算机技术等。

2. 品种繁多

被测参数包括热工量(温度、压力、流量、物位等),电工量(电压、电流、功率、频率等)、机械量(力、力矩、位移、速度、加速度、转角、角速度、振动等)、物理量(光、磁、湿度、浊度、声、射线等)、化学量(氧、氢、一氧化碳、二氧化碳、二氧化硫、瓦斯等)、生物量(酶、细菌、细胞、受体等)、状态量(开关、二维图形、三维图形等)等。

3. 应用领域十分广泛

无论是工业、农业和交通运输业,还是能源、气象、环保和建材业;无论是高新技术领域,还是传统产业;无论是大型成套技术装备,还是日常生活用品和家用电器,都需要采用大量的敏感元件和传感器。

4. 总体要求性能优良,环境适应性好

具有高的稳定性、高的重复性、低的迟滞和快的响应等。用于工业现场和自然环境下的传感器,应具有高的可靠性、良好的环境适应性,能够抗干扰、耐高温、耐低温、耐腐蚀、安全防爆,便于安装、调试与维修。

5. 应用要求千差万别

有量大、面广、通用性高的,也有专业性强的;有单独使用单独销售的,也有与主机密不可分的;有的要求高精度,有的要求高稳定性,有的要求高可靠性;有的要求耐振动,有的要求防爆,等等。

6. 在信息技术中发展相对缓慢,但生命力强大

相对于信息技术领域的传输技术与处理技术,作为获取技术的传感器技术发展缓慢。但一旦成熟,持续发展能力很强。如 20 世纪 30 年代出现的应变式传感技术,60 年代出现的硅压阻式传感器,目前仍然在传感器技术领域占有重要的地位。传感技术的发展,极大地带动着信息技术的发展,有力支持着科学技术、工农业生产、国防建设等社会诸多方面的发展与进步。

1.5 本教材的特点及主要内容

传感器在当代科学技术中占有十分重要的地位,所有以计算机为基础的自动化、智能化

系统,都需要传感器提供赖以做出实时决策的数据。近年来传感器技术发展非常迅速,非常明显的发展趋势是:沿用传统的作用原理和某些新效应,优先使用晶体材料,采用微机械加工工艺和微电子技术,从传统的结构设计转向微机械加工工艺的微结构设计,研制各种新型传感器及传感器系统,以满足体积、质量、功耗及动、静态特性等方面的要求。

本教材正是基于这一发展趋势构思、选材编著的,其特点主要有:

(1)重点突出,以传感器敏感机理为主线,针对传感器应用的先进敏感元件展开以定量分析为重点的讨论,为先进传感器优化设计奠定理论基础。

(2)全面系统,涵盖了新型传感技术涉及的新材料、新工艺,以及具有较为复杂、结构新颖的敏感单元的传感器模型问题。

(3)科教融合,将作者获得的多项国家奖,完成的国家基金、"863 计划"等在新型传感技术中的成果有机融入教材,作为典型案例、习题与思考题。

(4)提高系统性、可读性与研究性,有利于读者学习、掌握新型传感技术的主要内容,也为读者开展有关传感技术的学术研究提供了线索。

本教材简要介绍了新型传感技术的发展趋势、传感技术中的一些共性基础问题,重点介绍了传感器技术中采用的先进材料、以硅材料为重点的先进制造技术,介绍了一些具有代表性的传感器敏感结构的建模和模拟计算方法,介绍了传感器向智能化方向发展的一些新概念、新思想,介绍了多类具有代表性的传感器的检测原理及应用。

通过本教材学习,便于读者掌握新型传感技术涵盖的主要内容,了解传感器技术领域中的新进展、新内容,把握传感器技术领域的发展趋势,深刻理解传感器技术在信息技术中的重要地位,便于读者掌握新型传感器中应用的新材料、新工艺,典型传感器的机理研究与理论分析中的定量方法、优化设计与研制中的关键技术;便于读者掌握新型传感技术的应用特点、在信息技术、智能技术以及航空航天、工业自动化领域中的典型应用。

1.6 传感技术领域的学术交流

传感技术领域的学术交流十分活跃,有力支持、支撑了传感技术的发展与进步。下面从学术组织、学术刊物、学术会议、学术展会、创新大赛等五个方面简要介绍。

1. 学术组织

国内首推中国仪器仪表学会(China Instrument and Control Society,CIS),中国仪器仪表学会下设的传感器分会,以及创办于 1987 年的全国敏感元件与传感器学术团体联合组织委员会(The Joint Committee of the Conference on the Sensors and Transducers of China),该委员会由国内 7 个专业学会与学术团体组成。包括:中国仪器仪表学会传感器分会、中国仪器仪表学会元件分会、传感技术联合国家重点实验室、全国高校传感技术研究会、中国电子学会传感与微系统技术分会、中国航空学会制导导航与控制专业委员会、中国生物医学工程学会生物医学传感器分会。国际学术组织是美国电气和电子工程师学会的仪器仪表与测量分会(Instrumentation and Measurement,IEEE)。

2. 学术刊物

与传感技术相关的国内外期刊有许多。国内著名的学术刊物主要有:《仪器仪表学报》《计量学报》《传感技术学报》《测控技术》《计测技术》《中国测试》《仪表技术与传感器》《传感器技术》等。国际著名学术刊物主要有:Sensors and Actuators(A、B),IEEE Transactions on Instrumentation and Measurement,IEEE Sensors Journal,Microsystem Technologies 等。

3. 学术会议

国内最具影响力的学术会议是全国敏感元件与传感器学术会议(Sensors and Transducers Conference of China,STC)。该全国性会议第一届会议是在 1989 年召开的,由全国敏感元件与传感器学术团体联合组织委员会主办,每两年举办一次。

国际上,最著名的传感技术国际会议是:固态传感器、执行器与微系统国际会议(International Conference on Solid-State Sensors,Actuators and Microsystems,Transducers)。该会议自 1981 年在美国波士顿召开首次会议以来,每两年召开一次,轮流在美洲、欧洲、亚洲及大洋洲举办。目前已成为国际传感技术领域规模最大、层次最高的学术会议。2011 年,6 月 5 日—9 日 Transducers 首次在中国北京会议中心成功举办,标志着我国在传感技术领域的自主创新能力和国际竞争力的显著提升。

4. 学术展会

由中国仪器仪表学会举办的中国国际测量控制与仪器仪表展览会(MICONEX,原多国仪器仪表展)在国内外仪器仪表、传感技术领域具有很高的影响力,已成为国际仪器仪表界的知名品牌学术活动,受到国内外业界的欢迎和好评。该展览会创办于 1983 年,集“学术交流、展览展示、技术交流、贸易洽谈、成果转让”于一体,共有超过 40 个国家和地区的上千家企业参加展会活动,上万名科技工作者以及多达 60 多万人次参观了展会。

5. 中国(国际)传感器创新大赛

中国仪器仪表学会于 2012 年创办了中国(国际)传感器创新大赛,与教育部高等学校仪器类专业教学指导委员会共同主办。2016 年更名为:中国(国际)传感器创新创业大赛,该赛事起点高、参赛人员多、参与范围广,已经得到了传感技术领域的热烈响应。该赛事目前每两年举办一次,其目的是:

(1) 服务建设创新型国家的战略,推动仪器仪表及传感器技术创新和发展;

(2) 倡导创新思维,鼓励原创、首创精神,促进创新型人才培养;

(3) 面向战略性新型产业发展的需要,实现研究成果与产业改造的融合。

大赛设三个类别:“创新设想类”“创新设计类”“创新应用类”,以自由命题方式进行比赛。

习题与思考题

1.1 通过实例说明传感器在信息技术中的重要作用。

1.2 简要说明图 1.1.3 所示传感器的工作机理。

1.3 如何理解新型传感技术的发展趋势? 并说明传感器技术发展过程中的主要特征。

1.4 阐述传感器技术的特点以及启示。

1.5 简要说明新材料和新工艺的发展对传感器技术的重要性。

1.6 如何理解传感器模型及其仿真技术的重要性?

1.7 查阅相关文献,说明“量子力学”对现代传感器技术的重要作用。

1.8 简述图 1.2.1 所示的复合敏感结构实现测量加速度的机理。

1.9 图 1.2.1 所示的复合敏感结构能否测量相对压力? 如果不能,应如何改进?

1.10 查阅相关文献,给出一个多功能传感器示意图,并进行简要说明。

1.11 简要说明图1.2.2所示传感器的工作机理。

1.12 简要说明物联网的组成及主要应用领域;为什么说感知层是基础?

1.13 查阅相关文献,针对一个物联网的应用实例进行简要说明。

1.14 查阅传感技术领域国内一学术期刊近期刊登的研究论文,撰写800~1 000字的评论报告。

第 2 章

传感器的特性

基本内容

包括传感器静态特性的描述、主要静态性能指标及其计算方法,传感器动态特性的描述、动态响应与主要动态性能指标的计算方法。

2.1 传感器静态特性的描述

在被测量的标定范围内,选择 n 个测量点 $x_i(i=1,2,\cdots,n)$;共进行 m 个循环,得到 $2mn$ 个测试数据:(x_i,y_{uij})、(x_i,y_{dij}) $(j=1,2,\cdots,m)$;它们分别表示第 i 个测点,第 j 个循环正行程和反行程的测试数据。同时,第一个测点 x_1 就是被测量的最小值 x_{min},第 n 个测点 x_n 就是被测量的最大值 x_{max}。

基于标定过程得到的(x_i,y_{uij}),(x_i,y_{dij})测试数据,第 i 个测点的平均输出为

$$\bar{y}_i=\frac{1}{2m}\sum_{j=1}^{m}(y_{uij}+y_{dij})\quad(i=1,2,\cdots,n) \tag{2.1.1}$$

通过式(2.1.1)得到了传感器 n 个测点对应的输入-输出关系$(x_i,\bar{y}_i)$,即为传感器的静态特性,也可以拟合成一条曲线来表述。

$$y=f(x)=\sum_{k=0}^{N}a_kx^k \tag{2.1.2}$$

式中 a_k——传感器的标定系数,反映了传感器静态特性曲线的形态;

N——传感器拟合曲线的阶次,$N\leqslant n-1$。

当 $N=1$ 时,传感器的静态特性为一条直线

$$y=a_0+a_1x \tag{2.1.3}$$

其中 a_0 为零位输出,a_1 为静态传递系数或静态增益。通常传感器的零位是可以补偿的,则传感器的静态特性为

$$y=a_1x \tag{2.1.4}$$

从应用的角度,式(2.1.3)描述的是线性传感器;而式(2.1.4)描述的是严格数学意义上的线性传感器。

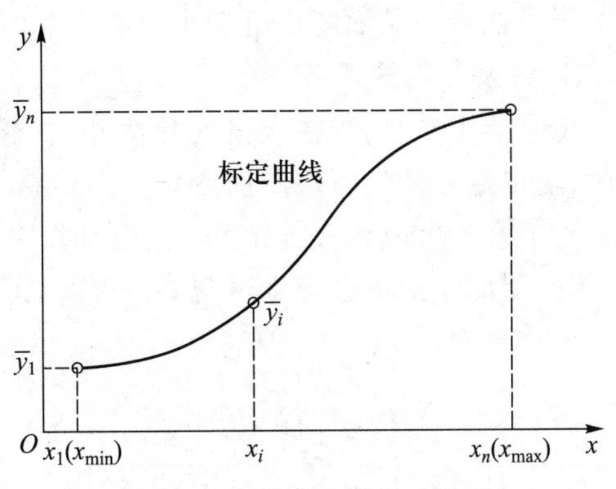

图 2.1.1 传感器的标定曲线

传感器的静态特性也可以用表 2.1.1 或图 2.1.1 来表述。对于数字式传感器,一般直接利用上述 n 个离散的点进行分段(线性)插

值来表述传感器的静态特性。

表 2.1.1 传感器的标定结果

x_i	x_1	x_2	…	x_{n-1}	x_n
$\overline{y}_i$	$\overline{y}_1$	$\overline{y}_2$	…	$\overline{y}_{n-1}$	$\overline{y}_n$

2.2 传感器的主要静态性能指标

1. 测量范围与量程

传感器所能测量到的最小被测量 x_{min} 与最大被测量 x_{max} 之间的范围称为传感器的测量范围(measuring range),表述为(x_{min},x_{max})或 $x_{min}\sim x_{max}$;传感器测量范围的上限值 x_{max} 与下限值 x_{min} 的代数差 $x_{max}-x_{min}$,称为量程(span)。

例如一温度传感器的测量范围是-55~+105℃,那么该传感器的量程为 160℃。

2. 静态灵敏度

传感器被测量(输入)的单位变化量引起的输出变化量称为静态灵敏度(sensitivity),如图 2.2.1 所示,可描述为

$$S=\lim_{\Delta x\to 0}\left(\frac{\Delta y}{\Delta x}\right)=\frac{\mathrm{d}y}{\mathrm{d}x} \tag{2.2.1}$$

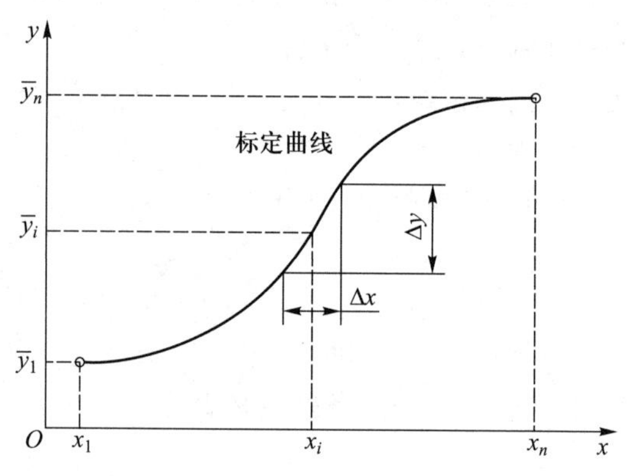

图 2.2.1 传感器的静态灵敏度

某一测点处的静态灵敏度是其静态特性曲线的斜率。线性传感器的静态灵敏度为常数,非线性传感器的静态灵敏度为变量。

静态灵敏度是重要的性能指标。它可以根据传感器的测量范围、抗干扰能力等进行选择。特别是对于传感器中的敏感元件,其灵敏度的选择尤为关键。一方面,信号检测点或转换点总是设置在敏感元件的最大灵敏度处;另一方面,由于敏感元件不仅受被测量的影响,而且也受到其他干扰量的影响。这时在优选敏感元件的结构及其参数时,就要使敏感元件的输出对被测量的灵敏度尽可能大,而对于干扰量的灵敏度尽可能小。

3. 分辨力与分辨率

传感器工作时,当输入量变化太小时,输出量不会发生变化;而当输入量变化到一定程度时,输出量才产生可观测的变化。即传感器的特性有许多微小起伏,如图 2.2.2 所示。

对于第 i 个测点 x_i,当有 $\Delta x_{i,min}$ 变化时,输出才有可观测到的变化,即输入变化量小于 $\Delta x_{i,min}$ 时,传感器的输出不会产生可观测的变化;那么 $\Delta x_{i,min}$ 就是该测点处的分辨力(resolution),对应的分辨率为

$$r_i=\frac{\Delta x_{i,min}}{x_{max}-x_{min}} \tag{2.2.2}$$

考虑传感器的测量范围,都能产生可观测输出变化的最小输入变化量的最大值

$\max|\Delta x_{i,\min}|(i=1,2,\cdots,n)$就是该传感器的分辨力，而传感器的分辨率为

$$r=\frac{\max|\Delta x_{i,\min}|}{x_{\max}-x_{\min}} \tag{2.2.3}$$

传感器在最小测点处的分辨力通常称为阈值(threshold)或死区(dead band)。

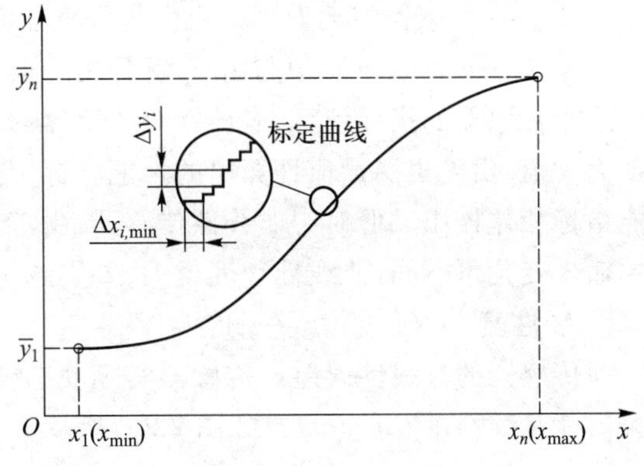

图 2.2.2 传感器的分辨力

4. 温漂

由外界环境温度变化引起的输出量变化的现象称为温漂(temperature drift)。温漂分为零点漂移ν(zero drift)和满量程漂移β(full scale drift)，计算式为

$$\nu=\frac{\bar{y}_0(t_2)-\bar{y}_0(t_1)}{\bar{y}_{FS}(t_1)(t_2-t_1)}\times 100\% \tag{2.2.4}$$

$$\beta=\frac{\bar{y}_{FS}(t_2)-\bar{y}_{FS}(t_1)}{\bar{y}_{FS}(t_1)(t_2-t_1)}\times 100\% \tag{2.2.5}$$

式中 $\bar{y}_0(t_2),\bar{y}_{FS}(t_2)$——在规定的温度(高温或低温)$t_2$保温一小时后，传感器零点输出的平均值和满量程输出的平均值；

$\bar{y}_0(t_1),\bar{y}_{FS}(t_1)$——在室温$t_1$时，传感器零点输出的平均值和满量程输出的平均值。

5. 时漂(稳定性)

当传感器的输入和环境温度不变时，输出量随时间变化的现象就是时漂，反映的是传感器稳定性的指标。它是由于传感器内部诸多环节性能不稳定引起的。通常考核传感器时漂的时间范围是一小时、一天、一个月、半年或一年等。可以分为零点漂移d_0和满量程漂移d_{FS}，计算式为

$$d_0=\frac{\Delta y_{0,\max}}{y_{FS}}\times 100\%=\frac{|y_{0,\max}-y_0|}{y_{FS}}\times 100\% \tag{2.2.6}$$

$$d_{FS}=\frac{\Delta y_{FS,\max}}{y_{FS}}\times 100\%=\frac{|y_{FS,\max}-y_{FS}|}{y_{FS}}\times 100\% \tag{2.2.7}$$

式中 $y_0,y_{0,\max},\Delta y_{0,\max}$——初始零点输出，考核期内零点最大漂移处的输出，考核期内零点的最大漂移；

$y_{FS},y_{FS,\max},\Delta y_{FS,\max}$——初始的满量程输出，考核期内满量程最大漂移处的输出，考核期内满量程的最大漂移。

6. 传感器的测量误差

传感器在测量过程中产生的测量误差的大小是衡量传感器水平的重要技术指标之一。传感器的测量误差是由于其测量原理、敏感结构的实现方式及参数、测试方法的不完善，或由于使用环境条件的变化带来的，可定义为

$$\begin{cases}\Delta y=y_a-y_t\\ \Delta x=x_a-x_t\end{cases} \tag{2.2.8}$$

式中 Δy——针对传感器输出值定义的测量误差；

Δx——针对传感器被测输入值定义的测量误差；

y_t, y_a——传感器的无失真输出值与传感器实际的输出值;

x_t, x_a——被测量的真值与由 y_a 解算出的被测量值。

对于传感器的指标计算,应该针对传感器的输入被测量值。对于线性传感器,其静态灵敏度为常值,由输出测量值计算出的性能指标,与由它们解算出的输入被测量值计算得到的性能指标相差极小。但对于非线性传感器,由于其灵敏度不为常值,即相同的输出变化量对应的输入变化量不同,非线性程度越大,差别越明显。

7. 线性度

即传感器的非线性误差。传感器实际静态校准特性曲线与所选参考直线不吻合程度的最大值就是线性度(linearity),如图 2.2.3 所示。其计算公式为

$$\xi_L = \frac{(\Delta y_L)_{max}}{y_{FS}} \times 100\% \tag{2.2.9}$$

$$(\Delta y_L)_{max} = \max |\Delta y_{i,L}|, \quad i=1,2,\cdots,n$$

$$\Delta y_{i,L} = \overline{y}_i - y_i$$

式中 $\Delta y_{i,L}$——第 i 个校准点平均输出值与参考直线的偏差,即非线性偏差;

y_{FS}——满量程输出,$y_{FS} = |B(x_{max} - x_{min})|$;$B$ 为所选参考直线的斜率。

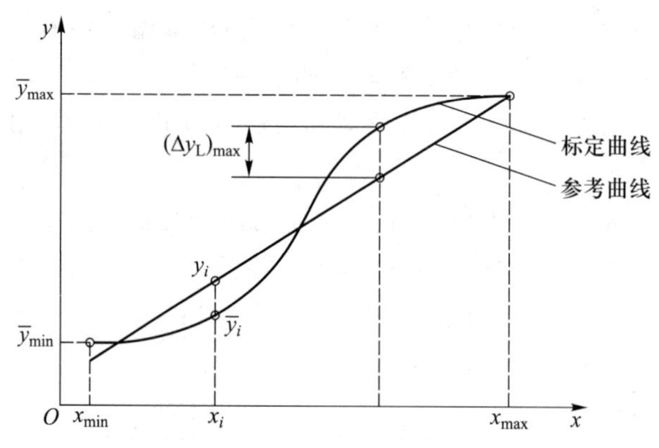

图 2.2.3 传感器的线性度

参考直线不同,计算出的线性度不同。当参考直线是两个端点$(x_1, \overline{y}_1)$,$(x_n, \overline{y}_n)$的连线时,可以计算端基线性度。但实际测点的偏差分布可能不合理。将端基参考直线平移,使最大正、负偏差绝对值相等,得到“平移端基参考直线”,如图 2.2.4 所示。由此可以计算出平移端基线性度。

实用中也可以选最小二乘直线作为参考直线,计算最小二乘线性度;也可以选最佳直线作为参考直线,计算“最佳直线”线性度,即独立线性度。最小二乘直线指的是偏差的平方和最小,而最佳直线指的是最大偏差达到最小,由其计算的非线性误差最小。

8. 迟滞误差

传感器正、反行程输出不一致的程度称为“迟滞”(hysteresis),如图 2.2.5 所示。第 i 个测点正、反行程输出的平均校准点分别为$(x_i, \overline{y}_{ui})$和$(x_i, \overline{y}_{di})$,其偏差为

$$\Delta y_{i,H} = |\overline{y}_{ui} - \overline{y}_{di}| \tag{2.2.10}$$

$$\overline{y}_{ui} = \frac{1}{m}\sum_{j=1}^{m} y_{uij} \tag{2.2.11}$$

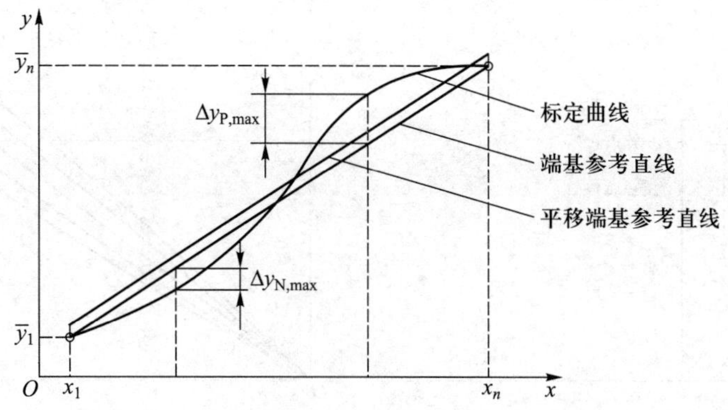

图 2.2.4 平移端基参考直线

$$\bar{y}_{di}=\frac{1}{m}\sum_{j=1}^{m}y_{dij} \tag{2.2.12}$$

考虑到标定过程的平均输出为参考值，则迟滞误差可定义为

$$\xi_H=\frac{(\Delta y_H)_{max}}{2y_{FS}}\times 100\% \tag{2.2.13}$$

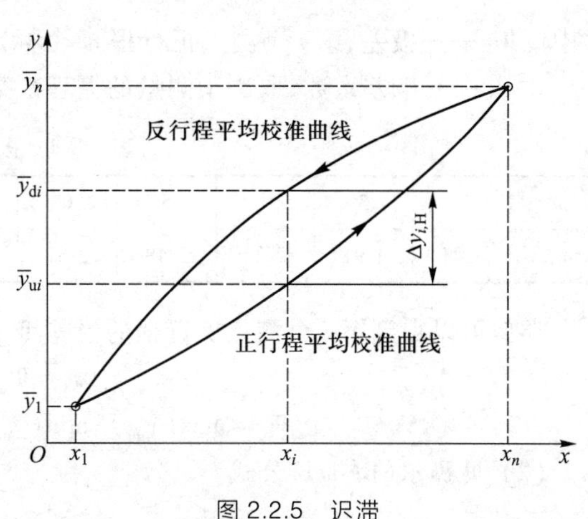

图 2.2.5 迟滞

9. 非线性迟滞误差

综合考虑非线性偏差与迟滞，如图 2.2.6 所示。对于第 i 个测点，传感器正、反行程输出的平均校准点对参考点(x_i,y_i)的偏差分别为 $\bar{y}_{ui}-y_i$ 和 $\bar{y}_{di}-y_i$；这两者中绝对值较大者就是非线性迟滞，即

$$\Delta y_{i,LH}=\max(|\bar{y}_{ui}-y_i|,|\bar{y}_{di}-y_i|) \tag{2.2.14}$$

对于第 i 个测点，非线性迟滞与非线性偏差、迟滞的关系为

$$\Delta y_{i,LH}=|\Delta y_{i,L}|+0.5\Delta y_{i,H} \tag{2.2.15}$$

在整个测量范围，非线性迟滞以及对应的非线性迟滞误差分别为

$$(\Delta y_{LH})_{max}=\max(\Delta y_{i,LH}),\quad i=1,2,\cdots,n \tag{2.2.16}$$

$$\xi_{LH}=\frac{(\Delta y_{LH})_{max}}{y_{FS}}\times 100\% \tag{2.2.17}$$

显然，传感器的非线性迟滞误差不大于线性度与迟滞误差之和。

10. 重复性误差

传感器按同一方向多次重复测量时，同一个测点每一次的输出值不一样，可以看成是随机的。为反映这一现象，引入重复性(repeatability)指标，如图 2.2.7 所示。

例如对于正行程的第 i 个测点，$y_{uij}(j=1,2,\cdots,m)$是其输出子样，$\bar{y}_{ui}$是相应的数学期望值的估计值。可以利用下列方法来评估、计算第 i 个测点的标准偏差。

（1）极差法

$$s_{ui}=W_{ui}/d_m \tag{2.2.18}$$

$$W_{ui}=\max(y_{uij})-\min(y_{uij})\quad (j=1,2,\cdots,m)$$

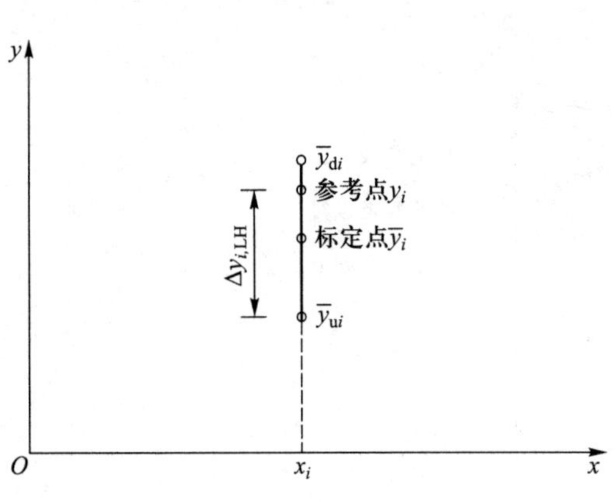

图 2.2.6 非线性迟滞

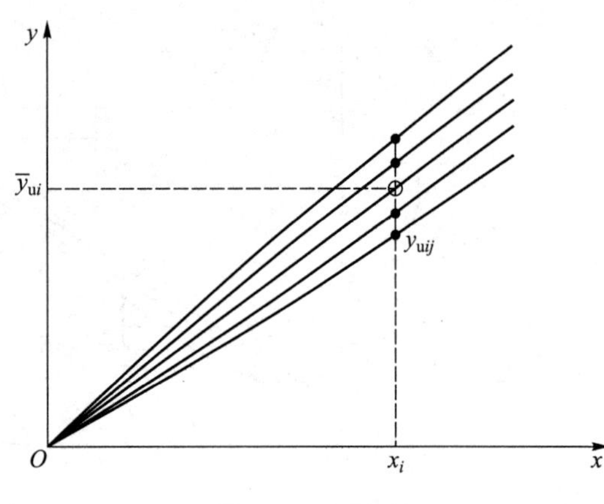

图 2.2.7 重复性

式中 W_{ui}——极差,第 i 个测点正行程 m 个标定值中的最大值与最小值之差;

d_m——极差系数,取决于测量的循环次数,即样本容量 m,见表 2.2.1。

表 2.2.1 极差系数表

m	2	3	4	5	6	7	8	9	10	11	12
d_m	1.41	1.91	2.24	2.48	2.67	2.83	2.96	3.08	3.18	3.26	3.33

类似可以得到第 i 个测点反行程的极差 W_{di} 和相应的 s_{di}。

$$s_{di}=W_{di}/d_m \tag{2.2.19}$$

$$W_{di}=\max(y_{dij})-\min(y_{dij}) \quad (j=1,2,\cdots,m)$$

(2) 贝赛尔(Bessel)公式

$$s_{ui}^2=\frac{1}{m-1}\sum_{j=1}^{m}(\Delta y_{uij})^2=\frac{1}{m-1}\sum_{j=1}^{m}(y_{uij}-\bar{y}_{ui})^2 \tag{2.2.20}$$

s_{ui} 的物理意义是:当随机测量值 y_{uij} 看成是正态分布时,y_{uij} 偏离期望值 $\bar{y}_{ui}$ 的范围在 $(-s_{ui},s_{ui})$ 之间的概率为 68.37%;在 $(-2s_{ui},2s_{ui})$ 之间的概率为 95.45%;在 $(-3s_{ui},3s_{ui})$ 之间的概率为 99.73%,如图 2.2.8 所示。

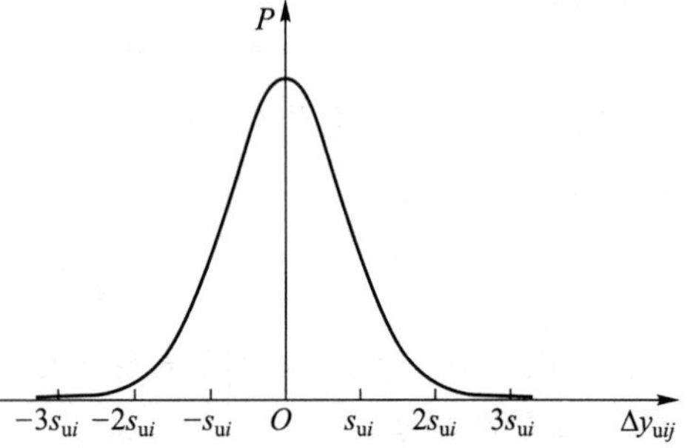

图 2.2.8 正态分布概率曲线

类似可以给出第 i 个测点反行程的子样标准偏差

$$s_{di}^2=\frac{1}{m-1}\sum_{j=1}^{m}(\Delta y_{dij})^2=\frac{1}{m-1}\sum_{j=1}^{m}(y_{dij}-\bar{y}_{di})^2 \tag{2.2.21}$$

综合考虑正、反行程,若测量过程具有等精密性,则第 i 个测点子样标准偏差为

$$s_i=\sqrt{0.5(s_{ui}^2+s_{di}^2)} \tag{2.2.22}$$

考虑全部 n 个测点,整个测量过程的标准偏差为

$$s=\sqrt{\frac{1}{n}\sum_{i=1}^{n}s_i^2}=\sqrt{\frac{1}{2n}\sum_{i=1}^{n}(s_{ui}^2+s_{di}^2)} \tag{2.2.23}$$

利用标准偏差 s 就可以描述传感器的随机误差，即重复性指标

$$\xi_R = \frac{3s}{y_{FS}} \times 100\% \tag{2.2.24}$$

式中，3 为置信概率系数，$3s$ 为置信限或随机不确定度。其物理意义是：在整个测量范围内，传感器相对于满量程输出的随机误差不超过 ξ_R 的置信概率为 99.73%。

11. 综合误差

综合考虑引起传感器测量误差的多个因素带来的影响，可以给出传感器的综合误差。如综合考虑非线性迟滞和重复性

$$\xi_a = \xi_{LH} + \xi_R \tag{2.2.25}$$

当传感器应用微处理器，可以不考虑非线性误差，只考虑迟滞与重复性

$$\xi_a = \xi_H + \xi_R \tag{2.2.26}$$

事实上，基于重复性误差的讨论，第 i 个测点正行程输出 y_{uij} 以 99.73% 置信概率落在区间 $(\bar{y}_{ui}-3s_{ui}, \bar{y}_{ui}+3s_{ui})$；反行程输出 y_{dij} 以 99.73% 置信概率落在区间 $(\bar{y}_{di}-3s_{di}, \bar{y}_{di}+3s_{di})$，如图 2.2.9 所示。

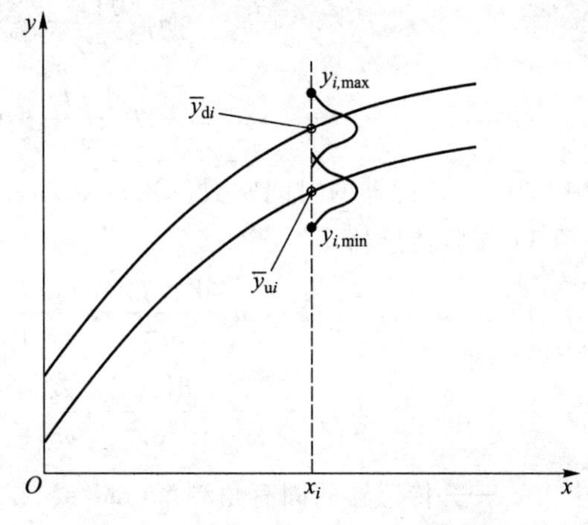

图 2.2.9 极限点法原理示意图

于是，第 i 个测点输出值以 99.73% 的置信概率落在区域 $(y_{i,\min}, y_{i,\max})$，称 $y_{i,\min}$，$y_{i,\max}$ 为第 i 个测点的极限点，满足

$$y_{i,\min} = \min(\bar{y}_{ui}-3s_{ui}, \bar{y}_{di}-3s_{di}) \tag{2.2.27}$$

$$y_{i,\max} = \max(\bar{y}_{ui}+3s_{ui}, \bar{y}_{di}+3s_{di}) \tag{2.2.28}$$

若以极限点的中间值 $0.5(y_{i,\min}+y_{i,\max})$ 为参考值，则该点的极限点偏差为

$$\Delta y_{i,\text{ext}} = 0.5(y_{i,\max}-y_{i,\min}) \tag{2.2.29}$$

利用上述 n 个极限点偏差中的最大值 Δy_{ext} 可以计算综合误差。

$$\xi_a = \frac{\Delta y_{\text{ext}}}{y_{FS}} \times 100\% \tag{2.2.30}$$

$$\Delta y_{\text{ext}} = \max(\Delta y_{i,\text{ext}}), \quad i=1,2,\cdots,n \tag{2.2.31}$$

$$y_{FS} = 0.5[(y_{n,\min}+y_{n,\max})-(y_{1,\min}+y_{1,\max})] \tag{2.2.32}$$

2.3 传感器动态特性的描述

2.3.1 时域动态特性方程

描述传感器时域输入-输出的微分方程为

$$\sum_{i=0}^{n} a_i \frac{\mathrm{d}^i y(t)}{\mathrm{d}t^i} = \sum_{j=0}^{m} b_j \frac{\mathrm{d}^j x(t)}{\mathrm{d}t^j} \tag{2.3.1}$$

式中 $x(t), y(t)$——传感器的输入量(被测量)和输出量;

$a_i(i=1,2,\cdots,n)$;$b_j(j=1,2,\cdots,m)$——由传感器的工作原理、结构和参数等确定的常数,通常 $n \geqslant m$;考虑到传感器的实际特征,上述某些常数不能为零;

n——传感器的阶次,式(2.3.1)描述的为 n 阶传感器($a_n \neq 0$)。

(1) 零阶传感器

$$a_0 y(t) = b_0 x(t) \tag{2.3.2}$$

$$y(t) = kx(t)$$

式中 k——传感器的静态灵敏度或静态增益,$k = b_0/a_0$。

(2) 一阶传感器

$$a_1 \frac{\mathrm{d}y(t)}{\mathrm{d}t} + a_0 y(t) = b_0 x(t) \tag{2.3.3}$$

$$T \frac{\mathrm{d}y(t)}{\mathrm{d}t} + y(t) = kx(t)$$

式中 T——传感器的时间常数(s),$T = a_1/a_0$,$a_0 a_1 \neq 0$。

(3) 二阶传感器

$$a_2 \frac{\mathrm{d}^2 y(t)}{\mathrm{d}t^2} + a_1 \frac{\mathrm{d}y(t)}{\mathrm{d}t} + a_0 y(t) = b_0 x(t) \tag{2.3.4}$$

$$\frac{1}{\omega_{\mathrm{n}}^2} \cdot \frac{\mathrm{d}^2 y(t)}{\mathrm{d}t^2} + \frac{2\zeta}{\omega_{\mathrm{n}}} \cdot \frac{\mathrm{d}y(t)}{\mathrm{d}t} + y(t) = kx(t)$$

式中 ω_{n}——传感器的固有角频率(rad/s),$\omega_{\mathrm{n}} = \sqrt{a_0/a_2}$,$a_0 a_2 \neq 0$;

ζ——传感器的阻尼比,$\zeta = 0.5 a_1/\sqrt{a_0 a_2}$。

(4) 高阶传感器

对于式(2.3.1)描述的系统,当 $n \geqslant 3$ 时称为高阶传感器。高阶传感器可看成由若干个低阶系统串联或并联组合而成。

2.3.2 频域动态特性方程

对于式(2.3.1)描述的传感器,其输出量的拉氏变换 $Y(s)$ 与输入量的拉氏变换 $X(s)$ 之比称为其传递函数

$$G(s) = Y(s)/X(s) = \sum_{j=0}^{m} b_j s^j \Big/ \sum_{i=0}^{n} a_i s^i \tag{2.3.5}$$

式中 s——拉普拉斯变换的复变量。

利用式(2.3.5)描述的传递函数,可以得到传感器的频率特性方程

$$A(\mathrm{j}\omega) = \sum_{j=0}^{m} b_j (\mathrm{j}\omega)^j \Big/ \sum_{i=0}^{n} a_i (\mathrm{j}\omega)^i \tag{2.3.6}$$

传感器的幅频特性与相频特性分别为

$$A(\omega) = |A(\mathrm{j}\omega)| = \left| \sum_{j=0}^{m} b_j (\mathrm{j}\omega)^j \Big/ \sum_{i=0}^{n} a_i (\mathrm{j}\omega)^i \right| \tag{2.3.7}$$

$$\varphi(\omega) = \angle A(\mathrm{j}\omega) \tag{2.3.8}$$

2.4 传感器的动态响应与性能指标

2.4.1 时域动态响应与性能指标

传感器的时域动态响应主要是指其对单位阶跃的响应。当被测量为单位阶跃信号时

$$x(t)=\varepsilon(t)=\begin{cases}1, & t\geqslant 0\\ 0, & t<0\end{cases} \tag{2.4.1}$$

传感器能对单位阶跃信号进行无失真、无延迟测量的理想输出为

$$y(t)=k\cdot\varepsilon(t) \tag{2.4.2}$$

式中 k——传感器的静态增益。

1. 一阶传感器的时域阶跃响应及动态性能指标

由式(2.3.3)可知,一阶传感器的传递函数为

$$G(s)=\frac{k}{Ts+1} \tag{2.4.3}$$

一阶传感器的阶跃响应输出与相对动态误差分别为

$$y(t)=k[\varepsilon(t)-e^{-t/T}] \tag{2.4.4}$$

$$\xi(t)=\frac{y(t)-y_s}{y_s}\times 100\%=-e^{-t/T}\times 100\% \tag{2.4.5}$$

式中 y_s——传感器的稳态输出,$y_s=y(\infty)=k$。

图 2.4.1、图 2.4.2 分别给出了一阶传感器阶跃输入下的归一化响应和相对动态误差。

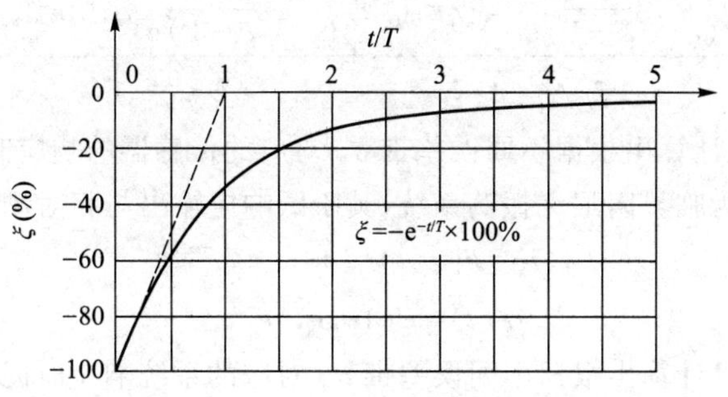

图 2.4.1 一阶传感器归一化阶跃响应曲线

对于传感器实际输出特性曲线,可选择几个特征时间点作为其时域动态性能指标。

(1) 时间常数 T:输出 $y(t)$ 由零上升到稳态值 y_s 的 63%所需的时间。

(2) 响应时间 t_s,又称过渡过程时间:输出 $y(t)$ 由零上升达到并保持在与稳态值 y_s 偏差的绝对值不超过某一量值 σ 的时间;σ 可看成传感器所允许的相对动态误差,通常为 5%。

(3) 延迟时间 t_d:输出 $y(t)$ 由零上升到稳态值 y_s 的一半所需要的时间。

(4) 上升时间 t_r:输出 $y(t)$ 由 $0.1y_s$ 上升到 $0.9y_s$ 所需要的时间。

一阶传感器的时间常数是非常重要的指标,5%相对误差的响应时间 $t_{0.05}$、延迟时间 t_d、上升时间 t_r 与它的关系是

$$t_{0.05}\approx 3T$$

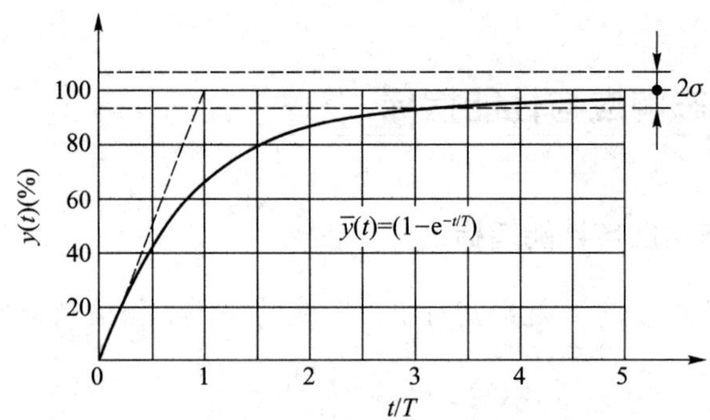

图 2.4.2 一阶传感器阶跃输入下的相对动态误差

$$t_d \approx 0.69T$$

$$t_r \approx 2.20T$$

显然，为了提高传感器的动态特性，应当尽可能减小其时间常数。

2. 二阶传感器的时域响应特性及其动态性能指标

由式(2.3.4)可知，二阶传感器的传递函数为

$$G(s)=\frac{k\omega_n^2}{s^2+2\zeta\omega_n s+\omega_n^2} \tag{2.4.6}$$

二阶传感器动态性能指标与 ω_n、ζ 有关，分三种情况进行讨论。

(1) 当 $\zeta>1$ 时，为过阻尼无振荡系统，其阶跃响应输出与相对动态误差分别为

$$y(t)=k\left[\varepsilon(t)-\frac{(\zeta+\sqrt{\zeta^2-1})\mathrm{e}^{(-\zeta+\sqrt{\zeta^2-1})\omega_n t}}{2\sqrt{\zeta^2-1}}+\frac{(\zeta-\sqrt{\zeta^2-1})\mathrm{e}^{-(\zeta+\sqrt{\zeta^2-1})\omega_n t}}{2\sqrt{\zeta^2-1}}\right] \tag{2.4.7}$$

$$\xi(t)=\left[-\frac{(\zeta+\sqrt{\zeta^2-1})\mathrm{e}^{(-\zeta+\sqrt{\zeta^2-1})\omega_n t}}{2\sqrt{\zeta^2-1}}+\frac{(\zeta-\sqrt{\zeta^2-1})\mathrm{e}^{-(\zeta+\sqrt{\zeta^2-1})\omega_n t}}{2\sqrt{\zeta^2-1}}\right]\times 100\% \tag{2.4.8}$$

由式(2.4.8)可以计算出根据不同误差带 σ_T 对应的传感器的响应时间 t_s。

(2) 当 $\zeta=1$ 时，为临界阻尼无振荡系统，其阶跃响应输出与相对动态误差分别为

$$y(t)=k[\varepsilon(t)-(1+\omega_n t)\mathrm{e}^{-\omega_n t}] \tag{2.4.9}$$

$$\xi(t)=-(1+\omega_n t)\mathrm{e}^{-\omega_n t} \tag{2.4.10}$$

由式(2.4.10)可以计算出根据不同误差带 σ_T 对应的系统响应时间 t_s。

(3) 当 $0<\zeta<1$ 时，为欠阻尼振荡系统，其阶跃响应输出与相对动态误差分别为

$$y(t)=k\left[\varepsilon(t)-\frac{\mathrm{e}^{-\zeta\omega_n t}}{\sqrt{1-\zeta^2}}\cos(\omega_d t-\varphi)\right] \tag{2.4.11}$$

$$\xi(t)=-\frac{\mathrm{e}^{-\zeta\omega_n t}}{\sqrt{1-\zeta^2}}\cos(\omega_d t-\varphi)\times 100\% \tag{2.4.12}$$

式中 ω_d——传感器的阻尼振荡角频率(rad/s)，$\omega_d=\sqrt{1-\zeta^2}\,\omega_n$，其倒数的 2π 倍为阻尼振荡周期 $T_d=2\pi/\omega_d$；

φ——传感器的相位延迟，$\varphi=\arctan(\zeta/\sqrt{1-\zeta^2})$。

这时，二阶传感器响应以其稳态输出 $y_s=k$ 为平衡位置衰减振荡，其包络线为

$k\left(1-\frac{e^{-\zeta\omega_n t}}{\sqrt{1-\zeta^2}}\right)$ 和 $k\left(1+\frac{e^{-\zeta\omega_n t}}{\sqrt{1-\zeta^2}}\right)$，如图 2.4.3 所示，图中同时给出了有关指标的示意。

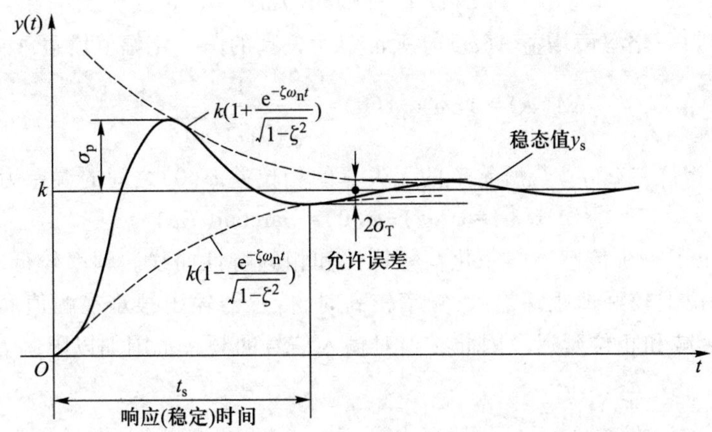

图 2.4.3 二阶传感器阶跃响应与包络线及有关指标

为便于计算，一个较为保守的做法是，相对误差用其包络线来限定，即

$$|\xi(t)|\leqslant\frac{e^{-\zeta\omega_n t}}{\sqrt{1-\zeta^2}} \tag{2.4.13}$$

当 $0<\zeta<1$ 时，二阶传感器的响应过程有振荡，有关动态性能指标讨论如下。

① 振荡次数 N：相对误差曲线 $\xi(t)$ 的幅值超过允许误差限 σ 的次数。

② 峰值时间 t_P：动态误差曲线由起始点到达第一个振荡幅值点的时间间隔，

$$t_P=\frac{\pi}{\omega_P}=\frac{\pi}{\omega_n\sqrt{1-\zeta^2}}=\frac{T_d}{2} \tag{2.4.14}$$

这表明峰值时间为阻尼振荡周期 T_d 的一半。

③ 超调量 σ_P：指峰值时间对应的相对动态误差值，即

$$\sigma_P=\frac{e^{-\zeta\omega_n t_P}}{\sqrt{1-\zeta^2}}\cos(\omega_d t_P-\varphi)\times 100\%=e^{-\pi\zeta/\sqrt{1-\zeta^2}}\times 100\% \tag{2.4.15}$$

④ 响应时间 t_s：超调量 $\sigma_P\leqslant\sigma_T$ 时，由式(2.4.12)确定不同误差带 σ_T 对应的传感器的响应时间；超调量 $\sigma_P>\sigma_T$ 时，由式(2.4.13)确定不同误差带 σ_T 对应的传感器的响应时间。

2.4.2 频域动态响应与性能指标

传感器的频域动态响应主要指其对正弦信号的响应。

当被测量为正弦函数时，

$$x(t)=\sin\omega t \tag{2.4.16}$$

传感器的稳态输出响应曲线为

$$y(t)=k\cdot A(\omega)\sin[\omega t+\varphi(\omega)] \tag{2.4.17}$$

式中 $A(\omega)$，$\varphi(\omega)$——传感器的归一化幅值频率特性和相位频率特性。

为了评估传感器的频域动态性能指标，常就 $A(\omega)$ 和 $\varphi(\omega)$ 进行研究。

1. 一阶传感器的频域响应特性及其动态性能指标

式(2.4.3)描述的一阶传感器的归一化幅值增益和相位特性分别为

$$A(\omega)=\frac{1}{\sqrt{(T\omega)^2+1}} \tag{2.4.18}$$

$$\varphi(\omega)=-\arctan(T\omega) \tag{2.4.19}$$

一阶传感器归一化幅值增益 $A(\omega)$ 与所希望无失真的归一化幅值增益 $A(0)$ 的误差为

$$\Delta A(\omega)=A(\omega)-A(0)=\frac{1}{\sqrt{(T\omega)^2+1}}-1 \tag{2.4.20}$$

一阶传感器相位差 $\varphi(\omega)$ 与所希望的无失真的相位差 $\varphi(0)$ 之间的误差为

$$\Delta\varphi(\omega)=\varphi(\omega)-\varphi(0)=-\arctan(T\omega) \tag{2.4.21}$$

图 2.4.4 给出了一阶传感器归一化幅频特性和相频特性曲线。频率较低时，传感器输出能够在幅值和相位上较好地跟踪输入；频率较高时，传感器输出很难在幅值和相位上跟踪输入，会出现幅值衰减和相位延迟。因此必须对输入信号的频率范围加以限制。

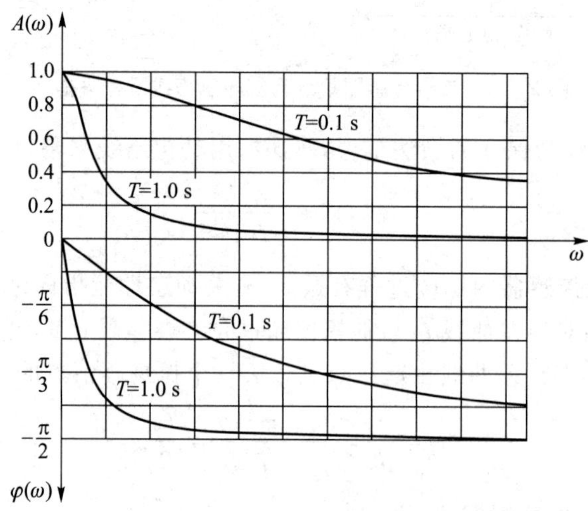

图 2.4.4 一阶传感器归一化幅频特性和相频特性曲线

除了幅值增益误差和相位误差以外，一阶传感器动态性能指标还有通频带和工作频带。

（1）通频带 ω_B：幅值增益的对数特性衰减 3 dB 处所对应的频率范围。

$$\omega_B=1/T \tag{2.4.22}$$

（2）工作频带 ω_g：归一化幅值误差小于所规定的允许误差 σ_F 时，幅频特性曲线所对应的频率范围。

$$\omega_g=\frac{1}{T}\sqrt{\frac{1}{(1-\sigma_F)^2}-1} \tag{2.4.23}$$

显然，提高一阶传感器的通频带和工作频带的有效途径是减小其时间常数。

2. 二阶传感器的频域响应特性及其动态性能指标

式(2.4.6)描述的二阶传感器的归一化幅值增益和相位特性分别为

$$A(\omega)=\frac{1}{\sqrt{[1-(\omega/\omega_n)^2]^2+[2\zeta(\omega/\omega_n)]^2}} \tag{2.4.24}$$

$$\varphi(\omega)=\begin{cases}-\arctan\dfrac{2\zeta(\omega/\omega_n)}{1-(\omega/\omega_n)^2}, & \omega\leqslant\omega_n\\ -\pi+\arctan\dfrac{2\zeta(\omega/\omega_n)}{(\omega/\omega_n)^2-1}, & \omega>\omega_n\end{cases}\tag{2.4.25}$$

图 2.4.5 给出了二阶传感器的幅频特性和相频特性曲线。

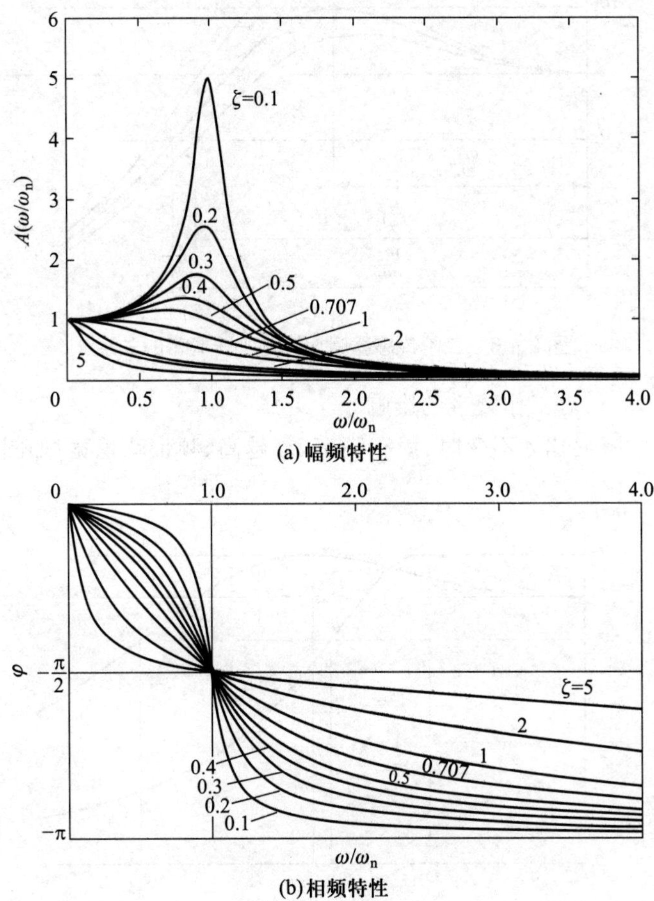

图 2.4.5 二阶传感器幅频特性和相频特性曲线

类似地，可以给出二阶传感器归一化幅值增益 $A(\omega)$ 与所希望的无失真归一化幅值增益 $A(0)$ 的误差，以及相位差 $\varphi(\omega)$ 与所希望的无失真相位差 $\varphi(0)$ 之间的误差。

当阻尼比在 $0\leqslant\zeta<1/\sqrt{2}$ 时，幅频特性曲线出现峰值，对应着传感器的谐振角频率 ω_r。谐振角频率及所对应的谐振峰值、相角分别为

$$\omega_r=\sqrt{1-2\zeta^2}\,\omega_n\leqslant\omega_n\tag{2.4.26}$$

$$A_{max}=A(\omega_r)=\frac{1}{2\zeta\sqrt{1-\zeta^2}}\tag{2.4.27}$$

$$\varphi(\omega_r)=-\arctan\frac{\sqrt{1-2\zeta^2}}{2\zeta}\geqslant-\frac{\pi}{2}\tag{2.4.28}$$

考虑到二阶传感器幅值增益有时会产生较大峰值，故二阶传感器的工作频带更有意义。

(1) 阻尼比 ζ 对工作频带的影响

图 2.4.6 给出了具有相同固有角频率 ω_n 而阻尼比不同,在允许的相对幅值误差不超过 σ_F 时,所对应的工作频带各不相同的示意。

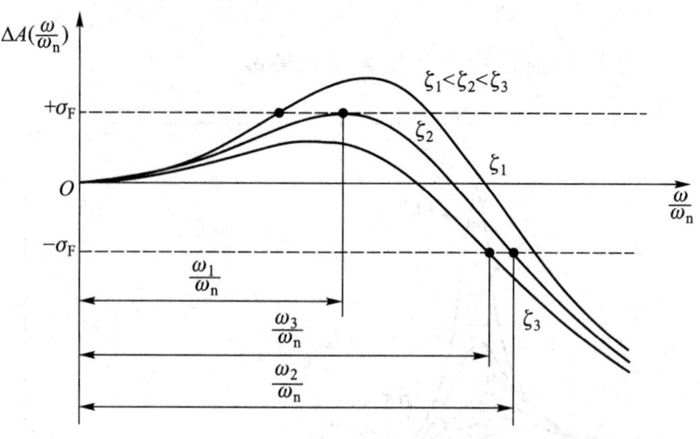

图 2.4.6 二阶传感器阻尼比与工作频带的关系

(2) 固有角频率 ω_n 对工作频带的影响

当二阶传感器的阻尼比 ζ 不变时,固有频率 ω_n 越高,频带就越宽,如图 2.4.7 所示。

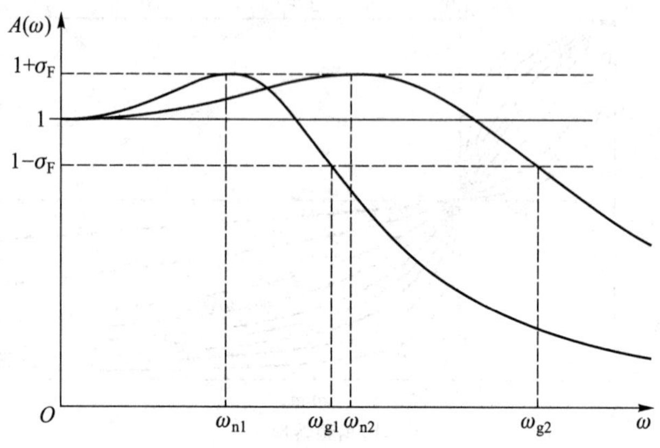

图 2.4.7 二阶传感器固有角频率与工作频带的关系

2.5 加速度传感器动态特性测试及改进 »»

加速度传感器广泛应用于实际工程中。为了满足实际使用需求,应准确测试与评估加速度传感器的动态特性,并根据评估结果予以改进,以适应现场测试需要。本节针对一款实际使用的 WLJ-200 型加速度传感器的测试、分析、评估与改进,加以说明。

1. 传感器的原始幅频特性测试

加速度传感器幅频特性测试框图如图 2.5.1 所示。它是一个闭环测量控制系统,通过检测标准探头的输出作为反馈信号,不断修正输出值使振动台稳定。在实际测试中,采用系统提供幅值一定的正弦扫频信号进行扫频;然后在固定频率下进行逐点测试。用示波器读取标准探头

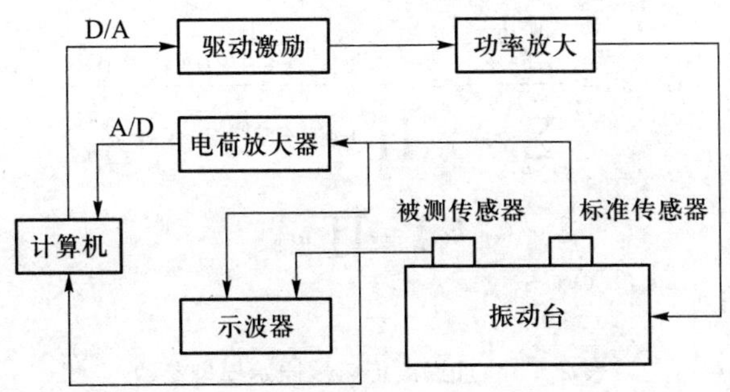

图 2.5.1　加速度传感器幅频特性测试系统框图

和被测探头的输出峰值。为了检验测试数据的重复性,对被测加速度传感器进行多次测试。

2. WKJ-200 型传感器的动态性能测试

在系统的正弦扫频方式下,采用单点对一灵敏度为 0.005 $V/(m \cdot s^{-2})$ 的加速度传感器进行了多次幅频特性测试,如图 2.5.2 中的曲线 1。为便于比较,图中同时给出了所建立的加速度传感器模型的幅频特性曲线的仿真结果和补偿后加速度传感器的幅频特性曲线的仿真结果。测试结果表明,该传感器的幅频特性和厂家提供的基本吻合。在 75 Hz 附近,系统有一个谐振峰,80 Hz 后的幅频特性曲线下降很快。经分析,该加速度传感器的动态特性尚不能满足实际应用。需要建立传感器的传递函数模型、设计动态补偿滤波器,以改善和扩展传感器本身的幅频特性,扩展其工作频带。

3. 频率域建模

(1) 频率域建模及原理

基于图 2.5.2 所示的曲线 1 的特点,对于该加速度传感器,根据测试得到的幅频特性进行建模时主要基于如下原理:

① 既要抓住动态特性在整个频率段的特征,又要保证在低频段和可扩展频率段的局部特征,特别是谐振点。

② 利用多步法建立模型:将加速度传感器动态模型看成一个全局模型和若干个局部模型的组合。

③ 建立全局模型时,不考虑传感器的局部特性;而建立局部特性模型时,尽量考虑传感器的整体模型。

④ 将上述全局模型与多个局部模型有机组合,形成整个频率段特性,建立加速度传感器初步的整体模型。

(2) 模型阶次和参数的确定

① 整体模型的阶次确定。结合传感器的整体敏感结构特征和幅频特性的一般规律,在其幅频特性的每一个谐振点,传感器都包含一个二阶系统。因此,在所讨论的频率段,有几个谐振点就有几个二阶系统。再加上传感器的全局模型的阶次就是传感器的整体模型的阶次。一般来说,传感器的全局模型是一个典型的二阶系统或四阶系统。这样,传感器的阶次为:$N=2n+2$ 或 $N=2n+4$;其中 n 为所考虑的谐振点个数。

② 参数确定的步骤。利用加权最小二乘法来确定。

(3) 加速度传感器的实际模型

根据以上原则,该加速度传感器的归一化原始模型的阶次为 6,可以表示为

$$G_0(s)=\frac{\sum_{i=1}^{M}b_is^i}{\sum_{i=0}^{N}a_is^i}=\frac{k\left(s^2+2\xi_{11}\omega_{11}s+\omega_{11}^2\right)}{\prod_{i=1}^{3}\left(s^2+2\xi_{i2}\omega_{i2}s+\omega_{i2}^2\right)} \tag{2.5.1}$$

$$k\omega_{11}^2=\prod_{i=1}^{3}\omega_{i2}^2$$

详细结果见表 2.5.1。

表 2.5.1 加速度传感器原始模型参数

$k/(\mathrm{rad/s})^4$	$1.423\ 13\times10^{11}$	ξ_{22}	0.021
ξ_{11}	0.025 9	$\omega_{22}/(\mathrm{rad/s})$	440
$\omega_{11}/(\mathrm{rad/s})$	440.1	ξ_{32}	1.007 3
ξ_{12}	0.47	$\omega_{32}/(\mathrm{rad/s})$	779.7
$\omega_{12}/(\mathrm{rad/s})$	483.8		

(4) 模型仿真结果

模型仿真结果如图 2.5.2 中的曲线 2 所示。

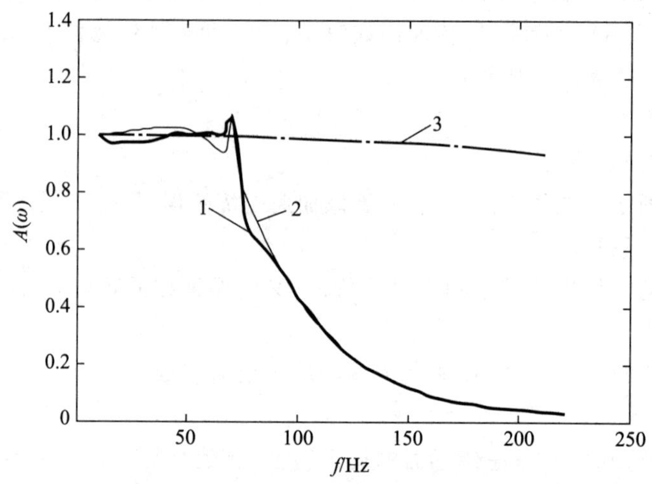

图 2.5.2 加速度传感器的归一化幅频特性

曲线 1:实测结果;曲线 2:所建立的传感器模型的仿真结果;

曲线 3:补偿后的特性曲线的仿真结果

4. 动态补偿数字滤波器的设计

(1) 传感器性能改进的原理

基于系统传递函数零、极点对消原理,动态补偿数字滤波器可以设计为

$$G_C(s)=\frac{\sum_{i=1}^{M}a_is^i}{\sum_{i=0}^{N}c_is^i}=\frac{k_C\prod_{i=1}^{3}\left(s^2+2\xi_{i2}\omega_{i2}s+\omega_{i2}^2\right)}{k\prod_{i=1}^{3}\left(s^2+2\xi_{i1}\omega_{i1}s+\omega_{i1}^2\right)} \tag{2.5.2}$$

$$k_C\prod_{i=1}^{3}\omega_{i2}^2=k\prod_{i=1}^{3}\omega_{i1}^2$$

详细结果见表 2.5.2。

表 2.5.2　加速度传感器补偿模型参数
（未列出者同表 1）

$k_C/(\mathrm{rad/s})^4$	7.538×10^{11}	ξ_{31}	1.000
ξ_{21}	0.55	$\omega_{31}/(\mathrm{rad/s})$	3 455
$\omega_{21}/(\mathrm{rad/s})$	2 513		

（2）改进后传感器的系统函数

$$G_F(s)=G_0(s)G_C(s)=\frac{k_C}{\prod_{i=2}^{3}(s^2+2\xi_{i1}\omega_{i1}s+\omega_{i1}^2)} \tag{2.5.3}$$

$$k_C=\prod_{i=2}^{3}\omega_{i1}^2$$

引入了补偿数字滤波器后的幅频特性如图 2.5.2 中的曲线 3。

（3）改进后传感器的时域响应检验

补偿后的系统检验仍采用上述系统来进行，用幅值为 5 m/s、脉宽为 1 ms 的半正弦激励信号去激励振动台。图 2.5.3 为检测到的参考加速度传感器的实际输出（作为标准输出）；图 2.5.4 为 WLJ-200 加速度传感器的实际输出；图 2.5.5 为加速度传感器经补偿后的实际输出。标准加速度传感器的工作频带为 15 kHz，WLJ-200 的频带太窄，引起所测信号幅值的衰减，经过补偿后与标准加速度传感器的基本相同，误差约为 1%。分析结果表明该加速度传感器模型建立与补偿是成功的。

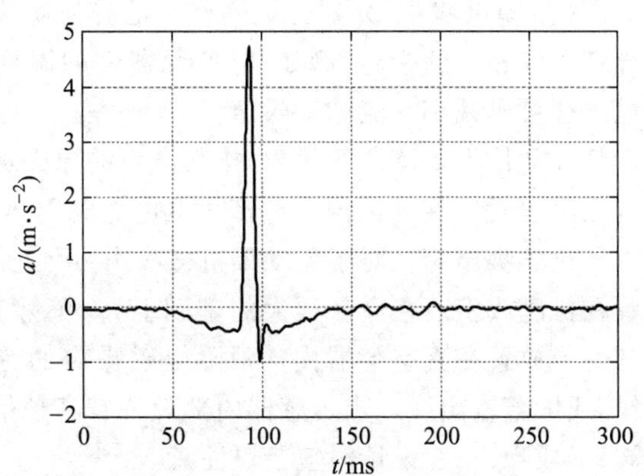

图 2.5.3　标准传感器所测的波形

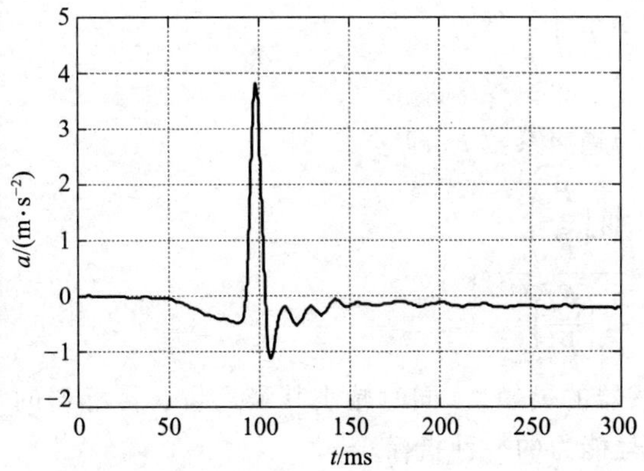

图 2.5.4　加速度传感器所测原始波形

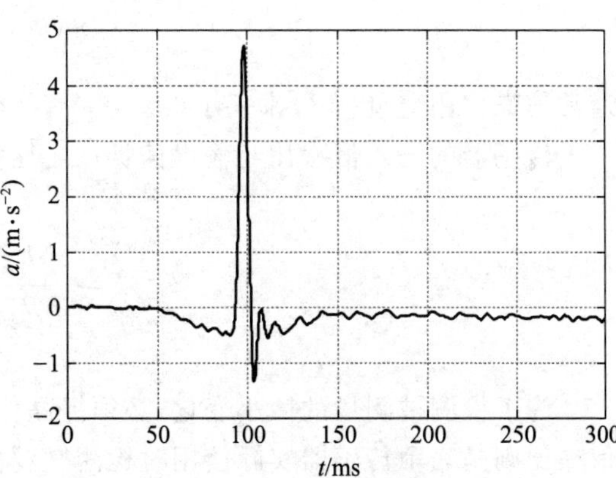

图 2.5.5　经动态补偿滤波器后的波形

该应用实例反映了实际传感器的动态特性要比通常理解的复杂。对传感器动态特性的掌握一定要在理论分析的基础上，通过实际测试来获得。

2.6 传感器噪声及其减小的方法 》》》

2.6.1 传感器噪声产生的原因

在传感器工作过程中，人们总是希望它只感受被测量，其输出信号只包含被测量的信息。但实际上，传感器不可避免地存在着各种各样的噪声（noise）。传感器的噪声通常是指与被测信号无关的、在传感器中出现的一切不需要的信号。它可能是在传感器内部产生的，也可能是从传感器外部传递进来的。一般而言，噪声是不规则的干扰信号，但对于交流噪声这样的周期性波动，广义上也属于噪声。

传感器内部产生的噪声包括敏感元件、转换装置和信号调理电路中的电子元器件等产生的噪声以及供电电源产生的噪声，例如：半导体中载流子扩散产生的噪声，导体不完全接触等产生的 $1/f$ 噪声，元器件缺陷产生的猝发噪声和热噪声等。它是由各种原因造成的，应当分别采取相应的措施，例如：降低元器件的温度可以减小热噪声，对供电电源变压器采用静电屏蔽可以减小交流脉动噪声。

从外部传入传感器的噪声，按其产生的原因可以分为机械噪声（如振动、加速度、冲击）、音响噪声、热噪声（如因温度差产生热电势和因热辐射使元器件产生形变或性能变化）、电磁噪声和化学噪声等。对于振动等机械噪声，可以采用隔振台（如将传感器通过柔软的衬垫与安装在机座或安装在质量很大的基础上）。消除音响噪声的有效办法是把传感器用隔音材料围上或放置在真空容器内。消除电磁噪声的有效方法是屏蔽和接地，或把传感器远离电源线，或屏蔽输出线。当传感器内部设置有高频信号发生器或继电器等时，会向周围发射电磁波，形成噪声，在设计时应予以注意。

2.6.2 传感器的信噪比

传感器的信噪比是指其信号功率 P_S 与噪声功率 P_N 之比，用 SNR 表示，即

$$SNR=10\lg\left(\frac{P_S}{P_N}\right)$$

通常信噪比用分贝（dB）来表示。

传感器的输入信噪比与输出信噪比之比称为噪声系数 F，即

$$F=\frac{SNR_{in}}{SNR_{out}}=\frac{\lg\left(\frac{P_S}{P_N}\right)_{in}}{\lg\left(\frac{P_S}{P_N}\right)_{out}} \tag{2.6.1}$$

为了检测被测量的微小变化，必须提高传感器的灵敏度，同时减小其噪声量。传感器的信噪比则是表示传感器实际使用时检测微弱信号能力的一种指标。

设信号与噪声互不相关，即传感器的输出可写为

$$y=S_0x+n(q,t) \tag{2.6.2}$$

式中 x,y——传感器的输入与输出；

S_0——传感器的静态灵敏度；

$n(q,t)$——与输入无关而与环境变量 q 和时间变量 t 有关的输出噪声量。

由于噪声是随机信号，其功率按统计规律处理，因此式(2.6.2)可以用均方值来表示，即

$$\overline{y}^2=S_0^2\overline{x}^2+\overline{n}^2 \tag{2.6.3}$$

如果传感器的输入噪声为 n_i，则其噪声系数为

$$F=\frac{\dfrac{\overline{x}^2}{\overline{n}_i^2}}{\dfrac{S_0^2\overline{x}^2}{\overline{n}^2}}=\frac{\overline{n}^2}{S_0^2\overline{n}_i^2} \tag{2.6.4}$$

由式(2.6.4)可知：

(1) 当传感器内部的噪声为0时，即 $\overline{n}^2=S_0^2\overline{n}_i^2$，则 $F=1$。

(2) 当传感器内部的噪声不为0时，一般情况下即 $\overline{n}^2>S_0^2\overline{n}_i^2$，则 $F>1$。

(3) 当传感器的频带与输入噪声的频谱相比非常狭窄时，传感器起滤波作用，这时 $F<1$。

传感器检测微弱信号的能力可以用 x_m 表示。它是指输出信噪比为1时输入的大小。由信噪比的定义和式(2.6.3)、式(2.6.4)可得

$$\overline{x}_m^2=\frac{\overline{n}^2}{S_0^2}=\overline{n}_i^2F \tag{2.6.5}$$

在一定的噪声输入时，x_m 越小，传感器的噪声系数 F 也越小，表明该传感器检测微弱信号的能力也越强。当传感器的噪声系数 F 值一定时，则必须抑制由输入端混入的噪声，以降低其 x_m 值，提高传感器检测微弱信号的能力。当传感器的频带较宽，无滤波效果时，应尽量减小其内部噪声，使 F 值接近1；或者在满足所需精确度传递信号的条件下，使传感器的频带尽量变窄，以得到较高的输出信噪比。当输入噪声较大不可忽略时，可采用平均法，即在较短的时间间隔（应小于输出变化周期）内取输出的平均值，以得到较高的信噪比。

2.6.3 传感器低噪声化的方法

1. 差动检测法

采用两个工作机理和特性完全相同的敏感单元差动(differential testing)组合，以其两者之差为输出，则可在传感器输出信号中基本消除混入于两个敏感单元中相位相同的噪声，从而得到较高输出信噪比。可参见图7.4.1、图7.4.2、图7.4.3、图8.5.9、图8.6.1、图8.7.1、图8.7.4、图8.8.1、图8.9.6、图8.9.7、图8.9.8、图8.10.3、图8.10.6、图8.10.7、图9.6.1、图9.7.1、图9.9.1、图10.2.6等。

2. 正交检测法

利用传感器敏感单元对相互垂直的不同方向的作用量响应程度，即灵敏度相差很大的结构特征，使传感器对被测量敏感，对干扰量不敏感。参见2.2节有关静态灵敏度的讨论，以及图4.5.4、图4.5.5、图6.2.3、图7.4.1、图7.4.2、图7.4.3、图7.5.1、图10.2.6、图10.5.1、图11.3.10。特别是在谐振式传感器中，敏感结构采用正交隔振的方法可以大大提高信噪比。参见图4.5.6、图8.5.1、图8.5.7、图8.5.9、图8.6.1、图8.7.2、图8.7.5、图8.8.1、图8.9.7、图8.9.8、图8.10.5、图8.10.6、图8.10.7、图9.7.1等。

3. 相关检测法

当传感器的输出信噪比较低，且信号与噪声同样微弱时，可采用两个特性完全相同的传感器，利用相关检测法（correlation testing）把传感器的输出信号与噪声分开。例如，用相关检测法测量运动物体的线速度，如图 2.6.1(a)所示。在移动的钢带表面，相距 L 处，在钢带的同一直线上分别安装两个特性完全一致的电容式传感器（或压电式超声波传感器、光电式传感器等）。当钢带运动时，电容式传感器接收到的随机信号分别为 $y_1(t)$ 和 $y_2(t)$。$y_1(t)$ 和 $y_2(t)$ 的波形是相似的，但 $y_1(t)$ 在时间上滞后于 $y_2(t)$，设为 τ。如果将 $y_2(t)$ 延迟 τ，且取 $\tau=\dfrac{L}{v}$，这时 $y_1(t)=y_2(t-\tau)$，即这两个信号波形完全相同，$y_1(t)$，$y_2(t)$ 的互相关函数 $R_{12}(\tau)-\dfrac{1}{T}\int_0^T y_1(t)y_2(t-\tau)\,\mathrm{d}t$ 为极大值。因此测出 $R_{12}(\tau)$ 达到极大值时的延迟时间 τ，就可以求得钢带的线速度 v。互相关函数的测量波形如图 2.6.1(b)所示，其测量综合误差可达 0.1%。

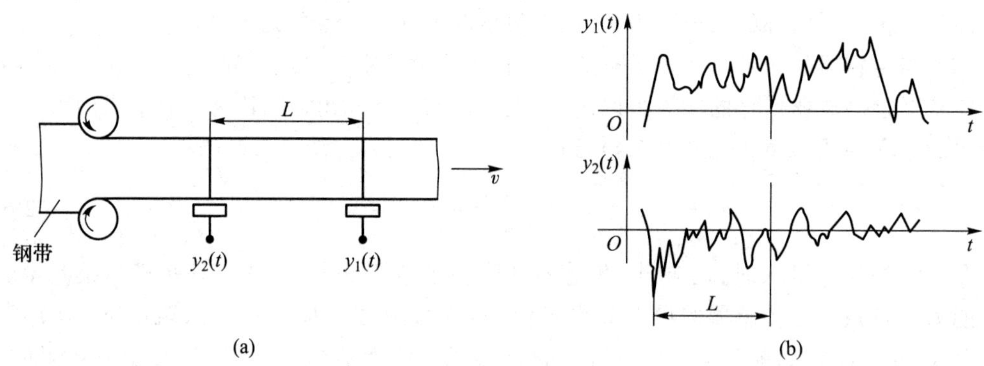

图 2.6.1 相关检测法测量钢带的线速度

4. 调制测量法

采用调制测量法（modulation testing），如机械、电学和光学等调制方法，使传感器输出调制信号，并用窄带滤波器使之低噪声化，可有效地抑制 $1/f$ 噪声。这时传感器的后续电路可采用交流放大器，从而避免了直流放大器易产生漂移的问题。

前两种方法重点针对传感器敏感结构，后两种方法则是针对传感器的应用或者测量系统。

习题与思考题

2.1 对于一个实际传感器，如何评价其静态性能指标？

2.2 静态灵敏度是传感器的一项主要性能指标，简要说明你的理解。

2.3 简要对比传感器的静态灵敏度与分辨率。

2.4 说明温漂与时漂在传感器性能指标中的重要性。

2.5 传感器的测量误差，可以从其输出电信号进行定义，也可以从其输入被测量进行定义。简要说明你的理解。

2.6 基于传感器线性度的定义，给出一种有别于教材中所介绍的计算方法，简要说明其应用特点。

2.7 简述利用“极限点法”计算传感器综合误差的过程，说明其特点。

2.8 描述传感器的动态模型有哪些主要形式？各自的特点是什么？

2.9 传感器进行动态校准时，应注意哪些问题？

2.10 传感器的动态特性的时域指标主要有哪些？说明其物理意义。

2.11 传感器的动态特性的频域指标主要有哪些？说明其物理意义。

2.12 一线性传感器的校验特性方程为：$y=x+0.001x^2-0.0001x^3$；x、y 分别为传感器的输入和输出。输入范围为 $10\geqslant x\geqslant 0$，计算传感器的平移端基线性度。

2.13 试分析题 2.12 中的传感器的灵敏度。

2.14 对 2.5 节介绍的典型案例进行总结，字数为 500~600 字。

2.15 2.5 节介绍的典型案例，说明可以改进的方面。

2.16 2.5 节介绍的典型案例，还可以采用什么方法对振动传感器的动态特性进行测试？还可以采用什么方法对传感器的动态特性进行补偿？

2.17 传感器的噪声是如何产生的？如何减小？

2.18 什么是传感器的信噪比？说明其物理意义。

第 3 章 》》

传感器与敏感材料

基本内容

本章基本内容包括敏感材料、功能材料，硅材料、单晶硅、多晶硅、碳化硅、氧化硅和氮化硅，化合物半导体材料，压电材料及其效应，压电石英晶体、压电陶瓷、聚偏二氟乙烯薄膜、氧化锌压电薄膜，磁致伸缩材料，形状记忆合金，熔凝石英，光导纤维，弹性合金，纳米材料，石墨烯材料。

3.1 概述 》》

传感器是由对外界变化敏感的结构或材料，即敏感结构或功能材料制成的器件或系统。其中敏感结构多利用其力学特性进行测量，而功能材料也称为敏感材料。它直接感受被测对象施与的能量，并以形变或物性变化响应，再将其转换为可用的电信号输出。本章重点讨论敏感材料的特性。

敏感材料有多种，包括半导体、绝缘体、压电材料、金属材料、磁性材料、有机材料以及超导材料等。而现代传感器用得最多的敏感材料当属半导体及其化合物和化合物半导体。

敏感材料的材质是设计和制造高性能传感器的基础。材料自身的优良性能能否充分发挥，在很大程度上取决于制造它时采用的工艺方法和处理过程。工艺方法和处理过程不当，会导致材料内部产生残余应力，制约了材料固有优良性能的发挥，最终影响到传感器性能，使之下降。所以，在设计和制造传感器时，除优选敏感材料外，还必须考虑选择恰当的工艺方法。

此外，从传感器整体结构考虑，还应充分考虑与传感器敏感部分相匹配的一些结构材料的选用，以减小因膨胀系数不同而产生的热应力和隔离外界非被测对象（或因素）对敏感部分的干扰。

需要指出，利用敏感材料也可以制作传感器的敏感结构，直接或间接利用其力学特性实现测量。

3.2 硅材料 》》

3.2.1 单晶硅

硅在集成电路和微电子器件生产中应用广泛，但主要是利用其电学特性；在传感器设计中，往往同时利用硅优良的机械特性和电学特性，以研制不同敏感机理的传感器。

硅材料储量丰富,硅晶体易于生长,并能获得纯净无杂,不纯度在十亿分之一数量级,内耗小,机械品质因数高达 10^6 数量级。设计和制造得当的敏感元件,能实现极小的迟滞和蠕变,极佳的重复性和长期稳定性。用硅材料制作传感器,有利于解决长期困扰传感器技术领域的三个难题——迟滞、重复性和长期漂移。

硅材质轻,密度为 2.33 g/cm³,是不锈钢密度的 1/3.5,而弯曲强度却为不锈钢的 3.5 倍,具有较高的强度/密度比和刚度/密度比。

单晶硅具有很好的热导性,是不锈钢的 5 倍,而热膨胀系数则不到不锈钢的 1/7,能很好地和低膨胀合金钢(Invar 合金)连接,并避免热应力产生。

单晶硅为对称立方晶体,是各向异性材料,许多机械特性和电学特性取决于晶向,如弹性模量、泊松比、压阻效应等。

单晶硅由压阻效应引起的电阻应变灵敏系数$\left(K_s=\dfrac{1}{\varepsilon}\dfrac{\Delta R}{R}\right)$高,在同样输入下,可以得到比金属应变计更高的信号输出,一般为金属的 10~100 倍,能在 10^{-6}数量级甚至次 10^{-6}数量级敏感到输入信号。

硅材料的制造工艺与集成电路工艺有很好的兼容性,可制造微型化、集成化的硅传感器。

基于上述优点,硅材料已成为制造微机械结构和微型化传感器的首选材料。但是,硅材料对温度很敏感,其电阻温度系数接近 $2\,000\times10^{-6}$/K 的数量级,如图 3.2.1 所示。因此,凡是以硅的压阻效应为测量原理的传感器,必须考虑温度对测量结果的影响。这是硅材料对温度很敏感带来的不利的一面,但也有可利用的一面,则是在测量被测参数时,同时可以直接测量温度。单晶硅材料的主要物理性质如表 3.2.1 所示。

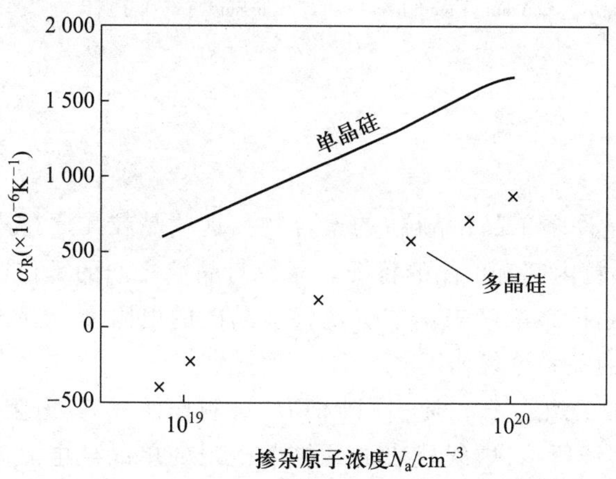

图 3.2.1 硅的电阻温度系数

表 3.2.1 单晶硅材料的主要物理性质

物性参数	数据
密度 ρ_m(g/cm³)	2.33
弯曲强度(MPa)	70~200
屈服强度(MPa)	7 000

续表

<table>
<tr><th>物性参数</th><th colspan="2">数据</th></tr>
<tr><td rowspan="2">弹性模量 E(MPa)</td><td colspan="2">N 型硅</td></tr>
<tr><td colspan="2">$\begin{matrix}(100)\\(110)\\(111)\end{matrix}E=\begin{cases}130\times10^{3}\\170\times10^{3}\\190\times10^{3}\end{cases}$</td></tr>
<tr><td rowspan="2">$\frac{1}{E}\frac{dE}{dT}$(1/K)</td><td>N 型硅</td><td>P 型硅</td></tr>
<tr><td>(100)　-63×10^{-6}
(110)　-80×10^{-6}
(111)　-46×10^{-6}</td><td></td></tr>
<tr><td>泊松比 μ</td><td>(100)　0.278</td><td>(111)　0.18</td></tr>
<tr><td>线膨胀系数 α_L(1/K)</td><td>2.62×10^{-6}</td><td rowspan="2"></td></tr>
<tr><td>热导率 λ[W/(m·K)]</td><td>157</td></tr>
<tr><td>电阻应变灵敏系数 K_s
$\left(K_s=\frac{1}{\varepsilon}\frac{\Delta R}{R}\right)$</td><td>(100)　−132
(110)　−52
(111)　−13</td><td>+10
+123
+177</td></tr>
<tr><td>电阻率 ρ(Ω·m)</td><td>11.7×10^{-2}</td><td>7.8×10^{-2}</td></tr>
<tr><td>压阻系数 π(m^2/N)</td><td>$\pi_{11}=-102\times10^{-11}$
$\pi_{12}=53.4\times10^{-11}$
$\pi_{44}=-13.6\times10^{-11}$</td><td>$\pi_{11}=6.6\times10^{-11}$
$\pi_{12}=-1.1\times10^{-11}$
$\pi_{44}=138\times10^{-11}$</td></tr>
</table>

注：除特别指出外，本教材 ρ_m，E(Young's modulus)(Pa)，μ(Poisson's ratio)分别代表了弹性体的体积密度、弹性模量、泊松比。

3.2.2 多晶硅

多晶硅(poly-si)是许多单晶(晶粒)的聚合物。这些晶粒无序排列，不同的晶粒有不同的单晶取向，而每一晶粒内部有单晶的特征。晶粒与晶粒之间的部位叫晶界，晶界对其电特性的影响可以通过控制掺杂浓度来调节。现就多晶硅的电阻率、电阻温度系数及电阻应变灵敏系数与掺杂浓度的关系论述如下。

多晶硅膜一般由低压化学气相淀积(LPCVD)法制作而成，其电阻率随掺硼浓度的变化特性如图 3.2.2 中的实线所示，虚线代表的是扩散电阻的单晶硅电阻率特性。由图可见，多晶硅膜的电阻率比单晶硅的高，特别在低掺杂原子浓度下，多晶硅电阻率迅速升高。随着掺杂原子浓度不同，其电阻率可在较宽数值范围内变化。

图 3.2.3 所示为不同掺杂原子浓度的多晶硅电阻随温度的变化特性，一般为非线性，可表达为

$$R(t)=R_0\exp[\alpha_R(t-t_0)] \tag{3.2.1}$$

式中 R_0——温度为20℃时的电阻；

t_0——温度，$t_0=20$℃；

t——实时温度；

α_R——电阻温度系数。

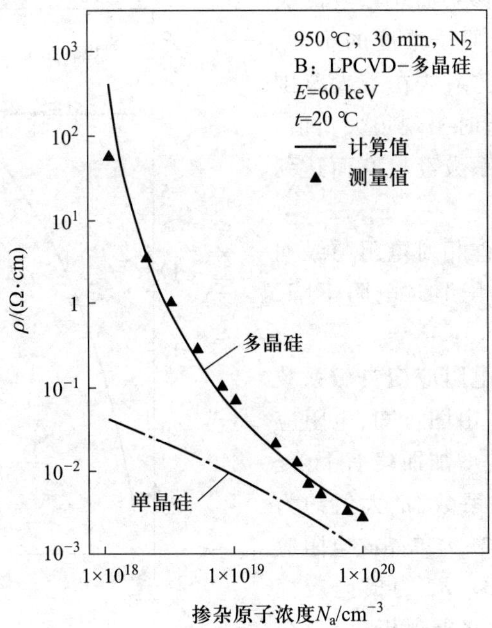

图 3.2.2 电阻率与掺杂原子浓度的关系

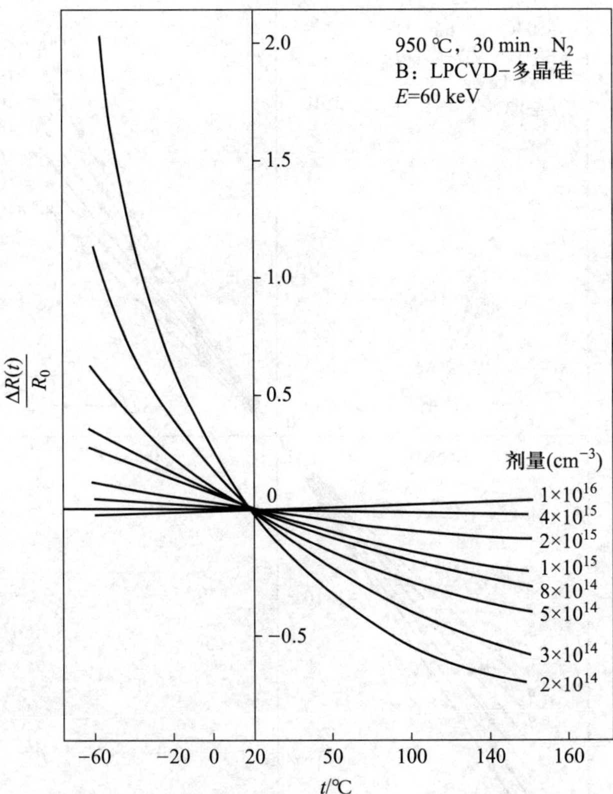

图 3.2.3 多晶硅电阻随温度变化的特性

R_0—温度为 20℃ 时的电阻

电阻温度系数 α_R 与掺杂原子浓度的关系如图 3.2.4 所示。掺杂原子浓度的不同，使得多晶硅膜的电阻温度系数在很大范围内变化。掺杂原子浓度低时出现很大负值，随着浓度增加，电阻温度系数经过 0 而达到正值。

图 3.2.5 所示为多晶硅相对电阻与纵向应变的关系。由图可见，压缩时电阻下降，拉伸时电阻上升。

图 3.2.6 表示多晶硅电阻应变灵敏系数与掺杂原子浓度的关系。由图可知，电阻应变灵敏系数随掺杂浓度的增加而略有下降。其中 K_a 为纵向应变灵敏系数，最大值约为金属应变计最大值的 30 倍，为单晶硅电阻应变灵敏系数最大值的 1/3。K_n 为横向应变灵敏系数，其值随掺杂浓度出现正负变化，故一般都不采用。

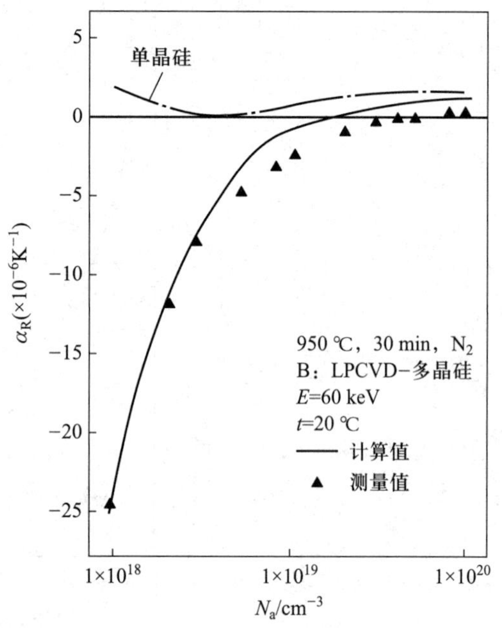

图 3.2.4 电阻温度系数与掺杂原子浓度的关系

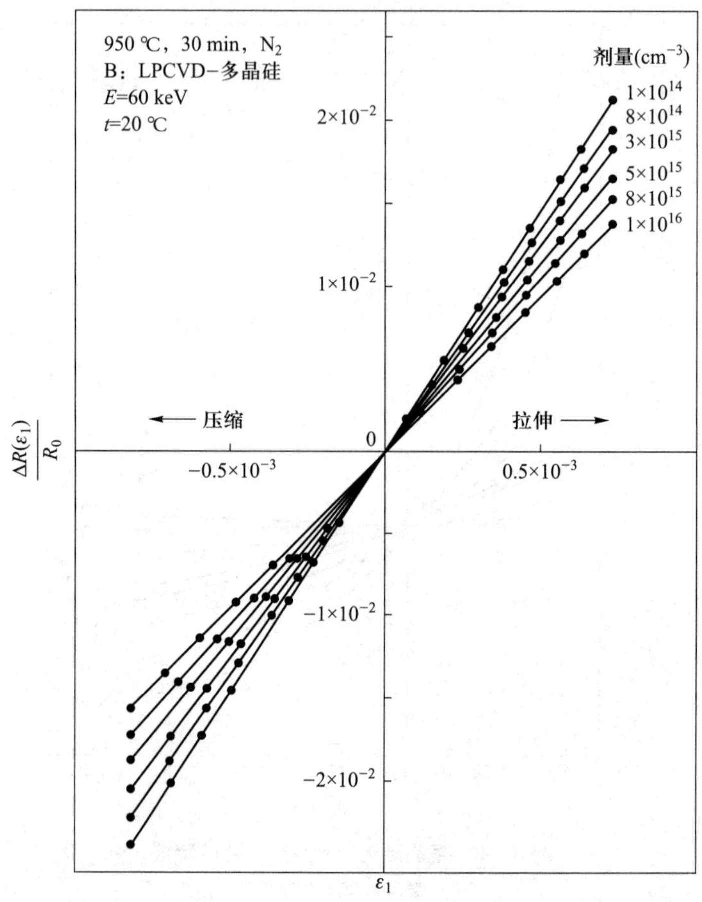

图 3.2.5 多晶硅相对电阻与纵向应变的关系

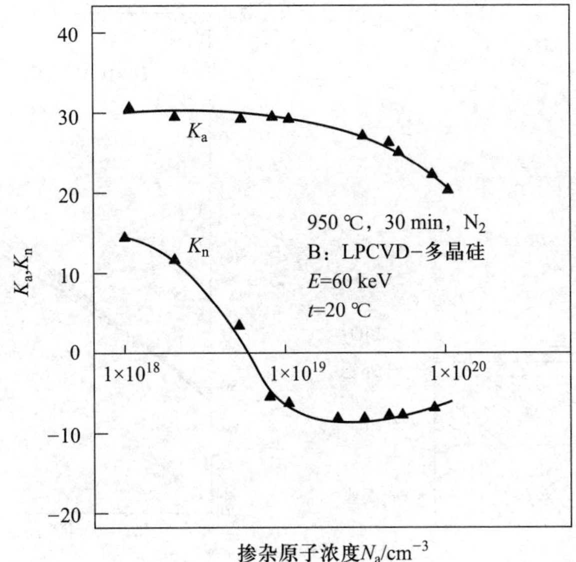

图 3.2.6 多晶硅电阻应变灵敏系数与掺杂原子浓度的关系

此外，与单晶硅压阻膜相比，多晶硅压阻膜可以在不同的材料衬底上制作，如在介电材料（二氧化硅 SiO_2、氮化硅 Si_3N_4）上。其制备过程与半导体硅的工艺兼容，且无 PN 结隔离问题，因而适合在更高工作温度（$t \geqslant 200℃$）场合使用。在相同工作温度下，多晶硅压阻膜与单晶硅压阻膜相比，可更有效地抑制温度漂移，有利于提高长期稳定性。多晶硅电阻膜的准确阻值，可以通过光刻手段获得。

综上所述，多晶硅膜具有较宽的工作温度范围（-60～+300℃）、可调的电阻率特性、可调的温度系数、较高的压阻效应及能达到准确调整阻值的特点，所以在研制微传感器和微执行器时，利用多晶硅膜这些电学特性，有时比只用单晶硅更有价值。例如，利用机械性能优异的单晶硅制作感压膜片，在其上覆盖一层介质膜 SiO_2，再在 SiO_2 上淀积一层多晶硅压敏电阻膜制成混合结构的微型压力传感器（见图 3.2.7），发挥了单晶硅和多晶硅材料各自的优势，其工作高温至少可达到 200℃，甚至 300℃，低温为-60℃。该传感器的输出特性如图 3.2.8 所示。

3.2.3 碳化硅（SiC）

SiC 是由碳原子和硅原子组成，利用离子注入掺杂技术将碳原子注入单晶硅内，便可获得优质的立方晶体结构的 SiC。随着掺杂浓度的差异，得到的晶体结构不同，可表示为 β-SiC。β 表示不同形态的晶体结构。

用离子注入法得到的 SiC 材料，自身的物理、化学及电学特性优异，表现出高强度、高硬度、很低的残余应力、极强的化学惰性、较宽的禁带宽度（硅的 1～2 倍）以及较高的压阻系数。因此，SiC 材料能在高温下耐腐蚀、抗辐射，并具有稳定的电学性质，非常适合用于制作高温、恶劣环境下工作的传感器。

由于 SiC 单晶材料硬度高，加工难度大，所以，以硅单晶片为衬底的 SiC 薄膜，就成为研究和使用的理想选择。通过离子注入、化学气相淀积等技术，将其制作在 Si 衬底上或者绝缘体（SiC-on-Insulator）衬底上，供设计者选用。例如，可选用以绝缘体为衬底的 SiC 薄膜，作为

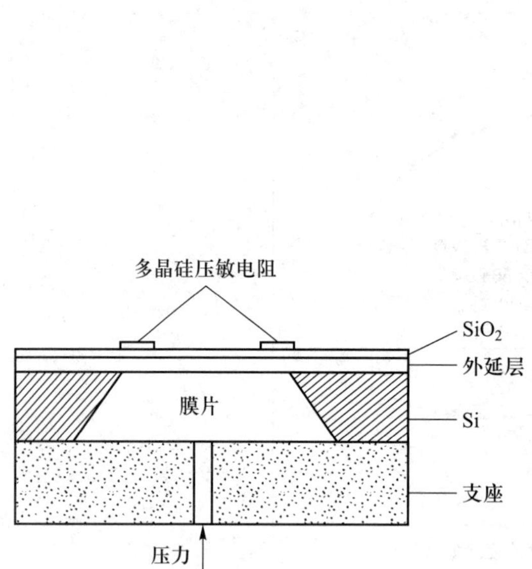

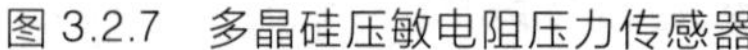
图 3.2.7 多晶硅压敏电阻压力传感器

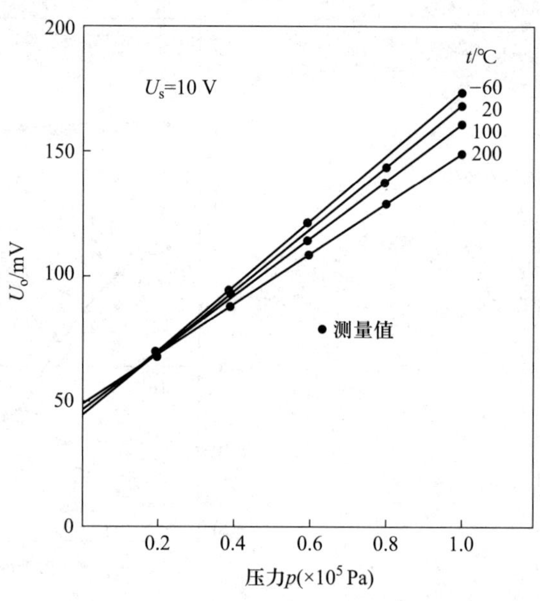

图 3.2.8 多晶硅压敏电阻压力传感器输出特性

感压敏感元件（如膜片），并制成高温压力传感器，实现航空发动机、火箭、导弹及卫星等耐热腔体及其表面部位的压力测量，工作温度可达 600℃以上。

除了使用单晶 SiC 薄膜外，还可选用多晶 SiC 薄膜。与单晶 SiC 薄膜相比，多晶 SiC 薄膜的适用性更广。它可以在多种衬底（如单晶硅、绝缘体、SiO_2 及非晶硅等）上，采用离子体强化气相淀积、物理溅射、低压气相淀积以及电子束放射等技术（工艺方法详见第 4 章）生长成薄膜，供制作高温压力传感器等使用。

3.2.4 氧化硅和氮化硅

硅的氧化物——SiO_2，是一种介电材料，不仅能掩蔽杂质的掺杂，而且能为器件表面提供优良的保护层。

硅的化合物——Si_3N_4，也是一种介电材料，并且耐腐蚀，不仅能为器件表面提供优良的钝化层，还因其具有极高的机械强度，适合于制作很薄（厚度约为 1 μm）的弹性元件，如膜片、梁等。

上述 Poly-Si、SiC、SiO_2 和 Si_3N_4 四种薄膜材料，在硅传感器中各有不同用途。Poly-Si 和 SiC 膜常被选用作为敏感被测对象的薄膜使用；SiO_2 膜常被选用作为介质膜起绝缘作用，同时它还可以用于起尺寸控制作用的衬垫层（或牺牲层），在器件加工完成之前腐蚀掉；而 Si_3N_4 膜常用其覆盖在 Si 器件表面上，起到防腐蚀保护作用，并且具有较久的耐磨性。

这些作为薄膜使用的材料，视应用场合，其厚度可从几十纳米直到 2 μm 之间选择。上述四种材料的主要物理性质如表 3.2.2 所示。

表 3.2.2 Poly-Si、Sic、SiO_2、Si_3N_4 的主要物理性质

物性参数	Poly-Si	SiC	SiO_2	Si_3N_4
密度 ρ_m (g/cm^3)	类同单晶硅	—	2.55	3.44
弹性模量 E(MPa)	$(145\sim170)\times10^3$	$(430\sim450)\times10^3$	$(50\sim80)\times10^3$	$(280\sim310)\times10^3$
线膨胀系数 α_L(1/K)	$(2\sim2.8)\times10^{-6}$	3.4×10^{-6}	$(0.5\sim0.55)\times10^{-6}$	$(0.8\sim2.8)\times10^{-6}$
泊松比 μ	0.25	—	—	—
热导率 λ[W/(m·K)]	13	68	6.5	19

3.3 化合物半导体材料

硅及其化合物是设计和制造传感器的主要材料。先进的成像传感器和光电传感器近来日益多地采用化合物半导材料。例如,红外传感器(探测器),是利用红外辐射与物质作用产生的各种效应发展起来的。实用的光敏红外探测器,主要是针对红外辐射在大气传输中透射率最为清晰的三个波段(1~3、3~5、8~14 μm)研制的。对于波长 1~3 μm 敏感的有硫化铅 PbS、砷化铟 InAs 及 $Hg_{0.61}Cd_{0.39}Te$ 材料制成的探测器;对于波长 3~5 μm 敏感的有 InAs、硒化铅 PbSe 及 $Hg_{0.73}Cd_{0.27}Te$ 材料制成的探测器;对于波长 8~14 μm 敏感的有 $Pb_{1-x}Sn_xTe$、$Hg_{0.8}Cd_{0.2}Te$ 及非本征半导体 Ge∶Hg、Si∶Ga 及 Si∶Al 等材料制成的探测器。

其中三元合金 $Hg_{1-x}Cd_xTe$ 是一种本征吸收材料,通过调整材料组分,不仅可以制成适合三个波段的器件,还可以开发在更长工作波段(1~30 μm)上的应用,因而备受人们的关注。

3.4 压电材料

3.4.1 压电效应

压电材料的主要属性是其弹性效应和电极化效应在机械应力或电场(压)作用下将发生相互耦合,应力—应变—电压之间的内在耦合关系可表示为

$$d_{ij}=\left(\frac{\partial D}{\partial \sigma}\right)_E=\left(\frac{\partial \varepsilon}{\partial E}\right)_\sigma \tag{3.4.1}$$

式中,d_{ij}为压电常数;D 为电位移;E 为电场强度;ε 为应变;σ 为应力;$\left(\frac{\partial D}{\partial \sigma}\right)_E$、$\left(\frac{\partial \varepsilon}{\partial E}\right)_\sigma$ 分别为正压电效应和逆压电效应;括号外的下标表示作为条件恒定不变的参数。实际上,往往以外电路短路($E=0$)和压电体不受机械约束的自由状态($\sigma=0$)来满足恒定条件;下标 i、j 分别表示电场方向和应力方向。

正压电效应表现为在机械应力作用下，将机械能转换为电能；逆压电效应，则是在电场（压）作用下，将电能转换为机械能。

反映压电材料能量转换效率的系数叫机电耦合系数，用 k_{ij} 表示，计算式为

$$k_{ij}=\left(\frac{\text{由正压电效应转换为电能}}{\text{输入机械能}}\right)^{\frac{1}{2}}=\left(\frac{\text{由逆压电效应转换为机械能}}{\text{输入电能}}\right)^{\frac{1}{2}} \tag{3.4.2}$$

利用正压电效应可制成机械能的敏感器（检测器）；利用逆压电效应可制成电激励的驱动器（执行器）。可见，压电材料是一种具有双向功能的材料，在双向机电式传感器、驱动器、浮能器设计中得到广泛应用。

3.4.2 压电石英晶体

石英的化学组成是 SiO_2，石英晶体（Quartz）为 SiO_2 的晶态形式。其理想形状为六角锥体，如图 3.4.1 所示。通过锥顶端的轴线称为 z 轴（光轴），通过六面体平面并与 z 轴正交的轴线称为 y 轴（机械轴），通过棱线并与 z 轴正交的轴线称为 x 轴（电轴）。

石英晶体是各向异性材料，不同晶向具有不同的物理特性。石英晶体又是压电材料，其压电效应与晶向有关，压电矩阵可表示为

$$\boldsymbol{d}_{ij}=\begin{pmatrix} d_{11} & -d_{11} & 0 & d_{14} & 0 & 0 \\ 0 & 0 & 0 & 0 & -d_{14} & -2d_{11} \\ 0 & 0 & 0 & 0 & 0 & 0 \end{pmatrix} \tag{3.4.3}$$

式中，$\boldsymbol{d}_{ij}$ 称为压电常数。

根据图 3.4.2 可看出，式（3.4.3）中下标 1~6 与三个晶轴 x,y,z 有关。压电常数 d_{ij} 的物理意义可用量纲表示法阐明。对于正压电效应，则有

$$\dim\boldsymbol{d}_{ij}=\frac{\mathrm{C/m^2}}{\mathrm{N/m^2}}=\mathrm{C\cdot N^{-1}} \tag{3.4.4}$$

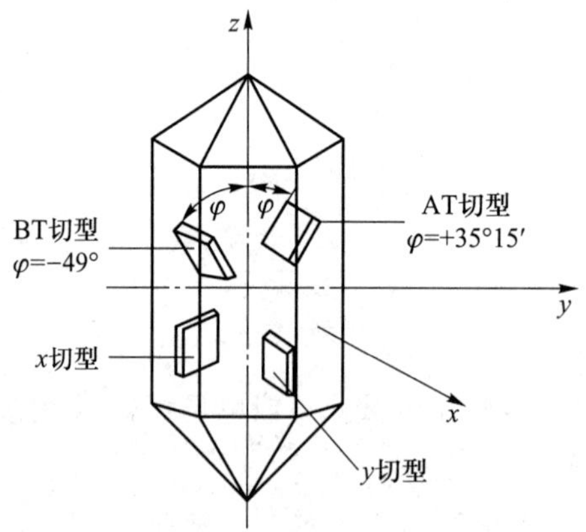

图 3.4.1 石英晶体的理想形状

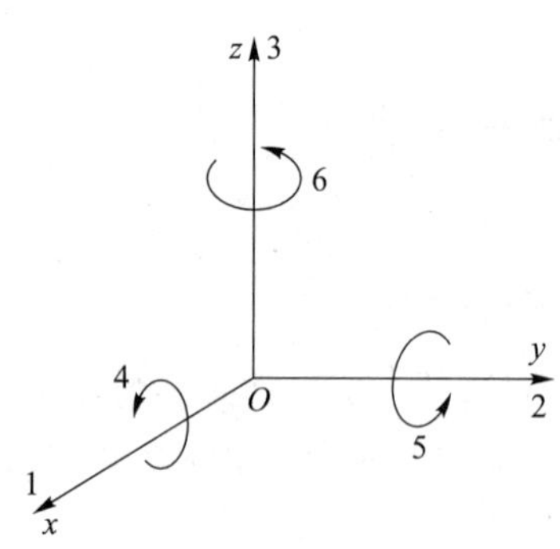

图 3.4.2 压电常数的轴向表示法

即每单位应力输入时的电荷密度输出，或每单位力输入时的电荷输出。

对于逆压电效应，则有

$$\dim\boldsymbol{d}_{ij}=\frac{\mathrm{m/m}}{\mathrm{V/m}}=\mathrm{m\cdot V^{-1}} \tag{3.4.5}$$

即每单位场强作用下的应变输出。

为计算方便,引入压电电压常数 $\boldsymbol{g}_{ij}$,则

$$\dim \boldsymbol{g}_{ij}=\frac{\mathrm{V/m}}{\mathrm{N/m^2}}=\mathrm{V\cdot m\cdot N^{-1}} \tag{3.4.6}$$

表示每单位应力作用下的电场强度输出。

由式(3.4.3)可知,虽然压电矩阵含有 18 项,但石英对称条件要求其中 13 项应取 0 值,并要求其他项之间有一定关系,即 $d_{12}=-d_{11}$,$d_{25}=-d_{14}$,$d_{26}=-2d_{11}$。即只有 2 个独立的压电常数 d_{11} 和 d_{14}。它们的数值分别为 $d_{11}=2.3\times10^{-12}\ \mathrm{C\cdot N^{-1}}$,$d_{14}=-0.67\times10^{-12}\ \mathrm{C\cdot N^{-1}}$。

石英晶体又是绝缘体,在其表面淀积金属电极引线,不会产生漏电现象。

石英晶体和单晶硅一样,具有优良的机械物理性质。它材质纯、内耗低及功耗小,机械品质因数的理想值可高达 10^7 数量级,迟滞和蠕变极小,小到可以忽略不计。

石英材质轻,密度为 2.65 g/cm^3,为不锈钢的 1/3,弯曲强度为不锈钢的 4 倍。

石英晶体的实际最高工作温度不应超过 250℃,在 20~200℃ 区间,d_{11} 的温度系数为 0.016/℃。

石英晶体作为压电材料,主要用于制造压电晶振和换能器。前者利用材料本身的谐振特性,基于电—机和机—电转换原理进行工作,要求有较高的机械品质因数;后者主要用于将一种形式的能量转换为另一种形式的能量,要求换能效率高。石英晶体的主要物理性质如表 3.4.1 所示。

表 3.4.1 石英晶体的主要物理性质

物性参数	数据	物性参数	数据
密度 ρ_m(g/m^3)	2.65	介电常数 $\varepsilon_r=\varepsilon\varepsilon_0^{-1}$	4.6(∥z,⊥z)
弹性模量 E(MPa)	(001)∥z:100×10^3	热膨胀系数 α_L(×10^{-6}/K)	7.1(∥z),13.2(⊥z)
	(001)⊥z:80×10^3	热导率 λ[W/(m·K)]	455.3×10^{-2}(∥z), 251.2×10^{-2}(⊥z)
弯曲强度(MPa)	90		
正压电常数 d_{ij}(×10^{-12} C/N)	$d_{11}=2.3$,$d_{14}=-0.67$	电阻率 ρ(Ω·cm)	0.1×10^{15}

注 ε_0(真空介电常数)= 8.854×10^{-12} F/m;ε_r 为相对介电常数。

压电石英具有很高的机械品质因数,而其换能效率不够理想,所以主要用来制造诸如谐振器、振荡器及滤波器等。

3.4.3 压电陶瓷

陶瓷材料是以化学合成物质为原料,经过精密的成型烧结而成。烧结前,严格控制合成物质的组分比,便可以研制成适合多种用途的功能陶瓷,如压电陶瓷(电致伸缩陶瓷)、半导体陶瓷、导电陶瓷、磁性陶瓷及多孔陶瓷等。

压电陶瓷是陶瓷经过电极化之后形成的,如图 3.4.3 所示。电极化之后的压电陶瓷为各向异性的多晶体。

压电陶瓷的弹性效应和电极化效应具有耦合性,耦合关系如式(3.4.1)所示。压电常数矩阵为

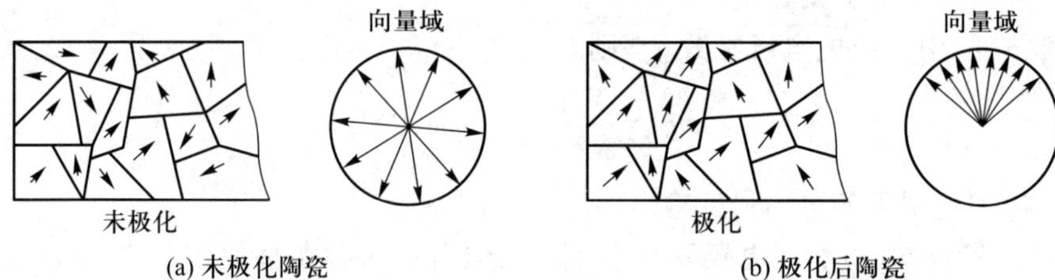

图 3.4.3 电极化处理的陶瓷

$$\boldsymbol{d}_{ij}=\begin{pmatrix} 0 & 0 & 0 & 0 & d_{15} & 0 \\ 0 & 0 & 0 & d_{24} & 0 & 0 \\ d_{31} & d_{32} & d_{33} & 0 & 0 & 0 \end{pmatrix} \tag{3.4.7}$$

式中,矩阵元素 $d_{32}=d_{31}$,$d_{24}=d_{15}$。

由此可见,压电陶瓷有3个独立的压电常数。其中 d_{31} 代表横向伸缩模式,d_{33} 代表纵向伸缩模式,d_{15} 代表剪切模式,如表 3.4.2 所示。

表 3.4.2 压电陶瓷的振动模式

切型	极化方向	振动方向	压电常数
1, 2, 3			d_{33}
3, 2, 1			d_{31}
3, 2, 1			d_{15}

压电陶瓷材料有多种,最早的是钛酸钡($BaTiO_3$),现在常用的是锆钛酸铅($PbZrO_3$-$PbTiO_3$),简称 PZT。PZT 良好的压电性,成为被广泛应用的重要基础。

基于材料化学组分的控制和掺杂技术的应用,在 PZT 陶瓷中掺镧,研制成掺镧锆钛酸铅,简称 PLZT,是一种透明的压电陶瓷;利用 PLZT 的电控光折射效应和电控光散射效应,可以进行光调制、光存储及光显示,并可制成各种光阀和光闸。

3.4.4 聚偏二氟乙烯薄膜

聚偏二氟乙烯(简称 PVDF 或 PVF_2)是一种压电和热释电高分子功能材料。它是由重复单元(CF_2-CH_2)长链分子组成的半晶态聚合物,相对分子质量约为 10^5,分子链展开长度约为 0.5 μm,相当于 2 000 个重复单元;材料内部组织由分层结构的晶体与无定形结构混合而成;晶体薄层约占 50%,厚度约为 0.01 μm。图 3.4.4 所示为 PVF_2 晶粒组织的示意图。由图可见,分子链在晶层内来回折叠多次。

PVF_2 薄膜通常用单向拉伸或双向拉伸改善其机械特性和压电特性。经单向拉伸后再极化,其压电常数矩阵为

$$\boldsymbol{d}_{ij}=\begin{pmatrix} 0 & 0 & 0 & 0 & d_{15} & 0 \\ 0 & 0 & 0 & d_{24} & 0 & 0 \\ d_{31} & d_{32} & d_{33} & 0 & 0 & 0 \end{pmatrix} \tag{3.4.8}$$

对于双向拉伸而言,$d_{32}=d_{31}$,$d_{24}=d_{15}$。

式中,下标 1、2、3 分别代表薄膜的拉伸方向、平面内的横向及厚度方向(见图 3.4.5)。

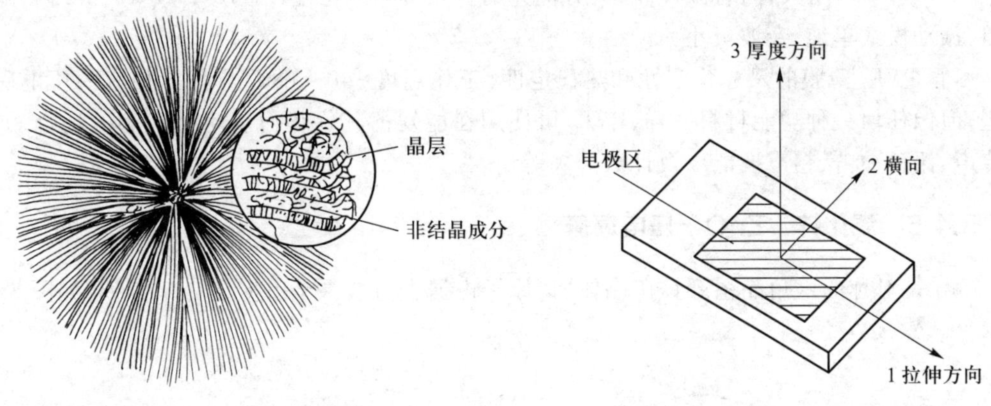

图 3.4.4 PVF_2 晶粒组织示意图

图 3.4.5 PVF_2 轴向代表符号

PVF_2 薄膜在温度作用下会产生热应力变化,导致电荷的电效应,即热释电效应。热释电常数为

$$p_y=\left(\frac{\mathrm{d}p_s}{\mathrm{d}T}\right)_{\substack{E=0\\ \sigma=0}} \tag{3.4.9}$$

式中,p_S 和 T 分别代表极化强度和温度。

温度升高使薄膜晶态的体积增加,同时也使沿第 3 垂直轴(厚度方向)的平均偶极矩降低,最终导致沿第 3 垂直轴方向的极化强度下降。

这时,沿轴 1、轴 2 方向不存在有效的偶极矩,即在轴 1、轴 2 方向的热释电常数 p_1 和 p_2 为 0。于是,热释电常数矩阵为

$$\boldsymbol{p}_y=\begin{pmatrix} 0 \\ 0 \\ -p_3 \end{pmatrix} \tag{3.4.10}$$

即只有一个非 0 值 p_3,且为负值。

PVF_2 压电薄膜是一种柔性、质轻、高韧度塑料薄膜,并可制成多种厚度和较大面积的阵列元件。作为一种高分子传感材料,其主要特点如下:

(1) 可制成轻软而结实的检测元件,附着在被测对象的弯曲或柔性表面上,对参数进行检测。

(2) 化学稳定性高,且不会析出有毒物质,与人的血液有良好的兼容性,适用于体内检测。

(3) 有和水及人体软组织相接近的低声阻抗[水的声阻抗为 1.5×10^6 kg/(m^2 · s),PVF_2

的为 2.7×10^6 kg/(m^2 · s),而压电陶瓷的则在 30×10^6 kg/(m^2 · s)以上],因而在 PVF_2/水界面上有较低的声反射系数,约 0.43(PZT/水界面上的声反射系数达 0.91)。故用 PVF_2 作为水下声(或超声)检测装置或人体超声诊断设备的检测元件,可省去阻抗匹配层。

(4) PVF_2 的压电常数比石英高 1 个数量级,比压电陶瓷低 1 个数量级。而压电电压常数 g_{ij} 则远远大于压电陶瓷,非常适合制作高灵敏度的应力(应变)检测元件,而不适合制作激励器。

(5) 加工性能好,易于制作大面积、不同厚度(数微米至 1 mm 以上)的薄膜,也可用模压技术制成多种特定形状的元件。这给设计和应用带来极大的灵活性。

(6) PVF_2 内阻大,固有频率高,具有优异的宽频带响应特性(在 10^{-3} ~ 5×10^8 Hz 内,响应平坦,振动模式单纯,余波极小)。

尽管 PVF_2 薄膜的尺寸稳定性和热稳定性(工作温度 -40 ~ +80℃)都比相应的压电陶瓷差些,但像任何一种功能材料一样,PVF_2 可使用在能发挥其优势而忽略其劣势的场合,如拾音传声、振动冲击、超声换能以及计数开关等。

3.4.5 氧化锌(ZnO)压电薄膜

ZnO 是对称的六角晶系纤锌矿晶体,锌原子占据层与氧原子占据层交错排列,如图 3.4.6 所示。

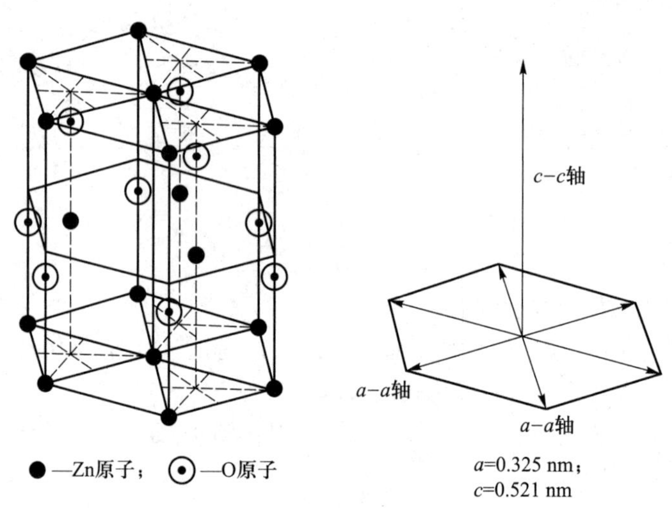

图 3.4.6 ZnO 材料的组织结构

ZnO 薄膜与各种非压电材料,如 Si、SiO_2、Si_3N_4、Au 及 Al 等衬底有优异的结合性能。溅射在衬底上的 ZnO 薄膜是密集的多晶体,其各个晶粒随垂直于衬底的 C 结晶轴优先生长,且具有较强的压电耦合性和各向异性。

ZnO 薄膜是一种用途广泛的压电材料。将其溅射在非压电材料衬底上,可作为压电激励器和检测器;在声学频段内,可作为微传感器中的压电换能器(激励和检测);在高频段(MHz级),常常把 ZnO 薄膜用于制作声表面波器件中的压电叉指换能器,如声表面波谐振器和声表面波滤波器等。

需指出的是,向衬底表面上溅射 ZnO 薄膜时,在薄膜生长过程中内部会存在残余应力。尽管可以通过优选溅射条件和参数,如温度、压力、材料纯度及工艺技术等克服,但控制其性能是相当繁琐的。残余内应力会影响器件使用的稳定性,这是 ZnO 压电薄膜应用中的主要缺点。

以上介绍了几种常用的压电材料,选用时注意其压电常数、压电电压常数、介电常数、频带宽度以及机电耦合系数等,应根据使用场合来确定。几种压电材料的主要物理性质如表 3.4.3 所示。

表 3.4.3 几种压电材料的主要物理性质

物性参数	PZT	PVF_2	ZnO
密度 $\rho_m(g/cm^3)$	7.5	1.78	5.68
弹性模量 $E(\times 10^3\ MPa)$	$E_{11}=61$ $E_{33}=53$	2.8(单向拉伸) 2.7(双向拉伸)	$E_{11}=2\ 100$ $E_{33}=2\ 110$
机电耦合系数 k_{ij}	$k_{31}=0.34$ $k_{33}=0.705$	$k_{31}=0.116$	$k_{33}=0.41$ $k_{15}=0.31$
压电常数 $d_{ij}(\times 10^{-12}\ C/N)$	$d_{31}=-171$ $d_{33}=374$	d_{31}:24(单向) 12.4(双向)	$d_{31}=-5.0$ $d_{33}=10.6$
相对介电常数 ε_r	$\varepsilon_{11}/\varepsilon_0=1\ 730$ $\varepsilon_{33}/\varepsilon_0=1\ 700$	$\varepsilon/\varepsilon_0$: 15(单向) 12(双向)	$\varepsilon_{11}/\varepsilon_0=9.26$ $\varepsilon_{33}/\varepsilon_0=11$
压电电压常数 $g_{ij}(10^{-3}\ V\cdot m/N)$	$g_{31}=-11.4$ $g_{33}=24.8$	$g_{31}=217$ $g_{33}=-330$	— —
声阻抗 $Z_a[10^6\ kg/(m^2\cdot s)]$	30	2.7	—
声速 $c(m/s)$	—	1 500	6 400(伸缩) 2 945(切变)
热释电常数 $P_y[10^{-6}\ C/(m^2\cdot K)]$	—	-27(单向) -42(双向)	—

3.5 磁致伸缩材料

某些晶态和非晶态铁磁性合金,在外磁场作用下,其体内自发磁化形成的各个磁畴(均匀磁化的体内各个小区域)的磁化方向均转向外磁场的方向,并成规则排列而被磁化。与此同时,体内结构产生应变(伸长或缩短)。这种由磁场而产生的伸缩现象称为正磁致伸缩效应;反之,磁化的铁磁体,在应力作用下产生应变时,其磁畴的结构也会发生变化,导致材料体内的磁通密度(磁感应强度)发生变化,形成逆磁致伸缩效应。可见,磁致伸缩材料和电致伸缩材料(压电材料)一样,也是双向工作的换能材料。

磁致伸缩材料有多种,经常选用的主要有纯镍(Ni)和含 68%Ni 的铁镍合金,俗称"68%坡莫合金",以及含 13%Al 的铁铝磁性合金。因为它们有较高的饱和磁致伸缩系数,即当磁化饱和时,材料沿磁化方向的伸缩比 $\varepsilon=\Delta l/l_0$ 有确定值,称为材料的饱和磁致伸缩系数,用 $\varepsilon_s=\left(\dfrac{\Delta l}{l_0}\right)_s$ 表示。ε_s 的值为$(30\sim35)\times10^{-6}$。

除上述晶体磁性材料外，还可选用富铁的非晶态磁性材料，常用的有 $Fe_{81}Si_4B_{14}C_1$，$Fe_{78}MO_2B_{20}$ 和 $Fe_{40}Ni_{40}P_{14}B_6$ 等。它们不仅有较高的磁致伸缩系数，而且机—磁耦合系数也比晶态磁性材料的大。

还有一种引人注目的超磁致伸缩材料，它含有稀土元素铽(Tb)的镝铽铁合金($Dy_{0.7}Tb_{0.3}Fe_2$)，俗称 Terfenol-D，在磁场作用下的伸缩量是其他磁致伸缩材料伸缩量的 40 倍，达 $1\ 400\times10^{-6}$，并且还有较快的响应速度。

磁致伸缩材料用途广泛，在微位移传感器精密定位、主振动控制系统以及超声波发生器件中均有应用，既可作为激励器(驱动器)，也可用作接收器或检测器使用。

磁致伸缩换能装置比电致伸缩换能装置的结构复杂些。它由磁致伸缩换能元件、激励线圈及偏磁体(永久磁铁)三部分组成，可激励多种模式的应变(伸长、缩短、弯曲、扭转等)。图 3.5.1 为磁致伸缩换能器示例。其中磁致伸缩合金棒为换能元件，外面绕有激励线圈，并置于偏磁体中，最外层为铝保护管。当有交变电流通过线圈产生磁场时，在磁场作用下，换能元件将产生纵向伸缩应变。偏磁体的另一作用，可消除 1 个振动周期内出现 2 倍频现象。

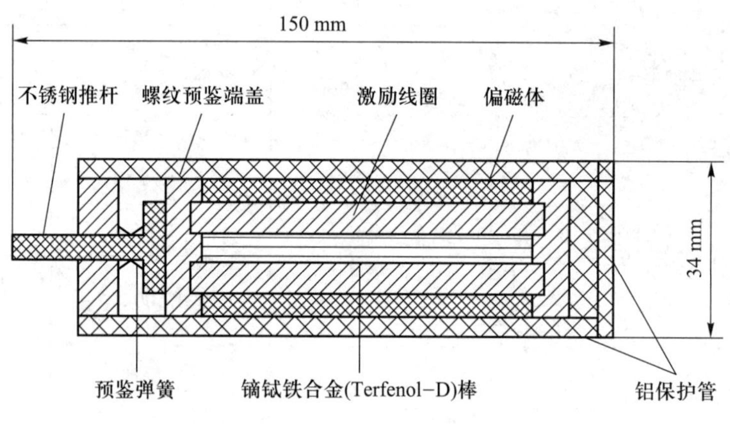

图 3.5.1　磁致伸缩换能器示例

3.6 形状记忆合金

这是一种有记忆功能的合金材料。用这种合金材料制作元件时，赋予它一定形状，在较低温度下它会改变这种形状；当温度回升到原来的温度时，它又会恢复到原来赋予它的形状。这一变化流程是基于材料在热作用下其热弹性通过马氏体相变将热能转换为机械能(热—机转换效应)，导致了材料形状记忆特性的发生。把具有这种形状记忆特性的合金称为形状记忆合金。

热弹性相变自然与温度、应力及应变有关。图 3.6.1 所示为某种形状记忆合金丝在温度 $t=2.2℃$ 和 $t=71.1℃$ 时的应力—应变($\sigma-\varepsilon$)响应特性。

在低温或高温状态下，卸载过程结束时，均无残余的非弹性应变而呈现出完全弹性，或称超弹性。说明在交变温度作用下，材料内部发生的热弹性相变周而复始，材料形状变化也周而复始。

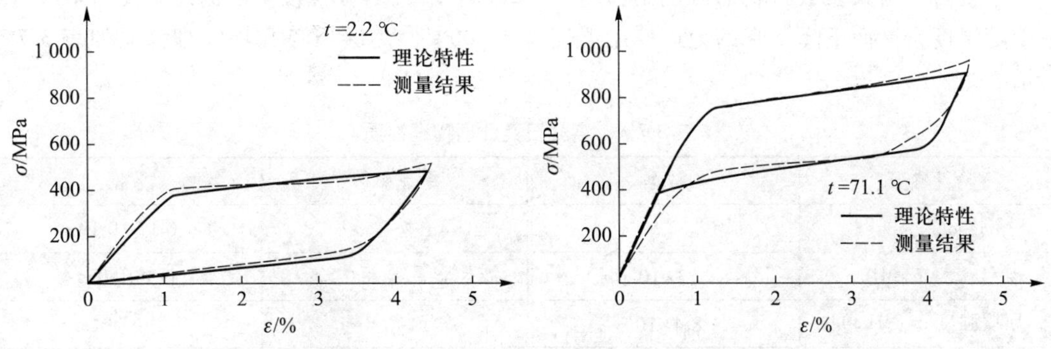

图 3.6.1 两种温度下的应力—应变特性

若材料在某一高温下定形,当温度降到某一低温时,材料会产生相应的形变;而当温度再回升到原来的高温状态时,形变随即消失,并恢复到原来高温下所具有的形状,好似合金记住了高温状态所赋予的形状。以上过程称为“单程”形状记忆。若材料在随后的加热和冷却循环中,能重复地记住高温和低温状态下的两种形状,则称为“双程”形状记忆。

形状记忆合金的记忆性随合金材料的不同而不同。最大可恢复应变的记忆上限为15%,即形状的形变程度达到原形的15%时,还能记住原先的外形,只要通过加热,形状即可恢复,超过15%时,记忆将不再现。

在形状记忆合金中,镍钛合金(TiNi)为高性能记忆合金,具有良好的耐疲劳、抗腐蚀特性以及较大的可恢复应变量(8%~10%)。铜基形状记忆合金(如 ZnAlCu、NiAlCu 等)的成本低,约为镍钛合金的1%,但其最大可恢复应变只有4%。

由于形状合金依靠温度制动,因此其响应时间比压电材料(在千分之几秒内即可做出反应)的长,但压电材料各向尺寸的最大应变只有1%。

形状记忆合金的最大缺点是要有热源(可采用电流加热、光加热以及热空气加热等)。长期使用会产生蠕变,故要注意使用寿命期限。

压电材料、磁致材料和形状记忆合金等,依靠自身固有的电致伸缩、磁致伸缩和热致伸缩的特征,被广泛用于传感器领域和自适应系统的智能结构中。在传感器领域,依赖它们自身的敏感特性可以直接制作传感器,如压电传感器,磁致伸缩位移传感器、液位传感器和温度传感器等,也可以间接地作为其他检测原理传感器的换能元件。依赖上述材料的飞机智能结构,将会使飞机的机翼在飞行过程中像鱼尾一样自行弯曲,自动改变控制面的形状,借以改进升力或阻力。

3.7 熔凝石英 ⋙

熔凝石英(Fused Silica)是用高温熔化的氧化硅(SiO_2)经快速冷却而形成的一种非结晶的石英玻璃。它材质纯、内耗低、机械品质因数高,能形成一个很单纯的振荡频率,还有弹性储能比(σ_e^2/E)大(其中,σ_e 为材料的弹性极限;E 为材料的弹性模量)、滞后和蠕变极小、物理和化学性能极其稳定,是制造高精度传感器可靠而理想的敏感材料。例如,半球谐振陀螺的敏感谐振器,精密标准压力计的压力敏感元件(石英弹簧管)都是用这种理想材料制成的。

熔凝石英与大多数材料的区别是:在700~800℃以下,其弹性模量随温度升高而增大,以上则随温度升高而下降。它的允许使用温度为1 100℃。熔凝石英几项物理性质如表3.7.1所示。

表3.7.1 熔凝石英几项物理性质

物性参数	数据	物性参数	数据
密度 ρ_m(g/cm^3)	2.5	泊松比 μ	0.17~0.19
弹性模量 E(MPa)	73×10^3	线膨胀系数 α_L(1/K)	0.55×10^{-6}
屈服强度 σ_y(MPa)	8.4×10^3		

3.8 光导纤维

光导纤维(简称光纤)主要是用石英玻璃(SiO_2)基于气相氧化淀积法制成的微米级直径的光纤丝。它既是一种重要的传感器敏感材料,同时又能制作成传输频带宽、传输损耗低和抗干扰能力强的传输线路。

光纤具有以下许多优点:

(1) 光纤的性质可随外界被测量变化而变化,且具有极高的灵敏度。基于此,可设计成高灵敏度的各种光纤传感器。

(2) 光纤的传输损耗低,与金属导线传输信号相比,光纤损耗低得多,可以传输几十千米乃至上百千米而不需增加中继器,而没有中继器的金属导线只能传输几千米。特别在高频传输以及多路传输方面,光纤传输极具优势。这对发展光纤传感器非常有利。

(3) 光纤为绝缘介质,具有防电磁干扰、防无线电波干扰和防核爆炸产生的电磁冲击波干扰。这一性质是引起人们以极大兴趣去努力研究光纤传感器的原因所在。

(4) 光纤尺寸小、材质轻,且具有可挠性。这些特性便于将光纤传感器阵列植入被监测结构内部成为结构的敏感神经,用于实时监测结构的“健康”状况,如大型建筑、桥梁和飞机结构的完好性监测等。

光纤除在制作传感器方面的重要应用外,还广泛用于光纤通信,传送清晰的光学图像,信息处理以及传输光能等领域。

3.9 弹性合金

3.9.1 Ni基弥散硬化恒弹合金

绝大多数的金属与合金,其弹性模量的温度系数为负值,即$\frac{dE}{dT}<0$(其中,E为弹性模量;T为温度)。但并非所有金属与合金都如此,在满足某些条件(如合金成分、加工和热处理工艺等)的许多物理过程会使弹性模量随温度变化出现反常现象,即$\frac{dE}{dT}>0$。利用弹性模量反常变化的机理，在特定条件下，便能获得恒弹性的合金，即$\frac{dE}{dT}=0$。这类合金的弹性模量温度系数（或频率温度系数）在$-60\sim+80$℃温度范围内，具有恒定值或极小的值（不超过$\pm1\times10^{-6}$℃$^{-1}$）。

常用的Ni基弥散硬化恒弹合金牌号有3J53（$Ni_{42}CrTiAl$）和3J58（$Ni_{44}CrTiAl$）。它们的固溶处理温度一般为950~980℃，时效处理温度为550~650℃（随炉冷却，约4 h），时效过程中产生弥散硬化，硬度HRC≥40。经过上述处理后，材料达到高弹性和高机械品质因数，滞弹性和漂移小，是制造弹性敏感元件和谐振敏感元件的优选材料，如高精度谐振筒式压力传感器的谐振筒（圆柱壳）就是选用这种恒弹性材料制造的。Ni基弥散硬化恒弹合金的主要物理性质如表3.9.1所示。

表3.9.1 Ni基弥散硬化恒弹合金的主要物理性质

物性参数	3J53	3J58	物性参数	3J53	3J58
密度 ρ_m（g/cm^3）	8	8	线膨胀系数 α_L（$\times10^{-6}$℃$^{-1}$）	8.5	8.1
弹性模量 E（$\times10^3$ MPa）	186~196	181~196	机械品质因数	>10 000	>10 000
弹性模量温度系数 β_E（$\times10^{-6}$℃$^{-1}$）	±10	±10	弹性极限 σ_e（MPa）	800（时效硬化）	800（时效硬化）
频率温度系数 β_f（$\times10^{-6}$℃$^{-1}$）	0~20	±5			

3.9.2 马氏体弥散硬化合金

有多种弥散硬化合金可以用来制造传感器的敏感元件，常被优先选用的是马氏体弥散硬化不锈钢，典型代表牌号是17-4PH。它的固溶处理温度为1 000~1 050℃，处理后获得低碳马氏体组，具有良好的塑性，便于加工和制造形状复杂的敏感元件，时效处理温度为480~550℃，时效过程产生弥散硬化，硬度可达HRC=32~42，具有较高的弹性和耐疲劳性；另外，焊接性能良好，无磁性，并对很多介质有很强的抗腐蚀能力。抗微塑变形能力高是它的另一个特点。因此，它成为深受传感器设计者重用的一种材料。17-4PH的弹性模量$E=196\times10^3$ MPa，泊松比$\mu=0.272$，密度$\rho_m=7.8$ g/cm^3。其化学成分列于表3.9.2中。

表3.9.2 17-4PH材料的化学成分

成分（%）	C	Mn	P	S	Si	Cr	Ni	Cu	Nb+Ta
17-4PH	0.07（max）	1.00（max）	0.04（max）	0.03（max）	1.00（max）	15.5~17.5	3~5	3~5	0.15~0.45

3.10 纳米材料 》》》

纳米材料，包括纳米金属、纳米半导体、纳米陶瓷、纳米高分子聚合物以及其他固体材料，与常规的金属、半导体、陶瓷、高分子聚合物以及其他固体材料一样，都是由同样的原子组成的，只是这些原子排列成了纳米级的原子团，成为组成纳米材料的结构粒子或结构单元。

纳米来源于微小尺度的度量单位。1 nm 等于 1 mm 的百万分之一,1 m 的十亿分之一。

常规材料中基本颗粒的直径小到几微米,大到几毫米,包含几十亿个原子;而纳米材料中基本颗粒的直径最大不到 100 nm,包含的原子不到几万个。例如,一个直径 3 nm 的原子团,大约包含 900 个原子,几乎是书中的一个句点的百万分之一,相当于一条 30 多米长的帆船与地球直径的比例。

当材料的物质状态进入纳米层次时,其特性将发生与宏观状态下不同的效应,即纳米微小尺度效应。这种效应致使材料中的结构粒子或原子团大多数是不存在位错的,从而大大减少了材料内部的缺陷;因此,纳米材料对机械应力、光、电及磁的反应完全不同于由微米级或毫米级结构粒子(颗粒)组成的常规材料,在宏观上表现出异乎寻常的特性。例如,常规陶瓷脆而易碎,纳米相陶瓷就有了塑性。纳米相铜的强度比常规相铜的强度高出 5 倍。碳纳米管的强度比钢铁高 100 倍,同时还具有良好的导电性能和奇特的光学特性。更值得指出的是,纳米材料拥有现实世界和量子世界相结合的特性,电子的隧道效应就是一个最好的例子。

研究已经表明,当材料的结构粒子大小变得比跟任何特性有关的临界长度还小的时候,其特性就会发生变化,并且这个变化可以通过控制结构粒子的大小获得。这一结论,在纳米相材料中被证实了。其含意是,只要对物质中结构粒子(原子团)的大小和排列加以某种控制,使其变成纳米相,就能使物质得到许多可能的特性。随着研究的深入,人们会找到更有效的方法,在原子级上控制物质的结构,更透彻地了解它们的性质,设计和制造出适合各种需要的纳米材料。例如,光电传感器的必要条件之一是高灵敏度的波长要求,而这些波长是由半导体的能带宽度确定的,因此,可以通过控制带宽来获得理想的高灵敏度波长,最终获得希望的传感器材料。

今后有望做到,根据理想的传感器特性,去设计并合成需要的材料。这对提高传感器的性能将会起决定性的作用。目前是先选择已有的敏感材料,再去设计传感器的特性。

3.11 石墨烯材料 》》》

2004 年,英国曼彻斯特大学科学家安德烈·海姆和康斯坦丁·诺沃肖洛夫首次通过机械剥离法制备了稳定存在的单原子层石墨烯,参见图 3.11.1。石墨烯作为一种新兴的二维超薄纳米材料,以出色的机械和电学性能迅速引起了传感器领域专家学者的广泛关注。相对于传统的硅微结构传感器,使用石墨烯材料制作敏感结构不仅可望大幅度降低现有传感器的结构尺寸,更为设计实现结构新颖、功能强大的新一代传感器带来新的研究思路和机遇,有望取代硅材料在微纳传感器领域引发革命性的变化。

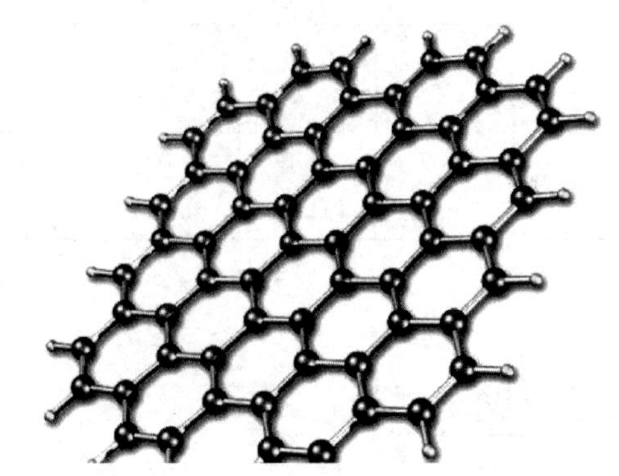

图 3.11.1 石墨烯晶体膜结构

石墨烯是一种由 SP2 杂化的单层碳原子组成的二维蜂窝状平面晶体,其晶格结构如图 3.11.1 所示。单层石墨烯薄膜仅为碳单原子的厚度,理论值约 0.335 nm,是目前已知最薄的材料。独特的结构使石墨烯表现出很多其他材料无法比拟的优异性能。

石墨烯具有极佳的导电性，其载流子迁移率高达 $2\times10^5\ cm^2/(V\cdot s)$，远远高于商用硅片的迁移率，相应的电阻率仅为 $10^{-6}\ \Omega\cdot cm$，低于铜和银的电阻率，有望在未来的电子器件中发挥重要作用。石墨烯还具有良好的导热性，其热导率高达 5 000 W/(m·K)，若用于制备 NEMS 器件将有助于散热并降低功耗。

石墨烯的杨氏模量约为 1 TPa，断裂强度达到 130 GPa，远大于硅、碳纳米管等材料的过载能力，是目前已知强度最高的材料；石墨烯具有优异的弹性性能，其弹性延展率高达 20%，高于绝大多数晶体。利用石墨烯材料优良的机械性能可以制成石墨烯谐振器，进而设计制作多种石墨烯谐振式传感器。

习题与思考题

3.1 有观点认为："一代材料，一代传感器。"简要说明你的理解。

3.2 论述硅材料为何是现代传感器优先选用的材料。

3.3 基于图 3.2.3，简要说明多晶硅的电阻温度特性的应用特点。

3.4 简要比较常用的压电材料的压电特性。

3.5 简要说明熔凝石英与压电石英晶体的异同。

3.6 哪几种敏感材料常用于构成智能结构？具体说明它们在智能结构中可能产生哪些技术功能。

3.7 题 3.7 图为磁致伸缩位移传感器结构示意图，说明图中各部分的作用和传感器的工作原理。

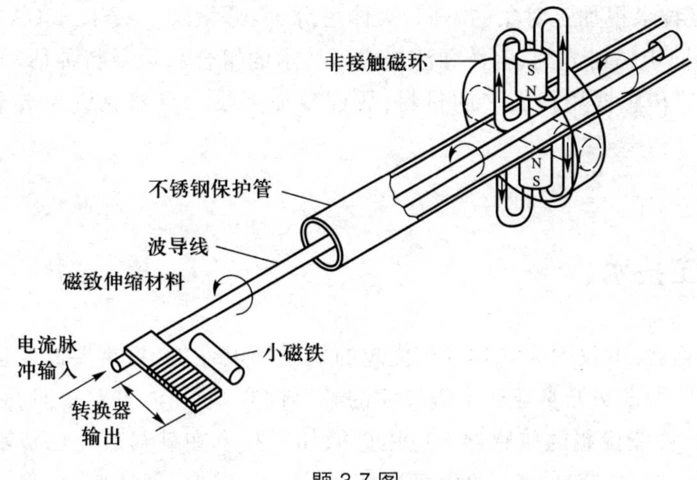

题 3.7 图

3.8 何谓纳米相材料？论述其主要优点及对传感器性能产生的影响。

3.9 简要说明石墨烯材料的特点。

第4章

传感器的制造和封装技术

基本内容

本章基本内容包括硅微加工技术、体形微加工技术、化学腐蚀与离子刻蚀、各向同性腐蚀与各向异性腐蚀、腐蚀停止技术、表面微加工技术、薄膜生成技术、牺牲层技术、LIGA 技术与 SLIGA 技术、特殊精密加工技术、封装技术、阳极键合、Si-Si 直接键合、玻璃封接键合、金属共熔键合、冷压焊键合。

4.1 概述

由第 3 章可知,最能满足现代传感器性能需要的材料是半导体硅及其化合物。硅材料不仅有优良的电学特性,还具有优良的机械性质。所以,它是得到共识的制造传感器的基础材料。

硅器件的制造工艺,不能沿用传统的精密机械加工方法,而应采用以集成电路(IC)制造技术为基础的微细加工技术,称其为微机械加工技术或简称为微加工技术。

目前,微加工技术视加工对象的不同,大体可分为:硅微加工技术,LIGA 工艺技术(一种基于 X 射线深度同步辐射光刻、电铸和注塑成型技术的组合),以及特种精密机械加工技术。

因为硅是制造传感器用得最多的材料,故硅微加工技术自然就成为本章要讨论的主要内容。

4.2 硅微加工技术

用硅制造传感器,不仅因为它具有极优越的机械和电性能,更重要的是应用硅微机械加工技术可以制造出微米级乃至亚微米级尺寸的微元件和微结构,并且能批量生产,从而制造出超小型(微型)、性能优越的传感器。应用硅微加工技术在硅衬底上已成功地开发出各种传感器,实现压力、力、加速度、角速度(率)、流量、磁场、成像、气体成分、离子和分子浓度以及生物量等的测量。

硅微加工技术的基本工艺包括光刻、氧化硅热生成、化学腐蚀、离子刻蚀、化学气相淀积、物理气相淀积、掺杂扩散和注入、外延生长、牺牲层技术、阳极键合和硅-硅直接键合等。这些工艺的不同组合,形成了硅的体型微加工技术、表面微加工技术以及硅片的接合和封装技术。综合使用这些技术,便可在硅衬底上制出各种精巧的微结构。

4.2.1 体型微加工技术

这是对硅片双面处理的工艺过程,主要利用专门的硅腐蚀(刻蚀)技术,刻蚀出预期的三维微结构。

刻蚀是一种对材料的某些部分进行有选择地去除的工艺方法,使硅片表面的特定部分显露出结构特征和组合特点。刻蚀方法大体分化学腐蚀和离子刻蚀两种。前者用化学腐蚀剂,故又叫湿法刻蚀;后者采用惰性气体,故又叫干法刻蚀。由于湿法刻蚀操作简便,一般情况下被普遍使用。

4.2.1.1 化学腐蚀

先利用光刻技术将平面图形从掩模版(预先设计好的版图)上转移到立体结构的硅晶片表面上,然后用化学腐蚀法对晶片进行选择性刻蚀。该腐蚀法主要包括氧化、减薄和反应物的溶解,腐蚀过程中,主要考虑边缘轮廓、厚度尺寸、表面质量控制、掩模材料选择、刻蚀速率以及腐蚀液的毒性和污染等。

有多种腐蚀液可供选择使用。对硅的各向同性腐蚀,普遍采用氧化剂硝酸(HNO_3)、去除剂氢氟酸(HF)和稀释剂水(H_2O)或乙酸(CH_3COOH)混合成的腐蚀剂,通常称之为 HF-HNO_3 腐蚀系统。腐蚀中通过改变腐蚀剂的成分配比、掺杂浓度和温度可以达到不同的腐蚀速率。

对硅的各向异性腐蚀,常用的腐蚀剂有 EDP(乙二胺—Ethylene、联氨—Diamine、邻苯二酚—Pyrocatechol 和水),还有 KOH+H_2O、H_2N_4+H_2O 以及 NaOH+H_2O 等。腐蚀速率依赖于晶向、掺杂浓度和温度。沿主晶面(100)的腐蚀速率最快,而沿(111)面最慢。各向异性腐蚀主要用于在硅衬底上成型各种各样的微结构,因此用得最多。

湿法腐蚀的机理是基于化学反应。腐蚀时先将材料氧化,然后通过化学反应使一种或多种氧化物溶解。这种氧化化学反应要求有阳极和阴极,而腐蚀过程则没有外接电压,所以硅表面上的点便是随机分布的微观化阳极和阴极。由于这些微观化电解电池的作用,硅表面便发生氧化反应,从而实现对硅的腐蚀。化学反应概括如下,硅表面的阳极反应是

$$Si+2e^+ \longrightarrow Si^{2+} \tag{4.2.1}$$

式中,e^+表示注入硅的空穴,硅得到空穴后从原来的状态升到较高的氧化态。腐蚀液中的水解离发生下述反应

$$H_2O = (OH)^- + H^+ \tag{4.2.2}$$

Si^{2+}与氧化物$(OH)^-$结合,成为

$$Si^{2+}+2(OH)^- \longrightarrow Si(OH)_2 \tag{4.2.3}$$

即水中分解出的$(OH)^-$将硅氧化,生成可溶性硅氧化物溶于腐蚀液中,实现了对硅的腐蚀。

1. 各向同性腐蚀

湿法各向同性腐蚀多用在完成以下的工艺过程:

(1) 清除硅表面上的污染或修复被划伤了的硅表面。

(2) 形成单晶硅平膜片。

(3) 形成单晶硅或多晶硅薄膜上的图案以及具有圆形或椭圆形截面的腔和槽等。

完成上述工艺普遍使用的是 HF-HNO_3 系统。在 HF-HNO_3 腐蚀系统中,硅表面上的反应过程如式(4.2.1)~式(4.2.3)表示。随后 $Si(OH)_2$ 放出 H_2 并形成 SiO_2。由于腐蚀液中有 HF,所以 SiO_2 即刻与 HF 反应形成 H_2O 和可溶性物质 H_2SiF_6。反应式为

$$SiO_2+6HF \longrightarrow H_2SiF_6+H_2O \tag{4.2.4}$$

通过搅拌可使可溶性物质 H_2SiF_6 远离硅片。物质 H_2SiF_6 常称为可溶性络合物,式(4.2.4)称

为络合反应式。

由式(4.2.1)可知，硅的阳极反应需要有空穴，这可由 HNO_3 在微观化阴极处被还原而产生。全反应关系则为

$$Si+HNO_3+6HF \longrightarrow H_2SiF_6+HNO_2+H_2O+H_2\uparrow \qquad (4.2.5)$$

上述腐蚀剂中是用 H_2O（水）作为稀释剂，与水相比，用 CH_3COOH（乙酸）作稀释剂更好些。因为乙酸是弱酸，电离度较小，可在更宽范围内起稀释作用，并保持 HNO_3 的氧化能力，导致腐蚀液的氧化能力在使用期内相当稳定。

图 4.2.1 画出了分别用 H_2O（虚线所示）和 CH_3COOH（实线所示）作为稀释剂的 HF-HNO_3 系统腐蚀硅的等腐蚀线。图中 HF 的重量百分比为 49.2%，HNO_3 的重量百分比为 69.5%。这些等腐蚀线反映出如下特性。

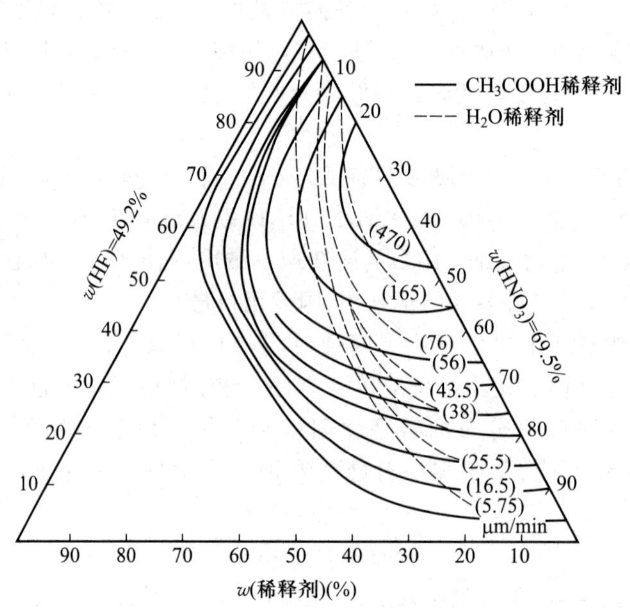

图 4.2.1 硅的等腐蚀线（HF ： HNO_3 ： 稀释剂）

（1）在高 HF 和低 HNO_3 浓度区（图 4.2.1 的顶角区），由于该区有过量的 HF 可溶解反应物 SiO_2，故腐蚀速率受 HNO_3 的浓度所控制。这种配比的腐蚀剂，其反应诱发期变化不定，所以腐蚀反应难以触发，并导致不稳定的硅表面，要过一段时间才会在硅表面上缓慢地生长一层 SiO_2。最终腐蚀受氧化—还原反应速率的限制，所以有一定的取向性。

（2）在低 HF 和高 HNO_3 浓度区（见图 4.2.1 右下角），腐蚀速率由 SiO_2 形成后被 HF 去除的能力所控制，刚腐蚀的表面上会覆盖相当厚度的 SiO_2 层（30~50 Å），所以称这类腐蚀剂是“自身钝化”的。该区内，腐蚀速率主要受络合物扩散而被移去的速率所限制，故对晶体的取向不敏感而是真正的抛光腐蚀。

（3）当 HF ： HNO_3 = 1 ： 1 时，起初腐蚀速率对增加稀释剂并不敏感，直到腐蚀液稀释到某临界值时，腐蚀速率将明显地减弱。

由图 4.2.1 还可看出，硅腐蚀液的成分配比几乎是无限的。实际上，应根据腐蚀液成分配比对硅腐蚀形貌的影响和应用的需要，选用不同的配比进行腐蚀。表 4.2.1 给出了几种常用的腐蚀液配比及腐蚀特性。

表 4.2.1 几种常用的 HF-HNO_3 系统的腐蚀液配比及腐蚀特性

腐蚀剂（稀释剂）	组成成分（mL）	温度（℃）	腐蚀速率（μm/min）	腐蚀速率比（100）/（111）	与掺杂浓度的关系	掩模的腐蚀速率
HF HNO_3 （H_2O，CH_3COOH）	10 30 80	22	0.7～3.0	1∶1	N 或 P≤10^{17} cm^{-3}时，腐蚀速率下降 150 倍	SiO_2 （300 Å/min）
	25 50 25	22	40	1∶1	与掺杂浓度无关	Si_3N_4 —
	9 75 30	22	7.0	1∶1	—	SiO_2 （700 Å/min）

综上所述，硅能够被腐蚀的基本条件是硅表面必须有空穴。在 HF-HNO_3 系统中，HNO_3 在化学反应中会使硅表面产生空穴而使腐蚀过程得以进行。因此，控制硅表面的空穴就可以控制其腐蚀特性。

2. 各向异性腐蚀

由于单晶硅为各向异性体，表现在化学腐蚀性方面也为各向异性，即在各向的腐蚀速率不同。一般而言，（100）/（111）面的腐蚀速率大约为 400∶1，而（110）面的腐蚀速率则介于二者之间，硅晶体中的主要晶面如图 4.2.2 所示。鉴别硅晶片型式的基准面示于图 4.2.3 中，其中大平面表示硅晶面，小平面位置表示硅的型式。

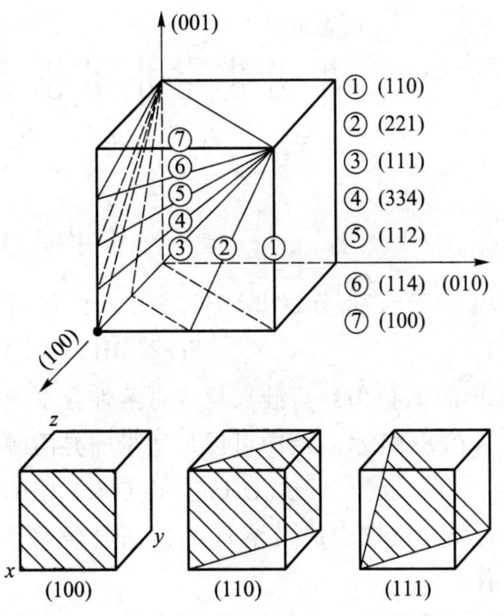

图 4.2.2 硅晶体中的晶面

关于硅的各向异性腐蚀机制至今仍不十分清楚，主要解释有：硅在不同晶面上的晶胞密度可能是造成各向异性腐蚀的主要原因，（111）面上的晶胞堆积密度大于（100）面，所以（111）面的腐蚀速率比预期的要慢。另一解释是：使硅表面原子氧化所需能量的多少，这与硅表面上未成对的每个原子悬挂键密度有关，（100）面上每个原子有 2 个悬挂键，可以结合两个 OH^-，而（111）面上每个硅原子则仅有 1 个悬挂键（见图 4.2.4），故（100）面比（111）面的腐蚀速率快，而相应的背键（与次表面硅原子结合的 Si-Si 键简称背键）数，（111）面上有 3 个，（100）面上有 2 个，因此（111）面上使硅原子氧化要打断 3 个背键，所以（111）面的腐蚀速率比预期的更慢。还有，（111）面较（100）面更容易产生自身预钝化效应，这也是导致（111）面腐蚀速率慢上加慢的一个重要原因。

各向异性腐蚀剂有多种，由于 KOH+H_2O 腐蚀液的毒性小、易操作并能加工出良好的表面而被最常采用。和各向同性腐蚀一样，其腐蚀原理就是对硅进行氧化，反应式为

$$KOH+H_2O \longrightarrow K^++2(OH)^-+H^+ \tag{4.2.6}$$

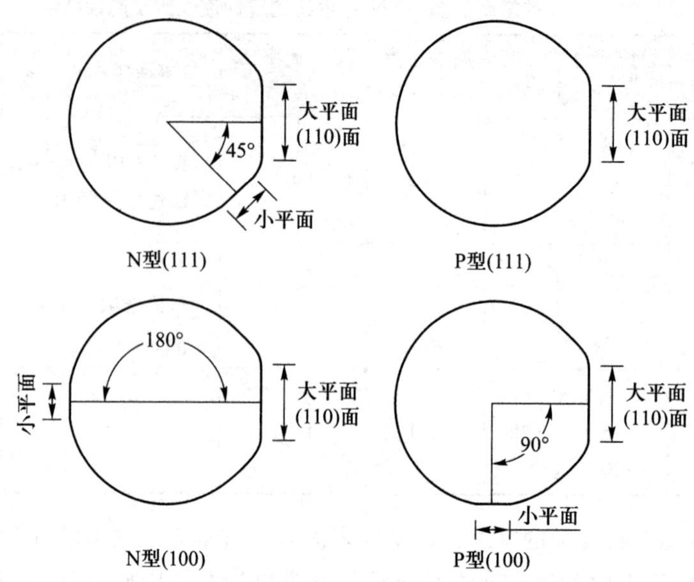

图 4.2.3 硅晶面上的基准面位置

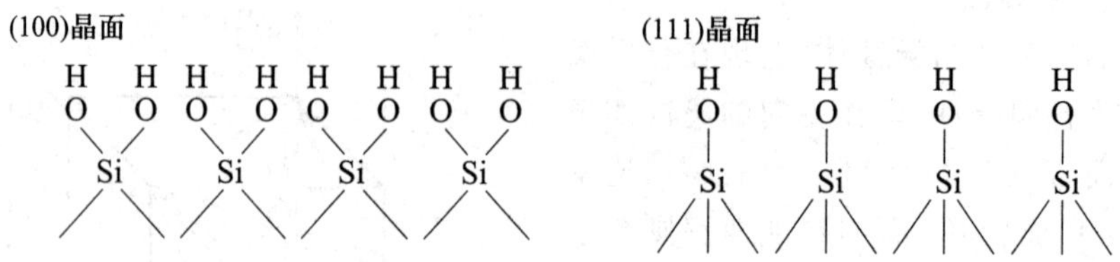

图 4.2.4 （100）、（111）硅表面上的不同端点

KOH 溶于水后，分解出 OH^-，所以水的作用是为硅的氧化过程提供$(OH)^-$。全反应式为

$$Si+2(OH)+4H_2O \longrightarrow Si(OH)_6+2H_2\uparrow \tag{4.2.7}$$

该式说明，$(OH)^-$将硅氧化成可溶性含水的硅氧化物，从而实现了对硅的腐蚀。

在 KOH 水溶液中可以加适量的异丙醇$(CH_3)_2CHOH$为络合剂，其络合反应式为

$$Si(OH)_6^{-2}+6(CH_3)_2CHOH \longrightarrow [Si(OC_3H_7)_6]^{-2}+6H_2O \tag{4.2.8}$$

通过络合反应生成可溶性的硅络合物将不断地离开硅的表面，使硅表面的加工质量得到改善。

从反应方程可见，$(OH)^-$和 H_2O 在腐蚀过程中起着非常重要的作用。

各向异性腐蚀前，先在硅表面上覆盖一层 SiO_2 或 Si_3N_4 作为掩模，然后刻出掩模窗口使硅暴露出来，再利用腐蚀液对硅衬底表面进行纵向尺寸腐蚀。对于(100)面，若在 SiO_2 掩模上开出矩形窗口，则可腐蚀出 V 形槽，V 形槽的界面是(111)面[见图 4.2.5(a)右方]。若窗口开的足够大或者腐蚀时间很短，则腐蚀出的腔体形状如图 4.2.5(a)左方所示。(111)面与(100)面间的夹角为 54.74°($\arctan\sqrt{2}$)，底平面的宽度

$$W_b=W_0-2l/\tan 54.74°=W_0-\sqrt{2}l \tag{4.2.9}$$

式中 W_0——表面上窗口宽度；

l——腐蚀深度。

对于(110)面，在 KOH 腐蚀液中可以腐蚀出垂直的孔腔结构[见图 4.2.5(b)右方]。

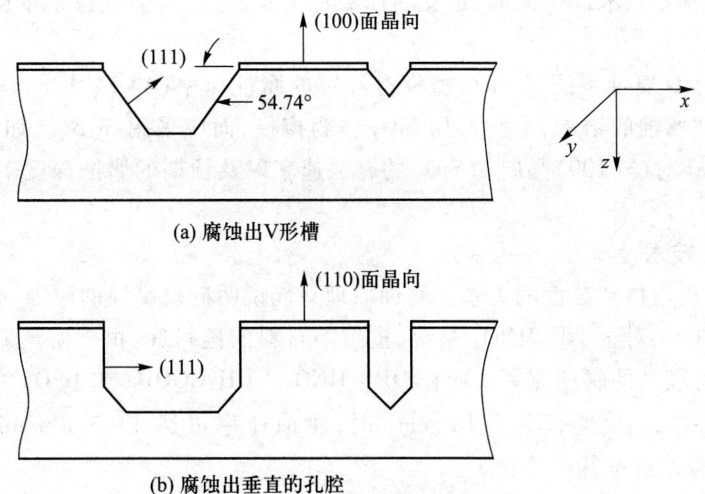

图 4.2.5 各向异性腐蚀结构

值得指出，$KOH+H_2O$ 腐蚀系统对(110)面有很高的腐蚀速率，对(100)面、(110)面和(111)面的腐蚀速率比大约为 100∶600∶1。所以 $KOH+H_2O$ 系统特别适用于在(110)面腐蚀较深的垂直孔腔。几种常用的各向异性腐蚀液的配比及腐蚀特性如表 4.2.2 所示。

表 4.2.2 几种常用的各向异性腐蚀液的配比及腐蚀特性

腐蚀剂（稀释剂）	组成成分	温度（℃）	腐蚀速率（μm/min）	腐蚀速率比（100）/（111）	与掺杂浓度的关系	掩模的腐蚀速率
KOH（H_2O）	44 g 100 mL	85	1.4	400∶1	≥10^{20} cm^{-3} 硼掺杂腐蚀速率下降约20倍	Si_3N_4
	50 g 100 mL	50	1.0	400∶1		SiO_2(14 Å/min)
KOH H_2O $(CH_3)_2CHOH$	23.4% 63.3% 13.3%	80	1.0	14∶1	—	—
EDP(EPW) 乙二胺 +联氨 +邻苯二酚和水	750 mL 120 g 100 mL	115	0.75	35∶1	≥7×10^{19} cm^{-3} 硼掺杂腐蚀速率下降约50倍	SiO_2(2 Å/min) Si_3N_4(Å/min) Au、Cr、Ag、Cu、Ta
	750 mL 120 g 240 mL	115	1.25	35∶1		
H_2N_4 (H_2O)	100 mL 100 mL	100	2.0	—	与掺杂浓度无关	SiO_2 Al
NaOH (H_2O)	10 g 100 mL	65	0.25~1.0	—	≥3×10^{20} cm^{-3} 硼掺杂腐蚀速率下降约10倍	Si_3N_4 SiO_2(7 Å/min)

由表 4.2.2 可见：

（1）腐蚀速率不仅取决于晶向，还受腐蚀液种类及其成分配比、掺杂浓度和温度等因素的影响。

（2）$KOH+H_2O$ 腐蚀系统对 SiO_2 掩模有一定的腐蚀速率（约 14 Å/min 或更大些）。因此，需要较长时间腐蚀的结构，不宜选用 SiO_2 作为掩模，而应采用 Si_3N_4。如要选用 SiO_2，则应根据 $KOH+H_2O$ 对硅（100）晶向和 SiO_2 的腐蚀速率以及预期的腐蚀深度来确定 SiO_2 掩模层的最小厚度。

3. 腐蚀停止技术

（1）腐蚀停止与掺杂浓度的关系。腐蚀原理只能说明硅被腐蚀的原因，腐蚀速率则依赖于掺杂形式和浓度。对于 $HF-HNO_3$ 系统，重掺杂材料的硅衬底，由于游离载流子的利用率较高，故可以保持较高的腐蚀速率。如在 $HF:HNO_3:CH_3COOH$（或 H_2O）为 1∶3∶8 的系统中，当 N 或 P 掺杂浓度不小于 $10^{18}\ cm^{-3}$ 时，腐蚀速率可达 1～3 μm/min，而掺杂浓度 $<10^{17}\ cm^{-3}$ 时，则腐蚀速率基本停止了。

对于各向异性的腐蚀液 KOH 和 EDP 而言，掺杂浓度对腐蚀速率则产生相反的作用。这迄今尚缺乏透彻的解释。如 KOH 腐蚀液对（100）硅的腐蚀速率，在硼掺杂浓度不小于 $10^{20}\ cm^{-3}$ 时，腐蚀速率下降 5～100 倍，而 EDP 腐蚀液对（100）硅的腐蚀速率则下降约 250 倍。图 4.2.6 表明了 KOH 腐蚀液和 EDP 腐蚀液对（100）硅的相对腐蚀速率与硼掺杂原子浓度的函数关系。

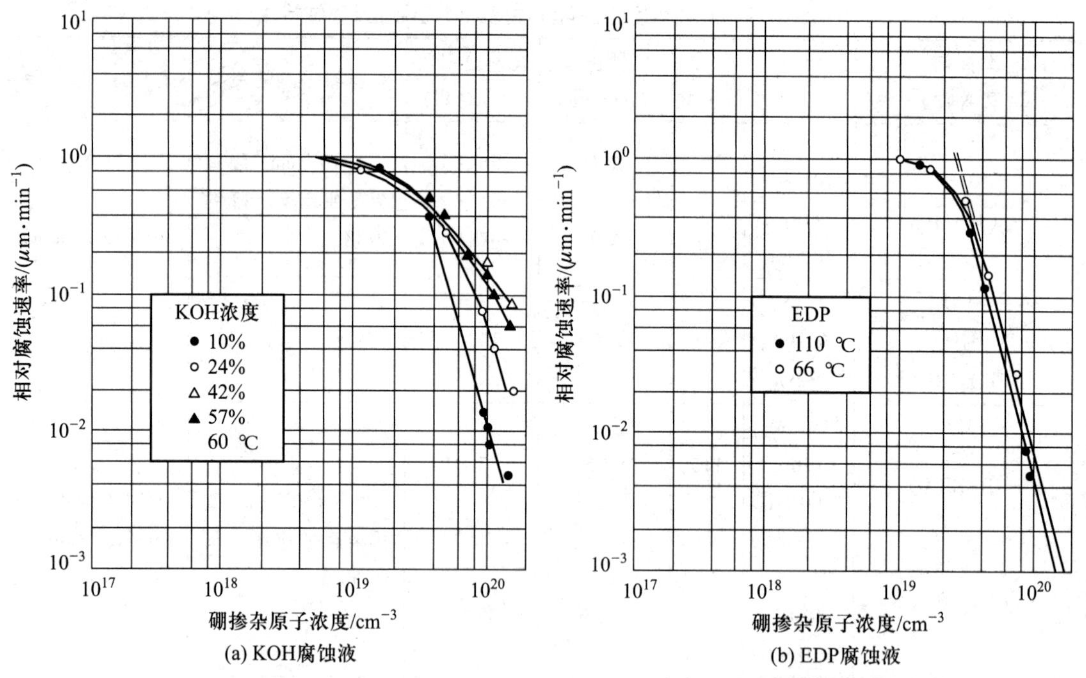

图 4.2.6 对（100）硅的相对腐蚀速率与硼掺杂原子浓度的函数关系

由此可见，只要在单晶硅表面进行硼重掺杂，就可实现重掺杂区的腐蚀速率远小于其他非重掺杂部分，从而使腐蚀自动停止在两者的交界面上。但由于重掺杂层具有较大的内应力而使其应用受到限制。

（2）电化学（阳极）腐蚀停止技术。用电化学腐蚀时，接硅的电极称工作电极，加正电压；另一电极是负极（常用 Pt），称辅助电极。由于在硅与溶液界面处的硅表面上堆积有空穴,故在外接电压作用下硅将不断被腐蚀并生成可溶性硅氧化物离开硅表面。

对于 HF 各向同性腐蚀液,由于重掺杂的硅衬底比生长在其上的轻掺杂硅层的电导率高,故重掺杂层能更快地被腐蚀掉。该项技术已成功地用于掺杂结构的腐蚀成形。如图 4.2.7 所示,在重掺杂 N^+-Si 衬底上,外延一层 N-Si 层,称其为 N-N^+结构。用 HF 腐蚀液除去在轻掺杂 N-Si 层上的重掺杂层,即可形成 N-Si 膜片。腐蚀条件为:电解液为 5% HF 水溶液,溶解液温度为室温,全暗室环境,正极接硅膜,负极接 Pt(铂)片。正、负电极的间距为 5 cm,电压为 10 V。

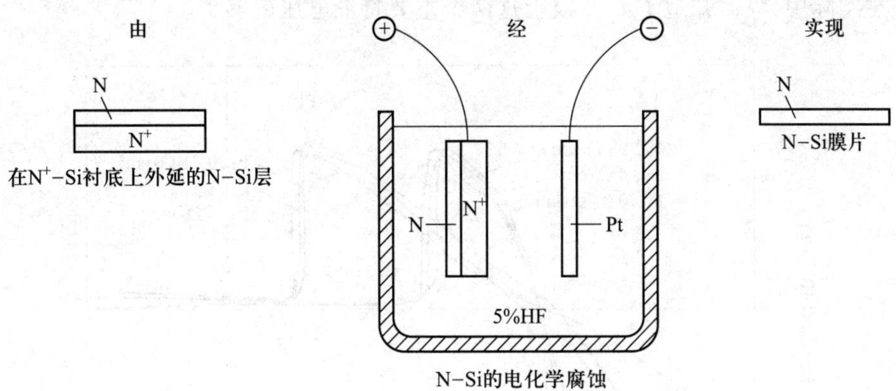

图 4.2.7 在 5%HF 水溶液中形成 N-Si 膜片过程

同理,可在掺杂结构 N-P^+、P-P^+和 P-N^+上除去重掺杂层而形成硅膜片。

图 4.2.8 给出了四种外延结构在电压 10 V、5% HF 溶液中的腐蚀特性。图中注明有腐蚀区 E、非腐蚀区 NE 和褐色多孔硅层形成区 PS。对于 N-N^+和 P-N^+结构,在 N^+腐蚀完后,表面形成一层褐色多孔硅,采用体积比为 1HF : $1HNO_3$: $4KMnO_2$ 溶液可将多孔硅层除去(腐蚀速率约为 0.2 μm/min)而得到光滑的硅表面。多孔硅层的形成是因为外延引起 N-N^+或 P-N^+界面之间极薄的 N 区存在。而对于 N-P^+和 P-P^+结构,在进行阳极腐蚀后,表面呈现出不规则现象,这是因为 N-P^+或 P-P^+之间存在极薄的 P 区引起的。因此,为了获得 N 或 P 膜片,一般选用 N-N^+或 P-N^+结构。

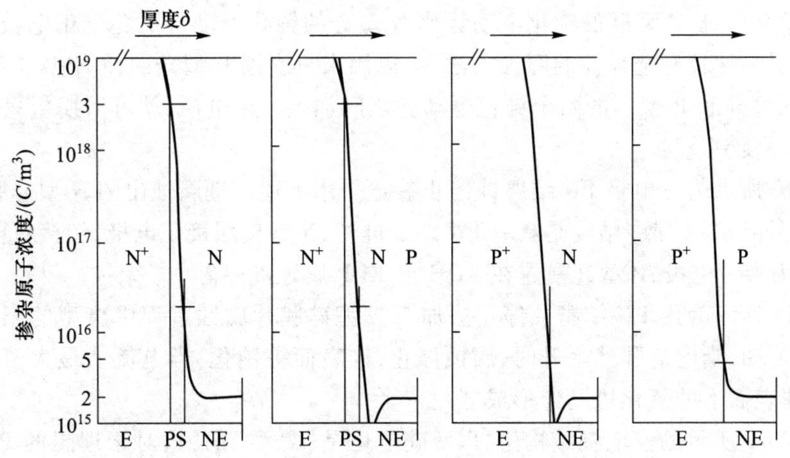

图 4.2.8 N-N^+、P-N^+、N-P^+和 P-P^+的电化学腐蚀特性

E—腐蚀区;NE—非腐蚀区;PS—褐色多孔硅层形成区

电化学腐蚀停止技术对于用各向异性腐蚀剂(如 KOH 和 EDP)实现腐蚀自停止更有效,它也叫 PN 结腐蚀停止法。这种方法可以加工出薄而均匀的轻掺杂硅膜片。

图 4.2.9 给出了(100)晶向的 P 型硅和 N 型硅在 EDP 腐蚀液中的电流—电压(I–U)特性。其中有两个重要的点:一个点对应着电流为零时(OCP)的电动势称为开路电动势 V_{OCP},在 V_{OCP} 的正电动势方向(或阳极方向),电流随电动势的增加而增加,到达某点时,电流突然陡降。第二个点定义电流最大点(PP)的电动势为钝化电动势 V_{PP}。V_{OCP},V_{PP} 是两个非常重要的值,对于不同导电类型、晶体取向和掺杂浓度的硅,其电流—电压特性均与图 4.2.9 类似,所以在实际中,只需知道 I–U 曲线上这两个重要特征电压就够了。

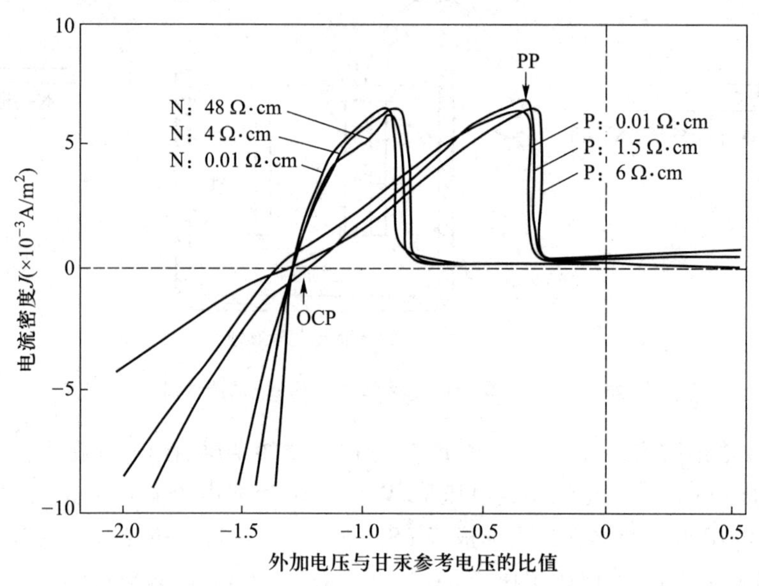

[在 EDP(75 mL E/12 g P/24 mL W)溶液中,(100)晶面硅的阳极溶解特性:t = 115℃;电压扫描率为 100 mV/min]

图 4.2.9 P 型硅和 N 型硅在 EDP 腐蚀液中的 I–U 特性

当施加电压低于 V_{PP} 时,硅被腐蚀;高于 V_{PP} 时,腐蚀停止,氧化层生成且硅表面被钝化。氧化物的生成有赖于硅的氧化作用和硅氧化物的溶解作用之间在界面处的相对速度。

由图 4.2.9 可见,P 型硅的钝化电动势比 N 型硅的钝化电动势更趋于正电极方向。这个电压差表明了一种具有选择性的腐蚀方法,可以用来只腐蚀 P 型硅而使 N 型硅不受到腐蚀。因此,当在 N 型硅和 P 型硅的两个钝化电动势之间加上一个电压,就可以期望只使 P 型硅腐蚀而 N 型硅不受到腐蚀。

图 4.2.10 所示为三电极 PN 结腐蚀停止装置采用上述原理腐蚀出的 N 型硅膜片的情况。被腐蚀的 N 外延(或扩散)结构是具有 PN 结的硅片,N 型硅层接正电极,铂接负电极,甘汞电极(SCE)作为参考电极,P 型硅暴露在 KOH 或 EDP 腐蚀液中。

图 4.2.11 所示为用 PN 结腐蚀停止法加工 N 型硅膜片腐蚀过程中典型的阳极电流记录特性。由图可知,当电流骤然上升时,腐蚀停止,硅表面被钝化;当电流从最大值又突然降到最小值时,硅表面上的氧化层已经形成。

在图 4.2.10 所示的三电极结构中,P 型硅电位是“悬浮”的,这对于理想的 PN 结漏电为零,P 型硅可以“浮”到开路电动势而被腐蚀。但实际上材料总存在漏电,漏电流使 P 型硅在溶液中极化,当达到钝化电动势时,腐蚀将提前停止在 P 型硅上。为了避免此现象发生,可

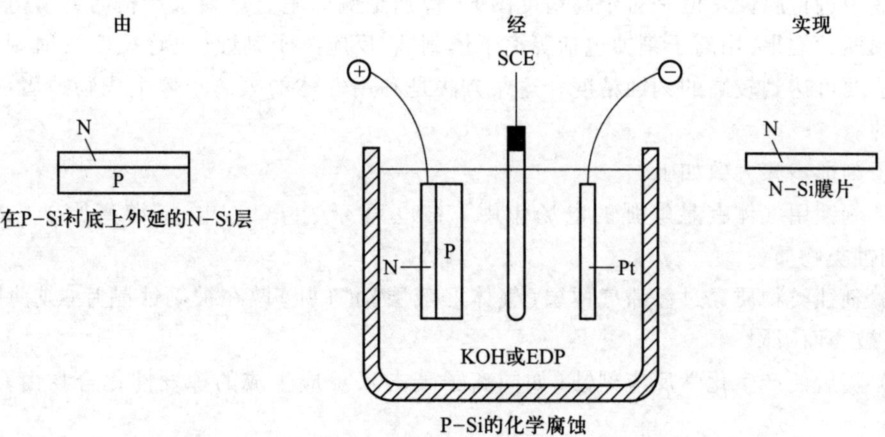

图 4.2.10 用 PN 结腐蚀停止法形成的 N 型硅膜片

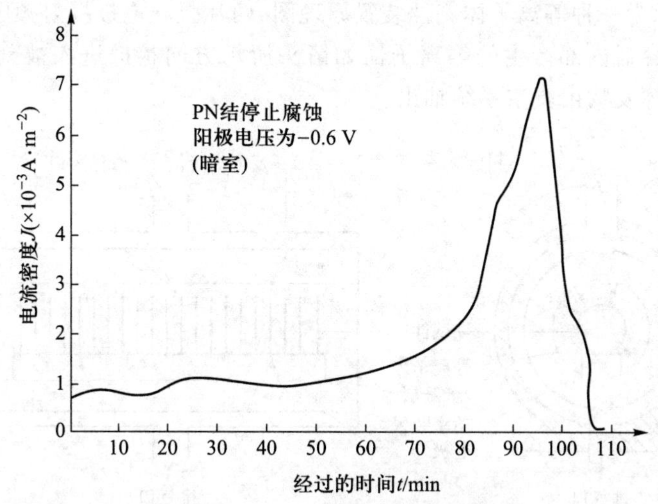

图 4.2.11 典型的阳极电流记录特性

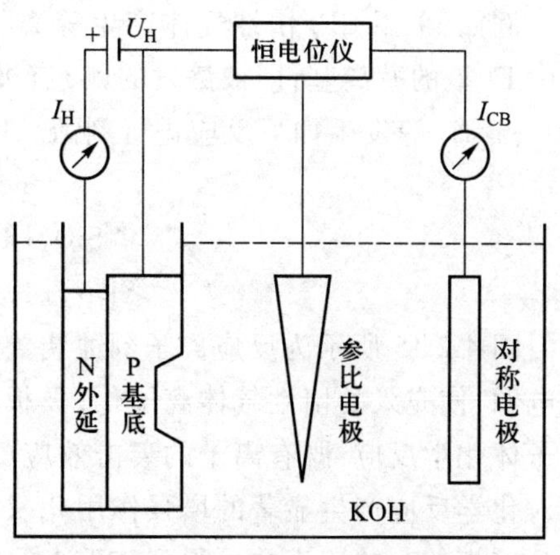

图 4.2.12 PN 结腐蚀停止四电极系统

采用四电极结构(见图 4.2.12)。由于 P 型硅上增加一个电极就可将 P 型硅相对于参考电极控制在开路电动势。另外,再给 PN 结加上一个反偏电压 U_H,这样,便可实现腐蚀停止在 N 型硅外延层的界面上。

应当指出,硅片上不需腐蚀的区域,都要用氧化层覆盖保护。

各向异性腐蚀在硅的体型加工中应用最为广泛,包括成形各种传感器的微结构,以及其他微型器件的结构等。

4.2.1.2 离子刻蚀

上节介绍了化学腐蚀方法,这种方法主要是先在硅晶片上用光刻胶和掩模版形成图案,然后在腐蚀液中进行腐蚀。但是对于高精度图案,特别是侧面垂直度要求严格时,化学腐蚀就很难达到预期的效果,用离子刻蚀包括等离子体刻蚀、反应离子刻蚀(也称反应溅射刻蚀)等干刻蚀方法便可达到较高的刻蚀精度。这些方法是利用气体的等离子体生成物或者溅射来进行刻蚀的。

离子刻蚀步骤大致如下:

(1) 刻蚀用气体在足够强的电场作用下被电离,产生离子、电子、游离原子(又称游离基)等刻蚀类物质。

(2) 刻蚀类物质穿过停滞气体层(气体屏蔽层)扩(弥)散在被刻蚀晶片(或薄膜)的表面上,并被表面吸附。

(3) 随后便产生化学反应刻蚀(如同离子轰击),反应生成的挥发性化合物由真空泵抽出腔外。

影响刻蚀结果的参数很多,其中气体成分是最主要的因素。以往常使用氩气(Ar),现在多使用氟氯烷烃(C、H、Cl、F 的化合物),其刻蚀速度比用氩气快若干倍。

图 4.2.13 所示为一种等离子体刻蚀装置原理图,两片弧状电极接射频电源(RF),被刻蚀试件放在托架上,容器内部产生的等离子体如箭头所示方向扩散进入被刻蚀试件周围进行刻蚀,反应生成的挥发物由真空系统抽出。

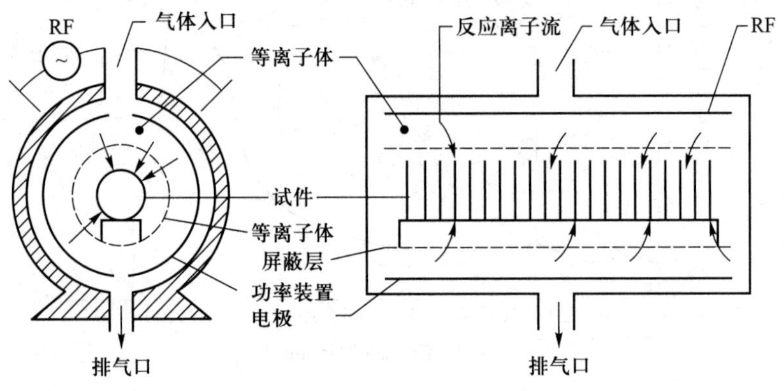

图 4.2.13 桶式等离子体刻蚀装置原理图

例如,采用 CF_4 惰性气体产生等离子体,就有多种分解生成物存在,如图 4.2.14 所示。其中 F(氟的游离基,即被激发的氟)有极强的化学活性,可以和处在等离子体中的物体如 Si、SiO_2、Si_3N_4 等发生如下反应进行刻蚀。反应式为

$$Si+4F \longrightarrow SiF_4\uparrow$$

$$SiO_2+4F \longrightarrow SiF_4\uparrow+O_2\uparrow$$

$$Si_3N_4+12F \longrightarrow 3SiF_4\uparrow+2N_2\uparrow$$

图 4.2.15 所示为反应离子刻蚀装置原理图。被刻蚀试件放在靶上,射频电源(RF)作为靶电源,使充入的惰性气体离子化,极板冷却形式为循环水冷。其刻蚀机理为反应溅射+等离子体化学反应,既有离子的轰击效应(这里的轰击效应不同于溅射刻蚀中的纯物理过程,它对化学反应产生显著的增强作用),又有活性游离基与被刻蚀试件的化学反应,因此可以达到较高的刻蚀速率并可得到较垂直的侧面轮廓。这正是反应离子刻蚀的最大特点。

值得指出,F 基等离子体刻蚀硅材料常产生各向同性的刻蚀效果,而 Cl 基等离子体刻蚀常用来进行各向异性刻蚀。原因是:由于在能量低于 500 eV 时,Cl 离子对硅的反应溅射率随

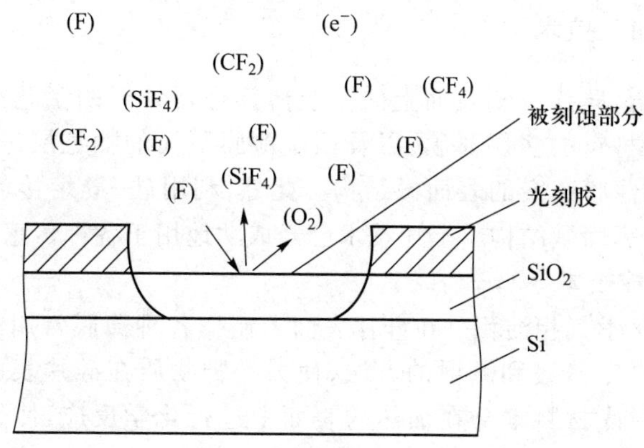

图 4.2.14 F 基等离子体刻蚀

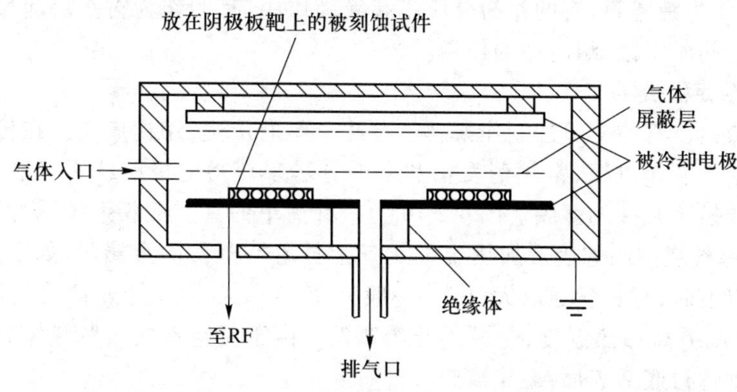

图 4.2.15 反应离子刻蚀装置原理图

着能量的下降而大幅度降低,因此,Cl 的游离基与硅原子的反应可能性很小(游离基在溅射的辅助下进行化学反应),因而对侧壁(如槽壁)的刻蚀很小,所以常用它来进行各向异性刻蚀。而 F 基等离子对硅的反应溅射率却几乎不随能量变化,F 的游离基与硅起化学反应的可能性与离子辅助刻蚀的可能性都很高,所以常会出现所不希望的钻蚀现象。

综上所述,化学腐蚀和等离子体刻蚀可看作是流体和固体之间的反应,反应溅射刻蚀可以说是以溅射为主体的反应。几种刻蚀方法的比较见表 4.2.3。

表 4.2.3 几种刻蚀方法的比较

不同刻蚀方法	化学腐蚀	等离子体刻蚀	反应溅射刻蚀
环境条件	腐蚀液	1~10^3 Pa 气体等离子体	1 Pa,辉光放电
刻蚀机理	化学反应	等离子体化学反应	溅射+等离子体化学反应
刻蚀限度	≈1 μm	≈1 μm	≈0.2 μm
侧向刻蚀	强	弱	微
坡度控制	难	—	易
防止公害措施	难	易	易
生产率	高	中	中

4.2.2 表面微加工技术

这是对体型加工后,硅片一侧表面上的多层薄膜进行处理的工艺技术。它主要利用淀积在硅片表面上、不同材料的多层薄膜,以及顶层薄膜下面的牺牲层进行选择性刻蚀,制造出包括空腔、梁和不同薄膜图案的表面微结构。此外,利用硅-硅熔接(键合)和选择性刻蚀技术,可以获得同样的表面微结构。上述技术已经成功地用于各种传感器的制造中。

4.2.2.1 薄膜生成技术

物理气相淀积和化学气相淀积是在硅片表面上制作各种薄膜常用的两种技术。物理气相淀积技术是利用高真空蒸镀和溅射的方法,使另一种物质在硅片表面上成膜。化学气相淀积技术是使气体与衬底材料本身在加热的表面上进行化学反应,使另一种物质在表面上成膜。

淀积的薄膜材料包括 Si、Poly-Si、SiO_2、Si_3N_4、PSG(磷硅玻璃)、BSG(硼硅玻璃)、金属和聚合物等,有的作为敏感膜,有的作为介质膜起绝缘作用,有的作为衬垫层起尺寸控制作用,有的作为钝化层起耐腐蚀、耐磨损的作用。

1. 物理气相淀积技术

(1) 真空蒸镀。真空蒸镀法制作薄膜已有几十年的历史,用途广泛。在传感器中,真空蒸镀法更多地用来制作电极,常用蒸发铝和金的方法来获得电极的欧姆接触区。也可用这种方法直接制作敏感元件的薄膜。图 4.2.16 为一种简单的真空镀膜系统示意图。在真空室 1 内,有一个用钨丝绕制的螺旋形加热器 3,钨丝上挂着待蒸发的金属丝,如金。当真空度抽到 0.013 3 Pa 以下时,对钨丝通以大电流(一般为 20 A 左右),使金丝溶化沾润在钨丝表面上,继续加大电流提高加热温度,金原子开始蒸发。由于真空室内残留气体分子很少,金原子不经碰撞即到达衬底 2 表面,凝聚成膜。

(2) 溅射成膜。溅射成膜是当今最流行的一种工艺,溅射主要分直流溅射和射频溅射。

1) 直流溅射。溅射过程是在一个低真空室中进行,用直流高电压(通常在 1 000 V 以上)使充入室内的低压惰性气体(如氩气)电离而形成等离子体。将待溅射物质制成靶并置于阴极,等离子体中的正离子以高能量轰击靶面,使靶上待溅射物质的原子离开靶面,淀积到阳极工作台上的基片表面上形成薄膜,如图 4.2.17 所示。与蒸镀法相比,溅射法的设备较

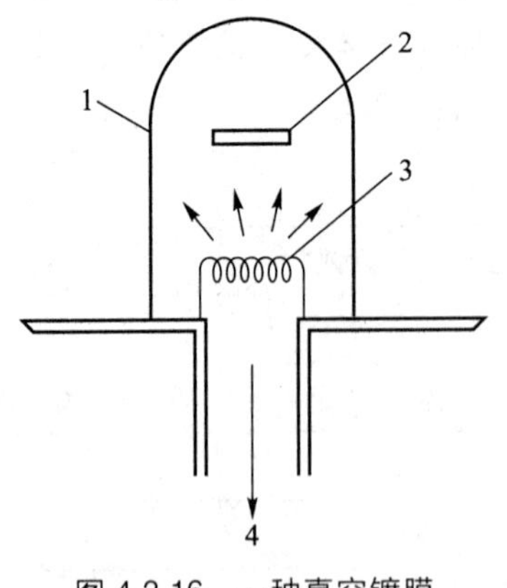

图 4.2.16 一种真空镀膜系统示意图

1—真空室;2—衬底;3—钨丝绕制的加热器;4—接高真空泵

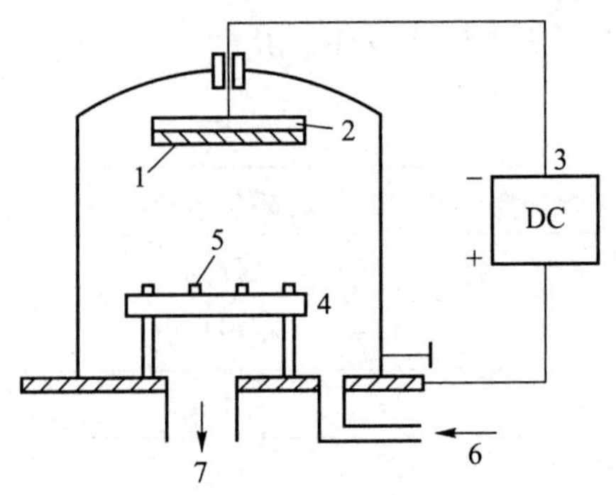

图 4.2.17 直流溅射原理简图

1—靶;2—阴极;3—直流高压电源 DC;4—阳极;5—基片;6—惰性气体入口;7—接真空系统

复杂,成膜速度较慢,但形成的膜牢固,并能制出高熔点的金属膜和化合物膜,其化学组分基本不变。直流溅射法不能溅射介质膜,因为阴极电动势不能施加到绝缘的表面上。

2) 射频溅射。图 4.2.18 所示为射频溅射原理简图。该方法是用射频交流电压来进行溅射的,最大优点是不仅能溅射合金薄膜,也能溅射介质薄膜,如 Al_2O_3、MgO、SiO_2、Si_3N_4 等,常用的溅射频率是 5~30 MHz,这个频率属于射频范围。当射频高电压 1~2 kV 加到阴极与阳极之间(通过匹配器和耦合电容)时,由于离子的质量远大于电子的质量,所以离子的迁移率远小于电子的迁移率,因而在上半周(阴极为正、阳极为负),电子迅速到达靶面,在下半周,则因离子运动速度慢,阴极表面所带的负电荷不会很快中和,这将使靶面上负电荷积累,从而形成一个自建电场 $\boldsymbol{E}$,使正离子加速并以较大能量轰击靶面,产生靶材原子的溅射淀积而成膜。

为了提高溅射薄膜的均匀性和溅射速率,现在常采用带附加磁场的射频溅射装置,如图 4.2.19 所示。在靶和工作台之间加上一个与工作台相垂直的磁场 B(由套在真空罩上的励磁线圈通电后产生,也可由固定磁铁产生),磁场的作用是使靶和工作台之间辉光放电。在磁场中受洛仑兹力作用的带电粒子做螺旋运动,增长了运动的路程,使电子同气体分子间的碰撞几率增加了,从而提高了溅射薄膜的均匀性。但这种方法并不能明显地提高溅射速率。为此,可在阴极附近安装一定的磁体,形成磁场,由于洛仑兹力的作用,电子在靶的附近作反复的螺旋运动,增加同气体分子的碰撞几率,使气体分子加速电离,产生正离子,正离子不断轰击靶面产生溅射原子,淀积成薄膜。这种溅射装置称为磁控溅射装置。一般情况下,其溅射速率比普通的二极溅射装置能提高几倍乃至几十倍,而且形成的薄膜针孔少、结合力强。此外,该情况下的二次电子较少,造成的衬底损伤也较小,温升也较低。

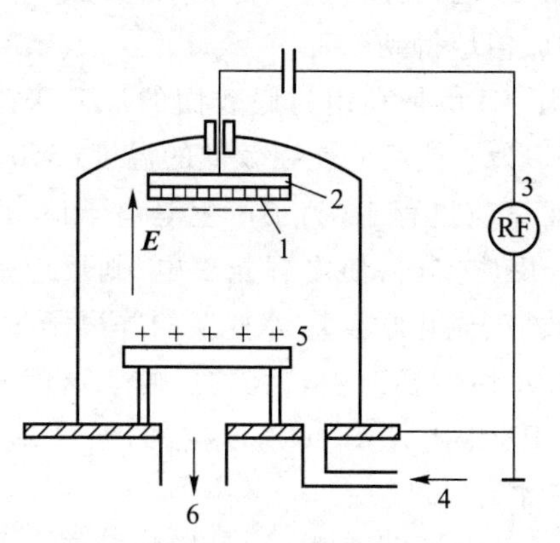

图 4.2.18 射频溅射原理简图

1—介质靶;2—阴极;3—射频电源 RF;4—气体入口;5—阳极;6—接真空系统

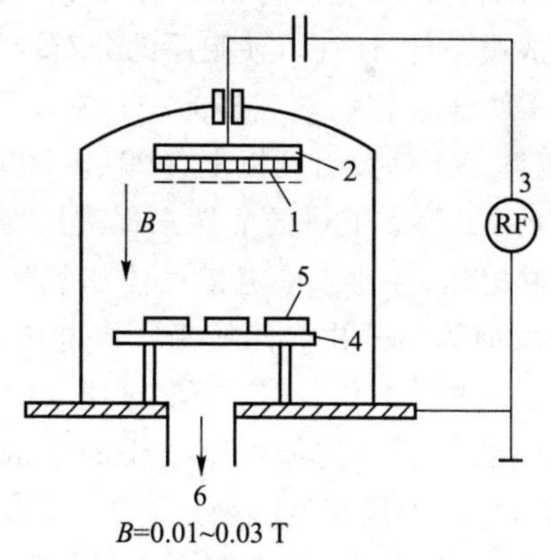

图 4.2.19 带附加磁场的射频溅射简图

1—介质靶;2—阴极;3—射频电源 RF;4—阳极;5—基片;6—接真空系统

磁控溅射装置已广泛地用于制造金属膜、介质膜、压阻膜、压电膜和半导体膜等。

2. 化学气相淀积技术

化学气相淀积技术就是利用高温条件下的化学反应(分解、还原、氧化、置换)来生成薄膜,主要的生成反应过程为:使含有待淀积材料的化合物(如卤化物、硼化物、氢化物、碳氢化合物等)升华为气体,与另一种气体称载体气体(如 H_2、Ar、N_2 等)或化合物在一个高温反应室中进行反应,生成固态的淀积物质,使之淀积在加热至高温的衬底上生成薄膜;反应生成的副产品气体,由表面脱离,扩散逸出。这种方法可为各种传感器制造出需要的多种薄膜,如介质膜、半导体膜等。

化学气相淀积通常有三种方法:常压化学气相淀积(NPCVD)、低压化学气相淀积(LPCVD)和等离子强化化学气相淀积(PECVD)。

(1) 常压化学气相淀积。所谓常压是指在大气压的反应室中进行化学反应。图4.2.20所示为这种工艺装置的示意图,其主要部分是反应室。反应气体A和B的分子中含有待淀积物质的原子,它们经分子筛过滤后进入混合器中,再进入反应室;反应室用电阻加热,两种气体进行化学反应,产生了单质或化合物,淀积在经过清洁处理的衬底上生成薄膜,副产品气体由出口处流出。常压化学气相淀积工艺已比较成熟,被广泛使用,但成膜厚度均匀性不够理想。

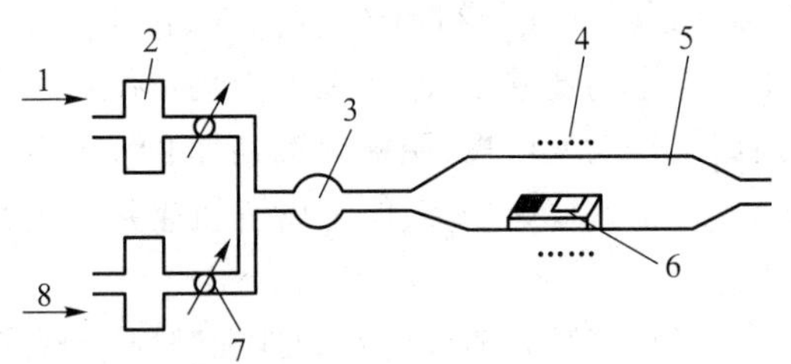

图4.2.20 NPCVD工艺装置示意图

1—反应气体A入口;2—分子筛;3—混合器;4—加热器;5—反应室;6—基片;7—阀门;8—反应气体B入口

(2) 低压化学气相淀积。为了改善生成膜厚度分布的均匀性,将上述的常压化学气相淀积稍加改良,即成为低压化学气相淀积,其成膜工艺装置与图4.2.17相似,只是在反应室内保持低压强($10\sim10^3$ Pa),而不是大气压。压强的降低意味着减少载体气体,而生成薄膜所必要的反应气体量和压强为大气压时相同,使反应室内的反应气体相对增加。这样,反应气体向衬底表面的扩散能进行得更均匀些。如果适当地选择衬底与衬底的间隔、气体压强和流量等的成膜条件,往往可使膜厚的分布均匀性成倍地得到改善。

(3) 等离子强化化学气相淀积。常压和低压CVD是利用衬底表面的反应来生成薄膜的,反应温度必须达数百度以上(500~1 200℃)。为了使反应能在较低的温度(350~400℃)下进行,利用了等离子体的活性来促进反应。在反应过程中,为了产生等离子体,可加上直流或射频高电压,并通入一定量气体如氧气等于反应室内,使之辉光放电,则反应室内的气体将被电离而等离子化。伴随着气体电离、热效应、光化学反应等复杂的等离子过程,将促进这一化学气相淀积的反应过程,对薄膜的生成及性能会产生较大的影响。这就是所谓的等离子化气相淀积。例如,Si_3N_4膜的生成,用PECVD只要400℃左右的温度即可,而用NPCVD和LPCVD,则温度必须达到1 000℃左右才行。

等离子CVD的工艺设备基本上同化学气相淀积工艺设备类同,只增加了产生等离子区的有关装置。图4.2.21是一台立式等离子CVD装置示意图。在平板电极上加上射频电压,在一定的真空度下产生辉光放电,反应气体在低压($10^{-2}\sim10^3$ Pa)反应室中进行反应,生成待淀积物质的单质或化合物,淀积在衬底上生成薄膜。

例如,一种二氧化锡SnO_2气敏膜就是利用这种立式PEVCD装置制造的,在图4.2.21中,将反应室抽至一定真空度,通入O_2和$SnCl_4$气体,O_2既作为反应气体,又作为溅射气体,产生辉光放电,并在这一状态下进行化学反应

$$O_2+SnCl_4 \longrightarrow SnO_2+2Cl_2\uparrow \tag{4.2.10}$$

Cl_2被真空泵抽走,SnO_2淀积在衬底上生成SnO_2薄膜。淀积速度取决于$SnCl_4$流量,流量用阀门控制。正常情况下,其淀积速度为1.5×10^{-8} m/min以上。

图 4.2.22 所示为环形 PECVD 装置示意图。这种装置不需要高压电极和靶,设备较简单。介质膜 Si_3N_4 常用这种装置制造,射频电压经一对射频电极通过电容耦合加到反应室,射频频率在 10 MHz 以上,电极距离约在 10 cm,在反应过程中,反应气体为硅烷 SiH_4 和联氨 N_2H_4,气体放电时产生的高温使气体分解,化学反应后生成的 Si_3N_4 淀积在衬底上形成薄膜。反应式为

$$3SiH_4+3N_2H_4 \longrightarrow Si_3N_4\downarrow+2NH_3\uparrow+9H_2\uparrow \tag{4.2.11}$$

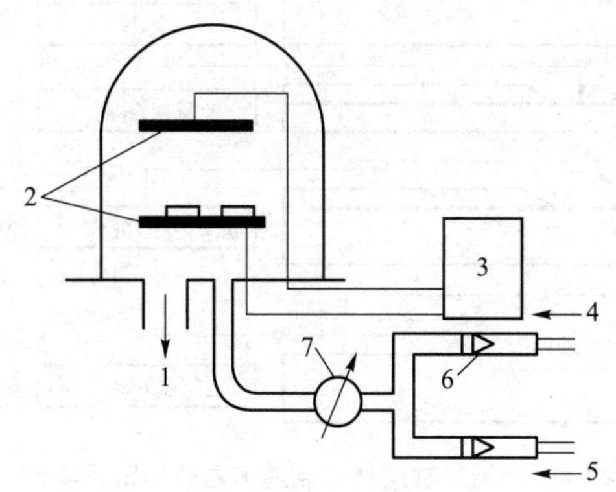

图 4.2.21 PECVD 装置示意图

1—接抽气系统;2—平板电极;3—RF 或 DC 电源;4—反应气体 A;5—反应气体 B;6—流量计;7—阀门

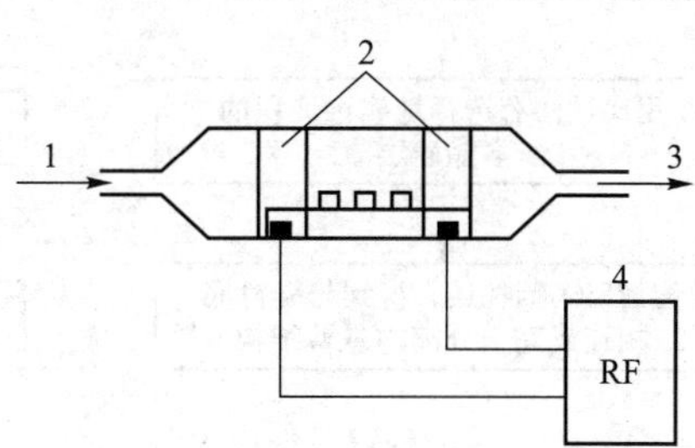

图 4.2.22 环形 PECVD 装置示意图

1—过滤后反应气体入口;2—环形射频电极;3—接抽气泵;4—RF 电源

等离子 CVD 是一种很有前途的薄膜工艺,发展很快,并已走上实用阶段。

(4) 外延工艺。为了得到硅单晶膜,常用外延工艺,它本身也是一种化学气相淀积工艺。这种工艺过程是以硅单晶片本身为衬底,以含硅化合物如硅烷(SiH_4)或四氯化硅($SiCl_4$)等用分解或用氢来还原,以生成单质硅并淀积在硅衬底上,在衬底的结晶性质影响下形成单晶硅。例如,用四氯化硅生成硅的还原反应为

$$SiCl_4+2H_2 \xrightarrow{\sim 1\ 200℃} Si\downarrow+4HCl\uparrow \tag{4.2.12}$$

顺便指出,在多晶和玻璃那样无定形的固体衬底上,要想制造单晶硅膜是极其困难的。

4.2.2.2 牺牲层技术

在表面层的微加工中,为了获得有空腔、可活动的结构,常采用所谓的“牺牲层”技术,即在形成空腔结构过程中,将两层薄膜中的下层薄膜设法腐蚀掉,便可得到顶层薄膜并形成一个空腔。被腐蚀掉的那个下层薄膜在形成空腔过程中只起分离层作用,故称其为牺牲层(sacrificial layer)。利用牺牲层技术制造出的多种可活动微结构,如微型桥、悬臂梁、悬臂块等,已成功地用于各种传感器需要的器件中,研制出微型谐振式压力传感器、微型谐振式陀螺仪和微型加速度传感器等。

利用牺牲层技术形成悬臂式结构的一般工艺过程框图见图 4.2.23。

图 4.2.24 所示为利用牺牲层技术制造多晶硅悬臂梁实例。①硅衬底;②在硅衬底上淀积介质膜 Si_3N_4;③在 Si_3N_4 膜上淀积厚约 2 μm 的 SiO_2 膜作为牺牲层;④有选择地局部腐蚀掉 SiO_2 用以制出悬臂梁的固定端;⑤在 SiO_2 层及露出的 Si_3N_4 上面淀积一层厚 1~2 μm 的多晶硅膜;⑥最后,腐蚀掉 SiO_2 牺牲层形成可活动的悬臂梁。

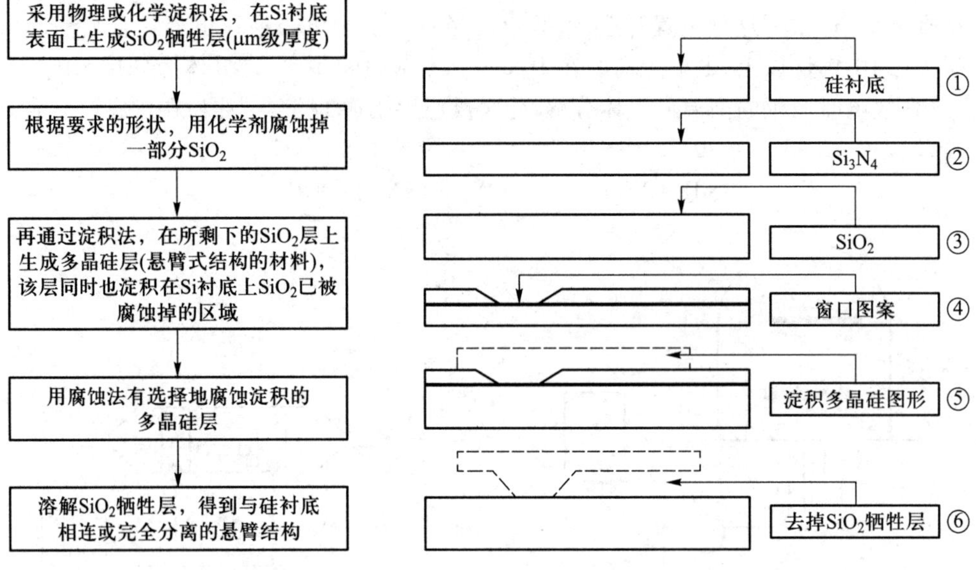

图 4.2.23 形成悬臂式结构的一般加工过程框图

图 4.2.24 利用牺牲层技术制造多晶硅悬臂梁实例

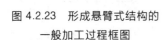

图 4.2.25 所示为制造桥式多晶硅梁结构工艺过程。硅衬底为 N 型硅(100)，在硅衬底上淀积一层 Si_3N_4 作为多晶硅梁的绝缘支撑，并有选择地腐蚀出窗口[见图 4.2.25(a)]；利用局部氧化技术在窗口处生成一层 SiO_2 作为牺牲层[见图 4.2.25(b)]；在 SiO_2 层及剩下的 Si_3N_4 上面淀积一层多晶硅膜(厚约 2μm)[见图 4.2.25(c)]；腐蚀掉 SiO_2 形成空腔，即获得多晶硅桥式可活动的硅梁[见图 4.2.25(d)]。

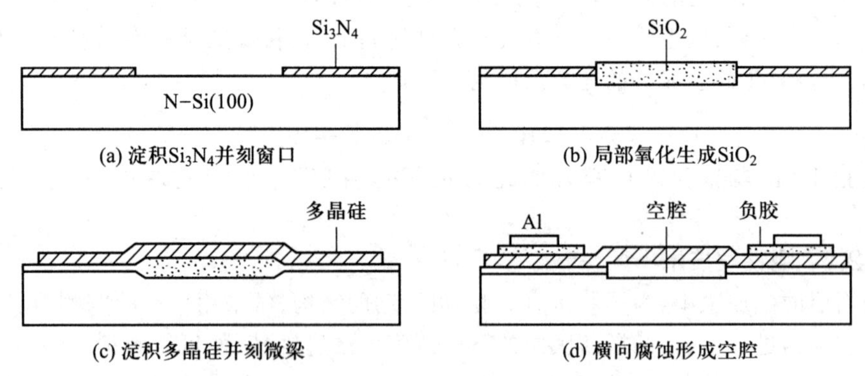

图 4.2.25 利用牺牲层技术制造桥式多晶硅梁结构工艺过程

图 4.2.26 为制造硅谐振梁的实例。①硅衬底为 N 型硅(100)，在其表面上淀积一层 SiO_2 并刻出窗口；②用化学剂 HCl 腐蚀出深层锥形空腔；③有选择地局部外延生长 P^+ 硅层；④有选择地局部外延生长掺硼的 P^{++} 硅层；⑤再有选择地外延生长 P^+ 硅层；⑥有选择地外延生长 P^{++} 硅层；⑦去掉余下的 SiO_2 层；⑧有选择地腐蚀掉 P^+ 硅层，形成谐振器和腔壁；⑨再生长一层 N 型硅层与衬底连在一起借以封闭空腔；⑩抽出空腔内的氢气(退火脱氢)，形成一定真空度的空腔；⑪谐振梁在外激励作用下即可在真空腔内振动。

综上所述，在利用牺牲层技术的表面微机械加工中，常用几种材料以薄膜形式组合在一

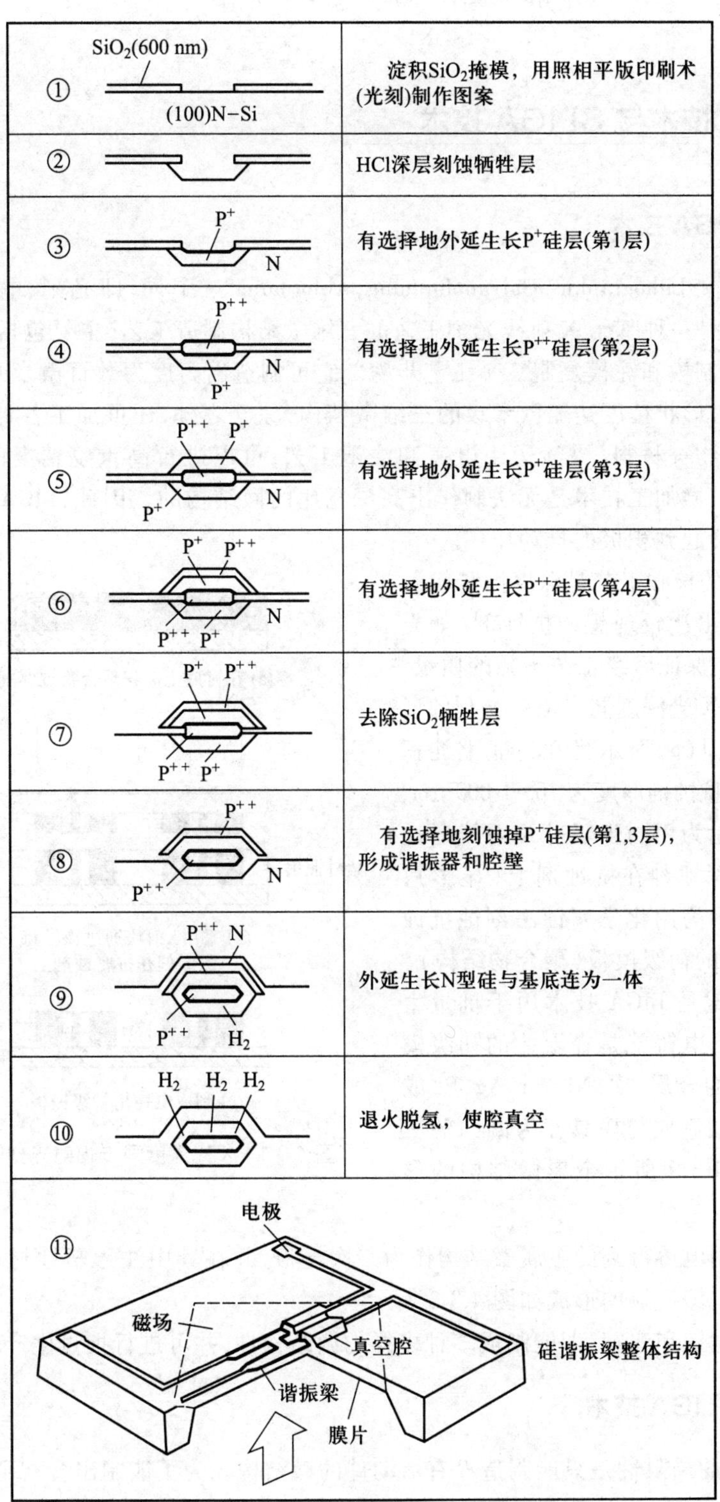

图 4.2.26 制造双端固支硅谐振梁实例

起，形成结构层和牺牲层；再利用腐蚀技术制造出微型腔、微型桥、微型悬臂梁等多种可活动结构。这种制造工艺技术对发展新型传感器具有重要价值。

4.3 LIGA 技术与 SLIGA 技术

4.3.1 LIGA 技术

LIGA 是德文 Lithographie，Galvanoformung，Abformung 三个词，即光刻、电铸和注塑的缩写。LIGA 技术是一种基于 X 射线光刻工艺的三维微结构制造工艺，主要包括 X 光深度同步辐射光刻、电铸制模和注模复制三个工艺步骤。它可制造出高度为数百微米乃至 1 000 μm，宽度只有 1 μm，形状精度达亚微米级的三维微结构，除硅之外，还可加工各种金属、合金、陶瓷、塑料和聚合物等材料，灵活运用电铸和注塑工艺，可以进行高重复精度的大批量生产。而上节介绍的硅微加工技术是无法制作出高深宽比的微结构的。因此，LIGA 技术对微机电系统的发展无疑起到积极的推动作用。

LIGA 技术的核心工艺是深度同步辐射光刻，只有刻蚀出比较理想的抗蚀剂（如光刻胶）图形，才能保证后续工艺步骤的质量。图 4.3.1 描述了 X 光深度同步辐射光刻的形成过程。图 4.3.1（a）所示为在衬底上淀积聚合物抗蚀剂，抗蚀剂厚度为 10～1 000 μm；图 4.3.1（b）所示为用同步辐射 X 射线通过掩模将图形深深地刻在抗蚀剂上（显影）；图 4.3.1（c）所示为用化学腐蚀法刻蚀抗蚀层，制成电铸用的初级模板（聚合物结构）。

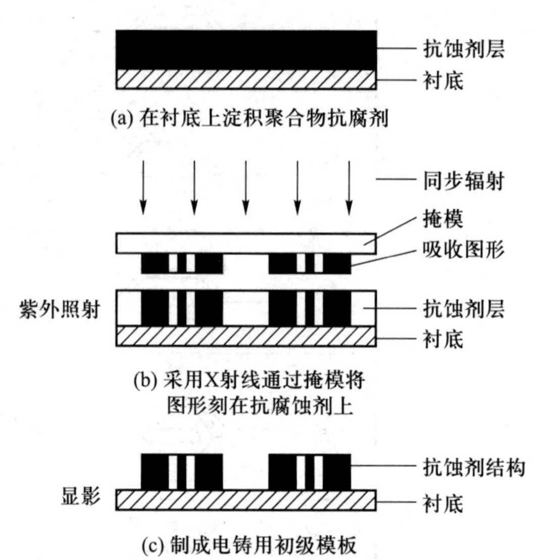

图 4.3.1 X 光深度同步辐射光刻的形成过程

电铸和注塑是 LIGA 技术用于批量生产的关键环节。电铸就是在上述的初级模板中淀积需要的金属（如 Ni、Au、Ag、Pt 或金属合金），以便制成与模具互为凹凸的三维微结构。图 4.3.2 所示金属微结构的形成即为一例。

注塑则是用电铸得到的金属微结构作为二次模板，并在其中注入塑性材料，以获得塑性微结构。通常注塑模板的形成如图 4.3.3 所示。

反复进行电铸和注塑，即能制成多种多样的微结构件，并可进行批量生产。

4.3.2 SLIGA 技术

LIGA 技术的局限性是只能制造没有活动件的微结构。为了能制出含有可活动件的三维微结构，把牺牲层技术应用于 LIGA 技术中，两者结合形成一种新的 LIGA 技术，称其为 SLIGA 技术，又称准 LIGA 技术，这里 S 代表牺牲层的意思。用 SLIGA 技术即可制造含有可活动件的微结构。

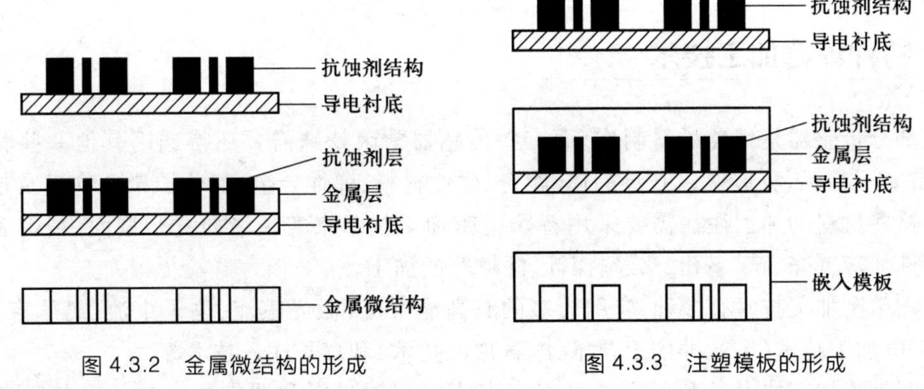

图 4.3.2 金属微结构的形成

图 4.3.3 注塑模板的形成

SLIGA 技术的基本工艺步骤如图 4.3.4 所示,该图给出了用 SLIGA 技术制出的可活动微结构基本工艺示例。图中:①在陶瓷或附有绝缘层硅衬底上溅射一层 Cr、Ag 组成的薄膜作为电铸用的金属基底;②在该金属基底上淀积抗蚀剂层并进行选择刻蚀,制作出电铸备用的图形基底;③溅射和化学腐蚀牺牲层并开窗口;④在牺牲层(这里用钛)基底上淀积厚约 100~300 μm 的聚合物抗蚀层,然后覆盖掩模;⑤用深层同步辐射 X 射线光刻技术对抗蚀剂层进行曝光,制成电铸用的模板;⑥根据要求选用可活动微结构件的材料(这里选用 Ni),在金属基底上以模板为模型进行电铸,便可形成与模板形状互为凹凸的微结构;⑦再用化学剂溶解掉抗蚀剂和牺牲层,最终获得可活动的微结构。

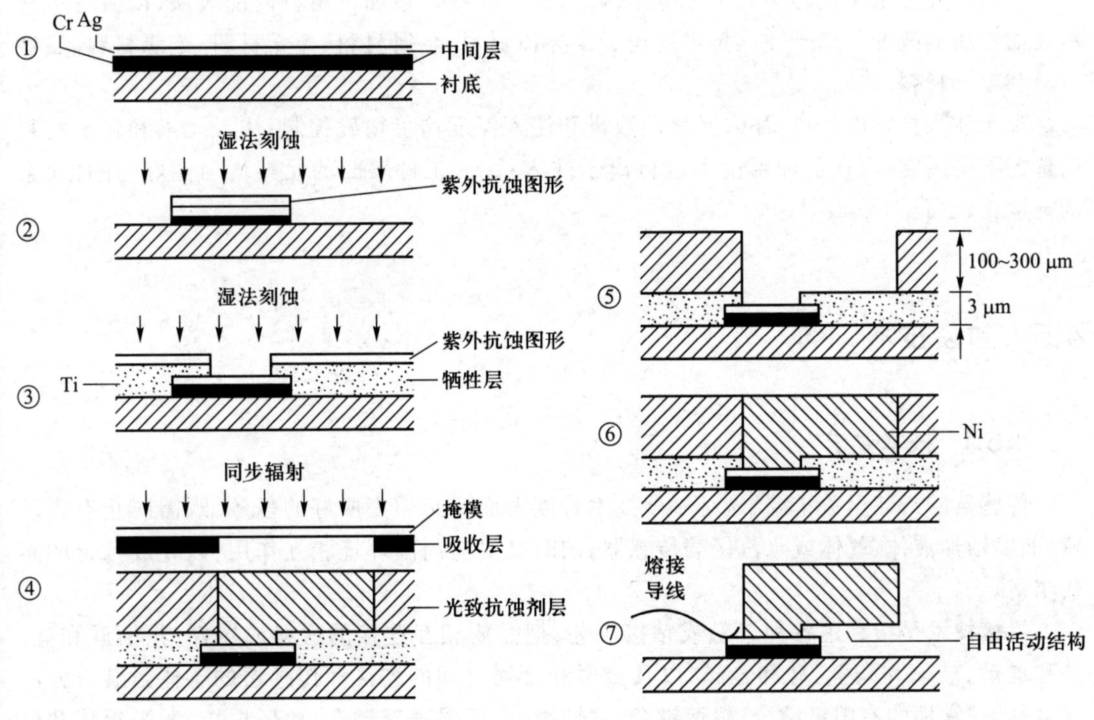

图 4.3.4 用 SLIGA 技术制造可活动微结构的基本工艺步骤

4.4 特种精密加工技术

大部分传感器是用硅材料制作，而有些传感器常因特殊需要还得选用其他一些材料制作，如熔凝石英（石英玻璃）、石英晶体、陶瓷、磁性材料、弹性合金、高分子聚合物以及超导材料等。这些材料的加工往往需要采用特殊精密加工技术来实现诸如复杂型面、精密表面和特殊零件如薄壁壳、膜、小孔、窄缝、探针、深槽等的加工。

特殊精密加工技术有多种，应用较多的有高能束流（激光束流、电子束流、离子束流）加工技术，电加工技术（电脉冲加工技术、电解加工技术）和离子注入技术等。

高能束流加工技术是利用高能量密度束流实现对材料和器件加工的一种特种工艺方法，可以用于焊接、切割、打孔、画线、喷涂、刻蚀和表面改性处理，并且加工精度、重复精度高。

电脉冲加工技术是应用最多的一项电加工技术，利用电极间隙脉冲放电产生局部瞬时高温对金属材料去除的一种加工方法。其优点是不受加工材料软、硬的限制，能方便地加工出各种复杂形状的成形零件、小孔、窄缝等。随着电脉冲加工技术和线切割加工技术的不断改进提高，应用愈来愈广，正向着微细化、高精度、自动化方向发展。

电解加工技术是利用金属在电解液中发生“阳极溶解”原理将工件加工成形。凡是导电材料都可进行电解加工，不受材料硬度、强度、韧性的限制，且加工表面质量好。

离子注入技术涉及离子注入也可划归到离子束流加工范畴。该项技术是基于离子的加速电压达到几万电子伏乃至几十万电子伏时，离子便穿入被加工材料内部表层，以实现对材料表面性质的改变。离子注入技术适用于半导体材料、金属材料、光学材料、绝缘材料、磁性材料和超导材料。

离子注入技术的优点：注入元素的数量和注入深度均可精确控制；注入元素和靶子材料的选配不受限制；可在各种温度下进行离子注入；注入工件表面的元素均匀性好，并且元素的纯度比较高。

4.5 封装技术

4.5.1 技术要求

传感器的封装至关重要，这是一项技术难度大而又必须完成好的任务，既需防止有害环境，如腐蚀性液体、气体或水汽侵袭传感器，同时又要与周围环境相互作用，以完成预定的参数测量。

封接技术是指利用各种熔融或粘接工艺，把需要相互连接的材料或器件，包括硅和硅，硅和玻璃，玻璃和陶瓷，硅和金属，以及金属和金属之间的连接和传感器的整体封装。方法有多种，较常用的有阳极键合、热熔键合、共熔键合、低温玻璃键合、冷压焊接、激光焊接和电子束焊接等。连接和封装中应满足如下技术要求：

（1）残余热应力尽可能小。

（2）机械解耦，以防止外界应力干扰。

(3) 足够的机械强度和密封性(包括真空密封)。

(4) 良好的电绝缘性。

因为这些因素的效应会反应在传感器的输出中,所以必须考虑周全、精心操作,以避免由此降低传感器的性能。

为了避免互相连接后产生热应力,必须选用膨胀系数相互接近的材料在一起匹配连接。如玻璃和硅的连接,玻璃有多种,但其膨胀系数各异。图 4.5.1 给出了几种玻璃和硅的热膨胀系数与温度的关系曲线。由图可见,其中 Pyrex(派雷克司)硼硅酸玻璃 7740# 和 1729# 的热膨胀系数与硅最接近,故最适宜与硅键合。又因 7740# 玻璃的退火点温度较低(565℃),而 1729# 退火点温度较高(853℃),所以在硅微结构中,玻璃与硅衬底的互相连接多选用 7740# 玻璃。

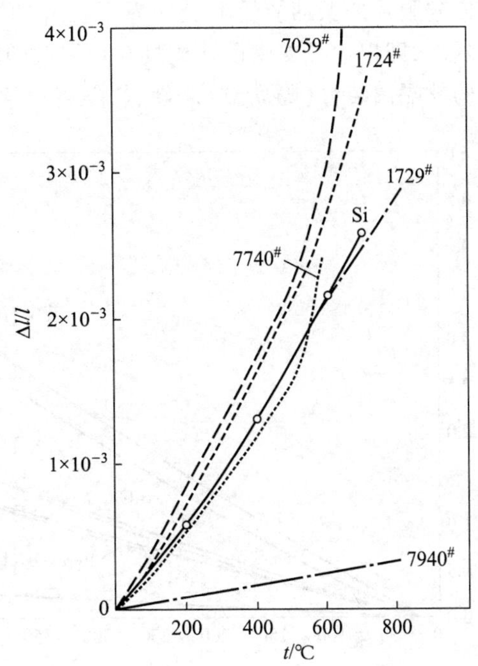

图 4.5.1 几种玻璃和硅的热膨胀特性

表 4.5.1 给出了几种常用材料的热膨胀系数和弹性模量,供参考。

表 4.5.1 几种常用材料的热膨胀系数和弹性模量

材料	热膨胀系数(1/K)	弹性模量(10^3 MPa)
Si(100)	$2.62\times10^{-6}\sim2.33\times10^{-6}$	130
Si(110)	$2.62\times10^{-6}\sim2.33\times10^{-6}$	170
Si(111)	$2.62\times10^{-6}\sim2.33\times10^{-6}$	190
Pyrex 7740# 玻璃	2.85×10^{-6}	63
4J29 可伐合金(Kovar)	$4\times10^{-6}\sim5\times10^{-6}$	140
4J36 因瓦合金(Invar)	$1.5\times10^{-6}\sim1.8\times10^{-6}$	150
AlN	2.58×10^{-6}	340
Al_2O_3(99%)	5.6×10^{-6}	400~460
蓝宝石	$5.5\times10^{-6}\sim7.2\times10^{-6}$	360~460
SiC	3.4×10^{-6}	483
SiO_2	$0.50\times10^{-6}\sim0.55\times10^{-6}$	70
金刚石	$0.9\times10^{-6}\sim1.18\times10^{-6}$	1 035
Si_3N_4	$0.8\times10^{-6}\sim2.8\times10^{-6}$	155~385

图 4.5.2 给出了几种材料的热膨胀特性。

为了减小外界应力的干扰,应利用机械隔离技术,设计合理的结构和尺寸,使核心部件(如敏感元件)和相互连接的边缘支座实现机械解耦。以硅谐振膜片(见图 4.5.3)设计为例,欲使硅膜片的振动能量不受外界干扰，同时也不传递到外界，可采用两种隔离方案：其一为硬隔离，即把边缘支座设计成具有足够大的刚度，使其固有频率很高；其二，设计固有频率很低的软隔离装置（隔离带）。硬、软隔离示意图呈现在图 4.5.4 上。

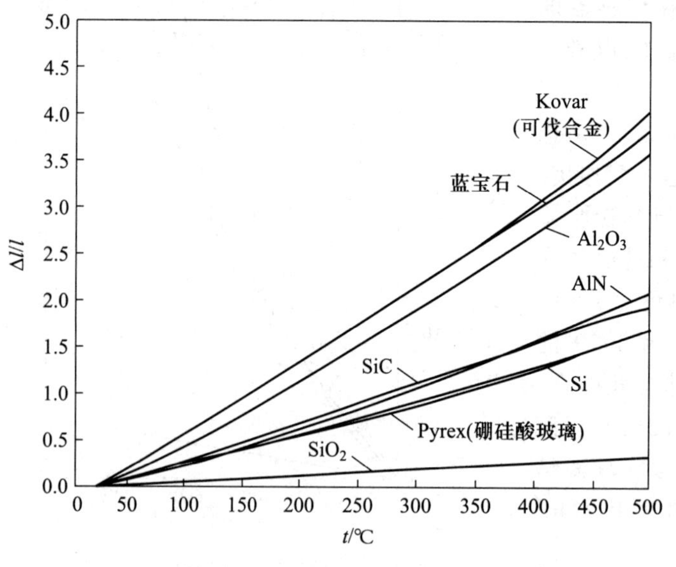

图 4.5.2 几种材料的热膨胀特性

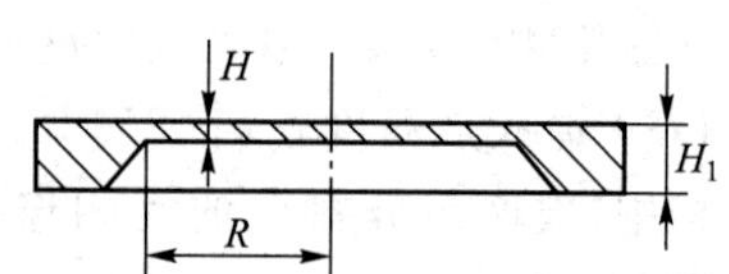

图 4.5.3 硅谐振膜片结构简图

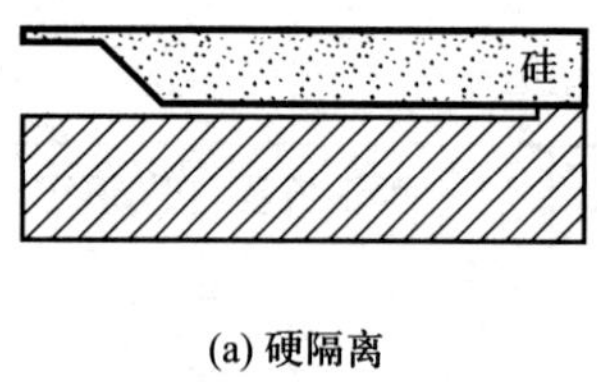

(a) 硬隔离

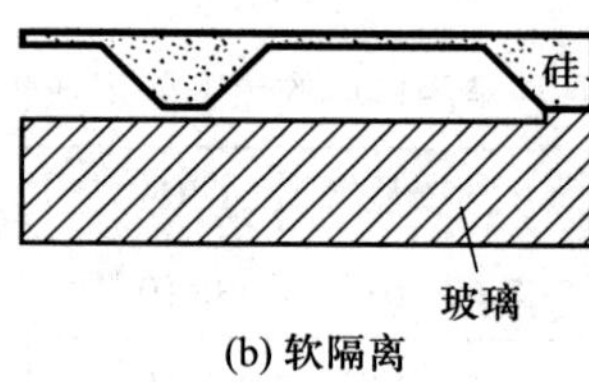

(b) 软隔离

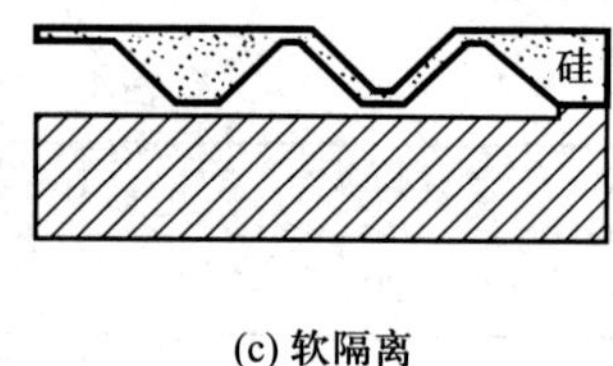

(c) 软隔离

图 4.5.4 硬、软隔离示意图

对于硬隔离，其能量传递系数为

$$TR=\frac{1}{\left(\frac{f_{\mathrm{H}}}{f_{\mathrm{S}}}\right)^{2}-1} \tag{4.5.1}$$

对于软隔离，其能量传递系数为

$$TR=\frac{1}{\left(\frac{f_{\mathrm{S}}}{f_{\mathrm{L}}}\right)^{2}-1} \tag{4.5.2}$$

式(4.5.1)和式(4.5.2)中，f_{H}、f_{L}、f_{S} 分别代表硬边缘支座的固有频率、软隔离带的固有频率和硅膜片的固有频率。

满足下述条件便能明显地实现机械解耦，即

$$\frac{f_{\mathrm{H}}}{f_{\mathrm{S}}}\geqslant 10,\quad \frac{f_{\mathrm{S}}}{f_{\mathrm{L}}}\geqslant 10$$

边缘高度 H_1 和硅膜片厚度 H 之比一般为 $\frac{H_1}{H} \geqslant 15$。满足此条件可明显降低从机座引入敏感部分的外界干扰。

图 4.5.5 给出几种起隔离作用的实际结构。

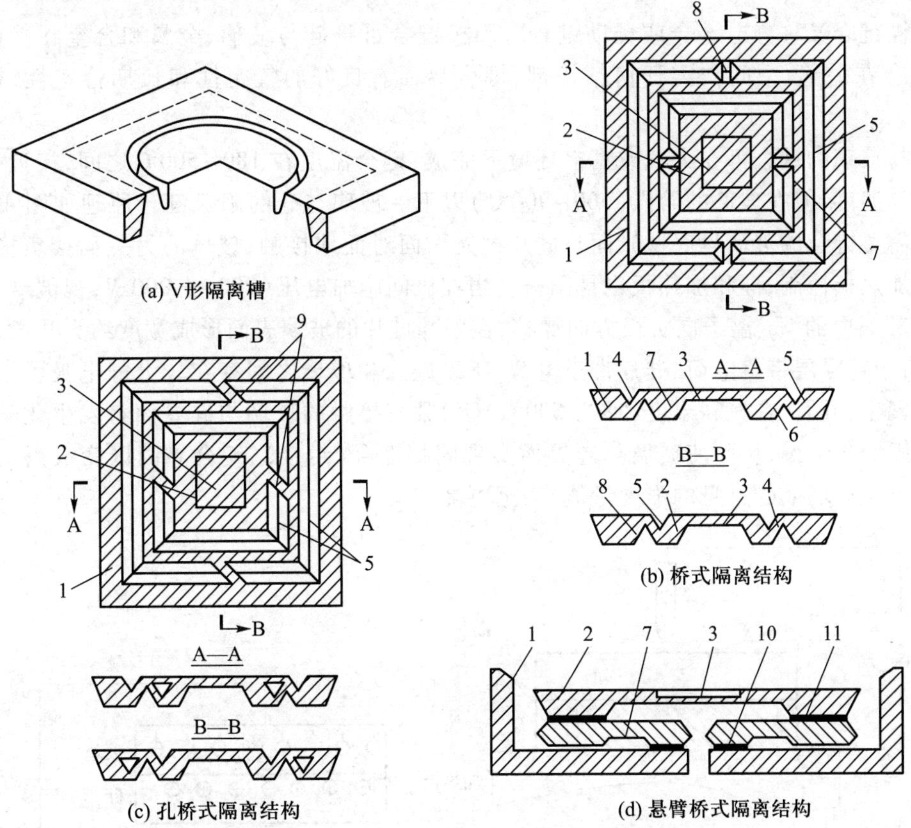

图 4.5.5 几种隔离结构

1、2—外和内支撑环；3—敏感元件；4—桥；5、6—隔离沟槽；7、8—岛桥；9—连接桥；10、11—键合

图 4.5.6 所示为自身平衡的石英（或硅）调谐音叉结构。音叉双臂总是相向振动，在任何瞬间双臂振动产生的力和力矩总是互为作用力和反作用力，即 $F_1+F_2=0, M_1+M_2=0$。理想情况下，音叉与其固定支座之间应没有力的作用，实际上在音叉两端还是采用了隔离措施，以避免外界横、纵向振动和加速度的干扰引入谐振音叉内部。

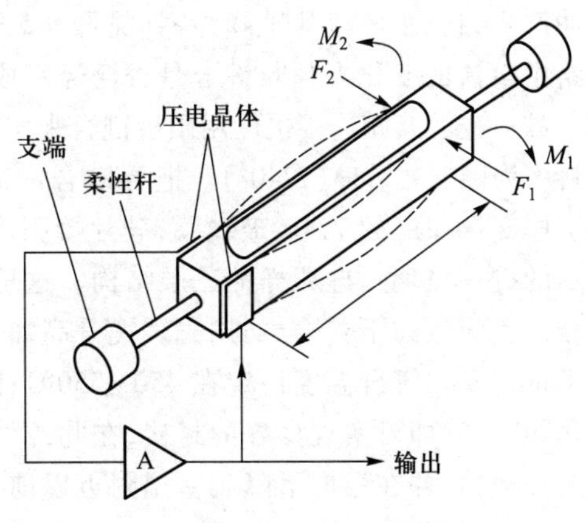

图 4.5.6 调谐音叉结构

关于互相连接的机械强度和密封性，正确使用前述各种连接方法，在常温下的机械强度可达连接材料自身的强度量值，且键合界面有良好的密封性能。

在微结构互相连接中需要电隔离的，常在衬底材料表面淀积起绝缘作用的介质膜实现之。为了使外界引入到微结构中的电干扰降至最小，完善系统的合理布局与屏蔽接地至关重要。

4.5.2 阳极键合

阳极键合又称静电键合或场助键合。阳极键合可将硅与玻璃、金属和合金在静电场作用下键合在一起，中间勿需任何粘接剂，键合界面有良好的气密性和长期稳定性，被广泛使用。

硅与玻璃的键合可在大气或真空环境下完成，键合温度在 180～500℃之间，接近于玻璃的退火点温度，但在玻璃的熔点（500～900℃）以下。玻璃与硅的阳极键合原理如图 4.5.7 所示。把需要键合的玻璃衬底抛光面与硅片抛光面面对面地接触，玻璃的另一面接负极，整个装置由加热板控制，硅和加热板也是阳极。当在极间施加电压（200～1 000 V，视玻璃厚度而定）时，玻璃中的 Na^+ 离子向负极方向漂移，在紧邻硅片的玻璃表面形成宽度约为几微米的耗尽层，由于耗尽层带负电荷，硅片带正电荷，所以硅片和玻璃之间存在较大静电吸引力，使两者即刻紧密接触。在较高温度（180～500℃）下，紧密接触的玻璃与硅界面将发生化学反应，形成牢固的化学键，从而使玻璃与硅界面实现固相键合（封接），键合界面区变成黑灰色，键合强度可达玻璃或硅自身的强度量值，甚至更高。

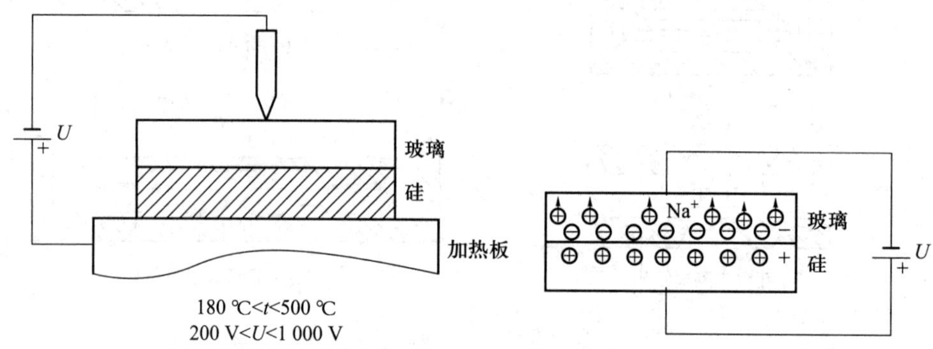

图 4.5.7 玻璃与硅的阳极键合原理

图 4.5.8 所示为玻璃与硅阳极键合过程。阳极键合过程中，当加上电压后即刻有一电流脉冲产生，稍后，电流几乎降为零（见图 4.5.9），表明此时键合已经完成。所以可通过观察外电路中电流的变化来判断键合是否已经完成。

硅—硅的互相连接也能用阳极键合来实现，但两硅片间需加入中间夹层，常用的中间夹层材料多为硼硅酸玻璃（7740#）。把要键合的硅片表面先抛光，并在其中一个硅片表面上淀积一层厚 2～4 μm 的 7740#玻璃膜，硅片接阳极，阴极加在覆盖有中间膜的硅片上，如图 4.5.10 所示的硅—玻璃—硅那样的三层结构。这里玻璃层还起绝缘作用，使电流不能通过接合面。键合过程大致如下：键合初期先缓慢升高加在三层结构上的直流电压，并控制电流密度保持在 1 mA/cm^2，键合温度稳定在 450～550℃；随着电压不断升高电流将相应下降，电压的最大值达 50 V 时即可实现良好的封接，在此条件下将键合过程再保持 5 min 左右；然后切断硅衬底的加热器，并在温度下降到室温附近以前关闭电源，由此获得的键合界面具有良好的密封性和机械强度。

图 4.5.11 所示为硅电容式绝压微传感器的结构示意图，它是图 4.5.10 所示键合原理的

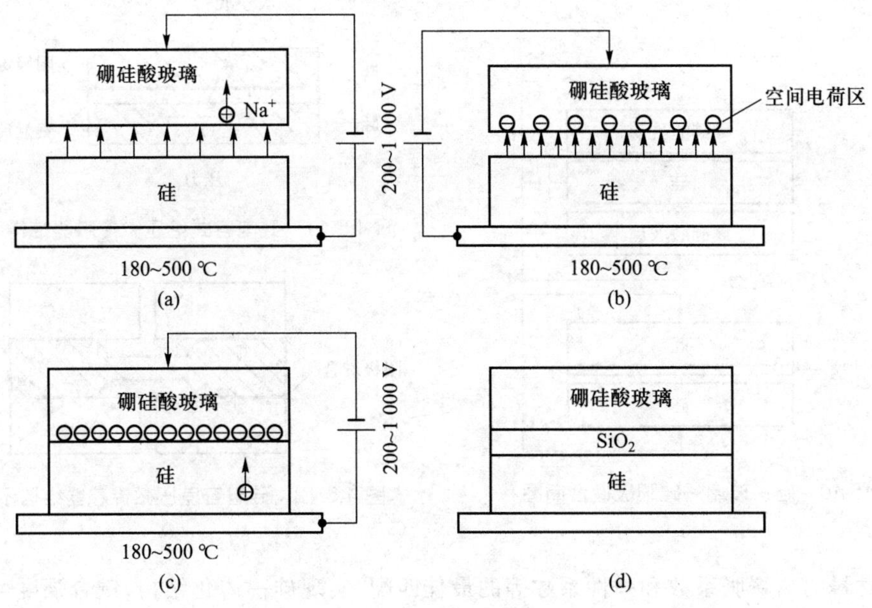

图 4.5.8 玻璃与硅阳极键合过程

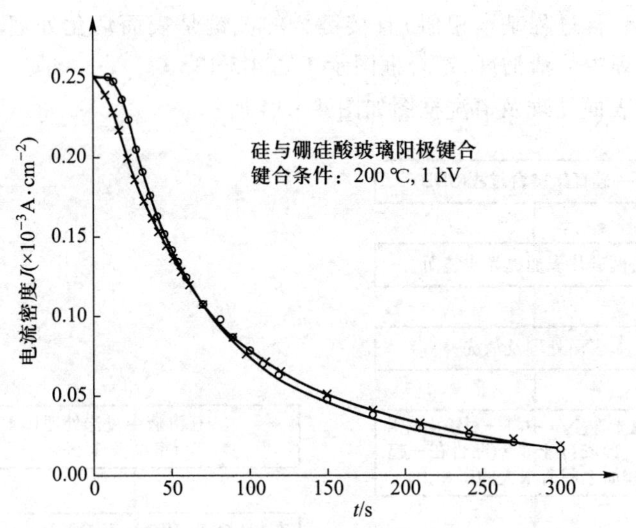

图 4.5.9 键合过程中电流密度与时间的关系

应用实例。图中溅射在硅膜片衬底上 7740#玻璃膜的厚度相当于电容器的空间缝隙,玻璃膜上的图案可用 HF 溶液腐蚀成型。键合时硅接正电极,负极接在敷有玻璃膜的硅片上。

图 4.5.12 所示为硅电容式差压微传感器结构示意图,是用阳极键合成整体的三层结构,键合时硅接正电极,玻璃接负电极。

4.5.3 Si-Si 直接键合

两硅片通过高温处理可直接键合在一起,中间勿需任何粘结剂和夹层,也勿需外加电场。这种键合是将硅晶片加热至 1 000℃以上,使其处于熔融状态,分子力使硅片键合在一起,称其为硅熔融键合,也称硅直接键合。它比采用阳极键合优越,可以获得硅—硅键合界

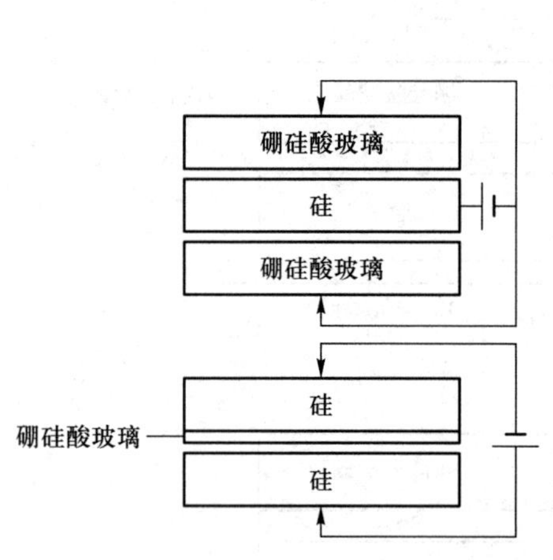

图 4.5.10 硅—玻璃—硅阳极键合简图

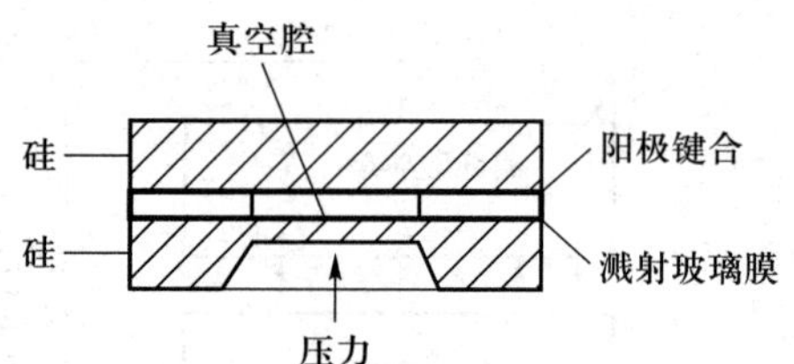

图 4.5.11 硅电容式绝压微传感器结构示意图

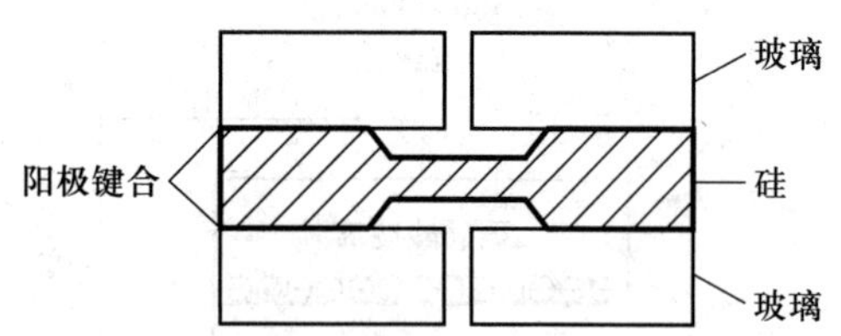

图 4.5.12 硅电容差压微传感器结构示意图

面,实现材料的热膨胀系数和弹性系数等的最佳匹配,实现硅一体化结构,键合强度可达到硅或绝缘体自身的量值,封装气密性好。这些都有利于提高产品的长期稳定性和温度稳定性。

Si-Si 或 SiO_2-SiO_2(对于抛光的硅片表面,一般存在 10~60 Å 的本征氧化层,因此,抛光硅片与氧化硅片的键合过程基本相似)直接键合的关键是表面活化处理、表面粗糙度、硅片平整度以及工艺过程中的清洁度,键合框图示于图 4.5.13。

图 4.5.13 中的表面处理及清洗框图如图 4.5.14 所示。

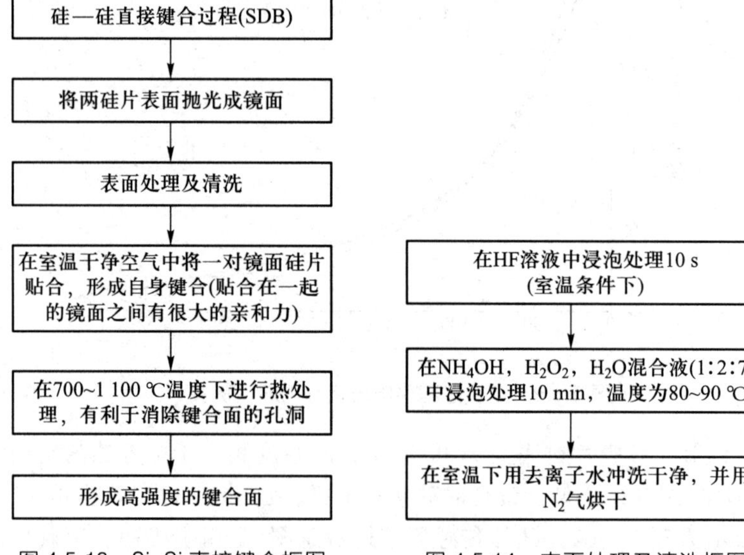

图 4.5.13 Si-Si 直接键合框图

图 4.5.14 表面处理及清洗框图

图 4.5.15 给出了由红外光源(IR)发射出来的光,通过硅片透射经信号接收后在监视器上显示出来的硅片表面的图像。图像中白区表示键合面没有微孔洞,黑处则表示有微孔洞,微孔洞处将导致两键合面分离。因此,键合前应对键合面进行孔洞探测,以免造成键合界面的局部缺陷。

图 4.5.16 给出了 Si-SiO_2 $\longleftrightarrow$ SiO_2-Si 直接键合示意图。

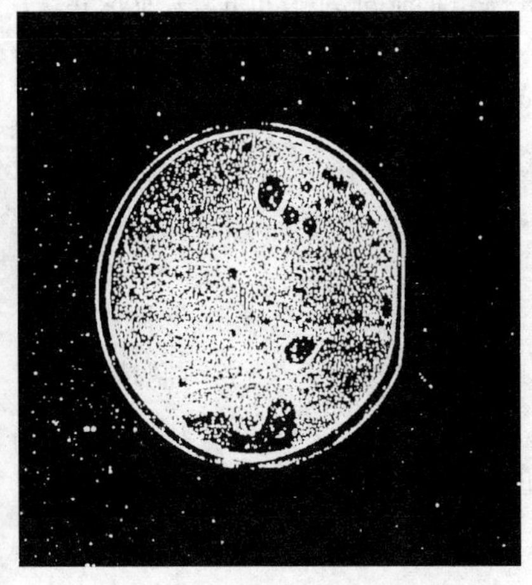

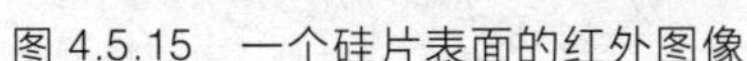
图 4.5.15 一个硅片表面的红外图像

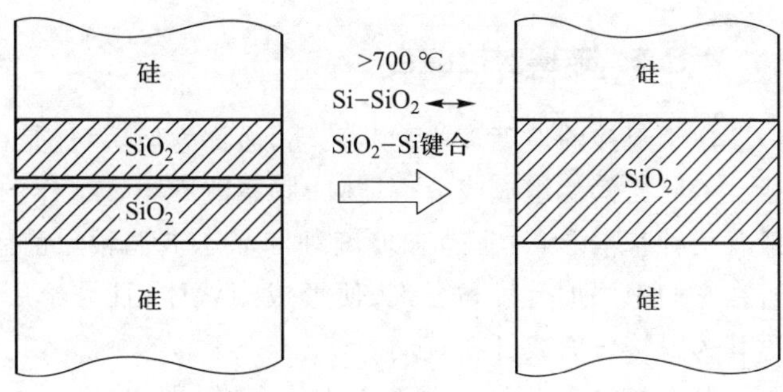

图 4.5.16 $Si-SiO_2$ ⟷ SiO_2-Si 直接键合示意图

上述介绍的 Si-Si 和 SiO_2-SiO_2 直接键合需在高温（700～1 100℃）下才能完成，而高温处理过程难以控制和不便操作。因此，能否在常温或低温下实现 Si-Si 直接键合已成为人们研究的一项重点工艺。这项工艺的关键是选用何种物质对被键合表面进行活化处理。因为惰性气体（如氩气 Ar）与硅表面上原子不产生反应，却能激活硅表面，所以采用 Ar 离子束对已预处理过的硅表面在真空环境下进行腐蚀并使表面清洁化。实验证明，这样一对硅表面，在室温、真空条件下便可实现牢固的键合，键合强度比在高温下直接键合的强度稍差。

键合的具体步骤如下：

（1）把要键合的一对硅片先进行表面处理和清洗（见图 4.5.14）。

（2）把清洗好的硅片作为样件置入图 4.5.17 所示的装置中。Ar 离子束腐蚀前，先将装置抽真空，真空腔的残余气体压力不得大于 2×10^{-6} Pa。

（3）Ar 源对硅表面腐蚀期间的工作电压为 1.2 kV，Ar 等离子电流强度为 20 mA，Ar 离

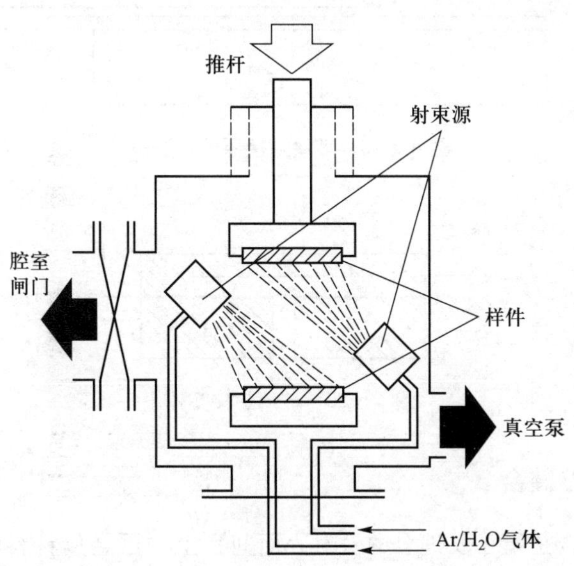

图 4.5.17 Si-Si 键合真空设备简图

子束的入射角为 45°,射向硅表面的 Ar 压力约为 0.1 Pa,腐蚀时间约 1 min,腐蚀深度约 4 nm。

(4) 经 Ar 腐蚀去污清洁后的一对硅表面,在外加约 1 MPa 压力的作用下即可在室温下实现牢固的 Si-Si 直接键合。Ar 腐蚀和键合的全过程都在真空条件下完成。

4.5.4 玻璃封接键合

用于封接的玻璃多为粉状玻璃,通称为玻璃料,是由多种不同特征的金属氧化物组合而成。不同比例的组成成分,其热膨胀系数不同。这样的玻璃料是由玻璃厂家专门制成的,一般有两种基本形态:非晶态玻璃釉和晶态玻璃釉。前者为热塑性材料,后者为热固性材料。若在它们中添加有机黏合剂,便形成糊状体,且易于用丝网印制方法形成所需的封接图案,称其为封接玻璃或钎料玻璃。

若被封接表面上不允许有机物存在,即为洁净表面,则应将纯度高、含钠低和超精细的玻璃粉悬浮在匀质的酒精溶液中,并设法(如用丝网印制、喷镀、淀积、挤压等)将其置于一对被键合的界面间实现封接,封接温度为 415~650℃,同时需施加的压力为 7~700 kPa,封接气密性好,并有较高的机械强度。图 4.5.18 为玻璃封接的一种工艺示意图。图 4.5.19 为玻璃封接的原理示意图,并在富氧条件下实现封接。图 4.5.20 所示为用玻璃封接的实例之一。

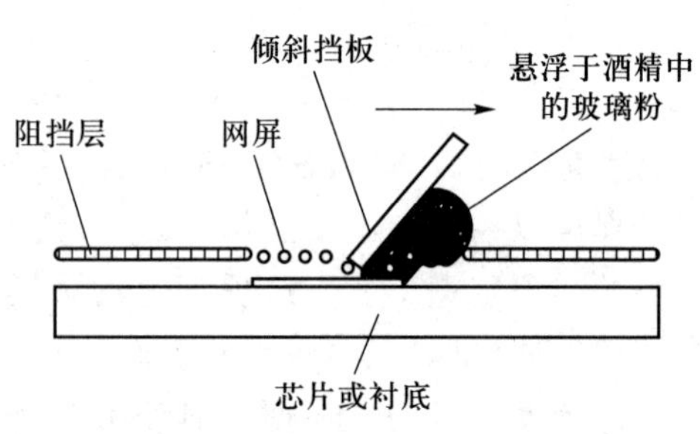

图 4.5.18 玻璃封接工艺示意图

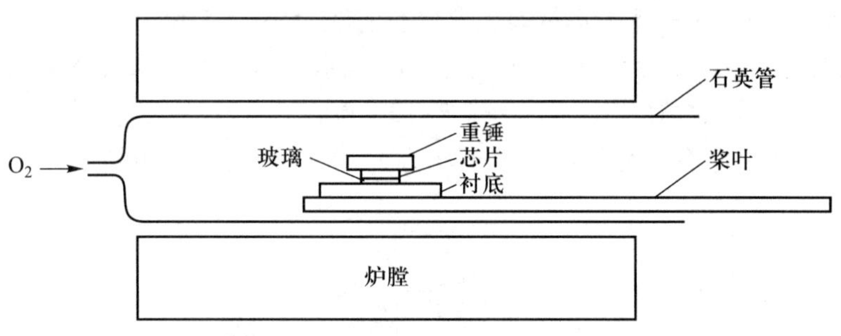

图 4.5.19 玻璃封接原理示意图

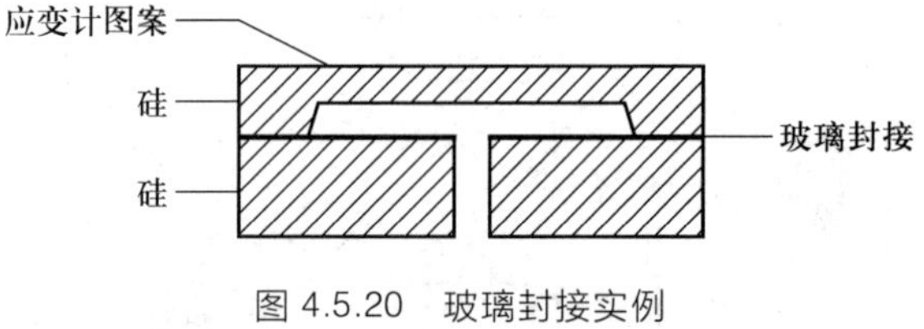

图 4.5.20 玻璃封接实例

4.5.5 金属共熔键合

所谓金属共熔键合是指在要键合的一对表面间夹上一层金属材料膜,形成三层结构,然后在适当的温度和压力下实现互相连接。共熔键合常用的共熔材料为金—硅和铝—硅等。

图 4.5.21 给出了金—硅共熔键合的四种接合方式。其中图 4.5.21(a)所示为硅—金/硅—硅三层结构,靠金/硅层实现共熔键合。图 4.5.21(b)所示为硅与金属底座的键合,预先在底座上蒸镀一层金膜,利用金/硅共熔实现键合。图 4.5.21(c)的方式与图 4.5.21(b)相反。图 4.5.21(d)所示为先制成金/硅箔(厚 20~40 μm),将其夹在硅片与底座之间实现共熔键合;同样,也可用铝/硅中间夹层实现三层结构的共熔键合。

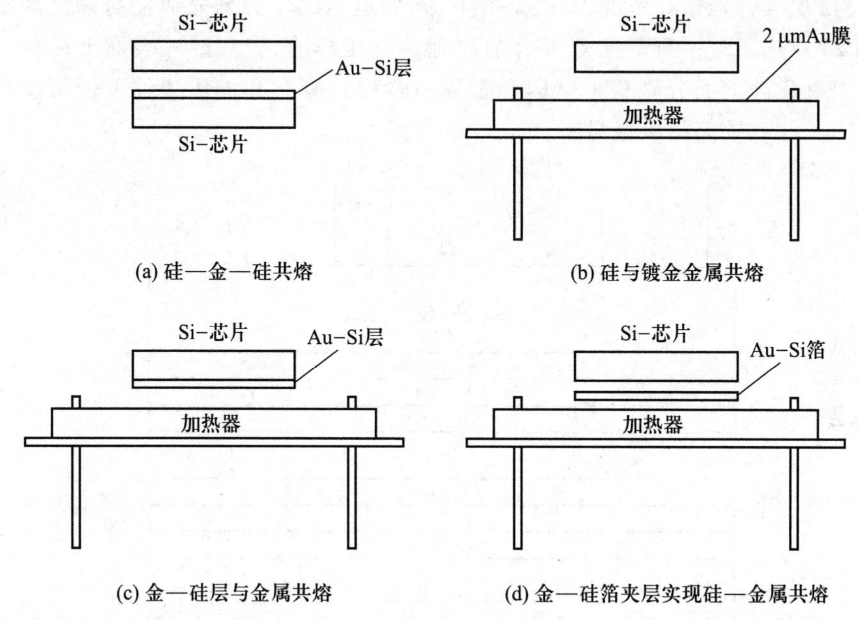

图 4.5.21 金—硅共熔键合

图 4.5.22 给出了金—硅和铝—硅的相平衡图。由图 4.5.22 可见,金—硅共熔温度为 370℃,而铝—硅共熔温度为 577℃。

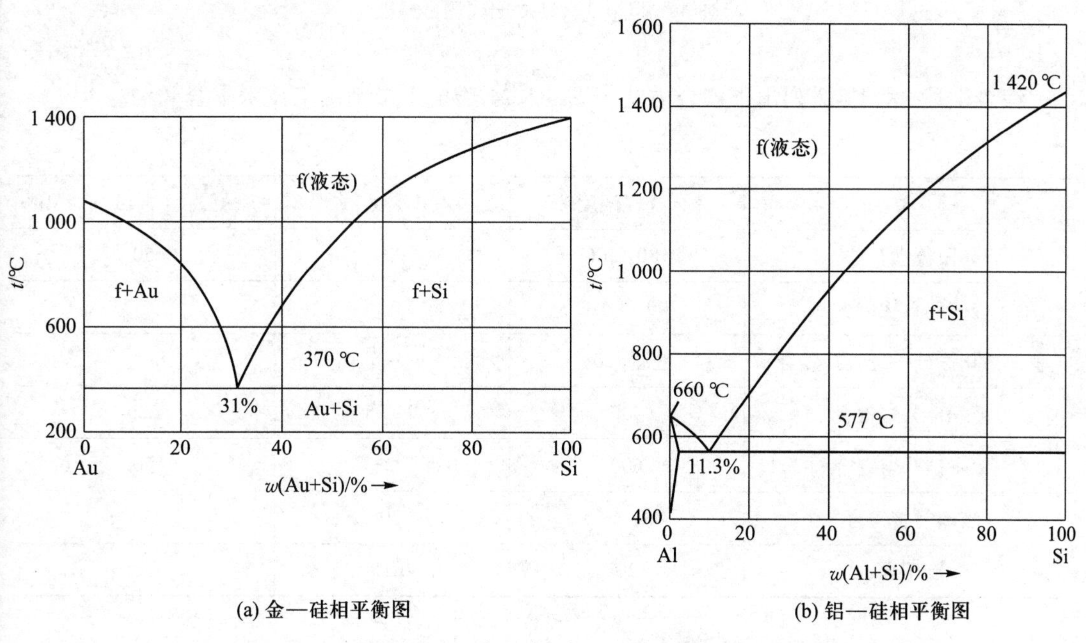

图 4.5.22 金—硅、铝—硅相平衡图

键合前应将被键合表面进行清洗(如超声冲洗)处理以去掉表面上的氧化物。共熔键合工艺在微机械部件中多用于硅和金属部件间的互相连接,如硅衬底背面与金属(如 Fe-Ni-Co 合金)底座的连接。

4.5.6 冷压焊键合

所谓冷压焊键合是指在室温、真空条件下,施加适当的压力来完成件与件之间的互相连接。图 4.5.23 给出了硅—硅冷压焊键合的原理。在压焊前,先在硅片表面上淀积一层二氧化硅,再在二氧化硅上面分别盖上钛膜和金膜,在室温、真空和加压条件下便可实现硅—金属—硅的键合,并有较高的机械强度。

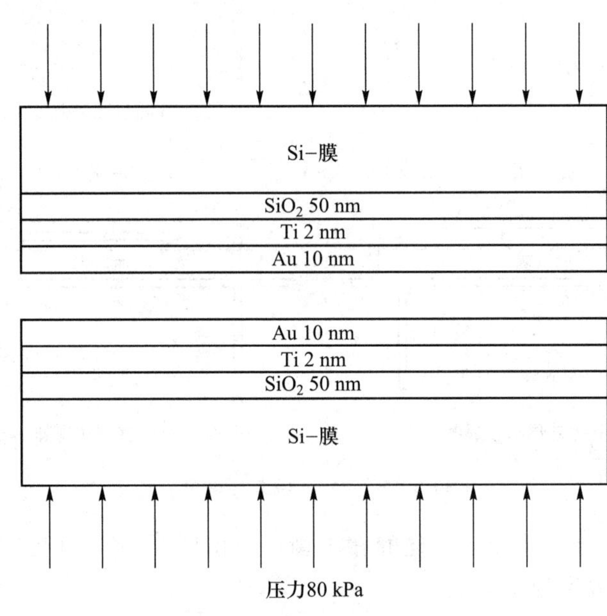

图 4.5.23 硅—硅冷压焊键合原理

综合上述,表 4.5.2 列出了键合方法。图 4.5.24 给出了微细加工技术集合。

表 4.5.2 键 合 方 法

键合方法	键合过程温度/℃	夹层厚度/μm	机械强度(常温下)/MPa
阳极键合	180~500	…	50
硅—硅直接键合	700~1 100	…	
表面活化法硅—硅直接键合	室温(20)	…	
金—硅共熔键合	400	2~25	220
铝—硅共熔键合	600	2	50
玻璃封接键合	400~650	20	50
冷压焊	20	0.12	50

图 4.5.24　微细加工技术集合

习题与思考题

4.1　在设计与实现传感器中，工艺与材料密不可分，试举例说明。

4.2　论述掺杂机理和掺杂效应。

4.3　简要比较硅微加工技术中的各向同性腐蚀与各向异性腐蚀的不同点。

4.4　简要说明 LIGA 技术与 SLIGA 技术的异同。

4.5　简要说明硅微机械加工技术中，封装技术的作用、主要形式及特点。

4.6　简述薄膜生成技术在硅微机械加工技术中的作用、主要类型及应用特点。

4.7　利用多晶硅、二氧化硅和牺牲层技术等设计并编制题 4.7 图所示的多晶硅谐振梁结构的制作工艺流程。

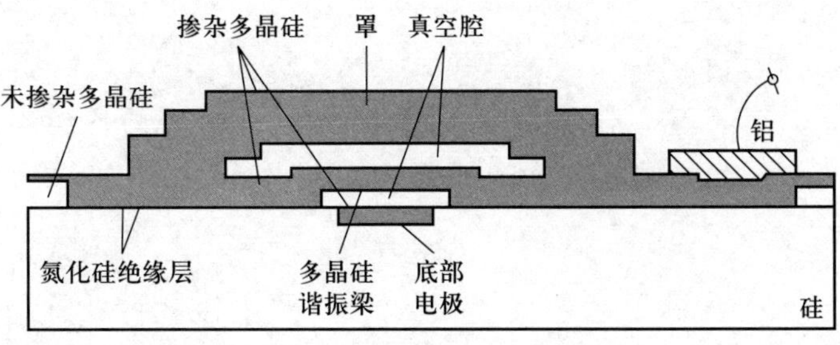

题 4.7 图

4.8 设计并编制题 4.8 图所示的压力开关结构的制作工艺流程。

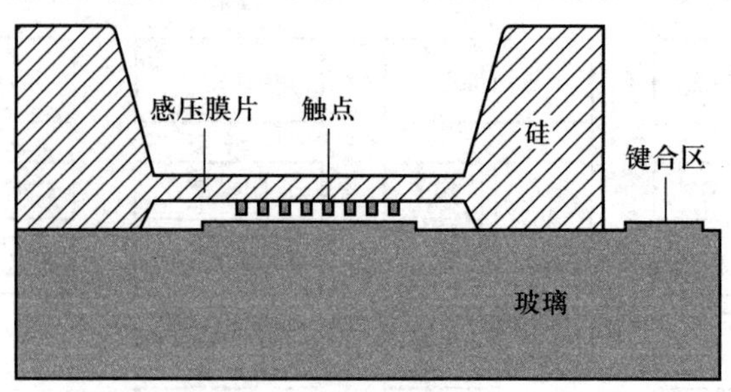

题 4.8 图

4.9 采用静电键合等技术设计并编制题 4.9 图所示的 SOI(silicon-on-insulator)晶片的制作工艺流程。

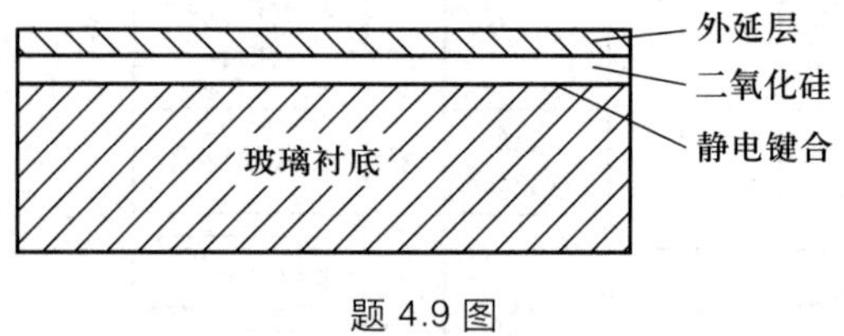

题 4.9 图

4.10 采用静电键合等技术设计并编制题 4.10 图所示的场发射尖锥的制作工艺流程。

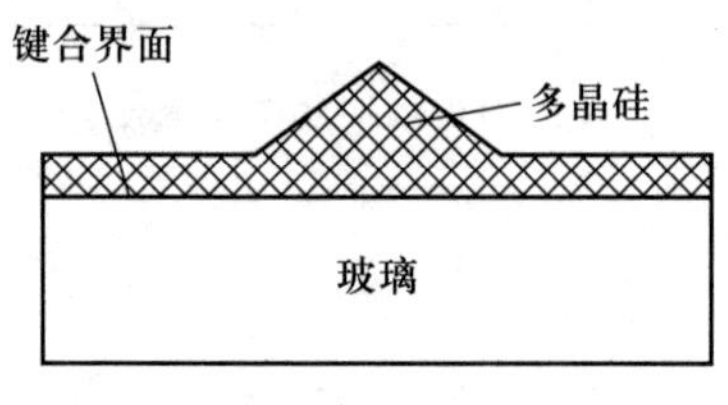

题 4.10 图

4.11 采用硅—硅键合技术设计并编制题 4.11 图所示的微传感器芯片结构的工艺流程。

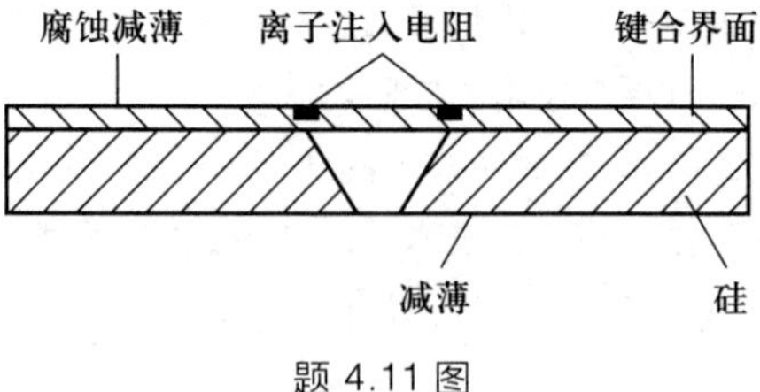

题 4.11 图

第 5 章 >>>

传感器建模的力学基础

基本内容

本章基本内容包括位移、应变、应力、固有振动，直角坐标系下的应力平衡方程、边界力平衡方程，应力的摩尔圆，直角坐标系中的几何方程，圆柱体坐标系中的几何方程，平面极坐标系中的几何方程，圆柱壳坐标系中的几何方程，球壳坐标系中的几何方程，大挠度下的几何方程，不同坐标系下应力之间的关系，不同坐标系下应变之间的关系，弹性体的物理方程，弹性体的弹性势能，弹性体外力的功，弹性体初始内力引起的附加弹性势能，虚功原理，弹性体的动能，弹性体的能量泛函原理，Hamilton 原理，Ritz 法。

5.1 概述 >>>

建立传感器的模型，在其原理分析、结构设计、样机研制中起着重要的作用。一个符合传感器实际情况的模型，既能充分、准确地揭示出传感器的工作机理，又能有效地指导传感器实际的优化设计，减少盲目性，缩短样机研制过程和利于处理不同物理量之间的耦合等。这就是为什么要建立传感器的力学和数学模型的主要原因。

传感器是多学科专业的密集技术，涉及的知识内容遍及许多基础科学和技术科学，各种敏感效应的传感器种类繁多，被测参数、测量范围千差万别，敏感元件结构复杂多样，因此建立传感器的模型应具有很强的针对性和特殊性。另一方面，传感器的研究工作本身还具有很强的工程性、实用性，这要求传感器的建模也要充分体现这一点。这些都给建立传感器模型的研究带来很大困难。

在具体进行传感器建模时，大致可分为以下三个阶段。

(1) 由实际问题的本质特征建立传感器的物理模型。此阶段主要针对传感器的基本工作原理进行。其特点是简洁、明确、反映了传感器的物理本质，模型中的每一项都具有鲜明的物理意义。

(2) 由传感器的物理模型建立其数学模型。此阶段主要根据传感器的基本工作原理，针对传感器的敏感元件进行。其特点是包含了传感器的结构参数、边界条件及其他约束条件；物理特征含蓄，具有较强的抽象性。

(3) 求解数学模型。此阶段比较复杂，在求解时应当注意，切不可把它仅仅当成一般的数学问题，而要紧紧围绕上述实际背景有针对性地进行研究；在选择具体的数学方法求解时，既要保证解的精确性，又要兼顾解的易读性，以便于有效地应用于实际问题。

物理模型的建立对传感器整个建模工作至关重要，既依赖于对传感器工作机理的理解，又依赖于已有的实际工作经验;数学模型的建立主要取决于传感器相关的技术基础和数学基础,是保证模型准确、可靠的关键;数学模型的求解直接影响到整个建模工作的成效和应用价值。

可见上述三个阶段在传感器的建模工作中缺一不可,它们都要紧紧围绕着实际传感器的工作机理来进行。当然,在有些传感器的建模中,物理模型和数学模型的建立不能截然分开。

建模的数学方法有多种,其中能量法概念清晰、较为实用,因此,本教材将采用这种方法进行分析计算。

本章重点介绍传感器建模中应用到的力学基础。

5.2　弹性体的应力 »»

应力是表征物体内部单位面积上受到的力。由于力是矢量,称垂直于所讨论的面的应力为正应力,而平行于所讨论的面的应力为剪应力。

5.2.1　直角坐标系中的应力平衡方程

在直角坐标系下,考虑一平行六面体微元,其体力分量为 f_x, f_y, f_z,如图 5.2.1 所示。假设点 M 的坐标为 (x,y,z),于是有

$$\sigma_x' = \sigma_x(x+\mathrm{d}x, y, z) = \sigma_x(x, y, z) + \frac{\partial \sigma_x}{\partial x}\mathrm{d}x = \sigma_x + \frac{\partial \sigma_x}{\partial x}\mathrm{d}x$$

$$\sigma_{xy}' = \sigma_{xy}(x+\mathrm{d}x, y, z) = \sigma_{xy}(x, y, z) + \frac{\partial \sigma_{xy}}{\partial x}\mathrm{d}x = \sigma_{xy} + \frac{\partial \sigma_{xy}}{\partial x}\mathrm{d}x$$

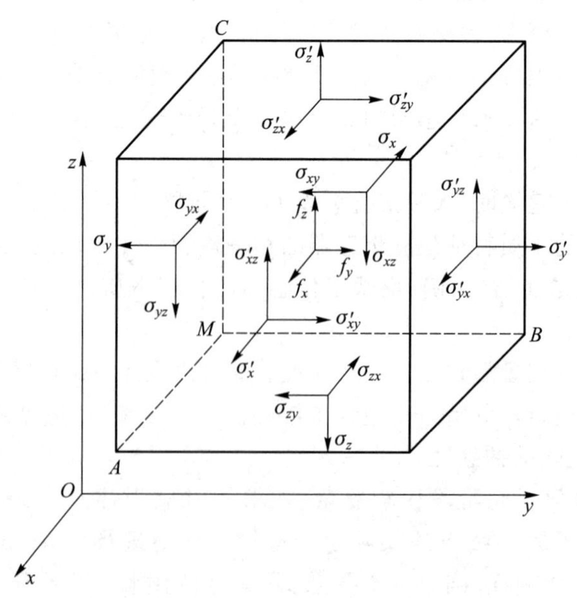

图 5.2.1　直角坐标系下平行六面体微元上的应力分布

$$\sigma'_{xz}=\sigma_{xz}(x+\mathrm{d}x,y,z)=\sigma_{xz}(x,y,z)+\frac{\partial\sigma_{xz}}{\partial x}\mathrm{d}x=\sigma_{xz}+\frac{\partial\sigma_{xz}}{\partial x}\mathrm{d}x$$

类似地可以写出 σ'_y、σ'_{yx}、σ'_{yz}，σ'_z、σ'_{zx}、σ'_{zy} 分别与 σ_y、σ_{yx}、σ_{yz}，σ_z、σ_{zx}、σ_{zy} 的关系式。

列写 x 轴方向的力平衡方程为

$$\left(\sigma_x+\frac{\partial\sigma_x}{\partial x}\mathrm{d}x\right)\mathrm{d}y\mathrm{d}z-\sigma_x\mathrm{d}y\mathrm{d}z+\left(\sigma_{yx}+\frac{\partial\sigma_{yx}}{\partial y}\mathrm{d}y\right)\mathrm{d}x\mathrm{d}z-\sigma_{yx}\mathrm{d}x\mathrm{d}z+$$
$$\left(\sigma_{zx}+\frac{\partial\sigma_{zx}}{\partial z}\mathrm{d}z\right)\mathrm{d}x\mathrm{d}y-\sigma_{zx}\mathrm{d}x\mathrm{d}y+f_x\mathrm{d}x\mathrm{d}y\mathrm{d}z=0$$

即

$$\frac{\partial\sigma_x}{\partial x}+\frac{\partial\sigma_{yx}}{\partial y}+\frac{\partial\sigma_{zx}}{\partial z}+f_x=0 \tag{5.2.1}$$

类似地，可以得到 y 轴方向和 z 轴方向的力平衡方程。

列写平行于 x 轴，过微元体正中心的力矩平衡方程为

$$\left(\sigma_{yz}+\frac{\partial\sigma_{yz}}{\partial y}\mathrm{d}y\right)\mathrm{d}x\mathrm{d}z\left(\frac{\mathrm{d}y}{2}\right)+\sigma_{yz}\mathrm{d}x\mathrm{d}z\left(\frac{\mathrm{d}y}{2}\right)-\left(\sigma_{zy}+\frac{\partial\sigma_{zy}}{\partial z}\mathrm{d}z\right)\mathrm{d}x\mathrm{d}y\left(\frac{\mathrm{d}z}{2}\right)-\sigma_{zy}\mathrm{d}x\mathrm{d}y\left(\frac{\mathrm{d}z}{2}\right)=0$$

忽略高阶小量，即有

$$\sigma_{yz}=\sigma_{zy} \tag{5.2.2}$$

类似地，可以得到绕 y 轴和 z 轴的力矩平衡方程。

利用力平衡和力矩平衡方程可给出微元体的应力平衡方程为

$$\left.\begin{aligned}
&\frac{\partial\sigma_x}{\partial x}+\frac{\partial\sigma_{yx}}{\partial y}+\frac{\partial\sigma_{zx}}{\partial z}+f_x=0\\
&\frac{\partial\sigma_{xy}}{\partial x}+\frac{\partial\sigma_y}{\partial y}+\frac{\partial\sigma_{zy}}{\partial z}+f_y=0\\
&\frac{\partial\sigma_{xz}}{\partial x}+\frac{\partial\sigma_{yz}}{\partial y}+\frac{\partial\sigma_z}{\partial z}+f_z=0\\
&\sigma_{xy}=\sigma_{yx}\\
&\sigma_{yz}=\sigma_{zy}\\
&\sigma_{zx}=\sigma_{xz}
\end{aligned}\right\} \tag{5.2.3}$$

由式(5.2.3)知一点处的应力状态有六个独立的应力分量：三个正应力 σ_x、σ_y、σ_z，三个剪应力 σ_{xy}、σ_{yz}、σ_{zx}。

当弹性体运动时，体力分量 f_x、f_y、f_z 中应分别包含惯性力 $-\frac{\partial^2 u}{\partial t^2}\rho_m$、$-\frac{\partial^2 v}{\partial t^2}\rho_m$、$-\frac{\partial^2 w}{\partial t^2}\rho_m$。

5.2.2 直角坐标系中弹性体边界上的应力平衡方程

设 $M(x,y,z)$ 为弹性体边界上的点，考虑由它形成的四面体微元上的应力分布（见图5.2.2），由力平衡方程得

$$\left.\begin{aligned}
X_N&=\sigma_x l+\sigma_{yx}m+\sigma_{zx}n\\
Y_N&=\sigma_{xy}l+\sigma_y m+\sigma_{zy}n\\
Z_N&=\sigma_{xz}l+\sigma_{yz}m+\sigma_z n
\end{aligned}\right\} \tag{5.2.4}$$

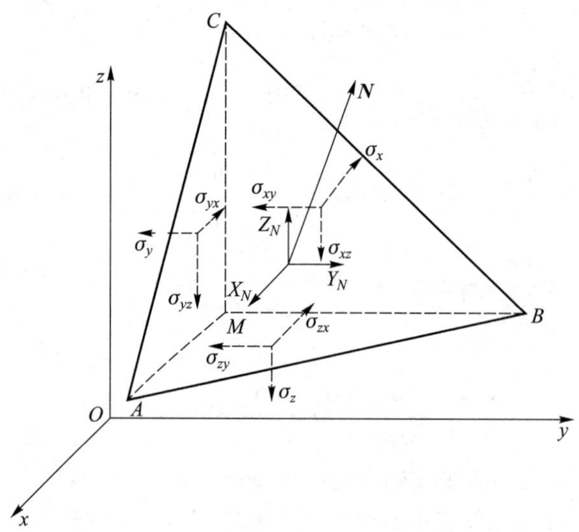

图 5.2.2 直角坐标系下边界四面体微元上的应力分布

$$\left.\begin{aligned}l&=\boldsymbol{N}\cdot\boldsymbol{i}\\m&=\boldsymbol{N}\cdot\boldsymbol{j}\\n&=\boldsymbol{N}\cdot\boldsymbol{k}\end{aligned}\right\}\tag{5.2.5}$$

式中 X_N、Y_N、Z_N——弹性体在 M 点的切面上沿 x、y、z 三个方向单位面积上所受的外力分量；

σ_x、σ_y、σ_z，σ_{xy}、σ_{yz}、σ_{zx}——M 点的六个应力分量；

l、m、n——M 点的切面与 x、y、z 三个坐标轴的方向余弦；

$\boldsymbol{N}$——M 点法线方向的单位矢量；

$\boldsymbol{i}$、$\boldsymbol{j}$、$\boldsymbol{k}$——直角坐标系在 x、y、z 轴的单位矢量。

5.2.3 平面极坐标系中的应力平衡方程

在平面极坐标系下，考虑一扇形微元（可以将其垂直于纸面方向的厚度看成是单位 1）上的应力分布（见图 5.2.3），利用力平衡和力矩平衡方程可给出微元上的应力平衡方程

$$\left.\begin{aligned}&\frac{\partial\sigma_\rho}{\partial\rho}+\frac{1}{\rho}\frac{\partial\sigma_{\rho\theta}}{\partial\theta}+\frac{\sigma_\rho-\sigma_\theta}{\rho}+f_\rho=0\\&\frac{1}{\rho}\frac{\partial\sigma_\theta}{\partial\theta}+\frac{\partial\sigma_{\rho\theta}}{\partial\rho}+\frac{2\sigma_{\rho\theta}}{\rho}+f_\theta=0\\&\sigma_{\rho\theta}=\sigma_{\theta\rho}\end{aligned}\right\}\tag{5.2.6}$$

式中 f_ρ、f_θ——作用于微元上分别沿 ρ、θ 方向的体力分量。

由式(5.2.6)知，在平面极坐标系下描述的应力问题，一点处的应力状态有三个独立的应力分量：两个正应力 σ_ρ、σ_θ，一个剪应力 $\sigma_{\rho\theta}$。

5.2.4 不同坐标系中应力之间的变换关系

1. 一般情况

考虑如图 5.2.4 所示两个正交坐标系 $Oxyz$ 和 $OXYZ$，原坐标系为 $Oxyz$，新坐标系为

$OXYZ$;假设新正交坐标系的坐标轴 X、Y、Z 在原坐标系 $Oxyz$ 中的方向余弦分别为 l_1、m_1、n_1,l_2、m_2、n_2 和 l_3、m_3、n_3。

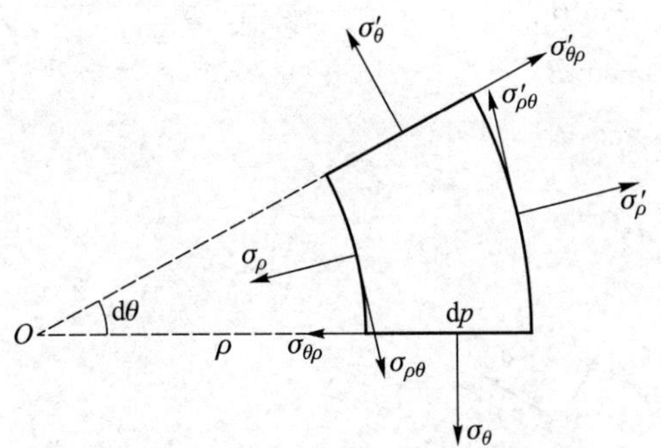

图 5.2.3 平面极坐标系下微元上的应力分布

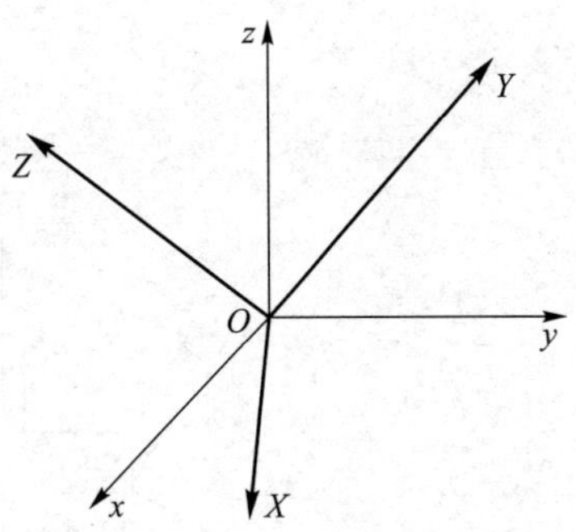

图 5.2.4 两个正交坐标系 $Oxyz$ 和 $OXYZ$ 之间的关系

考虑在原正交坐标系 $Oxyz$ 中一点处的应力为 σ_x、σ_y、σ_z,σ_{xy}、σ_{yz}、σ_{zx},则在新坐标系 $OXYZ$ 中的应力 σ_X、σ_Y、σ_Z,σ_{XY}、σ_{YZ}、σ_{ZX}与原坐标系中的应力之间的关系可描述为

$$\left.\begin{aligned}
\sigma_X &= l_1^2\sigma_x+m_1^2\sigma_y+n_1^2\sigma_z+2m_1n_1\sigma_{yz}+2n_1l_1\sigma_{zx}+2l_1m_1\sigma_{xy}\\
\sigma_Y &= l_2^2\sigma_x+m_2^2\sigma_y+n_2^2\sigma_z+2m_2n_2\sigma_{yz}+2n_2l_2\sigma_{zx}+2l_2m_2\sigma_{xy}\\
\sigma_Z &= l_3^2\sigma_x+m_3^2\sigma_y+n_3^2\sigma_z+2m_3n_3\sigma_{yz}+2n_3l_3\sigma_{zx}+2l_3m_3\sigma_{xy}\\
\sigma_{XY} &= l_1l_2\sigma_x+m_1m_2\sigma_y+n_1n_2\sigma_z+(m_1n_2+m_2n_1)\sigma_{yz}+(n_1l_2+n_2l_1)\sigma_{zx}+(l_1m_2+l_2m_1)\sigma_{xy}\\
\sigma_{YZ} &= l_2l_3\sigma_x+m_2m_3\sigma_y+n_2n_3\sigma_z+(m_2n_3+m_3n_2)\sigma_{yz}+(n_2l_3+n_3l_2)\sigma_{zx}+(l_2m_3+l_3m_2)\sigma_{xy}\\
\sigma_{ZX} &= l_3l_1\sigma_x+m_3m_1\sigma_y+n_3n_1\sigma_z+(m_3n_1+m_1n_3)\sigma_{yz}+(n_3l_1+n_1l_3)\sigma_{zx}+(l_3m_1+l_1m_3)\sigma_{xy}
\end{aligned}\right\}\tag{5.2.7}$$

而且有

$$\left.\begin{aligned}
\sigma_{XY} &= \sigma_{YX}\\
\sigma_{YZ} &= \sigma_{ZY}\\
\sigma_{ZX} &= \sigma_{XZ}
\end{aligned}\right\}\tag{5.2.8}$$

由方向余弦乘积的特性

$$\left.\begin{aligned}
l_1^2+l_2^2+l_3^2 &= 1\\
m_1^2+m_2^2+m_3^2 &= 1\\
n_1^2+n_2^2+n_3^2 &= 1\\
l_1m_1+l_2m_2+l_3m_3 &= 0\\
m_1n_1+m_2n_2+m_3n_3 &= 0\\
n_1l_1+n_2l_2+n_3l_3 &= 0
\end{aligned}\right\}\tag{5.2.9}$$

因此可得重要结果

$$\sigma_X+\sigma_Y+\sigma_Z=\sigma_x+\sigma_y+\sigma_z\tag{5.2.10}$$

2. 二维平面应力状态下的若干重要结论

实用中,二维平面应力问题最常见,下面给出有关结果。

假设坐标系 $Oxyz$ 中的 z 轴与坐标系为 $OXYZ$ 中的 Z 轴平行,坐标轴 X、Y 在原坐标系 Oxy

中的方向余弦分别为 l_1、m_1 和 l_2、m_2(如图 5.2.5 所示)即有

$$\left.\begin{aligned} l_1&=\cos\beta \\ m_1&=\sin\beta \\ l_2&=-\sin\beta \\ m_2&=\cos\beta \end{aligned}\right\} \tag{5.2.11}$$

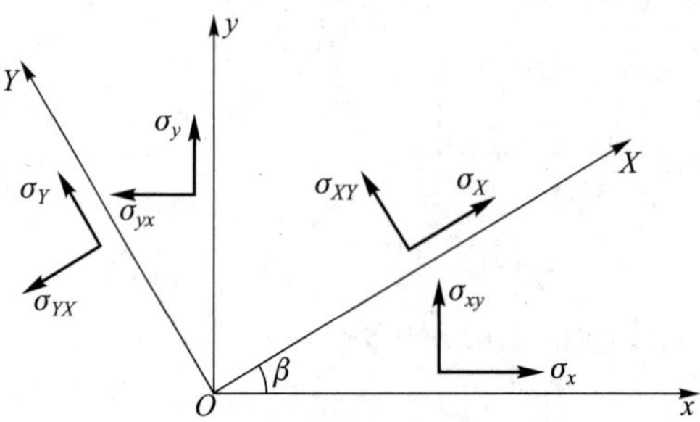

图 5.2.5 二维平面应力问题两个正交坐标系
Oxyz 和 *OXYZ* 之间的关系

利用式(5.2.7)和式(5.2.11)可得

$$\left.\begin{aligned} \sigma_X&=l_1^2\sigma_x+m_1^2\sigma_y+2l_1m_1\sigma_{xy} \\ \sigma_Y&=l_2^2\sigma_x+m_2^2\sigma_y+2l_2m_2\sigma_{xy} \\ \sigma_{XY}&=l_1l_2\sigma_x+m_1m_2\sigma_y+(l_1m_2+l_2m_1)\sigma_{xy} \end{aligned}\right\}$$

即

$$\left.\begin{aligned} \sigma_X&=\cos^2\beta\sigma_x+\sin^2\beta\sigma_y+2\sin\beta\cos\beta\sigma_{xy} \\ \sigma_Y&=\sin^2\beta\sigma_x+\cos^2\beta\sigma_y-2\sin\beta\cos\beta\sigma_{xy} \\ \sigma_{XY}&=-\sin\beta\cos\beta\sigma_x+\sin\beta\cos\beta\sigma_y+(\cos^2\beta-\sin^2\beta)\sigma_{xy} \end{aligned}\right\} \tag{5.2.12}$$

利用式(5.2.12)的第 1 式,

$$\begin{aligned} \sigma_X&=\cos^2\beta\sigma_x+\sin^2\beta\sigma_y+2\sin\beta\cos\beta\sigma_{xy} \\ &=\frac{1}{2}(\sigma_x+\sigma_y)+\frac{1}{2}\cos 2\beta(\sigma_x-\sigma_y)+\sin 2\beta\sigma_{xy} \end{aligned} \tag{5.2.13}$$

式(5.2.13)给出了在二维平面应力问题中,任意方向正应力的表达式。

由式(5.2.13)可得

$$\frac{\partial\sigma_X}{\partial\beta}=-\sin 2\beta(\sigma_x-\sigma_y)+2\cos 2\beta\sigma_{xy} \tag{5.2.14}$$

利用$\dfrac{\partial\sigma_X}{\partial\beta}=0$,得

$$\tan 2\beta=\frac{2\sigma_{xy}}{\sigma_x-\sigma_y} \tag{5.2.15}$$

满足式(5.2.15)中的 β 角对应着应力 σ_X 的最大值 $\sigma_{X,\max}$ 或最小值 $\sigma_{X,\min}$。通常称这样的 β 角对应的方向为主应力方向,最大值 $\sigma_{X,\max}$、最小值 $\sigma_{X,\min}$ 称为主应力,它们作用的面称为主面。由式(5.2.13)和式(5.2.15)可得

$$\sigma_{X,\max}=\frac{1}{2}(\sigma_x+\sigma_y)+\frac{1}{2}\sqrt{(\sigma_x-\sigma_y)^2+(2\sigma_{xy})^2} \tag{5.2.16}$$

$$\sigma_{X,\min}=\frac{1}{2}(\sigma_x+\sigma_y)-\frac{1}{2}\sqrt{(\sigma_x-\sigma_y)^2+(2\sigma_{xy})^2} \tag{5.2.17}$$

类似地,可以利用式(5.2.12)的第 3 式分析最大剪应力的情况。由于

$$\sigma_{XY}=-\frac{1}{2}\sin 2\beta(\sigma_x-\sigma_y)+\cos 2\beta\sigma_{xy} \tag{5.2.18}$$

利用$\frac{\partial\sigma_{XY}}{\partial\beta}=0$,得

$$\tan 2\beta=\frac{\sigma_x-\sigma_y}{2\sigma_{xy}} \tag{5.2.19}$$

由式(5.2.18)和式(5.2.19)可得最大剪应力和最小剪应力分别为

$$\sigma_{XY,\max}=\frac{1}{2}\sqrt{(\sigma_x-\sigma_y)^2+(2\sigma_{xy})^2} \tag{5.2.20}$$

$$\sigma_{XY,\min}=-\frac{1}{2}\sqrt{(\sigma_x-\sigma_y)^2+(2\sigma_{xy})^2} \tag{5.2.21}$$

由式(5.2.20)和式(5.2.21)可得:最大剪应力和最小剪应力大小相等,方向相反。

此外,对比式(5.2.14)和式(5.2.18)可得重要结论:即二维平面应力状态下,主应力方向上的剪应力为 0,即主面上没有剪应力。这为确定主应力方向提供了重要依据,即在二维平面应力状态下,剪应力为 0 的方向一定是主应力方向,而剪应力不为 0 的方向一定不是主应力方向。这一结论为利用应力变化机理进行测量的传感器的实现提供了理论基础:对于设计者感兴趣的点选择其主面是非常重要的。

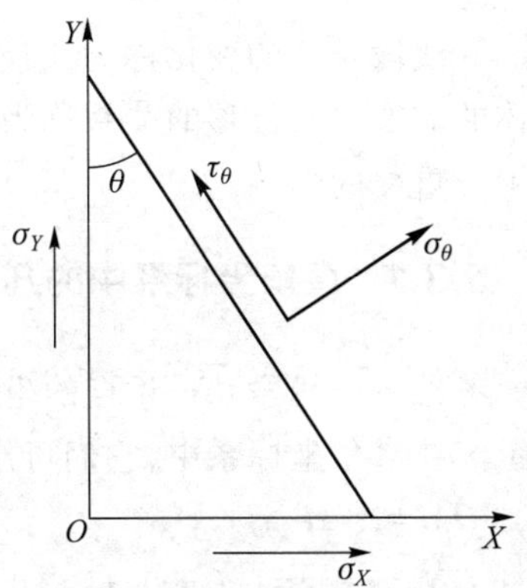

图 5.2.6 基于主应力的任意方向应力描述

下面考虑二维平面应力状态下,基于主应力的任意方向应力描述问题,如图 5.2.6 所示。假设 X、Y 方向为主应力方向,σ_X、σ_Y 为主应力。由式(5.2.13)和式(5.2.18)可以立即得到任意方向上的正应力和剪应力描述为

$$\sigma_\theta=\frac{1}{2}(\sigma_X+\sigma_Y)+\frac{1}{2}(\sigma_X-\sigma_Y)\cos 2\theta \tag{5.2.22}$$

$$\tau_\theta=-\frac{1}{2}(\sigma_X-\sigma_Y)\sin 2\theta \tag{5.2.23}$$

5.2.5 应力的摩尔圆(Mohr's circle)

利用式(5.2.13)和式(5.2.18),考虑某一点处的正应力和剪应力,可以描述为

$$\sigma_\beta=\frac{1}{2}(\sigma_x+\sigma_y)+\frac{1}{2}\cos 2\beta(\sigma_x-\sigma_y)+\sin 2\beta\sigma_{xy} \tag{5.2.24}$$

$$\tau_\beta=-\frac{1}{2}\sin 2\beta(\sigma_x-\sigma_y)+\cos 2\beta\sigma_{xy} \tag{5.2.25}$$

式(5.2.24)与式(5.2.25)给出了以角度 2β 为参数变量的应力状态分布规律,也为应力分

析的图形化方式提供了条件。

由式(5.2.24)与式(5.2.25)可得

$$(\sigma_\beta-\sigma_{\text{ave}})^2+\tau_\beta^2=R^2 \tag{5.2.26}$$

$$\sigma_{\text{ave}}=\frac{1}{2}(\sigma_x+\sigma_y) \tag{5.2.27}$$

$$R=\frac{1}{2}\sqrt{(\sigma_x-\sigma_y)^2+(2\sigma_{xy})^2} \tag{5.2.28}$$

式(5.2.26)就称为应力的摩尔圆,即任意一点处的正应力 σ_β 与剪应力 τ_β 都落到了以(σ_{ave},0)为圆心,以 R 为半径的摩尔圆上,如图 5.2.7 所示。

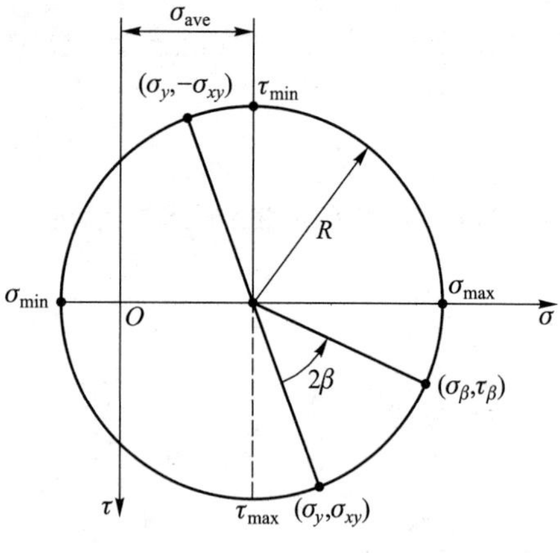

图 5.2.7 平面应力状态的摩尔圆

基于上述分析,在摩尔圆上,最大、最小正应力分别为 $\sigma_{\text{ave}}+R$、$\sigma_{\text{ave}}-R$,最大、最小剪应力分别为 R、$-R$。

5.3 弹性体的应变

一线段长度的变化称为正应变,由一点引出的两线段之间夹角的改变称为剪应变。弹性体的应变与其位移的关系称为几何方程。弹性体的几何方程,对分析、建立其数学模型起着十分重要的作用。

5.3.1 直角坐标系中的几何方程

考虑一微线段 $\overline{MN}$,M 点的坐标为(x,y,z),N 点的坐标为($x+\mathrm{d}x,y+\mathrm{d}y,z+\mathrm{d}z$),如图 5.3.1 所示。在直角坐标系中,它们可用矢量描述为

$$\left.\begin{aligned}\boldsymbol{OM}&=\boldsymbol{r}=x\boldsymbol{i}+y\boldsymbol{j}+z\boldsymbol{k}\\\boldsymbol{ON}&=\boldsymbol{r}+\mathrm{d}\boldsymbol{r}=(x+\mathrm{d}x)\boldsymbol{i}+(y+\mathrm{d}y)\boldsymbol{j}+(z+\mathrm{d}z)\boldsymbol{k}\end{aligned}\right\} \tag{5.3.1}$$

当 M 点有一位移矢量

$$\boldsymbol{V}=u\boldsymbol{i}+v\boldsymbol{j}+w\boldsymbol{k} \tag{5.3.2}$$

式中 u、v、w——M 点在 x、y、z 三个方向的位移分量;

$\boldsymbol{i}$、$\boldsymbol{j}$、$\boldsymbol{k}$——直角坐标系在 x、y、z 轴的单位矢量。

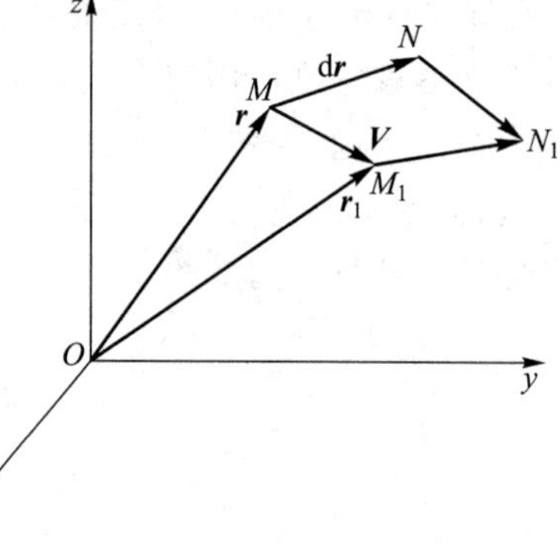

图 5.3.1 位移与形变

M 点移到 M_1 点,相应的 N 点移到 N_1 点,于是

$$\left.\begin{aligned}\boldsymbol{OM}_1&=\boldsymbol{r}+\boldsymbol{V}=\boldsymbol{r}_1\\\boldsymbol{ON}_1&=\boldsymbol{r}_1+\mathrm{d}\boldsymbol{r}_1=\boldsymbol{r}+\boldsymbol{V}+\mathrm{d}\boldsymbol{r}+\mathrm{d}\boldsymbol{V}\end{aligned}\right\} \tag{5.3.3}$$

由式(5.3.1)和式(5.3.3)得

$$\left.\begin{aligned}\boldsymbol{MN}&=\boldsymbol{ON}-\boldsymbol{OM}=\mathrm{d}\boldsymbol{r}\\\boldsymbol{M}_1\boldsymbol{N}_1&=\boldsymbol{ON}_1-\boldsymbol{OM}_1=\mathrm{d}\boldsymbol{r}+\mathrm{d}\boldsymbol{V}\end{aligned}\right\} \tag{5.3.4}$$

这样微线段$\overline{MN}$由于 M 点产生位移后,变成了微线段$\overline{M_1N_1}$,且有

$$\overline{MN}^2=\boldsymbol{MN}\cdot\boldsymbol{MN}=\mathrm{d}\boldsymbol{r}\cdot\mathrm{d}\boldsymbol{r} \tag{5.3.5}$$

$$\overline{M_1N_1^2}=\boldsymbol{M_1N_1}\cdot\boldsymbol{M_1N_1}=(\mathrm{d}\boldsymbol{r}+\mathrm{d}\boldsymbol{V})\cdot(\mathrm{d}\boldsymbol{r}+\mathrm{d}\boldsymbol{V})=\mathrm{d}\boldsymbol{r}\cdot\mathrm{d}\boldsymbol{r}+2\mathrm{d}\boldsymbol{r}\cdot\mathrm{d}\boldsymbol{V}+\mathrm{d}\boldsymbol{V}\cdot\mathrm{d}\boldsymbol{V} \tag{5.3.6}$$

在小挠度线性范围内,式(5.3.6)可写为

$$\overline{M_1N_1^2}=\mathrm{d}\boldsymbol{r}\cdot\mathrm{d}\boldsymbol{r}+2\mathrm{d}\boldsymbol{r}\cdot\mathrm{d}\boldsymbol{V} \tag{5.3.7}$$

由式(5.3.5)和式(5.3.7)可得

$$\overline{M_1N_1^2}-\overline{MN}^2=2\mathrm{d}\boldsymbol{r}\cdot\mathrm{d}\boldsymbol{V} \tag{5.3.8}$$

$\overline{MN}$变成$\overline{M_1N_1}$后产生的正应变为

$$\varepsilon=\frac{\overline{M_1N_1}-\overline{MN}}{\overline{MN}} \tag{5.3.9}$$

利用式(5.3.8)和式(5.3.9)可得

$$\varepsilon\approx\frac{\mathrm{d}\boldsymbol{r}}{\overline{MN}}\cdot\frac{\mathrm{d}\boldsymbol{V}}{\overline{MN}} \tag{5.3.10}$$

利用式(5.3.10)可得在 x 方向的正应变为

$$\varepsilon_x=\varepsilon\big|_{\overline{MN}=\mathrm{d}x}=\frac{\partial\boldsymbol{V}}{\partial x}\cdot\frac{\partial\boldsymbol{r}}{\partial x}\bigg|_{\mathrm{d}r=\mathrm{d}x}=\frac{\partial\boldsymbol{V}}{\partial x}\cdot\boldsymbol{i}=\frac{\partial u}{\partial x} \tag{5.3.11}$$

类似地有

$$\varepsilon_y=\frac{\partial\boldsymbol{V}}{\partial y}\cdot\boldsymbol{j}=\frac{\partial v}{\partial y} \tag{5.3.12}$$

$$\varepsilon_z=\frac{\partial\boldsymbol{V}}{\partial z}\cdot\boldsymbol{k}=\frac{\partial w}{\partial z} \tag{5.3.13}$$

由定义,x、y 方向的单位矢量分别为

$$\left.\begin{aligned}\boldsymbol{i}&=\frac{\partial\boldsymbol{r}}{\partial x}\bigg|_{\mathrm{d}\boldsymbol{r}=\mathrm{d}x}\\ \boldsymbol{j}&=\frac{\partial\boldsymbol{r}}{\partial y}\bigg|_{\mathrm{d}\boldsymbol{r}=\mathrm{d}y}\end{aligned}\right\} \tag{5.3.14}$$

当 M 点有位移 $\boldsymbol{V}$ 后,$\boldsymbol{OM}$ 变成 $\boldsymbol{OM}_1$,对比式(5.3.14)可得单位矢量 $\boldsymbol{i}$、$\boldsymbol{j}$ 分别变成了 $\boldsymbol{i}_1$、$\boldsymbol{j}_1$,即有

$$\left.\begin{aligned}\boldsymbol{i}_1&=\frac{\partial\boldsymbol{r}_1}{\partial x}\bigg|_{\mathrm{d}\boldsymbol{r}=\mathrm{d}x}\bigg/\left|\frac{\partial\boldsymbol{r}_1}{\partial x}\right|_{\mathrm{d}\boldsymbol{r}=\mathrm{d}x}\approx\boldsymbol{i}+\frac{\partial\boldsymbol{V}}{\partial x}\\ \boldsymbol{j}_1&=\frac{\partial r_1}{\partial y}\bigg|_{\mathrm{d}\boldsymbol{r}=\mathrm{d}y}\bigg/\left|\frac{\partial\boldsymbol{r}_1}{\partial y}\right|_{\mathrm{d}\boldsymbol{r}=\mathrm{d}y}\approx\boldsymbol{j}+\frac{\partial\boldsymbol{V}}{\partial y}\end{aligned}\right\} \tag{5.3.15}$$

$\boldsymbol{i}$、$\boldsymbol{j}$ 的夹角为 $\pi/2$,设 $\boldsymbol{i}_1$、$\boldsymbol{j}_1$ 的夹角为 α_{xy},有

$$\cos\alpha_{xy}=\boldsymbol{i}_1\cdot\boldsymbol{j}_1 \tag{5.3.16}$$

由剪应变的定义,x、y 方向之间的剪应变 ε_{xy} 满足

$$\sin\varepsilon_{xy}=\sin\left(\frac{\pi}{2}-\alpha_{xy}\right) \tag{5.3.17}$$

略去二阶高阶小量,由式(5.3.16)和式(5.3.17)得

$$\varepsilon_{xy}=\boldsymbol{i}_1\cdot\boldsymbol{j}_1=\left(\boldsymbol{i}+\frac{\partial \boldsymbol{V}}{\partial x}\right)\cdot\left(\boldsymbol{j}+\frac{\partial \boldsymbol{V}}{\partial y}\right)$$
$$=\frac{\partial \boldsymbol{V}}{\partial x}\cdot\boldsymbol{j}+\frac{\partial \boldsymbol{V}}{\partial y}\cdot\boldsymbol{i}=\frac{\partial u}{\partial y}+\frac{\partial v}{\partial x} \tag{5.3.18}$$

类似可得

$$\varepsilon_{yz}=\frac{\partial \boldsymbol{V}}{\partial y}\cdot\boldsymbol{k}+\frac{\partial \boldsymbol{V}}{\partial z}\cdot\boldsymbol{j}=\frac{\partial v}{\partial z}+\frac{\partial w}{\partial y} \tag{5.3.19}$$

$$\varepsilon_{zx}=\frac{\partial \boldsymbol{V}}{\partial z}\cdot\boldsymbol{i}+\frac{\partial \boldsymbol{V}}{\partial x}\cdot\boldsymbol{k}=\frac{\partial w}{\partial x}+\frac{\partial u}{\partial z} \tag{5.3.20}$$

综上分析,在直角坐标系下弹性体的几何方程为

$$\left.\begin{aligned}
\varepsilon_x&=\frac{\partial u}{\partial x}\\
\varepsilon_y&=\frac{\partial v}{\partial y}\\
\varepsilon_z&=\frac{\partial w}{\partial z}\\
\varepsilon_{xy}&=\frac{\partial v}{\partial x}+\frac{\partial u}{\partial y}\\
\varepsilon_{yz}&=\frac{\partial w}{\partial y}+\frac{\partial v}{\partial z}\\
\varepsilon_{zx}&=\frac{\partial u}{\partial z}+\frac{\partial w}{\partial x}
\end{aligned}\right\} \tag{5.3.21}$$

对于二维平面应力问题,可以不考虑在 z 方向的应变,即 z 方向的位移分量与 z 无关,则其几何方程可以简化为

$$\left.\begin{aligned}
\varepsilon_x&=\frac{\partial u}{\partial x}\\
\varepsilon_y&=\frac{\partial v}{\partial y}\\
\varepsilon_{xy}&=\frac{\partial u}{\partial y}+\frac{\partial v}{\partial x}
\end{aligned}\right\} \tag{5.3.22}$$

对于常用的矩形平膜片和方平膜片,沿其厚度方向的位移最显著。在平膜片的中心建立如图 5.3.2 所示的坐标系,膜片上、下表面分别记为 $+H/2$、$-H/2$,任一点 M 的坐标为 (x,y,z)。

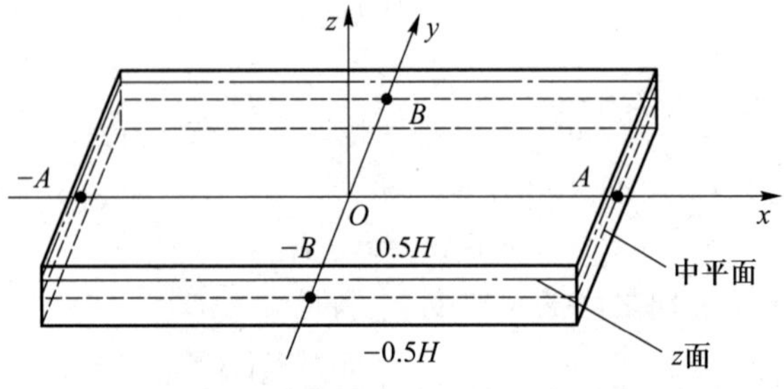

图 5.3.2 矩形平膜片直角坐标系示意图

考虑距膜片中面距离为 z 的面（可定义为 z 面）上的 M 点处的位移，可以描述为

$$\boldsymbol{V}=u(x,y,z)\boldsymbol{i}+v(x,y,z)\boldsymbol{j}+w(x,y)\boldsymbol{k} \tag{5.3.23}$$

式中 $u(x,y,z)$、$v(x,y,z)$、$w(x,y)$——在 M 点处分别沿 x、y、z 轴的位移分量；

$\boldsymbol{i}$、$\boldsymbol{j}$、$\boldsymbol{k}$——直角坐标系在 x、y、z 轴的单位矢量。

考虑到与 z 轴相关的剪应变为 0，基于式（5.3.21）可得

$$\varepsilon_{yz}=\frac{\partial w}{\partial y}+\frac{\partial v}{\partial z}=0 \tag{5.3.24}$$

$$\varepsilon_{zx}=\frac{\partial u}{\partial z}+\frac{\partial w}{\partial x}=0 \tag{5.3.25}$$

由式（5.3.24）可得

$$\frac{\partial v}{\partial z}=-\frac{\partial w}{\partial y} \tag{5.3.26}$$

对式（5.3.26）在 $[0,z]$ 积分，有

$$\int_0^z\frac{\partial v(x,y,z)}{\partial z}\mathrm{d}z=-\int_0^z\frac{\partial w(x,y)}{\partial y}\mathrm{d}z$$

即由平膜片中面位移分量表示的平膜片 z 面上沿 y 轴的位移分量 $v(x,y,z)$ 为

$$v(x,y,z)=v(x,y,0)-\frac{\partial w(x,y)}{\partial y}z=v(x,y)-\frac{\partial w(x,y)}{\partial y}z \tag{5.3.27}$$

式中 $v(x,y)$——在平膜片的中面上沿 y 轴的位移分量，$v(x,y)=v(x,y,0)$。

类似地，由平膜片中面位移分量表示的平膜片 z 面上沿 x 轴的位移分量 $u(x,y,z)$ 为

$$u(x,y,z)=u(x,y,0)-\frac{\partial w(x,y)}{\partial x}z=u(x,y)-\frac{\partial w(x,y)}{\partial x}z \tag{5.3.28}$$

式中 $u(x,y)$——在平膜片的中面上沿 x 轴的位移分量，$u(x,y)=u(x,y,0)$。

于是，由平膜片的中面上的位移分量 $u(x,y)$、$v(x,y)$、$w(x,y)$ 描述的几何方程为

$$\left.\begin{aligned}\varepsilon_x&=\frac{\partial u(x,y)}{\partial x}-\frac{\partial^2 w(x,y)}{\partial x^2}z\\\varepsilon_y&=\frac{\partial v(x,y)}{\partial y}-\frac{\partial^2 w(x,y)}{\partial y^2}z\\\varepsilon_{xy}&=\frac{\partial u(x,y)}{\partial y}+\frac{\partial v(x,y)}{\partial x}-2\frac{\partial^2 w(x,y)}{\partial x\partial y}z\end{aligned}\right\} \tag{5.3.29}$$

对于小挠度问题，平膜片中面上沿 x 轴和 y 轴的位移分量 $u(x,y)$、$v(x,y)$ 均为 0，只考虑其沿着法向的位移分量 $w(x,y)$，这时平膜片的几何方程简化为

$$\left.\begin{aligned}\varepsilon_x&=-\frac{\partial^2 w(x,y)}{\partial x^2}z\\\varepsilon_y&=-\frac{\partial^2 w(x,y)}{\partial y^2}z\\\varepsilon_{xy}&=-2\frac{\partial^2 w(x,y)}{\partial x\partial y}z\end{aligned}\right\} \tag{5.3.30}$$

5.3.2 圆柱体坐标系中的几何方程

在圆柱体坐标系下，任一点 M 的坐标为 (ρ,θ,z)，如图 5.3.3 所示。

当 M 点有位移矢量

$$\boldsymbol{V}=u\boldsymbol{e}_\rho+v\boldsymbol{e}_\theta+w\boldsymbol{e}_z \tag{5.3.31}$$

式中 u、v、w——M 点在圆柱体坐标系下分别沿 ρ、θ、z 方向（径向、环向和轴向）的位移分量；

$\boldsymbol{e}_\rho$、$\boldsymbol{e}_\theta$、$\boldsymbol{e}_z$——圆柱体坐标系下分别在 ρ、θ、z 方向（径向、环向和轴向）的单位矢量。

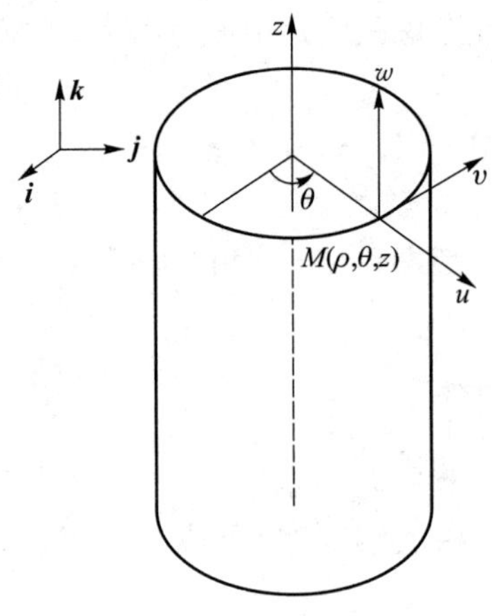

图 5.3.3 圆柱体坐标系示意图

单位矢量 $\boldsymbol{e}_\rho$、$\boldsymbol{e}_\theta$、$\boldsymbol{e}_z$ 与单位矢量 $\boldsymbol{i}$、$\boldsymbol{j}$、$\boldsymbol{k}$ 的关系为

$$\left.\begin{aligned}\boldsymbol{e}_\rho&=\cos\,\theta\boldsymbol{i}+\sin\,\theta\boldsymbol{j}\\ \boldsymbol{e}_\theta&=-\sin\,\theta\boldsymbol{i}+\cos\,\theta\boldsymbol{j}\\ \boldsymbol{e}_z&=\boldsymbol{k}\end{aligned}\right\} \tag{5.3.32}$$

由式(5.3.32)可得

$$\left.\begin{aligned}&\frac{\partial\boldsymbol{e}_z}{\partial\rho}=0\\ &\frac{\partial\boldsymbol{e}_\theta}{\partial\rho}=0\\ &\frac{\partial\boldsymbol{e}_\rho}{\partial\rho}=0\\ &\frac{\partial\boldsymbol{e}_z}{\partial\theta}=0\\ &\frac{\partial\boldsymbol{e}_\rho}{\partial\theta}=-\sin\,\theta\boldsymbol{i}+\cos\,\theta\boldsymbol{j}=\boldsymbol{e}_\theta\\ &\frac{\partial\boldsymbol{e}_\theta}{\partial\theta}=-\cos\,\theta\boldsymbol{i}-\sin\,\theta\boldsymbol{j}=-\boldsymbol{e}_\rho\end{aligned}\right\} \tag{5.3.33}$$

由式(5.3.31)与式(5.3.33)得

$$\left.\begin{aligned}\frac{\partial\boldsymbol{V}}{\partial\rho}&=\frac{\partial u}{\partial\rho}\boldsymbol{e}_\rho+\frac{\partial v}{\partial\rho}\boldsymbol{e}_\theta+\frac{\partial w}{\partial\rho}\boldsymbol{e}_z\\ \frac{\partial\boldsymbol{V}}{\partial\theta}&=\left(\frac{\partial u}{\partial\theta}-v\right)\boldsymbol{e}_\rho+\left(u+\frac{\partial v}{\partial\theta}\right)\boldsymbol{e}_\theta+\frac{\partial w}{\partial\theta}\boldsymbol{e}_z\\ \frac{\partial\boldsymbol{V}}{\partial z}&=\frac{\partial u}{\partial z}\boldsymbol{e}_\rho+\frac{\partial v}{\partial z}\boldsymbol{e}_\theta+\frac{\partial w}{\partial z}\boldsymbol{e}_z\end{aligned}\right\} \tag{5.3.34}$$

借助式(5.3.11)，由式(5.3.34)可得

$$\varepsilon_\rho=\frac{\partial\boldsymbol{V}}{\partial\rho}\cdot\boldsymbol{e}_\rho=\frac{\partial u}{\partial\rho} \tag{5.3.35}$$

$$\varepsilon_\theta=\frac{\partial\boldsymbol{V}}{\rho\partial\theta}\cdot\boldsymbol{e}_\theta=\frac{u}{\rho}+\frac{\partial v}{\rho\partial\theta} \tag{5.3.36}$$

$$\varepsilon_z=\frac{\partial\boldsymbol{V}}{\partial z}\cdot\boldsymbol{e}_z=\frac{\partial w}{\partial z} \tag{5.3.37}$$

借助式(5.3.18)，由式(5.3.34)可得

$$\varepsilon_{\rho\theta}=\frac{\partial\boldsymbol{V}}{\partial\rho}\cdot\boldsymbol{e}_\theta+\frac{\partial\boldsymbol{V}}{\rho\partial\theta}\cdot\boldsymbol{e}_\rho=\frac{\partial u}{\rho\partial\theta}+\frac{\partial v}{\partial\rho}-\frac{v}{\rho} \tag{5.3.38}$$

$$\varepsilon_{\theta z}=\frac{\partial \boldsymbol{V}}{\partial z}\cdot\boldsymbol{e}_{\theta}+\frac{\partial \boldsymbol{V}}{\rho\partial\theta}\cdot\boldsymbol{e}_{z}=\frac{\partial v}{\partial z}+\frac{\partial w}{\rho\partial\theta} \tag{5.3.39}$$

$$\varepsilon_{z\rho}=\frac{\partial \boldsymbol{V}}{\partial \rho}\cdot\boldsymbol{e}_{z}+\frac{\partial \boldsymbol{V}}{\partial z}\cdot\boldsymbol{e}_{\rho}=\frac{\partial u}{\partial z}+\frac{\partial w}{\partial\rho} \tag{5.3.40}$$

结合式(5.3.34)~式(5.3.40),可得在圆柱体坐标系下弹性体的几何方程为

$$\left.\begin{aligned}
\varepsilon_{\rho}&=\frac{\partial u}{\partial\rho}\\
\varepsilon_{\theta}&=\frac{u}{\rho}+\frac{\partial v}{\rho\partial\theta}\\
\varepsilon_{z}&=\frac{\partial w}{\partial z}\\
\varepsilon_{\rho\theta}&=\frac{\partial u}{\rho\partial\theta}+\frac{\partial v}{\partial\rho}-\frac{v}{\rho}\\
\varepsilon_{\theta z}&=\frac{\partial v}{\partial z}+\frac{\partial w}{\rho\partial\theta}\\
\varepsilon_{z\rho}&=\frac{\partial u}{\partial z}+\frac{\partial w}{\partial\rho}
\end{aligned}\right\} \tag{5.3.41}$$

5.3.3 平面极坐标系中的几何方程

平面极坐标系用于研究圆平膜片,相当于是特殊的圆柱体问题,即不考虑在 z 方向的变化。于是由式(5.3.41)可以得到平面极坐标系的几何方程为

$$\left.\begin{aligned}
\varepsilon_{\rho}&=\frac{\partial u}{\partial\rho}\\
\varepsilon_{\theta}&=\frac{u}{\rho}+\frac{\partial v}{\rho\partial\theta}\\
\varepsilon_{\rho\theta}&=\frac{\partial u}{\rho\partial\theta}+\frac{\partial v}{\partial\rho}-\frac{v}{\rho}
\end{aligned}\right\} \tag{5.3.42}$$

实用中,对于在平面极坐标系下讨论的圆平膜片问题,沿其厚度方向的位移最显著,而且该位移分量与其厚度方向的坐标 z 无关。在如图 5.3.4 所示的坐标系中,膜片上、下表面分别记为 $+H/2$, $-H/2$。

M 点位移矢量可以描述为

$$\boldsymbol{V}=u(\rho,\theta,z)\boldsymbol{e}_{\rho}+v(\rho,\theta,z)\boldsymbol{e}_{\theta}+w(\rho,\theta)\boldsymbol{e}_{z} \tag{5.3.43}$$

式中 $u(\rho,\theta,z)$、$v(\rho,\theta,z)$、$w(\rho,\theta)$——M 点沿径向、环向和法向的位移分量;

$\boldsymbol{e}_{\rho}$、$\boldsymbol{e}_{\theta}$、$\boldsymbol{e}_{z}$——沿径向、环向和法向的单位矢量。

考虑到与法向相关的剪应变为 0,基于式(5.3.39)和式(5.3.40)可得

$$\varepsilon_{\theta z}=\frac{\partial v}{\partial z}+\frac{\partial w}{\rho\partial\theta}=0 \tag{5.3.44}$$

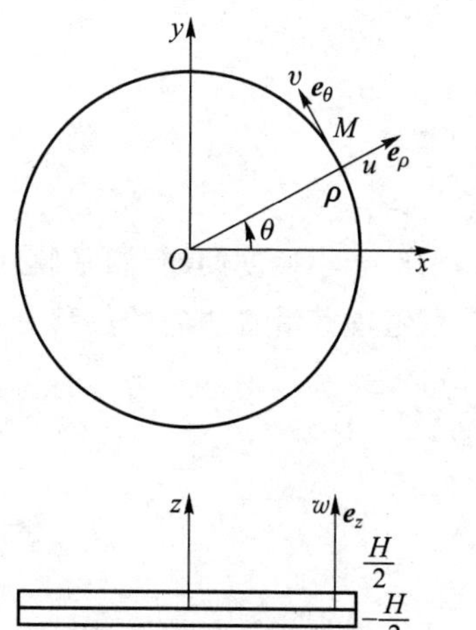

图 5.3.4 平面极坐标系示意图

$$\varepsilon_{z\rho}=\frac{\partial w}{\partial \rho}+\frac{\partial u}{\partial z}=0 \tag{5.3.45}$$

由式(5.3.44)可得

$$\frac{\partial v}{\partial z}=-\frac{\partial w}{\rho\partial\theta} \tag{5.3.46}$$

对式(5.3.46)在[0,z]积分,有

$$\int_0^z \frac{\partial v(\rho,\theta,z)}{\partial z}\mathrm{d}z=-\int_0^z \frac{\partial w(\rho,\theta)}{\rho\partial\theta}\mathrm{d}z$$

即由圆平膜片中面位移分量表示的圆平膜片 z 面上的环向位移分量 $v(\rho,\theta,z)$ 为

$$v(\rho,\theta,z)=v(\rho,\theta,0)-\frac{\partial w(\rho,\theta)}{\rho\partial\theta}z=v(\rho,\theta)-\frac{\partial w(\rho,\theta)}{\rho\partial\theta}z \tag{5.3.47}$$

式中 $v(\rho,\theta)$——在圆平膜片的中面上沿环向的位移分量,$v(\rho,\theta)=v(\rho,\theta,0)$。

类似地,由圆平膜片中面位移分量表示的圆平膜片 z 面上的径向位移分量 $u(\rho,\theta,z)$ 为

$$u(\rho,\theta,z)=u(\rho,\theta,0)-\frac{\partial w(\rho,\theta)}{\partial\rho}z=u(\rho,\theta)-\frac{\partial w(\rho,\theta)}{\partial\rho}z \tag{5.3.48}$$

式中 $u(\rho,\theta)$——在圆平膜片的中面上沿径向的位移分量,$u(\rho,\theta)=u(\rho,\theta,0)$。

于是,由圆平膜片中面上的位移分量 $u(\rho,\theta)$,$v(\rho,\theta)$,$w(\rho,\theta)$ 描述的几何方程为

$$\left.\begin{aligned}
\varepsilon_\rho&=\frac{\partial u(\rho,\theta)}{\partial\rho}-\frac{\partial^2 w(\rho,\theta)}{\partial\rho^2}z\\
\varepsilon_\theta&=\frac{u(\rho,\theta)}{\rho}+\frac{\partial v(\rho,\theta)}{\rho\partial\theta}-\left[\frac{\partial w(\rho,\theta)}{\rho\partial\rho}+\frac{\partial^2 w(\rho,\theta)}{\rho^2\partial\theta^2}\right]z\\
\varepsilon_{\rho\theta}&=\frac{\partial u(\rho,\theta)}{\rho\partial\theta}+\frac{\partial v(\rho,\theta)}{\partial\rho}-\frac{v(\rho,\theta)}{\rho}-\left[2\frac{\partial^2 w(\rho,\theta)}{\rho\partial\theta\partial\rho}-2\frac{\partial w(\rho,\theta)}{\rho^2\partial\theta}\right]z
\end{aligned}\right\} \tag{5.3.49}$$

对于轴对称载荷作用下的问题,由于对称性,位移与环向坐标 θ 无关,这样圆平膜片的几何方程可以简化为

$$\left.\begin{aligned}
\varepsilon_\rho&=\frac{\mathrm{d}u(\rho)}{\mathrm{d}\rho}-\frac{\mathrm{d}^2 w(\rho)}{\mathrm{d}\rho^2}z\\
\varepsilon_\theta&=\frac{u(\rho)}{\rho}-\frac{\mathrm{d}w(\rho)}{\rho\mathrm{d}\rho}z\\
\varepsilon_{\rho\theta}&=\frac{\mathrm{d}v(\rho)}{\mathrm{d}\rho}-\frac{v(\rho)}{\rho}
\end{aligned}\right\} \tag{5.3.50}$$

对于小挠度问题,圆平膜片中面上的径向位移分量 $u(\rho,\theta)$ 和环向位移分量 $v(\rho,\theta)$ 均为 0,只考虑其沿着法向的位移分量 $w(\rho,\theta)$,这时圆平膜片的几何方程简化为

$$\left.\begin{aligned}
\varepsilon_\rho&=-\frac{\partial^2 w(\rho,\theta)}{\partial\rho^2}z\\
\varepsilon_\theta&=-\left[\frac{\partial w(\rho,\theta)}{\rho\partial\rho}+\frac{\partial^2 w(\rho,\theta)}{\rho^2\partial\theta^2}\right]z\\
\varepsilon_{\rho\theta}&=-\left[2\frac{\partial^2 w(\rho,\theta)}{\rho\partial\theta\partial\rho}-2\frac{\partial w(\rho,\theta)}{\rho^2\partial\theta}\right]z
\end{aligned}\right\} \tag{5.3.51}$$

对于轴对称载荷作用下的小挠度问题,圆平膜片的几何方程进一步可以简化为

$$\left.\begin{aligned}\varepsilon_{\rho}&=-\frac{\mathrm{d}^{2}w(\rho)}{\mathrm{d}\rho^{2}}z\\\varepsilon_{\theta}&=-\frac{\mathrm{d}w(\rho)}{\rho\mathrm{d}\rho}z\\\varepsilon_{\rho\theta}&=0\end{aligned}\right\}\tag{5.3.52}$$

5.3.4 圆柱壳坐标系中的几何方程

圆柱壳体的壁厚 h 相对于中柱面半径 r 非常小,因此可以不考虑在圆柱壳体壁厚方向(径向)的变形,即在厚度方向(法线方向)的位移分量与厚度方向的坐标无关。在小挠度的线性变化范围内,在圆柱壳的中柱面上,诸位移分量 u,v,w 只是轴线方向、环线方向坐标 s、θ 的函数,与法线方向坐标 ρ 无关。在圆柱壳的中柱面建立坐标系,任一点 M 的坐标为(s,θ,r),如图 5.3.5 所示。

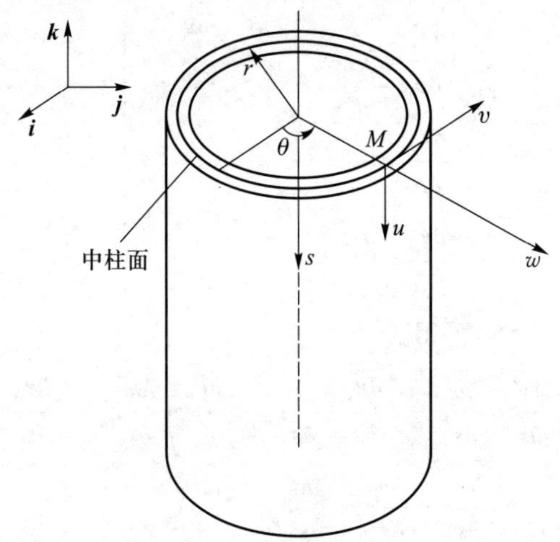

图 5.3.5 圆柱壳坐标系示意图

下面首先考虑中柱面上的几何方程。

基于上述分析,中柱面上 M 点的位移矢量可以表示为

$$\boldsymbol{V}=u(s,\theta)\boldsymbol{e}_s+v(s,\theta)\boldsymbol{e}_\theta+w(s,\theta)\boldsymbol{e}_\rho\tag{5.3.53}$$[①]

式中 u、v、w——M 点在圆柱壳坐标系下沿 s、θ、ρ 方向(轴线方向、环线方向和法线方向,简称轴向、环向和法向)的位移分量;

$\boldsymbol{e}_s$、$\boldsymbol{e}_\theta$、$\boldsymbol{e}_\rho$——圆柱壳坐标系下中柱面上在 s、θ、ρ 方向的单位矢量。

单位矢量 $\boldsymbol{e}_s$、$\boldsymbol{e}_\theta$、$\boldsymbol{e}_\rho$ 与单位矢量 $\boldsymbol{i}$、$\boldsymbol{j}$、$\boldsymbol{k}$ 的关系为

$$\left.\begin{aligned}\boldsymbol{e}_s&=-\boldsymbol{k}\\\boldsymbol{e}_\theta&=-\sin\theta\boldsymbol{i}+\cos\theta\boldsymbol{j}\\\boldsymbol{e}_\rho&=\cos\theta\boldsymbol{i}+\sin\theta\boldsymbol{j}\end{aligned}\right\}\tag{5.3.54}$$

由式(5.3.54)知

① 在不致引起误解的情况下,$u(s,\theta)$、$v(s,\theta)$、$w(s,\theta)$ 分别用 u、v、w 表示。

$$\left.\begin{aligned}&\frac{\partial \boldsymbol{e}_s}{\partial s}=0\\&\frac{\partial \boldsymbol{e}_\theta}{\partial s}=0\\&\frac{\partial \boldsymbol{e}_\rho}{\partial s}=0\\&\frac{\partial \boldsymbol{e}_s}{\partial \theta}=0\\&\frac{\partial \boldsymbol{e}_\theta}{\partial \theta}=-\cos\theta\boldsymbol{i}-\sin\theta\boldsymbol{j}=-\boldsymbol{e}_\rho\\&\frac{\partial \boldsymbol{e}_\rho}{\partial \theta}=-\sin\theta\boldsymbol{i}+\cos\theta\boldsymbol{j}=\boldsymbol{e}_\theta\\&\frac{\partial \boldsymbol{e}_s}{\partial \rho}=0\\&\frac{\partial \boldsymbol{e}_\theta}{\partial \rho}=0\\&\frac{\partial \boldsymbol{e}_\rho}{\partial \rho}=0\end{aligned}\right\} \tag{5.3.55}$$

由式(5.3.53)和式(5.3.55)可得

$$\begin{aligned}\frac{\partial \boldsymbol{V}}{\partial s}&=\frac{\partial u}{\partial s}\boldsymbol{e}_s+u\frac{\partial \boldsymbol{e}_s}{\partial s}+\frac{\partial v}{\partial s}\boldsymbol{e}_\theta+v\frac{\partial \boldsymbol{e}_\theta}{\partial s}+\frac{\partial w}{\partial s}\boldsymbol{e}_\rho+w\frac{\partial \boldsymbol{e}_\rho}{\partial s}\\&=\frac{\partial u}{\partial s}\boldsymbol{e}_s+\frac{\partial v}{\partial s}\boldsymbol{e}_\theta+\frac{\partial w}{\partial s}\boldsymbol{e}_\rho\end{aligned} \tag{5.3.56}$$

$$\begin{aligned}\frac{\partial \boldsymbol{V}}{\partial \theta}&=\frac{\partial u}{\partial \theta}\boldsymbol{e}_s+u\frac{\partial \boldsymbol{e}_s}{\partial \theta}+\frac{\partial v}{\partial \theta}\boldsymbol{e}_\theta+v\frac{\partial \boldsymbol{e}_\theta}{\partial \theta}+\frac{\partial w}{\partial \theta}\boldsymbol{e}_\rho+w\frac{\partial \boldsymbol{e}_\rho}{\partial \theta}\\&=\frac{\partial u}{\partial \theta}\boldsymbol{e}_s+\left(\frac{\partial v}{\partial \theta}+w\right)\boldsymbol{e}_\theta+\left(-v+\frac{\partial w}{\partial \theta}\right)\boldsymbol{e}_\rho\end{aligned} \tag{5.3.57}$$

借助式(5.3.11)和式(5.3.56),有

$$\varepsilon_s^0=\frac{\partial \boldsymbol{V}}{\partial s}\cdot\boldsymbol{e}_s=\frac{\partial u}{\partial s} \tag{5.3.58}$$

借助式(5.3.11)和式(5.3.57),有

$$\varepsilon_\theta^0=\frac{\partial \boldsymbol{V}}{r\partial \theta}\cdot\boldsymbol{e}_\theta=\frac{\partial v}{r\partial \theta}+\frac{w}{r} \tag{5.3.59}$$

借助式(5.3.18)、式(5.3.56)和式(5.3.57),有

$$\varepsilon_{s\theta}^0=\frac{\partial \boldsymbol{V}}{\partial s}\cdot\boldsymbol{e}_\theta+\frac{\partial \boldsymbol{V}}{r\partial \theta}\cdot\boldsymbol{e}_s=\frac{\partial u}{r\partial \theta}+\frac{\partial v}{\partial s} \tag{5.3.60}$$

于是,圆柱壳中柱面的几何方程为

$$\left.\begin{aligned}\varepsilon_s^0&=\frac{\partial u}{\partial s}\\\varepsilon_\theta^0&=\frac{\partial v}{r\partial\theta}+\frac{w}{r}\\\varepsilon_{s\theta}^0&=\frac{\partial u}{r\partial\theta}+\frac{\partial v}{\partial s}\end{aligned}\right\}\tag{5.3.61}$$

与圆柱壳中柱面平行，且与中柱面相距 z 的圆柱面定义为 z 柱面；对于如图 5.3.5 所示的圆柱壳体，$z\in[-0.5h,0.5h]$。

在 z 柱面，任一点 M 的坐标可以表示为 $(s,\theta,r+z)$，基于圆柱壳体的几何结构特征与上述分析，点 M 的位移矢量可以表示为

$$\boldsymbol{V}^z=u(s,\theta,z)\boldsymbol{e}_s+v(s,\theta,z)\boldsymbol{e}_\theta+w(s,\theta)\boldsymbol{e}_\rho\tag{5.3.62}$$

式中 $u(s,\theta,z)$、$v(s,\theta,z)$、$w(s,\theta)$——在 z 柱面的 M 点沿轴向、环向和法向的位移分量。

基于式(5.3.55)，由式(5.3.62)可得

$$\left.\begin{aligned}\frac{\partial\boldsymbol{V}^z}{\partial s}&=\frac{\partial u(s,\theta,z)}{\partial s}\boldsymbol{e}_s+\frac{\partial v(s,\theta,z)}{\partial s}\boldsymbol{e}_\theta+\frac{\partial w(s,\theta)}{\partial s}\boldsymbol{e}_\rho\\\frac{\partial\boldsymbol{V}^z}{\partial\theta}&=\frac{\partial u(s,\theta,z)}{\partial\theta}\boldsymbol{e}_s+\left[\frac{\partial v(s,\theta,z)}{\partial\theta}+w(s,\theta)\right]\boldsymbol{e}_\theta+\left[-v(s,\theta,z)+\frac{\partial w(s,\theta)}{\partial\theta}\right]\boldsymbol{e}_\rho\\\frac{\partial\boldsymbol{V}^z}{\partial\rho}&=\frac{\partial u(s,\theta,z)}{\partial\rho}\boldsymbol{e}_s+\frac{\partial v(s,\theta,z)}{\partial\rho}\boldsymbol{e}_\theta\end{aligned}\right\}\tag{5.3.63}$$

在圆柱壳的 z 柱面上，剪应变 $\varepsilon_{s\rho}^z$、$\varepsilon_{\theta\rho}^z$ 均为 0，借助式(5.3.18)，结合式(5.3.63)可得

$$\varepsilon_{s\rho}^z=\frac{\partial\boldsymbol{V}^z}{\partial s}\cdot\boldsymbol{e}_\rho+\frac{\partial\boldsymbol{V}^z}{\partial\rho}\cdot\boldsymbol{e}_s=\frac{\partial u(s,\theta,z)}{\partial\rho}+\frac{\partial w(s,\theta)}{\partial s}=0\tag{5.3.64}$$

$$\varepsilon_{\theta\rho}^z=\frac{\partial\boldsymbol{V}^z}{(r+z)\partial\theta}\cdot\boldsymbol{e}_\rho+\frac{\partial\boldsymbol{V}^z}{\partial\rho}\cdot\boldsymbol{e}_\theta=\frac{1}{r+z}\left[\frac{\partial w(s,\theta)}{\partial\theta}-v(s,\theta,z)\right]+\frac{\partial v(s,\theta,z)}{\partial\rho}=0\tag{5.3.65}$$

利用式(5.3.64)可得

$$\frac{\partial u(s,\theta,z)}{\partial\rho}=-\frac{\partial w(s,\theta)}{\partial s}\tag{5.3.66}$$

对式(5.3.66)在 $\rho\in[0,z]$ 积分，有

$$\int_0^z\frac{\partial u(s,\theta,z)}{\partial\rho}\mathrm{d}\rho=-\int_0^z\frac{\partial w(s,\theta)}{\partial s}\mathrm{d}\rho$$

即由圆柱壳中柱面位移分量表示的圆柱壳 z 柱面上的轴向位移 $u(s,\theta,z)$ 为

$$u(s,\theta,z)=u(s,\theta)-\frac{\partial w(s,\theta)}{\partial s}z\tag{5.3.67}$$

利用式(5.3.65)可得

$$\frac{\partial v(s,\theta,z)}{\partial\rho}=\frac{1}{r+z}\left[v(s,\theta,z)-\frac{\partial w(s,\theta)}{\partial\theta}\right]\tag{5.3.68}$$

对式(5.3.68)在 $\rho\in[0,z]$ 积分

$$\int_0^z\frac{\partial v(s,\theta,z)}{\partial\rho}\mathrm{d}\rho=\int_0^z\frac{1}{r+z}\left[v(s,\theta,z)-\frac{\partial w(s,\theta)}{\partial\theta}\right]\mathrm{d}\rho\tag{5.3.69}$$

对于式(5.3.69)积分方程的左边项，有

$$\int_0^z \frac{\partial v(s,\theta,z)}{\partial \rho} \mathrm{d}\rho = v(s,\theta,z) - v(s,\theta)$$

对于式(5.3.69)积分方程的右边第 1 项,考虑到圆柱壳的 z 柱面上环向位移 $v(s,\theta,z)$ 是在其中柱面环向位移 $v(s,\theta)$ 的基础上产生的,将其表示为泰勒级数形式

$$v(s,\theta,z) = v(s,\theta) + v'(s,\theta)z + \frac{1}{2}v''(s,\theta)z^2 + \cdots$$

忽略含有 z^2 以上的小量,于是

$$\int_0^z \frac{v(s,\theta,z)}{r+z} \mathrm{d}\rho \approx \frac{z}{r} v(s,\theta)$$

对于式(5.3.69)积分方程的右边第 2 项,忽略二阶以上小量,有

$$\int_0^z \frac{1}{r+z}\left[\frac{\partial w(s,\theta)}{\partial \theta}\right] \mathrm{d}\rho \approx \frac{z}{r}\left[\frac{\partial w(s,\theta)}{\partial \theta}\right]$$

综上分析,由圆柱壳中柱面位移分量表示的圆柱壳 z 柱面上的环向位移 $v(s,\theta,z)$ 为

$$v(s,\theta,z) = v(s,\theta) + \left[\frac{v(s,\theta)}{r} - \frac{\partial w(s,\theta)}{r\partial \theta}\right] z \tag{5.3.70}$$

借助式(5.3.11)有

$$\varepsilon_s^z = \frac{\partial \boldsymbol{V}^z}{\partial s} \cdot \boldsymbol{e}_s \tag{5.3.71}$$

$$\varepsilon_\theta^z = \frac{\partial \boldsymbol{V}^z}{(r+z)\partial \theta} \cdot \boldsymbol{e}_\theta \tag{5.3.72}$$

借助式(5.3.18)有

$$\varepsilon_{s\theta}^z = \frac{\partial \boldsymbol{V}^z}{\partial s} \cdot \boldsymbol{e}_\theta + \frac{\partial \boldsymbol{V}^z}{(r+z)\partial \theta} \cdot \boldsymbol{e}_s \tag{5.3.73}$$

将式(5.3.63)和式(5.3.67)代入式(5.3.71),得

$$\varepsilon_s^z = \frac{\partial u(s,\theta,z)}{\partial s} = \frac{\partial u(s,\theta)}{\partial s} - z\frac{\partial^2 w(s,\theta)}{\partial s^2} = \varepsilon_s^0 + zK_s \tag{5.3.74}$$

$$K_s = -\frac{\partial^2 w}{\partial s^2} \tag{5.3.75}$$

将式(5.3.63)和式(5.3.70)代入式(5.3.72),略去二阶以上小量,得

$$\begin{aligned}
\varepsilon_\theta^z &= \frac{1}{r+z}\left[w(s,\theta) + \frac{\partial v(s,\theta,z)}{\partial \theta}\right] \\
&= \frac{1}{r+z}\left\{w(s,\theta) + \frac{\partial v(s,\theta)}{\partial \theta} + \left[\frac{\partial v(s,\theta)}{r\partial \theta} - \frac{\partial^2 w(s,\theta)}{r\partial \theta^2}\right] z\right\} \\
&= \frac{1}{r}\left[w(s,\theta) + \frac{\partial v(s,\theta)}{\partial \theta}\right] + \left[\frac{\partial v(s,\theta)}{r^2\partial \theta} - \frac{\partial^2 w(s,\theta)}{r^2\partial \theta^2}\right] z \\
&= \varepsilon_\theta^0 + zK_\theta
\end{aligned} \tag{5.3.76}$$

$$K_\theta = \left(\frac{\partial v}{\partial \theta} - \frac{\partial^2 w}{\partial \theta^2}\right)\frac{1}{r^2} \tag{5.3.77}$$

将式(5.3.63)、式(5.3.67)和式(5.3.70)代入式(5.3.73),略去二阶以上小量,得

$$\varepsilon_{s\theta}^z = \frac{\partial \boldsymbol{V}^z}{\partial s}\boldsymbol{e}_\theta + \frac{\partial \boldsymbol{V}^z}{(r+z)\partial \theta}\boldsymbol{e}_s = \frac{\partial v(s,\theta,z)}{\partial s} + \frac{\partial u(s,\theta,z)}{(r+z)\partial \theta}$$

$$
\begin{aligned}
&=\frac{\partial v(s,\theta)}{\partial s}+\left[\frac{\partial v(s,\theta)}{r\partial s}-\frac{\partial^2 w(s,\theta)}{r\partial s\partial\theta}\right]z+\frac{1}{r+z}\left[\frac{\partial u(s,\theta)}{\partial\theta}-\frac{\partial^2 w(s,\theta)}{\partial s\partial\theta}z\right]\\
&=\frac{r}{r+z}\left[\frac{\partial u(s,\theta)}{r\partial\theta}+\frac{\partial v(s,\theta)}{\partial s}\right]+\frac{z}{r+z}\left[\frac{\partial v(s,\theta)}{\partial s}-\frac{\partial^2 w(s,\theta)}{\partial s\partial\theta}\right]+\\
&\quad\left[\frac{\partial v(s,\theta)}{r\partial s}-\frac{\partial^2 w(s,\theta)}{r\partial s\partial\theta}\right]z\\
&\approx\varepsilon_{s\theta}^0+zK_{s\theta}
\end{aligned}
\tag{5.3.78}
$$

$$
K_{s\theta}=2\left(\frac{\partial v}{\partial s}-\frac{\partial^2 w}{\partial s\partial\theta}\right)\frac{1}{r}
\tag{5.3.79}
$$

综上分析,以圆柱壳中柱面位移描述的 z 柱面上的几何方程为

$$
\left.\begin{aligned}
\varepsilon_s^z&=\varepsilon_s^0+zK_s\\
\varepsilon_\theta^z&=\varepsilon_\theta^0+zK_\theta\\
\varepsilon_{s\theta}^z&=\varepsilon_{s\theta}^0+zK_{s\theta}
\end{aligned}\right\}
\tag{5.3.80}
$$

$$
\left.\begin{aligned}
\varepsilon_s^0&=\frac{\partial u}{\partial s}\\
\varepsilon_\theta^0&=\frac{\partial v}{r\partial\theta}+\frac{w}{r}\\
\varepsilon_{s\theta}^0&=\frac{\partial u}{r\partial\theta}+\frac{\partial v}{\partial s}
\end{aligned}\right\}
\qquad [\text{见式}(5.3.61)]
$$

$$
\left.\begin{aligned}
K_s&=-\frac{\partial^2 w}{\partial s^2}\\
K_\theta&=\left(\frac{\partial v}{\partial\theta}-\frac{\partial^2 w}{\partial\theta^2}\right)\frac{1}{r^2}\\
K_{s\theta}&=2\left(\frac{\partial v}{\partial s}-\frac{\partial^2 w}{\partial s\partial\theta}\right)\frac{1}{r}
\end{aligned}\right\}
\tag{5.3.81}
$$

5.3.5 球壳坐标系中的几何方程

由于球壳的壁厚 H 相对于中球面半径 R 非常小,因此可以不考虑在球壳壁厚方向(径向)的变形,即在厚度方向(法线方向)的位移分量与厚度方向的坐标无关。在小挠度的线性变化范围内,在中球面上,诸位移分量 u、v、w 只是轴线方向、环线方向坐标 φ、θ 的函数,与法线方向坐标 ρ 无关。在球壳的中球面建立坐标系,任一点 M 的坐标为(φ,θ,R),如图 5.3.6 所示。

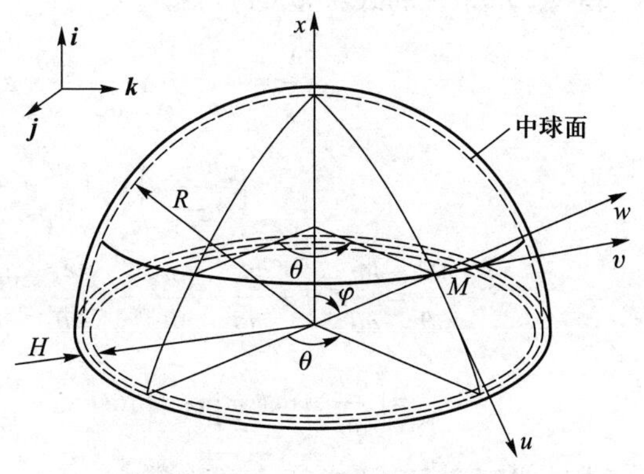

图 5.3.6 球壳坐标系示意图

下面首先考虑中球面上的几何方程。

基于上述分析,中球面上 M 点的位移矢量可以表示为

$$V=u(\varphi,\theta)e_{\varphi}+v(\varphi,\theta)e_{\theta}+w(\varphi,\theta)e_{\rho} \tag{5.3.82}$$[①]

式中 u、v、w——M 点在球壳坐标系下沿 φ、θ、ρ 方向（轴线方向、环线方向和法线方向，简称轴向、环向和法向）的位移分量；

e_{φ}、e_{θ}、e_{ρ}——在球壳坐标系下中球面上在 φ、θ、ρ 方向的单位矢量。

单位矢量 e_{φ}、e_{θ}、e_{ρ} 与单位矢量 i、j、k 的关系为

$$\left.\begin{aligned}&e_{\varphi}=\cos\varphi(\cos\theta j+\sin\theta k)-\sin\varphi i\\&e_{\theta}=-\sin\theta j+\cos\theta k\\&e_{\rho}=\sin\varphi(\cos\theta j+\sin\theta k)+\cos\varphi i\end{aligned}\right\} \tag{5.3.83}$$

由式(5.3.83)知

$$\left.\begin{aligned}&\frac{\partial e_{\varphi}}{\partial\varphi}=-\sin\varphi(\cos\theta j+\sin\theta k)-\cos\varphi i=-e_{\rho}\\&\frac{\partial e_{\theta}}{\partial\varphi}=0\\&\frac{\partial e_{\rho}}{\partial\varphi}=\cos\varphi(\cos\theta j+\sin\theta k)-\sin\varphi i=e_{\varphi}\\&\frac{\partial e_{\varphi}}{\partial\theta}=\cos\varphi(-\sin\theta j+\cos\theta k)=\cos\varphi e_{\theta}\\&\frac{\partial e_{\theta}}{\partial\theta}=-\cos\theta j-\sin\theta k=-\cos\varphi e_{\varphi}-\sin\varphi e_{\rho}\\&\frac{\partial e_{\rho}}{\partial\theta}=\sin\varphi(-\sin\theta j+\cos\theta k)=\sin\varphi e_{\theta}\\&\frac{\partial e_{\varphi}}{\partial\rho}=0\\&\frac{\partial e_{\theta}}{\partial\rho}=0\\&\frac{\partial e_{\rho}}{\partial\rho}=0\end{aligned}\right\} \tag{5.3.84}$$

由式(5.3.82)和式(5.3.84)可得

$$\begin{aligned}\frac{\partial V}{\partial\varphi}&=\frac{\partial u}{\partial\varphi}e_{\varphi}+u\frac{\partial e_{\varphi}}{\partial\varphi}+\frac{\partial v}{\partial\varphi}e_{\theta}+v\frac{\partial e_{\theta}}{\partial\varphi}+\frac{\partial w}{\partial\varphi}e_{\rho}+w\frac{\partial e_{\rho}}{\partial\varphi}\\&=\left(\frac{\partial u}{\partial\varphi}+w\right)e_{\varphi}+\frac{\partial v}{\partial\varphi}e_{\theta}+\left(-u+\frac{\partial w}{\partial\varphi}\right)e_{\rho}\end{aligned} \tag{5.3.85}$$

$$\begin{aligned}\frac{\partial V}{\partial\theta}&=\frac{\partial u}{\partial\theta}e_{\varphi}+u\frac{\partial e_{\varphi}}{\partial\theta}+\frac{\partial v}{\partial\theta}e_{\theta}+v\frac{\partial e_{\theta}}{\partial\theta}+\frac{\partial w}{\partial\theta}e_{\rho}+w\frac{\partial e_{\rho}}{\partial\theta}\\&=\left(\frac{\partial u}{\partial\theta}-v\cos\varphi\right)e_{\varphi}+\left(u\cos\varphi+\frac{\partial v}{\partial\theta}+w\sin\varphi\right)e_{\theta}+\left(-v\sin\varphi+\frac{\partial w}{\partial\theta}\right)e_{\rho}\end{aligned} \tag{5.3.86}$$

借助式(5.3.11)和式(5.3.85)，有

① 在不致引起误解的情况下，$u(\varphi,\theta)$、$v(\varphi,\theta)$、$w(\varphi,\theta)$ 分别用 u、v、w 表示。

$$\varepsilon_{\varphi}^{0}=\frac{\partial \boldsymbol{V}}{R\partial\varphi}\cdot\boldsymbol{e}_{\varphi}=\frac{1}{R}\left(\frac{\partial u}{\partial\varphi}+w\right) \tag{5.3.87}$$

借助式(5.3.11)和式(5.3.86),有

$$\varepsilon_{\theta}^{0}=\frac{\partial \boldsymbol{V}}{R\sin\varphi\partial\theta}\cdot\boldsymbol{e}_{\theta}=\frac{1}{R\sin\varphi}\left(u\cos\varphi+\frac{\partial v}{\partial\theta}+w\sin\varphi\right) \tag{5.3.88}$$

借助式(5.3.18)、式(5.3.85)和式(5.3.86),有

$$\varepsilon_{\varphi\theta}^{0}=\frac{\partial \boldsymbol{V}}{R\partial\varphi}\cdot\boldsymbol{e}_{\theta}+\frac{\partial \boldsymbol{V}}{R\sin\varphi\partial\theta}\cdot\boldsymbol{e}_{\varphi}=\frac{1}{R\sin\varphi}\left(\frac{\partial u}{\partial\theta}+\frac{\partial v}{\partial\varphi}\sin\varphi-v\cos\varphi\right) \tag{5.3.89}$$

于是,球壳中球面的几何方程为

$$\left.\begin{aligned}
\varepsilon_{\varphi}^{0}&=\frac{\partial u}{R\partial\varphi}+\frac{w}{R}\\
\varepsilon_{\theta}^{0}&=\frac{1}{R\sin\varphi}\left(u\cos\varphi+\frac{\partial v}{\partial\theta}+w\sin\varphi\right)\\
\varepsilon_{\varphi\theta}^{0}&=\frac{1}{R\sin\varphi}\left(\frac{\partial u}{\partial\theta}+\frac{\partial v}{\partial\varphi}\sin\varphi-v\cos\varphi\right)
\end{aligned}\right\} \tag{5.3.90}$$

与球壳中球面平行,且在法线方向与中球面相距 z 的球面定义为 z 球面;对于如图 5.3.6 所示的球壳,$z\in[-0.5H,0.5H]$。

在 z 球面,任一点 M 的坐标可以表示为$(\varphi,\theta,R+z)$,基于球壳的几何结构特征与上述分析,点 M 的位移矢量可以表示为

$$\boldsymbol{V}^{z}=u(\varphi,\theta,z)\boldsymbol{e}_{\varphi}+v(\varphi,\theta,z)\boldsymbol{e}_{\theta}+w(\varphi,\theta)\boldsymbol{e}_{\rho} \tag{5.3.91}$$

式中 $u(\varphi,\theta,z)$、$v(\varphi,\theta,z)$、$w(\varphi,\theta)$——在 z 球面的 M 点处沿轴向、环向和法向的位移分量。

基于式(5.3.84),由式(5.3.91)可得

$$\begin{aligned}
\frac{\partial \boldsymbol{V}^{z}}{\partial\varphi}&=\frac{\partial u(\varphi,\theta,z)}{\partial\varphi}\boldsymbol{e}_{\varphi}+u(\varphi,\theta,z)\frac{\partial \boldsymbol{e}_{\varphi}}{\partial\varphi}+\frac{\partial v(\varphi,\theta,z)}{\partial\varphi}\boldsymbol{e}_{\theta}+\\
&\quad v(\varphi,\theta,z)\frac{\partial \boldsymbol{e}_{\theta}}{\partial\varphi}+\frac{\partial w(\varphi,\theta)}{\partial\varphi}\boldsymbol{e}_{\rho}+w(\varphi,\theta)\frac{\partial \boldsymbol{e}_{\rho}}{\partial\varphi}\\
&=\left[\frac{\partial u(\varphi,\theta,z)}{\partial\varphi}+w(\varphi,\theta)\right]\boldsymbol{e}_{\varphi}+\frac{\partial v(\varphi,\theta,z)}{\partial\varphi}\boldsymbol{e}_{\theta}+\\
&\quad\left[-u(\varphi,\theta,z)+\frac{\partial w(\varphi,\theta)}{\partial\varphi}\right]\boldsymbol{e}_{\rho}
\end{aligned} \tag{5.3.92}$$

$$\begin{aligned}
\frac{\partial \boldsymbol{V}^{z}}{\partial\theta}&=\frac{\partial u(\varphi,\theta,z)}{\partial\theta}\boldsymbol{e}_{\varphi}+u(\varphi,\theta,z)\frac{\partial \boldsymbol{e}_{\varphi}}{\partial\theta}+\frac{\partial v(\varphi,\theta,z)}{\partial\theta}\boldsymbol{e}_{\theta}+\\
&\quad v(\varphi,\theta,z)\frac{\partial \boldsymbol{e}_{\theta}}{\partial\theta}+\frac{\partial w(\varphi,\theta)}{\partial\theta}\boldsymbol{e}_{\rho}+w(\varphi,\theta)\frac{\partial \boldsymbol{e}_{\rho}}{\partial\theta}\\
&=\left[\frac{\partial u(\varphi,\theta,z)}{\partial\theta}-v(\varphi,\theta,z)\cos\varphi\right]\boldsymbol{e}_{\varphi}+\\
&\quad\left[u(\varphi,\theta,z)\cos\varphi+\frac{\partial v(\varphi,\theta,z)}{\partial\theta}+w(\varphi,\theta)\sin\varphi\right]\boldsymbol{e}_{\theta}+\\
&\quad\left[-v(\varphi,\theta,z)\sin\varphi+\frac{\partial w(\varphi,\theta)}{\partial\theta}\right]\boldsymbol{e}_{\rho}
\end{aligned} \tag{5.3.93}$$

$$
\begin{aligned}
\frac{\partial \boldsymbol{V}^z}{\partial \rho} &= \frac{\partial u(\varphi,\theta,z)}{\partial \rho}\boldsymbol{e}_\varphi + u(\varphi,\theta,z)\frac{\partial \boldsymbol{e}_\varphi}{\partial \rho} + \frac{\partial v(\varphi,\theta,z)}{\partial \rho}\boldsymbol{e}_\theta + \\
&\quad v(\varphi,\theta,z)\frac{\partial \boldsymbol{e}_\theta}{\partial \rho} + \frac{\partial w(\varphi,\theta)}{\partial \rho}\boldsymbol{e}_\rho + w(\varphi,\theta)\frac{\partial \boldsymbol{e}_\rho}{\partial \rho} \\
&= \frac{\partial u(\varphi,\theta,z)}{\partial \rho}\boldsymbol{e}_\varphi + \frac{\partial v(\varphi,\theta,z)}{\partial \rho}\boldsymbol{e}_\theta + \frac{\partial w(\varphi,\theta)}{\partial \rho}\boldsymbol{e}_\rho
\end{aligned} \tag{5.3.94}
$$

在球壳的 z 球面上，剪应变 $\varepsilon_{s\rho}^z$、$\varepsilon_{\theta\rho}^z$ 均为 0。借助式(5.3.18)，结合式(5.3.92)～式(5.3.94)可得

$$
\varepsilon_{\varphi\rho}^z = \frac{\partial \boldsymbol{V}^z}{\partial \varphi}\cdot \boldsymbol{e}_\rho + \frac{\partial \boldsymbol{V}^z}{\partial \rho}\cdot \boldsymbol{e}_\varphi = \left[-u(\varphi,\theta,z) + \frac{\partial w(\varphi,\theta)}{\partial \varphi}\right] + \frac{\partial u(\varphi,\theta,z)}{\partial \rho} = 0 \tag{5.3.95}
$$

$$
\begin{aligned}
\varepsilon_{\theta\rho}^z &= \frac{\partial \boldsymbol{V}^z}{(R+z)\sin\varphi\partial\theta}\cdot \boldsymbol{e}_\rho + \frac{\partial \boldsymbol{V}^z}{\partial \rho}\cdot \boldsymbol{e}_\theta \\
&= \frac{1}{(R+z)\sin\varphi}\left[-v(\varphi,\theta,z)\sin\varphi + \frac{\partial w(\varphi,\theta)}{\partial\theta}\right] + \frac{\partial v(\varphi,\theta,z)}{\partial\rho} = 0
\end{aligned} \tag{5.3.96}
$$

类似于对式(5.3.68)的处理，由式(5.3.95)和式(5.3.96)可分别导出由球壳中球面位移分量表示的 z 球面上的轴向位移 $u(\varphi,\theta,z)$ 与环向位移 $v(\varphi,\theta,z)$ 为

$$
u(\varphi,\theta,z) = u(\varphi,\theta) + \left[\frac{u(\varphi,\theta)}{R} - \frac{\partial w(\varphi,\theta)}{R\partial\varphi}\right]z \tag{5.3.97}
$$

$$
v(\varphi,\theta,z) = v(\varphi,\theta) + \left[\frac{v(\varphi,\theta)}{R} - \frac{\partial w(\varphi,\theta)}{R\sin\varphi\partial\theta}\right]z \tag{5.3.98}
$$

借助式(5.3.11)有

$$
\varepsilon_\varphi^z = \frac{\partial \boldsymbol{V}^z}{(R+z)\partial\varphi}\cdot \boldsymbol{e}_\varphi \tag{5.3.99}
$$

$$
\varepsilon_\theta^z = \frac{\partial \boldsymbol{V}^z}{(R+z)\sin\varphi\partial\theta}\cdot \boldsymbol{e}_\theta \tag{5.3.100}
$$

借助式(5.3.18)有

$$
\varepsilon_{\varphi\theta}^z = \frac{\partial \boldsymbol{V}^z}{(R+z)\partial\varphi}\cdot \boldsymbol{e}_\theta + \frac{\partial \boldsymbol{V}^z}{(R+z)\sin\varphi\partial\theta}\cdot \boldsymbol{e}_\varphi \tag{5.3.101}
$$

将式(5.3.92)和式(5.3.97)代入式(5.3.99)，得

$$
\begin{aligned}
\varepsilon_\varphi^z &= \frac{1}{R+z}\left[\frac{\partial u(\varphi,\theta,z)}{\partial\varphi} + w(\varphi,\theta)\right] \\
&\approx \frac{\partial u(\varphi,\theta)}{R\partial\varphi} + \frac{w(\varphi,\theta)}{R} + \left[\frac{\partial u(\varphi,\theta)}{R^2\partial\varphi} - \frac{\partial^2 w(\varphi,\theta)}{R^2\partial\varphi^2}\right]z \\
&= \varepsilon_\varphi^0 + zK_\varphi
\end{aligned} \tag{5.3.102}
$$

$$
K_\varphi = \frac{\partial u(\varphi,\theta)}{R^2\partial\varphi} - \frac{\partial^2 w(\varphi,\theta)}{R^2\partial\varphi^2} \tag{5.3.103}
$$

将式(5.3.92)、式(5.3.93)、式(5.3.97)和式(5.3.98)代入式(5.3.100)，略去二阶以上小量，得

$$
\varepsilon_\theta^z = \frac{1}{(R+z)\sin\varphi}\left[u(\varphi,\theta,z)\cos\varphi + \frac{\partial v(\varphi,\theta,z)}{\partial\theta} + w(\varphi,\theta)\sin\varphi\right]
$$

$$=\frac{1}{(R+z)\sin\varphi}\left\{u(\varphi,\theta)\cos\varphi+\left[\frac{u(\varphi,\theta)}{R}\cos\varphi-\frac{\partial w(\varphi,\theta)}{R\partial\varphi}\cos\varphi\right]z+\frac{\partial v(\varphi,\theta)}{\partial\theta}+\left[\frac{\partial v(\varphi,\theta)}{R\partial\theta}-\frac{\partial w^2(\varphi,\theta)}{R\sin\varphi\partial\theta^2}\right]z+w(\varphi,\theta)\sin\varphi\right\}$$

$$\approx\frac{1}{R\sin\varphi}\left[u(\varphi,\theta)\cos\varphi+\frac{\partial v(\varphi,\theta)}{\partial\theta}+w(\varphi,\theta)\sin\varphi\right]+\frac{1}{R\sin\varphi}\left[\frac{u(\varphi,\theta)\cos\varphi}{R}+\frac{\partial v(\varphi,\theta)}{R\partial\theta}-\frac{\partial w(\varphi,\theta)\cos\varphi}{R\partial\varphi}-\frac{\partial w^2(\varphi,\theta)}{R\sin\varphi\partial\theta^2}\right]z$$

$$=\varepsilon_\theta^0+zK_\theta \tag{5.3.104}$$

$$K_\theta=\frac{1}{R^2\sin\varphi}\left[u(\varphi,\theta)\cos\varphi+\frac{\partial v(\varphi,\theta)}{\partial\theta}-\frac{\partial w(\varphi,\theta)\cos\varphi}{\partial\varphi}-\frac{\partial w^2(\varphi,\theta)}{\sin\varphi\partial\theta^2}\right] \tag{5.3.105}$$

将式(5.3.92)、式(5.3.93)、式(5.3.97)和式(5.3.98)代入式(5.3.101),略去二阶以上小量,得

$$\varepsilon_{\varphi\theta}^z=\frac{\partial v(\varphi,\theta,z)}{(R+z)\partial\varphi}+\frac{1}{(R+z)\sin\varphi}\left[\frac{\partial u(\varphi,\theta,z)}{\partial\theta}-v(\varphi,\theta,z)\cos\varphi\right]$$

$$=\frac{1}{R+z}\left\{\frac{\partial v(\varphi,\theta)}{\partial\varphi}+\left[\frac{\partial v(\varphi,\theta)}{R\partial\varphi}-\frac{\partial^2 w(\varphi,\theta)}{R\sin\varphi\partial\varphi\partial\theta}+\frac{\partial w(\varphi,\theta)\cos\varphi}{R\sin^2\varphi\partial\theta}\right]z\right\}+\frac{1}{(R+z)\sin\varphi}\left\{\begin{array}{l}\dfrac{\partial u(\varphi,\theta)}{\partial\theta}+\left[\dfrac{\partial u(\varphi,\theta)}{R\partial\theta}-\dfrac{\partial^2 w(\varphi,\theta)}{R\partial\varphi\partial\theta}\right]z-v(\varphi,\theta)\cos\varphi-\\ \left[\dfrac{v(\varphi,\theta)}{R}-\dfrac{\partial w(\varphi,\theta)}{R\sin^2\varphi\partial\theta}\right]z\cos\varphi\end{array}\right\}$$

$$=\frac{1}{R+z}\frac{\partial v(\varphi,\theta)}{\partial\varphi}+\frac{1}{(R+z)\sin\varphi}\left[\frac{\partial u(\varphi,\theta)}{\partial\theta}-v(\varphi,\theta)\cos\varphi\right]+\frac{1}{R+z}\left[\frac{\partial v(\varphi,\theta)}{R\partial\varphi}-\frac{\partial^2 w(\varphi,\theta)}{R\sin\varphi\partial\varphi\partial\theta}+\frac{\partial w(\varphi,\theta)\cos\varphi}{R\sin^2\varphi\partial\theta}\right]z+\frac{1}{(R+z)\sin\varphi}\left[\frac{\partial u(\varphi,\theta)}{R\partial\theta}-\frac{\partial^2 w(\varphi,\theta)}{R\partial\varphi\partial\theta}-\frac{v(\varphi,\theta)\cos\varphi}{R}+\frac{\partial w(\varphi,\theta)\cos\varphi}{R\sin\varphi\partial\theta}\right]z$$

$$\approx\frac{1}{R\sin\varphi}\left[\frac{\partial u(\varphi,\theta)}{\partial\theta}+\frac{\partial v(\varphi,\theta)\sin\varphi}{\partial\varphi}-v(\varphi,\theta)\cos\varphi\right]+\frac{1}{R^2\sin\varphi}\left[\frac{\partial u(\varphi,\theta)}{\partial\theta}-v(\varphi,\theta)\cos\varphi+\frac{\partial v(\varphi,\theta)\sin\varphi}{\partial\varphi}+\frac{2\partial w(\varphi,\theta)\cot\varphi}{\partial\theta}-\frac{2\partial^2 w(\varphi,\theta)}{\partial\varphi\partial\theta}\right]z$$

$$=\varepsilon_{\varphi\theta}^0+zK_{\varphi\theta} \tag{5.3.106}$$

$$K_{\varphi\theta}=\frac{1}{R^2\sin\varphi}\left[\frac{\partial u(\varphi,\theta)}{\partial\theta}-v(\varphi,\theta)\cos\varphi+\frac{\partial v(\varphi,\theta)\sin\varphi}{\partial\varphi}+\frac{2\partial w(\varphi,\theta)\cot\varphi}{\partial\theta}-\frac{2\partial^2 w(\varphi,\theta)}{\partial\varphi\partial\theta}\right] \tag{5.3.107}$$

综上,以球壳中球面位移描述的球壳 z 面上的几何方程为

$$\left.\begin{array}{l}\varepsilon_\varphi^z=\varepsilon_\varphi^0+zK_\varphi\\ \varepsilon_\theta^z=\varepsilon_\theta^0+zK_\theta\\ \varepsilon_{\varphi\theta}^z=\varepsilon_{\varphi\theta}^0+zK_{\varphi\theta}\end{array}\right\} \tag{5.3.108}$$

$$\left.\begin{aligned}\varepsilon_{\varphi}^{0}&=\frac{\partial u}{R\partial\varphi}+\frac{w}{R}\\ \varepsilon_{\theta}^{0}&=\frac{1}{R\sin\varphi}\left(u\cos\varphi+\frac{\partial v}{\partial\theta}+w\sin\varphi\right)\\ \varepsilon_{\varphi\theta}^{0}&=\frac{1}{R\sin\varphi}\left(\frac{\partial u}{\partial\theta}+\frac{\partial v}{\partial\varphi}\sin\varphi-v\cos\varphi\right)\end{aligned}\right\}\quad\text{[见式(5.3.90)]}$$

$$\left.\begin{aligned}K_{\varphi}&=\frac{\partial u}{R^{2}\partial\varphi}-\frac{\partial^{2}w}{R^{2}\partial\varphi^{2}}\\ K_{\theta}&=\frac{1}{R^{2}\sin\varphi}\left(u\cos\varphi+\frac{\partial v}{\partial\theta}-\frac{\partial w\cos\varphi}{\partial\varphi}-\frac{\partial w^{2}}{\sin\varphi\partial\theta^{2}}\right)\\ K_{\varphi\theta}&=\frac{1}{R^{2}\sin\varphi}\left(\frac{\partial u}{\partial\theta}-v\cos\varphi+\frac{\partial v\sin\varphi}{\partial\varphi}+\frac{2\partial w\cot\varphi}{\partial\theta}-\frac{2\partial^{2}w}{\partial\varphi\partial\theta}\right)\end{aligned}\right\}\tag{5.3.109}$$

5.3.6 大挠度下的几何方程

参见图 5.3.1,在考虑大挠度变形情况下,由式(5.3.5)、式(5.3.6)可得

$$\overline{M_1N_1}^2-\overline{MN}^2=2\mathrm{d}\boldsymbol{r}\cdot\mathrm{d}\boldsymbol{V}+\mathrm{d}\boldsymbol{V}\cdot\mathrm{d}\boldsymbol{V}\tag{5.3.110}$$

利用式(5.3.9)和式(5.3.110)可得

$$\varepsilon\approx\frac{\mathrm{d}\boldsymbol{r}}{\overline{MN}}\cdot\frac{\mathrm{d}\boldsymbol{V}}{\overline{MN}}+\frac{1}{2}\frac{\mathrm{d}\boldsymbol{V}}{\overline{MN}}\cdot\frac{\mathrm{d}\boldsymbol{V}}{\overline{MN}}\tag{5.3.111}$$

利用式(5.3.2)和式(5.3.111)可得在 x 方向的正应变为

$$\begin{aligned}\varepsilon_{x}&=\varepsilon\big|_{\overline{MN}=\mathrm{d}x}=\left(\frac{\mathrm{d}\boldsymbol{r}}{\overline{MN}}\cdot\frac{\mathrm{d}\boldsymbol{V}}{\overline{MN}}+\frac{1}{2}\frac{\mathrm{d}\boldsymbol{V}}{\overline{MN}}\cdot\frac{\mathrm{d}\boldsymbol{V}}{\overline{MN}}\right)_{\mathrm{d}r=\mathrm{d}x}\\ &=\frac{\partial\boldsymbol{V}}{\partial x}\cdot\frac{\partial\boldsymbol{r}}{\partial x}\bigg|_{\mathrm{d}r=\mathrm{d}x}+\frac{1}{2}\frac{\partial\boldsymbol{V}}{\partial x}\cdot\frac{\partial\boldsymbol{V}}{\partial x}=\frac{\partial\boldsymbol{V}}{\partial x}\cdot\boldsymbol{i}+\frac{1}{2}\frac{\partial\boldsymbol{V}}{\partial x}\cdot\frac{\partial\boldsymbol{V}}{\partial x}\\ &=\frac{\partial u}{\partial x}+\frac{1}{2}\left[\left(\frac{\partial u}{\partial x}\right)^{2}+\left(\frac{\partial v}{\partial x}\right)^{2}+\left(\frac{\partial w}{\partial x}\right)^{2}\right]\end{aligned}\tag{5.3.112}$$

类似地有

$$\begin{aligned}\varepsilon_{y}&=\frac{\partial\boldsymbol{V}}{\partial y}\cdot\boldsymbol{i}+\frac{1}{2}\frac{\partial\boldsymbol{V}}{\partial y}\cdot\frac{\partial\boldsymbol{V}}{\partial y}\\ &=\frac{\partial v}{\partial y}+\frac{1}{2}\left[\left(\frac{\partial u}{\partial y}\right)^{2}+\left(\frac{\partial v}{\partial y}\right)^{2}+\left(\frac{\partial w}{\partial y}\right)^{2}\right]\end{aligned}\tag{5.3.113}$$

$$\begin{aligned}\varepsilon_{z}&=\frac{\partial\boldsymbol{V}}{\partial z}\cdot\boldsymbol{i}+\frac{1}{2}\frac{\partial\boldsymbol{V}}{\partial z}\cdot\frac{\partial\boldsymbol{V}}{\partial z}\\ &=\frac{\partial w}{\partial z}+\frac{1}{2}\left[\left(\frac{\partial u}{\partial z}\right)^{2}+\left(\frac{\partial v}{\partial z}\right)^{2}+\left(\frac{\partial w}{\partial z}\right)^{2}\right]\end{aligned}\tag{5.3.114}$$

当 M 点有位移 $\boldsymbol{V}$ 后,$\boldsymbol{OM}$ 变成 $\boldsymbol{OM}_1$,对比式(5.3.14)可得单位矢量 $\boldsymbol{i}$、$\boldsymbol{j}$ 分别变成了 $\boldsymbol{i}_1$、$\boldsymbol{j}_1$,由剪应变的定义,利用式(5.3.15)~式(5.3.17)可得在大挠度变形情况下,x,y 方向之间的剪应变 ε_{xy} 为

$$\varepsilon_{xy}=\boldsymbol{i}_1\cdot\boldsymbol{j}_1=\left(\boldsymbol{i}+\frac{\partial\boldsymbol{V}}{\partial x}\right)\cdot\left(\boldsymbol{j}+\frac{\partial\boldsymbol{V}}{\partial y}\right)=\frac{\partial\boldsymbol{V}}{\partial x}\cdot\boldsymbol{j}+\frac{\partial\boldsymbol{V}}{\partial y}\cdot\boldsymbol{i}+\frac{\partial\boldsymbol{V}}{\partial x}\cdot\frac{\partial\boldsymbol{V}}{\partial y}$$

$$=\frac{\partial u}{\partial y}+\frac{\partial v}{\partial x}+\left(\frac{\partial u}{\partial x}\frac{\partial u}{\partial y}+\frac{\partial v}{\partial x}\frac{\partial v}{\partial y}+\frac{\partial w}{\partial x}\frac{\partial w}{\partial y}\right) \tag{5.3.115}$$

类似可得

$$\begin{aligned}\varepsilon_{yz}&=\frac{\partial \boldsymbol{V}}{\partial y}\cdot\boldsymbol{k}+\frac{\partial \boldsymbol{V}}{\partial z}\cdot\boldsymbol{j}+\frac{\partial \boldsymbol{V}}{\partial y}\cdot\frac{\partial \boldsymbol{V}}{\partial z}\\&=\frac{\partial v}{\partial z}+\frac{\partial w}{\partial y}+\left(\frac{\partial u}{\partial y}\frac{\partial u}{\partial z}+\frac{\partial v}{\partial y}\frac{\partial v}{\partial z}+\frac{\partial w}{\partial y}\frac{\partial w}{\partial z}\right)\end{aligned} \tag{5.3.116}$$

$$\begin{aligned}\varepsilon_{zx}&=\frac{\partial \boldsymbol{V}}{\partial z}\cdot\boldsymbol{i}+\frac{\partial \boldsymbol{V}}{\partial x}\cdot\boldsymbol{k}+\frac{\partial \boldsymbol{V}}{\partial z}\cdot\frac{\partial \boldsymbol{V}}{\partial x}\\&=\frac{\partial w}{\partial x}+\frac{\partial u}{\partial z}+\left(\frac{\partial u}{\partial x}\frac{\partial u}{\partial z}+\frac{\partial v}{\partial x}\frac{\partial v}{\partial z}+\frac{\partial w}{\partial x}\frac{\partial w}{\partial z}\right)\end{aligned} \tag{5.3.117}$$

综上，在直角坐标系、大挠度变形情况下弹性体的几何方程为

$$\left.\begin{aligned}\varepsilon_x&=\frac{\partial u}{\partial x}+\frac{1}{2}\left[\left(\frac{\partial u}{\partial x}\right)^2+\left(\frac{\partial v}{\partial x}\right)^2+\left(\frac{\partial w}{\partial x}\right)^2\right]\\\varepsilon_y&=\frac{\partial v}{\partial y}+\frac{1}{2}\left[\left(\frac{\partial u}{\partial y}\right)^2+\left(\frac{\partial v}{\partial y}\right)^2+\left(\frac{\partial w}{\partial y}\right)^2\right]\\\varepsilon_z&=\frac{\partial w}{\partial z}+\frac{1}{2}\left[\left(\frac{\partial u}{\partial z}\right)^2+\left(\frac{\partial v}{\partial z}\right)^2+\left(\frac{\partial w}{\partial z}\right)^2\right]\\\varepsilon_{xy}&=\frac{\partial v}{\partial x}+\frac{\partial u}{\partial y}+\left(\frac{\partial u}{\partial x}\frac{\partial u}{\partial y}+\frac{\partial v}{\partial x}\frac{\partial v}{\partial y}+\frac{\partial w}{\partial x}\frac{\partial w}{\partial y}\right)\\\varepsilon_{yz}&=\frac{\partial w}{\partial y}+\frac{\partial v}{\partial z}+\left(\frac{\partial u}{\partial y}\frac{\partial u}{\partial z}+\frac{\partial v}{\partial y}\frac{\partial v}{\partial z}+\frac{\partial w}{\partial y}\frac{\partial w}{\partial z}\right)\\\varepsilon_{zx}&=\frac{\partial u}{\partial z}+\frac{\partial w}{\partial x}+\left(\frac{\partial u}{\partial x}\frac{\partial u}{\partial z}+\frac{\partial v}{\partial x}\frac{\partial v}{\partial z}+\frac{\partial w}{\partial x}\frac{\partial w}{\partial z}\right)\end{aligned}\right\} \tag{5.3.118}$$

对于二维平面应力问题，例如，对于板、壳、膜片等以及可以进一步简化的受弯曲的梁等在传感器中应用的弹性元件，可以不考虑其厚度方向的应变，即厚度方向的位移分量 w 与厚度方向的坐标 z 无关。而且这时往往以其法向位移分量 w 为主，相对而言其面位移分量 u，v 比较小，即有式(5.3.119)的不等式成立

$$\left.\begin{aligned}&|u|+|v|\ll|w|\\&\left(\frac{\partial u}{\partial x}\right)^2+\left(\frac{\partial v}{\partial x}\right)^2\ll\left(\frac{\partial w}{\partial x}\right)^2\\&\left(\frac{\partial u}{\partial y}\right)^2+\left(\frac{\partial v}{\partial y}\right)^2\ll\left(\frac{\partial w}{\partial y}\right)^2\\&\left|\frac{\partial u}{\partial x}\frac{\partial u}{\partial y}+\frac{\partial v}{\partial x}\frac{\partial v}{\partial y}\right|\ll\left|\frac{\partial w}{\partial x}\frac{\partial w}{\partial y}\right|\end{aligned}\right\} \tag{5.3.119}$$

于是在如图 5.3.2 所示的坐标系下，大挠度变形下二维问题的几何方程可以简化为

$$\left.\begin{aligned}\varepsilon_x&=\frac{\partial u}{\partial x}+\frac{1}{2}\left(\frac{\partial w}{\partial x}\right)^2\\\varepsilon_y&=\frac{\partial v}{\partial y}+\frac{1}{2}\left(\frac{\partial w}{\partial y}\right)^2\\\varepsilon_{xy}&=\frac{\partial v}{\partial x}+\frac{\partial u}{\partial y}+\frac{\partial w}{\partial x}\frac{\partial w}{\partial y}\end{aligned}\right\}\tag{5.3.120}$$

式(5.3.120)就是针对实际应用中的矩形平膜片和方平膜片在其中面上考虑大挠度变形情况下的几何方程。

前已述及,在距平膜片中面距离为 z 的 M 点处的位移矢量可以描述为

$$\boldsymbol{V}=u(x,y,z)\boldsymbol{i}+v(x,y,z)\boldsymbol{j}+w(x,y)\boldsymbol{k} \qquad [见式(5.3.23)]$$

由平膜片中面位移分量表示的平膜片 z 面上沿 y 轴的位移分量 $v(x,y,z)$ 与沿 x 轴的位移分量 $u(x,y,z)$ 分别为

$$v(x,y,z)=v(x,y)-\frac{\partial w(x,y)}{\partial y}z \qquad [见式(5.3.27)]$$

$$u(x,y,z)=u(x,y)-\frac{\partial w(x,y)}{\partial x}z \qquad [见式(5.3.28)]$$

式中 $v(x,y)$——在平膜片的中面上沿 y 轴的位移分量;

$u(x,y)$——在平膜片的中面上沿 x 轴的位移分量。

于是,借助于式(5.3.29),可得由平膜片中面上的位移分量 $u(x,y)$、$v(x,y)$、$w(x,y)$ 描述的大挠度变形情况下的几何方程为

$$\left.\begin{aligned}\varepsilon_x&=\frac{\partial u(x,y)}{\partial x}+\frac{1}{2}\left[\frac{\partial w(x,y)}{\partial x}\right]^2-\frac{\partial^2 w(x,y)}{\partial x^2}z\\\varepsilon_y&=\frac{\partial v(x,y)}{\partial y}+\frac{1}{2}\left[\frac{\partial w(x,y)}{\partial y}\right]^2-\frac{\partial^2 w(x,y)}{\partial y^2}z\\\varepsilon_{xy}&=\frac{\partial u(x,y)}{\partial y}+\frac{\partial v(x,y)}{\partial x}+\frac{\partial w(x,y)}{\partial x}\cdot\frac{\partial w(x,y)}{\partial y}-2\frac{\partial^2 w(x,y)}{\partial x\partial y}z\end{aligned}\right\}\tag{5.3.121}$$

下面针对圆平膜片,建立其在平面极坐标系的大挠度变形下的几何方程。

在如图 5.3.4 所示的坐标系中,膜片上、下表面分别记为 $+H/2$、$-H/2$,任一点 M 的坐标为 (ρ,θ,z)。M 点位移矢量可以描述为

$$\boldsymbol{V}=u(\rho,\theta,z)\boldsymbol{e}_\rho+v(\rho,\theta,z)\boldsymbol{e}_\theta+w(\rho,\theta)\boldsymbol{e}_z \qquad [见式(5.3.43)]$$

式中 $u(\rho,\theta,z)$、$v(\rho,\theta,z)$、$w(\rho,\theta)$——M 点沿径向、环向和法向的位移分量;

$\boldsymbol{e}_\rho$、$\boldsymbol{e}_\theta$、$\boldsymbol{e}_z$——沿径向、环向和法向的单位矢量。

利用式(5.3.32)~式(5.3.34)、式(5.3.43)和式(5.3.112)可得在径向(ρ)的正应变为

$$\begin{aligned}\varepsilon_\rho&=\varepsilon\Big|_{\overline{MN}=\mathrm{d}\rho}=\left(\frac{\mathrm{d}\boldsymbol{r}}{\overline{MN}}\cdot\frac{\mathrm{d}\boldsymbol{V}}{\overline{MN}}+\frac{1}{2}\frac{\mathrm{d}\boldsymbol{V}}{\overline{MN}}\cdot\frac{\mathrm{d}\boldsymbol{V}}{\overline{MN}}\right)\Bigg|_{\mathrm{d}r=\mathrm{d}\rho}\\&=\frac{\partial\boldsymbol{V}}{\partial\rho}\cdot\frac{\partial\boldsymbol{r}}{\partial\rho}\Bigg|_{\mathrm{d}r=\mathrm{d}\rho}+\frac{1}{2}\frac{\partial\boldsymbol{V}}{\partial\rho}\cdot\frac{\partial\boldsymbol{V}}{\partial\rho}=\frac{\partial\boldsymbol{V}}{\partial\rho}\cdot\boldsymbol{e}_\rho+\frac{1}{2}\frac{\partial\boldsymbol{V}}{\partial\rho}\cdot\frac{\partial\boldsymbol{V}}{\partial\rho}\\&=\frac{\partial u}{\partial\rho}+\frac{1}{2}\left[\left(\frac{\partial u}{\partial\rho}\right)^2+\left(\frac{\partial v}{\partial\rho}\right)^2+\left(\frac{\partial w}{\partial\rho}\right)^2\right]\end{aligned}\tag{5.3.122}$$

利用式(5.3.32)~式(5.3.34)、式(5.3.43)和式(5.3.111)可得在环向(θ)的正应变为

$$\varepsilon_{\theta}=\varepsilon\Big|_{\overline{MN}=\rho\mathrm{d}\theta}=\left(\frac{\mathrm{d}\boldsymbol{r}}{\overline{MN}}\cdot\frac{\mathrm{d}\boldsymbol{V}}{\overline{MN}}+\frac{1}{2}\frac{\mathrm{d}\boldsymbol{V}}{\overline{MN}}\cdot\frac{\mathrm{d}\boldsymbol{V}}{\overline{MN}}\right)\Bigg|_{\mathrm{d}r=\rho\mathrm{d}\theta}$$

$$=\frac{\partial\boldsymbol{V}}{\rho\partial\theta}\cdot\frac{\partial\boldsymbol{r}}{\rho\partial\theta}\Bigg|_{\mathrm{d}r=\rho\mathrm{d}\theta}+\frac{1}{2}\frac{\partial\boldsymbol{V}}{\rho\partial\theta}\cdot\frac{\partial\boldsymbol{V}}{\rho\partial\theta}=\frac{\partial\boldsymbol{V}}{\rho\partial\theta}\cdot\boldsymbol{e}_{\theta}+\frac{1}{2}\frac{\partial\boldsymbol{V}}{\rho\partial\theta}\cdot\frac{\partial\boldsymbol{V}}{\rho\partial\theta}$$

$$=\frac{u}{\rho}+\frac{\partial v}{\rho\partial\theta}+\frac{1}{2}\left[\left(\frac{\partial u}{\rho\partial\theta}-\frac{v}{\rho}\right)^{2}+\left(\frac{u}{\rho}+\frac{\partial v}{\rho\partial\theta}\right)^{2}+\left(\frac{\partial w}{\rho\partial\theta}\right)^{2}\right]\tag{5.3.123}$$

利用式(5.3.32)~式(5.3.34)、式(5.3.43)和式(5.3.115)可得径向(ρ)与环向(θ)之间的剪应变为

$$\varepsilon_{\rho\theta}=\frac{\partial\boldsymbol{V}}{\partial\rho}\cdot\boldsymbol{e}_{\theta}+\frac{\partial\boldsymbol{V}}{\rho\partial\theta}\cdot\boldsymbol{e}_{\rho}+\frac{1}{2}\frac{\partial\boldsymbol{V}}{\partial\rho}\cdot\frac{\partial\boldsymbol{V}}{\rho\partial\theta}$$

$$=\frac{\partial u}{\rho\partial\theta}+\frac{\partial v}{\partial\rho}-\frac{v}{\rho}+\frac{\partial u}{\partial\rho}\left(\frac{\partial u}{\rho\partial\theta}-\frac{v}{\rho}\right)+\frac{\partial v}{\partial\rho}\left(\frac{u}{\rho}+\frac{\partial v}{\rho\partial\theta}\right)+\frac{\partial w}{\partial\rho}\cdot\frac{\partial w}{\rho\partial\theta}\tag{5.3.124}$$

于是在平面极坐标系,在其中面上考虑大挠度变形情况下的几何方程为

$$\left.\begin{aligned}&\varepsilon_{\rho}=\frac{\partial u}{\partial\rho}+\frac{1}{2}\left[\left(\frac{\partial u}{\partial\rho}\right)^{2}+\left(\frac{\partial v}{\partial\rho}\right)^{2}+\left(\frac{\partial w}{\partial\rho}\right)^{2}\right]\\&\varepsilon_{\theta}=\frac{u}{\rho}+\frac{\partial v}{\rho\partial\theta}+\frac{1}{2}\left[\left(\frac{\partial u}{\rho\partial\theta}-\frac{v}{\rho}\right)^{2}+\left(\frac{u}{\rho}+\frac{\partial v}{\rho\partial\theta}\right)^{2}+\left(\frac{\partial w}{\rho\partial\theta}\right)^{2}\right]\\&\varepsilon_{\rho\theta}=\frac{\partial u}{\rho\partial\theta}+\frac{\partial v}{\partial\rho}-\frac{v}{\rho}+\frac{\partial u}{\partial\rho}\left(\frac{\partial u}{\rho\partial\theta}-\frac{v}{\rho}\right)+\frac{\partial v}{\partial\rho}\left(\frac{u}{\rho}+\frac{\partial v}{\rho\partial\theta}\right)+\frac{\partial w}{\partial\rho}\cdot\frac{\partial w}{\rho\partial\theta}\end{aligned}\right\}\tag{5.3.125}$$

在平面极坐标系下,圆平膜片中面上的位移分量以厚度方向 w 为主,相对而言其面内位移分量 u,v 比较小,即有式(5.3.126)的不等式成立

$$\left.\begin{aligned}&|u|+|v|\ll|w|\\&\left(\frac{\partial u}{\partial\rho}\right)^{2}+\left(\frac{\partial v}{\partial\rho}\right)^{2}\ll\left(\frac{\partial w}{\partial\rho}\right)^{2}\\&\left(\frac{\partial u}{\rho\partial\theta}-\frac{v}{\rho}\right)^{2}+\left(\frac{u}{\rho}+\frac{\partial v}{\rho\partial\theta}\right)^{2}\ll\left(\frac{\partial w}{\rho\partial\theta}\right)^{2}\\&\left|\frac{\partial u}{\partial\rho}\left(\frac{\partial u}{\rho\partial\theta}-\frac{v}{\rho}\right)+\frac{\partial v}{\partial\rho}\left(\frac{u}{\rho}+\frac{\partial v}{\rho\partial\theta}\right)\right|\ll\left|\frac{\partial w}{\partial\rho}\cdot\frac{\partial w}{\rho\partial\theta}\right|\end{aligned}\right\}\tag{5.3.126}$$

于是在如图 5.3.4 所示的平面极坐标系下,在其中面上考虑大挠度变形情况下的几何方程可以简化为

$$\left.\begin{aligned}&\varepsilon_{\rho}=\frac{\partial u}{\partial\rho}+\frac{1}{2}\left(\frac{\partial w}{\partial\rho}\right)^{2}\\&\varepsilon_{\theta}=\frac{u}{\rho}+\frac{\partial v}{\rho\partial\theta}+\frac{1}{2}\left(\frac{\partial w}{\rho\partial\theta}\right)^{2}\\&\varepsilon_{\rho\theta}=\frac{\partial u}{\rho\partial\theta}+\frac{\partial v}{\partial\rho}-\frac{v}{\rho}+\frac{\partial w}{\partial\rho}\cdot\frac{\partial w}{\rho\partial\theta}\end{aligned}\right\}\tag{5.3.127}$$

对于这样的问题,重复列出前面给出的,由圆平膜片中面位移分量表示的圆平膜片 z 面上的环向位移分量 $v(s,\theta,z)$ 与径向位移分量 $u(\rho,\theta,z)$ 分别为

$$v(\rho,\theta,z)=v(\rho,\theta)-\frac{\partial w(\rho,\theta)}{\rho\partial\theta}z\qquad[见式(5.3.47)]$$

$$u(\rho,\theta,z)=u(\rho,\theta)-\frac{\partial w(\rho,\theta)}{\partial\rho}z$$ [见式(5.3.48)]

于是，借助于式(5.3.48)，由式(5.3.127)可得由圆平膜片中面上的位移分量 $u(\rho,\theta)$、$v(\rho,\theta)$、$w(\rho,\theta)$ 描述的几何方程为

$$\left.\begin{aligned}\varepsilon_\rho&=\frac{\partial u(\rho,\theta)}{\partial\rho}+\frac{1}{2}\left[\frac{\partial w(\rho,\theta)}{\partial\rho}\right]^2-\frac{\partial^2 w(\rho,\theta)}{\partial\rho^2}z\\ \varepsilon_\theta&=\frac{u(\rho,\theta)}{\rho}+\frac{\partial v(\rho,\theta)}{\rho\partial\theta}+\frac{1}{2}\left[\frac{\partial w(\rho,\theta)}{\rho\partial\theta}\right]^2-\left[\frac{\partial w(\rho,\theta)}{\rho\partial\rho}+\frac{\partial^2 w(\rho,\theta)}{\rho^2\partial\theta^2}\right]z\\ \varepsilon_{\rho\theta}&=\frac{\partial u(\rho,\theta)}{\rho\partial\theta}+\frac{\partial v(\rho,\theta)}{\partial\rho}-\frac{v(\rho,\theta)}{\rho}+\frac{\partial w(\rho,\theta)}{\partial\rho}\cdot\frac{\partial w(\rho,\theta)}{\rho\partial\theta}-\\ &\quad\left[2\frac{\partial^2 w(\rho,\theta)}{\rho\partial\theta\partial\rho}-\frac{\partial w(\rho,\theta)}{\rho^2\partial\theta}\right]z\end{aligned}\right\} \tag{5.3.128}$$

对于轴对称载荷作用下的应力问题，由于对称性，位移与环向坐标 θ 无关，这样圆平膜片的几何方程可以简化为

$$\left.\begin{aligned}\varepsilon_\rho&=\frac{\mathrm{d}u(\rho)}{\mathrm{d}\rho}+\frac{1}{2}\left[\frac{\mathrm{d}w(\rho)}{\mathrm{d}\rho}\right]^2-\frac{\mathrm{d}^2 w(\rho)}{\mathrm{d}\rho^2}z\\ \varepsilon_\theta&=\frac{u(\rho)}{\rho}-\frac{\mathrm{d}w(\rho)}{\rho\mathrm{d}\rho}z\\ \varepsilon_{\rho\theta}&=\frac{\mathrm{d}v(\rho)}{\mathrm{d}\rho}-\frac{v(\rho)}{\rho}\end{aligned}\right\} \tag{5.3.129}$$

5.3.7 不同坐标系中应变之间的关系

考虑两个直角坐标系下应变的情况。

参见图 5.2.4，假设新坐标系 $OXYZ$ 的坐标轴 X、Y、Z 在原坐标系 $Oxyz$ 中的方向余弦分别为 l_1、m_1、n_1，l_2、m_2、n_2 和 l_3、m_3、n_3。一点处的位移在原正交坐标系的分量为 u、v、w，在新正交坐标系 $OXYZ$ 的位移分量为 u_X、v_Y、w_Z，则它们之间的关系为

$$\left.\begin{aligned}u_X&=l_1u+m_1v+n_1w\\ v_Y&=l_2u+m_2v+n_2w\\ w_Z&=l_3u+m_3v+n_3w\end{aligned}\right\} \tag{5.3.130}$$

考虑到

$$\left.\begin{aligned}\frac{\partial u}{\partial X}&=l_1\frac{\partial u}{\partial x}+m_1\frac{\partial u}{\partial y}+n_1\frac{\partial u}{\partial z}\\ \frac{\partial v}{\partial X}&=l_1\frac{\partial v}{\partial x}+m_1\frac{\partial v}{\partial y}+n_1\frac{\partial v}{\partial z}\\ \frac{\partial w}{\partial X}&=l_1\frac{\partial w}{\partial x}+m_1\frac{\partial w}{\partial y}+n_1\frac{\partial w}{\partial z}\end{aligned}\right\} \tag{5.3.131}$$

$$\left.\begin{aligned}\frac{\partial u}{\partial Y}&=l_2\frac{\partial u}{\partial x}+m_2\frac{\partial u}{\partial y}+n_2\frac{\partial u}{\partial z}\\\frac{\partial v}{\partial Y}&=l_2\frac{\partial v}{\partial x}+m_2\frac{\partial v}{\partial y}+n_2\frac{\partial v}{\partial z}\\\frac{\partial w}{\partial Y}&=l_2\frac{\partial w}{\partial x}+m_2\frac{\partial w}{\partial y}+n_2\frac{\partial w}{\partial z}\end{aligned}\right\}\tag{5.3.132}$$

$$\left.\begin{aligned}\frac{\partial u}{\partial Z}&=l_3\frac{\partial u}{\partial x}+m_3\frac{\partial u}{\partial y}+n_3\frac{\partial u}{\partial z}\\\frac{\partial v}{\partial Z}&=l_3\frac{\partial v}{\partial x}+m_3\frac{\partial v}{\partial y}+n_3\frac{\partial v}{\partial z}\\\frac{\partial w}{\partial Z}&=l_3\frac{\partial w}{\partial x}+m_3\frac{\partial w}{\partial y}+n_3\frac{\partial w}{\partial z}\end{aligned}\right\}\tag{5.3.133}$$

根据正应变的定义，有

$$\begin{aligned}\varepsilon_X&=\frac{\partial u_X}{\partial X}=l_1\frac{\partial u}{\partial X}+m_1\frac{\partial v}{\partial X}+n_1\frac{\partial w}{\partial X}\\&=l_1\left(l_1\frac{\partial u}{\partial x}+m_1\frac{\partial u}{\partial y}+n_1\frac{\partial u}{\partial z}\right)+m_1\left(l_1\frac{\partial v}{\partial x}+m_1\frac{\partial v}{\partial y}+n_1\frac{\partial v}{\partial z}\right)+n_1\left(l_1\frac{\partial w}{\partial x}+m_1\frac{\partial w}{\partial y}+n_1\frac{\partial w}{\partial z}\right)\\&=l_1^2\frac{\partial u}{\partial x}+m_1^2\frac{\partial v}{\partial y}+n_1^2\frac{\partial w}{\partial z}+l_1m_1\left(\frac{\partial u}{\partial y}+\frac{\partial v}{\partial x}\right)+m_1n_1\left(\frac{\partial v}{\partial z}+\frac{\partial w}{\partial y}\right)+l_1n_1\left(\frac{\partial w}{\partial x}+\frac{\partial u}{\partial z}\right)\\&=l_1^2\varepsilon_x+m_1^2\varepsilon_y+n_1^2\varepsilon_z+l_1m_1\varepsilon_{xy}+m_1n_1\varepsilon_{yz}+n_1l_1\varepsilon_{zx}\end{aligned}\tag{5.3.134}$$

类似可以得到

$$\varepsilon_Y=l_2^2\varepsilon_x+m_2^2\varepsilon_y+n_2^2\varepsilon_z+l_2m_2\varepsilon_{xy}+m_2n_2\varepsilon_{yz}+n_2l_2\varepsilon_{zx}\tag{5.3.135}$$

$$\varepsilon_Z=l_3^2\varepsilon_x+m_3^2\varepsilon_y+n_3^2\varepsilon_z+l_3m_3\varepsilon_{xy}+m_3n_3\varepsilon_{yz}+n_3l_3\varepsilon_{zx}\tag{5.3.136}$$

根据剪应变的定义，有

$$\begin{aligned}\varepsilon_{XY}&=\frac{\partial u_X}{\partial Y}+\frac{\partial v_Y}{\partial X}=\left(l_1\frac{\partial u}{\partial Y}+m_1\frac{\partial v}{\partial Y}+n_1\frac{\partial w}{\partial Y}\right)+\left(l_2\frac{\partial u}{\partial X}+m_2\frac{\partial v}{\partial X}+n_2\frac{\partial w}{\partial X}\right)\\&=l_1\left(l_2\frac{\partial u}{\partial x}+m_2\frac{\partial u}{\partial y}+n_2\frac{\partial u}{\partial z}\right)+m_1\left(l_2\frac{\partial v}{\partial x}+m_2\frac{\partial v}{\partial y}+n_2\frac{\partial v}{\partial z}\right)+\\&\quad n_1\left(l_2\frac{\partial w}{\partial x}+m_2\frac{\partial w}{\partial y}+n_2\frac{\partial w}{\partial z}\right)+l_2\left(l_1\frac{\partial u}{\partial x}+m_1\frac{\partial u}{\partial y}+n_1\frac{\partial u}{\partial z}\right)+\\&\quad m_2\left(l_1\frac{\partial v}{\partial x}+m_1\frac{\partial v}{\partial y}+n_1\frac{\partial v}{\partial z}\right)+n_2\left(l_1\frac{\partial w}{\partial x}+m_1\frac{\partial w}{\partial y}+n_1\frac{\partial w}{\partial z}\right)\\&=2l_1l_2\frac{\partial u}{\partial x}+2m_1m_2\frac{\partial v}{\partial y}+2n_1n_2\frac{\partial w}{\partial z}+(l_1m_2+l_2m_1)\left(\frac{\partial u}{\partial y}+\frac{\partial v}{\partial x}\right)+\\&\quad(m_2n_1+m_1n_2)\left(\frac{\partial v}{\partial z}+\frac{\partial w}{\partial y}\right)+(n_2l_1+n_1l_2)\left(\frac{\partial w}{\partial x}+\frac{\partial u}{\partial z}\right)\\&=2l_1l_2\varepsilon_x+2m_1m_2\varepsilon_y+2n_1n_2\varepsilon_z+(l_1m_2+l_2m_1)\varepsilon_{xy}+\\&\quad(m_2n_1+m_1n_2)\varepsilon_{yz}+(n_2l_1+n_1l_2)\varepsilon_{zx}\end{aligned}\tag{5.3.137}$$

类似可以得到

$$\varepsilon_{YZ}=\frac{\partial v_Y}{\partial Z}+\frac{\partial w_Z}{\partial Y}$$

$$=2l_2l_3\varepsilon_x+2m_2m_3\varepsilon_y+2n_2n_3\varepsilon_z+(l_2m_3+l_3m_2)\varepsilon_{xy}+(m_3n_2+m_2n_3)\varepsilon_{yz}+(n_3l_2+n_2l_3)\varepsilon_{zx} \tag{5.3.138}$$

$$\varepsilon_{ZX}=\frac{\partial w_Z}{\partial X}+\frac{\partial u_X}{\partial Z}=2l_3l_1\varepsilon_x+2m_3m_1\varepsilon_y+2n_3n_1\varepsilon_z+(l_3m_1+l_1m_3)\varepsilon_{xy}+(m_1n_3+m_3n_1)\varepsilon_{yz}+(n_1l_3+n_3l_1)\varepsilon_{zx} \tag{5.3.139}$$

因此,一点处在原正交坐标系 $Oxyz$ 的应变 ε_x、ε_y、ε_z,ε_{xy}、ε_{yz}、ε_{zx}与在新正交坐标系 $OXYZ$ 的 ε_X、ε_Y、ε_Z,ε_{XY}、ε_{YZ}、ε_{ZX}之间的关系为

$$\left.\begin{aligned}
\varepsilon_X&=l_1^2\varepsilon_x+m_1^2\varepsilon_y+n_1^2\varepsilon_z+m_1n_1\varepsilon_{yz}+n_1l_1\varepsilon_{zx}+l_1m_1\varepsilon_{xy}\\
\varepsilon_Y&=l_2^2\varepsilon_x+m_2^2\varepsilon_y+n_2^2\varepsilon_z+m_2n_2\varepsilon_{yz}+n_2l_2\varepsilon_{zx}+l_2m_2\varepsilon_{xy}\\
\varepsilon_Z&=l_3^2\varepsilon_x+m_3^2\varepsilon_y+n_3^2\varepsilon_z+m_3n_3\varepsilon_{yz}+n_3l_3\varepsilon_{zx}+l_3m_3\varepsilon_{xy}\\
\varepsilon_{XY}&=2l_1l_2\varepsilon_x+2m_1m_2\varepsilon_y+2n_1n_2\varepsilon_z+(l_1m_2+l_2m_1)\varepsilon_{xy}+\\
&\quad(m_2n_1+m_1n_2)\varepsilon_{yz}+(n_2l_1+n_1l_2)\varepsilon_{zx}\\
\varepsilon_{YZ}&=2l_2l_3\varepsilon_x+2m_2m_3\varepsilon_y+2n_2n_3\varepsilon_z+(l_2m_3+l_3m_2)\varepsilon_{xy}+\\
&\quad(m_3n_2+m_2n_3)\varepsilon_{yz}+(n_3l_2+n_2l_3)\varepsilon_{zx}\\
\varepsilon_{ZX}&=2l_3l_1\varepsilon_x+2m_3m_1\varepsilon_y+2n_3n_1\varepsilon_z+(l_3m_1+l_1m_3)\varepsilon_{xy}+\\
&\quad(m_1n_3+m_3n_1)\varepsilon_{yz}+(n_1l_3+n_3l_1)\varepsilon_{zx}
\end{aligned}\right\} \tag{5.3.140}$$

由方向余弦乘积的特性可得重要结果

$$\varepsilon_X+\varepsilon_Y+\varepsilon_Z=\varepsilon_x+\varepsilon_y+\varepsilon_z \tag{5.3.141}$$

实用中,二维平面应力问题最常见,下面给出有关结果。

假设坐标系 $Oxyz$ 中的 z 轴与坐标系为 $OXYZ$ 中的 Z 轴平行,坐标轴 X、Y 在原坐标系 Oxy 中的方向余弦分别为 l_1、m_1 和 l_2、m_2,X 轴与 x 轴之间的夹角为 β(参见图 5.2.5 或图 5.3.7),于是由式(5.3.140)可以立即得到

$$\left.\begin{aligned}
\varepsilon_X&=\cos^2\beta\varepsilon_x+\sin^2\beta\varepsilon_y+\sin\beta\cos\beta\varepsilon_{xy}\\
\varepsilon_Y&=\sin^2\beta\varepsilon_x+\cos^2\beta\varepsilon_y-\sin\beta\cos\beta\varepsilon_{xy}\\
\varepsilon_{XY}&=-2\sin\beta\cos\beta\varepsilon_x+2\sin\beta\cos\beta\varepsilon_y+(\cos^2\beta-\sin^2\beta)\varepsilon_{xy}
\end{aligned}\right\} \tag{5.3.142}$$

利用式(5.3.142)的第 1 式得到

$$\begin{aligned}
\varepsilon_X&=\cos^2\beta\varepsilon_x+\sin^2\beta\varepsilon_y+\sin\beta\cos\beta\varepsilon_{xy}\\
&=\frac{1}{2}(\varepsilon_x+\varepsilon_y)+\frac{1}{2}\cos 2\beta(\varepsilon_x-\varepsilon_y)+\frac{1}{2}\sin 2\beta\varepsilon_{xy}
\end{aligned} \tag{5.3.143}$$

式(5.3.143)给出了在二维平面应力问题中,任意方向正应变的表达式。

由式(5.3.143)可得

$$\frac{\partial\varepsilon_X}{\partial\beta}=-\sin 2\beta(\varepsilon_x-\varepsilon_y)+\cos 2\beta\varepsilon_{xy} \tag{5.3.144}$$

利用$\dfrac{\partial\varepsilon_X}{\partial\beta}=0$,得

$$\tan 2\beta = \frac{\varepsilon_{xy}}{\varepsilon_x - \varepsilon_y} \tag{5.3.145}$$

满足式(5.3.145)中的β角对应着应变ε_X的最大值$\varepsilon_{X,\max}$或最小值$\varepsilon_{X,\min}$。通常称这样的β角对应的方向为主应变方向,最大值$\varepsilon_{X,\max}$、最小值$\varepsilon_{X,\min}$称为主应变。由式(5.3.143)和式(5.3.145)可得

$$\varepsilon_{X,\max} = \frac{1}{2}(\varepsilon_x + \varepsilon_y) + \sqrt{(\varepsilon_x - \varepsilon_y)^2 + \varepsilon_{xy}^2} \tag{5.3.146}$$

$$\varepsilon_{X,\min} = \frac{1}{2}(\varepsilon_x + \varepsilon_y) - \sqrt{(\varepsilon_x - \varepsilon_y)^2 + \varepsilon_{xy}^2} \tag{5.3.147}$$

类似地,利用式(5.3.142)的第三式可以分析最大剪应变的情况。由于

$$\varepsilon_{XY} = -\sin 2\beta(\varepsilon_x - \varepsilon_y) + \cos 2\beta\varepsilon_{xy} \tag{5.3.148}$$

利用$\frac{\partial \varepsilon_{XY}}{\partial \beta} = 0$,得

$$\tan 2\beta = \frac{\varepsilon_x - \varepsilon_y}{\varepsilon_{xy}} \tag{5.3.149}$$

由式(5.3.148)和式(5.3.149)可得最大剪应变和最小剪应变分别为

$$\varepsilon_{XY,\max} = \sqrt{(\varepsilon_x - \varepsilon_y)^2 + \varepsilon_{xy}^2} \tag{5.3.150}$$

$$\varepsilon_{XY,\min} = -\sqrt{(\varepsilon_x - \varepsilon_y)^2 + \varepsilon_{xy}^2} \tag{5.3.151}$$

由式(5.3.150)和式(5.3.151)可见:最大剪应变和最小剪应变大小相等,方向相反。

此外,对比式(5.3.144)和式(5.3.148)可得重要结论:二维平面应力状态下,主应变方向上的剪应变为0,即主面上没有剪应变。这为确定主应变方向提供了重要依据,即在二维平面应力状态下,剪应变为0的方向一定是主应变方向,而剪应变不为0的方向一定不是主应变方向。这一结论为应变式传感器的实现提供了非常好的理论基础:对于设计者感兴趣的点选择其主面是非常重要的。

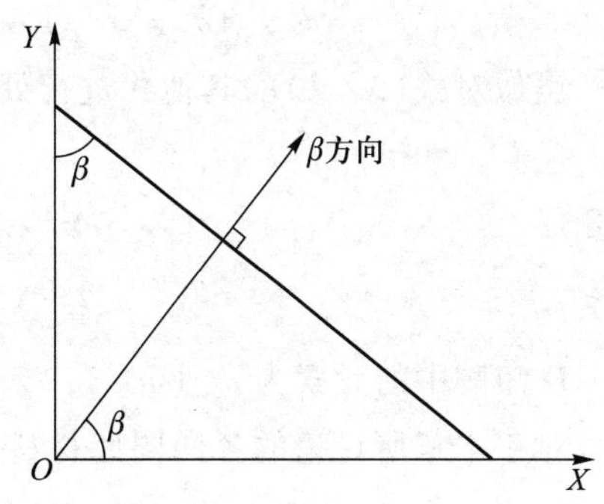

图 5.3.7 基于主应变的任意方向应变描述

下面考虑二维平面应力状态下,基于主应变的应变描述问题,如图 5.3.7 所示。假设X、Y方向为主应变方向,ε_X、ε_Y为主应变。由式(5.3.143)和式(5.3.148)可以立即得到任意方向上的正应变和剪应变描述为

$$\varepsilon_\beta = \frac{1}{2}(\varepsilon_X + \varepsilon_Y) + \frac{1}{2}(\varepsilon_X - \varepsilon_Y)\cos 2\beta \tag{5.3.152}$$

$$\gamma_\beta = -(\varepsilon_X - \varepsilon_Y)\sin 2\beta \tag{5.3.153}$$

式(5.3.152)与式(5.3.153)给出了以角度2β为参数变量的应变状态分布规律,也为应变分析的图形化方式提供了条件。

5.4 弹性体的物理方程

在直角坐标系中,弹性体一点处的应力状态由六个应力分量描述,即三个正应力 σ_x、σ_y、σ_z,三个剪应力 σ_{xy}、σ_{yz}、σ_{zx};一点附近的应变状态由六个应变分量描述,即三个正应变 ε_x、ε_y、ε_z,三个剪应变 ε_{xy}、ε_{yz}、ε_{zx}。六个应力和六个应变之间的关系即弹性体的物理方程,它由弹性体的材料性质确定,可描述为

$$\left.\begin{aligned}\sigma_x&=f_1(\varepsilon_x,\varepsilon_y,\varepsilon_z,\varepsilon_{xy},\varepsilon_{yz},\varepsilon_{zx})\\ \sigma_y&=f_2(\varepsilon_x,\varepsilon_y,\varepsilon_z,\varepsilon_{xy},\varepsilon_{yz},\varepsilon_{zx})\\ \sigma_z&=f_3(\varepsilon_x,\varepsilon_y,\varepsilon_z,\varepsilon_{xy},\varepsilon_{yz},\varepsilon_{zx})\\ \sigma_{xy}&=f_4(\varepsilon_x,\varepsilon_y,\varepsilon_z,\varepsilon_{xy},\varepsilon_{yz},\varepsilon_{zx})\\ \sigma_{yz}&=f_5(\varepsilon_x,\varepsilon_y,\varepsilon_z,\varepsilon_{xy},\varepsilon_{yz},\varepsilon_{zx})\\ \sigma_{zx}&=f_6(\varepsilon_x,\varepsilon_y,\varepsilon_z,\varepsilon_{xy},\varepsilon_{yz},\varepsilon_{zx})\end{aligned}\right\} \tag{5.4.1}$$

考虑到弹性体无初始应力,连续均匀,完全弹性及诸应变 $\varepsilon\ll1$,略去二阶小量,上式中的第一式为

$$\begin{aligned}\sigma_x&=\left(\frac{\partial f_1}{\partial\varepsilon_x}\right)_0\varepsilon_x+\left(\frac{\partial f_1}{\partial\varepsilon_y}\right)_0\varepsilon_y+\left(\frac{\partial f_1}{\partial\varepsilon_z}\right)_0\varepsilon_z+\left(\frac{\partial f_1}{\partial\varepsilon_{xy}}\right)_0\varepsilon_{xy}+\left(\frac{\partial f_1}{\partial\varepsilon_{yz}}\right)_0\varepsilon_{yz}+\left(\frac{\partial f_1}{\partial\varepsilon_{zx}}\right)_0\varepsilon_{zx}\\ &\overset{\triangle}{=}d_{11}\varepsilon_x+d_{12}\varepsilon_y+d_{13}\varepsilon_z+d_{14}\varepsilon_{xy}+d_{15}\varepsilon_{yz}+d_{16}\varepsilon_{zx}\end{aligned} \tag{5.4.2}$$

类似对式(5.4.1)的其他式进行处理,可得

$$\boldsymbol{\sigma}=\boldsymbol{D}\boldsymbol{\varepsilon} \tag{5.4.3}$$

$$\boldsymbol{\sigma}=[\sigma_x\quad\sigma_y\quad\sigma_z\quad\sigma_{xy}\quad\sigma_{yz}\quad\sigma_{zx}]^{\mathrm{T}}$$

$$\boldsymbol{\varepsilon}=[\varepsilon_x\quad\varepsilon_y\quad\varepsilon_z\quad\varepsilon_{xy}\quad\varepsilon_{yz}\quad\varepsilon_{zx}]^{\mathrm{T}}$$

$\boldsymbol{D}$ 矩阵中的元素为 $d_{mn}(m=1,2,\cdots,6,n=1,2,\cdots,6)$,称为材料的弹性系数。

对于本章所讨论的各向同性材料,$\boldsymbol{D}$ 矩阵为

$$\boldsymbol{D}=\begin{bmatrix}d_{11}&d_{12}&d_{12}&0&0&0\\ d_{12}&d_{11}&d_{12}&0&0&0\\ d_{12}&d_{12}&d_{11}&0&0&0\\ 0&0&0&\frac{1}{2}(d_{11}-d_{12})&0&0\\ 0&0&0&0&\frac{1}{2}(d_{11}-d_{12})&0\\ 0&0&0&0&0&\frac{1}{2}(d_{11}-d_{12})\end{bmatrix} \tag{5.4.4}$$

$$d_{11}=\frac{E(1-\mu)}{(1+\mu)(1-2\mu)}$$

$$d_{12}=\frac{E\mu}{(1+\mu)(1-2\mu)}$$

式中 $\boldsymbol{\sigma}$——应力向量；

$\boldsymbol{\varepsilon}$——应变向量。

由式(5.4.4)知弹性体的正应变与正应力相关，剪应变与剪应力相关，相互独立。

由式(5.4.3)可得

$$\boldsymbol{\varepsilon}=\boldsymbol{D}^{-1}\boldsymbol{\sigma}=\boldsymbol{C}\boldsymbol{\sigma} \tag{5.4.5}$$

$$\boldsymbol{C}=\frac{1}{E}\begin{bmatrix} 1 & -\mu & -\mu & 0 & 0 & 0 \\ -\mu & 1 & -\mu & 0 & 0 & 0 \\ -\mu & -\mu & 1 & 0 & 0 & 0 \\ 0 & 0 & 0 & 2(1+\mu) & 0 & 0 \\ 0 & 0 & 0 & 0 & 2(1+\mu) & 0 \\ 0 & 0 & 0 & 0 & 0 & 2(1+\mu) \end{bmatrix} \tag{5.4.6}$$

综上所述，$\boldsymbol{D}$、$\boldsymbol{\varepsilon}$ 的关系具有不变性，只要选择的坐标系是正交的，那么 $\boldsymbol{D}$、$\boldsymbol{C}$ 矩阵不变，即物理方程具有不变性，上述坐标 x、y、z 可以看成是广义的。

对于二维平面应力问题，例如，对于板、膜片、圆柱壳、球壳等弹性体，其面内正应力为 σ_x、σ_y，面内剪应力为 σ_{xy}；相应的面内正应变为 ε_x、ε_y，面内剪应变为 ε_{xy}。其物理方程可以描述为

$$\left.\begin{aligned} \sigma_x &= \frac{E}{1-\mu^2}(\varepsilon_x+\mu\varepsilon_y) \\ \sigma_y &= \frac{E}{1-\mu^2}(\mu\varepsilon_x+\varepsilon_y) \\ \sigma_{xy} &= \frac{E\varepsilon_{xy}}{2(1+\mu)}=G\varepsilon_{xy} \end{aligned}\right\} \tag{5.4.7}$$

式中 G——弹性体材料的剪弹性模量，Pa，$G=\dfrac{E}{2(1+\mu)}$；除特别指出外，本教材其他处 G 均代表剪弹性模量。

式(5.4.7)描述的二维平面应力问题的物理方程仍然具有正交不变性。

5.5 弹性体的能量方程

5.5.1 弹性体的弹性势能

考虑一个弹性体的一般受力情况，内部有体力(f_x,f_y,f_z)，边界上有分布外力(X_N,Y_N,Z_N)，如图 5.5.1 所示。在这样的受力状态下，讨论弹性体的一种特殊的平衡状态，即它始终在线性范围内保持平衡，且是绝热过程。由能量守恒定律，上述外力体系做的功为

$$W=\frac{1}{2}\iiint_V(uf_x+vf_y+wf_z)\,\mathrm{d}V+\frac{1}{2}\oiint_S(uX_N+vY_N+wZ_N)\,\mathrm{d}S \tag{5.5.1}$$

式中 V、S——整个弹性体的体积积分域和外界面积积分域。

利用弹性体应力平衡方程式(5.2.3)、边界力平衡条件式(5.2.4)、几何方程式(5.3.21)和

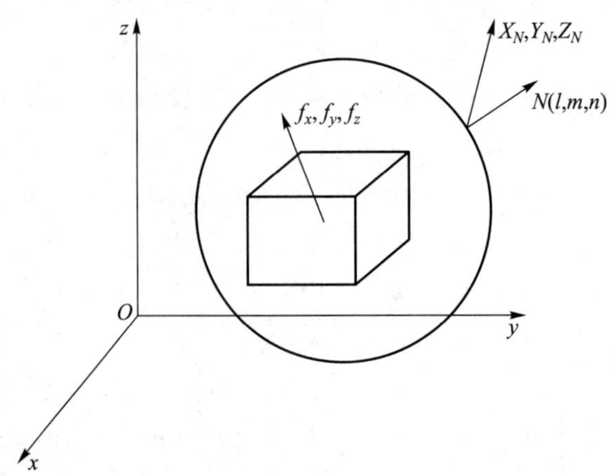

图 5.5.1 弹性体的受力状态

格林公式①,式(5.5.1)中的面积积分可化为

$$
\begin{aligned}
&\frac{1}{2}\oint\!\!\!\oint_S (uX_N+vY_N+wZ_N)\,\mathrm{d}S\\
=&\frac{1}{2}\oint\!\!\!\oint_S [u(\sigma_x l+\sigma_{yx}m+\sigma_{zx}n)+v(\sigma_{xy}l+\sigma_y m+\sigma_{zy}n)+w(\sigma_{xz}l+\sigma_{yz}m+\sigma_z n)]\,\mathrm{d}S\\
=&\frac{1}{2}\oint\!\!\!\oint_S [(u\sigma_x+v\sigma_{yx}+w\sigma_{zx})l+(u\sigma_{xy}+v\sigma_y+w\sigma_{zy})m+(u\sigma_{xz}+v\sigma_{yz}+w\sigma_z)n]\,\mathrm{d}S\\
=&\frac{1}{2}\iiint_V \left[\frac{\partial(u\sigma_x+v\sigma_{yx}+w\sigma_{zx})}{\partial x}+\frac{\partial(u\sigma_{xy}+v\sigma_y+w\sigma_{zy})}{\partial y}+\frac{\partial(u\sigma_{xz}+v\sigma_{yz}+w\sigma_z)}{\partial z}\right]\mathrm{d}V\\
=&\frac{1}{2}\iiint_V \left\{\begin{array}{l}\left[\left(\frac{\partial\sigma_x}{\partial x}+\frac{\partial\sigma_{yx}}{\partial y}+\frac{\partial\sigma_{zx}}{\partial z}\right)u+\left(\frac{\partial\sigma_{xy}}{\partial x}+\frac{\partial\sigma_y}{\partial y}+\frac{\partial\sigma_{zy}}{\partial z}\right)v+\left(\frac{\partial\sigma_{xz}}{\partial x}+\frac{\partial\sigma_{yz}}{\partial y}+\frac{\partial\sigma_z}{\partial z}\right)w\right]+\\ \left[\sigma_x\frac{\partial u}{\partial x}+\sigma_y\frac{\partial v}{\partial y}+\sigma_z\frac{\partial w}{\partial z}+\sigma_{xy}\left(\frac{\partial u}{\partial y}+\frac{\partial v}{\partial x}\right)+\sigma_{yz}\left(\frac{\partial v}{\partial z}+\frac{\partial w}{\partial y}\right)+\sigma_{zx}\left(\frac{\partial w}{\partial x}+\frac{\partial u}{\partial z}\right)\right]\end{array}\right\}\mathrm{d}V\\
=&\frac{1}{2}\iiint_V [(-f_xu-f_yv-f_zw)+(\sigma_x\varepsilon_x+\sigma_y\varepsilon_y+\sigma_z\varepsilon_z+\sigma_{xy}\varepsilon_{xy}+\sigma_{yz}\varepsilon_{yz}+\sigma_{zx}\varepsilon_{zx})]\,\mathrm{d}V
\end{aligned}
$$

于是,式(5.5.1)可写为

$$W=\frac{1}{2}\iiint_V(\sigma_x\varepsilon_x+\sigma_y\varepsilon_y+\sigma_z\varepsilon_z+\sigma_{xy}\varepsilon_{xy}+\sigma_{yz}\varepsilon_{yz}+\sigma_{zx}\varepsilon_{zx})\,\mathrm{d}V=\iiint_V U_1\,\mathrm{d}V \tag{5.5.2}$$

$$U_1=\frac{1}{2}\boldsymbol{\sigma}^T\boldsymbol{\varepsilon} \tag{5.5.3}$$

U_1 是弹性体单位体积内的弹性势能,通常称为弹性体的比能。由于上述过程为绝热的,始终平衡且处于线性范围,故此状态下,外力的功即为弹性体的应变能,即弹性体的弹性势能为

① 格林公式 $\oint\!\!\!\oint_S (Al+Bm+Cn)\,\mathrm{d}S=\iiint_V\left(\frac{\partial A}{\partial x}+\frac{\partial B}{\partial y}+\frac{\partial C}{\partial z}\right)\mathrm{d}V$。

$$U=\iiint_V U_1\mathrm{d}V \tag{5.5.4}$$

由弹性体的物理方程式(5.4.5)可知，比能也可以写为

$$U_1=\frac{1}{2}\boldsymbol{\varepsilon}^{\mathrm{T}}\boldsymbol{D}\boldsymbol{\varepsilon} \tag{5.5.5}$$

由于 $\boldsymbol{D}$ 矩阵具有不变性及正定性，故只要建立起弹性体的几何方程，就可得到其弹性体势能。这就充分反映了弹性体几何方程的重要性。同时由于式(5.5.5)是一个标准的二次型描述，且 $\boldsymbol{D}$ 矩阵是正定的，所以由式(5.5.5)来描述比能，更能从能量的角度反映弹性体弹性势能的实际物理意义。

5.5.2 弹性体外力的功

设在弹性体上作用有外力体系，体力(f_x,f_y,f_z)、外边界上的面力(X_N,Y_N,Z_N)，那么一般平衡下的外力对弹性体所做的功为

$$W=\iiint_V (f_xu+f_yv+f_zw)\mathrm{d}V+\oint_S (X_Nu+Y_Nv+Z_Nw)\mathrm{d}S \tag{5.5.6}$$

特别提示：式(5.5.6)描述的外力体系对弹性体做的功是一般平衡条件下的情况，弹性体的平衡只有在弹性力达到最终平衡值时才与外力体系完全平衡；而在建立弹性体弹性势能表达式过程中建立的式(5.5.1)描述的弹性体的平衡过程是一种特殊的平衡状态，在这个变化过程中，外力体系作用下引起的弹性体弹性力始终与外力体系平衡，即它始终在线性范围内保持平衡，且是绝热过程。

5.5.3 虚功原理

考虑弹性体在外力体系作用下的平衡问题，平衡时弹性体的位移为 u,v,w；外力系为体力(f_x,f_y,f_z)、外边界上的面力(X_N,Y_N,Z_N)。当弹性体的位移再增加一微位移 $\delta u,\delta v,\delta w$，体系仍处于平衡，则外力做的微功为

$$\delta W=\iiint_V (f_x\delta u+f_y\delta v+f_z\delta w)\mathrm{d}V+\oint_S (X_N\delta u+Y_N\delta v+Z_N\delta w)\mathrm{d}S \tag{5.5.7}$$

利用格林公式和上述有关方程，上式变为

$$\delta W=\iiint_V \boldsymbol{\sigma}^{\mathrm{T}}\delta\boldsymbol{\varepsilon}\mathrm{d}V \tag{5.5.8}$$

由式(5.5.5)可得

$$\delta U_1=\boldsymbol{\sigma}^{\mathrm{T}}\delta\boldsymbol{\varepsilon} \tag{5.5.9}$$

即

$$\delta U=\delta W \tag{5.5.10}$$

式(5.5.10)即为弹性体的虚功原理。

5.5.4 弹性体的动能

弹性体的动能为

$$T=\frac{1}{2}\iiint_V \left[\left(\frac{\partial u}{\partial t}\right)^2+\left(\frac{\partial v}{\partial t}\right)^2+\left(\frac{\partial w}{\partial t}\right)^2\right]\rho_m\mathrm{d}V \tag{5.5.11}$$

5.5.5 弹性体初始内力引起的附加弹性势能

对于弹性体的微幅振动问题，体系中“振动之前”就存在的内力，也即与振动位移无关的内力通常称之为初始内力。体系在振动时，初始内力将引起弹性体的附加弹性势能。

设在弹性体上的初始应力为$(\sigma_x^0,\sigma_y^0,\sigma_z^0,\sigma_{xy}^0,\sigma_{yz}^0,\sigma_{zx}^0)$，弹性体的振动位移为

$$\boldsymbol{V}(x,y,z,t)=u(x,y,z,t)\boldsymbol{i}+v(x,y,z,t)\boldsymbol{j}+w(x,y,z,t)\boldsymbol{k} \tag{5.5.12}$$

式中 $u(x,y,z,t)$、$v(x,y,z,t)$、$w(x,y,z,t)$——在 M 点处沿 x、y、z 轴的振动位移分量；

$\boldsymbol{i}$、$\boldsymbol{j}$、$\boldsymbol{k}$——直角坐标系在 x、y、z 轴的单位矢量。

由式(5.3.112)～式(5.3.117)可知弹性体的应变可以描述为

$$\varepsilon_x'=\frac{\partial u}{\partial x}+\frac{1}{2}\frac{\partial \boldsymbol{V}}{\partial x}\cdot\frac{\partial \boldsymbol{V}}{\partial x} \tag{5.5.13}$$

$$\varepsilon_y'=\frac{\partial v}{\partial y}+\frac{1}{2}\frac{\partial \boldsymbol{V}}{\partial y}\cdot\frac{\partial \boldsymbol{V}}{\partial y} \tag{5.5.14}$$

$$\varepsilon_z'=\frac{\partial w}{\partial z}+\frac{1}{2}\frac{\partial \boldsymbol{V}}{\partial z}\cdot\frac{\partial \boldsymbol{V}}{\partial z} \tag{5.5.15}$$

$$\varepsilon_{xy}'=\frac{\partial v}{\partial x}+\frac{\partial u}{\partial y}+\frac{\partial \boldsymbol{V}}{\partial x}\cdot\frac{\partial \boldsymbol{V}}{\partial y} \tag{5.5.16}$$

$$\varepsilon_{yz}'=\frac{\partial w}{\partial y}+\frac{\partial v}{\partial z}+\frac{\partial \boldsymbol{V}}{\partial y}\cdot\frac{\partial \boldsymbol{V}}{\partial z} \tag{5.5.17}$$

$$\varepsilon_{zx}'=\frac{\partial u}{\partial z}+\frac{\partial w}{\partial x}+\frac{\partial \boldsymbol{V}}{\partial z}\cdot\frac{\partial \boldsymbol{V}}{\partial x} \tag{5.5.18}$$

在弹性体的微幅振动中，作用于弹性体上的初始应力均可认为保持不变，于是与振动位移无关的初始应力引起的弹性体的附加弹性势能可以表述为

$$U_{\mathrm{ad}}=-\iiint_V(\sigma_x^0\varepsilon_x'+\sigma_y^0\varepsilon_y'+\sigma_z^0\varepsilon_z'+\sigma_{xy}^0\varepsilon_{xy}'+\sigma_{yz}^0\varepsilon_{yz}'+\sigma_{zx}^0\varepsilon_{zx}')\,\mathrm{d}V \tag{5.5.19}$$

将式(5.5.13)～式(5.5.18)代入式(5.5.19)，可得

$$\begin{aligned}U_{\mathrm{ad}}=&-\iiint_V\left[\sigma_x^0\frac{\partial u}{\partial x}+\sigma_y^0\frac{\partial v}{\partial y}+\sigma_z^0\frac{\partial w}{\partial z}+\sigma_{xy}^0\left(\frac{\partial v}{\partial x}+\frac{\partial u}{\partial y}\right)+\sigma_{yz}^0\left(\frac{\partial w}{\partial y}+\frac{\partial v}{\partial z}\right)+\sigma_{zx}^0\left(\frac{\partial u}{\partial z}+\frac{\partial w}{\partial x}\right)\right]\mathrm{d}V+\\&\frac{1}{2}\iiint_V\left(\sigma_x^0\frac{\partial \boldsymbol{V}}{\partial x}\cdot\frac{\partial \boldsymbol{V}}{\partial x}+\sigma_y^0\frac{\partial \boldsymbol{V}}{\partial y}\cdot\frac{\partial \boldsymbol{V}}{\partial y}+\sigma_z^0\frac{\partial \boldsymbol{V}}{\partial z}\cdot\frac{\partial \boldsymbol{V}}{\partial z}+\right.\\&\left.2\sigma_{xy}^0\frac{\partial \boldsymbol{V}}{\partial x}\cdot\frac{\partial \boldsymbol{V}}{\partial y}+2\sigma_{yz}^0\frac{\partial \boldsymbol{V}}{\partial y}\cdot\frac{\partial \boldsymbol{V}}{\partial z}+2\sigma_{zx}^0\frac{\partial \boldsymbol{V}}{\partial z}\cdot\frac{\partial \boldsymbol{V}}{\partial x}\right)\mathrm{d}V\end{aligned} \tag{5.5.20}$$

对于式(5.5.20)中与诸变形分量奇次项有关的项，满足

$$\iiint_V\left[\sigma_x^0\frac{\partial u}{\partial x}+\sigma_y^0\frac{\partial v}{\partial y}+\sigma_z^0\frac{\partial w}{\partial z}+\sigma_{xy}^0\left(\frac{\partial v}{\partial x}+\frac{\partial u}{\partial y}\right)+\sigma_{yz}^0\left(\frac{\partial w}{\partial y}+\frac{\partial v}{\partial z}\right)+\sigma_{zx}^0\left(\frac{\partial u}{\partial z}+\frac{\partial w}{\partial x}\right)\right]\mathrm{d}V=0 \tag{5.5.21}$$

于是初始应力引起的弹性体的附加弹性势能为

$$U_{\mathrm{ad}}=-\frac{1}{2}\iiint_V\left(\sigma_x^0\frac{\partial \boldsymbol{V}}{\partial x}\cdot\frac{\partial \boldsymbol{V}}{\partial x}+\sigma_y^0\frac{\partial \boldsymbol{V}}{\partial y}\cdot\frac{\partial \boldsymbol{V}}{\partial y}+\sigma_z^0\frac{\partial \boldsymbol{V}}{\partial z}\cdot\frac{\partial \boldsymbol{V}}{\partial z}+\right.$$

$$2\sigma_{xy}^{0}\frac{\partial \boldsymbol{V}}{\partial x}\cdot\frac{\partial \boldsymbol{V}}{\partial y}+2\sigma_{yz}^{0}\frac{\partial \boldsymbol{V}}{\partial y}\cdot\frac{\partial \boldsymbol{V}}{\partial z}+2\sigma_{zx}^{0}\frac{\partial \boldsymbol{V}}{\partial z}\cdot\frac{\partial \boldsymbol{V}}{\partial x}\Bigg)\mathrm{d}V \tag{5.5.22}$$

事实上,式(5.5.22)不仅在直角坐标系中成立,只要是在正交坐标系中,式(5.5.22)就是成立的,即应当将式(5.5.22)中的坐标 x、y、z 看成是广义的。

5.5.6 弹性体的能量泛函原理

对于弹性体的静力学平衡问题,其能量泛函为

$$\pi_1 = U-W \tag{5.5.23}$$

由虚功原理可得

$$\delta\pi_1 = 0 \tag{5.5.24}$$

对于弹性体的动力学平衡问题,其能量泛函为

$$\pi_2 = U-W-T \tag{5.5.25}$$

当考虑弹性体的初始内力引起的附加弹性势能时,弹性体总的弹性势能为

$$U_{\mathrm{T}} = U-U_{\mathrm{ad}} \tag{5.5.26}$$

于是,能量泛函为

$$\pi_2 = U_{\mathrm{T}}-W-T = U-U_{\mathrm{ad}}-W-T \tag{5.5.27}$$

由于 δT 相当于运动惯性力做的虚功,即外力虚功中应包含 δT(当在外力中考虑了惯性力后),所以由虚功原理得

$$\delta\pi_2 = 0 \tag{5.5.28}$$

由式(5.5.24)和式(5.5.28)知弹性体的能量泛函的一阶变分等于零。这就是弹性体的能量泛函原理。

5.5.7 Hamilton 原理

弹性体系处于运动状态中,在任何时间区间 $t\in[t_1,t_2]$ 内,在它所有的可能运动途径中,实际所经历的途径一定使下列积分值取驻值,有

$$H = \int_{t_1}^{t_2}(T-U_{\mathrm{T}}+W)\,\mathrm{d}t \tag{5.5.29}$$

即作用量 H 的一阶变分等于零。

5.5.8 Ritz 法

Ritz 法是一种基于弹性体几何边界条件,利用其能量泛函获得弹性体近似解析解的方法,即根据弹性敏感元件实际工作的几何边界结构条件假设一种解的组合形式,然后求解有关组合系数,从而确定解。在解决工程实际问题时,Ritz 法非常方便实用。下面以在直角坐标系中讨论的静力学平衡问题进行简要介绍。

对于弹性体的静力学平衡问题,其能量泛函如式(5.5.23)所描述。假设该弹性体的几何边界条件为

$$B(u,v,w,x,y,z) = 0 \tag{5.5.30}$$

根据弹性体的结构特点和外力 F 的作用方式,可以给出弹性体满足几何边界条件式(5.5.30)的可能有的位移形式为

$$\left.\begin{aligned} u&=U(A_1,A_2,\cdots,A_{N1},x,y,z)\\ v&=V(B_1,B_2,\cdots,B_{N2},x,y,z)\\ w&=W(C_1,C_2,\cdots,C_{N3},x,y,z)\end{aligned}\right\} \tag{5.5.31}$$

式中,$A_i(i=1,\cdots,N1)$、$B_j(j=1,\cdots,N2)$、$C_k(k=1,\cdots,N3)$分别为位移 u、v、w 的拟合系数;函数 U、V、W 的形式可以是多项式,也可以是正余弦函数,主要取决于边界条件的类型。

将式(5.5.31)代入泛函式(5.5.24),可得

$$\left.\begin{aligned} \frac{\partial\pi_1(A_1,A_2,\cdots,A_{N1},B_1,B_2,\cdots,B_{N2},C_1,C_2,\cdots,C_{N3})}{\partial A_i}&=0\\ \frac{\partial\pi_1(A_1,A_2,\cdots,A_{N1},B_1,B_2,\cdots,B_{N2},C_1,C_2,\cdots,C_{N3})}{\partial B_j}&=0\\ \frac{\partial\pi_1(A_1,A_2,\cdots,A_{N1},B_1,B_2,\cdots,B_{N2},C_1,C_2,\cdots,C_{N3})}{\partial C_k}&=0\end{aligned}\right\} \tag{5.5.32}$$

$$(i=1,\cdots,N1,\quad j=1,\cdots,N2,\quad k=1,\cdots,N3)$$

式(5.5.32)有 $N1+N2+N3$ 个独立的方程,由它们可以求解出 $N1+N2+N3$ 个未知数 $A_i(i=1,\cdots,N1)$、$B_j(j=1,\cdots,N2)$与 $C_k(k=1,\cdots,N3)$。

显然式(5.5.31)描述的弹性体的位移是一个近似解析解,其与精确解的接近程度与所设取的位移函数 $U(A_1,A_2,\cdots,A_{N1},x,y,z)$、$V(B_1,B_2,\cdots,B_{N2},x,y,z)$、$W(C_1,C_2,\cdots,C_{N3},x,y,z)$的形式,所取的项数 $N1$、$N2$、$N3$ 密切相关。当然,项数太多,求解过程复杂,所得到的解析解的可读性变差。因此,在实际应用中,多数情况只取 1 项。

采用能量原理对用于传感器中的各种弹性体建模是一种工程实用的方法。在具体选择能量原理形式时,针对具体情况可以采用虚功原理、能量泛函原理、Hamilton 原理等。有了弹性体的能量描述后,对于一般较简单的问题,可以采用对微分方程直接求定积分的方法求解;对于几何边界条件很明确的问题,可以采用 Ritz 法;对于一般结构复杂或边界条件较复杂的实际问题,采用有限元数值法比较方便,且能获得较高精度的解。这是目前流行的求解手段。

本教材的建模及求解主要沿着上述思路进行。当然弹性体的建模也可以采用其他方法,在建立方程时,例如可根据具体分析对象采用微元体力平衡法,在求解方程时可以采用如 Galerkin 法、数值差分法等。

5.6 弹性体的主要边界条件

对于传感器敏感结构的弹性体,考虑的几何边界条件和力学边界条件主要有:固支、简支和自由。下面以梁产生弯曲变形为例进行简要说明。

1. 固支边界条件

梁弯曲时以沿其厚度方向的法向位移为主,如图 5.6.1 所示的悬臂梁结构,在梁的约束端根部($x=0$)为固支边界,则其法向位移与转角均为零,即有

$$x=0,\quad w(x)=0 \tag{5.6.1}$$

$$x=0,\quad w'(x)=\frac{\mathrm{d}w(x)}{\mathrm{d}x}=0 \tag{5.6.2}$$

式中　$w(x)$——梁的法向位移；

$w'(x)$——梁的法向位移对轴向坐标的导数。

2. 简支边界条件

如图 5.6.2 所示的双端简支梁，在梁的两个端部（$x=0$、$x=L$）为简支边界，则其法向位移与弯矩为零，即有

$$x=0,L \quad w(x)=0 \tag{5.6.3}$$

$$x=0,L \quad w''(x)=\frac{\mathrm{d}^2 w(x)}{\mathrm{d}x^2}=0 \tag{5.6.4}$$

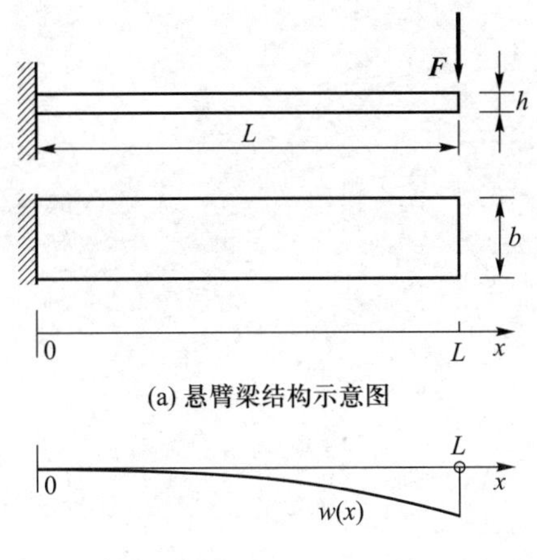

图 5.6.1　悬臂梁弯曲变形的示意图

(a) 双端简支梁结构示意图

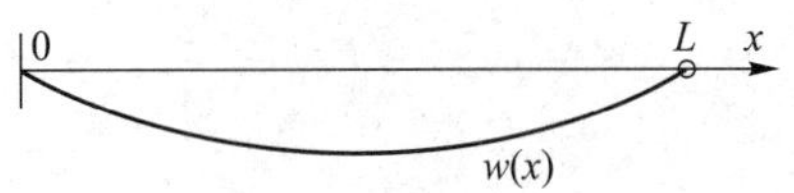

(b) 弯曲变形法向位移示意图

图 5.6.2　双端简支梁弯曲变形的示意图

3. 自由边界条件

如图 5.6.1 所示的悬臂梁，在梁的非约束端（$x=L$）为自由边界，则其弯矩和剪力为零，即有

$$x=L, \quad w''(x)=\frac{\mathrm{d}^2 w(x)}{\mathrm{d}x^2}=0 \tag{5.6.5}$$

$$x=L, \quad w'''(x)=\frac{\mathrm{d}^3 w(x)}{\mathrm{d}x^3}=0 \tag{5.6.6}$$

习题与思考题

5.1　论述传感器建模的重要性。

5.2　简述传感器建模的一般过程。

5.3　基于图 5.2.2 推导式（5.2.4）。

5.4　基于图 5.2.3 推导式（5.2.6）。

5.5　讨论弹性体大挠度变形情况下的几何方程与讨论小挠度变形情况下的几何方程有什么不同点？

5.6　简述弹性体物理方程的意义。

5.7　如何理解弹性体的初始内力？举例说明。

5.8 简述弹性体可能有的能量形式以及各自的物理意义。

5.9 分别写出求解弹性体静力学平衡问题和动力学平衡问题的能量泛函方程。

5.10 给出利用 Ritz 法求解弹性体静力学平衡问题的主要过程,简要说明使用时应考虑的因素。

5.11 查阅文献,了解 Galerkin 法与数值差分法在求解偏微分方程中的应用情况。

第6章 >>>

传感器的建模

基本内容

本章基本内容包括弹性圆柱体(杆),圆柱体的拉伸振动、扭转振动、弯曲振动,弹性弦丝的固有振动,受法向力的悬臂梁,受轴向力的双端固支梁,圆平膜片小挠度变形、大挠度变形,圆平膜片的振动问题,矩形(方)平膜片小挠度变形、大挠度变形,方平膜片的振动问题,受均布压力的波纹膜片,受集中力的波纹膜片,受集中力的E形圆膜片,受均布压力的E形圆膜片,带有顶盖的圆柱壳,顶端开口圆柱壳,半球壳的固有振动、振型进动特性、耦合振动。

本章以几种典型的敏感结构为例,讨论传感器的建模过程及重要结论。

6.1 弹性圆柱体(杆)的建模 >>>

6.1.1 受轴向力的圆柱体

受压缩或拉伸力 F 作用的弹性圆柱体的典型结构如图6.1.1所示。图中圆柱体长 L,半径 R。

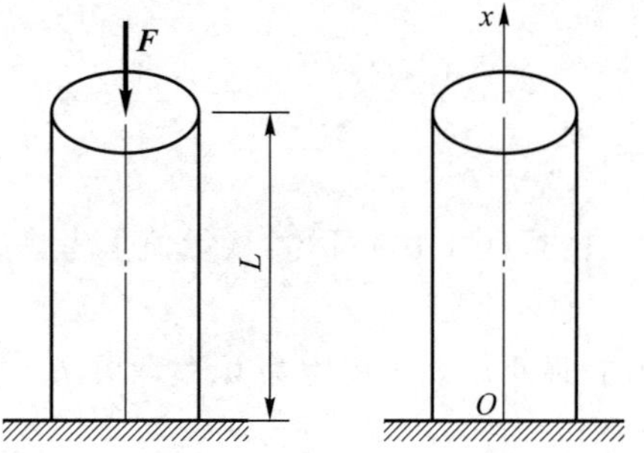

图6.1.1 受压缩或拉伸力 F 作用的弹性圆柱体的典型结构示意图

沿着圆柱体的轴线方向建立直角坐标系。圆柱体一端固支($x=0$),另一端($x=L$)受压缩轴向力 F,考虑圆柱体的拉伸变形,圆柱体只产生沿 x 方向的轴向位移 $u(x)$。

由式(5.3.21)可得圆柱体的轴向正应变

$$\varepsilon_x=\frac{\partial u}{\partial x} \tag{6.1.1}$$

由物理方程可知应力为

$$\sigma_x=E\varepsilon_x=E\frac{\partial u}{\partial x} \tag{6.1.2}$$

事实上,轴向力 F 引起的应力为

$$\sigma_x=-\frac{F}{\pi R^2} \tag{6.1.3}$$

式(6.1.3)计算得到的值为正,表示在圆柱体内部受的是拉伸应力,反之为压缩应力。利用式(6.1.1)~式(6.1.3)可得圆柱体的应变

$$\varepsilon_x=-\frac{F}{\pi R^2 E} \tag{6.1.4}$$

结合其几何边界条件

$$x=0,\quad u(x)=0 \tag{6.1.5}$$

可得圆柱体的位移

$$u(x)=-\frac{F}{\pi R^2 E}x \tag{6.1.6}$$

由上述分析知：一端固支的圆柱体，当其自由端受到轴向力时，其轴向应力、应变均为与所受力值成正比的常值；而其轴向位移则单调变化，在自由端处的压缩位移量最大，为

$$u_{\max}=-\frac{FL}{\pi R^2 E} \tag{6.1.7}$$

基于如图 6.1.1 所示的受力状态，沿圆柱体径向的正应力和正应变分别为

$$\sigma_\rho=0 \tag{6.1.8}$$

$$\varepsilon_\rho=\frac{\mu F}{\pi R^2 E} \tag{6.1.9}$$

圆柱体轴向与径向之间的剪应力与剪应变均为 0，即

$$\sigma_{x\rho}=0 \tag{6.1.10}$$

$$\varepsilon_{x\rho}=0 \tag{6.1.11}$$

即在上述受力状态下，圆柱体轴向与径向就是其主应力方向，也是其主应变方向。

利用式(5.2.12)可得与圆柱体轴线方向成 β 角的正应力和剪应力分别为

$$\sigma_\beta=\cos^2\beta\sigma_x+\sin^2\beta\sigma_\rho+2\sin\beta\cos\beta\sigma_{x\rho} \tag{6.1.12}$$

$$\tau_\beta=-\sin\beta\cos\beta\sigma_x+\sin\beta\cos\beta\sigma_\rho+(\cos^2\beta-\sin^2\beta)\sigma_{x\rho} \tag{6.1.13}$$

将式(6.1.3)、式(6.1.8)和式(6.1.10)分别代入式(6.1.12)和式(6.1.13)可得

$$\sigma_\beta=-\frac{F\cos^2\beta}{\pi R^2} \tag{6.1.14}$$

$$\tau_\beta=-\frac{F\sin 2\beta}{2\pi R^2} \tag{6.1.15}$$

由式(6.1.14)可知：从量值上考虑，最大压缩正应力为 $\frac{F}{\pi R^2}$，发生在 $\beta=0$ 处，即圆柱体的轴向；最小压缩正应力为 0，发生在 $\beta=\frac{\pi}{2}$ 处，即圆柱体的径向。

由式(6.1.15)可知：从量值上考虑，最大剪应力为 $\frac{F}{2\pi R^2}$，发生在 $\beta=\frac{\pi}{4}$ 处；最小剪应力为 $-\frac{F}{2\pi R^2}$，发生在 $\beta=\frac{3\pi}{4}$ 处。

利用式(5.3.142)可得与圆柱体轴线方向成 β 角的正应变和剪应变分别为

$$\varepsilon_\beta=\cos^2\beta\varepsilon_x+\sin^2\beta\varepsilon_\rho+\sin\beta\cos\beta\varepsilon_{x\rho} \tag{6.1.16}$$

$$\gamma_\beta=-2\sin\beta\cos\beta\varepsilon_x+2\sin\beta\cos\beta\varepsilon_\rho+(\cos^2\beta-\sin^2\beta)\varepsilon_{x\rho} \tag{6.1.17}$$

将式(6.1.4)和式(6.1.9)分别代入式(6.1.16)和式(6.1.17)可得

$$\varepsilon_\beta=-\frac{F}{\pi R^2 E}(\cos^2\beta-\mu\sin^2\beta) \tag{6.1.18}$$

$$\gamma_\beta=\frac{F(1+\mu)}{\pi R^2 E}\sin 2\beta \tag{6.1.19}$$

由式(6.1.18)可知:从量值上考虑,最大压缩正应变为$\frac{F}{\pi R^2 E}$,发生在$\beta=0$处,即圆柱体的轴向;最小压缩正应变为$-\frac{\mu F}{\pi R^2 E}$,发生在$\beta=\frac{\pi}{2}$处,即圆柱体的横向。

由式(6.1.19)可知:从量值上考虑,最大剪应变为$\frac{F(1+\mu)}{\pi R^2 E}$,发生在$\beta=\frac{\pi}{4}$处;最小剪应变为$-\frac{F(1+\mu)}{\pi R^2 E}$,发生在$\beta=\frac{3\pi}{4}$处。

6.1.2 圆柱体拉伸振动的固有频率

对于图 6.1.1 所示的弹性圆柱体,由式(5.5.4)可得其弹性势能为

$$U=\frac{1}{2}\iiint_V \varepsilon_x\sigma_x \mathrm{d}V=\frac{E\pi R^2}{2}\int_x\left(\frac{\partial u}{\partial x}\right)^2\mathrm{d}x \tag{6.1.20}$$

式中 V——圆柱体的体积积分域;

x——圆柱体在轴线方向的线积分域。

由式(5.5.11)可得圆柱体的动能为

$$T=\frac{\rho_m}{2}\iiint_V\left(\frac{\partial u}{\partial t}\right)^2\mathrm{d}V=\frac{\rho_m\pi R^2}{2}\int_x\left(\frac{\partial u}{\partial t}\right)^2\mathrm{d}x \tag{6.1.21}$$

建立泛函

$$\pi_2=U-T \tag{6.1.22}$$

依$\delta\pi_2=0$可得圆柱体的微分方程

$$\rho_m\frac{\partial^2 u}{\partial t^2}-E\frac{\partial^2 u}{\partial x^2}=0 \tag{6.1.23}$$

设方程(6.1.23)的解为

$$u=u(x,t)=u(x)\cos\omega t \tag{6.1.24}$$

式中 ω——圆柱体拉伸振动的固有角频率,rad/s;

$u(x)$——圆柱体拉伸振动沿轴线方向分布的振型。

将式(6.1.24)代入式(6.1.23)可得

$$u(x)=A\sin\lambda x+B\cos\lambda x \tag{6.1.25}$$

$$\lambda=\omega\sqrt{\frac{\rho_m}{E}}\quad(1/\mathrm{m})$$

对于该圆柱体,有如下边界条件

$$\left.\begin{aligned}x=0,\quad u(x)=0\\x=L,\quad u'(x)=0\end{aligned}\right\} \tag{6.1.26}$$

由式(6.1.25)和式(6.1.26)得圆柱体拉伸振动的基频为

$$f_{S1}=\frac{1}{4L}\sqrt{\frac{E}{\rho_m}}\quad(\mathrm{Hz}) \tag{6.1.27}$$

由上述分析可知,圆柱体拉伸振动的固有频率与其横截面几何参数无关。

特别需要指出的是,由式(6.1.27)确定的是圆柱体拉伸振动的基频,当圆柱体的长度、半径比L/R较大时(这时的弹性“圆柱体”应称之为弹性“杆”),圆柱体弯曲振动的基频f_{B1}有可

能低于拉伸振动的基频 f_{S1}，即这样结构参数的圆柱体首先将引起弯曲振动，特别是在圆柱体受到压缩载荷时更应注意，参考式(6.1.70)及其相关讨论。

6.1.3 受扭矩的圆柱体

受扭矩 M 作用的弹性圆柱体的典型结构如图 6.1.2 所示。图中圆柱体长 L，半径 R。

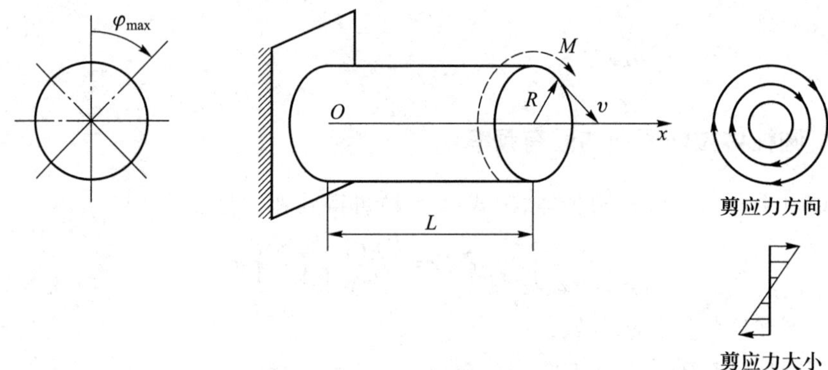

图 6.1.2 受扭矩 M 作用的弹性圆柱体的典型结构示意图

沿着圆柱体的轴线方向建立柱面坐标系。圆柱体一端固支($x=0$)，另一端($x=L$)受扭矩 M，考虑圆柱体的扭转变形，圆柱体只产生沿切线方向 θ 的位移 $v(x,\rho)$，且有

$$v(x,\rho)=Kx\rho \tag{6.1.28}$$

式中 K——圆柱体单位长度内的扭角，1/m。

由式(5.3.21)可得位移 $v(x,\rho)$ 引起的剪应变为

$$\varepsilon_{x\theta}=\frac{\partial v}{\partial x}=K\rho \tag{6.1.29}$$

由物理方程可知相应的剪应力为

$$\sigma_{x\theta}=G\varepsilon_{x\theta}=GK\rho \tag{6.1.30}$$

根据剪应力 $\sigma_{x\theta}$ 的定义，它作用于圆柱体端面沿着切向(θ 方向)，如图 6.1.2 所示。在 $\mathrm{d}S=\rho\mathrm{d}\rho\mathrm{d}\theta$ 的微小面积内剪应力 $\sigma_{x\theta}$ 形成的切向力为

$$\mathrm{d}F_\theta=\sigma_{x\theta}\mathrm{d}S=GK\rho^2\mathrm{d}\rho\mathrm{d}\theta$$

利用作用于圆柱体端面的扭矩平衡的关系可得

$$M=\iint_S \rho\mathrm{d}F_\theta=\int_0^R\int_0^{2\pi}GK\rho^3\mathrm{d}\rho\mathrm{d}\theta=\frac{\pi GKR^4}{2}$$

即

$$K=\frac{2M}{\pi GR^4} \tag{6.1.31}$$

于是，由式(6.1.28)可得圆柱体的切向位移为

$$v(x,\rho)=\frac{2M}{\pi GR^4}\cdot x\rho \tag{6.1.32}$$

在圆柱体端面($x=L$)的角位移(扭转角)为

$$\varphi=\left.\frac{v(x,\rho)}{\rho}\right|_{x=L}=\frac{2ML}{\pi GR^4} \tag{6.1.33}$$

由式(6.1.30)可得作用于圆柱体端面的剪应力为

$$\sigma_{x\theta}=\frac{2M}{\pi R^4}\rho \tag{6.1.34}$$

在圆柱体外柱面上,有最大剪应力

$$\sigma_{x\theta,\max}=\frac{2M}{\pi R^3} \tag{6.1.35}$$

相应地,在圆柱体外柱面上,有最大剪应变

$$\varepsilon_{x\theta,\max}=\frac{2M}{\pi R^3 G} \tag{6.1.36}$$

基于如图 6.1.2 所示的受力状态,沿圆柱体轴向的正应力和正应变分别为

$$\sigma_x=0 \tag{6.1.37}$$

$$\varepsilon_x=0 \tag{6.1.38}$$

沿圆柱体环向的正应力和正应变均为 0,即

$$\sigma_\theta=0 \tag{6.1.39}$$

$$\varepsilon_\theta=0 \tag{6.1.40}$$

利用式(5.2.12)可得与圆柱体轴线方向成 β 角的正应力为

$$\sigma_\beta=\cos^2\beta\sigma_x+\sin^2\beta\sigma_\theta+2\sin\beta\cos\beta\sigma_{x\theta} \tag{6.1.41}$$

将式(6.1.35)、式(6.1.37)和式(6.1.39)代入式(6.1.41),可得在圆柱体外柱面上与圆柱体轴线方向成 β 角的正应力为

$$\sigma_\beta=\frac{2M}{\pi R^3}\sin 2\beta \tag{6.1.42}$$

由式(6.1.42)可知:最大正应力为$\frac{2M}{\pi R^3}$,发生在 $\beta=\frac{\pi}{4}$处;最小正应力为$-\frac{2M}{\pi R^3}$,发生在 $\beta=\frac{3\pi}{4}$处。

利用式(5.3.142)可得与圆柱体轴线方向成 β 角的正应变为

$$\varepsilon_\beta=\cos^2\beta\varepsilon_x+\sin^2\beta\varepsilon_\theta+\sin\beta\cos\beta\varepsilon_{x\theta} \tag{6.1.43}$$

将式(6.1.36)、式(6.1.38)和式(6.1.40)代入式(6.1.43),可得在圆柱体外柱面上与圆柱体轴线方向成 β 角的正应变为

$$\varepsilon_\beta=\frac{M\sin 2\beta}{\pi R^3 G} \tag{6.1.44}$$

由式(6.1.44)可知:最大正应变为$\frac{M}{\pi R^3 G}$,发生在 $\beta=\frac{\pi}{4}$处;最小正应变为$-\frac{M}{\pi R^3 G}$,发生在 $\beta=\frac{3\pi}{4}$处。这些结论对于设计应变式扭矩传感器至关重要。

6.1.4 圆柱体扭转振动的固有频率

对于图 6.1.2 所示的弹性圆柱体,由式(5.5.4)可得其弹性势能为

$$U=\frac{1}{2}\iiint_V \varepsilon_{x\theta}\sigma_{x\theta}\mathrm{d}V=\frac{G\pi R^2}{2}\int_x\left(\frac{\partial v}{\partial x}\right)^2\mathrm{d}x \tag{6.1.45}$$

式中 V——圆柱体的体积积分域；

x——圆柱体在轴线方向的线积分域。

由式(5.5.11)可得弹性杆的动能为

$$T=\frac{\rho_m}{2}\iiint_V\left(\frac{\partial v}{\partial t}\right)^2\mathrm{d}V=\frac{\rho_m\pi R^2}{2}\int_x\left(\frac{\partial v}{\partial t}\right)^2\mathrm{d}x \tag{6.1.46}$$

建立泛函

$$\pi_2=U-T \tag{6.1.47}$$

依 $\delta\pi_2=0$ 可得圆柱体的微分方程为

$$\rho_m\frac{\partial^2 v}{\partial t^2}-G\frac{\partial^2 v}{\partial x^2}=0 \tag{6.1.48}$$

观察方程式(6.1.23)和式(6.1.48)，结构形式完全相同；而且处于压缩状态下的弹性圆柱体与处于扭转状态下的弹性圆柱体的几何边界条件完全相同，于是可以得到圆柱体扭转振动的基频为

$$f_{\mathrm{T1}}=\frac{1}{4L}\sqrt{\frac{G}{\rho_m}}=\frac{1}{4L}\sqrt{\frac{E}{2\rho_m(1+\mu)}}\quad(\mathrm{Hz}) \tag{6.1.49}$$

对比式(6.1.27)和式(6.1.49)可知：圆柱体拉伸振动的基频与其扭转振动的基频之比为 $f_{\mathrm{S1}}/f_{\mathrm{T1}}=\sqrt{2(1+\mu)}$，显然圆柱体拉伸振动的基频高于其扭转振动的基频。例如对于典型的恒弹合金材料，$\mu=0.3$，则 $f_{\mathrm{S1}}/f_{\mathrm{T1}}\approx1.612$。

6.1.5 弹性杆弯曲振动的固有频率

图 6.1.3 给出了描述弹性杆弯曲振动的位移示意图，在某一过杆轴线的中面只有沿 z 轴的法向位移 w，在平行于轴线中面的平面内有沿轴向的位移 u，利用式(5.3.28)可得弹性杆的轴向位移为

$$u=-\frac{\partial w}{\partial x}z \tag{6.1.50}$$

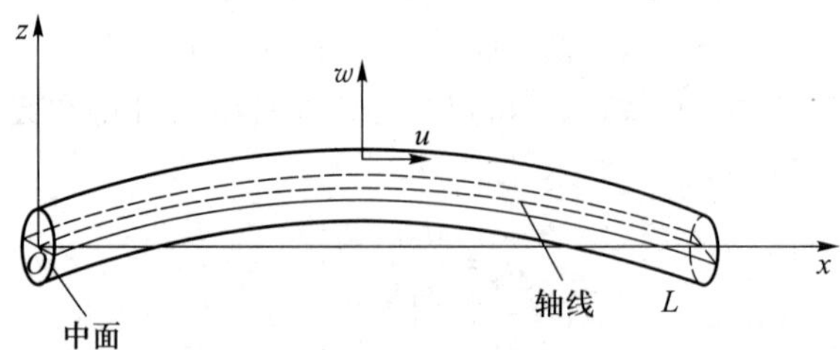

图 6.1.3 弹性杆弯曲振动的位移示意图

由式(5.3.30)可得弹性杆的应变为

$$\varepsilon_x=-\frac{\partial^2 w}{\partial x^2}z \tag{6.1.51}$$

由物理方程可得应力为

$$\sigma_x=E\varepsilon_x=-E\frac{\partial^2 w}{\partial x^2}z \tag{6.1.52}$$

由式(5.5.4)可得弹性杆的弹性势能为

$$U=\frac{1}{2}\iiint_V \varepsilon_x\sigma_x \mathrm{d}V=\frac{E\pi R^4}{8}\int_x\left(\frac{\partial^2 w}{\partial x^2}\right)^2\mathrm{d}x \tag{6.1.53}$$

式中 V——弹性杆的体积积分域；

x——弹性杆在轴线方向的线积分域。

由式(5.5.11)可得弹性杆的动能为

$$\begin{aligned}T&=\frac{\rho_m}{2}\iiint_V\left[\left(\frac{\partial w}{\partial t}\right)^2+\left(\frac{\partial u}{\partial t}\right)^2\right]\mathrm{d}V\\&=\frac{\rho_m\pi R^2}{2}\int_x\left\{\left(\frac{\partial w}{\partial t}\right)^2+\frac{R^2}{4}\left[\frac{\partial}{\partial t}\left(\frac{\partial w}{\partial x}\right)\right]^2\right\}\mathrm{d}x\approx\frac{\rho_m\pi R^2}{2}\int_x\left(\frac{\partial w}{\partial t}\right)^2\mathrm{d}x\end{aligned} \tag{6.1.54}$$

建立泛函

$$\pi_2=U-T \tag{6.1.55}$$

依 $\delta\pi_2=0$ 可得弹性杆的微分方程为

$$\frac{ER^2}{4}\cdot\frac{\partial^4 w}{\partial x^4}+\rho_m\frac{\partial^2 w}{\partial t^2}=0 \tag{6.1.56}$$

方程(6.1.56)的解为

$$w=w(x,t)=w(x)\cos\omega t \tag{6.1.57}$$

式中 ω——弹性杆弯曲振动的固有角频率，rad/s；

$w(x)$——弹性杆弯曲振动沿轴线方向分布的振型。

将式(6.1.57)代入式(6.1.56)可得

$$w(x)=A\sin\beta x+B\cos\beta x+C\mathrm{sh}\,\beta x+D\mathrm{ch}\,\beta x \tag{6.1.58}$$

$$\beta=\sqrt{\frac{2\omega}{R}\sqrt{\frac{\rho_m}{E}}}\quad(1/\mathrm{m})$$

下面讨论两种不同边界条件的弹性杆的弯曲振动

1. 一端固支、一端自由

当弹性杆一端($x=0$)固支，一端($x=L$)自由时，有如下边界条件

$$\left.\begin{aligned}x=0,\quad w(x)=w'(x)=0\\x=L,\quad w''(x)=w'''(x)=0\end{aligned}\right\} \tag{6.1.59}$$

由式(6.1.58)得

$$w'(x)=A\beta\cos\beta x-B\beta\sin\beta x+C\beta\mathrm{ch}\,\beta x+D\beta\mathrm{sh}\,\beta x \tag{6.1.60}$$

利用 $x=0$ 边界条件，可得

$$C=-A \tag{6.1.61}$$

$$D=-B \tag{6.1.62}$$

由式(6.1.60)~式(6.1.62)得

$$w''(x)=-A\beta^2\sin\beta x-B\beta^2\cos\beta x-A\beta^2\mathrm{sh}\,\beta x-B\beta^2\mathrm{ch}\,\beta x \tag{6.1.63}$$

$$w'''(x)=-A\beta^3\cos\beta x+B\beta^3\sin\beta x-A\beta^3\mathrm{ch}\,\beta x-B\beta^3\mathrm{sh}\,\beta x \tag{6.1.64}$$

利用 $x=L$ 边界条件，可得

$$(\sin\beta L+\mathrm{sh}\,\beta L)A+(\cos\beta L+\mathrm{ch}\,\beta L)B=0 \tag{6.1.65}$$

$$(\cos\beta L+\mathrm{ch}\,\beta L)A-(\sin\beta L-\mathrm{sh}\,\beta L)B=0 \tag{6.1.66}$$

式(6.1.65)和式(6.1.66)为关于系数 A、B 的代数方程，它们应有非零解，即

$$\begin{vmatrix} \sin \beta L+\mathrm{sh}\, \beta L & \cos \beta L+\mathrm{ch}\, \beta L \\ \cos \beta L+\mathrm{ch}\, \beta L & -\sin \beta L+\mathrm{sh}\, \beta L \end{vmatrix}=0$$

即

$$1+\cos \beta L \mathrm{ch}\, \beta L=0 \tag{6.1.67}$$

式(6.1.67)即为弹性杆一端固支、一端自由的频率方程,由它可以解出弹性杆的各阶弯曲振动的固有频率,其中一、二阶弯曲振动的固有频率分别为

$$f_{\mathrm{B1}} \approx \frac{1.875^2 R}{4\pi L^2}\sqrt{\frac{E}{\rho_m}} \quad (\mathrm{Hz}) \tag{6.1.68}$$

$$f_{\mathrm{B2}} \approx \frac{4.694^2 R}{4\pi L^2}\sqrt{\frac{E}{\rho_m}} \quad (\mathrm{Hz}) \tag{6.1.69}$$

由上述分析知:弹性杆弯曲振动的固有频率与其长度的平方成反比,与截面半径成正比。

由式(6.1.58)描述的一端固支、一端自由弹性杆弯曲振动的一、二阶振型曲线如图 6.1.4 所示。

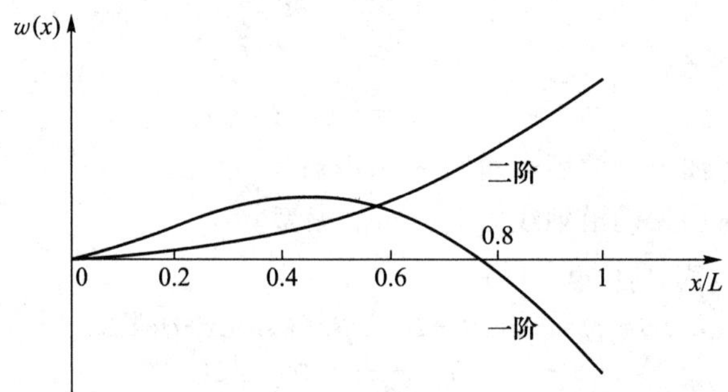

图 6.1.4 一端固支、一端自由弹性杆弯曲振动的一、二阶振型曲线

由式(6.1.27)、式(6.1.49)和式(6.1.68)可得

$$\frac{f_{\mathrm{B1}}}{f_{\mathrm{S1}}}=\frac{\dfrac{1.875^2 R}{4\pi L^2}\sqrt{\dfrac{E}{\rho_m}}}{\dfrac{1}{4L}\sqrt{\dfrac{E}{\rho_m}}} \approx 1.119 \times \frac{R}{L} \tag{6.1.70}$$

$$\frac{f_{\mathrm{B1}}}{f_{\mathrm{T1}}}=\frac{\dfrac{1.875^2 R}{4\pi L^2}\sqrt{\dfrac{E}{\rho_m}}}{\dfrac{1}{4L}\sqrt{\dfrac{E}{2\rho_m(1+\mu)}}} \approx 1.583\sqrt{1+\mu} \times \frac{R}{L} \tag{6.1.71}$$

对于一端固支、一端自由的圆柱体,由式(6.1.70)可知,当 $L/R<1.119$ 时,其弯曲振动的基频高于拉伸振动的基频;由式(6.1.71)可知,当 $L/R<1.583\sqrt{1+\mu}$ 时,其弯曲振动的基频高于扭转振动的基频。

事实上,由于式(6.1.68)确定的圆柱体的固有频率,是在其长度与截面半径之比相对较大的情况下得到的。因此,上述讨论得到的条件太过苛刻。实际应用中,利用圆柱体的拉伸变形与扭转变形进行测量时,为了使圆柱体的弯曲振动的固有频率高于其拉伸振动频率或

弯曲振动频率,其长度可以适当大一些,而不必简单地由式(6.1.70)或式(6.1.71)来进行参数确定。

2. 双端固支

对双端固支弹性杆,有如下边界条件

$$\left.\begin{aligned} x=0, \quad w(x)=w'(x)=0 \\ x=L, \quad w(x)=w'(x)=0 \end{aligned}\right\} \tag{6.1.72}$$

由式(6.1.58)、式(6.1.60)和式(6.1.72)可得

$$(\sin \beta L-\mathrm{sh}\ \beta L)A+(\cos \beta L-\mathrm{ch}\ \beta L)B=0 \tag{6.1.73}$$

$$(\cos \beta L-\mathrm{ch}\ \beta L)A-(\sin \beta L-\mathrm{sh}\ \beta L)B=0 \tag{6.1.74}$$

式(6.1.73)和式(6.1.74)为关于系数 A、B 的代数方程,它们应有非零解,即

$$\begin{vmatrix} \sin \beta L-\mathrm{sh}\ \beta L & \cos \beta L-\mathrm{ch}\ \beta L \\ \cos \beta L-\mathrm{ch}\ \beta L & -\sin \beta L+\mathrm{sh}\ \beta L \end{vmatrix}=0$$

即

$$1-\cos \beta L \mathrm{ch}\ \beta L=0 \tag{6.1.75}$$

式(6.1.75)即为弹性杆双端固支的频率方程,由它可以解出弹性杆的各阶固有振动频率,其中一、二阶弯曲振动的固有频率分别为

$$f_{\mathrm{B1}} \approx \frac{4.730^2 R}{4\pi L^2}\sqrt{\frac{E}{\rho_m}} \quad (\mathrm{Hz}) \tag{6.1.76}$$

$$f_{\mathrm{B2}} \approx \frac{7.853^2 R}{4\pi L^2}\sqrt{\frac{E}{\rho_m}} \quad (\mathrm{Hz}) \tag{6.1.77}$$

由式(6.1.58)描述的双端固支弹性杆弯曲振动的一、二阶振型曲线如图 6.1.5 所示。

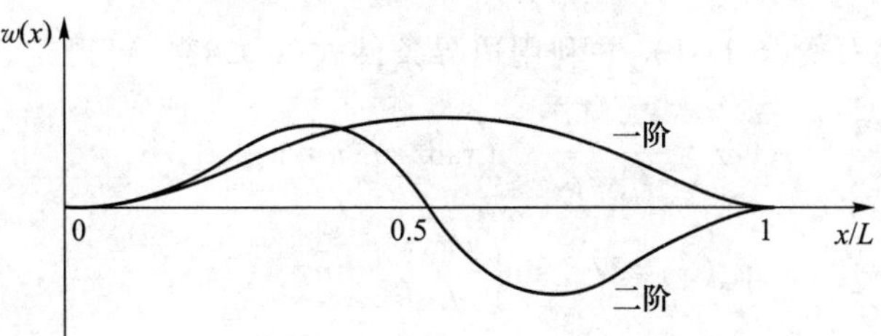

图 6.1.5 双端固支弹性杆弯曲振动一、二阶振型曲线

对比式(6.1.68)和式(6.1.76)可知,相同结构参数的弹性杆,双端固支的一阶弯曲振动固有频率是一端固支、一端自由一阶弯曲振动固有频率的$4.730^2/1.875^2 \approx 6.364$ 倍;对比式(6.1.69)和式(6.1.77)可知,双端固支的二阶弯曲振动固有频率是一端固支、一端自由二阶弯曲振动固有频率的$7.853^2/4.694^2 \approx 2.799$ 倍。

6.1.6 弹性弦丝振动的固有频率

当弹性杆的长度远远大于其截面半径时,可以称其为弹性弦丝。这样的弹性敏感元件多用作谐振敏感元件,测量作用于弦丝轴线方向的拉伸力 F。如图 6.1.6 所示,弹性弦丝长 L,单位长度上的

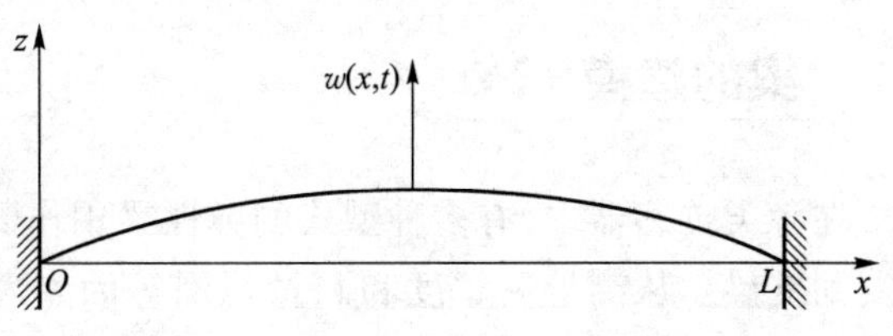

图 6.1.6 双端固支弹性弦丝振动位移示意图

质量密度为ρ_0(kg/m),双端固定,张紧的弦丝在 xoz 平面作微幅横向振动,其位移可以描述为 $w(x,t)$。

对于这样的弦丝,其自身的弹性可以忽略不计,只考虑由作用于弦丝上的拉伸力 F 引起的弹性势能。

由式(5.5.22)可得张紧的拉伸力 F 在弹性弦丝上产生的弹性势能为

$$U_{ad}=-\frac{F}{2}\int_0^L\left(\frac{\partial w}{\partial x}\right)^2\mathrm{d}x \tag{6.1.78}$$

由式(5.5.11)可得弹性弦丝的动能为

$$T=\frac{\rho_0}{2}\int_0^L\left(\frac{\partial w}{\partial t}\right)^2\mathrm{d}x \tag{6.1.79}$$

建立泛函

$$\pi_2=U-T=-U_{ad}-T \tag{6.1.80}$$

依 $\delta\pi_2=0$ 可得弹性弦丝的微分方程为

$$\rho_0\frac{\partial^2 w}{\partial t^2}-F\frac{\partial^2 w}{\partial x^2}=0 \tag{6.1.81}$$

方程式(6.1.81)的解为

$$w=w(x,t)=w(x)\cos\omega t \tag{6.1.82}$$

式中 ω——弹性弦丝横向振动的固有角频率,rad/s;

$w(x)$——弹性弦丝弯曲振动沿轴线方向分布的振型。

弦丝的边界条件为

$$\left.\begin{array}{ll}x=0, & w(x)=0\\ x=L, & w(x)=0\end{array}\right\} \tag{6.1.83}$$

将式(6.1.82)代入式(6.1.81),并利用边界条件式(6.1.83),可得

$$\omega_n=\frac{n\pi}{L}\sqrt{\frac{F}{\rho_0}}\quad(\mathrm{rad/s}),n=1,2,3,\cdots \tag{6.1.84}$$

$$w_n(x)=W_{max}\sin\left(\frac{n\pi x}{L}\right),\quad n=1,2,3,\cdots \tag{6.1.85}$$

式中 W_{max}——弦丝横向振动的最大位移,m。

弦丝横向振动基频和对应的一阶振型分别为

$$f_1=\frac{1}{2L}\sqrt{\frac{F}{\rho_0}}\quad(\mathrm{Hz}) \tag{6.1.86}$$

$$w_1(x)=W_{max}\sin\left(\frac{\pi x}{L}\right) \tag{6.1.87}$$

6.2 梁的建模

在各类传感器中,有多种型式的弹性梁用作测量敏感元件,使用最多的主要有悬臂梁和双端固支梁。从测量灵敏度和测量范围等因素考虑,其结构型式则有多种多样的设计。因此,在建模中如何处理好梁的实际结构很重要。

图 6.2.1 给出了梁的典型结构示意图，几何参数为长 L、宽 b、厚 h，为充分体现梁的结构特征，有 $h:b:L$ 大约为 1∶10∶100。

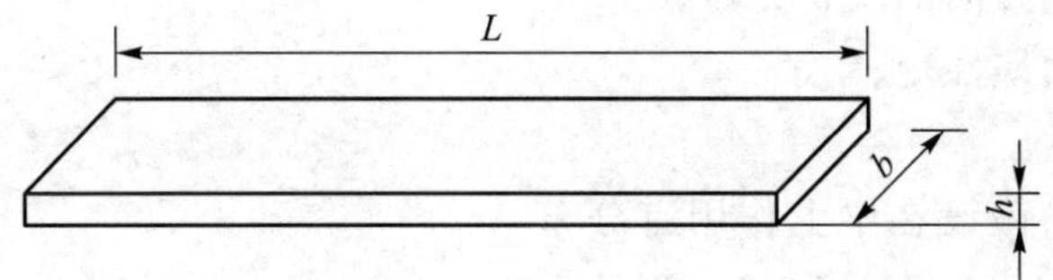

图 6.2.1 梁的典型结构示意图

6.2.1 受法向力的悬臂梁

图 6.2.2 和图 6.2.3 分别给出了用于集中力、加速度测量的典型悬臂梁和改型悬臂梁的结构示意图。图 6.2.3 的悬臂梁受力情况可等效为图 6.2.4。它与典型悬臂梁的受力情况十分接近，只是在端点多了一个弯矩 $M=FL_0$。因此对图 6.2.4 的分析结论，当 $M=0$ 时便是典型悬臂梁端点受力的情况。

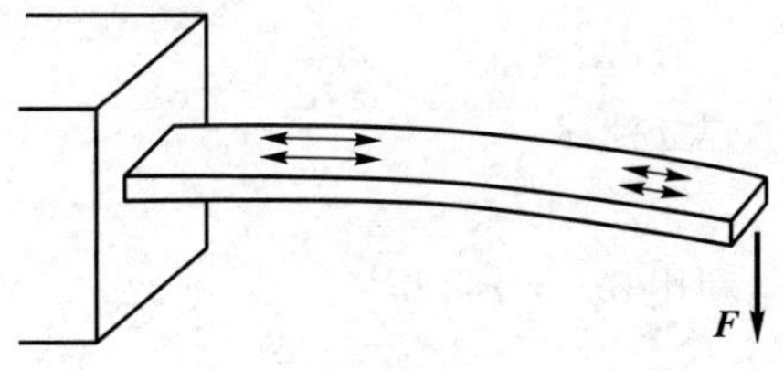

图 6.2.2 典型悬臂梁结构示意图

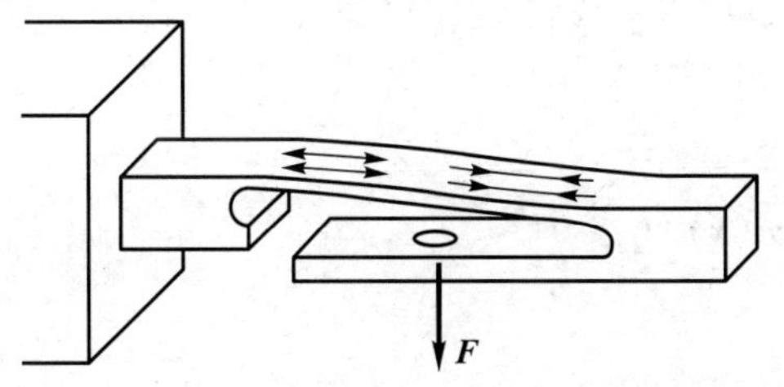

图 6.2.3 改型悬臂梁结构示意图

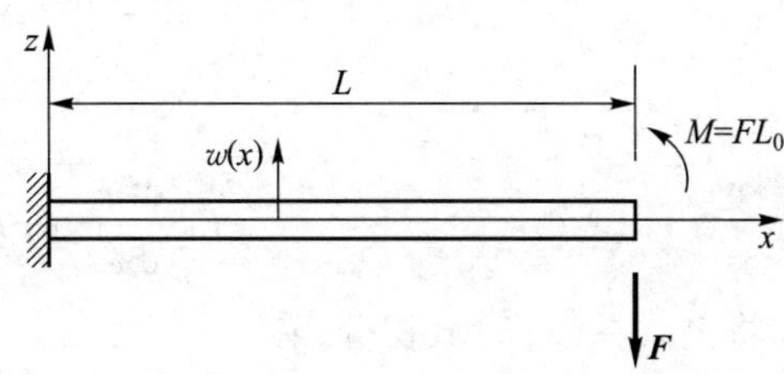

图 6.2.4 等效悬臂梁受力情况

如图 6.2.4 所示，在梁的中面建立直角坐标系，梁的一端（$x=0$）固定，另一端受法向作用力 F 和弯矩 M。

考虑梁的弯曲变形，在梁的中面只有沿 z 轴的法向位移 w，而在平行于中面的其他面内，除有上述位移外还有轴向位移 u，且有

$$u=-\frac{\partial w}{\partial x}z \tag{6.2.1}$$

梁的应变为

$$\varepsilon_x=\frac{\partial u}{\partial x}=-\frac{\partial^2 w}{\partial x^2}z \tag{6.2.2}$$

应力为

$$\sigma_x=E\varepsilon_x=-E\frac{\partial^2 w}{\partial x^2}z \tag{6.2.3}$$

利用式（5.5.4），梁的弹性势能为

$$U=\frac{1}{2}\iiint_V \varepsilon_x\sigma_x \mathrm{d}V=\frac{Ebh^3}{24}\int_x\left(\frac{\partial^2 w}{\partial x^2}\right)^2\mathrm{d}x=\frac{EJ}{2}\int_x\left(\frac{\partial^2 w}{\partial x^2}\right)^2\mathrm{d}x \tag{6.2.4}$$

$$J=\frac{bh^3}{12}$$

式中 x——梁在轴线方向的线积分域；

J——梁的截面惯性矩；

EJ——抗弯刚度。

讨论一般的情况，假设在梁上作用有分布力载荷 $f(x)$ 和弯矩 $m(x)$（见图 6.2.5），则外力的功为

$$W=\int_x f(x)w\mathrm{d}x+\int_x m(x)\frac{\partial w}{\partial x}\mathrm{d}x \tag{6.2.5}$$

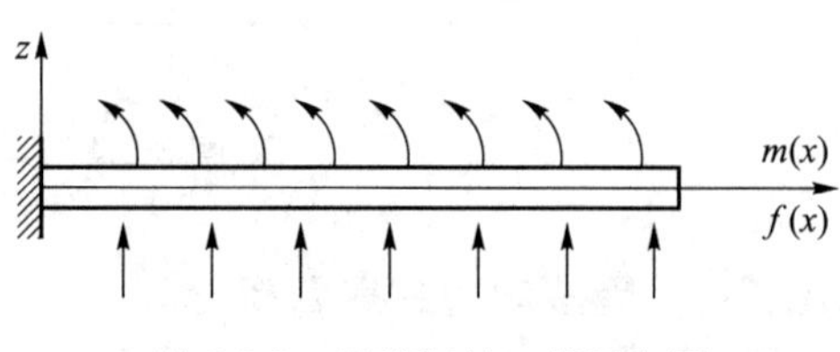

图 6.2.5 悬臂梁的一般受力图

建立泛函

$$\pi_1=U-W \tag{6.2.6}$$

利用 $\delta\pi_1=0$ 可得

$$EJ\frac{\mathrm{d}^4w}{\mathrm{d}x^4}-f(x)+\frac{\mathrm{d}}{\mathrm{d}x}[m(x)]=0 \tag{6.2.7}$$

针对图 6.2.4 的受力情况，将上式在 (x,L) 域上积分，有

$$\int_x^L EJ\frac{\mathrm{d}^4w}{\mathrm{d}x^4}\mathrm{d}x-\int_x^L f(x)\mathrm{d}x+\int_x^L\frac{\mathrm{d}}{\mathrm{d}x}m(x)\mathrm{d}x=0$$

即

$$-EJ\frac{\mathrm{d}^3w}{\mathrm{d}x^3}-(-F)-m(x)+C_1=0$$

将上式在 (x,L) 域积分，有

$$\int_x^L -EJ\frac{\mathrm{d}^3w}{\mathrm{d}x^3}\mathrm{d}x+\int_x^L F\mathrm{d}x-\int_x^L m(x)\mathrm{d}x+\int_x^L C_1\mathrm{d}x=0$$

即

$$EJ\frac{\mathrm{d}^2w}{\mathrm{d}x^2}+F(L-x)-M+C_1(L-x)+C_2=0$$

将上式改写为

$$EJ\frac{\mathrm{d}^2w}{\mathrm{d}x^2}+Ax+B=0 \tag{6.2.8}$$

式中 A、B——待定常数。

取如图 6.2.6 所示的一微元体，讨论其力平衡问题，在 x 截面上作用有弯矩 M_x 和剪力 Q，对 $x+\mathrm{d}x$ 截面取矩有

$$(-M_x)+\left(M_x+\frac{\mathrm{d}M_x}{\mathrm{d}x}\mathrm{d}x\right)-Q\mathrm{d}x=0$$

即

$$Q=\frac{\mathrm{d}M_x}{\mathrm{d}x} \tag{6.2.9}$$

由于 M_x 是 σ_x 所形成的，如图 6.2.7 所示，有

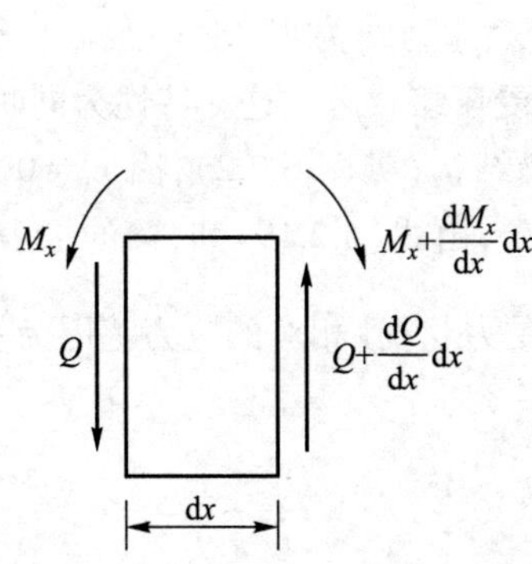

图 6.2.6 微元体受力分析图

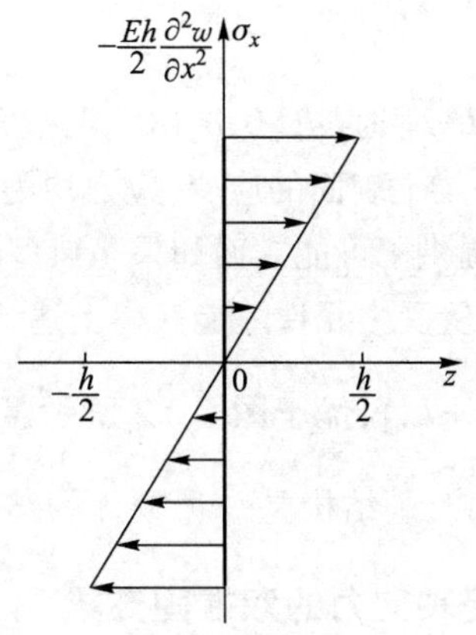

图 6.2.7 应力分析图

$$M_x=\int_{-\frac{h}{2}}^{\frac{h}{2}} b\sigma_x z\mathrm{d}z=-EJ\frac{\mathrm{d}^2 w}{\mathrm{d}x^2} \tag{6.2.10}$$

即作用于梁截面上的剪力为

$$Q=-EJ\frac{\mathrm{d}^3 w}{\mathrm{d}x^3} \tag{6.2.11}$$

在 $x=L$ 处有边界条件

$$\left.\begin{aligned} Q&=-F\\ M_x&=-M \end{aligned}\right\} \tag{6.2.12}$$

结合式(6.2.8)、式(6.2.11)和式(6.2.12)有

$$\left.\begin{aligned} AL+B&=-M\\ A&=-F \end{aligned}\right\} \tag{6.2.13}$$

即

$$\left.\begin{aligned} A&=-F\\ B&=FL-M \end{aligned}\right\} \tag{6.2.14}$$

因此,图 6.2.4 受力状态的梁的微分方程为

$$EJ\frac{\mathrm{d}^2 w}{\mathrm{d}x^2}-Fx+(FL-M)=0 \tag{6.2.15}$$

方程式(6.2.15)也可以直接由力矩平衡条件得到,简述如下:

依图 6.2.8 所示,可得到作用于 x 截面上的力矩为

$$M(x)=F(L-x)-M \tag{6.2.16}$$

利用 $M(x)=M_x$ 便可以得到式(6.2.15)。

方程式(6.2.15)的几何边界条件为

$$x=0,\quad w(x)=w'(x)=0 \tag{6.2.17}$$

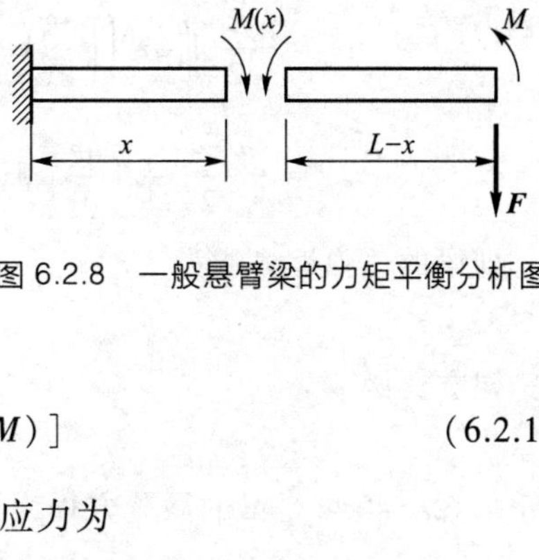

图 6.2.8 一般悬臂梁的力矩平衡分析图

利用边界条件式(6.2.17),积分式(6.2.15)得

$$w(x)=\frac{x^2}{6EJ}[Fx-3(FL-M)] \tag{6.2.18}$$

由式(6.2.18)和式(6.2.3)可得梁上表面($z=h/2$)的应力为

$$\sigma_x = \frac{Fh}{2J}[L-(x+L_0)] \tag{6.2.19}$$

显然当 $x<L-L_0$ 时,$\varepsilon_x>0$,$\sigma_x>0$,梁上表面的应变、应力均为正,处于受拉伸状态;当 $x>L-L_0$ 时,$\varepsilon_x<0$,$\sigma_x<0$,梁上表面的应变、应力均为负,处于受压缩状态。这一特性为同时在梁的上表面布置受力元件提供了可能。而如果是典型的悬臂梁结构(见图 6.2.2),因 $L_0=0$,于是只能在梁的上、下表面布置受力元件才能获得上述结果。此外,由式(6.2.19)知,梁的上表面应力范围为 $\frac{Fh}{2J}(L-L_0)\sim\frac{Fh}{2J}(-L_0)$,优于图 6.2.2 所示悬臂梁的受力状况$\left(相对的应力范围为\frac{FhL}{2J}\sim 0\right)$。所以图 6.2.3 所示的改进结构是一种较优的结构。

6.2.2 受轴向力的双端固支梁

在梁的中面建立直角坐标系,如图 6.2.9 所示。当梁两端($x=0,L$)受拉伸轴向力 T_0 时,考虑梁的弯曲振动,在梁的中面只有沿 z 轴的法向位移 w,而在平行于中面的其他面内,除有上述位移外还有轴向位移 u,其描述同式(6.2.1)。其弹性势能的描述仍为式(6.2.4)。

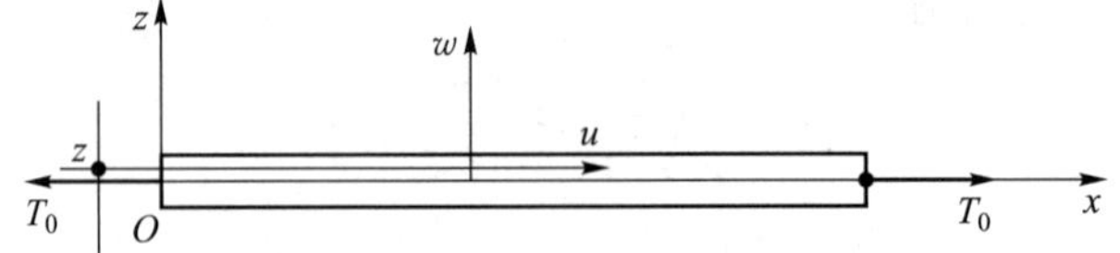

图 6.2.9 受有轴向力的梁

由式(5.5.11)可得梁的动能为

$$T=\frac{\rho_m}{2}\iiint_V\left[\left(\frac{\partial w}{\partial t}\right)^2+\left(\frac{\partial u}{\partial t}\right)^2\right]\mathrm{d}V=\frac{\rho_m bh}{2}\int_x\left\{\left(\frac{\partial w}{\partial t}\right)^2+\frac{h^2}{12}\left[\frac{\partial}{\partial t}\left(\frac{\partial w}{\partial x}\right)\right]^2\right\}\mathrm{d}x$$
$$\approx\frac{\rho_m bh}{2}\int_x\left(\frac{\partial w}{\partial t}\right)^2\mathrm{d}x \tag{6.2.20}$$

作用于梁两端的轴向力 T_0,相当于在梁两端作用着密度为 T_0/bh 的均布力,即在梁的任一点处的横截面上有初始应力

$$\sigma_x^0=\frac{T_0}{bh} \tag{6.2.21}$$

σ_x^0 引起的初始弹性势能为

$$U_{\mathrm{ad}}=-\frac{1}{2}\iiint_V\sigma_x^0\left[\left(\frac{\partial w}{\partial x}\right)^2+\left(\frac{\partial u}{\partial x}\right)^2\right]\mathrm{d}V=-\frac{\sigma_x^0 bh}{2}\int_x\left[\left(\frac{\partial w}{\partial x}\right)^2+\frac{h^2}{12}\left(\frac{\partial^2 w}{\partial x^2}\right)^2\right]\mathrm{d}x$$
$$\approx-\frac{\sigma_x^0 bh}{2}\int_x\left(\frac{\partial w}{\partial x}\right)^2\mathrm{d}x \tag{6.2.22}$$

即梁的总弹性势能为

$$U_T=U-U_{\mathrm{ad}} \tag{6.2.23}$$

建立泛函

$$\pi_2=U_T-T \tag{6.2.24}$$

依 $\delta\pi_2=0$ 可得梁的微分方程为

$$\frac{Eh^2}{12}\frac{\partial^4 w}{\partial x^4}-\sigma_x^0\frac{\partial^2 w}{\partial x^2}+\rho_m\frac{\partial^2 w}{\partial t^2}=0 \tag{6.2.25}$$

设方程式(6.2.25)的解为

$$w=w(x,t)=w(x)\cos\omega t \tag{6.2.26}$$

式中 ω——梁的固有角频率,rad/s;

$w(x)$——梁沿轴线方向分布的振型。

将式(6.2.26)代入式(6.2.25)可得

$$w(x)=A\sin\lambda_1 x+B\cos\lambda_1 x+C\operatorname{sh}\lambda_2 x+D\operatorname{ch}\lambda_2 x \tag{6.2.27}$$

$$\left.\begin{aligned}\lambda_1&=\left[-\frac{\alpha}{2}+\left(\frac{\alpha^2}{4}+\beta^2\right)^{0.5}\right]^{0.5}\\ \lambda_2&=\left[\frac{\alpha}{2}+\left(\frac{\alpha^2}{4}+\beta^2\right)^{0.5}\right]^{0.5}\end{aligned}\right\} \tag{6.2.28}$$

$$\left.\begin{aligned}\alpha&=\frac{12T_0}{Ebh^3}\\ \beta&=\left[\frac{12\omega^2\rho_m}{Eh^2}\right]^{0.5}\end{aligned}\right\} \tag{6.2.29}$$

对双端固支梁,有如下边界条件

$$\left.\begin{aligned}x=0,\quad w(x)=w'(x)=0\\ x=L,\quad w(x)=w'(x)=0\end{aligned}\right\} \tag{6.2.30}$$

由式(6.2.30)得

$$w'(x)=A\lambda_1\cos\lambda_1 x-\beta\lambda_1\sin\lambda_1 x+C\lambda_2\operatorname{ch}\lambda_2 x+D\lambda_2\operatorname{sh}\lambda_2 x \tag{6.2.31}$$

将式(6.2.30)代入式(6.2.27)和式(6.2.31)得

$$C=-A\frac{\lambda_1}{\lambda_2} \tag{6.2.32}$$

$$D=-B \tag{6.2.33}$$

$$\left(\sin\lambda_1 L-\frac{\lambda_1}{\lambda_2}\operatorname{sh}\lambda_2 L\right)A+(\cos\lambda_1 L-\operatorname{ch}\lambda_2 L)B=0 \tag{6.2.34}$$

$$(\cos\lambda_1 L-\operatorname{ch}\lambda_2 L)A-\left(\sin\lambda_1 L+\frac{\lambda_2}{\lambda_1}\operatorname{sh}\lambda_2 L\right)B=0 \tag{6.2.35}$$

式(6.2.34)和式(6.2.35)为关于系数 A、B 的代数方程,它们应有非零解,即

$$\begin{vmatrix}\sin\lambda_1 L-\dfrac{\lambda_1}{\lambda_2}\operatorname{sh}\lambda_2 L & \cos\lambda_1 L-\operatorname{ch}\lambda_2 L\\ \cos\lambda_1 L-\operatorname{ch}\lambda_2 L & -\sin\lambda_1 L-\dfrac{\lambda_2}{\lambda_1}\operatorname{sh}\lambda_2 L\end{vmatrix}=0$$

即

$$2-2\cos\lambda_1 L\operatorname{ch}\lambda_2 L+\frac{\alpha}{\beta}\sin\lambda_1 L\operatorname{sh}\lambda_2 L=0 \tag{6.2.36}$$

式(6.2.36)即为受轴向力 T_0 的双端固支梁的频率方程,由它可以解出梁的各阶固有频率,其中一、二阶固有频率分别为

$$f_1(T_0)=f_1(0)\left(1+0.294\ 9\frac{T_0L^2}{Ebh^3}\right)^{0.5}\quad(\text{Hz})\tag{6.2.37}$$

$$f_2(T_0)=f_2(0)\left(1+0.145\ 3\frac{T_0L^2}{Ebh^3}\right)^{0.5}\quad(\text{Hz})\tag{6.2.38}$$

其中 $f_1(0)$、$f_2(0)$ 分别为

$$f_1(0)=\frac{4.730^2h}{2\pi L^2}\left(\frac{E}{12\rho_m}\right)^{0.5}\quad(\text{Hz})\tag{6.2.39}$$

$$f_2(0)=\frac{7.853^2h}{2\pi L^2}\left(\frac{E}{12\rho_m}\right)^{0.5}\quad(\text{Hz})\tag{6.2.40}$$

给定一硅梁的参数：$E=1.3\times10^{11}$ Pa、$\rho_m=2.33\times10^3$ kg/m^3、$L=600\times10^{-6}$ m、$b=50\times10^{-6}$ m、$h=5\times10^{-6}$ m，可计算出 $T_0=0$ 时，$f_1(0)\approx106.6$ kHz，$f_2(0)\approx293.9$ kHz。图 6.2.10 给出了双端固支梁的一、二阶固有频率 $f_1(T_0)$、$f_2(T_0)$ 相对于拉伸力 $T_0=0$ 时的频率的变化率 $\Delta f_1/f_1(0)=[f_1(T_0)-f_1(0)]/f_1(0)$、$\Delta f_2/f_2(0)=[f_2(T_0)-f_2(0)]/f_2(0)$。已知轴向力的计算范围为 $-5\times10^{-3}\sim5\times10^{-3}$ N。图 6.2.11 给出了梁的一、二阶振型曲线。

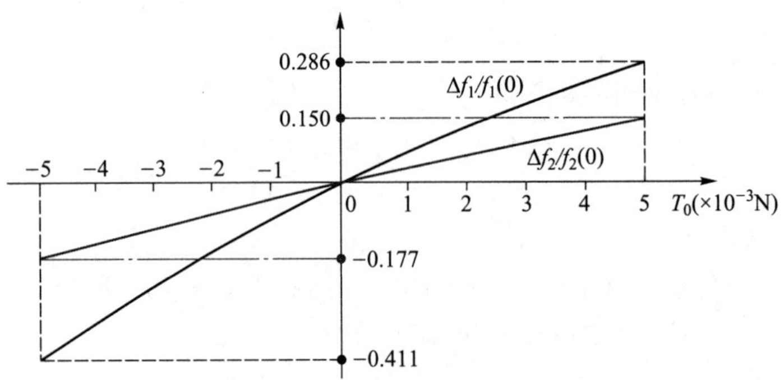

图 6.2.10 梁的一、二阶频率的相对变化

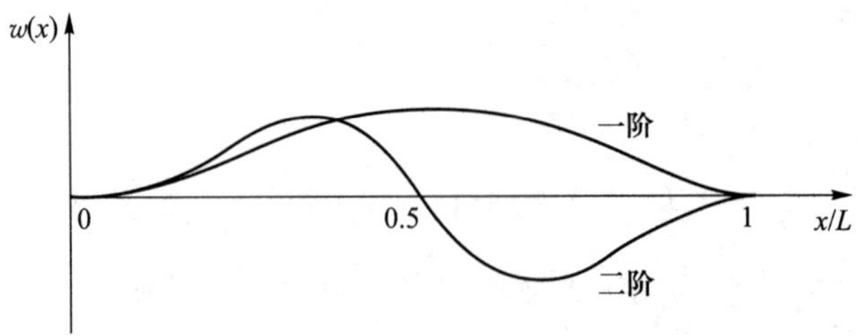

图 6.2.11 梁的一、二阶振型曲线示意图

6.3 圆平膜片的建模 ≫

圆平膜片是一种用于敏感压力的典型元件，利用它的各种外特性可以构成不同测量原理的传感器。如利用压力、应变特性的应变式传感器；利用压力、应力特性的硅压阻式传感器；利用压力、位移特性的电容式传感器；利用压力、频率特性的振膜式传感器等。

图 6.3.1 为在传感器中实用的一种圆平膜片典型结构。其有效敏感部分是一个圆平膜片，R、H 分别为圆平膜片的半径(m)和厚度(m)；边界结构参数见图示；作用于膜片上的均布压力为 p，此压力也可以看成是作用于膜片下表面的压力 p_2 与上表面压力 p_1 的差，$p=p_2-p_1$。

对于上述结构，考虑到 H_1、H_2 远大于 H，因此在建立其模型时，可以将其看成一个周边固支的圆平膜片，如图 6.3.2 所示。

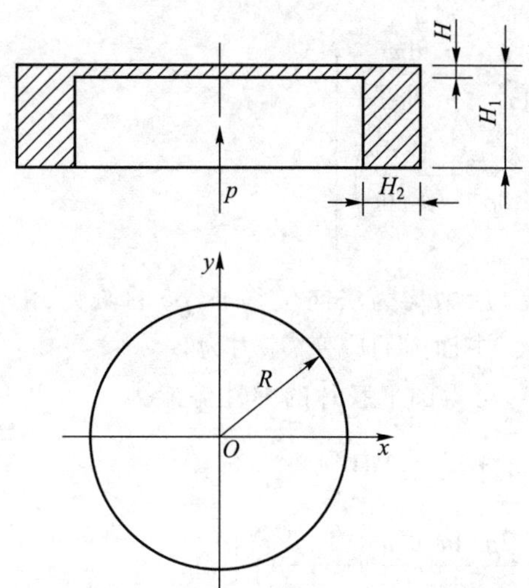

图 6.3.1 圆平膜片典型结构示意图

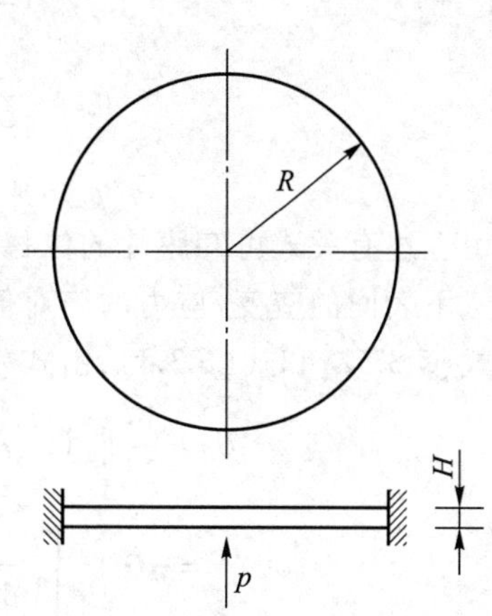

图 6.3.2 周边固支的圆平膜片

基于圆平膜片上作用着均布载荷，对于这样的膜片，在其中心建立三维柱面坐标系，膜片上、下表面分别为 $+0.5H$，$-0.5H$。

6.3.1 圆平膜片的小挠度变形

1. 能量方程

依据板的小挠度变形理论，当膜片受对称载荷时，在其中面只有法向位移 $w(\rho)$，在平行于中面的其他面内还有径向位移 $u(\rho,z)$，如图 6.3.3 所示。由式(5.3.48)可得

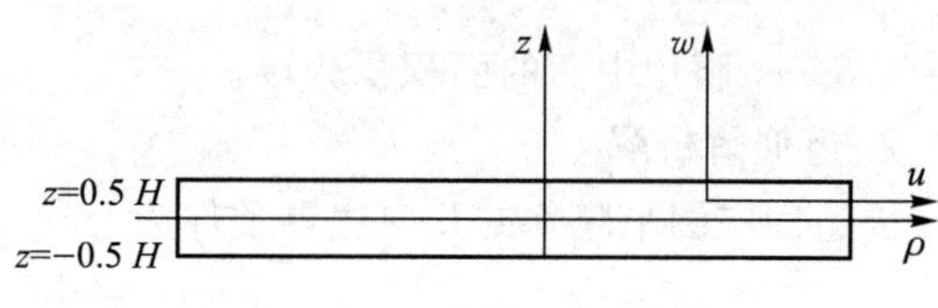

图 6.3.3 圆平膜片位移示意图

$$u(\rho,z)=-\frac{\mathrm{d}w}{\mathrm{d}\rho}z \tag{6.3.1}$$

借助于式(5.3.42)，前已推导出膜片的应变为

$$\left.\begin{aligned}\varepsilon_\rho&=-\frac{\mathrm{d}^2w(\rho)}{\mathrm{d}\rho^2}z\\ \varepsilon_\theta&=-\frac{\mathrm{d}w(\rho)}{\rho\mathrm{d}\rho}z\\ \varepsilon_{\rho\theta}&=0\end{aligned}\right\} \qquad [见式(5.3.52)]$$

由式(5.4.7)，可得物理方程为

$$\left.\begin{aligned}\sigma_\rho&=\frac{E}{1-\mu^2}(\varepsilon_\rho+\mu\varepsilon_\theta)\\\sigma_\theta&=\frac{E}{1-\mu^2}(\mu\varepsilon_\rho+\varepsilon_\theta)\\\sigma_{\rho\theta}&=0\end{aligned}\right\}\tag{6.3.2}$$

式(5.3.52)代入式(6.3.2)有

$$\left.\begin{aligned}\sigma_\rho&=\frac{-zE}{1-\mu^2}\left(\frac{\mathrm{d}^2w}{\mathrm{d}\rho^2}+\frac{\mu}{\rho}\frac{\mathrm{d}w}{\mathrm{d}\rho}\right)\\\sigma_\theta&=\frac{-zE}{1-\mu^2}\left(\mu\frac{\mathrm{d}^2w}{\mathrm{d}\rho^2}+\frac{1}{\rho}\frac{\mathrm{d}w}{\mathrm{d}\rho}\right)\\\sigma_{\rho\theta}&=0\end{aligned}\right\}\tag{6.3.3}$$

显然由上述有关式可知膜片的位移、应变、应力均为法向位移 $w(\rho)$ 的函数;沿着法线方向,膜片上、下表面的应变、应力的绝对值最大,中面内的应变、应力为零。

利用式(5.3.52)和式(6.3.3),由式(5.5.4)可得圆平膜片的弹性势能为

$$\begin{aligned}U&=\frac{1}{2}\iiint\limits_V(\sigma_\rho\varepsilon_\rho+\sigma_\theta\varepsilon_\theta+\sigma_{\rho\theta}\varepsilon_{\rho\theta})\mathrm{d}V\\&=\pi D\int_0^R\left[\left(\frac{\mathrm{d}^2w}{\mathrm{d}\rho^2}\right)^2+\frac{2\mu}{\rho}\frac{\mathrm{d}w}{\mathrm{d}\rho}\frac{\mathrm{d}^2w}{\mathrm{d}\rho^2}+\frac{1}{\rho^2}\left(\frac{\mathrm{d}w}{\mathrm{d}\rho}\right)^2\right]\rho\mathrm{d}\rho\end{aligned}\tag{6.3.4}$$

$$D=\frac{EH^3}{12(1-\mu^2)}$$

式中 D——膜片的抗弯刚度;

V——膜片的体积积分域。

均布压力 p 对膜片做的功为

$$W=\iint\limits_S pw(\rho)\rho\mathrm{d}\rho\mathrm{d}\theta=2\pi\int_0^R pw(\rho)\rho\mathrm{d}\rho\tag{6.3.5}$$

式中 S——膜片中面的面积积分域。

2. 近似解析解

周边固支圆平膜片的几何边界条件为

$$\left.\begin{aligned}&\rho=0,\quad \frac{\mathrm{d}w}{\mathrm{d}\rho}=0\\&\rho=R,\quad w=\frac{\mathrm{d}w}{\mathrm{d}\rho}=0\end{aligned}\right\}\tag{6.3.6}$$

于是,圆平膜片的法向位移分量可以表述为

$$w(\rho)=\left(1-\frac{\rho^2}{R^2}\right)^2\left[C_0+C_1\left(1-\frac{\rho^2}{R^2}\right)+C_2\left(1-\frac{\rho^2}{R^2}\right)^2+\cdots\right]\tag{6.3.7}$$

当式(6.3.7)中只取一个待定系数,即取

$$w(\rho)=C_0\left(1-\frac{\rho^2}{R^2}\right)^2=C_0\left(\frac{\rho^4}{R^4}-2\frac{\rho^2}{R^2}+1\right)=C_0g_0(\rho)\tag{6.3.8}$$

利用式(6.3.8)可得

$$\frac{\mathrm{d}w(\rho)}{\mathrm{d}\rho}=\frac{C_0}{R}\left(\frac{4\rho^3}{R^3}-\frac{4\rho}{R}\right)=C_0g_1(\rho)\tag{6.3.9}$$

$$\frac{\mathrm{d}w(\rho)}{\rho\mathrm{d}\rho}=\frac{C_0}{R^2}\left(\frac{4\rho^2}{R^2}-4\right)=C_0g_2(\rho) \tag{6.3.10}$$

$$\frac{\mathrm{d}^2w(\rho)}{\mathrm{d}\rho^2}=\frac{4C_0}{R^2}\left(\frac{3\rho^2}{R^2}-1\right)=C_0g_3(\rho) \tag{6.3.11}$$

$$g_0(\rho)=\frac{\rho^4}{R^4}-2\frac{\rho^2}{R^2}+1 \tag{6.3.12}$$

$$g_1(\rho)=\frac{4}{R}\left(\frac{\rho^3}{R^3}-\frac{\rho}{R}\right) \tag{6.3.13}$$

$$g_2(\rho)=\frac{4}{R^2}\left(\frac{\rho^2}{R^2}-1\right) \tag{6.3.14}$$

$$g_3(\rho)=\frac{4}{R^2}\left(\frac{3\rho^2}{R^2}-1\right) \tag{6.3.15}$$

将式(6.3.8)~式(6.3.15)代入式(6.3.4)可得

$$\begin{aligned}U&=\pi D\int_0^R\left[\left(\frac{\mathrm{d}^2w}{\mathrm{d}\rho^2}\right)^2+\frac{2\mu}{\rho}\frac{\mathrm{d}w}{\mathrm{d}\rho}\frac{\mathrm{d}^2w}{\mathrm{d}\rho^2}+\frac{1}{\rho^2}\left(\frac{\mathrm{d}w}{\mathrm{d}\rho}\right)^2\right]\rho\mathrm{d}\rho\\&=\pi DC_0^2\int_0^R[g_3^2(\rho)+2\mu g_2(\rho)g_3(\rho)+g_2^2(\rho)]\rho\mathrm{d}\rho=\frac{32\pi DC_0^2}{3R^2}=q_{10}C_0^2\end{aligned} \tag{6.3.16}$$

$$q_{10}=\frac{32\pi D}{3R^2} \tag{6.3.17}$$

将式(6.3.8)代入式(6.3.5)可得

$$W=2\pi\int_0^R pw(\rho)\rho\mathrm{d}\rho=2\pi pC_0\int_0^R g_0(\rho)\rho\mathrm{d}\rho=\frac{\pi R^2pC_0}{3}=q_{00}C_0 \tag{6.3.18}$$

$$q_{00}=\frac{\pi R^2p}{3} \tag{6.3.19}$$

结合式(6.3.16)~式(6.3.19),建立泛函

$$\pi_1=U-W=q_{10}C_0^2-q_{00}C_0 \tag{6.3.20}$$

利用$\frac{\partial\pi_1}{\partial C_0}=0$,可得

$$2q_{10}C_0-q_{00}=0$$

即

$$C_0=\frac{q_{00}}{2q_{10}}=\frac{R^4p}{64D} \tag{6.3.21}$$

将式(6.3.21)代入式(6.3.8)得

$$w(\rho)=\overline{W}_{\mathrm{R,max}}H\left(1-\frac{\rho^2}{R^2}\right)^2 \tag{6.3.22}$$

$$\overline{W}_{\mathrm{R,max}}=\frac{3p(1-\mu^2)}{16E}\left(\frac{R}{H}\right)^4$$

式中 $\overline{W}_{\mathrm{R,max}}$——圆平膜片的最大法向位移与其厚度的比值,无量纲。

由式(6.3.1)可得圆平膜片上表面($z=H/2$)的径向位移为

$$u(\rho)=\frac{3p(1-\mu^2)(R^2-\rho^2)\rho}{8EH^2} \tag{6.3.23}$$

由式(5.3.52)和式(6.3.2)可得圆平膜片上表面应变和应力分别为

$$\left.\begin{aligned}\varepsilon_\rho&=\frac{3p(1-\mu^2)(R^2-3\rho^2)}{8EH^2}\\\varepsilon_\theta&=\frac{3p(1-\mu^2)(R^2-\rho^2)}{8EH^2}\\\varepsilon_{\rho\theta}&=0\end{aligned}\right\} \tag{6.3.24}$$

$$\left.\begin{aligned}\sigma_\rho&=\frac{3p}{8H^2}[(1+\mu)R^2-(3+\mu)\rho^2]\\\sigma_\theta&=\frac{3p}{8H^2}[(1+\mu)R^2-(1+3\mu)\rho^2]\\\sigma_{\rho\theta}&=0\end{aligned}\right\} \tag{6.3.25}$$

3. 相关分析

均布压力 p 作用下的圆平膜片上表面径向位移 $u(\rho)$，圆平膜片法向位移 $w(\rho)$ 和上表面沿径向分布的正应变 ε_ρ、ε_θ 与正应力 σ_ρ、σ_θ 规律分别如图 6.3.4～图 6.3.7 所示。

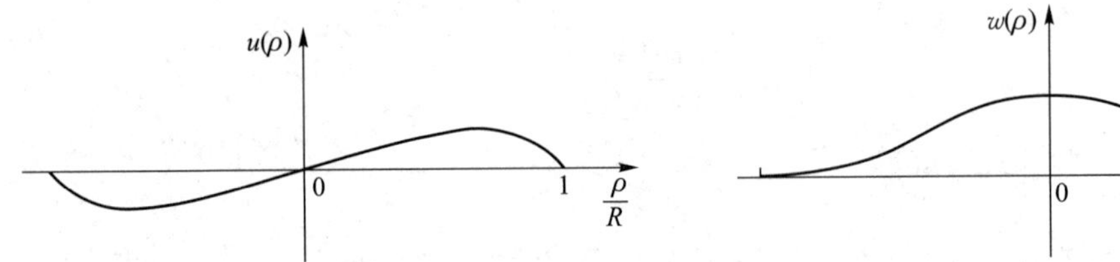

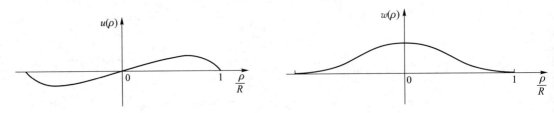

图 6.3.4　周边固支圆平膜片上表面径向位移示意图

图 6.3.5　周边固支圆平膜片法向位移示意图

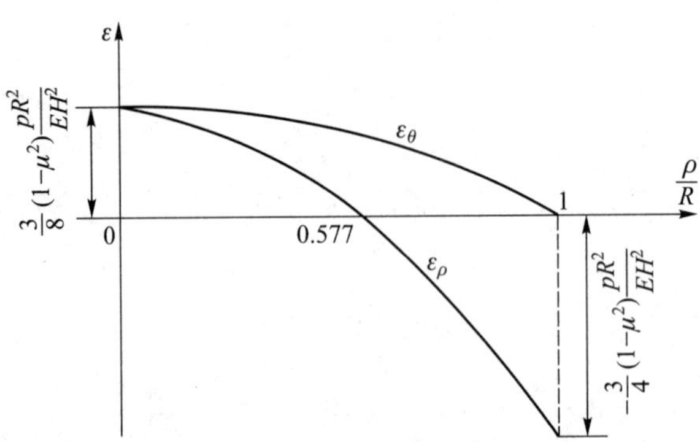

图 6.3.6　周边固支圆平膜片上表面应变示意图

由式(6.3.24)可知，圆平膜片的主应变方向就是其径向与环向。

利用式(6.3.24)和式(5.3.142)可得，与圆平膜片径向成 β 角的正应变和剪应变分别为

$$\varepsilon_\beta=\frac{3p(1-\mu^2)}{8EH^2}[(R^2-3\rho^2)\cos^2\beta+(R^2-\rho^2)\sin^2\beta] \tag{6.3.26}$$

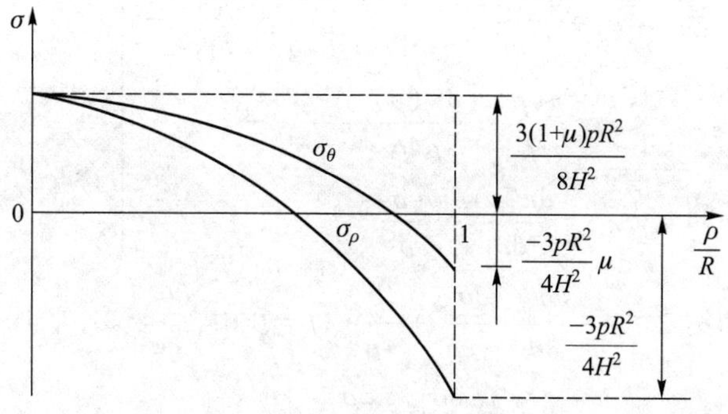

图 6.3.7 周边固支圆平膜片上表面应力示意图

$$\gamma_\beta=\frac{3p(1-\mu^2)\rho^2}{4EH^2}\sin 2\beta \tag{6.3.27}$$

由式(6.3.27)可知,在相同半径的圆周上,最大剪应变为$\frac{3p(1-\mu^2)\rho^2}{4EH^2}$,发生在$\beta=\frac{\pi}{4}$处;最小剪应变为$\frac{-3p(1-\mu^2)\rho^2}{4EH^2}$,发生在$\beta=\frac{3\pi}{4}$处。而对于相同的$\beta$角($\sin 2\beta\geqslant 0$),最大剪应变为$\frac{3p(1-\mu^2)R^2}{4EH^2}\sin 2\beta$,发生在膜片的周边,$\rho=R$处;最小剪应变为0,发生在膜片的正中心,$\rho=0$处。

利用式(6.3.25)和式(5.2.12)可得,与圆平膜片径向成β角的正应力和剪应力分别为

$$\sigma_\beta=\frac{3p}{8H^2}[(1+\mu)(R^2-\rho^2)-2\rho^2(\cos^2\beta+\mu\sin^2\beta)] \tag{6.3.28}$$

$$\tau_\theta=\frac{3p(1-\mu)\rho^2}{8H^2}\sin 2\beta \tag{6.3.29}$$

由式(6.3.29)可知,在相同半径的圆周上,最大剪应力为$\frac{3p(1-\mu)\rho^2}{8H^2}$,发生在$\beta=\frac{\pi}{4}$处;最小剪应力为$\frac{-3p(1-\mu)\rho^2}{8H^2}$,发生在$\beta=\frac{3\pi}{4}$处。而对于相同的$\beta$角,最大剪应力为$\frac{3p(1-\mu)R^2}{8H^2}\sin 2\beta$,发生在圆平膜片周边,$\rho=R$处;最小剪应力为0,发生在圆平膜片正中心,$\rho=0$处。

6.3.2 圆平膜片的大挠度变形

1. 能量方程

依据板的大挠度变形理论,当膜片受对称载荷时,由式(5.3.48)和式(5.3.47)可得圆平膜片由中面位移$u(\rho)$、$v(\rho)$、$w(\rho)$描述的径向位移与环向位移分量为

$$u(\rho,\theta,z)=u(\rho)-\frac{\mathrm{d}w(\rho)}{\mathrm{d}\rho}z \tag{6.3.30}$$

$$v(\rho,\theta,z)=v(\rho) \tag{6.3.31}$$

于是膜片的应变如前述为

$$\left.\begin{aligned}\varepsilon_{\rho}&=\frac{\mathrm{d}u(\rho)}{\mathrm{d}\rho}+\frac{1}{2}\left[\frac{\mathrm{d}w(\rho)}{\mathrm{d}\rho}\right]^{2}-\frac{\mathrm{d}^{2}w(\rho)}{\mathrm{d}\rho^{2}}z\\\varepsilon_{\theta}&=\frac{u(\rho)}{\rho}-\frac{\mathrm{d}w(\rho)}{\rho\mathrm{d}\rho}z\\\varepsilon_{\rho\theta}&=\frac{\mathrm{d}v(\rho)}{\mathrm{d}\rho}-\frac{v(\rho)}{\rho}\end{aligned}\right\}\qquad \text{[见式(5.3.129)]}$$

由于式(5.2.6)的第 2 式$\frac{1}{\rho}\frac{\partial\sigma_{\theta}}{\partial\theta}+\frac{\partial\sigma_{\rho\theta}}{\partial\rho}+\frac{2\sigma_{\rho\theta}}{\rho}+f_{\theta}=0$中，$\frac{\partial\sigma_{\theta}}{\partial\theta}=0$，$f_{\theta}=0$，于是有

$$\frac{\partial\sigma_{\rho\theta}}{\partial\rho}+\frac{2\sigma_{\rho\theta}}{\rho}=0 \tag{6.3.32}$$

结合边界条件$\sigma_{\rho\theta}\big|_{\rho=R}=0$，可得 $\sigma_{\rho\theta}=0$，于是由物理方程式(5.4.7)的第 3 式可得

$$\varepsilon_{\rho\theta}=\frac{\mathrm{d}v(\rho)}{\mathrm{d}\rho}-\frac{v(\rho)}{\rho}=0 \tag{6.3.33}$$

物理方程仍为式(6.3.2)。

利用式(5.3.129)和式(6.3.2)，由式(5.5.4)可得圆平膜片的弹性势能为

$$\begin{aligned}U&=\frac{1}{2}\iiint_{V}(\sigma_{\rho}\varepsilon_{\rho}+\sigma_{\theta}\varepsilon_{\theta}+\sigma_{\rho\theta}\varepsilon_{\rho\theta})\mathrm{d}V\\&=\pi D\int_{0}^{R}\left[\left(\frac{\mathrm{d}^{2}w}{\mathrm{d}\rho^{2}}\right)^{2}+\frac{2\mu}{\rho}\frac{\mathrm{d}w}{\mathrm{d}\rho}\frac{\mathrm{d}^{2}w}{\mathrm{d}\rho^{2}}+\frac{1}{\rho^{2}}\left(\frac{\mathrm{d}w}{\mathrm{d}\rho}\right)^{2}\right]\rho\mathrm{d}\rho+\\&\quad\frac{\pi EH}{1-\mu^{2}}\int_{0}^{R}\left\{\left[\frac{\mathrm{d}u}{\mathrm{d}\rho}+\frac{1}{2}\left(\frac{\mathrm{d}w}{\mathrm{d}\rho}\right)^{2}\right]^{2}+\left(\frac{u}{\rho}\right)^{2}+2\mu\frac{u}{\rho}\left[\frac{\mathrm{d}u}{\mathrm{d}\rho}+\frac{1}{2}\left(\frac{\mathrm{d}w}{\mathrm{d}\rho}\right)^{2}\right]\right\}\rho\mathrm{d}\rho\end{aligned} \tag{6.3.34}$$

均布压力 p 对膜片做的功仍为式(6.3.5)。

2. 近似解析解

对于圆平膜片大挠度变形情况下的中面位移分量 $u(\rho)$、$w(\rho)$，直接利用能量泛函原理求解十分困难，下面采用 Ritz 法给出一种较精确的近似解析解。

周边固支圆平膜片的几何边界条件除了法向位移分量满足式(6.3.6)外，径向位移分量还满足

$$\left.\begin{aligned}\rho=0,\quad u(\rho)=0\\\rho=R,\quad u(\rho)=0\end{aligned}\right\} \tag{6.3.35}$$

基于式(6.3.6)与式(6.3.35)，圆平膜片的径向位移分量与法向位移分量可以表述为

$$u(\rho)=\frac{\rho}{R}\left(1-\frac{\rho}{R}\right)\left(A_{0}+A_{1}\frac{\rho}{R}+A_{2}\frac{\rho^{2}}{R^{2}}+\cdots\right) \tag{6.3.36}$$

式(6.3.7)只取一个待定系数，式(6.3.36)取两个待定系数，即取

$$u(\rho)=\left(\frac{\rho}{R}-\frac{\rho^{2}}{R^{2}}\right)\left(A_{0}+A_{1}\frac{\rho}{R}\right)=A_{0}\left(\frac{\rho}{R}-\frac{\rho^{2}}{R^{2}}\right)+A_{1}\left(\frac{\rho^{2}}{R^{2}}-\frac{\rho^{3}}{R^{3}}\right)=A_{0}g_{4}(\rho)+A_{1}g_{5}(\rho) \tag{6.3.37}$$

由式(6.3.8)与式(6.3.37)可得

$$\frac{u(\rho)}{\rho}=\frac{A_{0}}{R}\left(1-\frac{\rho}{R}\right)+\frac{A_{1}}{R}\left(\frac{\rho}{R}-\frac{\rho^{2}}{R^{2}}\right)=A_{0}g_{6}(\rho)+A_{1}g_{7}(\rho) \tag{6.3.38}$$

$$\frac{\mathrm{d}u(\rho)}{\mathrm{d}\rho}=\frac{A_{0}}{R}\left(1-\frac{2\rho}{R}\right)+\frac{A_{1}}{R}\left(\frac{2\rho}{R}-\frac{3\rho^{2}}{R^{2}}\right)=A_{0}g_{8}(\rho)+A_{1}g_{9}(\rho) \tag{6.3.39}$$

$$g_4(\rho)=\frac{\rho}{R}-\frac{\rho^2}{R^2} \tag{6.3.40}$$

$$g_5(\rho)=\frac{\rho^2}{R^2}-\frac{\rho^3}{R^3} \tag{6.3.41}$$

$$g_6(\rho)=\frac{1}{R}\left(1-\frac{\rho}{R}\right) \tag{6.3.42}$$

$$g_7(\rho)=\frac{1}{R}\left(\frac{\rho}{R}-\frac{\rho^2}{R^2}\right) \tag{6.3.43}$$

$$g_8(\rho)=\frac{1}{R}\left(1-\frac{2\rho}{R}\right) \tag{6.3.44}$$

$$g_9(\rho)=\frac{1}{R}\left(\frac{2\rho}{R}-\frac{3\rho^2}{R^2}\right) \tag{6.3.45}$$

式(6.3.34)中的弯曲弹性势能同式(6.3.16)。

此外

$$\begin{aligned}
&\left[\frac{\mathrm{d}u}{\mathrm{d}\rho}+\frac{1}{2}\left(\frac{\mathrm{d}w}{\mathrm{d}\rho}\right)^2\right]^2+\left(\frac{u}{\rho}\right)^2+2\mu\frac{u}{\rho}\left[\frac{\mathrm{d}u}{\mathrm{d}\rho}+\frac{1}{2}\left(\frac{\mathrm{d}w}{\mathrm{d}\rho}\right)^2\right]\\
&=\left[A_0g_8(\rho)+A_1g_9(\rho)+\frac{1}{2}C_0^2g_1^2(\rho)\right]^2+[A_0g_6(\rho)+A_1g_7(\rho)]^2+\\
&\quad 2\mu\left[A_0g_8(\rho)+A_1g_9(\rho)+\frac{1}{2}C_0^2g_1^2(\rho)\right][A_0g_6(\rho)+A_1g_7(\rho)]\\
&=A_0^2g_8^2(\rho)+A_1^2g_9^2(\rho)+\frac{1}{4}C_0^4g_1^4(\rho)+2A_0A_1g_8(\rho)g_9(\rho)+A_0C_0^2g_8(\rho)g_1^2(\rho)+\\
&\quad A_1C_0^2g_9(\rho)g_1^2(\rho)+A_0^2g_6^2(\rho)+A_1^2g_7^2(\rho)+2A_0A_1g_6(\rho)g_7(\rho)+\\
&\quad 2\mu\Big\{A_0^2g_6(\rho)g_8(\rho)+A_1^2g_7(\rho)g_9(\rho)+A_0A_1[g_6(\rho)g_9(\rho)+g_7(\rho)g_8(\rho)]+\\
&\quad \frac{1}{2}A_0C_0^2g_6(\rho)g_1^2(\rho)+\frac{1}{2}A_1C_0^2g_7(\rho)g_1^2(\rho)\Big\}\\
&=A_0^2g_{11}(\rho)+A_1^2g_{12}(\rho)+C_0^4g_{13}(\rho)+A_0A_1g_{14}(\rho)+A_0C_0^2g_{15}(\rho)+\\
&\quad A_1C_0^2g_{16}(\rho)
\end{aligned} \tag{6.3.46}$$

$$g_{11}(\rho)=g_6^2(\rho)+g_8^2(\rho)+2\mu g_6(\rho)g_8(\rho) \tag{6.3.47}$$

$$g_{12}(\rho)=g_7^2(\rho)+g_9^2(\rho)+2\mu g_7(\rho)g_9(\rho) \tag{6.3.48}$$

$$g_{13}(\rho)=\frac{1}{4}g_1^4(\rho) \tag{6.3.49}$$

$$g_{14}(\rho)=2g_6(\rho)g_7(\rho)+2g_8(\rho)g_9(\rho)+2\mu g_6(\rho)g_9(\rho)+2\mu g_7(\rho)g_8(\rho) \tag{6.3.50}$$

$$g_{15}(\rho)=g_8(\rho)g_1^2(\rho)+\mu g_6(\rho)g_1^2(\rho) \tag{6.3.51}$$

$$g_{16}(\rho)=g_9(\rho)g_1^2(\rho)+\mu g_7(\rho)g_1^2(\rho) \tag{6.3.52}$$

即式(6.3.34)中的拉伸弹性势能为

$$\begin{aligned}
&\frac{\pi EH}{1-\mu^2}\int_0^R\left\{\left[\frac{\mathrm{d}u}{\mathrm{d}\rho}+\frac{1}{2}\left(\frac{\mathrm{d}w}{\mathrm{d}\rho}\right)^2\right]^2+\left(\frac{u}{\rho}\right)^2+2\mu\frac{u}{\rho}\left[\frac{\mathrm{d}u}{\mathrm{d}\rho}+\frac{1}{2}\left(\frac{\mathrm{d}w}{\mathrm{d}\rho}\right)^2\right]\right\}\rho\mathrm{d}\rho\\
&=\frac{\pi EH}{1-\mu^2}\int_0^R[A_0^2g_{11}(\rho)+A_1^2g_{12}(\rho)+C_0^4g_{13}(\rho)+A_0A_1g_{14}(\rho)+
\end{aligned}$$

$$A_0C_0^2g_{15}(\rho)+A_1C_0^2g_{16}(\rho)]\rho\mathrm{d}\rho$$

$$=q_{11}A_0^2+q_{12}A_1^2+q_{13}C_0^4+q_{14}A_0A_1+q_{15}A_0C_0^2+q_{16}A_1C_0^2 \tag{6.3.53}$$

$$q_{1i}=\frac{\pi EH}{1-\mu^2}\int_0^R g_{1i}(\rho)\rho\mathrm{d}\rho,\quad i=1,2,\cdots,6$$

$$q_{11}=\frac{\pi EH}{1-\mu^2}\int_0^R g_{11}(\rho)\rho\mathrm{d}\rho=\frac{\pi EH}{1-\mu^2}\int_0^R[g_6^2(\rho)+g_8^2(\rho)+2\mu g_6(\rho)g_8(\rho)]\rho\mathrm{d}\rho$$

$$=\frac{1}{4}\frac{\pi EH}{1-\mu^2} \tag{6.3.54}$$

$$q_{12}=\frac{\pi EH}{1-\mu^2}\int_0^R g_{12}(\rho)\rho\mathrm{d}\rho=\frac{\pi EH}{1-\mu^2}\int_0^R[g_7^2(\rho)+g_9^2(\rho)+2\mu g_7(\rho)g_9(\rho)]\rho\mathrm{d}\rho$$

$$=\frac{7}{60}\frac{\pi EH}{1-\mu^2} \tag{6.3.55}$$

$$q_{13}=\frac{\pi EH}{1-\mu^2}\int_0^R g_{13}(\rho)\rho\mathrm{d}\rho=\frac{32}{105}\frac{\pi EH}{(1-\mu^2)R^2} \tag{6.3.56}$$

$$q_{14}=\frac{\pi EH}{1-\mu^2}\int_0^R g_{14}(\rho)\rho\mathrm{d}\rho$$

$$=\frac{\pi EH}{1-\mu^2}\int_0^R[2g_6(\rho)g_7(\rho)+2g_8(\rho)g_9(\rho)+2\mu g_6(\rho)g_9(\rho)+2\mu g_7(\rho)g_8(\rho)]\rho\mathrm{d}\rho$$

$$=\frac{3}{10}\frac{\pi EH}{1-\mu^2} \tag{6.3.57}$$

$$q_{15}=\frac{\pi EH}{1-\mu^2}\int_0^R g_{15}(\rho)\rho\mathrm{d}\rho=\frac{\pi EH}{1-\mu^2}\int_0^R[g_8(\rho)g_1^2(\rho)+\mu g_6(\rho)g_1^2(\rho)]\rho\mathrm{d}\rho$$

$$=\frac{-46+82\mu}{315}\frac{\pi EH}{(1-\mu^2)R} \tag{6.3.58}$$

$$q_{16}=\frac{\pi EH}{1-\mu^2}\int_0^R g_{16}(\rho)\rho\mathrm{d}\rho=\frac{\pi EH}{1-\mu^2}\int_0^R[g_9(\rho)g_1^2(\rho)+\mu g_7(\rho)g_1^2(\rho)]\rho\mathrm{d}\rho$$

$$=\frac{4+44\mu}{315}\frac{\pi EH}{(1-\mu^2)R} \tag{6.3.59}$$

于是，式(6.3.34)描述的圆平膜片的弹性势能为

$$\pi D\int_0^R\left[\left(\frac{\mathrm{d}^2w}{\mathrm{d}\rho^2}\right)^2+\frac{2\mu}{\rho}\frac{\mathrm{d}w}{\mathrm{d}\rho}\frac{\mathrm{d}^2w}{\mathrm{d}\rho^2}+\frac{1}{\rho^2}\left(\frac{\mathrm{d}w}{\mathrm{d}\rho}\right)^2\right]\rho\mathrm{d}\rho+$$

$$\frac{\pi EH}{1-\mu^2}\int_0^R\left\{\left[\frac{\mathrm{d}u}{\mathrm{d}\rho}+\frac{1}{2}\left(\frac{\mathrm{d}w}{\mathrm{d}\rho}\right)^2\right]^2+\left(\frac{u}{\rho}\right)^2+2\mu\frac{u}{\rho}\left[\frac{\mathrm{d}u}{\mathrm{d}\rho}+\frac{1}{2}\left(\frac{\mathrm{d}w}{\mathrm{d}\rho}\right)^2\right]\right\}\rho\mathrm{d}\rho$$

$$=\frac{\pi EH}{1-\mu^2}\int_0^R[A_0^2g_{11}(\rho)+A_1^2g_{12}(\rho)+C_0^4g_{13}(\rho)+A_0A_1g_{14}(\rho)+A_0C_0^2g_{15}(\rho)+A_1C_0^2g_{16}(\rho)]\rho\mathrm{d}\rho$$

$$=q_{10}C_0^2+q_{11}A_0^2+q_{12}A_1^2+q_{13}C_0^4+q_{14}A_0A_1+q_{15}A_0C_0^2+q_{16}A_1C_0^2 \tag{6.3.60}$$

均布压力做的功如式(6.3.15)。

建立能量泛函

$$\pi_1(A_0,A_1,C_0)=q_{10}C_0^2+q_{11}A_0^2+q_{12}A_1^2+q_{13}C_0^4+q_{14}A_0A_1+q_{15}A_0C_0^2+q_{16}A_1C_0^2-q_{00}C_0 \tag{6.3.61}$$

利用 $\delta\pi_1=0$ 可得

$$\frac{\partial\pi_1(A_0,A_1,C_0)}{\partial A_0}=0\Rightarrow 2q_{11}A_0+q_{14}A_1+q_{15}C_0^2=0 \tag{6.3.62}$$

$$\frac{\partial\pi_1(A_0,A_1,C_0)}{\partial A_1}=0\Rightarrow 2q_{12}A_1+q_{14}A_0+q_{16}C_0^2=0 \tag{6.3.63}$$

$$\frac{\partial\pi_1(A_0,A_1,C_0)}{\partial C_0}=0\Rightarrow 4q_{13}C_0^3+2(q_{10}+q_{15}A_0+q_{16}A_1)C_0-q_{00}=0 \tag{6.3.64}$$

将 q_{11}、q_{12}、q_{14}、q_{15}、q_{16}代入式(6.3.62)和式(6.3.63)可得

$$\frac{\pi EH}{1-\mu^2}\left(0.500A_0+0.300A_1+\frac{-46+82\mu}{315}\frac{C_0^2}{R}\right)=0 \tag{6.3.65}$$

$$\frac{\pi EH}{1-\mu^2}\left(\frac{7}{30}A_1+0.300A_0+\frac{4+44\mu}{315}\frac{C_0^2}{R}\right)=0 \tag{6.3.66}$$

由式(6.3.65)和式(6.3.66)可得

$$A_0=\frac{179-89\mu}{126}\frac{C_0^2}{R} \tag{6.3.67}$$

$$A_1=\frac{-79+13\mu}{42}\frac{C_0^2}{R} \tag{6.3.68}$$

将 q_{00}、q_{10}、q_{13}、q_{15}、q_{16}代入式(6.3.64)可得

$$\frac{128}{105}\frac{\pi EH}{1-\mu^2}\frac{C_0^3}{R^2}+2\frac{\pi EH}{(1-\mu^2)R}\left(\frac{8H^2}{9R}+\frac{-46+82\mu}{315}A_0+\frac{4+44\mu}{315}A_1\right)C_0-\frac{1}{3}\pi R^2p=0 \tag{6.3.69}$$

将式(6.3.67)和式(6.3.68)代入式(6.3.69)可得

$$\left(\frac{128}{35}-\frac{9\ 182-8\ 500\mu+5\ 582\mu^2}{6\ 615}\right)\frac{E}{1-\mu^2}\frac{H}{R}\left(\frac{C_0}{R}\right)^3+\frac{16E}{3(1-\mu^2)}\left(\frac{H}{R}\right)^3\frac{C_0}{R}-p=0$$

$$k_1\frac{C_0}{H}+k_3\left(\frac{C_0}{H}\right)^3=p \tag{6.3.70}$$

$$k_1=\frac{16E}{3(1-\mu^2)}\left(\frac{H}{R}\right)^4 \tag{6.3.71}$$

$$k_3=\frac{16E}{3(1-\mu^2)}\left(\frac{H}{R}\right)^4\frac{7\ 505+4\ 250\mu-2\ 791\mu^2}{17\ 640} \tag{6.3.72}$$

由式(6.3.8)可知，当 $\rho=0$ 时，在圆平膜片的正中心处有最大法向挠度，且有

$$\overline{W}_{\mathrm{R,max}}=\frac{C_0}{H} \tag{6.3.73}$$

式中 $\overline{W}_{\mathrm{R,max}}$——圆平膜片的最大法向位移与其厚度的比值，无量纲。

将式(6.3.73)代入式(6.3.70)可得

$$\left(\frac{7\ 505+4\ 250\mu-2\ 791\mu^2}{17\ 640}\right)\overline{W}_{\mathrm{R,max}}^3+\overline{W}_{\mathrm{R,max}}=\frac{3(1-\mu^2)}{16E}\left(\frac{R}{H}\right)^4p \tag{6.3.74}$$

由上述结果可知，当考虑圆平膜片的大挠度变形时，其变形将比按小挠度变形考虑得到的结果要复杂。

由式(6.3.74)可以得到周边固支圆平膜片的最大法向位移 C_0 与其厚度 H 的比值 $\overline{W}_{\mathrm{R,max}}$，然后由式(6.3.67)和式(6.3.68)得到 A_0、A_1，从而得到在均布压力 p 作用下，圆平膜片

大挠度变形情况下的径向位移 $u(\rho)$, $w(\rho)$；由式(5.3.129)可以分析圆平膜片大挠度变形情况下的应变；进一步可以分析圆平膜片大挠度变形情况下的应力。

有了圆平膜片的位移特性、应变特性、应力特性，便可以根据传感器的实际工作特征来设计和选择圆平膜片的结构参数及其他相关的量。

6.3.3 圆平膜片的弯曲振动

首先讨论周边固支圆平膜片自身的固有振动。考虑到实际工程应用背景，这里只讨论圆平膜片的对称振动。

依据板的小挠度变形理论，当膜片在对称振动情况下，在其中面只有法向位移 $w(\rho,t)$（参见图6.3.3），在平行于中面的其他面内还有径向位移 $u(\rho,z,t)$，由式(5.3.48)可得

$$u(\rho,z,t)=-\frac{\partial w(\rho,t)}{\partial\rho}z \tag{6.3.75}$$

借助于式(5.3.52)、式(6.3.3)和式(6.3.4)，可得圆平膜片的弹性势能为

$$\begin{aligned}U&=\frac{1}{2}\iiint_V(\sigma_\rho\varepsilon_\rho+\sigma_\theta\varepsilon_\theta+\sigma_{\rho\theta}\varepsilon_{\rho\theta})\,\mathrm{d}V\\&=\frac{D}{2}\iint_S\left[\left(\frac{\partial^2 w}{\partial\rho^2}\right)^2+\frac{2\mu}{\rho}\frac{\partial w}{\partial\rho}\frac{\partial^2 w}{\partial\rho^2}+\frac{1}{\rho^2}\left(\frac{\partial w}{\partial\rho}\right)^2\right]\rho\mathrm{d}\rho\mathrm{d}\theta\\&=\pi D\int_0^R\left[\left(\frac{\partial^2 w}{\partial\rho^2}\right)^2+\frac{2\mu}{\rho}\frac{\partial w}{\partial\rho}\frac{\partial^2 w}{\partial\rho^2}+\frac{1}{\rho^2}\left(\frac{\partial w}{\partial\rho}\right)^2\right]\rho\mathrm{d}\rho\end{aligned} \tag{6.3.76}$$

依式(5.5.11)和式(6.3.75)，可得圆平膜片的动能为

$$\begin{aligned}T&=\frac{1}{2}\iiint_V\left[\left(\frac{\partial u}{\partial t}\right)^2+\left(\frac{\partial v}{\partial t}\right)^2+\left(\frac{\partial w}{\partial t}\right)^2\right]\rho_m\mathrm{d}V\\&=\frac{1}{2}\iiint_V\left[\left(\frac{\partial^2 w}{\partial\rho\partial t}\right)^2z^2+\left(\frac{\partial w}{\partial t}\right)^2\right]\rho_m\mathrm{d}V\\&=\frac{\rho_m H}{2}\iint_S\left[\left(\frac{\partial w}{\partial t}\right)^2+\frac{H^2}{12}\left(\frac{\partial^2 w}{\partial\rho\partial t}\right)^2\right]\mathrm{d}S\\&=\pi\rho_m H\int_0^R\left[\left(\frac{\partial w}{\partial t}\right)^2+\frac{H^2}{12}\left(\frac{\partial^2 w}{\partial\rho\partial t}\right)^2\right]\rho\mathrm{d}\rho\end{aligned} \tag{6.3.77}$$

圆平膜片的对称振动的法向振动位移分量可以描述为

$$w(\rho,t)=w(\rho)w(t)=w(\rho)\cos\omega t \tag{6.3.78}$$

式中 ω——圆平膜片的弯曲振动的固有角频率，rad/s；

$w(\rho)$——对应于圆平膜片固有角频率 ω 的对称振动振型沿径向的分布规律。

基于周边固支圆平膜片的几何边界条件式(6.3.9)，对于圆平膜片的最低阶弯曲振动，$w(\rho)$ 可以描述为式(6.3.7)的形式。

当式(6.3.7)中只取一个待定系数，即借助于式(6.3.8)和式(6.3.9)等，由式(6.3.76)可得

$$\begin{aligned}U&=\pi D\cos^2\omega t\int_0^R\left[\left(\frac{\partial^2 w}{\partial\rho^2}\right)^2+\frac{2\mu}{\rho}\frac{\partial w}{\partial\rho}\frac{\partial^2 w}{\partial\rho^2}+\frac{1}{\rho^2}\left(\frac{\partial w}{\partial\rho}\right)^2\right]\rho\mathrm{d}\rho=\frac{32\pi D}{3R^2}C_0^2\cos^2\omega t\\&=q_{10}C_0^2\cos^2\omega t\end{aligned} \tag{6.3.79}$$

借助于式(6.3.8)～式(6.3.10)和式(6.3.78)，式(6.3.77)可得

$$T=\pi\rho_m H\int_0^R\left[\left(\frac{\partial w}{\partial t}\right)^2+\frac{H^2}{12}\left(\frac{\partial^2 w}{\partial\rho\partial t}\right)^2\right]\rho\mathrm{d}\rho$$
$$=\pi\rho_m H\omega^2\sin^2\omega t\int_0^R\left[w^2+\frac{H^2}{12}\left(\frac{\partial w}{\partial\rho}\right)^2\right]\rho\mathrm{d}\rho$$
$$=\pi\rho_m H\omega^2\sin^2\omega t C_0^2\int_0^R\left[g_0^2(\rho)+\frac{H^2}{12}g_1^2(\rho)\right]\rho\mathrm{d}\rho=q_{20}C_0^2\sin^2\omega t$$
$$q_{20}=\pi\rho_m H\omega^2\int_0^R\left[\left(\frac{\rho^2}{R^2}-1\right)^4+\frac{4H^2}{3R^2}\left(\frac{\rho^3}{R^3}-\frac{\rho}{R}\right)^2\right]\rho\mathrm{d}\rho=\frac{\pi\rho_m H\omega^2}{R^2}\left(\frac{R^2}{10}+\frac{H^2}{18}\right) \tag{6.3.80}$$

由式(6.3.79)和式(6.3.80)可得周边固支圆平膜片弯曲振动的基频

$$\omega=\sqrt{\frac{q_{10}}{q_{20}}}=\sqrt{\frac{960D}{\rho_m HR^2(9R^2+5H^2)}}\quad(\mathrm{rad/s}) \tag{6.3.81}$$

对于圆平膜片，$R^2/H^2\gg1$，故式(6.3.81)可以简化为

$$\omega=\frac{1}{R^2}\sqrt{\frac{320D}{3\rho_m H}}\approx\frac{2.981\,4H}{R^2}\sqrt{\frac{E}{\rho_m(1-\mu^2)}}\quad(\mathrm{rad/s}) \tag{6.3.82}$$

或

$$f_{\mathrm{R,B1}}=\frac{\omega}{2\pi}\approx\frac{0.474H}{R^2}\sqrt{\frac{E}{\rho_m(1-\mu^2)}}\quad(\mathrm{Hz}) \tag{6.3.83}$$

这一结论比通常的精确解高1%。

依据板的大挠度变形理论，当膜片在压力 p 作用下引起其中面径向与法向的“初始”位移分量分别为 $u_0(\rho)$、$w_0(\rho)$（简记为 u_0、w_0）；在此基础上，考虑在其中面产生与时间有关的径向振动位移分量和法向振动位移分量分别为 $u_0^t(\rho,t)$、$w_0^t(\rho,t)$，可描述为

$$\left.\begin{aligned}u_0^t(\rho,t)&=u_0^t(\rho)\cos\omega t=u_0^t\cos\omega t\\ w_0^t(\rho,t)&=w_0^t(\rho)\cos\omega t=w_0^t\cos\omega t\end{aligned}\right\} \tag{6.3.84}$$

式中 ω——圆平膜片的弯曲振动的固有角频率，rad/s；

$u_0^t(\rho)$、$w_0^t(\rho)$——对应于圆平膜片固有角频率 ω 的径向与法向对称振动振型沿径向的分布规律。

于是利用式(5.3.48)，圆平膜片 z 面上的振动位移为

$$\left.\begin{aligned}u_0^t(\rho,z,t)&=(u_0^t+z\lambda_\rho^t)\cos\omega t\\ w_0^t(\rho,z,t)&=w_0^t\cos\omega t\end{aligned}\right\} \tag{6.3.85}$$

$$\lambda_\rho^t=-\frac{\partial w_0^t}{\partial\rho} \tag{6.3.86}$$

结合式(6.3.30)，综合考虑由压力 p 引起的位移和与时间有关的振动位移，圆平膜片 z 面上的总位移可以描述为

$$\left.\begin{aligned}u_{\mathrm{T}}(\rho,z,t)&=u(\rho,z)+u^t(\rho,z,t)=u_0+z\lambda_0+(u_0^t+z\lambda_\rho^t)\cos\omega t\\ w_{\mathrm{T}}(\rho,z,t)&=w(\rho,z)+w_0^t(\rho,t)=w_0+w_0^t\cos\omega t\end{aligned}\right\} \tag{6.3.87}$$

$$\lambda_0=-\frac{\partial w_0}{\partial\rho} \tag{6.3.88}$$

由式(5.3.127)和式(6.3.85)~式(6.3.88)，可得圆平膜片的应变为

$$\left.\begin{aligned}\varepsilon_\rho^{\mathrm{T}} &= \frac{\partial u_{\mathrm{T}}(\rho,z,t)}{\partial\rho}+\frac{1}{2}\left[\frac{\partial w_{\mathrm{T}}(\rho,z,t)}{\partial\rho}\right]^2 \xlongequal{\mathrm{def}} \varepsilon_\rho^{0\mathrm{T}}+zk_\rho^{\mathrm{T}}\\ \varepsilon_\theta^{\mathrm{T}} &= \frac{u_{\mathrm{T}}(\rho,z,t)}{\rho}\xlongequal{\mathrm{def}}\varepsilon_\theta^{0\mathrm{T}}+zk_\theta^{\mathrm{T}}\end{aligned}\right\} \tag{6.3.89}$$

$$\left.\begin{aligned}\varepsilon_\rho^{0\mathrm{T}} &= \frac{\partial(u_0+u_0^t\cos\omega t)}{\partial\rho}+\frac{1}{2}\left[\frac{\partial(w_0+w_0^t\cos\omega t)}{\partial\rho}\right]^2\\ \varepsilon_\theta^{0\mathrm{T}} &= \frac{u_0+u_0^t\cos\omega t}{\rho}\end{aligned}\right\} \tag{6.3.90}$$

$$\left.\begin{aligned}k_\rho^{\mathrm{T}} &= -\frac{\partial^2 w_0}{\partial\rho^2}-\frac{\partial^2 w_0}{\partial\rho^2}\cos\omega t\\ k_\theta^{\mathrm{T}} &= -\frac{\partial w_0}{\rho\partial\rho}-\frac{\partial w_0}{\rho\partial\rho}\cos\omega t\end{aligned}\right\} \tag{6.3.91}$$

式中，$\varepsilon_\rho^{0\mathrm{T}}$、$\varepsilon_\theta^{0\mathrm{T}}$ 分别为膜片中面的总径向正应变与总环向正应变；k_ρ^{T}、k_θ^{T} 为相应的弯曲变形。

借助于式(6.3.2)，由式(5.5.4)和式(6.3.89)～式(6.3.91)，可得圆平膜片的总弹性势能为

$$U_{\mathrm{T}}=\frac{EH}{2(1-\mu^2)}\iint_S\left\{(\varepsilon_\rho^{0\mathrm{T}})^2+(\varepsilon_\theta^{0\mathrm{T}})^2+2\mu\varepsilon_\rho^{0\mathrm{T}}\varepsilon_\theta^{0\mathrm{T}}+\frac{H^2}{12}[(k_\rho^{\mathrm{T}})^2+(k_\theta^{\mathrm{T}})^2+2\mu k_\rho^{\mathrm{T}}k_\theta^{\mathrm{T}}]\right\}\mathrm{d}S \tag{6.3.92}$$

均布压力 p 做的功为

$$W_{\mathrm{T}}=\iint_S p(w_0+w_0^t\cos\omega t)\,\mathrm{d}S \tag{6.3.93}$$

圆平膜片的振动动能为

$$T=\frac{\rho}{2}\iiint_V\left[\left(\frac{\partial u^t}{\partial t}\right)^2+\left(\frac{\partial w^t}{\partial t}\right)^2\right]\mathrm{d}V\approx\frac{\rho\omega^2 H\sin^2\omega t}{2}\iint_S(w_0^t)^2\mathrm{d}S \tag{6.3.94}$$

由式(5.5.29)建立 Hamilton 作用量

$$H=\int_{t_1}^{t_2}(U_{\mathrm{T}}-W_{\mathrm{T}}-T)\,\mathrm{d}t \tag{6.3.95}$$

依 Hamilton 原理，位移式(6.3.87)满足 $t\in[t_1,t_2]$，使 H 取驻值。

结合 6.3.2 分析得到的大挠度变形 u_0、w_0，便可以求出纯振动位移 u_0^t、w_0^t 及相应的固有角频率 ω。

对于式(6.3.95)的直接求解十分困难，下面采用 Ritz 法给出一种较精确的近似解析解。

基于周边固支圆平膜片的几何边界条件式(6.3.6)，结合上述分析，由压力 p 引起的中面位移分量 u_0、w_0 可以描述为

$$\left.\begin{aligned}u_0(\rho)&=\rho(R-\rho)(A_0+A_1\rho)\\ w_0(\rho)&=C_0(\rho^2-R^2)^2\end{aligned}\right\} \tag{6.3.96}$$

对于圆平膜片的最低阶弯曲振动，与时间相关的中面振动位移分量 u_0^t、w_0^t 可以描述为

$$\left.\begin{aligned}u_0^t(\rho)&=\rho(R-\rho)(A_0^t+A_1^t\rho)\\ w_0^t(\rho)&=C_0^t(\rho^2-R^2)^2\end{aligned}\right\} \tag{6.3.97}$$

于是总弹性势能为

$$U_{\mathrm{T}}=\frac{EH}{2(1-\mu^2)}\iint\limits_S\left\{\left[A_0^t g_8(\rho)+A_1^t g_9(\rho)+\frac{1}{2}(C_0^t)^2 g_1^2(\rho)\right]^2+[A_0^t g_6(\rho)+A_1^t g_7(\rho)]^2+\right.$$

$$\left.2\mu\left[A_0^t g_8(\rho)+A_1^t g_9(\rho)+\frac{1}{2}(C_0^t)^2 g_1^2(\rho)\right][A_0^t g_6(\rho)+A_1^t g_7(\rho)]\right\}\mathrm{d}S+$$

$$\frac{EH}{2(1-\mu^2)}(C_0^t)^2\iint\limits_S\frac{H^2}{12}[g_3^2(\rho)+g_2^2(\rho)+2\mu g_2(\rho)g_3(\rho)]\mathrm{d}S \tag{6.3.98}$$

均布压力 p 做的功为

$$W_{\mathrm{T}}=\iint\limits_S p(w_0+w_0^t\cos\omega t)\mathrm{d}S=pC_0^t\iint\limits_S g_0(\rho)\mathrm{d}S \tag{6.3.99}$$

振动动能为

$$T=\frac{\rho_m H\omega^2\sin^2\omega t}{2}\iint\limits_S\left\{[A_0^t g_4(\rho)+A_1^t g_5(\rho)]^2+\frac{H^2}{12}(C_0^t)^2 g_1^2(\rho)+(C_0^t)^2 g_0^2(\rho)\right\}\mathrm{d}S \tag{6.3.100}$$

式(6.3.98)中的弯曲弹性势能形式同式(6.3.16),重写如下

$$\frac{EH}{2(1-\mu^2)}(C_0^t)^2\iint\limits_S\frac{H^2}{12}[g_3^2(\rho)+g_2^2(\rho)+2\mu g_2(\rho)g_3(\rho)]\mathrm{d}S=q_{10}(C_0^t)^2 \tag{6.3.101}$$

考虑到

$$\left[A_0^t g_8(\rho)+A_1^t g_9(\rho)+\frac{1}{2}(C_0^t)^2 g_1^2(\rho)\right]^2+[A_0^t g_6(\rho)+A_1^t g_7(\rho)]^2+$$

$$2\mu\left[A_0^t g_8(\rho)+A_1^t g_9(\rho)+\frac{1}{2}(C_0^t)^2 g_1^2(\rho)\right][A_0^t g_6(\rho)+A_1^t g_7(\rho)]$$

$$=(A_0^t)^2 g_8^2(\rho)+(A_1^t)^2 g_8^2(\rho)+\frac{1}{4}(C_0^t)^4 g_1^4(\rho)+2A_0^t A_1^t g_8(\rho)g_9(\rho)+$$

$$A_0^t(C_0^t)^2 g_8(\rho)g_1^2(\rho)+A_1^t(C_0^t)^2 g_9(\rho)g_1^2(\rho)+(A_0^t)^2 g_6^2(\rho)+(A_1^t)^2 g_7^2(\rho)+$$

$$2A_0^t A_1^t g_6(\rho)g_7(\rho)+2\mu\left\{(A_0^t)^2 g_6(\rho)g_8(\rho)+(A_1^t)^2 g_7(\rho)g_9(\rho)+\right.$$

$$A_0^t A_1^t[g_6(\rho)g_9(\rho)+g_7(\rho)g_8(\rho)]+\frac{1}{2}A_0^t(C_0^t)^2 g_6(\rho)g_1^2(\rho)+$$

$$\left.\frac{1}{2}A_1^t(C_0^t)^2 g_7(\rho)g_1^2(\rho)\right\}$$

$$=(A_0^t)^2 g_{11}(\rho)+(A_1^t)^2 g_{12}(\rho)+(C_0^t)^4 g_{13}(\rho)+A_0^t A_1^t g_{14}(\rho)+A_0^t(C_0^t)^2 g_{15}(\rho)+$$

$$A_1^t(C_0^t)^2 g_{16}(\rho) \tag{6.3.102}$$

即式(6.3.98)中的拉伸弹性势能为

$$\frac{\pi EH}{1-\mu^2}\int_0^R[(A_0^t)^2 g_{11}(\rho)+(A_1^t)^2 g_{12}(\rho)+(C_0^t)^4 g_{13}(\rho)+A_0^t A_1^t g_{14}(\rho)+$$

$$A_0^t(C_0^t)^2 g_{15}(\rho)+A_1^t(C_0^t)^2 g_{16}(\rho)]\rho\mathrm{d}\rho$$

$$=q_{11}(A_0^t)^2+q_{12}(A_1^t)^2+q_{13}(C_0^t)^4+q_{14}A_0^t A_1^t+q_{15}A_0^t(C_0^t)^2+q_{16}A_1^t(C_0^t)^2 \tag{6.3.103}$$

$$q_{1i}=\frac{\pi EH}{1-\mu^2}\int_0^R g_{1i}(\rho)\rho\mathrm{d}\rho,\quad i=1,2,\cdots,6$$

总弹性势能为

$$U_{\mathrm{T}}=q_{10}(C_0^t)^2+q_{11}(A_0^t)^2+q_{12}(A_1^t)^2+q_{13}(C_0^t)^4+$$

$$q_{14}A_0^tA_1^t+q_{15}A_0^t\left(C_0^t\right)^2+q_{16}A_1^t\left(C_0^t\right)^2 \tag{6.3.104}$$

均布压力 p 做的功为

$$W_{\mathrm{T}}=\iint_S p(w_0+w_0^t\cos\omega t)\,\mathrm{d}S=pC_0^t\iint_S g_0(\rho)\,\mathrm{d}S=q_{00}C_0^t \tag{6.3.105}$$

圆平膜片的振动动能为

$$\begin{aligned}T&=\frac{\rho_m H\omega^2\sin^2\omega t}{2}\iint_S\left\{\left[A_0^tg_4(\rho)+A_1^tg_5(\rho)\right]^2+\frac{H^2}{12}(C_0^t)^2g_1^2(\rho)+(C_0^t)^2g_0^2(\rho)\right\}\mathrm{d}S\\&=\omega^2\sin^2\omega t\left[q_{17}(A_0^t)^2+q_{18}A_0^tA_1^t+q_{19}(A_1^t)^2+q_{20}(C_0^t)^2\right]\end{aligned} \tag{6.3.106}$$

$$q_{17}=\pi\rho_m H\int_0^R g_4^2(\rho)\rho\mathrm{d}\rho=\pi\rho_m HR^2\int_0^R\left(\frac{\rho}{R}-\frac{\rho^2}{R^2}\right)^2\frac{\rho\mathrm{d}\rho}{R^2}=\frac{\pi\rho_m HR^2}{60} \tag{6.3.107}$$

$$q_{18}=\pi\rho_m H\int_0^R g_4(\rho)g_5(\rho)\rho\mathrm{d}\rho=\pi\rho_m HR^2\int_0^R\left(\frac{\rho}{R}-\frac{\rho^2}{R^2}\right)\left(\frac{\rho^2}{R^2}-\frac{\rho^3}{R^3}\right)\frac{\rho\mathrm{d}\rho}{R^2}=\frac{\pi\rho_m HR^2}{105} \tag{6.3.108}$$

$$q_{19}=\pi\rho_m H\int_0^R g_5^2(\rho)\rho\mathrm{d}\rho=\frac{\pi\rho_m HR^2}{168} \tag{6.3.109}$$

圆平膜片的总弹性势能为

$$\begin{aligned}U_{\mathrm{T}}&=q_{10}(C_0^t)^2+q_{11}(A_0^t)^2+q_{12}(A_1^t)^2+q_{13}(C_0^t)^4+q_{14}A_0^tA_1^t+q_{15}A_0^t\left(C_0^t\right)^2+q_{16}A_1^t\left(C_0^t\right)^2\\&=q_{10}(C_0+C_0^t\cos\omega t)^2+q_{11}(A_0+A_0^t\cos\omega t)^2+q_{12}(A_1+A_1^t\cos\omega t)^2+q_{13}(C_0+C_0^t\cos\omega t)^4+\\&\quad q_{14}(A_0+A_0^t\cos\omega t)(A_1+A_1^t\cos\omega t)+q_{15}(A_0+A_0^t\cos\omega t)(C_0+C_0^t\cos\omega t)^2+\\&\quad q_{16}(A_1+A_1^t\cos\omega t)(C_0+C_0^t\cos\omega t)^2\end{aligned} \tag{6.3.110}$$

由式(6.3.110)知,弹性势能中含有$\cos^2\omega t$ 的项为

$$\begin{aligned}&q_{10}(C_0^t)^2+q_{11}(A_0^t)^2+q_{12}(A_1^t)^2+6q_{13}C_0^2\left(C_0^t\right)^2+q_{14}A_0^tA_1^t+\\&q_{15}\left[A_0\left(C_0^t\right)^2+2C_0A_0^tC_0^t\right]+q_{16}\left[A_1\left(C_0^t\right)^2+2C_0A_1^tC_0^t\right]\\=&q_{11}(A_0^t)^2+q_{12}(A_1^t)^2+(q_{10}+6q_{13}C_0^2+q_{15}A_0+q_{16}A_1)(C_0^t)^2+\\&q_{14}A_0^tA_1^t+2q_{15}C_0A_0^tC_0^t+2q_{16}C_0A_1^tC_0^t\end{aligned} \tag{6.3.111}$$

由式(6.3.106)知,动能中含有$\sin^2\omega t$ 的项为

$$\omega^2\left[q_{17}(A_0^t)^2+q_{18}A_0^tA_1^t+q_{19}(A_1^t)^2+q_{20}(C_0^t)^2\right] \tag{6.3.112}$$

建立求解圆平膜片振动问题的能量泛函

$$\begin{aligned}\pi_2(A_0^t,A_1^t,C_0^t)=&q_{11}(A_0^t)^2+q_{12}(A_1^t)^2+(q_{10}+6q_{13}C_0^2+q_{15}A_0+q_{16}A_1)(C_0^t)^2+\\&q_{14}A_0^tA_1^t+2q_{15}C_0A_0^tC_0^t+2q_{16}C_0A_1^tC_0^t-\\&\omega^2\left[q_{17}(A_0^t)^2+q_{18}A_0^tA_1^t+q_{19}(A_1^t)^2+q_{20}(C_0^t)\right]^2\end{aligned} \tag{6.3.113}$$

$$\frac{\partial\pi_2(A_0^t,A_1^t,C_0^t)}{\partial A_0^t}=0\Rightarrow$$

$$2q_{11}A_0^t+q_{14}A_1^t+2q_{15}C_0C_0^t-\omega^2\left[2q_{17}A_0^t+q_{18}A_1^t\right]=0 \tag{6.3.114}$$

$$\frac{\partial\pi_2(A_0^t,A_1^t,C_0^t)}{\partial A_1^t}=0\Rightarrow$$

$$q_{14}A_0^t+2q_{12}A_1^t+2q_{16}C_0C_0^t-\omega^2[q_{18}A_0^t+2q_{19}A_1^t]=0 \tag{6.3.115}$$

$$\frac{\partial\pi_2(A_0^t,A_1^t,C_0^t)}{\partial C_0^t}=0\Rightarrow$$

$$2q_{15}C_0A_0^t+2q_{16}C_0A_1^t+2(q_{10}+6q_{13}C_0^2+q_{15}A_0+q_{16}A_1)C_0^t-$$
$$\omega^2[2q_{20}C_0^t]=0 \tag{6.3.116}$$

求解压力 p 作用下的圆平膜片最低阶固有角频率的方程等价于求解式(6.3.117)描述的广义特征值问题

$$(\boldsymbol{K}_R-\omega^2\boldsymbol{M}_R)\boldsymbol{X}_R=0 \tag{6.3.117}$$

$$\boldsymbol{K}_R=\begin{bmatrix}2q_{11} & a_{14} & 2q_{15}C_0\\ a_{14} & 2q_{12} & 2q_{16}C_0\\ 2q_{15}C_0 & 2q_{16}C_0 & 2(q_{10}+6q_{13}C_0^2+q_{15}A_0+q_{16}A_1)\end{bmatrix}$$

$$\boldsymbol{M}_R=\begin{bmatrix}2q_{17} & q_{18} & 0\\ q_{18} & 2q_{19} & 0\\ 0 & 0 & 2q_{20}\end{bmatrix}$$

$$\boldsymbol{X}_R=[A_0^t \quad A_1^t \quad C_0^t]^{\mathrm{T}}$$

基于圆平膜片的动能表达式(6.3.100),考虑实际应用的情况,其径向位移分量 u_0^t 对动能的贡献远小于法向位移分量 w_0^t 对动能的贡献。于是,式(6.3.106)描述的圆平膜片的动能为

$$T=\omega^2\sin^2\omega t q_{20}(C_0^t)^2 \tag{6.3.118}$$

这时,式(6.3.114)和式(6.3.115)变为

$$2q_{11}A_0^t+q_{14}A_1^t+2q_{15}C_0C_0^t=0 \tag{6.3.119}$$

$$q_{14}A_0^t+2q_{12}A_1^t+2q_{16}C_0C_0^t=0 \tag{6.3.120}$$

式(6.3.119)、式(6.3.120)分别与式(6.3.62)、式(6.3.63)结构形式完全相同。其解为

$$A_0^t=\frac{179-89\mu}{126}\times\frac{2C_0C_0^t}{R} \tag{6.3.121}$$

$$A_1^t=\frac{-79+13\mu}{42}\times\frac{2C_0C_0^t}{R} \tag{6.3.122}$$

由式(6.3.116),并借助于式(6.3.121)、式(6.3.122)可以得到圆平膜片在压力 p 作用下的最低阶振动角频率

$$\omega^2=\frac{q_{15}C_0A_0^t+q_{16}C_0A_1^t+(q_{10}+6q_{13}C_0^2+q_{15}A_0+q_{16}A_1)C_0^t}{q_{20}C_0^t}$$

$$=\frac{E}{\rho_m(1-\mu^2)R^2}\frac{\dfrac{8H^2}{9}+\left[\dfrac{64}{35}+3\left(\dfrac{-46+82\mu}{315}\right)\left(\dfrac{179-89\mu}{126}\right)+3\left(\dfrac{4+44\mu}{315}\right)\left(\dfrac{-79+13\mu}{42}\right)\right]C_0^2}{\left(\dfrac{R^2}{10}+\dfrac{H^2}{18}\right)}$$

$$\approx\frac{80EH^2}{9\rho_m(1-\mu^2)R^4}\left\{1+\frac{C_0^2}{H^2}\left[\frac{72}{35}+\frac{1}{4}\left(\frac{-23+41\mu}{35}\right)\left(\frac{179-89\mu}{42}\right)+\right.\right.$$

$$\frac{3}{4}\left(\frac{2+22\mu}{35}\right)\left(\frac{-79+13\mu}{42}\right)\Big]\Big]\Big\}$$

$$=\frac{80EH^2}{9\rho_m(1-\mu^2)R^4}\left(1+\frac{7\ 505+4\ 250\mu-2\ 791\mu^2}{5\ 880}\frac{C_0^2}{H^2}\right) \tag{6.3.123}$$

为了便于表述，记由式(6.3.83)确定的零压力下的频率为 $f(0)$；记由式(6.3.123)确定的频率为 $f(p)$，结合式(6.3.82)可得

$$f(p)=f(0)\sqrt{1+\frac{7\ 505+4\ 250\mu-2\ 791\mu^2}{5\ 880}\frac{C_0^2}{H^2}}\quad(\text{Hz}) \tag{6.3.124}$$

$$f(0)=\frac{2H}{3\pi R^2}\sqrt{\frac{5E}{\rho_m(1-\mu^2)}}\quad(\text{Hz}) \tag{6.3.125}$$

事实上，式(6.3.124)给出的结论可以较为简便地由大挠度变形对应的位移特性获得，说明如下。

对于圆平膜片的小挠度变形问题，式(6.3.22)可改写为

$$\frac{16E}{3(1-\mu^2)}\left(\frac{H}{R}\right)^3\frac{C_0}{R}-p=0 \tag{6.3.126}$$

等效刚度为

$$k_{\text{eq}}=\frac{\mathrm{d}f}{\mathrm{d}C_0}=\frac{\mathrm{d}(A_{\text{eq}}p)}{\mathrm{d}C_0}=\frac{16E}{3(1-\mu^2)}\left(\frac{H}{R}\right)^3\frac{A_{\text{eq}}}{R} \tag{6.3.127}$$

对应的最低阶固有频率为

$$f(0)=\frac{1}{2\pi}\sqrt{\frac{k_{\text{eq}}}{m_{\text{eq}}}}\quad(\text{Hz}) \tag{6.3.128}$$

式中 m_{eq}——圆平膜片的等效质量，kg；

A_{eq}——圆平膜片的等效面积，m^2。

而圆平膜片大挠度变形问题，式(6.3.70)可改写为

$$\left(\frac{15\ 010+8\ 500\mu-5\ 582\mu^2}{6\ 615}\right)\frac{E}{1-\mu^2}\cdot\frac{H}{R}\left(\frac{C_0}{R}\right)^3+\frac{16E}{3(1-\mu^2)}\left(\frac{H}{R}\right)^3\frac{C_0}{R}-p=0 \tag{6.3.129}$$

考虑到实际应用中，圆平膜片的等效面积 A_{eq} 与等效质量 m_{eq} 均变化非常小，故在大挠度变形情况下，圆平膜片的等效刚度为

$$k_{\text{eq}}(p)=\frac{\mathrm{d}f}{\mathrm{d}C_0}=\frac{\mathrm{d}(A_{\text{eq}}p)}{\mathrm{d}C_0}$$

$$=3\left(\frac{15\ 010+8\ 500\mu-5\ 582\mu^2}{6\ 615}\right)\frac{EH}{(1-\mu^2)R}\left(\frac{C_0}{R}\right)^2\frac{A_{\text{eq}}}{R}+\frac{16E}{3(1-\mu^2)}\left(\frac{H}{R}\right)^3\frac{A_{\text{eq}}}{R}$$

$$=\left(\frac{15\ 010+8\ 500\mu-5\ 582\mu^2}{2\ 205}\right)\frac{EH}{(1-\mu^2)R}\left(\frac{C_0}{R}\right)^2\frac{A_{\text{eq}}}{R}+\frac{16E}{3(1-\mu^2)}\left(\frac{H}{R}\right)^3\frac{A_{\text{eq}}}{R} \tag{6.3.130}$$

于是在压力 p 作用下，圆平膜片的最低阶固有频率为

$$f(p)=\frac{1}{2\pi}\sqrt{\frac{k_{eq}(p)}{m_{eq}}}\quad(\mathrm{Hz})\tag{6.3.131}$$

结合式(6.3.125)、式(6.3.128)和式(6.3.131)可得

$$\begin{aligned}f(p)&=\frac{1}{2\pi}\sqrt{\frac{k_{eq}(p)}{m_{eq}}}\\&=\sqrt{\frac{k_{eq}}{m_{eq}}}\sqrt{1+\frac{\left(\frac{15\ 010+8\ 500\mu-5\ 582\mu^2}{2\ 205}\right)\frac{EH}{(1-\mu^2)R}\left(\frac{C_0}{R}\right)^2}{\frac{16E}{3(1-\mu^2)}\left(\frac{H}{R}\right)^3}}\\&=f(0)\sqrt{1+\frac{7\ 505+4\ 250\mu-2\ 791\mu^2}{5\ 880}\left(\frac{C_0}{H}\right)^2}\end{aligned}\tag{6.3.132}$$

6.3.4 算例与分析

由式(6.3.67)、式(6.3.68)和式(6.3.70)可知：对于确定材料构成的圆平膜片敏感元件，均布压力 p 引起的静位移 A_0、A_1、C_0 与平膜片厚度 H 的比值只与膜片的半径与厚度的比值 R/H 有关；结合式(6.3.124)可知：频率 $f(p)$ 相对零压力频率 $f(0)$ 的变化率 $[f(p)-f(0)]/f(0)$ 只与 R/H 有关。进一步分析知：膜片内的应力、应变分布也只与 R/H 有关。这表明：R/H 的选取对测压范围有很大影响。

下面针对具体的硅圆平膜片进行计算分析，材料的 $E=1.3\times10^{11}$ Pa，$\mu=0.278$。

表 6.3.1 给出了圆平膜片的半边与厚度的比值 R/H 取不同值时，无量纲位移 C_0/H 随压力 p 的变化关系；图 6.3.8 给出了相应的变化曲线。由表 6.3.1 和图 6.3.8 可知，位移的非线性随 R/H 的增大而明显增加。

表 6.3.1 C_0/H 随 R/H，p 的变化关系

$p(\times10^5\ \mathrm{Pa})$	R/H				
	30	40	50	60	70
0.0	0.0	0.0	0.0	0.0	0.0
0.1	0.010 8	0.034 1	0.082 9	0.170 1	0.305 8
0.2	0.021 6	0.068 0	0.164 2	0.328 0	0.556 4
0.3	0.032 3	0.101 7	0.242 7	0.462 8	0.753 3
0.4	0.043 1	0.135 1	0.317 4	0.590 9	0.912 9
0.5	0.053 8	0.168 1	0.387 9	0.698 6	1.046 8
0.6	0.064 5	0.200 5	0.454 1	0.794 3	1.162 6
0.7	0.075 3	0.232 5	0.516 2	0.880 0	1.264 9
0.8	0.085 9	0.263 7	0.574 4	0.957 8	1.356 8
0.9	0.096 6	0.294 4	0.629 1	1.029 0	1.440 5
1.0	0.107 2	0.324 3	0.680 5	1.094 7	1.517 4

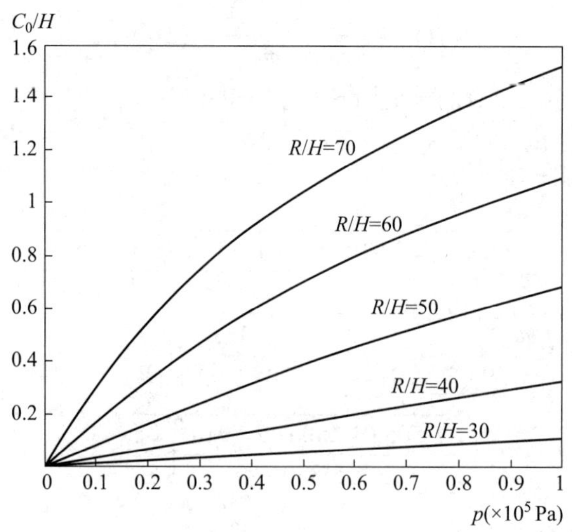

图 6.3.8 圆平膜片无量纲位移 C_0/H 随压力 p 的变化曲线

表 6.3.2 给出圆平膜片的 R/H 取不同值时,频率的相对变化率$[f(p)-f(0)]/f(0)$与压力的关系;图 6.3.9 给出了相应的变化曲线。由表 6.3.2 和图 6.3.9 可知,频率的相对变化率随 R/H 的增大而显著增加。

表 6.3.2 频率相对变化率 $[f(p)-f(0)]/f(0)$ 随 R/H, p 的变化关系

$p(\times 10^5\ \mathrm{Pa})$	R/H				
	30	40	50	60	70
0.0	0.0	0.0	0.0	0.0	0.0
0.1	0.007 7	0.024 3	0.058 0	0.115 8	0.200 2
0.2	0.015 4	0.047 8	0.112 0	0.213 5	0.342 2
0.3	0.023 0	0.070 8	0.161 7	0.291 0	0.444 0
0.4	0.030 6	0.093 0	0.207 2	0.360 6	0.521 6
0.5	0.038 0	0.114 5	0.248 5	0.416 5	0.583 7
0.6	0.045 4	0.135 3	0.286 2	0.464 3	0.635 5
0.7	0.052 8	0.155 4	0.320 5	0.505 9	0.679 9
0.8	0.060 1	0.174 7	0.351 8	0.542 7	0.718 9
0.9	0.067 3	0.193 4	0.380 7	0.575 6	0.753 6
1.0	0.074 4	0.211 3	0.407 2	0.605 3	0.784 9

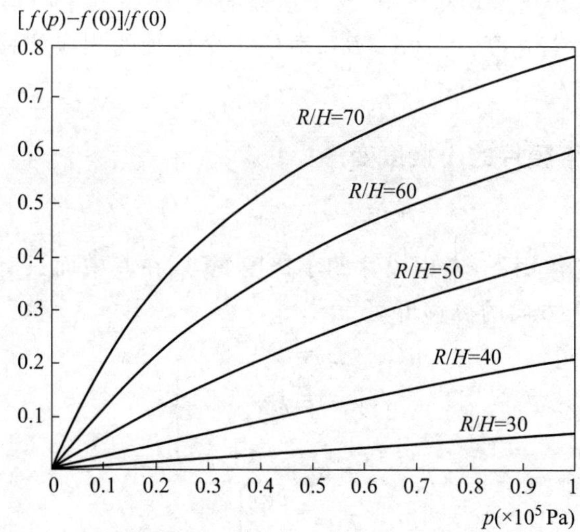

图 6.3.9 圆平膜片频率的相对变化率随压力 p 的变化曲线

6.4 矩形(方)平膜片的建模

矩形平膜片是一种用于敏感压力的典型元件。利用它的各种外特性可以构成不同测量原理的传感器。如利用压力、应力特性的硅压阻式传感器;利用压力、位移特性的电容式传感器等。

图 6.4.1 为在传感器中实用的一种矩形平膜片典型结构示意图。其有效敏感部分是一个半边长分别为 A、B,厚度为 H 的矩形膜片,边界结构参数见图示;作用于膜片上的均布压力为 p,此压力也可以看成是作用于膜片下表面的压力 p_2 与上表面压力 p_1 的差,$p=p_2-p_1$。

对于上述结构,考虑到 H_1、H_2 远大于 H,因此在建立其模型时,可以将其看成一个周边固支的矩形平膜片,如图 6.4.2 所示。

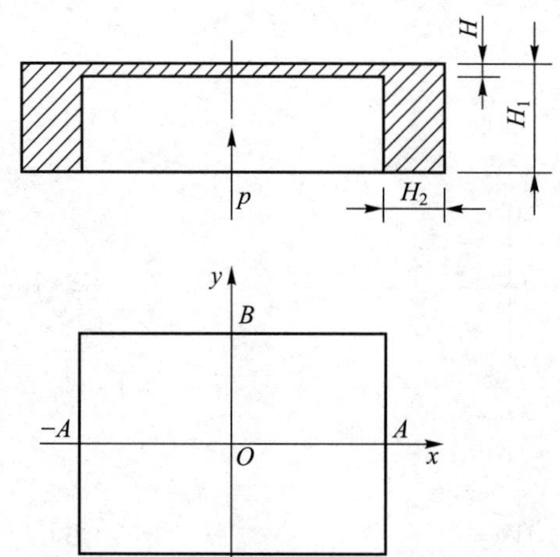

图 6.4.1 矩形平膜片典型结构示意图

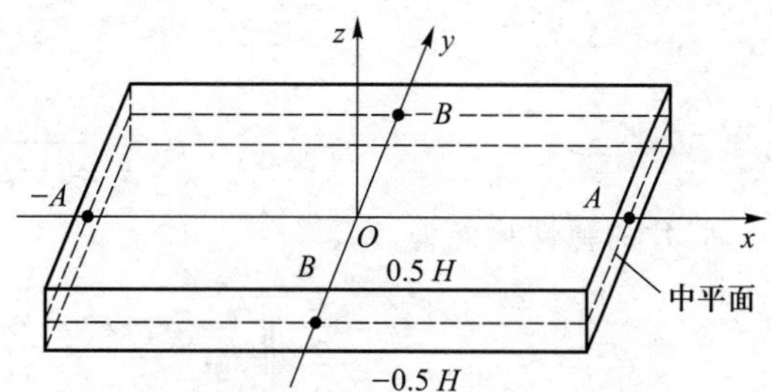

图 6.4.2 周边固支的矩形平膜片

基于矩形平膜片上作用着均布载荷，对于这样的膜片，在其中心建立三维直角坐标系，x 轴为其长度方向，y 轴为其宽度方向（$A \geqslant B$）；对应于坐标轴的相应位移为 u、v、w，膜片上、下表面分别为+0.5H、-0.5H。

6.4.1 矩形(方)平膜片的小挠度变形

1. 能量方程

在均布压力为 p 的作用下，考虑膜片的小挠度变形，在其中面只有法向位移，如图 6.4.2 所示，膜片在 x,y,z 三个方向的位移可写为

$$\left.\begin{aligned} u(x,y,z) &= \lambda_x z \\ v(x,y,z) &= \lambda_y z \\ w(x,y,z) &= w_0(x,y) \end{aligned}\right\} \tag{6.4.1}$$

$$\left.\begin{aligned} \lambda_x &= -\frac{\partial w_0}{\partial x} \\ \lambda_y &= -\frac{\partial w_0}{\partial y} \end{aligned}\right\} \tag{6.4.2}$$

式中 $w_0(x,y)$——在膜片中面沿 z 方向的位移。

利用板弯曲小挠度变形理论，几何方程为

$$\left.\begin{aligned} \varepsilon_x &= z k_x \\ \varepsilon_y &= z k_y \\ \varepsilon_{xy} &= z k_{xy} \end{aligned}\right\} \tag{6.4.3}$$

$$\left.\begin{aligned} k_x &= -\frac{\partial^2 w_0}{\partial x^2} \\ k_y &= -\frac{\partial^2 w_0}{\partial y^2} \\ k_{xy} &= -2\frac{\partial^2 w_0}{\partial x \partial y} \end{aligned}\right\} \tag{6.4.4}$$

式中 k_x、k_y、k_{xy}——在膜片中面的弯曲变形。

物理方程为

$$\left.\begin{aligned} \sigma_x &= \frac{E}{1-\mu^2}(\varepsilon_x+\mu\varepsilon_y) \\ \sigma_y &= \frac{E}{1-\mu^2}(\mu\varepsilon_x+\varepsilon_y) \\ \sigma_{xy} &= \frac{E}{2(1+\mu)}\varepsilon_{xy} \end{aligned}\right\} \tag{6.4.5}$$

膜片的弹性势能为

$$\begin{aligned} U &= \frac{1}{2}\iiint_V (\varepsilon_x\sigma_x+\varepsilon_y\sigma_y+\varepsilon_{xy}\sigma_{xy})\,\mathrm{d}V \\ &= \frac{Eh}{2(1-\mu^2)}\iint_S \left(k_x^2+k_y^2+2\mu k_x k_y+\frac{1-\mu}{2}k_{xy}^2\right)\mathrm{d}S \end{aligned} \tag{6.4.6}$$

式中 S——xoy 面内积分域。

均布压力 p 做的功为

$$W=\iint_S pw_0(x,y)\,\mathrm{d}S \tag{6.4.7}$$

建立泛函

$$\pi_1=U-W \tag{6.4.8}$$

利用 $\delta\pi_1=0$ 可得到压力 p 与膜片中面位移 $w_0(x,y)$ 的方程。

2. 近似解析解

下面采用 Ritz 法给出一种较精确的解析解。

周边固支的矩形平膜片的边界条件为

$$\left.\begin{aligned}x=\pm A,\quad w_0=\frac{\partial w_0}{\partial x}=\frac{\partial w_0}{\partial y}=0\\ y=\pm B,\quad w_0=\frac{\partial w_0}{\partial x}=\frac{\partial w_0}{\partial y}=0\end{aligned}\right\} \tag{6.4.9}$$

于是,矩形平膜片的法向位移分量可以表述为

$$w_0=C_0\left(\frac{x^2}{A^2}-1\right)^2\left(\frac{y^2}{B^2}-1\right)^2 \tag{6.4.10}$$

式中 C_0——静挠度在 z 方向的最大值,m,可记为 $W_{\mathrm{Rec,max}}$。

利用式(6.4.8)和式(6.4.10)可得

$$k_1C_0=p \tag{6.4.11}$$

$$k_1=\frac{32EH^4}{147(1-\mu^2)A^4B^4}(7A^4+4A^2B^2+7B^4) \tag{6.4.12}$$

$$w_0(x,y)=W_{\mathrm{Rec,max}}\left(\frac{x^2}{A^2}-1\right)^2\left(\frac{y^2}{B^2}-1\right)^2=\overline{W}_{\mathrm{Rec,max}}H\left(\frac{x^2}{A^2}-1\right)^2\left(\frac{y^2}{B^2}-1\right)^2 \tag{6.4.13}$$

$$\overline{W}_{\mathrm{Rec,max}}=\frac{147p(1-\mu^2)}{32\left(\dfrac{7}{A^4}+\dfrac{7}{B^4}+\dfrac{4}{A^2B^2}\right)EH^4} \tag{6.4.14}$$

$$W_{\mathrm{Rec,max}}=\overline{W}_{\mathrm{Rec,max}}H \tag{6.4.15}$$

式中 $\overline{W}_{\mathrm{Rec,max}}$——矩形平膜片的最大法向位移与其厚度的比值,无量纲。

利用式(6.4.1)、式(6.4.2)可得矩形平膜片上表面($z=+0.5H$)在 x 方向与 y 方向的位移

$$\left.\begin{aligned}u(x,y)=-2\overline{W}_{\mathrm{Rec,max}}\frac{H^2}{A}\left(\frac{x^2}{A^2}-1\right)\left(\frac{y^2}{B^2}-1\right)^2\frac{x}{A}\\ v(x,y)=-2\overline{W}_{\mathrm{Rec,max}}\frac{H^2}{B}\left(\frac{x^2}{A^2}-1\right)^2\left(\frac{y^2}{B^2}-1\right)\frac{y}{B}\end{aligned}\right\} \tag{6.4.16}$$

在均布压力 p 的作用下,矩形平膜片上表面应变和应力分别为

$$\left.\begin{aligned}\varepsilon_x=-2\overline{W}_{\mathrm{Rec,max}}\left(\frac{H}{A}\right)^2\left(\frac{3x^2}{A^2}-1\right)\left(\frac{y^2}{B^2}-1\right)^2\\ \varepsilon_y=-2\overline{W}_{\mathrm{Rec,max}}\left(\frac{H}{B}\right)^2\left(\frac{x^2}{A^2}-1\right)^2\left(\frac{3y^2}{B^2}-1\right)\\ \varepsilon_{xy}=-16\overline{W}_{\mathrm{Rec,max}}\frac{H^2}{AB}\left(\frac{x^2}{A^2}-1\right)\left(\frac{y^2}{B^2}-1\right)\frac{xy}{AB}\end{aligned}\right\} \tag{6.4.17}$$

$$\left.\begin{aligned}\sigma_x&=\frac{-2\overline{W}_{\mathrm{Rec,max}}E}{(1-\mu^2)}\left[\left(\frac{H}{A}\right)^2\left(\frac{3x^2}{A^2}-1\right)\left(\frac{y^2}{B^2}-1\right)^2+\mu\left(\frac{H}{B}\right)^2\left(\frac{x^2}{A^2}-1\right)^2\left(\frac{3y^2}{B^2}-1\right)\right]\\\sigma_y&=\frac{-2\overline{W}_{\mathrm{Rec,max}}E}{(1-\mu^2)}\left[\left(\frac{H}{B}\right)^2\left(\frac{3y^2}{B^2}-1\right)\left(\frac{x^2}{A^2}-1\right)^2+\mu\left(\frac{H}{A}\right)^2\left(\frac{y^2}{B^2}-1\right)^2\left(\frac{3x^2}{A^2}-1\right)\right]\\\sigma_{xy}&=\frac{-8\overline{W}_{\mathrm{Rec,max}}E}{1+\mu}\frac{H^2}{AB}\left(\frac{x^2}{A^2}-1\right)\left(\frac{y^2}{B^2}-1\right)\frac{xy}{AB}\end{aligned}\right\}\tag{6.4.18}$$

3. 方平膜片的有关结论

取 $A=B$,可以得到周边固支方平膜片(Square Diaphragm)的有关结论。

在均布压力 p 的作用下,方平膜片的法向位移为

$$w(x,y)=\overline{W}_{\mathrm{S,max}}H\left(\frac{x^2}{A^2}-1\right)^2\left(\frac{y^2}{A^2}-1\right)^2\tag{6.4.19}$$

$$\overline{W}_{\mathrm{S,max}}=\frac{49p(1-\mu^2)}{192E}\left(\frac{A}{H}\right)^4\tag{6.4.20}$$

式中 $\overline{W}_{\mathrm{S,max}}$——方平膜片的最大法向位移与其厚度的比值。

方平膜片上表面在 x 方向与 y 方向的位移分别为

$$\left.\begin{aligned}u(x,y)&=\frac{-49p(1-\mu^2)}{96E}\left(\frac{A}{H}\right)^2\left(\frac{x^2}{A^2}-1\right)\left(\frac{y^2}{A^2}-1\right)^2x\\v(x,y)&=\frac{-49p(1-\mu^2)}{96E}\left(\frac{A}{H}\right)^2\left(\frac{x^2}{A^2}-1\right)^2\left(\frac{y^2}{A^2}-1\right)y\end{aligned}\right\}\tag{6.4.21}$$

在均布压力 p 的作用下,方平膜片上表面应变和应力分别为

$$\left.\begin{aligned}\varepsilon_x&=\frac{-49p(1-\mu^2)}{96E}\left(\frac{A}{H}\right)^2\left(\frac{3x^2}{A^2}-1\right)\left(\frac{y^2}{A^2}-1\right)^2\\\varepsilon_y&=\frac{-49p(1-\mu^2)}{96E}\left(\frac{A}{H}\right)^2\left(\frac{3y^2}{A^2}-1\right)\left(\frac{x^2}{A^2}-1\right)^2\\\varepsilon_{xy}&=\frac{-49p(1-\mu^2)}{12E}\left(\frac{A}{H}\right)^2\left(\frac{x^2}{A^2}-1\right)\left(\frac{y^2}{A^2}-1\right)\frac{xy}{A^2}\end{aligned}\right\}\tag{6.4.22}$$

$$\left.\begin{aligned}\sigma_x&=\frac{-49p}{96}\left(\frac{A}{H}\right)^2\left[\left(\frac{3x^2}{A^2}-1\right)\left(\frac{y^2}{A^2}-1\right)^2+\mu\left(\frac{x^2}{A^2}-1\right)^2\left(\frac{3y^2}{A^2}-1\right)\right]\\\sigma_y&=\frac{-49p}{96}\left(\frac{A}{H}\right)^2\left[\left(\frac{3y^2}{A^2}-1\right)\left(\frac{x^2}{A^2}-1\right)^2+\mu\left(\frac{y^2}{A^2}-1\right)^2\left(\frac{3x^2}{A^2}-1\right)\right]\\\sigma_{xy}&=\frac{-49(1-\mu)p}{24}\left(\frac{A}{H}\right)^2\left(\frac{x^2}{A^2}-1\right)\left(\frac{y^2}{A^2}-1\right)\frac{xy}{A^2}\end{aligned}\right\}\tag{6.4.23}$$

4. 相关分析

利用式(5.3.142)和式(6.4.17)可以分析矩形平膜片上表面任意一点处和任意方向的正应变、切应变;利用式(5.2.12)和式(6.4.18)可以分析矩形平膜片上表面任意一点处和任意方向的正应力、切应力。

在均布压力 p 的作用下,方平膜片的法向位移,上表面沿坐标轴线方向分布的正应变 $\varepsilon_x(y=0)$、$\varepsilon_y(y=0)$[相当于 $\varepsilon_x(x=0)$]与正应力 $\sigma_x(y=0)$、$\sigma_y(y=0)$[相当于 $\sigma_x(x=0)$]分别如图 6.4.3~图 6.4.5 所示。

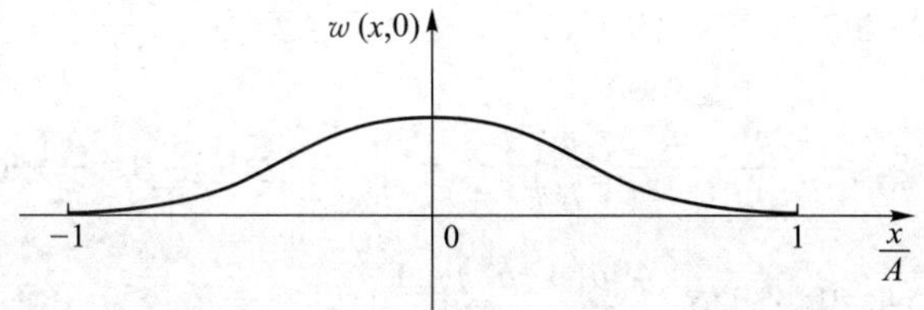

图 6.4.3　周边固支方平膜片法向位移示意图

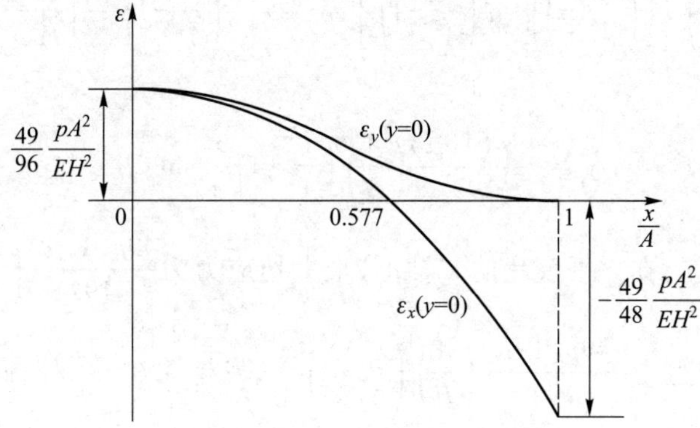

图 6.4.4　周边固支方平膜片上表面正应变示意图

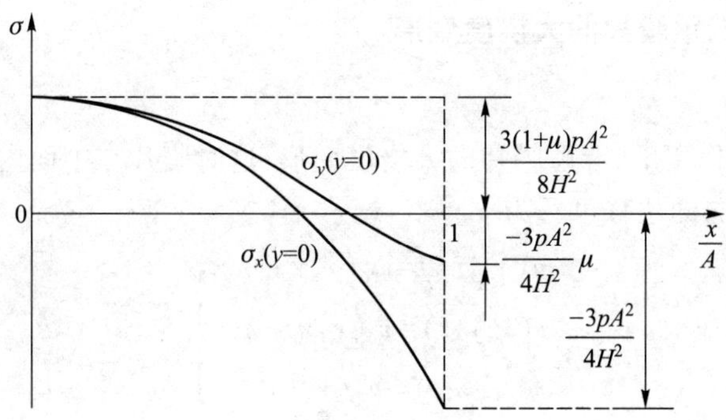

图 6.4.5　周边固支方平膜片上表面正应力示意图

利用式(5.3.142)和式(6.4.22)可以分析方平膜片上表面任意一点处,任意方向的正应变、切应变;利用式(5.2.12)和式(6.4.23)可以分析方平膜片上表面任意一点处和任意方向的正应力、切应力。下面给出在 x 坐标轴上的点($y=0$)任意方向的应变、应力结果及相关分析。

在 x 轴,由于 $\varepsilon_{xy}=0$,故 ε_x、ε_y 为主应变。利用式(5.3.142)可得,与 x 轴成 β 角的正应变和切应变分别为

$$\varepsilon_\beta=\frac{-49p(1-\mu^2)}{96E}\left(\frac{A}{H}\right)^2\left[\left(\frac{3x^2}{A^2}-1\right)\cos^2\beta-\left(\frac{x^2}{A^2}-1\right)^2\sin^2\beta\right] \tag{6.4.24}$$

$$\gamma_\beta=\frac{49p(1-\mu^2)}{96E}\left(\frac{A}{H}\right)^2\left(\frac{x^2}{A^2}+1\right)\frac{x^2}{A^2}\sin 2\beta \tag{6.4.25}$$

由式(6.4.25)可知:在方平膜片的 x 轴上,最大切应变为$\dfrac{49p(1-\mu^2)}{96E}\left(\dfrac{A}{H}\right)^2\left(\dfrac{x^2}{A^2}+1\right)\dfrac{x^2}{A^2}$,发生在$\beta=\dfrac{\pi}{4}$处;最小切应变为$\dfrac{-49p(1-\mu^2)}{96E}\left(\dfrac{A}{H}\right)^2\left(\dfrac{x^2}{A^2}+1\right)\dfrac{x^2}{A^2}$,发生在$\beta=\dfrac{3\pi}{4}$处;而且在方平膜片的边缘点处($x=\pm A, y=0$)取得极限值$\pm\dfrac{49p(1-\mu^2)}{48E}\left(\dfrac{A}{H}\right)^2$。

利用式(5.2.12)可得,与 x 轴成 β 角的正应力和切应力分别为

$$\sigma_\beta=\frac{-49p}{96}\left(\frac{A}{H}\right)^2\left\{\left[\left(\frac{3x^2}{A^2}-1\right)-\mu\left(\frac{x^2}{A^2}-1\right)^2\right]\cos^2\beta+\left[-\left(\frac{x^2}{A^2}-1\right)^2+\mu\left(\frac{3x^2}{A^2}-1\right)\right]\sin^2\beta\right\} \tag{6.4.26}$$

$$\tau_\beta=\frac{49p(1-\mu)}{192}\left(\frac{A}{H}\right)^2\left(\frac{x^2}{A^2}+1\right)\frac{x^2}{A^2}\sin 2\beta \tag{6.4.27}$$

由式(6.4.27)可知:在方平膜片的 x 轴上,最大切应力为$\dfrac{49p(1-\mu)}{192}\left(\dfrac{A}{H}\right)^2\left(\dfrac{x^2}{A^2}+1\right)\dfrac{x^2}{A^2}$,发生在$\beta=\dfrac{\pi}{4}$处;最小切应力为$\dfrac{-49p(1-\mu)}{192}\left(\dfrac{A}{H}\right)^2\left(\dfrac{x^2}{A^2}+1\right)\dfrac{x^2}{A^2}$,发生在$\beta=\dfrac{3\pi}{4}$处;而且在方平膜片的边缘点处($x=\pm A, y=0$)取得极限值$\pm\dfrac{49p(1-\mu)}{96}\left(\dfrac{A}{H}\right)^2$。

6.4.2 矩形(方)平膜片的大挠度变形

1. 能量方程

在均布压力 p 的作用下,考虑膜片的大挠度变形,这时膜片在中面内有面内的位移,于是膜片在 x、y、z 三个方向的位移可写为

$$\left.\begin{aligned}u(x,y,z)&=u_0(x,y)+\lambda_x z\\ v(x,y,z)&=v_0(x,y)+\lambda_y z\\ w(x,y,z)&=w_0(x,y)\end{aligned}\right\} \tag{6.4.28}$$

$$\left.\begin{aligned}\lambda_x&=-\frac{\partial w_0}{\partial x}\\ \lambda_y&=-\frac{\partial w_0}{\partial y}\end{aligned}\right\} \tag{6.4.29}$$

式中 $u_0(x,y)$、$v_0(x,y)$、$w_0(x,y)$——膜片中面沿 x、y、z 方向的位移;

λ_x、λ_y——膜片中面沿 x、y 方向的转角。

利用板弯曲大挠度变形理论,几何方程为

$$\left.\begin{aligned}\varepsilon_x&=\varepsilon_x^0+zk_x\\ \varepsilon_y&=\varepsilon_y^0+zk_y\\ \varepsilon_{xy}&=\varepsilon_{xy}^0+zk_{xy}\end{aligned}\right\} \tag{6.4.30}$$

$$\left.\begin{aligned}\varepsilon_x^0&=\frac{\partial u_0}{\partial x}+\frac{1}{2}\left(\frac{\partial w_0}{\partial x}\right)^2\\ \varepsilon_y^0&=\frac{\partial v_0}{\partial y}+\frac{1}{2}\left(\frac{\partial w_0}{\partial y}\right)^2\\ \varepsilon_{xy}^0&=\frac{\partial u_0}{\partial y}+\frac{\partial v_0}{\partial x}+\frac{\partial w_0}{\partial x}\frac{\partial w_0}{\partial y}\end{aligned}\right\}\tag{6.4.31}$$

$$\left.\begin{aligned}k_x&=-\frac{\partial^2 w_0}{\partial x^2}\\ k_y&=-\frac{\partial^2 w_0}{\partial y^2}\\ k_{xy}&=-2\frac{\partial^2 w_0}{\partial x\partial y}\end{aligned}\right\}\tag{6.4.32}$$

式中 ε_x^0、ε_y^0、ε_{xy}^0——膜片中面的应变；

k_x、k_y、k_{xy}——膜片中面的弯曲变形。

物理方程为

$$\left.\begin{aligned}\sigma_x&=\frac{E}{1-\mu^2}(\varepsilon_x+\mu\varepsilon_y)\\ \sigma_y&=\frac{E}{1-\mu^2}(\mu\varepsilon_x+\varepsilon_y)\\ \sigma_{xy}&=\frac{E}{2(1+\mu)}\varepsilon_{xy}\end{aligned}\right\}\tag{6.4.33}$$

膜片的弹性势能为

$$\begin{aligned}U&=\frac{1}{2}\iiint_V(\varepsilon_x\sigma_x+\varepsilon_y\sigma_y+\varepsilon_{xy}\sigma_{xy})\,\mathrm{d}V\\ &=\frac{EH}{2(1-\mu^2)}\iint_S\left\{(\varepsilon_y^0)^2+(\varepsilon_x^0)^2+2\mu\varepsilon_x^0\varepsilon_y^0+\frac{1-\mu}{2}(\varepsilon_{xy}^0)^2+\right.\\ &\left.\frac{H^2}{12}\left(k_x^2+k_y^2+2\mu k_xk_y+\frac{1-\mu}{2}k_{xy}^2\right)\right\}\mathrm{d}S\end{aligned}\tag{6.4.34}$$

式中 S——xOy 面内积分域。

均布压力 p 做的功为

$$W=\iint_S pw_0(x,y)\,\mathrm{d}S\tag{6.4.35}$$

建立泛函

$$\pi_1=U-W\tag{6.4.36}$$

利用 $\delta\pi_1=0$ 可得到压力 p 与膜片中面位移 $u_0(x,y)$，$v_0(x,y)$，$w_0(x,y)$ 的方程。

2. 近似解析解

对于式(6.4.36)的直接求解十分困难，下面采用 Ritz 法给出一种较精确的近似解析解。

周边固支的矩形平膜片的边界条件为

$$\left.\begin{aligned} x=\pm A,\quad u_0=v_0=w_0=\frac{\partial w_0}{\partial x}=\frac{\partial w_0}{\partial y}=0\\ y=\pm B,\quad u_0=v_0=w_0=\frac{\partial w_0}{\partial x}=\frac{\partial w_0}{\partial y}=0\end{aligned}\right\}\tag{6.4.37}$$

基于此,结合矩形平膜片实际的工作特性和应用范围,既要保证其有足够的灵敏度又要保证其特性的稳定。于是在均压力作用下,膜片的静位移可近似设为

$$\left.\begin{aligned} u_0&=A_0\,\frac{x}{A}\left(\frac{x^2}{A^2}-1\right)\left(\frac{y^2}{B^2}-1\right)\\ v_0&=B_0\,\frac{y}{B}\left(\frac{x^2}{A^2}-1\right)\left(\frac{y^2}{B^2}-1\right)\\ w_0&=C_0\left(\frac{x^2}{A^2}-1\right)^2\left(\frac{y^2}{B^2}-1\right)^2\end{aligned}\right\}\tag{6.4.38}$$

式中 C_0——静挠度在 z 方向的最大值,m,可记为 $W_{\mathrm{Rec,max}}$。

而 $2/(3\sqrt{3})A_0$,$2/(3\sqrt{3})B_0$ 分别为静挠度在 x,y 方向的最大值。

利用式(6.4.36)和式(6.4.38)可得

$$k_1\left(\frac{C_0}{H}\right)+k_3\left(\frac{C_0}{H}\right)^3=p\tag{6.4.39}$$

$$k_1\approx\frac{0.217\ 7EH^4}{(1-\mu^2)A^4B^4}(7A^4+4A^2B^2+7B^4)\tag{6.4.40}$$

$$\begin{aligned}k_3\approx&\frac{EH_4}{(1-\mu^2)A^4B^4}(1.149\ 1A^4+0.465\ 1A^2B^2+1.149\ 1B^4)-\frac{2.495\ 3EH^4\ (1-5\mu)^2}{(1-\mu^2)A^2B^2}\\&\frac{[42A^4+(3-17\mu)A^2B^2+42B^4]}{840(1-\mu)A^4+(7\ 107-298\mu+51\mu^2)A^2B^2+840(1-\mu)B^4}\end{aligned}\tag{6.4.41}$$

$$A_0\approx5.910\ 5AC_0^2(1-5\mu)\frac{84A^2+(3-17\mu)B^2}{840(1-\mu)A^4+(7\ 107-298\mu+51\mu^2)A^2B^2+840(1-\mu)B^4}\tag{6.4.42}$$

$$B_0\approx5.910\ 5BC_0^2(1-5\mu)\frac{(3-17\mu)A^2+84B^2}{840(1-\mu)A^4+(7\ 107-298\mu+51\mu^2)A^2B^2+840(1-\mu)B^4}\tag{6.4.43}$$

利用式(6.4.39)~式(6.4.43)可以对大挠度变形的矩形平膜片的位移特性进行分析,进一步可以对其应变特性、应力特性进行分析。

3. 方平膜片的有关结论

取 $A=B$,可以得到周边固支方平膜片的有关结论。

在大挠度情况下,求解周边固支方平膜片的法向位移的特性方程仍为式(6.4.39),但这时的有关系数为

$$k_1\approx\frac{3.918\ 4E}{1-\mu^2}\left(\frac{H}{A}\right)^4\tag{6.4.44}$$

$$k_3\approx\frac{E}{1-\mu^2}\left(\frac{H}{A}\right)^4\left[2.763\ 3-\frac{2.495\ 3\ (1-5\mu)^2}{101-3\mu}\right]\tag{6.4.45}$$

$$A_0 = B_0 \approx 5.910\,5\,\frac{C_0^2}{A}\,\frac{1-5\mu}{101-3\mu} \tag{6.4.46}$$

由式(6.4.39)、式(6.4.44)和式(6.4.45)可以得到周边固支方平膜片的最大法向位移 C_0(可记为 $W_{S,\max}$),然后由式(6.4.46)得到 A_0、B_0,从而得到方平膜片的大挠度变形,进一步可以对其应变特性、应力特性进行分析。

有了平膜片的位移特性、应变特性、应力特性,便可以根据传感器的实际工作特征来设计和选择平膜片的结构参数及其他相关的量。

6.4.3 方平膜片的弯曲振动

对于矩形平膜片,通常不利用其频率特性进行测量,因此下面将针对方平膜片讨论振动问题。

在方平膜片静位移 $u_0(x,y)$、$v_0(x,y)$、$w_0(x,y)$ 的基础上,考虑其产生与时间有关的振动位移为

$$\left.\begin{aligned} u^t(x,y,z,t) &= [u_0^t(x,y)+z\lambda_x^t]\cos\omega t \\ v^t(x,y,z,t) &= [v_0^t(x,y)+z\lambda_y^t]\cos\omega t \\ w^t(x,y,z,t) &= w_0^t(x,y)\cos\omega t \end{aligned}\right\} \tag{6.4.47}$$

$$\left.\begin{aligned} \lambda_x^t &= -\frac{\partial w_0^t}{\partial x} \\ \lambda_y^t &= -\frac{\partial w_0^t}{\partial y} \end{aligned}\right\} \tag{6.4.48}$$

式中 ω——膜片的固有角频率,rad/s;

u_0^t、v_0^t、w_0^t——膜片中面沿 x、y、z 方向的振动位移;

λ_x^t、λ_y^t——膜片中面沿 x、y 方向的振动位移转角。

于是方平膜片的总位移为

$$\left.\begin{aligned} u_T &= u(x,y,z)+u^t(x,y,z,t) \\ v_T &= v(x,y,z)+v^t(x,y,z,t) \\ w_T &= w(x,y,z)+w^t(x,y,z,t) \end{aligned}\right\} \tag{6.4.49}$$

类似地可以建立方平膜片此时的弹性势能

$$\begin{aligned} U_T = \frac{EH}{2(1-\mu^2)} \iint_S \Big\{ & (\varepsilon_x^{0T})^2+(\varepsilon_y^{0T})^2+2\mu\varepsilon_x^{0T}\varepsilon_y^{0T}+\frac{1-\mu}{2}(\varepsilon_{xy}^{0T})^2+ \\ & \frac{H^2}{12}\Big[(k_x^T)^2+(k_y^T)^2+2\mu k_x^T k_y^T+\frac{1-\mu}{2}(k_{xy}^T)^2\Big]\Big\}\mathrm{d}S \end{aligned} \tag{6.4.50}$$

$$\left.\begin{aligned} \varepsilon_x^{0T} &= \frac{\partial(u_0+u_0^t\cos\omega t)}{\partial x}+\frac{1}{2}\left[\frac{\partial(w_0+w_0^t\cos\omega t)}{\partial x}\right]^2 \\ \varepsilon_y^{0T} &= \frac{\partial(v_0+v_0^t\cos\omega t)}{\partial y}+\frac{1}{2}\left[\frac{\partial(w_0+w_0^t\cos\omega t)}{\partial y}\right]^2 \\ \varepsilon_{xy}^{0T} &= \frac{\partial(u_0+u_0^t\cos\omega t)}{\partial y}+\frac{\partial(v_0+v_0^t\cos\omega t)}{\partial x}+\frac{\partial(w_0+w_0^t\cos\omega t)}{\partial x}\cdot\frac{\partial(w_0+w_0^t\cos\omega t)}{\partial y} \end{aligned}\right\} \tag{6.4.51}$$

这时，均布压力 p 做的功为

$$W_{\mathrm{T}}=\iint_{S} p\left(w_{0}+w_{0}^{t}\cos \omega t\right)\mathrm{d}S \tag{6.4.52}$$

方平膜片的振动动能为

$$\begin{aligned}T&=\frac{\rho_{m}}{2}\iiint_{V}\left[\left(\frac{\partial u^{t}}{\partial t}\right)^{2}+\left(\frac{\partial v^{t}}{\partial t}\right)^{2}+\left(\frac{\partial w^{t}}{\partial t}\right)^{2}\right]\mathrm{d}V\\&=\frac{\rho_{m}\omega^{2}H}{2}\iint_{S}\left[\left(u_{0}^{t}\right)^{2}+\left(v_{0}^{t}\right)^{2}+\left(w_{0}^{t}\right)^{2}\right]\sin^{2}\omega t\mathrm{d}S\end{aligned} \tag{6.4.53}$$

建立 Hamilton 作用量

$$H=\int_{t_1}^{t_2}\left(U_{\mathrm{T}}-W_{\mathrm{T}}-T\right)\mathrm{d}t \tag{6.4.54}$$

依 Hamilton 原理，位移的式子(6.4.54)满足 $t\in[t_1,t_2]$ 使 H 取驻值。

结合式(6.4.38)、式(6.4.39)和式(6.4.44)～式(6.4.46)求出的静位移 u_0,v_0,w_0，便可以求出纯振动位移 u_0^t、v_0^t、w_0^t 及相应的固有角频率 ω。

周边固支的方平膜片振动位移有如下边界条件

$$\left.\begin{aligned}x=\pm A,\quad u_{0}^{t}=v_{0}^{t}=w_{0}^{t}=\frac{\partial w_{0}^{t}}{\partial x}=\frac{\partial w_{0}^{t}}{\partial y}=0\\y=\pm A,\quad u_{0}^{t}=v_{0}^{t}=w_{0}^{t}=\frac{\partial w_{0}^{t}}{\partial x}=\frac{\partial w_{0}^{t}}{\partial y}=0\end{aligned}\right\} \tag{6.4.55}$$

因此，与时间有关的最低阶固有频率的振动位移可设为

$$\left.\begin{aligned}u_{0}^{t}&=A_{t}\frac{x}{A}\left(\frac{x^{2}}{A^{2}}-1\right)\left(\frac{y^{2}}{B^{2}}-1\right)\\v_{0}^{t}&=B_{t}\frac{y}{B}\left(\frac{x^{2}}{A^{2}}-1\right)\left(\frac{y^{2}}{B^{2}}-1\right)\\w_{0}^{t}&=C_{t}\left(\frac{x^{2}}{A^{2}}-1\right)^{2}\left(\frac{y^{2}}{B^{2}}-1\right)^{2}\end{aligned}\right\} \tag{6.4.56}$$

式中　C_t——振动位移在 z 方向的幅值，m。

而 $(2/3\sqrt{3})A_t$、$(2/3\sqrt{3})B_t$ 分别为振动位移在 x、y 方向的幅值，单位为 m。

对于周边固支的方平膜片，式(6.4.38)给出的静位移具有很高的精度，而利用式(6.4.56)求解方平膜片的固有频率也有很高的精度，考虑到方平膜片工作于大挠度变形时，与时间有关的振动位移远远小于静位移，所以利用式(6.4.38)和式(6.4.56)假设的位移求得的解具有很高的精度，足以满足工程需要。

由压力 p 求解膜片最低阶固有角频率的方程等价于求解广义特征值问题

$$\left(\boldsymbol{K}_{\mathrm{S}}-\omega^{2}\boldsymbol{M}_{\mathrm{S}}\right)\boldsymbol{X}_{\mathrm{S}}=0 \tag{6.4.57}$$

$$\boldsymbol{K}_{\mathrm{S}}=\begin{bmatrix}a_{11}&\dfrac{a_{12}}{2}&\dfrac{c_{13}}{2}\\\dfrac{a_{12}}{2}&a_{11}&\dfrac{c_{13}}{2}\\\dfrac{c_{13}}{2}&\dfrac{c_{13}}{2}&a_{33}+c_{33}\end{bmatrix},\quad \boldsymbol{M}_{\mathrm{S}}=\begin{bmatrix}d_{11}&0&0\\0&d_{11}&0\\0&0&d_{33}\end{bmatrix},\quad \boldsymbol{X}_{\mathrm{S}}=\left[A_{t}\quad B_{t}\quad C_{t}\right]^{\mathrm{T}}$$

$$a_{11} \approx \frac{E}{1-\mu^2}[0.853\,4+0.101\,6(1-\mu)]$$

$$a_{12} \approx \frac{E}{1-\mu^2}[0.142\,3(1+\mu)]$$

$$a_{13} \approx \frac{E}{1-\mu^2}\frac{[0.120\,1\,(5\mu-1)]H}{A}$$

$$a_{33} \approx \frac{E}{1-\mu^2}\frac{2.229\,1H^2}{A^2}$$

$$c_{13} \approx \frac{E}{1-\mu^2}(1.200\,9\mu-0.240\,2)\frac{C_0}{A}$$

$$c_{33} \approx \frac{E}{1-\mu^2}\left[4.716\left(\frac{C_0}{A}\right)^2+(1.200\,9\mu-0.240\,2)\frac{A_0}{A}\right]$$

$$d_{11} \approx 0.081\,3\rho_m A^2$$

$$d_{33} \approx 0.330\,3\rho_m A^2$$

特别地,当压力为零时,方平膜片的弯曲振动的基频为

$$\omega(0)=\sqrt{\frac{a_{33}}{d_{33}}} \approx \frac{2.598H}{A^2}\sqrt{\frac{E}{\rho_m(1-\mu^2)}} \quad (\mathrm{rad/s}) \tag{6.4.58}$$

或

$$f(0)=\frac{\omega(0)}{2\pi} \approx \frac{0.413H}{A^2}\sqrt{\frac{E}{\rho_m(1-\mu^2)}} \quad (\mathrm{Hz}) \tag{6.4.59}$$

6.4.4 算例与分析

由式(6.4.39)和式(6.4.44)~式(6.4.46)可知,对于确定材料构成的方平膜片谐振子,均布压力 p 引起的静位移 A_0、B_0、C_0 与平膜片厚度 H 的比值只与膜片的半边长与厚度的比值 A/H 有关;结合式(6.4.57)可知,频率 $f(p)$ $[f(p)=\omega(p)/2\pi]$ 相对零压力频率 $f(0)$ 的变化率 $[f(p)-f(0)]/f(0)$ 只与 A/H 有关。进一步分析知,膜片内的应力、应变分布也只与 A/H 有关。这表明,A/H 的选取对测压范围有很大影响。

下面针对具体的硅方平膜片进行计算分析,材料的 $E=1.3\times10^{11}$ Pa,$\mu=0.278$。

表 6.4.1 和表 6.4.2 给出了膜片的半边长与厚度的比值 A/H 取不同值时,无量纲位移 C_0/H、A_0/H 随压力 p 的变化关系;图 6.4.6、图 6.4.7 给出了相应的变化曲线。由图 6.4.6 和图 6.4.7 可知,位移的非线性随 A/H 的增大而明显增加。

表 6.4.1 C_0/H 随 A/H、p 的变化关系

$p(\times10^5$ Pa)	A/H			
	40	50	60	70
0.0	0.0	0.0	0.0	0.0
0.1	0.046 3	0.112 2	0.226 6	0.392 4
0.2	0.092 2	0.219 0	0.418 1	0.663 8
0.3	0.137 3	0.317 2	0.572 3	0.858 8
0.4	0.181 3	0.405 8	0.698 8	1.011 3

续表

$p(\times 10^5\ \mathrm{Pa})$	A/H			
	40	50	60	70
0.5	0.224 0	0.485 5	0.805 6	1.137 7
0.6	0.265 1	0.557 3	0.898 2	1.246 3
0.7	0.304 7	0.622 6	0.980 2	1.342 1
0.8	0.342 6	0.682 2	1.053 8	1.428 1
0.9	0.379 0	0.737 0	1.120 9	1.506 5
1.0	0.413 8	0.787 8	1.182 7	1.578 6

表 6.4.2 A_0/H 随 A/H、p 的变化关系

$p(\times 10^5\ \mathrm{Pa})$	A/H			
	40	50	60	70
0.0	0.0	0.0	0.0	0.0
0.1	$-1.233\ 4\times 10^{-6}$	$-5.795\ 9\times 10^{-6}$	$-1.968\ 9\times 10^{-5}$	$-5.061\ 4\times 10^{-5}$
0.2	$-4.889\ 9\times 10^{-6}$	$-2.208\ 0\times 10^{-5}$	$-6.703\ 4\times 10^{-5}$	$-1.448\ 7\times 10^{-4}$
0.3	$-1.084\ 4\times 10^{-5}$	$-4.630\ 0\times 10^{-5}$	$-1.256\ 1\times 10^{-4}$	$-2.424\ 4\times 10^{-4}$
0.4	$-1.890\ 9\times 10^{-5}$	$-7.578\ 9\times 10^{-5}$	$-1.872\ 7\times 10^{-4}$	$-3.362\ 2\times 10^{-4}$
0.5	$-2.885\ 4\times 10^{-5}$	$-1.084\ 8\times 10^{-4}$	$-2.489\ 2\times 10^{-4}$	$-4.254\ 9\times 10^{-4}$
0.6	$-4.043\ 5\times 10^{-5}$	$-1.429\ 7\times 10^{-4}$	$-3.094\ 4\times 10^{-4}$	$-5.106\ 2\times 10^{-4}$
0.7	$-5.340\ 8\times 10^{-5}$	$-1.783\ 9\times 10^{-4}$	$-3.684\ 8\times 10^{-4}$	$-5.921\ 4\times 10^{-4}$
0.8	$-6.754\ 6\times 10^{-5}$	$-2.141\ 7\times 10^{-4}$	$-4.259\ 6\times 10^{-4}$	$-6.705\ 0\times 10^{-4}$
0.9	$-8.264\ 2\times 10^{-5}$	$-2.500\ 0\times 10^{-4}$	$-4.819\ 2\times 10^{-4}$	$-7.461\ 0\times 10^{-4}$
1.0	$-9.851\ 9\times 10^{-5}$	$-2.856\ 4\times 10^{-4}$	$-5.364\ 6\times 10^{-4}$	$-8.192\ 8\times 10^{-4}$

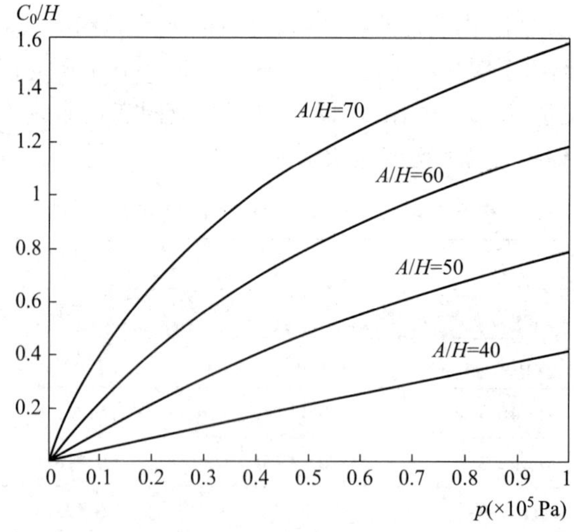

图 6.4.6 方平膜片无量纲位移 C_0/H 随压力 p 的变化曲线

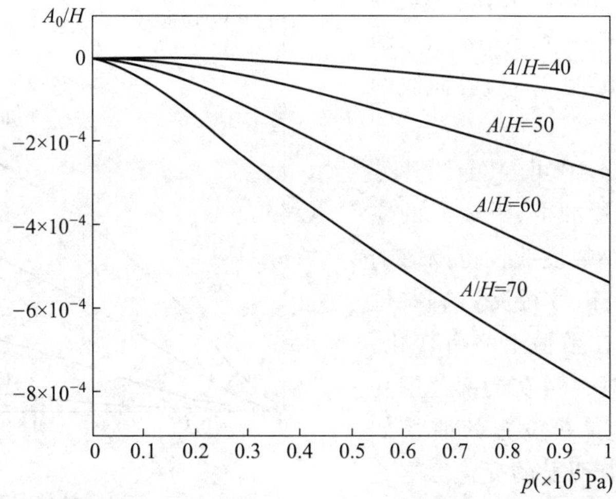

图 6.4.7 方平膜片无量纲位移 A_0/H 随压力 p 的变化曲线

表 6.4.3 给出 A/H 取不同值时,频率的相对变化率$[f(p)-f(0)]/f(0)$与压力的关系;图 6.4.8 给出了相应的变化曲线。由图 6.4.8 可知,频率的相对变化率随 A/H 的增大而显著增加。

表 6.4.3 频率相对变化率 $[f(p)-f(0)]/f(0)$ 随 A/H、p 的变化关系

$p(\times10^5\ Pa)$	A/H			
	40	50	60	70
0.0	0.0	0.0	0.0	0.0
0.1	$2.262\ 3\times10^{-3}$	$1.321\ 6\times10^{-2}$	$5.283\ 4\times10^{-2}$	$1.512\ 1\times10^{-1}$
0.2	$8.939\ 0\times10^{-3}$	$4.945\ 6\times10^{-2}$	$1.701\ 6\times10^{-1}$	$3.896\ 2\times10^{-1}$
0.3	$1.971\ 9\times10^{-2}$	$1.011\ 6\times10^{-1}$	$3.007\ 5\times10^{-1}$	$5.994\ 2\times10^{-1}$
0.4	$3.413\ 8\times10^{-2}$	$1.610\ 0\times10^{-1}$	$4.253\ 5\times10^{-1}$	$7.778\ 8\times10^{-1}$
0.5	$5.165\ 0\times10^{-2}$	$2.239\ 2\times10^{-1}$	$5.398\ 7\times10^{-1}$	$9.325\ 0\times10^{-1}$
0.6	$7.168\ 0\times10^{-2}$	$2.869\ 8\times10^{-1}$	$6.445\ 6\times10^{-1}$	1.069 2
0.7	$9.368\ 2\times10^{-2}$	$3.486\ 6\times10^{-1}$	$7.406\ 4\times10^{-1}$	1.192 2
0.8	$1.171\ 6\times10^{-1}$	$4.082\ 5\times10^{-1}$	$8.293\ 3\times10^{-1}$	1.304 2
0.9	$1.417\ 1\times10^{-1}$	$4.654\ 7\times10^{-1}$	$9.117\ 4\times10^{-1}$	1.407 3
1.0	$1.669\ 7\times10^{-1}$	$5.202\ 9\times10^{-1}$	$9.887\ 6\times10^{-1}$	1.503 1

图 6.4.9 给出了 $A/H=50$,$p=10^5$ Pa 时,膜片在第一象限范围内应变 ε_x,ε_y 的相对比值曲线。其中曲线(1^+,1^-)、(2^+,2^-)、(3^+,3^-)分别为应变 $\varepsilon_x(x,y)$ 在 $y/A=0,0.5,1.0$ 时随 x/A 值的变化规律;曲线(4^+,4^-)、(5^+,5^-)、(6^+,6^-)分别为应变 $\varepsilon_y(x,y)$ 在 $y/A=0,0.5,1.0$ 时随 x/A 值得变化规律[注意:由于对称关系,$\varepsilon_y(x,y)$ 在 $y/A=0,0.5,1.0$ 时随 x/A 的值变化曲线相当于 $\varepsilon_x(x,y)$ 在 $x/A=0,0.5,1.0$ 时随 y/A 值的变化曲线]。数字的上标“+”,“-”分别表示在膜片的上表面($z=+0.5H$)的应变和下表面($z=-0.5H$)的应变。

图 6.4.10 给出了 $A/H=50, p=10^5$ Pa 时，膜片在第一象限范围内应力 σ_x, σ_y 的相对比值曲线（其中 $\mu=0.278$），各曲线的含义同图 6.4.9。

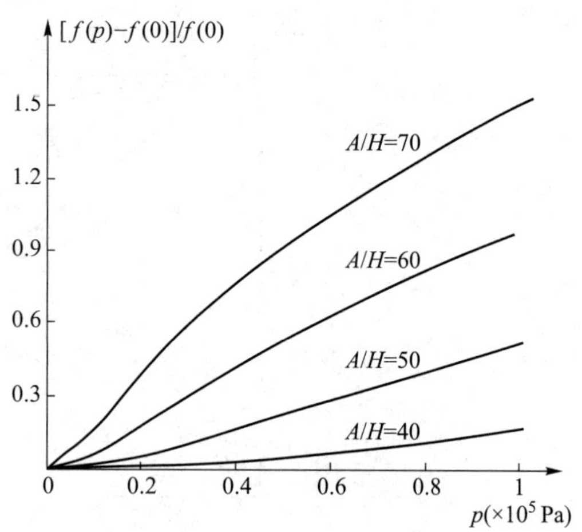

图 6.4.8 方平膜片频率的相对变化率 $[f(p)-f(0)]/f(0)$ 随压力 p 的变化曲线

由图 6.4.9、图 6.4.10 可知：当膜片处于大挠度变形时，膜片的上、下表面的应变、应力已不再保持小挠度线性范围时的特征（即绝对值相等，符号相反），有些位置的曲线如（$4^+, 4^-$）在数值上略有变化，有些位置的曲线如（$1^+, 1^-$）在局部范围变化规律有较大变化，有些位置的曲线如（$5^+, 5^-$）在整个范围有明显的变化。这些变化趋势随着 A/H 的增大、压力测量值的增大而明显增强。这表明，在利用平膜片的静特性，如压力—位移，压力—应变、压力—应力特性时，一定要考虑其在整个测量范围内的特性，而不能只考虑小挠度时的特性。

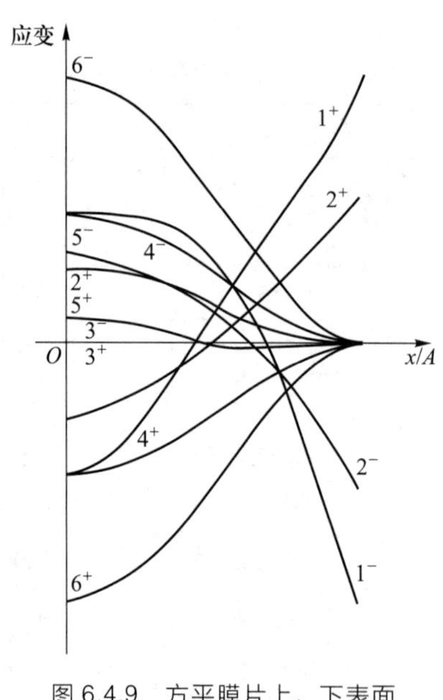

图 6.4.9 方平膜片上、下表面应变分布曲线示意图

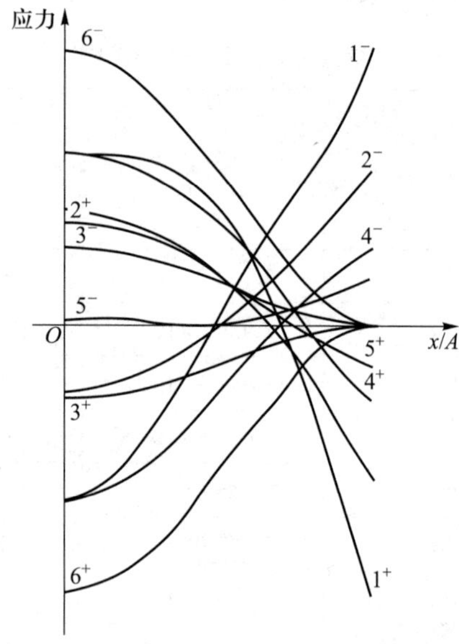

图 6.4.10 方平膜片上、下表面应力分布曲线示意图

6.4.5 方平膜片的边界结构参数

为了分析图 6.4.1 边界结构对方平膜片有效敏感部分的位移、应变、应力的影响情况，采用有限元数值法（单元取三维平行六面体元，详细过程略），针对图 6.4.1 进行计算、分析。边界条件为：硬质量环的周边固支（与传感器机座相连），方平膜片周边与硬质量环相固连。经过选取不同的 $H_1/H, H_2/H$ 值进行计算、分析和比较，得到如下有参考作用的结论：当 $H_1/H \geqslant 15, H_2/H \geqslant 10$ 时，外界作用通过硬质量环对方平膜片的位移场、应力场的影响小到可以忽略

不计的程度。这表明,在有关传感器的设计中,采用这样合理尺寸的结构,可以隔离外界干扰(如安装应力、安装扭矩等)对传感器性能的影响,有利于提高传感器的稳定性和可靠性。

6.5 波纹膜片的建模

图 6.5.1 为所研究的波纹膜片结构的示意图。其型面为正弦波,周边固支。R,h(图中未给出),H 分别为波纹膜片的半径(m)、膜厚(m)和波深(m)。

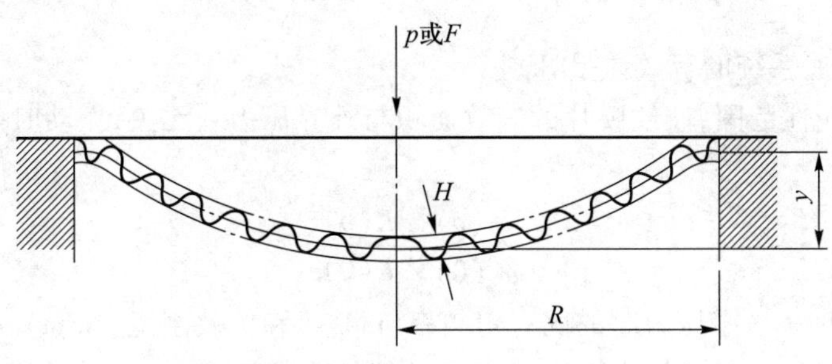

图 6.5.1 波纹膜片结构示意图

6.5.1 受均布压力的波纹膜片

当波纹膜片受均布压力 p 时,其大挠度下的一般方程可描述为

$$\frac{pR^4}{Eh^4}=A_p\frac{y}{h}+B_p\frac{y^3}{h^3} \tag{6.5.1}$$

$$A_p=\frac{2(3+q)(1+q)}{3(1-\mu^2/q^2)} \tag{6.5.2}$$

$$B_p=\frac{32(q+6-\mu)}{(q+3)^2(q-\mu)} \tag{6.5.3}$$

$$q=\left(1+1.5\frac{H^2}{h^2}\right)^{0.5} \tag{6.5.4}$$

式中 y——波纹膜片的中心静挠度;

A_p,B_p——受均布压力 p 时波纹膜片无量纲弯曲弹性系数和无量纲拉伸弹性系数;

q——波纹膜片的形面因子。

应当指出:当 y/h 很小时,方程式(6.5.1)将只包含线性项,膜片的径向变形很小,只受弯曲作用;而当 y/h 很大时,方程式(6.5.1)将只含非线性的三次项,膜片的径向变形很大。在一般情况下,由式(6.5.1)可以计算出波纹膜片的所受压力与静挠度 y 的关系。

对于波纹膜片的最低阶固有频率的计算问题,可以将它看成一个非线性质量弹簧系统,作用于波纹膜片的均布压力 p,相当于作用在膜片中心的集中力 F_{eq},且有

$$F_{eq}=A_{eq}p=(c_1y+d_1y^3)A_{eq} \tag{6.5.5}$$

$$A_{eq}=\frac{1+q}{2(3+q)}\pi R^2 \tag{6.5.6}$$

$$c_1=\frac{Eh^3A_p}{R^4} \tag{6.5.7}$$

$$d_1=\frac{EhB_p}{R^4} \tag{6.5.8}$$

式中 A_{eq}——波纹膜片的等效面积，m^2。

由式(6.5.5)知，等效的非线性弹性刚度为

$$K(p)=\frac{\partial F_{eq}}{\partial y}=(c_1+3d_1y^2)A_{eq} \tag{6.5.9}$$

借助于单自由度质量—弹簧系统固有角频率的计算公式，波纹膜片最低阶的固有角频率为

$$\omega(p)=\sqrt{\frac{K(p)}{m_{eq}}}\quad (\text{rad/s}) \tag{6.5.10}$$

式中 m_{eq}——上述系统的等效质量，kg。

在所讨论的线性范围，波纹膜片的等效面积与外界压力 p 无关，振动时等效质量也不变，所以有如下关系

$$\frac{\omega^2(p)}{\omega^2(0)}=\frac{K(p)}{K(0)} \tag{6.5.11}$$

式中 $\omega(0)$、$K(0)$——零压力时的固有角频率(rad/s)和等效刚度(N/m)；

$\omega(p)$、$K(p)$——任意压力下波纹膜片的固有角频率(rad/s)和等效刚度(N/m)。

另一方面，借助于式(6.3.82)描述的周边固支圆平膜片(即型面因子 $q=1$)在零压力下的最低阶固有角频率的表达式，结合式(6.5.9)～式(6.5.11)可得计算周边固支的波纹膜片最低阶固有频率的公式为

$$f(p)\approx 0.203\ 1\sqrt{\frac{c_1+3d_1y^2}{\rho_m h}}\quad (\text{Hz}) \tag{6.5.12}$$

式中 y——膜片中心静挠度，由式(6.5.1)得到。

6.5.2 受集中力的波纹膜片

当波纹膜片受集中力 F 时，其大挠度的一般方程为

$$\frac{FR^2}{\pi Eh^4}=A_F\frac{y}{h}+B_F\frac{y^3}{h^3} \tag{6.5.13}$$

$$A_F=\frac{(1+q)^2}{3(1-\mu^2/q^2)} \tag{6.5.14}$$

$$B_F=\frac{q+2-\mu}{2(q+1)^2(q-\mu)} \tag{6.5.15}$$

式中 A_F，B_F——受集中力 F 时波纹膜片的无量纲弯曲弹性系数和无量纲拉伸弹性系数。

由式(6.5.13)知，等效的非线性刚度为

$$K(F)=\frac{\partial F}{\partial y}=c_2+3d_2y^2 \tag{6.5.16}$$

$$c_2=\frac{\pi Eh^3A_F}{R^2} \tag{6.5.17}$$

$$d_2=\frac{\pi EhB_F}{R^2} \tag{6.5.18}$$

类似地，可以得到受集中力 F，周边固支的波纹膜片的最低阶固有频率为

$$f(F)\approx 0.203\ 1\sqrt{\frac{c_2+3d_2y^2}{\rho_m hA_{eq}}}\quad (\mathrm{Hz}) \tag{6.5.19}$$

式中 y——膜片中心静挠度,由式(6.5.13)得到。

6.5.3 算例与分析

算例 1 圆平膜片的压力—频率特性计算。给定圆平膜片的参数:$E=1.9\times10^{11}$ Pa,$\rho_m=7.8\times10^3$ kg/m^3,$\mu=0.3$,$R=10\times10^{-3}$ m,$h=0.12\times10^{-3}$ m。

图 6.5.2 给出了计算结果及参考曲线。由图可以看出,用于波纹膜片的计算式(6.5.12)对于平膜片来说也具有较高的精度。因其简单,很适合工程应用。这对于设计敏感压力的圆平膜片也有实际意义。

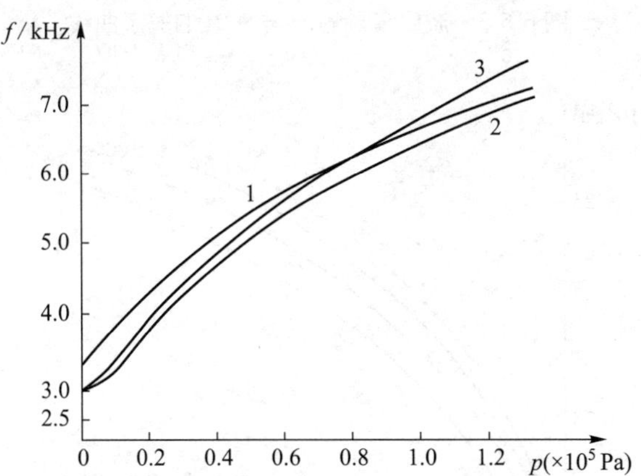

图 6.5.2 圆平膜片压力—频率特性比较

曲线 1,2—分别为文献[7]的实验和理论计算结果;

曲线 3—式(6.5.12)(型面因子 $q=1$)的计算结果

算例 2 波纹膜片的压力—频率特性计算。给定波纹膜片的参数:$E=1.9\times10^{11}$ Pa,$\rho_m=7.8\times10^3$ kg/m^3,$\mu=0.3$,$R=20\times10^{-3}$ m,$h=0.08\times10^{-3}$ m。

通过计算发现,波深 H 对波纹膜片的压力—频率特性影响很大。一方面,当 H 增大时,零压力频率 $f(0)$ 增加,如图 6.5.3 所示。另一方面,当 H 增大时,在相同压力范围[0,p],频率的相对变化率$[f(p)-f(0)]/f(0)$显著下降。这表明:对于相同半径 R、膜厚 h 的波纹膜片,通过适当改变波深 H 便可以实现对不同压力量程范围测量的需要。例如,当确定了波纹膜片的半径 R、膜厚 h 后,若用它实现对某一压力范围的测量,便可以在保证膜片正常工作条件(主要是强度条件,这里不做深入讨论)和灵敏度的要求下,最优地设计出波深 H。图 6.5.4 给出了在波纹膜片频率相对变化率$[f(p)-f(0)]/f(0)$为不同给定值时,波深 H 与满量程压力值 p_{max} 在对数坐标系中的关系曲线。

波纹膜片的这一特性为利用其压力—频率特性进行测量提供了良好的条件,特别是在测量大压力和小压力时尤为突出。

对于圆平膜片,其灵敏度主要取决于 h/R,从理论上,它可以用于大压力和小压力的测量。但在大压力测量时,h/R 显著增大,这样的圆平膜片便难以实现闭环自激。例如,在保证 100%的频率相对变化率下,实现$[0,50\times10^5\ \mathrm{Pa}]$的测压范围,若用半径为 $R=20\times10^{-3}$ m 的圆

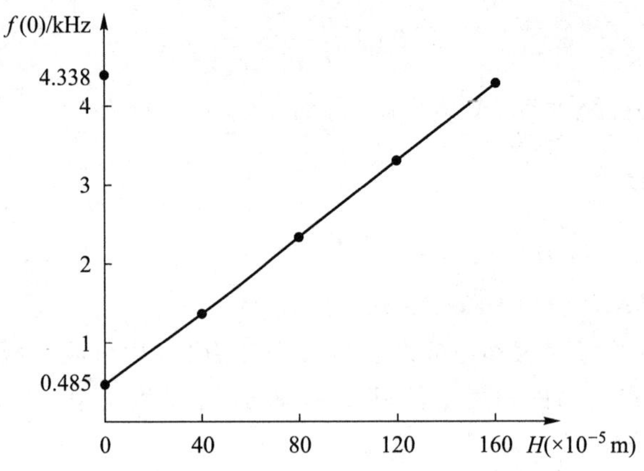

图 6.5.3 波纹膜片的 H 与 $f(0)$ 的关系曲线

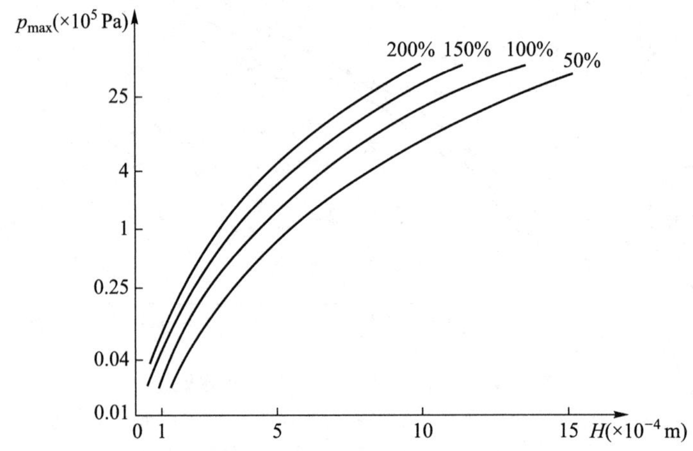

图 6.5.4 波纹膜片不同频率相对变化率下波深 H 与满量程压力值 p_{max} 的关系曲线

平膜片，则膜厚 $h=0.545\times10^{-3}$ m，$h/R=0.027\ 3$，零压力频率 $f(0)=3\ 274$ Hz；而用上述参数的波纹膜片，波深 $H=1.31\times10^{-3}$ m，零压力频率 $f(0)=3\ 575$ Hz。显然用波纹膜片更有利。

再看小压力测量的情况，这时圆平膜片的 h/R 显著减小，这样的圆平膜片较难加工出性能稳定的样件。例如，要保证 100%的频率相对变化率下，实现$[0,0.05\times10^5\ \text{Pa}]$的测压范围，若用半径 $R=20\times10^{-3}$ m 的圆平膜片，则膜厚 $h=0.097\times10^{-3}$ m，$h/R=0.004\ 9$，零压力频率 $f(0)=587$ Hz，而用上述参数的波纹膜片，波深 $H=0.142\times10^{-3}$ m，零压力频率 $f(0)=699$ Hz。显然用波纹膜片更有利。

所以在实际中，圆平膜片的测压范围变化较小，而波纹膜片通过调节 H 便可以实现较大范围压力测量的需要。这正是选用它作为压力敏感元件，构成谐振式传感器的最大优势所在。其物理意义是：通过改变波纹膜片的型面参数达到增加其稳定性，灵活设计刚度的目的。

算例 3 波纹膜片的集中力—频率特性计算。给定波纹膜片的参数：$E=1.9\times10^{11}$ Pa，$\rho_m=7.8\times10^3\ \text{kg/m}^3$，$\mu=0.3$，$R=10\times10^{-3}$ m，$h=0.12\times10^{-3}$ m。

图 6.5.5 给出了在保证波纹膜片的频率相对变化率$[f(F_{max})-f(0)]/f(0)$为给定值时，波深 H 与满量程集中力值 F_{max} 在双对数坐标系中的关系曲线。由图可以看出，利用波纹膜片构

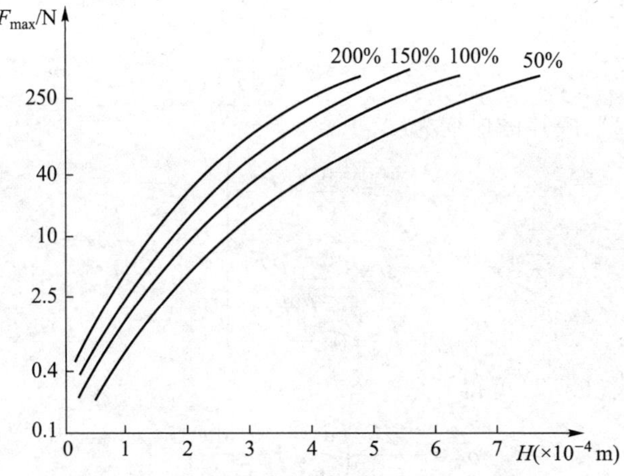

图 6.5.5 波纹膜片不同相对频率变化率下波深 H 与满量程集中力值 F_{max} 的关系曲线

成谐振式传感器实现对集中力或加速度的测量是可行的,并且在设计上也是灵活的。

综上所述,与圆平膜片相比,波纹膜片的优势在于:

(1) 通过适当地设计波深 H,可以实现不同测量范围的需要。

(2) 实际应用中,特性更稳定,有利于波纹膜片谐振子获得高的机械品质因数,提高传感器的抗干扰能力。

(3) 膜厚与半径的比 h/R 可设计得很小,便于参数选取。

6.6 E 形圆膜片的建模

6.6.1 基本方程

E 形圆膜片通常用作敏感集中力、加速度、压力与差压的一次敏感元件。近年来,一些结构新颖的传感器多采用 E 形圆膜片,利用其静特性实现测量。因此,该类敏感元件在设计结构参数时要保证其工作于小挠度的线性范围。图 6.6.1(a)为它的典型结构示意图。其有效敏感部分是一个圆环平膜片,内、外半径分别为 R_1,R_2,膜厚 H。对于这样的膜片,在圆环中面建立三维柱坐标系,膜片上、下表面分别为$+0.5H$,$-0.5H$;考虑在膜片上作用有对称分布的载荷 $p(\rho)$或集中力 F。

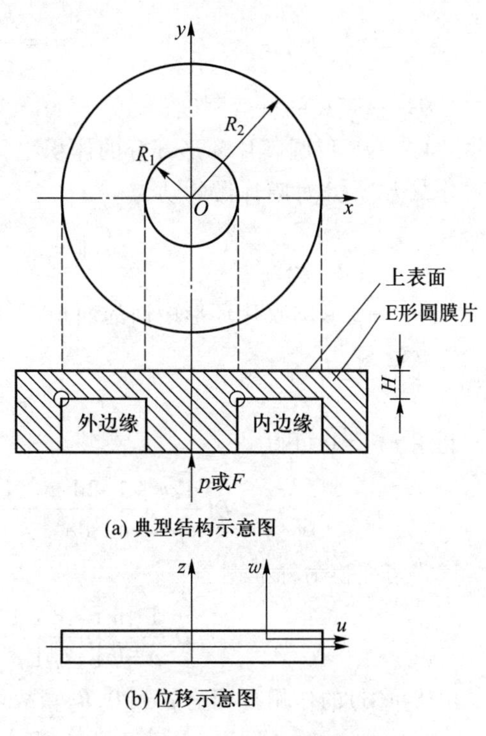

(a) 典型结构示意图

(b) 位移示意图

图 6.6.1 E 形圆膜片

依据板的小挠度变形理论,当膜片受对称载荷时,在其中面只有法向位移 $w(\rho)$,在平行于中面的其他面内还有径向位移 $u(\rho,z)$[见

图 6.6.1(b)],而且有

$$u(\rho,z)=-\frac{\mathrm{d}w}{\mathrm{d}\rho}z \tag{6.6.1}$$

借助于式(5.3.42),膜片的应变为

$$\left.\begin{aligned}\varepsilon_\rho&=-\frac{\mathrm{d}^2w(\rho)}{\mathrm{d}\rho^2}z\\\varepsilon_\theta&=-\frac{\mathrm{d}w(\rho)}{\rho\mathrm{d}\rho}z\\\varepsilon_{\rho\theta}&=0\end{aligned}\right\} \tag{6.6.2}$$

由式(5.4.7)和式(6.6.2)可得

$$\left.\begin{aligned}\sigma_\rho&=-\frac{zE}{1-\mu^2}\left(\frac{\mathrm{d}^2w}{\mathrm{d}\rho^2}+\frac{\mu}{\rho}\frac{\mathrm{d}w}{\mathrm{d}\rho}\right)\\\sigma_\theta&=-\frac{zE}{1-\mu^2}\left(\mu\frac{\mathrm{d}^2w}{\mathrm{d}\rho^2}+\frac{1}{\rho}\frac{\mathrm{d}w}{\mathrm{d}\rho}\right)\\\sigma_{\rho\theta}&=0\end{aligned}\right\} \tag{6.6.3}$$

显然由上述有关式可知膜片的位移、应变、应力均为法向位移 $w(\rho)$ 的函数;沿着法线方向,膜片上、下表面的应变、应力的绝对值最大,中面内的应变、应力为零。

由式(5.5.4)可得 E 形圆膜片的弹性势能为

$$U=\frac{1}{2}\iiint_V(\sigma_\rho\varepsilon_\rho+\sigma_\theta\varepsilon_\theta+\sigma_{\rho\theta}\varepsilon_{\rho\theta})\mathrm{d}V=\pi D\int_{R_1}^{R_2}\left[\left(\frac{\mathrm{d}^2w}{\mathrm{d}\rho^2}\right)^2+\frac{2\mu}{\rho}\frac{\mathrm{d}w}{\mathrm{d}\rho}\frac{\mathrm{d}^2w}{\mathrm{d}\rho^2}+\frac{1}{\rho^2}\left(\frac{\mathrm{d}w}{\mathrm{d}\rho}\right)^2\right]\rho\mathrm{d}\rho \tag{6.6.4}$$

$$D=\frac{EH^3}{12(1-\mu^2)}$$

式中 D——膜片的抗弯刚度;

V——E 形圆膜片环形部分的体积积分域。

分布力 $p(\rho)$ 对膜片做的功为

$$W=\iint_S pw(\rho)\rho\mathrm{d}\rho\mathrm{d}\theta \tag{6.6.5}$$

式中 S——E 形圆膜片环形中面的面积积分域。

建立泛函

$$\pi_1=U-W \tag{6.6.6}$$

利用 $\delta\pi_1=0$ 可得

$$D\left(\frac{\mathrm{d}^4w}{\mathrm{d}\rho^4}+\frac{1}{\rho}\frac{2\mathrm{d}^3w}{\mathrm{d}\rho^3}-\frac{1}{\rho}\frac{\mathrm{d}^2w}{\mathrm{d}\rho^2}+\frac{1}{\rho^3}\frac{\mathrm{d}w}{\mathrm{d}\rho}\right)\rho=p(\rho)\rho \tag{6.6.7}$$

该式可变换为标准型

$$D\frac{1}{\rho}\frac{\mathrm{d}}{\mathrm{d}\rho}\left\{\rho\frac{\mathrm{d}}{\mathrm{d}\rho}\left[\frac{1}{\rho}\frac{\mathrm{d}}{\mathrm{d}\rho}\left(\rho\frac{\mathrm{d}w}{\mathrm{d}\rho}\right)\right]\right\}=p(\rho) \tag{6.6.8}$$

由于 $p(\rho)$ 的作用范围为 $\rho\in[0,R_2]$,故可对上式在 $p(\rho)$ 的作用范围内积分,有

$$\int_0^{2\pi}\int_0^{\rho}D\frac{1}{\rho}\frac{\mathrm{d}}{\mathrm{d}\rho}\left\{\rho\frac{\mathrm{d}}{\mathrm{d}\rho}\left[\frac{1}{\rho}\frac{\mathrm{d}}{\mathrm{d}\rho}\left(\rho\frac{\mathrm{d}w}{\mathrm{d}\rho}\right)\right]\right\}\rho\mathrm{d}\rho\mathrm{d}\theta=\int_0^{2\pi}\int_0^{\rho}p(\rho)\rho\mathrm{d}\rho\mathrm{d}\theta \tag{6.6.9}$$

式(6.6.9)右边的物理意义很明确,它就是分布力 $p(\rho)$ 作用在以 ρ 为半径的圆上的外力,由平衡条件可知,它必然和作用于这个圆上周边的剪力平衡,如图 6.6.2 所示。于是式(6.6.9)左边也必然相当于剪力 $Q(\rho)$ 在 $\theta\in[0,2\pi]$ 上的积分,即有如下关系

$$\int_0^{2\pi} D\left\{\rho\frac{\mathrm{d}}{\mathrm{d}\rho}\left[\frac{1}{\rho}\frac{\mathrm{d}}{\mathrm{d}\rho}\left(\rho\frac{\mathrm{d}w}{\mathrm{d}\rho}\right)\right]\right\}\mathrm{d}\theta=\int_0^{2\pi} Q(\rho)\rho\mathrm{d}\theta \tag{6.6.10}$$

式中 $Q(\rho)$——作用于半径为 ρ 的圆上,单位弧长的剪力, N/m。

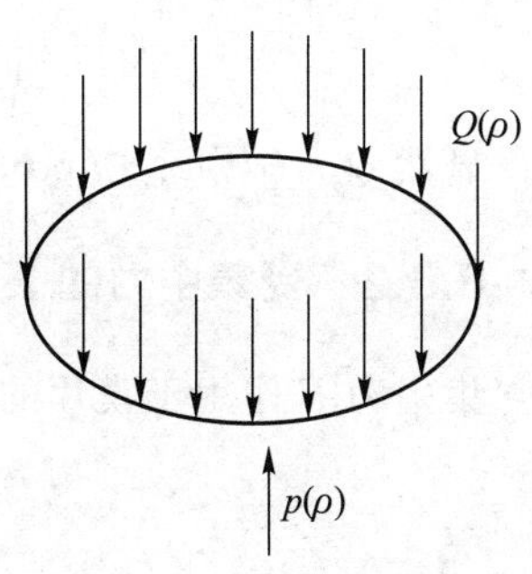

图 6.6.2 剪力 $Q(\rho)$ 示意图

即剪力 $Q(\rho)$ 为

$$Q(\rho)=D\frac{\mathrm{d}}{\mathrm{d}\rho}\left[\frac{1}{\rho}\frac{\mathrm{d}}{\mathrm{d}\rho}\left(\rho\frac{\mathrm{d}w}{\mathrm{d}\rho}\right)\right] \tag{6.6.11}$$

于是式(6.6.8)与式(6.6.11)等价,但后者更适合于求解微分方程。式(6.6.9)也可以通过对微元体的力平衡条件得到,简单说明如下:如图 6.6.3 所示,应力 $\sigma_\rho,\sigma_\theta$ 在膜片的横截面上产生弯矩 M_ρ,M_θ

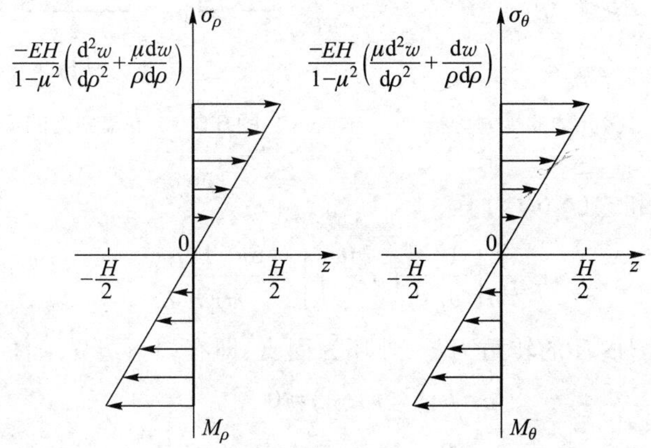

图 6.6.3 应力 σ_ρ、σ_θ 产生的弯矩 M_ρ、M_θ 示意图

$$\left.\begin{aligned}M_\rho&=\int_{-\frac{H}{2}}^{\frac{H}{2}}\sigma_\rho z\mathrm{d}z=-D\left(\frac{\mathrm{d}^2w}{\mathrm{d}\rho^2}+\frac{\mu}{\rho}\frac{\mathrm{d}w}{\mathrm{d}\rho}\right)\\M_\theta&=\int_{-\frac{H}{2}}^{\frac{H}{2}}\sigma_\theta z\mathrm{d}z=-D\left(\mu\frac{\mathrm{d}^2w}{\mathrm{d}\rho^2}+\frac{1}{\rho}\frac{\mathrm{d}w}{\mathrm{d}\rho}\right)\end{aligned}\right\} \tag{6.6.12}$$

图 6.6.4 给出了微元体的受力分析,利用力矩平衡条件可得

$$\left(M_\rho+\frac{\partial M_\rho}{\partial\rho}\mathrm{d}\rho\right)(\rho+\mathrm{d}\rho)\mathrm{d}\theta-M_\rho\rho\mathrm{d}\theta-M_\theta\mathrm{d}\rho\sin\frac{\mathrm{d}\theta}{2}-\left(M_\theta+\frac{\partial M_\theta}{\partial\theta}\mathrm{d}\theta\right)\mathrm{d}\rho\sin\frac{\mathrm{d}\theta}{2}+Q_\rho\rho\mathrm{d}\rho\mathrm{d}\theta=0$$

略去二阶小量可得

$$Q_\rho=-D\left(\frac{\partial M_\rho}{\partial\rho}+\frac{M_\rho-M_\theta}{\rho}\right) \tag{6.6.13}$$

将式(6.6.12)代入式(6.6.13),有

$$Q_\rho = D\left(\frac{\mathrm{d}^3 w}{\mathrm{d}\rho^3} + \frac{1}{\rho}\frac{\mathrm{d}^2 w}{\mathrm{d}\rho^2} - \frac{1}{\rho^2}\frac{\mathrm{d}w}{\mathrm{d}\rho}\right) = D\frac{\mathrm{d}}{\mathrm{d}\rho}\left[\frac{1}{\rho}\frac{\mathrm{d}}{\mathrm{d}\rho}\left(\rho\frac{\mathrm{d}w}{\mathrm{d}\rho}\right)\right] \tag{6.6.14}$$

显然 $Q_\rho = Q(\rho)$，式(6.6.14)与式(6.6.11)相同。

6.6.2 受集中力的 E 形圆膜片

集中力 F 作用于膜片的硬中心处(见图 6.6.5)，则有

$$2\pi\rho Q(\rho) = F \tag{6.6.15}$$

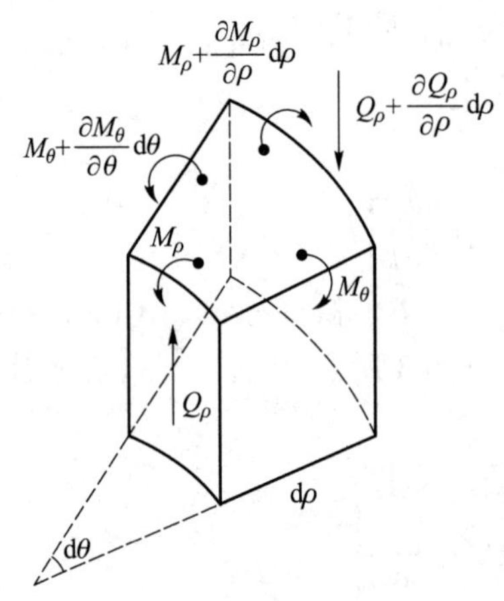

图 6.6.4 微元体的受力分析

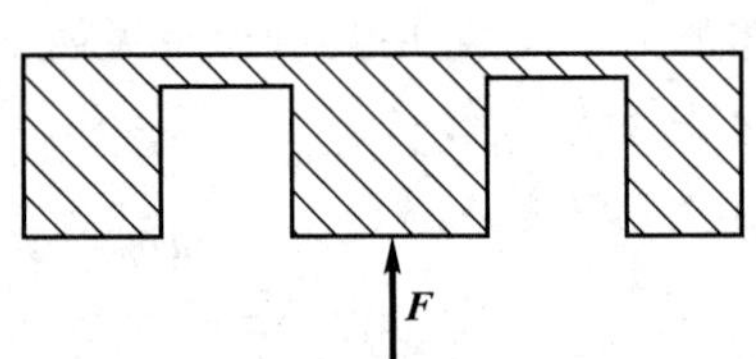

图 6.6.5 受集中力的 E 形圆膜片

结合式(6.6.11)和式(6.6.15)有

$$\frac{\mathrm{d}}{\mathrm{d}\rho}\left[\frac{1}{\rho}\frac{\mathrm{d}}{\mathrm{d}\rho}\left(\rho\frac{\mathrm{d}w}{\mathrm{d}\rho}\right)\right] = \frac{6F(1-\mu^2)}{\pi E H^3 \rho} \tag{6.6.16}$$

对于 E 形圆膜片，内环的转角为零，外环为固支，即有如下边界条件

$$\left.\begin{aligned} &\rho = R_1, \quad w'(\rho) = 0 \\ &\rho = R_2, \quad w(\rho) = w'(\rho) = 0 \end{aligned}\right\} \tag{6.6.17}$$

在边界条件式(6.6.17)下，对式(6.6.16)直接积分可得

$$w(\rho) = \frac{3F(1-\mu^2)\rho^2}{2\pi E H^3}\left(\ln\frac{\rho}{R_2} - 1\right) + \frac{C_1\rho^2}{4} + C_2\ln\frac{\rho}{R_2} + C_3 \tag{6.6.18}$$

$$C_1 = \frac{3F(1-\mu^2)}{\pi E H^3}\cdot\frac{2R_1^2\ln\frac{R_1}{R_2} + R_2^2 - R_1^2}{R_2^2 - R_1^2}$$

$$C_2 = \frac{3F(1-\mu^2)}{\pi E H^3}\cdot\frac{-R_2^2R_1^2\ln\frac{R_1}{R_2}}{R_2^2 - R_1^2}$$

$$C_3 = \frac{3F(1-\mu^2)R_2^2}{4\pi E H^3}\cdot\frac{R_2^2 - R_1^2 - 2R_1^2\ln\frac{R_1}{R_2}}{R_2^2 - R_1^2}$$

经变换后，有

$$w(\rho)=\frac{3F(1-\mu^2)R_2^2}{4\pi EH^3}[R^2(2\ln R-B-1)+2B\ln R+B+1] \tag{6.6.19}$$

$$\overline{W}_{EF,\max}=\frac{3F(1-\mu^2)R_2^2}{4\pi EH^4}[1-K^2+2B\ln K] \tag{6.6.20}$$

$$R=\frac{\rho}{R_2}$$

$$B=-\frac{2K^2\ln K}{1-K^2}$$

$$K=\frac{R_1}{R_2}$$

式中　$\overline{W}_{EF,\max}$——轴向集中力 F 作用下的 E 形圆膜片最大法向位移与其厚度的比值。

将式(6.6.19)代入式(6.6.1)可得在轴向集中力 F 作用下，E 形圆膜片上表面($z=H/2$)的径向位移

$$u(\rho)=-\frac{3F(1-\mu^2)R_2}{4\pi EH^2}\left(2R\ln R-BR+\frac{B}{R}\right) \tag{6.6.21}$$

将式(6.6.19)分别代入式(6.6.2)和式(6.6.3)可得轴向集中力 F 引起的膜片上表面的应变、应力分别为

$$\left.\begin{aligned}\varepsilon_\rho&=-\frac{H}{2}\frac{\mathrm{d}^2w}{\mathrm{d}\rho^2}=-\frac{3F(1-\mu^2)}{4\pi EH^2}\left(2\ln R+2-B-\frac{B}{R^2}\right)\\ \varepsilon_\theta&=-\frac{H}{2\rho}\frac{\mathrm{d}w}{\mathrm{d}\rho}=-\frac{3F(1-\mu^2)}{4\pi EH^2}\left(2\ln R-B+\frac{B}{R^2}\right)\end{aligned}\right\} \tag{6.6.22}$$

$$\left.\begin{aligned}\sigma_\rho&=-\frac{3F}{4\pi H^2}\left[\left(2\ln R+2-B-\frac{B}{R^2}\right)+\left(2\ln R-B+\frac{B}{R^2}\right)\mu\right]\\ \sigma_\theta&=-\frac{3F}{4\pi H^2}\left[\left(2\ln R+2-B-\frac{B}{R^2}\right)\mu+\left(2\ln R-B+\frac{B}{R^2}\right)\right]\end{aligned}\right\} \tag{6.6.23}$$

6.6.3 受均布压力的 E 形圆膜片

均布压力 p 作用于 E 形圆膜片时(见图 6.6.6)，则有

$$2\pi\rho Q(\rho)=\pi\rho^2 p \tag{6.6.24}$$

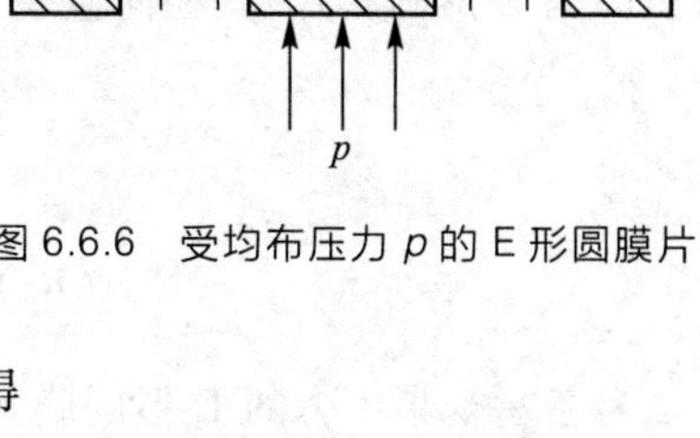

图 6.6.6　受均布压力 p 的 E 形圆膜片

结合式(6.6.11)和式(6.6.24)可得

$$\frac{\mathrm{d}}{\mathrm{d}\rho}\left[\frac{1}{\rho}\frac{\mathrm{d}}{\mathrm{d}\rho}\left(\rho\frac{\mathrm{d}w}{\mathrm{d}\rho}\right)\right]=\frac{6p(1-\mu^2)\rho}{EH^3} \tag{6.6.25}$$

在边界条件式(6.6.17)下，对式(6.6.25)直接积分可得

$$w(\rho)=\frac{3p(1-\mu^2)\rho^4}{16EH^3}+\frac{C_1\rho^2}{4}+C_2\ln\frac{\rho}{R_2}+C_3 \tag{6.6.26}$$

$$C_1=-\frac{3p(1-\mu^2)(R_2^2+R_1^2)}{2EH^3}$$

$$C_2=\frac{3p(1-\mu^2)R_2^2R_1^2}{4EH^3}$$

$$C_3=\frac{3p(1-\mu^2)R_2^2(R_2^2+2R_1^2)}{16EH^3}$$

经变换后，有

$$w(\rho)=\frac{3p(1-\mu^2)R_2^4}{16EH^3}[R^4-2(1+K^2)R^2+4K^2\ln R+(1+2K^2)] \tag{6.6.27}$$

$$\overline{W}_{\mathrm{E}p,\max}=\frac{3p(1-\mu^2)}{16E}\left(\frac{R_2}{H}\right)^4(1-K^4+4K^2\ln K) \tag{6.6.28}$$

式中 $\overline{W}_{\mathrm{E}p,\max}$——均布压力 p 作用下的 E 形圆膜片最大法向位移与其厚度的比值。

将式(6.6.27)代入式(6.6.1)可得均布压力 p 作用下 E 形圆膜片上表面的径向位移

$$u(\rho)=-\frac{3p(1-\mu^2)R_2^3}{8EH^2}\left(R^3-R-RK^2+\frac{K^2}{R}\right) \tag{6.6.29}$$

将式(6.6.27)分别代入式(6.6.2)和式(6.6.3)可得均布压力 p 引起的膜片上表面的应变、应力分别为

$$\left.\begin{aligned}\varepsilon_\rho&=-\frac{3p(1-\mu^2)R_2^2}{8EH^2}\left(3R^2-1-K^2-\frac{K^2}{R^2}\right)\\ \varepsilon_\theta&=-\frac{3p(1-\mu^2)R_2^2}{8EH^2}\left(R^2-1-K^2+\frac{K^2}{R^2}\right)\end{aligned}\right\} \tag{6.6.30}$$

$$\left.\begin{aligned}\sigma_\rho&=-\frac{3pR_2^2}{8H^2}\left[(3+\mu)R^2-(1+\mu)(K^2+1)-\frac{(1-\mu)K^2}{R^2}\right]\\ \sigma_\theta&=-\frac{3pR_2^2}{8H^2}\left[(1+3\mu)R^2-(1+\mu)(K^2+1)+\frac{(1-\mu)K^2}{R^2}\right]\end{aligned}\right\} \tag{6.6.31}$$

6.6.4 算例与分析

E 形圆膜片与圆平膜片相比，具有应力集中、特性设计较灵活的特点。例如，对于承受均布压力的 E 形圆膜片，其径向应变 ε_ρ 与应力 σ_ρ 沿着径向分布比较均匀，而且有

$$\varepsilon_\rho(R_2)=-\varepsilon_\rho(R_1)=-\frac{3p(1-\mu^2)(1-K^2)}{4E}\left(\frac{R_2}{H}\right)^2 \tag{6.6.32}$$

$$\sigma_\rho(R_2)=-\sigma_\rho(R_1)=-\frac{3p(1-K^2)}{4H^2}\left(\frac{R_2}{H}\right)^2 \tag{6.6.33}$$

对于承受集中力的 E 形圆膜片，利用式(5.3.142)和式(6.6.22)可以分析 E 形圆膜片上表面任意一点处，任意方向的正应变、切应变；利用式(5.2.12)和式(6.6.23)可以分析 E 形圆膜片上表面任意一点处和任意方向的正应力、切应力。

对于承受均布压力的 E 形圆膜片，利用式(5.3.142)和式(6.6.30)可以分析 E 形圆膜片

上表面任意一点处和任意方向的正应变、切应变；利用式（5.2.12）和式（6.6.31）可以分析 E 形圆膜片上表面任意一点处和任意方向的正应力、切应力。

为了掌握 E 形圆膜片在受到集中力与均布压力时的静力学特性，下面特针对具体结构参数给出其法向位移曲线、应变曲线和应力曲线。

算例 1　计算由硅材料制成，受集中力的 E 形圆膜片的静力特性。已知有关参数：$E=1.3\times10^{11}$ Pa，$\mu=0.278$，$R_2=2.5\times10^{-3}$ m，$R_1=1\times10^{-3}$ m，$H=42\times10^{-6}$ m。在集中力 $F=0.1$ N 时，E 形圆膜片的法向位移 $w(\rho)$ 曲线以及上表面的应变曲线、上表面的应力曲线，分别如图 6.6.7～图 6.6.9 所示。由计算结果可知 $w_{max}/H\approx0.068$，又 $w_{max}/u_{max}\approx23$，即上述受力状态的膜片工作于线性范围。

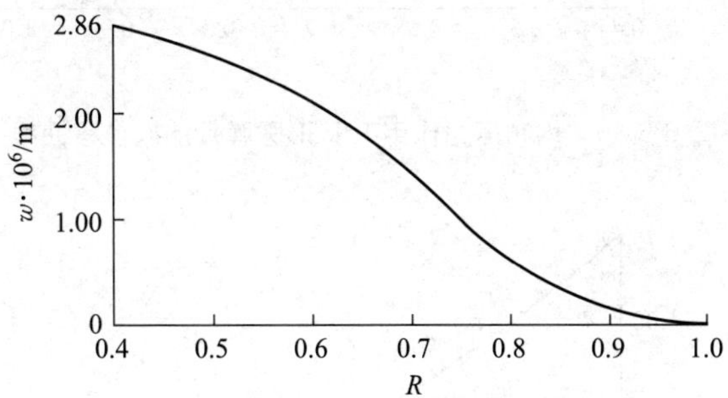

图 6.6.7　集中力作用下 E 形圆膜片法向位移曲线

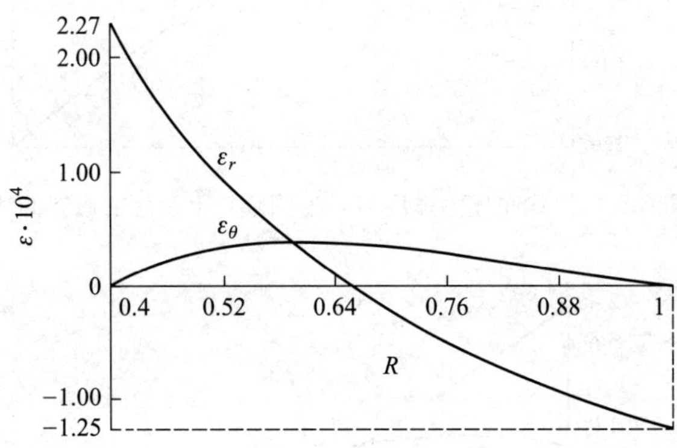

图 6.6.8　集中力作用下 E 形圆膜片上表面的应变曲线

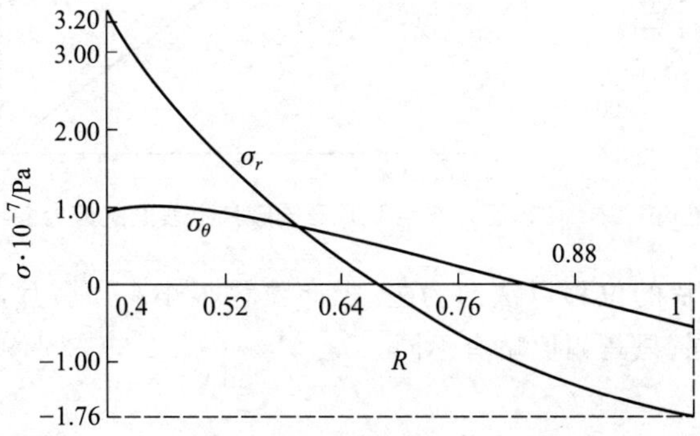

图 6.6.9　集中力作用下 E 形圆膜片上表面的应力曲线

算例 2 计算由硅材料制成受均布压力的 E 形圆膜片的静力特性。已知 E 形圆膜片的膜厚 $H=126\times10^{-6}$m，其他参数同上。在均布压力 $p=10^{5}$Pa 时，E 形圆膜片的法向位移 $w(\rho)$ 曲线以及上表面的应变曲线、上表面的应力曲线分别如图 6.6.10～图 6.6.12 所示。由计算结果可知，$w_{\max}/H\approx0.008$；又 $w_{\max}/u_{\max}\approx16$，即上述受力状态下，膜片工作在线性范围。

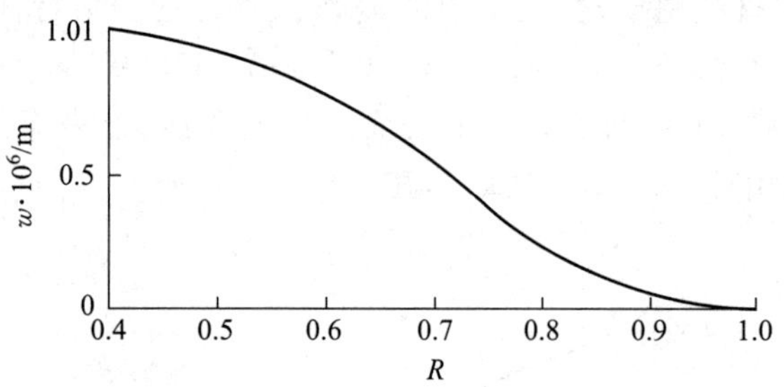

图 6.6.10 均布压力作用下 E 形圆膜片法向位移曲线

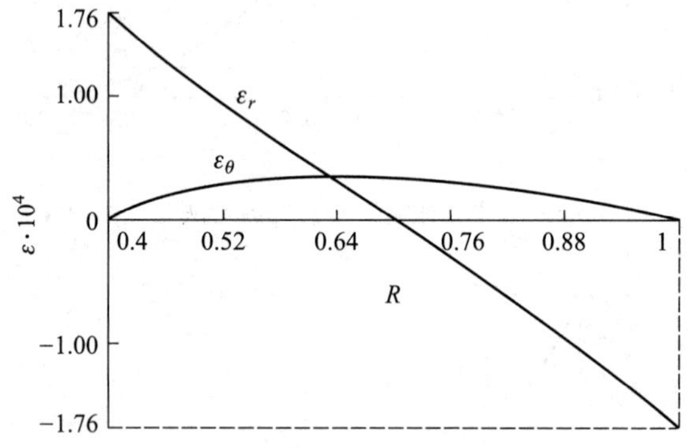

图 6.6.11 均布压力作用下 E 形圆膜片上表面的应变曲线

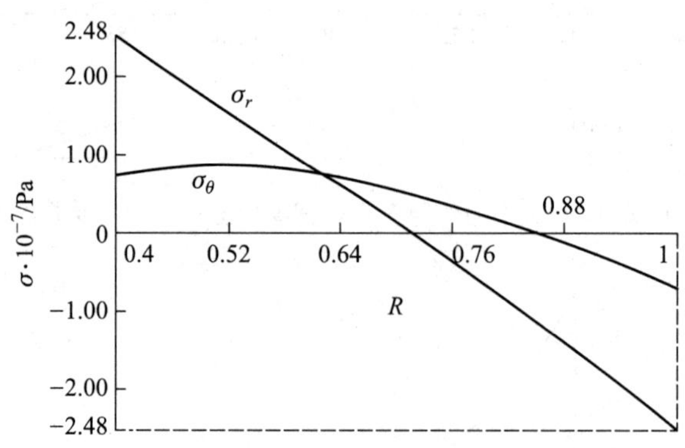

图 6.6.12 均布压力作用下 E 形圆膜片上表面的应力曲线

在小挠度范围，膜片的位移以法向为主，径向位移很小。当膜片的结构参数改变时，上述曲线的变化规律相同，只是幅值略有不同。

6.7 带有顶盖的圆柱壳的建模

6.7.1 基本方程

圆柱壳是一种典型的谐振敏感元件,利用其振动特性成功地研制出谐振式压力传感器、谐振式角速度传感器、谐振式密度传感器等。图 6.7.1 为用于压力测量的圆柱壳的结构示意图,其有效长度、中柱面半径、壁厚分别为 L、r、h;圆柱壳底端固支约束,顶端有一厚 H 的顶盖,内腔充有压力 p。

如图 6.7.2 所示,在圆柱壳中柱面建立动坐标系,壳体在轴线方向、切线方向、法线方向的位移分别为 u、v、w,相应的坐标分别为 s、θ、r,相应的单位矢量分别为 $\boldsymbol{e}_s$,$\boldsymbol{e}_\theta$,$\boldsymbol{e}_\rho$,则前已述及中柱面上 M 点的位移矢量可以表示为

$$\boldsymbol{V}=u(s,\theta)\boldsymbol{e}_s+v(s,\theta)\boldsymbol{e}_\theta+w(s,\theta)\boldsymbol{e}_\rho \qquad [见式(5.3.53)]$$

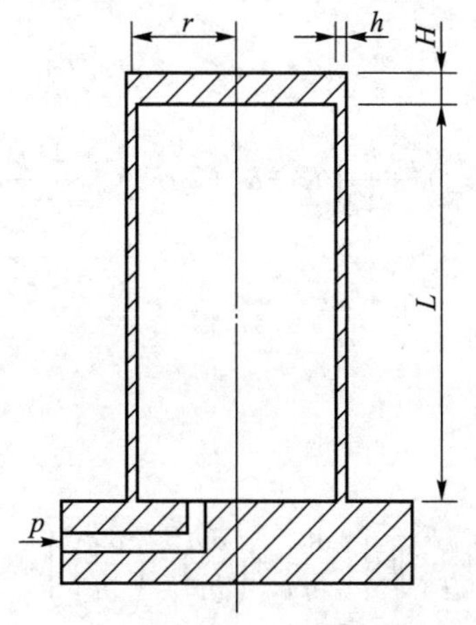

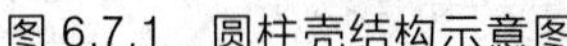

图 6.7.1 圆柱壳结构示意图

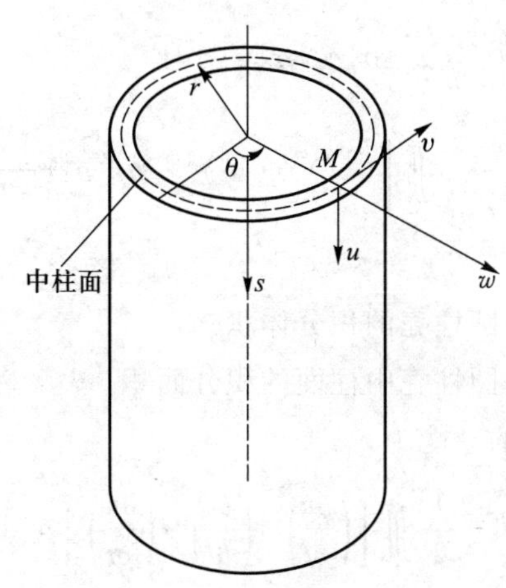

图 6.7.2 圆柱壳位移示意图

由 5.3.4 节可知,在小挠度变形下,圆柱壳的几何方程为

$$\left.\begin{aligned}\varepsilon_s^z&=\varepsilon_s^0+zK_s\\ \varepsilon_\theta^z&=\varepsilon_\theta^0+zK_\theta\\ \varepsilon_{s\theta}^z&=\varepsilon_{s\theta}^0+zK_{s\theta}\end{aligned}\right\} \qquad [见式(5.3.80)]$$

$$\left.\begin{aligned}\varepsilon_s^0&=\frac{\partial u}{\partial s}\\ \varepsilon_\theta^0&=\frac{\partial v}{r\partial\theta}+\frac{w}{r}\\ \varepsilon_{s\theta}^0&=\frac{\partial u}{r\partial\theta}+\frac{\partial v}{\partial s}\end{aligned}\right\} \qquad [见式(5.3.61)]$$

$$\left.\begin{aligned}K_s &= -\frac{\partial^2 w}{\partial s^2}\\ K_\theta &= \left(\frac{\partial v}{\partial \theta}-\frac{\partial^2 w}{\partial \theta^2}\right)\frac{1}{r^2}\\ K_{s\theta} &= 2\left(\frac{\partial v}{\partial s}-\frac{\partial^2 w}{\partial s\partial \theta}\right)\frac{1}{r}\end{aligned}\right\}\quad [\text{见式}(5.3.81)]$$

物理方程为

$$\left.\begin{aligned}\sigma_s^z &= \frac{E}{1-\mu^2}(\varepsilon_s^z+\mu\varepsilon_\theta^z)\\ \sigma_\theta^z &= \frac{E}{1-\mu^2}(\mu\varepsilon_s^z+\varepsilon_\theta^z)\\ \sigma_{s\theta}^z &= \frac{E}{2(1+\mu)}\varepsilon_{s\theta}^z\end{aligned}\right\}\tag{6.7.1}$$

圆柱壳的弹性势能为

$$\begin{aligned}U &= \frac{1}{2}\iiint_V(\sigma_s^z\varepsilon_s^z+\sigma_\theta^z\varepsilon_\theta^z+\sigma_{s\theta}^z\varepsilon_{s\theta}^z)\mathrm{d}V\\ &= \frac{h}{2(1-\mu^2)}\iint_A\left[(\varepsilon_s^0)^2+(\varepsilon_\theta^0)^2+2\mu\varepsilon_s^0\varepsilon_\theta^0+\frac{1-\mu}{2}(\varepsilon_{s\theta}^0)^2+\frac{h^2}{12}\left(K_s^2+K_\theta^2+2\mu K_sK_\theta+\frac{1-\mu}{2}K_{s\theta}^2\right)\right]\mathrm{d}A\end{aligned}\tag{6.7.2}$$

式中 V——圆柱壳的积分体积；

A——圆柱壳中柱面的积分面积。

圆柱壳的动能为

$$T = \frac{1}{2}\iiint_V\left[\left(\frac{\partial u}{\partial t}\right)^2+\left(\frac{\partial v}{\partial t}\right)^2+\left(\frac{\partial w}{\partial t}\right)^2\right]\rho_m\mathrm{d}V = \frac{\rho_m h}{2}\iint_A\left[\left(\frac{\partial u}{\partial t}\right)^2+\left(\frac{\partial v}{\partial t}\right)^2+\left(\frac{\partial w}{\partial t}\right)^2\right]\mathrm{d}A\tag{6.7.3}$$

在压力 p 作用下，依图 6.7.3 的关系，圆柱壳内产生的初始应力 $\sigma_s^0,\sigma_\theta^0$ 满足

$$\left.\begin{aligned}2\pi rh\sigma_s^0 &= \pi r^2 p\\ 2h\sigma_\theta^0 &= 2\int_0^{\frac{\pi}{2}} r\sin\theta\mathrm{d}\theta p\end{aligned}\right\}\tag{6.7.4}$$

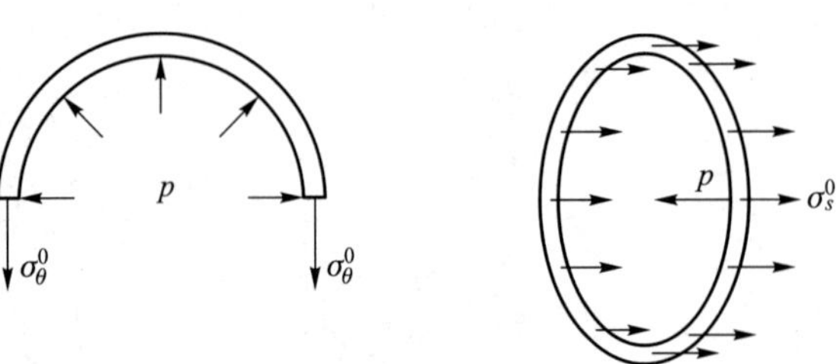

图 6.7.3 初始应力 σ_s^0、σ_θ^0 示意图

即

$$\left.\begin{aligned}\sigma_s^0&=\frac{1}{2}\frac{pr}{h}\\ \sigma_\theta^0&=\frac{pr}{h}\end{aligned}\right\}\tag{6.7.5}$$

于是初始应力 $\sigma_s^0,\sigma_\theta^0$ 引起的初始弹性势能为

$$U_{ad}=-\frac{h}{2}\iint_A\left[\sigma_s^0\left(\frac{\partial\boldsymbol{V}}{\partial s}\cdot\frac{\partial\boldsymbol{V}}{\partial s}\right)+\sigma_\theta^0\left(\frac{\partial\boldsymbol{V}}{r\partial\theta}\cdot\frac{\partial\boldsymbol{V}}{r\partial\theta}\right)\right]\mathrm{d}A\tag{6.7.6}$$

式中 $\boldsymbol{V}$——圆柱壳中柱面上的位移矢量，由式(5.3.53)描述；

A——圆柱壳中柱面的积分面积。

因此，在压力 p 的作用下，圆柱壳的总弹性势能为

$$U_T=U-U_{ad}\tag{6.7.7}$$

6.7.2 圆柱壳环单元的有限元列式

对于圆柱壳，其环向波数为 n 的对称振型可写为

$$\left.\begin{aligned}u&=u(s)\cos n\theta\cos\omega t\\ v&=v(s)\sin n\theta\cos\omega t\\ w&=w(s)\cos n\theta\cos\omega t\end{aligned}\right\}\tag{6.7.8}$$

式中 $u(s)$、$v(s)$、$w(s)$——沿圆柱壳轴线方向分布的振型；

ω——相应的固有角频率(rad/s)。

将式(6.7.8)分别代入式(6.7.2)、式(6.7.3)和式(6.7.6)可分别得到

$$U=\frac{\pi rh\cos^2\omega t}{2}\int_S[\boldsymbol{L}_s\boldsymbol{V}(s)]^{\mathrm{T}}\boldsymbol{D}[\boldsymbol{L}_s\boldsymbol{V}(s)]\mathrm{d}s\tag{6.7.9}$$

$$\boldsymbol{L}_s=\begin{bmatrix}\frac{\mathrm{d}}{\mathrm{d}s}&0&0\\ 0&\frac{n}{r}&\frac{1}{r}\\ -\frac{n}{r}&\frac{\mathrm{d}}{\mathrm{d}s}&0\\ 0&0&-\frac{\mathrm{d}^2}{\mathrm{d}s^2}\\ 0&\frac{n}{r^2}&\frac{n^2}{r^2}\\ 0&\frac{2\mathrm{d}}{r\mathrm{d}s}&\frac{2n}{r}\frac{\mathrm{d}}{\mathrm{d}s}\end{bmatrix}$$

$$\boldsymbol{V}(s)=[u(s)\quad v(s)\quad w(s)]^{\mathrm{T}}$$

$$D=\frac{E}{1-\mu^2}\begin{bmatrix}1 & \mu & 0 & 0 & 0 & 0\\ \mu & 1 & 0 & 0 & 0 & 0\\ 0 & 0 & \frac{1-\mu}{2} & 0 & 0 & 0\\ 0 & 0 & 0 & \frac{h^2}{12} & \frac{h^2}{12}\mu & 0\\ 0 & 0 & 0 & \frac{h^2}{12}\mu & \frac{h^2}{12} & 0\\ 0 & 0 & 0 & 0 & 0 & \frac{1-\mu}{24}h^2\end{bmatrix}$$

$$T=\frac{\pi\rho_m hr\omega^2\sin^2\omega t}{2}\int_S \boldsymbol{V}(s)^{\mathrm{T}}\boldsymbol{V}(s)\,\mathrm{d}s \tag{6.7.10}$$

$$U_{\mathrm{ad}}=\frac{-\pi hr\cos^2\omega t}{2}\int_S \boldsymbol{V}(s)^{\mathrm{T}}(\sigma_s^0\boldsymbol{O}_s+\sigma_\theta^0\boldsymbol{O}_\theta)\boldsymbol{V}(s)\,\mathrm{d}s \tag{6.7.11}$$

$$\boldsymbol{O}_s=\begin{bmatrix}\frac{\mathrm{d}}{\mathrm{d}s} & 0 & 0\\ 0 & \frac{\mathrm{d}}{\mathrm{d}s} & 0\\ 0 & 0 & \frac{\mathrm{d}}{\mathrm{d}s}\end{bmatrix}$$

$$\boldsymbol{O}_\theta=\frac{1}{r^2}\begin{bmatrix}n^2 & 0 & 0\\ 0 & n^2+1 & 2n\\ 0 & 2n & n^2+1\end{bmatrix}$$

式中 S——沿圆柱壳轴线方向的线积分域。

依上述有关各式及 $\boldsymbol{L}_s,\boldsymbol{O}_s,\boldsymbol{O}_\theta$ 诸算子矩阵的特性，在圆柱壳的轴线方向划分环单元（见图 6.7.4），共分 N 个单元，第 i 个单元对应着第 i 个节点 s_i 和第 $i+1$ 个节点 s_{i+1}，引入无量纲长度 $x=(s-s_i)/l-1$，$l=0.5(s_{i+1}-s_i)$，即 $s\in[s_i,s_{i+1}]$对应着 $x\in[-1,1]$。在第 i 个单元，对 $\boldsymbol{V}(s)$ 引入 Hermite 插值，有

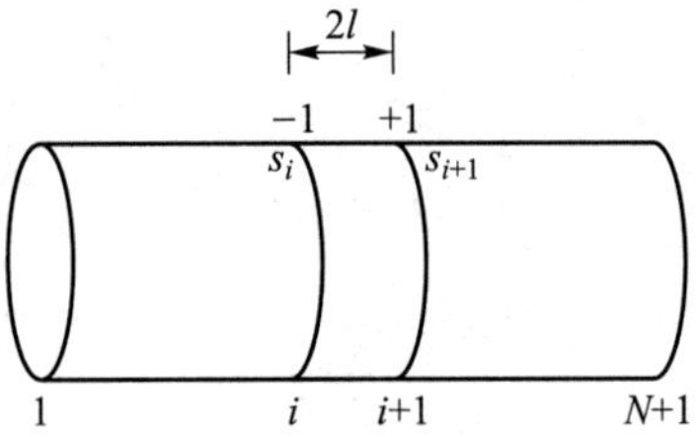

图 6.7.4 环单元划分示意图

$$\boldsymbol{V}_i(s)=\boldsymbol{XGCa}_i=\boldsymbol{XAa}_i \tag{6.7.12}$$

$$\boldsymbol{X}=\begin{bmatrix}\boldsymbol{X}_1^0 & 0 & 0\\ 0 & \boldsymbol{X}_1^0 & 0\\ 0 & 0 & \boldsymbol{X}_2^0\end{bmatrix}_{3\times14}$$

$$\boldsymbol{X}_1^0=[1\quad x\quad x^2\quad x^3]$$

$$\boldsymbol{X}_2^0=[1\quad x\quad x^2\quad x^3\quad x^4\quad x^5]$$

$$\boldsymbol{G}=\begin{bmatrix}\boldsymbol{G}_1 & 0 & 0\\ 0 & \boldsymbol{G}_1 & 0\\ 0 & 0 & \boldsymbol{G}_2\end{bmatrix}_{14\times14}$$

$$G_1=\frac{1}{4}\begin{bmatrix}2&1&2&-1\\-3&-1&3&-1\\0&-1&0&1\\1&1&-1&1\end{bmatrix}$$

$$G_2=\frac{1}{16}\begin{bmatrix}8&5&1&8&-5&1\\-15&-7&-1&15&-7&1\\0&-6&-2&0&6&-2\\10&10&2&-10&10&-2\\0&1&1&0&-1&1\\-3&-3&-1&3&-3&1\end{bmatrix}$$

$$\boldsymbol{A}=\boldsymbol{G}\boldsymbol{C}$$

$$\boldsymbol{C}=\begin{bmatrix}1&0&0&0&0&0&0&0&0&0&0&0&0&0\\0&0&0&l&0&0&0&0&0&0&0&0&0&0\\0&0&0&0&0&0&0&1&0&0&0&0&0&0\\0&0&0&0&0&0&0&0&0&0&l&0&0&0\\0&1&0&0&0&0&0&0&0&0&0&0&0&0\\0&0&0&0&l&0&0&0&0&0&0&0&0&0\\0&0&0&0&0&0&0&0&1&0&0&0&0&0\\0&0&0&0&0&0&0&0&0&0&0&l&0&0\\0&0&1&0&0&0&0&0&0&0&0&0&0&0\\0&0&0&0&0&l&0&0&0&0&0&0&0&0\\0&0&0&0&0&0&l^2&0&0&0&0&0&0&0\\0&0&0&0&0&0&0&0&0&1&0&0&0&0\\0&0&0&0&0&0&0&0&0&0&0&0&l&0\\0&0&0&0&0&0&0&0&0&0&0&0&0&l^2\end{bmatrix}_{14\times14}$$

$$\boldsymbol{a}_i=[\,u(-1)\,v(-1)\,w(-1)\,u'(-1)\,v'(-1)\,w'(-1)\,w''(-1)\\ u(+1)\,v(+1)\,w(+1)\,u'(+1)\,v'(+1)\,w'(+1)\,w''(+1)\,]^{\mathrm{T}}$$

将式(6.7.12)分别代入式(6.7.9)~式(6.7.11)可得在单元 $s\in[s_i,s_{i+1}]$ 上的弹性势能、动能及由压力 p 引起的初始弹性势能分别为

$$\boldsymbol{U}^i=\frac{\pi rhl\cos^2\omega t}{2}\int_{-1}^{+1}\boldsymbol{a}_i^{\mathrm{T}}\boldsymbol{A}^{\mathrm{T}}\boldsymbol{L}_x^{\mathrm{T}}\boldsymbol{D}\boldsymbol{L}_x\boldsymbol{A}\boldsymbol{a}_i\,\mathrm{d}x \tag{6.7.13}$$

$$\boldsymbol{L}_x=\begin{bmatrix}\frac{1}{l}X_1^1&0&0\\0&\frac{n}{r}X_1^0&\frac{1}{r}X_2^0\\-\frac{n}{r}X_1^0&\frac{1}{l}X_1^1&0\\0&0&-\frac{1}{l^2}X_2^2\\0&\frac{n}{r^2}X_1^0&\frac{n^2}{r^2}X_2^0\\0&\frac{2}{rl}X_1^1&\frac{2n}{rl}X_2^1\end{bmatrix}$$

$$X_1^1=\frac{\mathrm{d}}{\mathrm{d}x}X_1^0$$

$$X_2^1=\frac{\mathrm{d}}{\mathrm{d}x}X_2^0$$

$$X_2^2=\frac{\mathrm{d}^2}{\mathrm{d}x^2}X_2^0$$

$$\boldsymbol{T}^i=\frac{\pi rhl\rho_m\omega^2\sin^2\omega t}{2}\int_{-1}^{+1}\boldsymbol{a}_i^{\mathrm{T}}\boldsymbol{A}^{\mathrm{T}}\boldsymbol{X}^{\mathrm{T}}\boldsymbol{X}\boldsymbol{A}\boldsymbol{a}_i\mathrm{d}x \tag{6.7.14}$$

$$\boldsymbol{U}_{\mathrm{ad}}^i=\frac{-\pi rhl\cos^2\omega t}{2}\int_{-1}^{+1}\boldsymbol{a}_i^{\mathrm{T}}\boldsymbol{A}^{\mathrm{T}}\{\sigma_s^0\boldsymbol{O}_x^{\mathrm{T}}\boldsymbol{O}_x+\sigma_\theta^0\boldsymbol{X}^{\mathrm{T}}\boldsymbol{O}_\theta\boldsymbol{X}\}\boldsymbol{A}\boldsymbol{a}_i\mathrm{d}x \tag{6.7.15}$$

$$\boldsymbol{O}_x=\frac{1}{l}\begin{bmatrix}X_1^1 & 0 & 0\\ 0 & X_1^1 & 0\\ 0 & 0 & X_2^1\end{bmatrix}$$

利用式(6.7.13)~式(6.7.15)可得零压力下的环单元刚度矩阵、环单元质量矩阵、环单元初始刚度矩阵分别为

$$\boldsymbol{K}^i=\pi rhl\boldsymbol{A}^{\mathrm{T}}\int_{-1}^{+1}\boldsymbol{L}_x^{\mathrm{T}}\boldsymbol{D}\boldsymbol{L}_x\mathrm{d}x\boldsymbol{A} \tag{6.7.16}$$

$$\boldsymbol{M}^i=\pi\rho_m rhl\boldsymbol{A}^{\mathrm{T}}\int_{-1}^{+1}\boldsymbol{X}^{\mathrm{T}}\boldsymbol{X}\mathrm{d}x\boldsymbol{A} \tag{6.7.17}$$

$$\boldsymbol{K}_{\mathrm{ad}}^i=-\pi rhl\boldsymbol{A}^{\mathrm{T}}\int_{-1}^{+1}\{\sigma_s^0\boldsymbol{O}_x^{\mathrm{T}}\boldsymbol{O}_x+\sigma_\theta^0\boldsymbol{X}^{\mathrm{T}}\boldsymbol{O}_\theta\boldsymbol{X}\}\mathrm{d}x\boldsymbol{A} \tag{6.7.18}$$

任意压力下的单元总刚度矩阵为

$$\boldsymbol{K}_{\mathrm{T}}^i=\boldsymbol{K}^i-\boldsymbol{K}_{\mathrm{ad}}^i \tag{6.7.19}$$

由式(6.7.19)和式(6.7.16)便可形成圆柱壳在 $s\in[0,L]$ 上的总体刚度矩阵 $\boldsymbol{K}$、总体质量矩阵 $\boldsymbol{M}$,即求解固有角频率和相应的振型的方程为

$$(\boldsymbol{K}-\omega^2\boldsymbol{M})\boldsymbol{a}=0 \tag{6.7.20}$$

振型向量 $\boldsymbol{a}$ 由诸 $\boldsymbol{a}_i$ 组合而成。结合具体边界条件对式(6.7.20)处理后便可以求出环向波数 n 时的沿轴线方向分布的各阶振型及相应的固有角频率。

6.7.3 算例与分析

对于图 6.7.5 所示结构的圆柱壳,其顶盖厚度 H 不宜太厚,因此圆柱壳的边界条件为:

底端($s=0$)固支,$u=v=w=w'=0$;

顶端($s=L$)轴线方向可滑动的固支,$v=w=w'=0$。

在下面的算例中,计算单元数 $N=9$。

算例 1 圆柱壳环向波数 $n=4$ 的前两阶模态的压力—频率特性计算。已知 $E=2\times10^{11}$ Pa,$\rho_m=8.1\times10^3$ kg/m^3,$\mu=0.3$,$L=60\times10^{-3}$ m,$h=0.08\times10^{-3}$ m,$r=9\times10^{-3}$ m;压力计算范围为 0~1.4×10^5 Pa。

图 6.7.5 给出了圆柱壳 $n=4$ 时前两阶模态在轴线方向分布的振型曲线。其位移以法线方向位移 w 为主,它明显大于切线方向和轴线方向位移 v、u;因 $w(s)$ 在轴线方向分布的半波数分别为 $m=1,2$,故上述 $n=4$ 的前两阶模态又分别称为(4,1)次模和(4,2)次模,其频率分

别记为 f_{41}、f_{42}。依单元刚度矩阵的结构特征知，对于确定的环向波数 n，圆柱壳的固有频率随轴线方向半波数 m 单调增大，即最低阶固有频率为 f_{n1}。此外，其他环向波数 n 下的振型曲线沿轴线方向的分布规律与图 6.7.5 相同，只是 w_{max}/v_{max}，w_{max}/u_{max}略有变化。图 6.7.6 为圆柱壳的典型振型示意图。

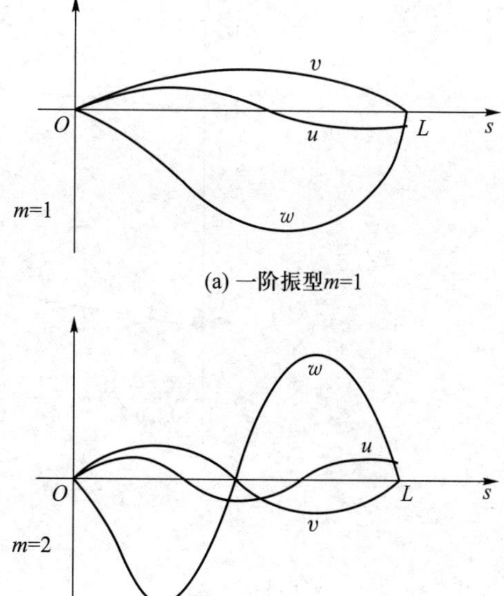

图 6.7.5 沿轴线方向分布的振型曲线

图 6.7.7 给出了 f_{41}、f_{42}随压力的变化曲线，为比较，图中也给出了 f_{41} 的实验值（图中以 · 表示）。由图可知，对图 6.7.1 所示结构的圆柱壳，选定上述边界是恰当的，有限元数值计算结果与实验值很吻合。在上述计算压力范围内，f_{41}、f_{42}的相对变化率分别为 23.5%、9.2%，即 f_{41} 对压力的变化率高于 f_{42}对压力的变化率。

算例 2 圆柱壳环向波数 $n=2,3,4,5,6$ 时的最低阶固有频率 f_{n1} 的计算。已知 $E=1.95\times10^{11}$ Pa，$\rho_m=7.8\times10^3$ kg/m^3，$\mu=0.3$，$L=45\times10^{-3}$ m，$h=0.08\times10^{-3}$ m，$r=9\times10^{-3}$ m；压力计算范围为 $0\sim2\times10^5$ Pa。

图 6.7.8 给出了 f_{n1}随压力的变化曲线。由图可知上述参数圆柱壳的最低频率的模态为 (4,1) 次模，与其他阶模态相比，f_{41} 的相对变化率也很大，为 24.1%，f_{21} 的相对变化率最低，仅为 1%。

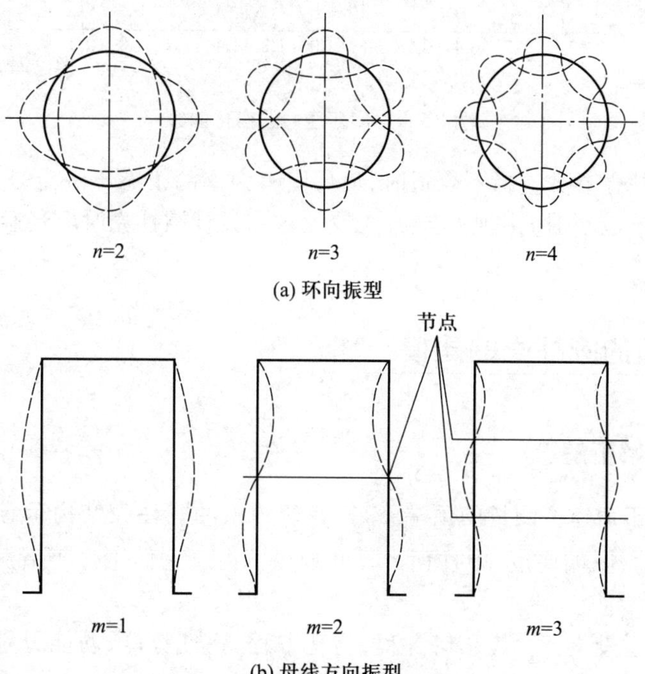

图 6.7.6 圆柱壳的典型振型示意图

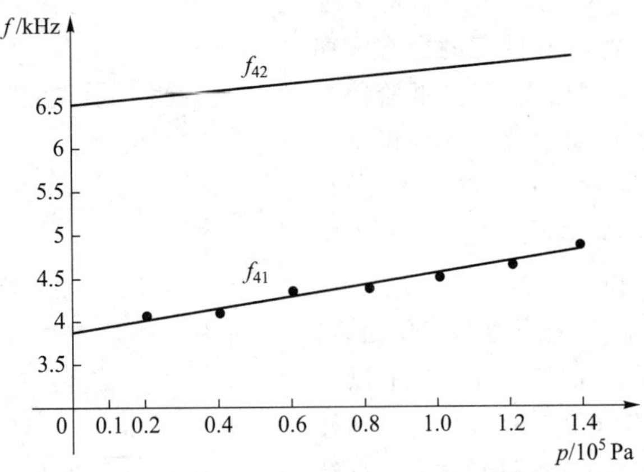

图 6.7.7 f_{41}、f_{42} 随压力的变化曲线

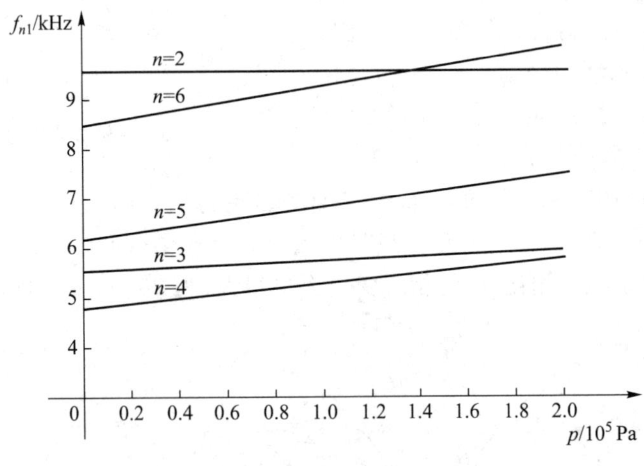

图 6.7.8 f_{n1} 随压力的变化曲线

值得指出，圆柱壳参数选择不合适时，最低固有频率的模态不一定是 f_{41}，有可能是 f_{31} 或有的频率段（压力 p 较小时）出现 f_{41} 与 f_{31} 相交。这在设计圆柱壳时应当避免。

6.8 顶端开口的圆柱壳的建模

6.8.1 近似解析解

图 6.8.1 为用于角速度测量的顶端开口、底端约束的圆柱壳结构示意图，L、L_0、r、h 分别为圆柱壳有效长度、底端厚度、中柱面半径和壁厚。由于它们工作于谐振状态，故这里仅讨论其振动问题。

按图 6.7.1 建立坐标系，其几何方程、物理方程、弹性势能、动能分别同式（5.3.80）、式（6.7.1）~式（6.7.3）。

由于底端约束、顶端开口的圆柱壳近似满足 Lord Rayleigh 中面不扩张条件，即中面应变为零，利用式（5.3.61）可得

$$\left.\begin{aligned}&\frac{\partial u}{\partial s}=0\\&\frac{\partial v}{\partial\theta}+w=0\\&\frac{\partial u}{r\partial\theta}+\frac{\partial v}{\partial s}=0\end{aligned}\right\}\tag{6.8.1}$$

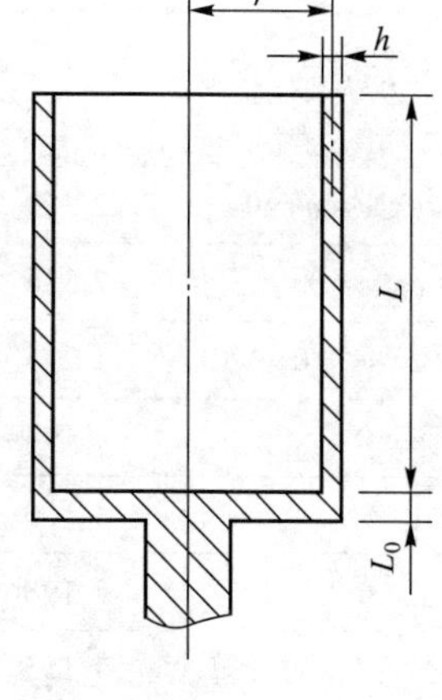

图 6.8.1 顶端开口、底端约束的圆柱壳结构示意图

结合式(6.7.8)有

$$\left.\begin{aligned}&u(s)=A\\&v(s)=\frac{Ans}{r}+B\\&w(s)=-n\left(\frac{Ans}{r}+B\right)\end{aligned}\right\}\tag{6.8.2}$$

式中 A、B——待定系数。

由于顶端 $s=L$ 为自由端,底端 $s=0$ 为约束端,那么有些约束条件则与式(6.8.2)不相容,在工程近似分析时可以把

$$\left.\begin{aligned}&u(s)=A\\&v(s)=\frac{Ans}{r}\\&w(s)=-n\frac{An^2s}{r}\end{aligned}\right\}\tag{6.8.3}$$

作为振型近似解,其中 A 为常数。

将式(6.8.3)分别代入式(6.7.9)和式(6.7.10)并利用能量泛函原理可得

$$\omega^2=\frac{n^2\ (n^2-1)^2\left[\dfrac{n^2L^2}{3r^2}+2(1-\mu)\right]Eh^2}{12\rho_m(1-\mu^2)\left[1+\dfrac{L^2n^2(n^2+1)}{3r^2}\right]r^4}\tag{6.8.4}$$

当 $L^2/r^2\gg1$ 时,式(6.8.4)变为

$$\omega^2=\frac{n^2\ (n^2-1)^2Eh^2}{12\rho_m(1-\mu^2)(n^2+1)r^4}\tag{6.8.5}$$

6.8.2 底端约束的特征

1. 计算实例与分析

表 6.8.1 给出了图 6.8.1 所示圆柱壳的两个实验样件参数值。表 6.8.2 给出了由式(6.8.4)和式(6.8.5)和有限元方程式(6.7.20)计算得到的在约束端不同的约束条件时的两个圆柱壳实验样件的谐振频率值。为便于比较,表 6.8.2 中同时给出了实验值。图 6.8.2 给出了几种典型的圆柱壳边界条件下,由有限元计算得到的振型示意图。

表 6.8.1 圆柱壳实验样件参数

实验样件	E/Pa	ρ_m/(kg/m^3)	μ	L/m	L_0/m	r/m	h/m
1#	1.911×10^{11}	7.85×10^3	0.3	80×10^{-3}	3×10^{-3}	23.5×10^{-3}	1×10^{-3}
2#	1.911×10^{11}	7.85×10^3	0.3	30×10^{-3}	10×10^{-3}	14.9×10^{-3}	0.3×10^{-3}

表 6.8.2 开口圆柱壳的谐振频率(Hz)

边界条件	1#样件			2#样件		
	2	3	4	2	3	4
$u=v=w=w'=0$	2 360	3 487	6 352	2 518	2 755	4 797
$u=v=w=0$	2 336	3 481	6 349	2 492	2 749	4 796
$v=w=w'=0$	1 275	3 343	6 321	1 060	2 541	4 759
$v=w=0$	1 194	3 314	6 306	908	2 534	4 832
自由	1 150	3 253	6 236	867	2 451	4 699
由式(6.8.4)计算	1 198	3 326	6 329	889	2 483	4 737
由式(6.8.5)计算	1 155	3 266	6 262	868	2 454	4 705
实验值	1 271	3 260	6 131	1 820	2 737	4 921

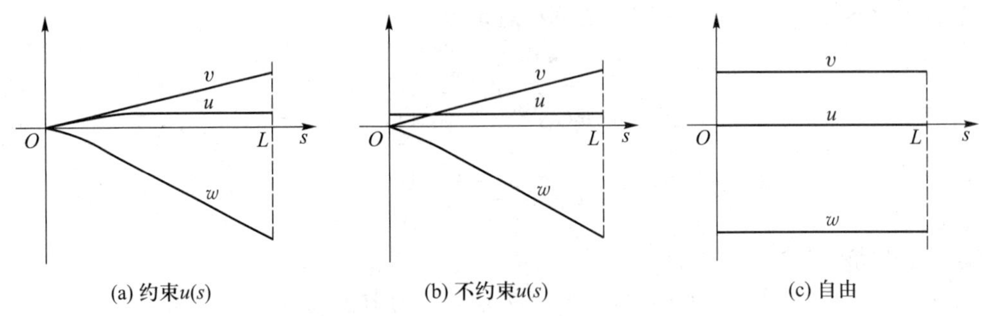

图 6.8.2 圆柱壳在典型边界条件下的振型示意图

由表 6.8.2 可知,对于图 6.8.1 所示的顶端开口、底端约束的圆柱壳,其轴线方向位移 $u(s)$ 是否约束对其谐振频率的影响很大,特别是实用中的 $n=2$ 模态;而其他位移是否约束影响很小。其次实验样件 1#,2#有着完全不同的约束状态。1#实验样件约束端的边界条件接近于对 $u(s)$ 不约束的情况,即这个样件的约束端对 $u(s)$ 的约束程度很小;而 2#实验样件的实际约束情况既不同于约束 $u(s)$ 的,又不同于不约束 $u(s)$ 的,基本上介于两者之间,即 2#实验样件对 $u(s)$ 的约束程度明显高于 1#。

由表 6.8.1 可知,这两个实验样件的主要差别就是 l_0/h 值的不同。1#、2#样件的 L_0/h 分别为 3 和 33,相差很大。因此底端结构对有效的圆柱壳敏感部分的谐振频率影响很大。这表明对图 6.8.1 结构的圆柱壳底端约束条件的描述很重要。但通过上述分析,特别是对 2#样件结果的比较,采用常规的方法显然是不行的,不能准确描述约束情况。

2. 约束因子

由上面的分析可知,对于图 6.8.1 所示的圆柱壳,当 L_0/h 较小时,基本上不约束 $u(s)$ 或约束程度很小,当 $L_0/h\to\infty$ 时,$u(s)$ 完全被约束。实用中 L_0/h 总是一个有限的值,所以 L_0/h 的大小就直接决定了约束端 $u(s)$ 的约束程度。结合图 6.8.2 的振型示意图和 Lord Rayleigh 条件得到的振型式(6.8.3)知,实际的圆柱壳的轴线方向位移 $u(s)$ 可用图 6.8.3 表示。当它是理想的固支时,$u(0)=0,t=1$;当它是理想的自由端时,$u(0)=u(L),t=0$。所以可引入一个能反映约束端约束状态的无量纲参数 t,定义为约束因子,实际的圆柱壳的约束因子介于

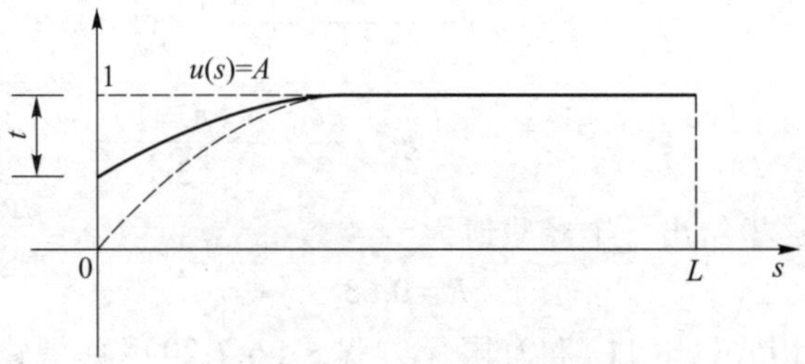

图 6.8.3 约束因子示意图

0~1 之间。

由上面的分析可知，图 6.8.1 所示圆柱壳的振型可写为

$$\left.\begin{aligned} u(s)&=\begin{cases}(1-t)A+\dfrac{As}{gL},t\in[0,1],s\in[0,gtL],gt\in[0,1]\\ A,s\in[gtL,L]\end{cases}\\ v(s)&=\frac{nAs}{r}\\ w(s)&=-\frac{n^2As}{r}\end{aligned}\right\}\tag{6.8.6}$$

式中 t——$u(s)$的约束因子；

g——优化参数。

考虑到式(6.8.6)所设的振型不能满足 ε_s 的连续性，所以将壳体的弹性势能写为如下形式

$$U=\frac{h}{2(1-\mu^2)}\int_A\left\{R\left[(\varepsilon_s^0)^2+(\varepsilon_\theta^0)^2+2\mu\varepsilon_s^0\varepsilon_\theta^0+\frac{1-\mu}{2}(\varepsilon_{s\theta}^0)^2\right]+\frac{h^2}{12}\left(K_s^2+K_\theta^2+\frac{1-\mu}{2}K_{s\theta}^2\right)\right\}\mathrm{d}A\tag{6.8.7}$$

式中 R——加权因子。

将式(6.8.6)分别代入式(6.8.7)和式(6.7.10)，并利用能量泛函原理可得

$$\omega^2=\frac{E\left\{Rf(g)+\dfrac{n^2(n^2-1)^2h^2}{12r^4}\left[\dfrac{n^2L^2}{3r^2}+2(1-\mu)\right]\right\}}{\rho_m(1-\mu^2)\left[1-gt^2+\dfrac{gt^3}{3}+\dfrac{n^2(n^2+1)L^2}{3r^2}\right]}\tag{6.8.8}$$

$$f(g)=\frac{t}{gL^2}+\frac{(1-\mu)n^2gt^3}{6r^2}\tag{6.8.9}$$

对于优化参数 g，可以利用弹性势能或 $f(g)$ 取最小获得。下面给出使 $f(g)$ 达到最小时的解为

$$f_{\min}(g)=\begin{cases}\dfrac{nt^2}{rL}\left[\dfrac{2(1-\mu)}{3}\right]^{0.5}, & 0<gt=\dfrac{r}{nL}\left(\dfrac{6}{1-\mu}\right)^{0.5}\leqslant 1\\ \left[\dfrac{1}{L^2}+\dfrac{n^2(1-\mu)}{6r^2}\right]t^2,gt=1,\dfrac{r}{L}>n\left(\dfrac{1-\mu}{6}\right)^{0.5}\end{cases}\tag{6.8.10}$$

即

$$\omega^2=\frac{E}{\rho_m(1-\mu^2)}\cdot\frac{Rf_{\min}(g)+\dfrac{n^2(n^2-1)^2h^2}{12r^4}\left[\dfrac{n^2L^2}{3r^2}+2(1-\mu)\right]}{1-gt^2+\dfrac{gt^3}{3}+\dfrac{n^2(n^2+1)L^2}{3r^2}} \tag{6.8.11}$$

对于加权因子 R,这里给出一个经验值为

$$R=0.63 \tag{6.8.12}$$

表 6.8.3 给出了利用式(6.8.11)和有限元方程式(6.7.20)(底端边界条件取固支 $u=v=w=w'=0$)计算不同有效长度 L 下的圆柱壳固有频率。圆柱壳的其他参数同 1#样件。为便于比较,表中同时列出了解析解与有限元数值解的相对误差。表 6.8.4 给出了取不同约束因子时,2#样件的固有频率。与表 6.8.2 中的实验值比较,2#样件的约束因子约为 0.65。

表 6.8.3　不同 L 下的圆柱壳谐振频率(Hz)及相对误差

计算方法及误差	n	L/m					
		30×10^{-3}	60×10^{-3}	80×10^{-3}	120×10^{-3}	180×10^{-3}	240×10^{-3}
由式(6.8.11)计算	2	8 758	3 303	2 328	1 602	1 306	1 222
	3	6 222	3 814	3 522	3 353	3 296	3 280
	4	7 516	6 491	6 376	6 306	6 379	6 271
由式(6.7.20)计算	2	9 291	3 546	2 360	1 523	1 247	1 188
	3	6 799	3 814	3 488	3 330	3 286	3 275
	4	7 758	6 467	6 352	6 294	6 274	6 270
误差	2	−5.74%	−6.85%	1.36%	5.19%	4.73%	2.86%
	3	−8.49%	0	0.97%	0.69%	0.30%	0.15%
	4	−3.12%	0.37%	0.38%	0.19%	0.08%	0.02%

表 6.8.4　不同约束因子 t 下的圆柱壳频率(Hz)

n	t					
	0.4	0.5	0.6	0.7	0.8	0.9
2	1 323	1 512	1 716	1 929	2 149	2 373
3	2 550	2 585	2 627	2 676	2 732	2 793
4	4 755	4 764	4 774	4 786	4 800	4 816

由表 6.8.3 和表 6.8.4 可知,这里推导出的计算图 6.8.1 所示圆柱壳的固有频率的近似公式(6.8.11)在加权因子 $R=0.63$ 的取值下满足工程设计需要。此外,当 $t=0$ 时,式(6.8.11)将转变为式(6.8.4)。

6.9　半球壳的建模

半球壳是一种敏感角速度的新型器件。图 6.9.1 给出了它的结构示意图。其特点是一

端开口,一端通过支承杆与其他部件固连。当壳体绕中心轴旋转时,其振型在环向与壳体发生相对移动(称为进动特性),如图 6.9.2 所示。如壳体转过 ψ_1 角时,振型在环向相对壳体移动了 ψ 角,且 ψ/ψ_1 只与半球壳的结构有关系,受外界干扰的影响很小。考虑到半球壳是通过支承杆与外界连接的,因此半球壳在工作时一定要避免支承杆的弯曲振动,否则将使半球壳产生 $n=1$ 的弯曲运动(见图 6.9.3),破坏半球壳的工作状态。因此这部分的建模着重讨论半球壳自身的振动特性,半球壳旋转时振型的进动特性,半球壳与支撑杆耦合的振动特性等三个问题。

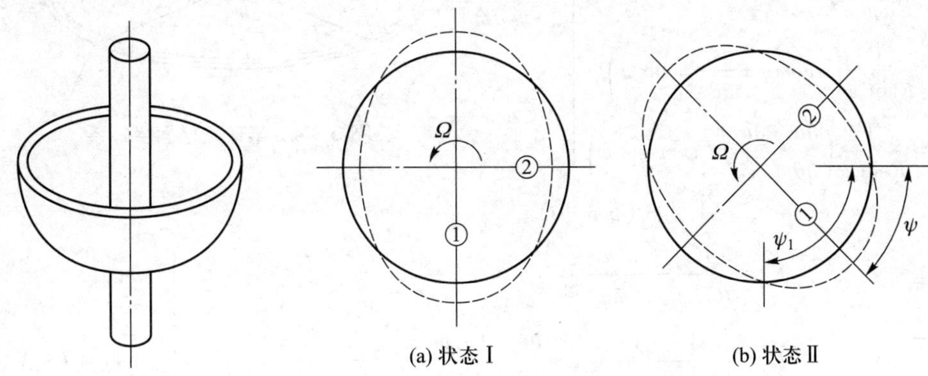

图 6.9.1 半球壳的结构示意图

图 6.9.2 半球壳振型在环向进动示意图

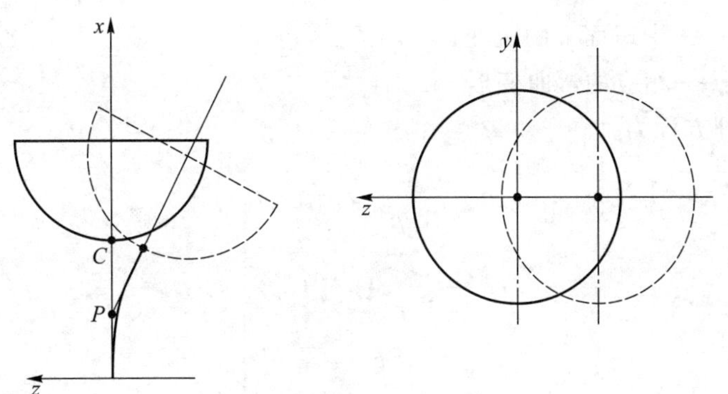

图 6.9.3 半球壳耦合振动示意图

6.9.1 半球壳的弯曲振动

1. 能量方程

在半球壳的中球面建立球面坐标系,如图 6.9.4 所示。半球壳的中心轴为 x,壳体中球面半径、壁厚分别为 R、H;壳体两端的边界角分别为 φ_0、φ_F(图中未给出),其中 φ_0 由支承杆的直径和球半径 R 决定,φ_F 一般取 90°$\left(\text{即}\dfrac{\pi}{2}\right)$。

前已述及中球面上 M 点的位移矢量可以表示为

$$\boldsymbol{V}=u\boldsymbol{e}_\varphi+v\boldsymbol{e}_\theta+w\boldsymbol{e}_\rho \tag{5.3.82}$$

式中 u、v、w——M 点在球壳坐标系下沿 φ、θ、ρ 方向(轴线方向、环线方向和法线方向,简称轴向、环向和法向)的位移分量;

$\boldsymbol{e}_\varphi$、$\boldsymbol{e}_\theta$、$\boldsymbol{e}_\rho$——球壳坐标系下中球面上在 φ、θ、ρ 方向的单位矢量。

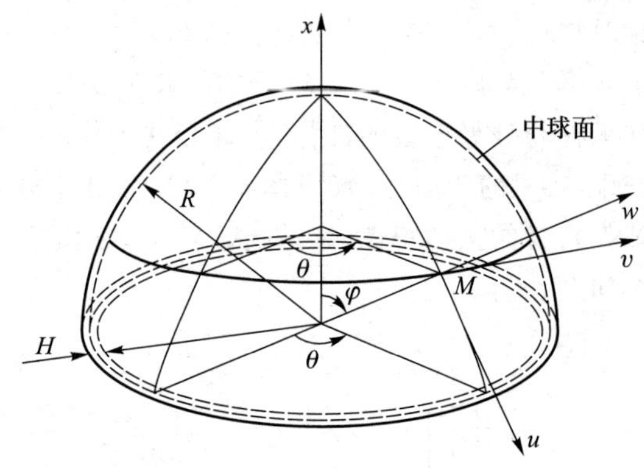

图 6.9.4 半球壳球面坐标系

球壳的几何方程为

$$\left.\begin{aligned}\varepsilon_\varphi^z&=\varepsilon_\varphi^0+zK_\varphi\\\varepsilon_\theta^z&=\varepsilon_\theta^0+zK_\theta\\\varepsilon_{\varphi\theta}^z&=\varepsilon_{\varphi\theta}^0+zK_{\varphi\theta}\end{aligned}\right\}\quad[\text{见式}(5.3.108)]$$

$$\left.\begin{aligned}\varepsilon_\varphi^0&=\frac{\partial u}{R\partial\varphi}+\frac{w}{R}\\\varepsilon_\theta^0&=\frac{1}{R\sin\varphi}\left(u\cos\varphi+\frac{\partial v}{\partial\theta}+w\sin\varphi\right)\\\varepsilon_{\varphi\theta}^0&=\frac{1}{R\sin\varphi}\left(\frac{\partial u}{\partial\theta}+\frac{\partial v}{\partial\varphi}\sin\varphi-v\cos\varphi\right)\end{aligned}\right\}$$

[见式(5.3.90)]

$$\left.\begin{aligned}K_\varphi&=\frac{\partial u}{R^2\partial\varphi}-\frac{\partial^2 w}{R^2\partial\varphi^2}\\K_\theta&=\frac{1}{R^2\sin\varphi}\left(u\cos\varphi+\frac{\partial v}{\partial\theta}-\frac{\partial w\cos\varphi}{\partial\varphi}-\frac{\partial w^2}{\sin\varphi\partial\theta^2}\right)\\K_{\varphi\theta}&=\frac{1}{R^2\sin\varphi}\left(\frac{\partial u}{\partial\theta}-\frac{v\cos\varphi}{R}+\frac{\partial v\sin\varphi}{\partial\varphi}+\frac{2\partial w\cot\varphi}{\partial\theta}-\frac{2\partial^2 w}{\partial\varphi\partial\theta}\right)\end{aligned}\right\}\quad[\text{见式}(5.3.109)]$$

式中 ε_φ^0、ε_θ^0、$\varepsilon_{\varphi\theta}^0$——中球面上的应变；

K_φ、K_θ、$K_{\varphi\theta}$——相应的弯曲变形。

半球壳的物理方程为

$$\left.\begin{aligned}\sigma_\varphi^z&=\frac{E}{1-\mu^2}(\varepsilon_\varphi^z+\mu\varepsilon_\theta)\\\sigma_\theta^z&=\frac{E}{1-\mu^2}(\mu\varepsilon_\varphi^z+\varepsilon_\theta^z)\\\sigma_{\varphi\theta}^z&=\frac{E\varepsilon_{\varphi\theta}^z}{2(1+\mu)}\end{aligned}\right\}\tag{6.9.1}$$

壳体的弹性势能为

$$U=\frac{1}{2}\iiint_V(\sigma_\varphi^z\varepsilon_\varphi^z+\sigma_\theta^z\varepsilon_\theta^z+\sigma_{\varphi\theta}^z\varepsilon_{\varphi\theta}^z)\mathrm{d}V\tag{6.9.2}$$

式中 V——球壳的积分体积。

壳体的动能为

$$T=\frac{1}{2}\iiint_V\left[\left(\frac{\partial u}{\partial t}\right)^2+\left(\frac{\partial v}{\partial t}\right)^2+\left(\frac{\partial w}{\partial t}\right)^2\right]\rho_m\mathrm{d}V\tag{6.9.3}$$

2. 近似解析解

半球壳不旋转时，其环向波数 n 的对称振型为

$$\left.\begin{aligned}u&=u(\varphi)\cos n\theta\cos\omega t\\v&=v(\varphi)\sin n\theta\cos\omega t\\w&=w(\varphi)\cos n\theta\cos\omega t\end{aligned}\right\}\tag{6.9.4}$$

式中 $u(\varphi)$、$v(\varphi)$、$w(\varphi)$——沿轴线方向的振型；

ω——相应的固有角频率，rad/s。

对于一端开口的半球壳的弯曲振动，在小挠度下，中球面近似满足 Lord Rayleigh 不扩张条件，即

$$\varepsilon_{\varphi}^{0}=\varepsilon_{\theta}^{0}=\varepsilon_{\varphi\theta}^{0}=0 \tag{6.9.5}$$

利用式(5.3.90)和式(6.9.5)有

$$\left.\begin{aligned}&w(\varphi)=-\frac{\mathrm{d}u(\varphi)}{\mathrm{d}\varphi}\\&nv(\varphi)+u(\varphi)\cos\varphi-\frac{\mathrm{d}u(\varphi)}{\mathrm{d}\varphi}\sin\varphi=0\\&nu(\varphi)+v(\varphi)\cos\varphi-\frac{\mathrm{d}v(\varphi)}{\mathrm{d}\varphi}\sin\varphi=0\end{aligned}\right\} \tag{6.9.6}$$

方程(6.9.6)的解为

$$\left.\begin{aligned}&u(\varphi)=\left(C_1\tan^n\frac{\varphi}{2}-C_2\cot^n\frac{\varphi}{2}\right)\sin\varphi\\&v(\varphi)=\left(C_1\tan^n\frac{\varphi}{2}+C_2\cot^n\frac{\varphi}{2}\right)\sin\varphi\\&w(\varphi)=-\left[C_1(n+\cos\varphi)\tan^n\frac{\varphi}{2}+C_2(n-\cos\varphi)\cot^n\frac{\varphi}{2}\right]\end{aligned}\right\} \tag{6.9.7}$$

考虑到壳体实际振动情况和 Lord Rayleigh 条件应用的范围，常数 C_2 必为零，故上式变为

$$\left.\begin{aligned}&u(\varphi)=v(\varphi)=C_1\sin\varphi\tan^n\frac{\varphi}{2}\\&w(\varphi)=-C_1(n+\cos\varphi)\tan^n\frac{\varphi}{2}\end{aligned}\right\} \tag{6.9.8}$$

将式(6.9.8)分别代入式(6.9.2)和式(6.9.3)可得

$$U=\frac{\pi C_1^2\cos^2\omega tE}{2(1-\mu^2)}\frac{H^3}{12R^2}\int_{\varphi_0}^{\varphi_F}4(1-\mu)n^2(n^2-1)^2\tan^{2n}\frac{\varphi}{2}\frac{1}{\sin^3\varphi}\mathrm{d}\varphi \tag{6.9.9}$$

$$T=\frac{\pi C_1^2\sin^2\omega t\rho_m H\omega^2R^2}{2}\int_{\varphi_0}^{\varphi_F}(\sin^2\varphi+2n\cos\varphi+n^2+1)\sin\varphi\tan^{2n}\frac{\varphi}{2}\mathrm{d}\varphi \tag{6.9.10}$$

利用 Hamilton 原理可得

$$\omega^2=\frac{E}{R^2(1+\mu)\rho_m}\frac{H^2}{12R^2}\times4n^2(n^2-1)^2\frac{I(n)}{J(n)} \tag{6.9.11}$$

$$I(n)=\int_{\varphi_0}^{\varphi_F}\frac{\tan^{2n}\dfrac{\varphi}{2}}{\sin^3\varphi}\mathrm{d}\varphi$$

$$J(n)=\int_{\varphi_0}^{\varphi_F}(n^2+1+\sin^2\varphi+2n\cos\varphi)\sin\varphi\tan^{2n}\frac{\varphi}{2}\mathrm{d}\varphi$$

引入无量纲频率

$$\Omega=\omega R\left[\frac{(1-\mu^2)\rho_m}{E}\right]^{0.5} \tag{6.9.12}$$

3. 有限元列式

由于实际的半球壳不是一个完整的半球壳，特别是 $\varphi_0 \neq 0°$，因此当 φ_0 增大时，式(6.9.8)描述的振型就会产生较大的偏差，即式(6.9.11)计算的频率将引起较大的误差。这时可采用有限元数值解法。沿半球壳的轴线方向划分单元(见图 6.9.5)，共分 N 个单元，第一个节点为 $\varphi_1=\varphi_0$，最后一个节点为 $\varphi_{N+1}=\varphi_F$，第 i 个单元对应着第 i 个节点 φ_i 和第 $i+1$ 个节点 φ_{i+1}。

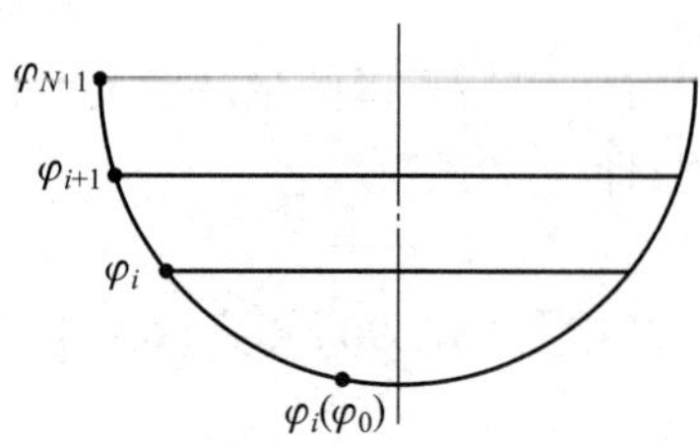

图 6.9.5 半球壳沿轴线方向单元划分示意图

引入无量纲长度 $x=(\varphi-\varphi_i)/l-1$，$l=0.5(\varphi_{i+1}-\varphi_i)$，即 $\varphi\in[\varphi_i,\varphi_{i+1}]$ 对应着 $x\in[-1,1]$，在第 i 个单元上，对位移向量 $\boldsymbol{V}(\varphi)$ 引入 Hermite 插值，有

$$[V_i(\varphi)]=[u(\varphi)\quad v(\varphi)\quad w(\varphi)]^{\mathrm{T}}=\boldsymbol{XGCa}_i=\boldsymbol{XAa}_i \tag{6.9.13}$$

式中的 $\boldsymbol{X},\boldsymbol{G},\boldsymbol{C},\boldsymbol{A}$ 等矩阵同式(6.7.12)。

将式(6.9.13)分别代入式(6.9.2)和式(6.9.3)可得第 i 个单元的弹性势能和动能分别为

$$\boldsymbol{U}_i=\frac{\pi Hl\cos^2\omega t}{2}\int_{-1}^{+1}\boldsymbol{a}_i^{\mathrm{T}}\boldsymbol{A}^{\mathrm{T}}\boldsymbol{L}_H^{x\mathrm{T}}\boldsymbol{D}\boldsymbol{L}_H^{x}\boldsymbol{A}\boldsymbol{a}_i\sin\varphi\mathrm{d}x \tag{6.9.14}$$

$$\boldsymbol{T}_i=\frac{\pi\rho_m R^2Hl\omega^2\sin^2\omega t}{2}\int_{-1}^{+1}\boldsymbol{a}_i^{\mathrm{T}}\boldsymbol{A}^{\mathrm{T}}\boldsymbol{X}^{\mathrm{T}}\boldsymbol{X}\boldsymbol{A}\boldsymbol{a}_i\sin\varphi\mathrm{d}x \tag{6.9.15}$$

$$\boldsymbol{L}_H^x=\begin{bmatrix}\dfrac{1}{l}X_1^1 & 0 & X_0^2\\ \cot\varphi X_1^0 & \dfrac{n}{\sin\varphi}X_1^0 & X_2^0\\ -\dfrac{n}{\sin\varphi}X_1^0 & \dfrac{1}{l}X_1^1-\cot\varphi X_1^0 & 0\\ \dfrac{1}{Rl}X_1^1 & 0 & -\dfrac{1}{Rl^2}X_2^2\\ \cot\varphi X_1^0 & \dfrac{n}{R\sin\varphi}X_1^0 & \dfrac{n^2}{R\sin^2\varphi}X_2^0-\dfrac{\cot\varphi}{l}X_2^1\\ -\dfrac{n}{R\sin\varphi}X_1^0 & \dfrac{1}{R}\left(\dfrac{1}{l}X_1^1-\cot\varphi X_1^0\right) & \dfrac{2n}{R\sin\varphi}\left(\dfrac{1}{l}X_2^1-\cot\varphi X_2^0\right)\end{bmatrix}$$

其他矩阵同前。

球壳的单元刚度矩阵和单元质量矩阵分别为

$$\boldsymbol{K}_i=\pi Hl\boldsymbol{A}^{\mathrm{T}}\int_{-1}^{+1}\boldsymbol{L}_H^{x\mathrm{T}}\boldsymbol{D}\boldsymbol{L}_H^{x}\sin[\varphi_i+(x+1)l]\mathrm{d}x\boldsymbol{A} \tag{6.9.16}$$

$$\boldsymbol{M}_i=\pi HlR^2\rho_m\boldsymbol{A}^{\mathrm{T}}\int_{-1}^{+1}\boldsymbol{X}^{\mathrm{T}}\boldsymbol{X}\sin[\varphi_i+(x+1)l]\mathrm{d}x\boldsymbol{A} \tag{6.9.17}$$

利用单元刚度矩阵和单元质量矩阵便可以组合成半球壳的整体刚度矩阵 $\boldsymbol{K}$ 和整体质量矩阵 $\boldsymbol{M}$，从而构成求解半球壳固有角频率 ω 及相应的沿壳体轴线方向分布的振型的动力学方程

$$(\boldsymbol{K}-\omega^2\boldsymbol{M})\boldsymbol{a}=0 \tag{6.9.18}$$

4. 算例与分析

表 6.9.1 给出了由式(6.9.11)和式(6.9.18)[φ_0 处固支,$u(\varphi_0)=v(\varphi_0)=w(\varphi_0)=w'(\varphi_0)=0$]计算 $H/R=0.01$,$\mu=0.3$ 的半球壳($\varphi_0=0°$,$\varphi_F=90°$)无量纲频率 Ω 的结果及有关文献的参考值(文献[15]给的是计算值,文献[16]为实验值)。由表可知:由式(6.9.18)得到的有限元解与实验值最吻合;近似式(6.9.11),在 $n\leqslant5$ 也有很高的精度,满足工程应用需要。图 6.9.6 给出了 $n=2,3,4$ 时由式(6.9.18)和有限元法计算得到的半球壳沿轴线方向分布的振型,由图可见两者较吻合。

表 6.9.1 半球壳的无量纲频率 Ω 比较

n	2	3	4	5	6	7	8	9
文献[15]计算值	0.012	0.034	0.064	0.102	0.146	0.197	0.253	0.315
文献[16]实验值	0.012 5	0.034 2	0.071 7	0.105 0	0.150 0	0.205 0	0.258 3	0.323 0
由式(6.9.11)计算	0.012 7	0.035 6	0.068 7	0.111 8	0.164 7	0.227 3	0.299 5	0.381 4
由式(6.9.18)计算	0.012 3	0.034 0	0.064 5	0.103	0.148	0.200	0.258	0.322

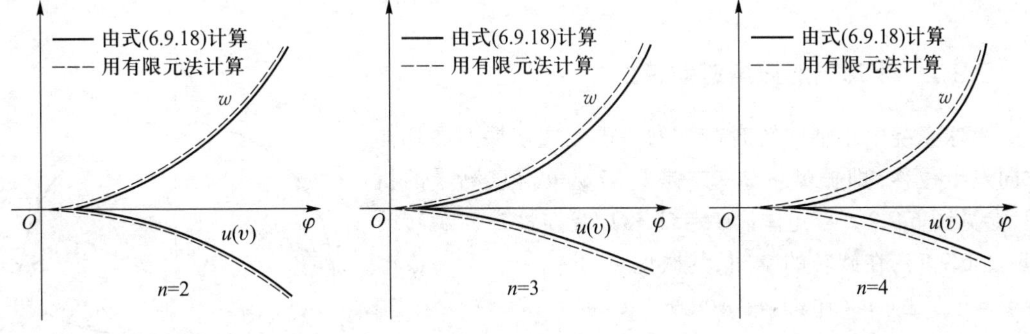

图 6.9.6 半球壳的振型

表 6.9.2 给出了由式(6.9.18)计算的不同底端(φ_0)边界条件下,半球壳环向波数 $n=2$ 时固有频率随 φ_0、H 的变化情况。半球壳的有关参数:$E=7.6\times10^{10}$ Pa,$\rho_m=2.65\times10^3$ kg/m^3,$\mu=0.17$,$R=25\times10^{-3}$ m,$\varphi_F=90°$。由表可知:当 $\varphi_0\leqslant5°$时,不同的边界约束条件下半球壳的固有频率变化很小;当 φ_0 增大时,底端约束状态对固有频率的影响增大,且趋势随 H/R 的增加而减弱。

表 6.9.2 不同底端(φ_0)边界条件下半球壳的固有频率(Hz)($n=2$)

$H(\times10^{-3}$ m)	φ_0/°	边界条件			
		自由	$u=v=0$	$u=v=w=w'=0$	$u=v=w=u'=v'=w'=w''=0$
0.5	0	901	901	901	901
	5	900	900	904	911
	10	899	903	929	960
	15	896	938	1 037	1 128

续表

$H(\times 10^{-3}\ \mathrm{m})$	$\varphi_0/^\circ$	边界条件			
		自由	$u=v=0$	$u=v=w=w'=0$	$u=v=w=u'=v'=w'=w''=0$
1.0	0	1 754	1 754	1 754	1 755
	5	1 753	1 753	1 759	1 767
	10	1 751	1 752	1 788	1 816
	15	1 743	1 767	1 889	1 962
2.0	0	3 370	3 370	3 370	3 372
	5	3 367	3 368	3 380	3 392
	10	3 359	3 363	3 420	3 452
	15	3 347	3 366	3 534	3 602

从物理意义上，半球壳底端不同的约束状态对应着不同刚度。上述结果表明：当 φ_0 较小时，其底端的固有刚度很大，足以抵消边界约束状态改变引起的刚度改变。这样的半球壳具有强的抗外界干扰的能力。这是半球壳结构所特有的优势之一。因此在实用中应尽量选 φ_0 小一些。

6.9.2 半球壳的振型进动特性

半球壳绕中心轴旋转时产生的哥氏效应使振型在环向方向发生位移（即振型的进动）是其实现角信息测量的机理，参见图 6.9.2。当壳体以 $\boldsymbol{\Omega}=\boldsymbol{\Omega}_x+\boldsymbol{\Omega}_{yz}$ 绕惯性空间旋转时（见图 6.9.7），在旋转的空间，其振型可写为

$$\left.\begin{aligned}u&=u(\varphi)\cos n(\theta+\psi)\cos\omega t\\v&=v(\varphi)\sin n(\theta+\psi)\cos\omega t\\w&=w(\varphi)\cos n(\theta+\psi)\cos\omega t\end{aligned}\right\}\tag{6.9.19}$$

$$\psi=\int_{t_0}^{t}P\mathrm{d}t$$

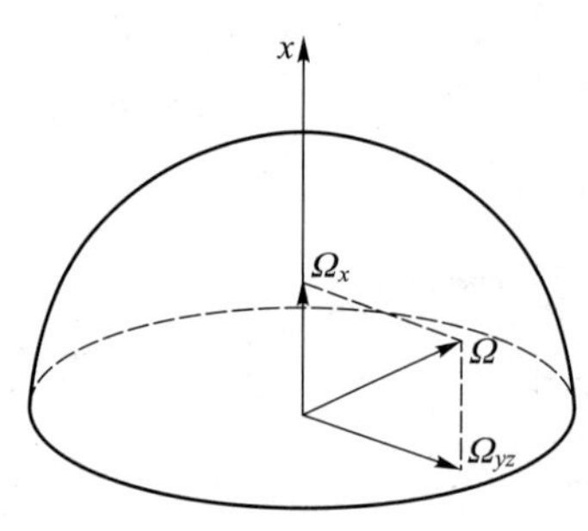

图 6.9.7 壳体以 $\boldsymbol{\Omega}=\boldsymbol{\Omega}_x+\boldsymbol{\Omega}_{yz}$ 绕惯性空间旋转示意图

式中 P——振型相对壳体的进动速度。

式(6.9.19)表明，当壳体以 Ω_x 绕中心轴转过 $\psi_1=\int_{t_0}^{t}\Omega_x\mathrm{d}t$ 角时，从壳体上看环向振型，则以速度 P 沿 Ω_x 的反向转过 $\psi=\int_{t_0}^{t}P\mathrm{d}t$。当壳体以 Ω 旋转时，包括由 $\frac{\partial^2u}{\partial t^2},\frac{\partial^2v}{\partial t^2},\frac{\partial^2w}{\partial t^2}$ 等引起的振动惯性力和由 Ω 引起的旋转惯性力在内的球壳的总惯性力 F 在虚位移 δV 下的虚功为

$$\delta T=\delta T_0+\delta T(\Omega_x)+\delta T(\Omega_{yz})+\delta T(\Omega)-\delta W(\Omega)\tag{6.9.20}$$

式中 δT_0——振动惯性力引起的虚功；

$\delta W(\Omega)$——由 Ω 引起的初始弹性力的虚功；

$\delta T(\Omega)$——由引起的“纯外力”做的虚功中与 P 无关的项；

$\delta T(\Omega_x)$、$\delta T(\Omega_{yz})$——分别由 Ω_x、Ω_{yz} 引起的“纯外力”做的虚功中与 P 有关的项。

经推导得

$$\delta T(\Omega_x)=R^2\rho_m H\cos^2\omega t\left[\int_{\varphi_0}^{\varphi_F}n^2P^2\{u(\varphi)\delta u+v(\varphi)\delta v+\omega(\varphi)\delta w\}\sin\varphi\mathrm{d}\varphi\right]+$$
$$2nP\Omega_x\int_{\varphi_0}^{\varphi_F}\{[v(\varphi)\delta u+u(\varphi)\delta v]\cos\varphi+[v(\varphi)\delta w+w(\varphi)\delta v]\sin\varphi\}\sin\varphi\mathrm{d}\varphi \tag{6.9.21}$$

$$\delta T_0=\omega^2R^2\rho_m H\cos^2\omega t\int_{\varphi_0}^{\varphi_F}[u(\varphi)\delta u+v(\varphi)\delta v+w(\varphi)\delta w]\sin\varphi\mathrm{d}\varphi \tag{6.9.22}$$

$$\delta T(\Omega_{yz})=0 \tag{6.9.23}$$

由虚功原理可得

$$\delta T+\delta W_0=0 \tag{6.9.24}$$

式中 δW_0——壳体不旋转时弹性力做的虚功。

结合式(6.9.20)~式(6.9.23),式(6.9.24)可改写为

$$\delta T_0+\delta T(\Omega_x)+\delta T(\Omega_{yz})+\delta W=0 \tag{6.9.25}$$

$$\delta W=\delta W_0-\delta W(\Omega)+\delta T(\Omega) \tag{6.9.26}$$

由上面的分析可知,对于半球壳某一振动模态$[\omega,(u,v,w)]$,式(6.9.26)的 δW 是这一模态总弹性力的虚功,相应于振动弹性势能。而 δT_0 是这一模态振动惯性力的虚功,相应于振动动能。壳体的振型以 Ω_x-P(或 Ω)旋转也代表着一种壳体的主振动,根据主振动能量保持不变的特性,可将式(6.9.25)写成如下两个独立方程

$$\delta T_0+\delta W=0 \tag{6.9.27}$$

$$\delta T(\Omega_x)+\delta T(\Omega_{yz})=0 \tag{6.9.28}$$

事实上,式(6.9.27)可以确定壳体的固有频率,而式(6.9.28)则可以确定振型的进动速率 P。由式(6.9.6)、式(6.9.21)、式(6.9.23)和式(6.9.28)可得

$$2G_x+nKG_P=0 \tag{6.9.29}$$

$$K=\frac{P}{\Omega_x}=-\frac{2G_x}{nG_P} \tag{6.9.30}$$

$$G_x=\int_{\varphi_0}^{\varphi_F}[\sin 2\varphi v(\varphi)+\sin^2\varphi w(\varphi)]\mathrm{d}\varphi+\sin^2\varphi_F v(\varphi_F) \tag{6.9.31}$$

$$G_P=\int_{\varphi_0}^{\varphi_F}2\sin\varphi v(\varphi)\mathrm{d}\varphi+\sin\varphi_F w(\varphi_F) \tag{6.9.32}$$

式中 K——振型在环向的进动因子。

将式(6.9.8)中 $v(\varphi)$、$w(\varphi)$ 的近似表达式代入式(6.9.30)~式(6.9.32)可得

$$K=\frac{2\left\{\int_{\varphi_0}^{\varphi_F}(n-\cos\varphi)\sin^2\varphi\tan^n\frac{\varphi}{2}\mathrm{d}\varphi-\sin^3\varphi_F\tan^n\frac{\varphi_F}{2}\right\}}{n\left[\int_{\varphi_0}^{\varphi_F}2\sin^2\varphi\tan^n\frac{\varphi}{2}\mathrm{d}\varphi-\sin\varphi_F(n+\cos\varphi_F)\tan^n\frac{\varphi_F}{2}\right]} \tag{6.9.33}$$

由上面的分析可知,当半球壳体均匀一致时,其振型在环向的进动特性只与壳体绕其中心轴的角速率 Ω_x 有关,而与垂直分量 Ω_{yz} 无关。这表明,由半球壳的上述特性构成的角信息传感器不存在交叉轴影响引起的误差。

由式(6.9.33)计算结果知,当 $n=2,3,4$,进动因子 K 分别约为 0.3、0.08、0.03,显然 $n=2$ 的四波腹振动的振型进动效应最大。又由半球壳的振动特性知,$n=2$ 的固有频率最低,也即它最容易谐振,故在实用中应选 $n=2$ 的振动模态。表 6.9.3 列出了由式(6.9.33)计算得到的 K 值随 φ_0、φ_F 的变化规律($n=2$)。

表 6.9.3 K 值随 φ_0，φ_F 的变化规律($n=2$)

$\varphi_F/°$	$\varphi_0/°$			
	0	5	10	15
84	0.310 81	0.310 84	0.311 83	0.314 14
87	0.306 97	0.307 09	0.307 93	0.310 09
90	0.297 82	0.297 94	0.298 72	0.300 72

此外,将式(6.9.18)有限元法计算得到的半球壳的振型 $v(\varphi)$、$w(\varphi)$ 代入式(6.9.31)、式(6.9.32)后,由式(6.9.30)得到的 K 值可以分析出,当 $|\Omega|<400°/s$ 时,进动因子 K 的相对变化小于10^{-6},即 K 具有很高的稳定性。

6.9.3 半球壳的耦合振动

实际半球壳通过支承杆与外界连接的方式有三种,分别称为 Y,T,Ψ 型结构,如图 6.9.8 所示。设支承杆的半径为 R_d,伸向顶端和底端的有效长度分别为 L_t,L_b。

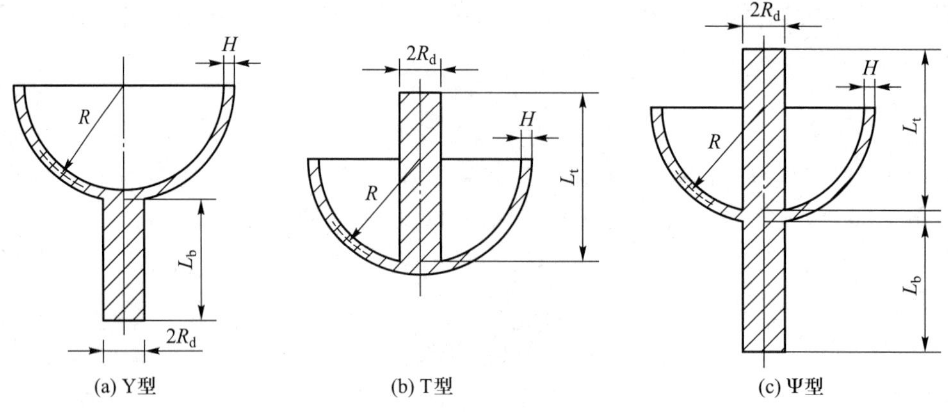

图 6.9.8 半球壳与外界连接的方式

支承杆的弯曲振动引起半球壳的二波腹($n=1$)振动对壳体并没有产生应变,即壳体受支承杆的牵连只作刚体运动。因此,支承杆与半球壳的连接点的运动特征决定了壳体的运动,参见图 6.9.3。

图 6.9.9 为支承杆弯曲振动示意图。设 u,w 分别为杆的轴向位移和法向位移,s、z 分别为轴向坐标和法向坐标。依弯曲振动理论有

$$\left.\begin{aligned} u &= -z\frac{\mathrm{d}w(s)}{\mathrm{d}s}\cos\omega_b t \\ w &= w(s)\cos\omega_b t \end{aligned}\right\} \tag{6.9.34}$$

式中 ω_b——支承杆弯曲振动角频率,rad/s。

杆内产生的轴向应变为

$$\varepsilon_s=\frac{\partial u}{\partial s}=-\frac{\mathrm{d}^2 w}{\mathrm{d}s^2}z\cos\omega_b t \tag{6.9.35}$$

杆的应力为

$$\sigma_s=E\varepsilon_s \tag{6.9.36}$$

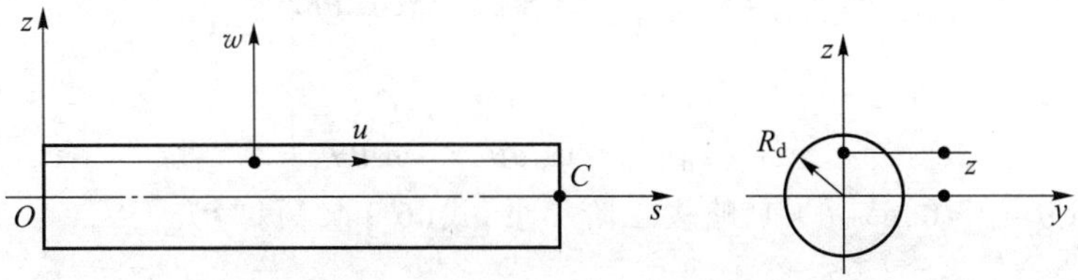

z w u C O s R_d z z y

图 6.9.9 支承杆弯曲振动示意图

杆的弹性势能为

$$
\begin{aligned}
U &= \frac{1}{2}\iiint_{V_1}\varepsilon_s\sigma_s\mathrm{d}V_1 = \frac{E}{2}\int_{S_L}\int_0^{2\pi}\int_0^{R_\mathrm{d}}\left(\frac{\mathrm{d}^2w}{\mathrm{d}s^2}\right)^2 z^2 r\mathrm{d}r\mathrm{d}\theta\mathrm{d}s\cos^2\omega_\mathrm{b}t \\
&= \frac{E}{2}\int_{S_L}\int_0^{2\pi}\int_0^{R_\mathrm{d}}\left(\frac{\mathrm{d}^2w}{\mathrm{d}s^2}\right) r^3\sin\theta\mathrm{d}r\mathrm{d}\theta\mathrm{d}s\cos^2\omega_\mathrm{b}t \\
&= \frac{\pi E R_\mathrm{d}^4}{8}\int_{S_L}\left(\frac{\mathrm{d}^2\omega}{\mathrm{d}s^2}\right)^2\mathrm{d}s\cos^2\omega_\mathrm{b}t
\end{aligned}
\tag{6.9.37}
$$

式中 V_1——支承杆的积分体积；

S_L——支承杆在 s 轴上的线积分域。

杆的动能为

$$
\begin{aligned}
T_1 &= \frac{1}{2}\iiint_{V_1}\left[\left(\frac{\partial u}{\partial t}\right)^2+\left(\frac{\partial w}{\partial t}\right)^2\right]\rho_m\mathrm{d}V_1 \\
&= \frac{\pi\rho_m R_\mathrm{d}^2\omega_\mathrm{b}^2}{2}\int_{S_L}\left[w^2(s)+\frac{R_\mathrm{d}^2}{4}\left(\frac{\mathrm{d}w(s)}{\mathrm{d}s}\right)^2\right]\mathrm{d}s\sin^2\omega_\mathrm{b}t
\end{aligned}
\tag{6.9.38}
$$

设杆弯曲振动的位移曲线在连接点 C 处的切线与中心轴 s 轴的交点为 P(参见图 6.9.3)，则 P 点坐标为

$$
x_P = x_\mathrm{C} - \frac{w_\mathrm{C}}{w'_\mathrm{C}} \tag{6.9.39}
$$

式中 $w_\mathrm{C}, w'_\mathrm{C}$——杆在 C 点的法向位移和转角。

显然尽管 $w_\mathrm{C}, w'_\mathrm{C}$ 与 $\cos\omega_\mathrm{b}t$ 有关，但 x_P 与 t 无关。

当不振动时，半球壳上任一点的位置为 $(x_\mathrm{H}, y_\mathrm{H}, z_\mathrm{H})$，当绕 P 点转动时，上述点相应地移到了 $(X_\mathrm{H}, Y_\mathrm{H}, Z_\mathrm{H})$，则有

$$
\left.
\begin{aligned}
X_\mathrm{H} &= x_P + (x_\mathrm{H}-x_P)\cos\theta - z_\mathrm{H}\sin\theta \\
Y_\mathrm{H} &= y_\mathrm{H} \\
Z_\mathrm{H} &= (x_\mathrm{H}-x_P)\sin\theta + z_\mathrm{H}\cos\theta \\
\theta &= w'_\mathrm{C} = \left.\frac{\mathrm{d}w(s)}{\mathrm{d}s}\right|_{s=s_\mathrm{C}}\cos\omega_\mathrm{b}t
\end{aligned}
\right\}
\tag{6.9.40}
$$

相应的位移为

$$
\left.
\begin{aligned}
\Delta x_\mathrm{H} &= X_\mathrm{H}-x_\mathrm{H} = (x_\mathrm{H}-x_P)(\cos\theta-1) - z_\mathrm{H}\sin\theta \\
\Delta y_\mathrm{H} &= Y_\mathrm{H}-y_\mathrm{H} = 0 \\
\Delta z_\mathrm{H} &= Z_\mathrm{H}-z_\mathrm{H} = (x_\mathrm{H}-x_P)\sin\theta - z_\mathrm{H}(1-\cos\theta)
\end{aligned}
\right\}
\tag{6.9.41}
$$

壳体上相应点的速度为

$$\left.\begin{aligned}v_x&=-(x_{\mathrm{H}}-x_P)\sin\theta\dot{\theta}-z_{\mathrm{H}}\cos\theta\dot{\theta}\\v_y&=0\\v_z&=(x_{\mathrm{H}}-x_P)\cos\theta\dot{\theta}-z_{\mathrm{H}}\sin\theta\dot{\theta}\end{aligned}\right\}\tag{6.9.42}$$

考虑到 $\sin\theta\approx\theta\approx0,\cos\theta\approx1$,略去二阶小量,式(6.9.42)可写为

$$\left.\begin{aligned}v_x&=-z_{\mathrm{H}}\dot{\theta}\\v_y&=0\\v_z&=(x_{\mathrm{H}}-x_P)\dot{\theta}\end{aligned}\right\}\tag{6.9.43}$$

$$\dot{\theta}=\dot{w}'_{\mathrm{C}}=-\omega_{\mathrm{b}}\left.\frac{\mathrm{d}w(s)}{\mathrm{d}s}\right|_{s=s_{\mathrm{C}}}\sin\omega_{\mathrm{b}}t$$

于是半球壳的动能为

$$T_2=\frac{1}{2}\iiint_{V_2}(v_x^2+v_y^2+v_z^2)\rho_m\mathrm{d}V_2=\frac{\dot{\theta}^2\rho_mH}{2}\iint_{A_{\mathrm{H2}}}[z_{\mathrm{H}}^2+(x_{\mathrm{H}}-x_P)^2]\mathrm{d}A_{\mathrm{H2}}\tag{6.9.44}$$

式中 V_2——半球壳部分的积分体积;

A_{H2}——半球壳的中球面积分面积。

对于图 6.9.8 所示 Y、Ψ 型结构,经详细推导可得

$$T_2=\pi\rho_mH\omega_{\mathrm{b}}^2R^2\left[w_{\mathrm{C}}^2+Rw_{\mathrm{C}}w'_{\mathrm{C}}+\frac{2R^2}{3}(w'_{\mathrm{C}})^2\right]\tag{6.9.45}$$

对于图 6.9.8 所示 T 型结构,可得

$$T_2=\pi\rho_mH\omega_{\mathrm{b}}^2R^2\left[w_{\mathrm{C}}^2-Rw_{\mathrm{C}}w'_{\mathrm{C}}+\frac{2R^2}{3}(w'_{\mathrm{C}})^2\right]\tag{6.9.46}$$

于是体系的总弹性势能和总动能分别为 U_1,T_1+T_2。

由上面分析可知,半球壳的耦合振动采用解析法十分困难。下面采用有限元法求解。设支承杆沿轴线方向划分单元,如图 6.9.10 所示。设第 i 个单元由第 i 个和第 $i+1$ 个节点组成,在第 i 个单元上引入变换:$x=(s-s_i)/l-1$,$l=0.5(s_{i+1}-s_i)$,于是将 $s\in[s_i,s_{i+1}]$ 变换到 $x\in[-1,1]$,位移 $w(s)$ 采用二阶 Hermite 插值,即

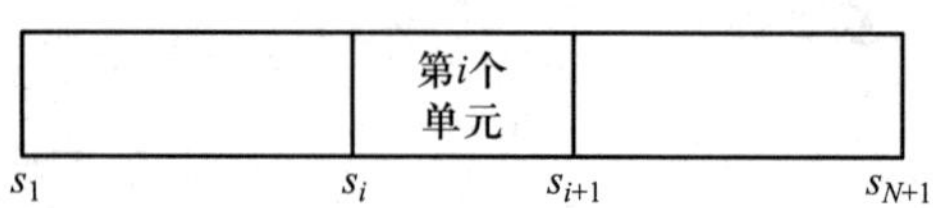

图 6.9.10 支承杆沿轴线方向划分单元示意图

$$w_i(s)=X_0^2\boldsymbol{G}_2\boldsymbol{C}_2\boldsymbol{a}_i=X_0^2\boldsymbol{A}_2\boldsymbol{a}_i\tag{6.9.47}$$

$$\boldsymbol{a}_i=[w(-1)\quad w'(-1)\quad w''(-1)\quad w(+1)\quad w'(+1)\quad w''(+1)]^{\mathrm{T}}$$

$$\boldsymbol{C}_2=\begin{bmatrix}1&0&0&0&0&0\\0&l&0&0&0&0\\0&0&l^2&0&0&0\\0&0&0&1&0&0\\0&0&0&0&l&0\\0&0&0&0&0&l^2\end{bmatrix}_{6\times6}$$

$$\boldsymbol{A}_2=\boldsymbol{G}_2\boldsymbol{C}_2$$

其中 X_0^2、G_2 同式(6.7.12)中的有关项。

将式(6.9.47)分别代入式(6.9.37)和式(6.9.38)可得第 i 个单元对应的弹性势能和动能分别为

$$\boldsymbol{U}_1^i=\frac{\pi ER_{\mathrm{d}}^4}{8l^3}\int_{-1}^{+1}\boldsymbol{a}_i^{\mathrm{T}}\boldsymbol{A}_2^{\mathrm{T}}\boldsymbol{X}_2^{2\mathrm{T}}\boldsymbol{X}_2^2\boldsymbol{A}_2\boldsymbol{a}_i\mathrm{d}x\cos^2\omega_{\mathrm{b}}t \tag{6.9.48}$$

$$\boldsymbol{T}_1^i=\frac{\pi\rho_m R_{\mathrm{d}}^2 l\omega_{\mathrm{b}}^2}{2}\int_{-1}^{+1}\boldsymbol{a}_i^{\mathrm{T}}\boldsymbol{A}_2^{\mathrm{T}}\left[(X_2^0)^{\mathrm{T}}X_2^0+\frac{R_{\mathrm{d}}^2}{4l^2}(X_2^1)^{\mathrm{T}}X_2^1\right]\boldsymbol{A}_2\boldsymbol{a}_i\mathrm{d}x\sin^2\omega_{\mathrm{b}}t \tag{6.9.49}$$

于是第 i 个单元的刚度矩阵和质量矩阵分别为

$$\boldsymbol{K}_i=\frac{\pi ER_{\mathrm{d}}^4}{4l^3}\boldsymbol{A}_2^{\mathrm{T}}\int_{-1}^{+1}(X_2^2)^{\mathrm{T}}X_2^2\mathrm{d}x\boldsymbol{A}_2 \tag{6.9.50}$$

$$\boldsymbol{M}_i=\pi\rho_m R_{\mathrm{d}}^2 l\boldsymbol{A}_2^{\mathrm{T}}\int_{-1}^{+1}\left[(X_2^0)^{\mathrm{T}}X_2^0+\frac{R_{\mathrm{d}}^2}{4l^2}(X_2^1)^{\mathrm{T}}X_2^1\right]\mathrm{d}x\boldsymbol{A}_2 \tag{6.9.51}$$

考虑到式(6.9.45)和式(6.9.46)中的动能表述只与连接点 C 的运动特征有关,故可以得到一个仅与 C 点有关的附加质量矩阵,如对于图 6.9.8 所示 Y、Ψ 型结构,有

$$\boldsymbol{M}_{\mathrm{a}}=2\pi\rho_m HR^2\begin{bmatrix}1 & \dfrac{R}{2l} & 0\\ \dfrac{R}{2l} & \dfrac{2R^2}{3l^2} & 0\\ 0 & 0 & 0\end{bmatrix} \tag{6.9.52}$$

对于图 6.9.8 所示 T 型结构,有

$$\boldsymbol{M}_{\mathrm{a}}=2\pi\rho_m HR^2\begin{bmatrix}1 & -\dfrac{R}{2l} & 0\\ -\dfrac{R}{2l} & \dfrac{2R^2}{3l^2} & 0\\ 0 & 0 & 0\end{bmatrix} \tag{6.9.53}$$

有了单元刚度矩阵和单元质量矩阵便可以组合成整体刚度矩阵和整体质量矩阵,经边界条件(杆与外界的连接点为固支边界条件)处理就可以对 ω_{b} 及相应的振型求解,但在处理边界条件时,应当将 M_{a} 加在总质量矩阵中 C 点相应的位置上。

算例: 给定半球壳的有关参数为 $E=7.6\times10^{10}$ Pa,$\rho_m=2.65\times10^3$ kg/m^3,$\mu=0.17$,$R=25\times10^{-3}$ m,$H=2\times10^{-3}$ m。

表 6.9.4 给出了图 6.9.8 所示 Y 型结构谐振子的一阶弯曲振动固有频率 f_{b}。表 6.9.5 给出了图 6.9.8 所示 T 型结构谐振子的一阶弯曲振动固有频率 f_{b}。表 6.9.6 给出了图 6.9.8 所示 Ψ 型结构谐振子的一阶弯曲振动固有频率 f_{b}($L_{\mathrm{t}}=35\times10^{-3}$ m)。

表 6.9.4 Y 型结构谐振子的 f_{b}(Hz)

R_{d}($\times10^{-3}$ m)	L_{b}($\times10^{-3}$ m)						
	10	15	20	25	30	35	40
4	2 254	1 674	1 253	1 008	834	705	606
5	3 521	2 534	1 954	1 570	1 298	1 096	941
6	5 066	3 644	2 807	2 233	1 860	1 568	1 343

表 6.9.5 T 型结构谐振子的 f_b(Hz)

R_d($\times10^{-3}$ m)	L_t($\times10^{-3}$ m)		
	33	35	37
4	752	705	662
5	1 170	1 096	1 029
6	1 675	1 568	1 471

表 6.9.6 Ψ 型结构谐振子的 f_b(Hz)($L_t=35\times10^{-3}$ m)

R_d($\times10^{-3}$ m)	L_b($\times10^{-3}$ m)						
	10	15	20	25	30	35	40
4	3 712	3 273	3 022	2 853	2 727	2 627	2 541
5	5 751	5 049	4 658	4 383	4 175	4 004	3 856
6	8 194	7 187	6 595	6 183	5 864	5 597	5 360

比较表 6.9.4~表 6.9.6 可以得到如下结论:相同直径的支承杆,其隔振效果最好的是 Ψ 型结构,即双端支承,最差的是 T 型结构。因此在实用中最好选用 Ψ 型结构。这时其隔振效果随 R_d 的增大而明显增强,相对而言,受杆长的影响较小。另外,由式(6.9.18)可计算出上述结构参数的半球壳四波腹振动固有频率的范围为 3 412~3 499 Hz(对应于 $R_d\in[4,6]\times10^{-3}$ m;$\varphi_0\in[9.2°,13.9°]$,即 $R_d\geqslant5\times10^{-3}$ m 时便可保证 $\omega_b>\omega$)。

习题与思考题

6.1 以"圆柱体"为例,说明弹性敏感元件结构参数对其特性的影响规律。

6.2 以"圆柱体"为例,说明其拉伸、扭转与弯曲运动模式的特点。

6.3 基于杆的振动特征,简要说明在实际应用过程中,为什么杆多用于受拉伸的状态,而不用于受压缩的状态。如果用于受压缩的状态会产生什么问题?

6.4 在 6.1.6 节建立求解弹性弦丝固有振动频率的模型过程中,为什么其自身的弹性可以忽略不计?

6.5 利用式(6.1.56)提供的弹性杆弯曲振动的微分方程,导出双端简支杆的前两阶固有频率和相应的振型曲线。设弹性杆长为 L、半径为 R。

6.6 图 6.1.6 给出了双端固定的弹性弦丝的一阶振型示意图,式(6.1.87)给出了相应的描述,说明其合理性。

6.7 根据图 6.2.3 所示的悬臂梁的结构特点,给出采用差动检测输出的应变式传感器的设计示意图,并进行简要说明。

6.8 一硅梁的参数为 $E=1.3\times10^{11}$ Pa,$\rho_m=2.33\times10^3$ kg/m^3,$L=1\ 000\times10^{-6}$ m,$b=80\times10^{-6}$ m,$h=10\times10^{-6}$ m。试计算当其轴线方向受有-10^{-2}~10^{-2} N 载荷时,其一、二阶固有频率的变化情况(等间隔计算 11 个点),并进行简要分析。

6.9 依 6.2.2 节提供的梁的有关方程,试建立一端固支、一端简支梁的前两阶振动固有频率及相应的振型。

6.10 依 6.2.2 节提供的受轴向力的双端固支梁的有关方程，导出该梁的第三阶振动固有频率及相应的振型。

6.11 依 6.3.1 节提供的有关方程，导出周边简支圆平膜片小挠度变形的法向位移。

6.12 对于式(6.3.81)给出的圆平膜片弯曲振动的基频，简要说明为什么它比精确解要高。

6.13 如果考虑圆平膜片，在外界均布压力作用下产生的处于小挠度的线性变形范围，那么其固有频率如何变化？为什么？

6.14 一圆平膜片的参数为 $E=1.95\times10^{11}$ Pa，$\mu=0.3$，$R=9\times10^{-3}$ m，$H=0.16\times10^{-3}$ m。试计算压力 p 在 $0\sim10^5$ Pa 范围内时最大法向位移与厚度比值的变化情况（等间隔计算 11 个点）并进行简要分析。

6.15 对于矩形平膜片的小挠度位移，满足边界条件式(6.4.9)的法向位移也可以假设为

$$w_0(x,y)=\overline{W}_{\mathrm{Rec,max}}H\cos^2\left(\frac{\pi x}{2A}\right)\cos^2\left(\frac{\pi y}{2B}\right)$$

式中 $\overline{W}_{\mathrm{Rec,max}}$——矩形平膜片的最大法向位移与其厚度的比值，无量纲。

试证明

$$\overline{W}_{\mathrm{Rec,max}}=\frac{152p(1-\mu^2)}{\pi^4\left(\dfrac{3}{A^4}+\dfrac{3}{B^4}+\dfrac{2}{A^2B^2}\right)EH^4}$$

6.16 比较周边固支的方平膜片与周边固支的矩形膜片的压力—位移特性的异同。

6.17 比较周边固支的方平膜片与周边固支的圆平膜片的压力—位移特性的异同。

6.18 参考图 6.4.1，说明周边固支的方形平膜片边界结构参数 H_1、H_2 的优化设计思路。

6.19 给出方平膜片边界结构参数优化的思路。

6.20 比较周边固支的波纹膜片和周边固支的圆平膜片的压力—位移特性的异同。

6.21 一波纹膜片的参数为 $E=1.9\times10^{11}$ Pa，$\rho_m=7.8\times10^3$ kg/m^3，$\mu=0.3$，$R=10\times10^{-3}$ m，$h=0.1\times10^{-3}$ m，$H=0.3\times10^{-3}$ m。当其受10^5 Pa 的均布压力时，计算波纹膜片的最大法向位移。

6.22 计算压力 p 在 $0\sim10^5$ Pa 范围内，上述波纹膜片的一阶固有频率的相对变化率，并绘出压力—频率变化曲线。

6.23 比较圆平膜片和 E 型圆膜片的压力—应变特性的异同。

6.24 一 E 形圆膜片的有关参数为 $E=1.3\times10^{11}$ Pa，$\mu=0.278$，$R_2=3.5\times10^{-3}$ m，$R_1=1.5\times10^{-3}$ m，$H=60\times10^{-6}$ m。当其正中央受到法向集中力 $F=0.3$ N 时，计算 E 形圆膜片的最大法向位移与最大径向位移。

6.25 写出采用有限元法建立受均布压力 p 的圆柱壳（参见图 6.7.1）模型时的主要过程。

6.26 说明建立带有顶盖的圆柱壳的有限元模型时，采用“环单元”的合理性，其优点是什么？

6.27 对于带有顶盖的圆柱壳，如果顶盖的厚度相对于圆柱壳的厚度不是比较大时，应当如何建立这类弹性敏感元件的模型？

6.28 为便于分析，建立开口圆柱壳模型时引入了哪些基本假设？其成立的前提条件是什么？

6.29 开口圆柱壳（或半球壳）的弯曲振动频率随其环向波数 $n(\geqslant2)$ 单调增加，参见式(6.8.5)，简要说明这一规律的物理意义。

6.30 在建立模型式(6.8.8)时，引入了“约束因子”，简要说明其物理意义。

6.31 当半球壳以 Ω 旋转时（参见图 6.9.7），研究 Ω 对进动因子 K 影响规律的方法和主要过程。

6.32 一等壁厚的半球壳谐振子，假设顶端角（设计值为 90°）的加工误差为 0.5°，试计算半球壳四

波腹振动（$n=2$）的振型进动因子的相对变化（底端角取 5°）。

6.33 简要说明由于支承杆的耦合振动带来的半球壳运动的特点。它与半球壳自身的振动相比，有什么不同？

6.34 对于图 6.9.8 所示的半球壳，定性说明 Ψ 型结构谐振子隔振效果最好的原因。

第 7 章 >>>

硅电容式集成传感器

基本内容

本章基本内容包括电容式变换原理、硅电容式集成压力传感器、开关-电容接口电路、电容-频率变换电路、零位平衡式电容加速度传感器、基于组合梁的电容加速度传感器、三轴加速度传感器、硅电容式角速度传感器。

7.1 概述 >>>

以金属或陶瓷元件为活动极板的电容式传感器,已在许多工业领域得到应用。它通过电容量的变化可以检测多种物理量,不仅灵敏度高,稳定性好,而且量程宽。如电容式位移传感器可以测量从原子级尺寸(纳米级)到数十米的位移;电容式压力传感器可以测量从声压级(几十微帕)到数十兆帕的压力。

电容式敏感元件虽然在外观上差别较大,但结构基本上分为平行板式和圆柱同轴式两类,以平行板式最常用。在不计边缘效应的情况下,平行板式敏感元件的电容为

$$C=\frac{\varepsilon s}{\delta}=\frac{\varepsilon_r\varepsilon_0 s}{\delta} \tag{7.1.1}$$

式中 δ——平行极板间距离,m;

s——极板间相互覆盖的面积,m^2;

ε——平行极板间介质的介电常数,F/m;

ε_0——真空中的介电常数,$\varepsilon_0\approx 8.854\times10^{-12}$ F/m;

ε_r——极板间的相对介电常数,$\varepsilon_r=\dfrac{\varepsilon}{\varepsilon_0}$,对于空气约为 1。

同轴式敏感元件的电容为

$$C=\frac{2\pi\varepsilon L}{\ln\left(\dfrac{R_2}{R_1}\right)}=\frac{2\pi\varepsilon_r\varepsilon_0 L}{\ln\left(\dfrac{R_2}{R_1}\right)} \tag{7.1.2}$$

式中 L——圆柱极板长度,m;

R_1——圆柱形内电极的外半径,m;

R_2——圆柱形外电极的内半径,m。

由式(7.1.1)、式(7.1.2)知,可通过改变板间距 δ(或 R_2-R_1)、面积 s(或长度 L)和介电常数 ε 使电容器的电容量发生变化,变化的电容量经信号调理和处理,可转换为有用的电压、电流或频率信号输出,进而实现相应的被测量的检测,如图 7.1.1 所示。

图 7.1.1 电容式传感器原理示意图

关于电容信号的检测，绝大多数基于阻抗技术，其测量电路概括起来主要包括交流电桥式、充放电式、调频式和谐振式四种。它们各有特点，应按场合选用。如交流电桥式测量电路的测量精度高，适合频率低于 100 kHz 时使用；又如谐振式测量电路，适合小电容测量，但不适合被测量的在线连续测量。

随着金属敏感材料、精密机械加工技术和微电子技术的发展，常规的电容式传感器，其整体的优良性在不断得到改善，但体积仍较大，不能满足某些领域的需要，如医用的超小型压力传感器，机器人触觉系统的阵列传感器等。

随着微机械加工技术和集成电路技术的发展以及在传感器领域的应用，人们开展了微型硅电容式集成传感器的研究与制造。应用结果已经表明，它具有优良的性能。例如硅电容式集成传感器成功地应用于压力、加速度和角速度等物理量的测量。本章就以硅集成压力传感器、加速度传感器和角速度传感器（陀螺）进行分析和说明。

7.2 硅电容式集成压力传感器 »»

7.2.1 原理结构

硅集成压力传感器当前有硅压阻式和硅电容式两种主要形式。由于二者的敏感机理不同，电容式的许多性能指标优于扩散压阻式。当膜片结构参数与测量范围选择合适时，相同条件下，计算和实验表明，电容式灵敏度高于压阻式的。而硅电容式集成压力传感器的敏感机理则避开了硅压阻式的温度效应，故硅电容式传感器的输出比硅压阻式传感器的输出随温度变化要小得多。基于此，硅电容式传感器输出的重复性和长期稳定性也明显优于硅压阻式的。尽管电容式的输出特性为非线性，但非常容易采用微处理器以软件方式进行补偿。如果说，过去非常希望传感器的输出为线性特性，现在利用微处理器的信号处理功能，对传感器敏感元件的线性特性的要求就不必要了；而对敏感元件的重复性和稳定性的要求日益突出，只要敏感元件具有好的重复性和稳定性，就可以实现传感器的高性能。

硅电容式集成压力传感器的核心部件是一个对压力敏感的电容器，如图 7.2.1(a)所示。图中电容器的两个极板，一个置在玻璃上，为固定极板；另一个置在硅膜片的表面上，为活动极板。硅膜片是由腐蚀硅片的正面和反面形成，当硅膜片和玻璃键合在一起之后，就形成有一定间隙的空气（或真空）电容器。电容器电容量的大小由电容电极的面积和两个电极间的距离决定，当硅膜片受压力作用变形时，电容器两电极间的距离便发生变化，导致电容的变化。电容的变化量与压力有关，因此可利用这样的电容器作为检测压力的敏感元件。这一

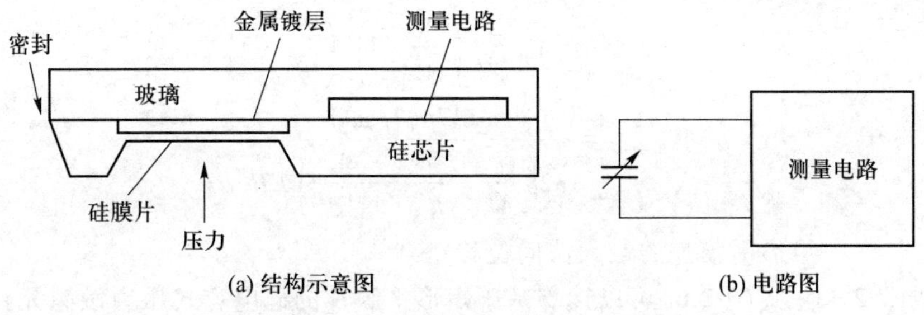

(a) 结构示意图 (b) 电路图

图 7.2.1 硅电容式压力传感器原理结构

工作方式与金属元件的压力敏感电容一样。但是微机械加工工艺可以把电容器的结构参数做的很小,其测量电路也与压敏电容做在同一硅片上,构成电容式单片集成压力传感器,如图 7.2.1 所示。

7.2.2 敏感特性

1. 基于圆平膜片的电容敏感元件

在图 7.2.1 所示的压敏电容器中,设硅膜片为圆形结构,半径为 R,厚度为 H,处于周边固支状态;电极半径为 $R_0(\leqslant R)$,在膜片不受压力作用下,两电极互相平行,间距为 δ,这时的电容可由式(7.1.1)计算;在有压力 p 作用时,硅膜片将产生法向位移 $w(p,\rho)$(ρ 为圆平膜片的径向坐标),此时的电容值可表示为

$$C_x = \int_0^{R_0} \frac{2\pi\rho\varepsilon}{\delta - w(p,\rho)} \mathrm{d}\rho \tag{7.2.1}$$

硅电容式压力传感器在一般情况下,法向挠度 $w(p,\rho)$ 与圆平膜片的厚度相比是小量,与电容的初始间距相比是小量,即符合如下条件:$w \ll H, w \ll \delta$。因此,圆平膜片处于小挠度变形。由 6.3.1 节有关内容可知

$$w(p,\rho) = W_{\mathrm{R,max}}\left(1-\frac{\rho^2}{R^2}\right)^2 \tag{7.2.2}$$

$$W_{\mathrm{R,max}} = \frac{3p(1-\mu^2)}{16E} \frac{R^4}{H^3} \tag{7.2.3}$$

式中 $W_{\mathrm{R,max}}$——膜片承受压力 p 时的最大法向位移,即在圆平膜片中心处的位移。

利用式(7.2.1)~式(7.2.3)可以计算基于圆平膜片的硅电容式压力敏感元件的压力-电容特性。

2. 基于矩形平膜片的电容敏感元件

在图 7.2.1 所示的压敏电容器中,设硅膜片为矩形结构,长、宽分别为 $2A$ 和 $2B$,厚度为 H,处于周边固支状态;电极极板置于矩形膜片的正中央,长、宽分别为 $2A_1(\leqslant 2A)$ 和 $2B_1(\leqslant 2B)$;在膜片不受压力作用下,两电极互相平行,间距为 δ,这时的电容可由式(7.1.1)计算;在有压力 p 作用时,硅膜片将产生法向位移 $w(p,x,y)$(x,y 分别为矩形平膜片沿长度和宽度方向的坐标),此时的电容值可表示为

$$C_x = \int_{-B_1}^{B_1}\int_{-A_1}^{A_1} \frac{\varepsilon}{\delta - w(p,x,y)} \mathrm{d}x\mathrm{d}y \tag{7.2.4}$$

类似于上述圆平膜片的情况,矩形平膜片在工作过程中处于小挠度变形。由 6.4.1 节有关内容可知

$$w(p,x,y)=W_{\mathrm{Rec,max}}\left(\frac{x^2}{A^2}-1\right)^2\left(\frac{y^2}{B^2}-1\right)^2 \tag{7.2.5}$$

$$W_{\mathrm{Rec,max}}=\frac{147p(1-\mu^2)}{32\left(\frac{7}{A^4}+\frac{7}{B^4}+\frac{4}{A^2B^2}\right)EH^3} \tag{7.2.6}$$

式中 $W_{\mathrm{Rec,max}}$——矩形平膜片的最大法向位移。

利用式(7.2.4)~式(7.2.6)可以计算基于矩形平膜片的硅电容式压力敏感元件的压力—电容特性。特别地当取 $A=B,A_1=B_1$ 时,就是典型的方平膜片的有关结论。

在分析和设计工作于大挠度的电容式压力传感器时,挠度 $w(p,\rho)$(对于圆平膜片)和 $w(p,x,y)$(对于方平膜片)的求解,可参见 6.3.2、6.4.2 有关内容。

若被测压力为简谐压力,如 $p=p_{\max}\cos\omega t$,则式(7.2.1)中的 $w(p,\rho)$ 应以 $w(t,p,\rho)$ 代入;式(7.2.4)中的 $w(p,x,y)$ 应以 $w(t,p,x,y)$ 代入。当被测动态压力的角频率 ω 比较高,接近于膜片自身固有的一阶弯曲角频率时,传感器的输出将受到膜片弯曲频率的影响,比较复杂,这里不讨论。而当被测动态压力的角频率 ω 远远低于膜片的一阶弯曲角频率时,膜片的位移可以表示为

$$w(t,p)=w(p_{\max})\cos\omega t \tag{7.2.7}$$

式中 $p_{\max}$——所受简谐压力的幅值,Pa;

$w(p_{\max})$——膜片受到静态压力 $p_{\max}$ 时的法向位移,对于圆平膜片由式(7.2.2)计算,对于矩形平膜片由式(7.2.5)计算。

3. 算例与分析

(1) 一硅电容式圆平膜片压力敏感元件,已知膜片半径 $R=0.6$ mm、厚度 $H=18$ μm,电极半径 $R_0=0.5$ mm、初始间距 $\delta=6$ μm,材料的弹性模量 $E=1.9\times10^{11}$ Pa,泊松比 $\mu=0.18$,由式(7.1.1)可以算得

$$C_0=\frac{\varepsilon_r\varepsilon_0\pi R_0^2}{\delta}=1.159(\mathrm{pF})$$

当压力 $p=10^5$ 时,由式(7.2.3)可以计算得到圆平膜片的最大位移为

$$W_{\mathrm{R,max}}=\frac{3p(1-\mu^2)}{16E}\cdot\frac{R^4}{H^3}\approx1.475(\mu\mathrm{m})$$

与膜片厚度 $H=18$ μm 相比,约为厚度的 0.082。

由式(7.2.1)可以计算出压力 $p=10^5$ 时的电容为

$$C_x=\int_0^{R_0}\frac{2\pi\rho\varepsilon}{\delta-w(p,\rho)}\mathrm{d}\rho\approx1.317(\mathrm{pF})$$

而

$$\frac{\Delta C}{C_0}=\frac{C_x-C_0}{C_0}=\frac{1.317-1.159}{1.159}\approx0.136$$

压力灵敏度可表示为

$$S_C=\frac{1}{\Delta p}\frac{\Delta C}{C_0}=0.136\times\frac{1}{10^5}=1.36\times10^{-6}(\mathrm{Pa}^{-1})$$

同样结构参数的硅压阻式压力传感器,其压力灵敏度可表示为

$$S_R=\frac{\Delta R}{R}\cdot\frac{1}{\Delta p}$$

$$\frac{\Delta R}{R}=\frac{3}{8}\pi_{44}\left(\frac{R}{H}\right)^2 p(1-\mu)$$

压阻系数 $\pi_{44}=138.1\times10^{-11}\text{Pa}^{-1}$，代入上式得

$$\frac{\Delta R}{R}\approx 0.047\ 2$$

从而得

$$S_{\text{R}}=\frac{0.047\ 2}{10^5}=4.72\times10^{-7}(\text{Pa}^{-1})$$

经简单计算对比，电容式的压力敏感度要比扩散硅式的高。

(2) 图7.2.2为一硅电容式圆平膜片压力敏感元件输出电容随被测压力的变化曲线。已知膜片半径 $R=1$ mm、厚度 $H=50$ μm，电极半径 $R_0=R$、初始间距 $\delta=50$ μm，材料的弹性模量 $E=1.9\times10^{11}$ Pa，泊松比 $\mu=0.18$，压力计算范围为 $p\in(0,10\times10^5)$ Pa。所计算出的电容量的变化范围为 $C_x\in(5.563\times10^{-13},5.876\times10^{-13})$ F，电容的相对变化为5.63%，且有一定的非线性，其端基线性度约为2.46%。另外，由式(7.2.3)可计算出压力 $p=10\times10^5$ Pa 时最大位移为7.64 μm，与膜片厚度的比值约为0.153。

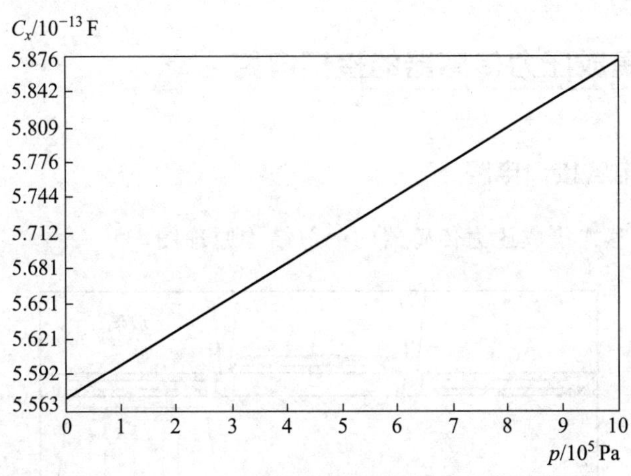

图7.2.2 圆平膜片压力敏感元件压力—电容变化曲线

综上，在微型硅电容式压力传感器中，电容值很小，其改变量更小。测量这样小的电容量(如0.1~10 pF)，电容测量电路必须有更高的灵敏度和极低的漂移。采用分立的压敏电容器和测量电路已经没有实际意义，因为引线和连线的杂散电容可能就有几十皮法，比压敏电容大得多。所以微型硅电容式压力传感器必须将压敏电容和相应的测量电路做在一起实现集成化才有意义。

图7.2.3给出了硅电容式压力传感器可以测量压力的范围 $10^{-1}\sim10^6$ Pa 及其相应的应用领域。

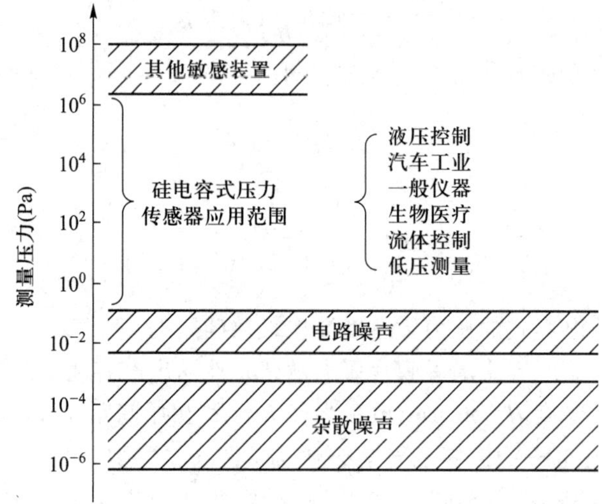

图 7.2.3 硅电容式压力传感器可以测量压力的范围

7.3 硅电容式集成压力传感器的接口电路 »»

7.3.1 开关-电容接口电路

图 7.3.1 为硅电容式集成压力传感器的一般结构原理图。

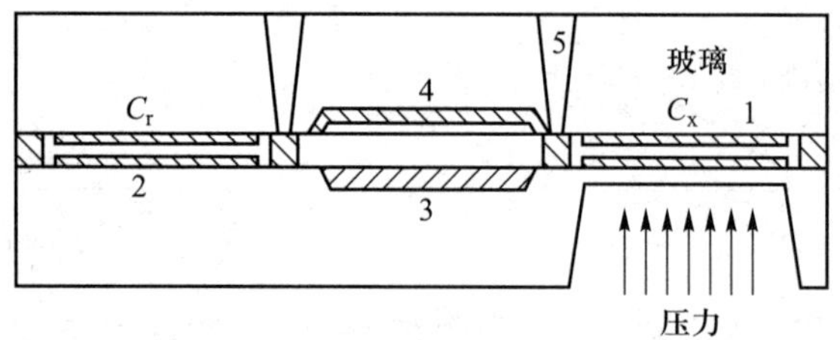

图 7.3.1 硅电容式集成压力传感器的结构示意图

1—压力敏感电容器 C_x;2—参考电容器 C_r;3—测量电路;

4—金属屏蔽盒;5—保证密封作用的激光钻孔

当前最适合硅电容式集成压力传感器的测量电路是新型的开关-电容测量电路。这种电路由差动积分器和循环运行的 A/D 变换器组成,如图 7.3.2 所示。图中电容 C_x 就是传感器的压力敏感电容,参考电容 C_r 用于与传感器的压力敏感电容进行比较。电路产生的输出电压正比于因压力作用引起的电容 C_x 的变化。该电压经 A/D 转换为二进制数输出。开关-电容测量电路、A/D 转换器、压敏电容与参考电容等均集成在同一硅片上。这种差动结构方案的优点是,使测量电路对环境温度变化和输入的杂散电容几乎不敏感。因为这些信号被作为共模信号而被抑制掉。理论上,在室温条件下,最小检测电容极限大约为 0.1 pF,而在 0~100℃范围内(无温度补偿)约为(1~1.5)pF。

该电路的工作过程分为"复位""检测""换算"和"转换"四个状态,如图 7.3.3 所示。

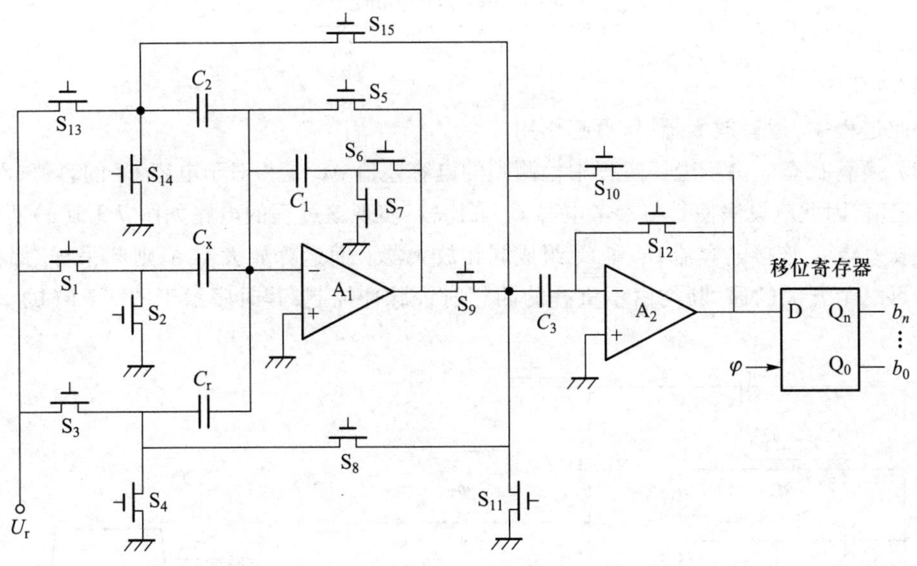

图 7.3.2 开关-电容接口电路

（1）工作之前先复位，在复位状态时，电路使移位寄存器清零，通过接地开关使所有电容器放电，并接通 MOS 开关 S_5 和 S_{12}，见图 7.3.2。

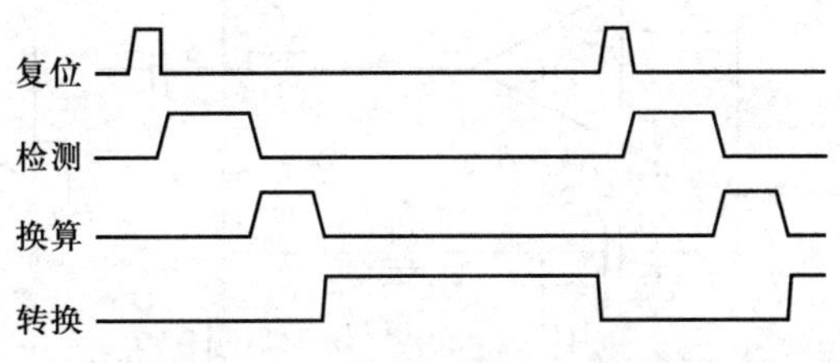

图 7.3.3 电路信号控制状态

（2）检测状态的电路部分表示在图 7.3.4(a)上，传感器的压力敏感电容器 C_x、参考电容器 C_r 及运算放大器 A_1 组成了差动积分器，其工作过程受不重叠周期为 t_d 的两相时钟脉冲 φ 和 $\overline{\varphi}$ 所控制，其时序如图 7.3.4(b)所示。当 $\varphi=1$ 时，C_x 通过 S_1 和 S_5 充电到参考电压 U_r，而 C_r 则对地放电。$\overline{\varphi}=1$ 时，C_x 中的电荷传送到反馈电容器 C_1；而 C_r 则通过 S_3 充电到电压 U_r。由于电荷 C_xU_r 和 C_rU_r 皆通过电容器 C_1，但流向相反，所以电容器 C_1 上的净电荷为 $(C_x-C_r)U_r$。该过程重复 m 次，直到运算放大器 A_1 产生 U_o 的输出电压。

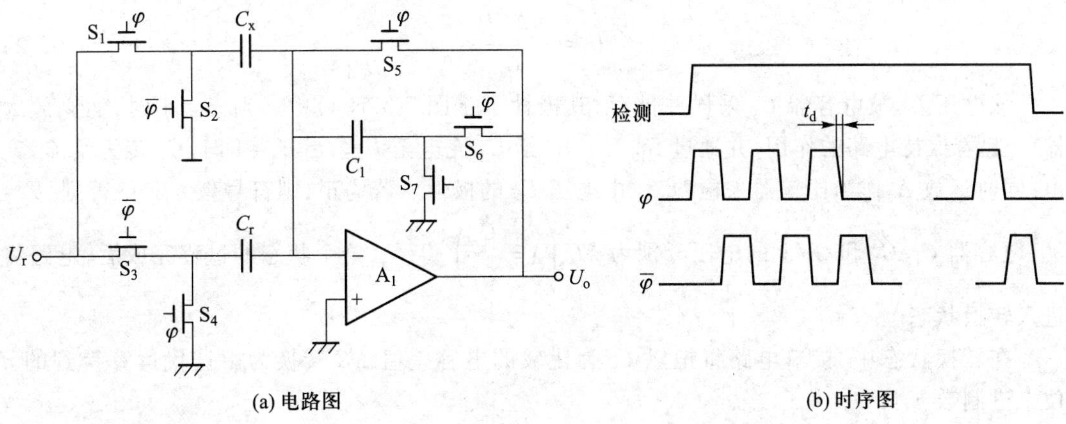

图 7.3.4 检测状态电路图和时序图

$$U_o=\frac{m(C_x-C_r)U_r}{C_1}=\frac{m\Delta CU_r}{C_1} \tag{7.3.1}$$

式中,$\Delta C - C_x - C_r$。

在此过程中,运算放大器 A_2不起作用。

(3) 换算状态。由于上述过程中检测到的电容差值 ΔC 是相对于电容 C_1 的容值,而 C_1 又不常是定值,因此应设法使其与参考电容 C_r 来比较,实现该过程的电路如图 7.3.5(a)所示。其中运算放大器 A_1连接电容器 C_1 和 C_r 组成同相放大器。而运算放大器 A_2则起采样/保持电路作用。每一个开关的通、断均由不重叠的四相时钟脉冲控制,其时序示于图 7.3.5(b)。

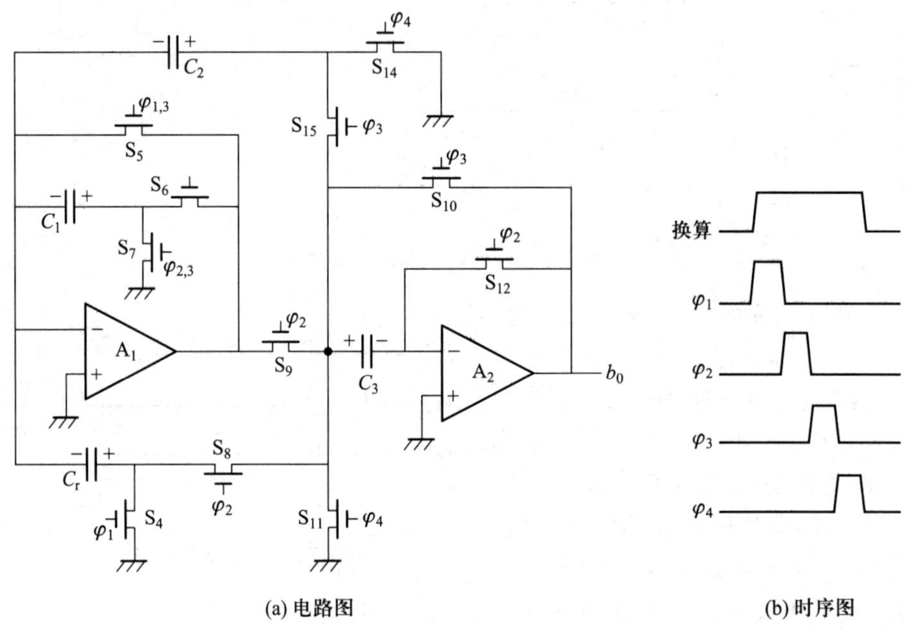

图 7.3.5 换算状态电路图和时序图

用时钟信号可使在各相的运算一致,该时钟信号由靠近各相的对应开关的控制端头示出[参见图 7.3.5(a)],图中 $\varphi_{1,3}=\varphi_1+\varphi_2$。当时钟脉冲 $\varphi_1=1$ 时,电容 C_r 对地放电;当 $\varphi_2=1$ 时,转为由电容 C_1 对其充电。于是,运算放大器 A_1产生的电压为

$$U_s=\frac{m\Delta CU_r}{C_r} \tag{7.3.2}$$

该电压 U_s 被电容器 C_3 采样并储存,其极性示于图 7.3.5(a)中。当 $\varphi_3=1$ 时,运算放大器 A_2起着保持电路的作用,并通过 S_{10}、S_{15}、S_5 给 C_2 充电至 U_s。当 $\varphi_4=1$ 时,C_2 转为给 C_1 充电;同时运放 A_2作为比较器来检验 C_3 中电压 U_s 的极性。若为正,则符号位 $b_0=1$;否则,$b_0=0$。电容器 C_1、C_2 和 C_3 上的电压分别为 $\lambda U_s\left(\lambda=\frac{C_2}{C_1}\right)$、0、$U_s$,这个状态的过程完成后,电路将进入转换状态。

在转换状态中,接口电路将把以 C_r 为比较的电容差值 ΔC 转换为由迭代运算得到的 n 位二进制数 b,即

$$U(i)=2U(i-1)+(-1)^{b_{i-1}}U_r \tag{7.3.3}$$

$$b_i=\begin{cases}1, & U(i)\geqslant 0\\ 0, & U(i)<0\end{cases},\quad i=1,2,\cdots,n \tag{7.3.4}$$

式中 $U(0)=U_s$；b_1 和 b_n 分别为 b 的最高有效位和最低有效位。

执行式(7.3.3)算法的电路如图 7.3.6(a)所示。它受五个重叠的相时钟脉冲所控制，其时序如图 7.3.6(b)所示。图中 A_1、C_1、C_2 组成的运算电路完成式(7.3.3)的功能。而 A_2 作为采样/保持和比较器电路按式(7.3.4)来确定 b_i 的值。设 C_1、C_2、C_3 的电压分别为 $\lambda U(i-1)$、0、$U(i-1)$，而 b_{i-1} 的值第 $i-1$ 次运行周期时存放在移位寄存器中。第 i 次周期时，产生电压 U_i，且 b_i 值按以下步骤确定。

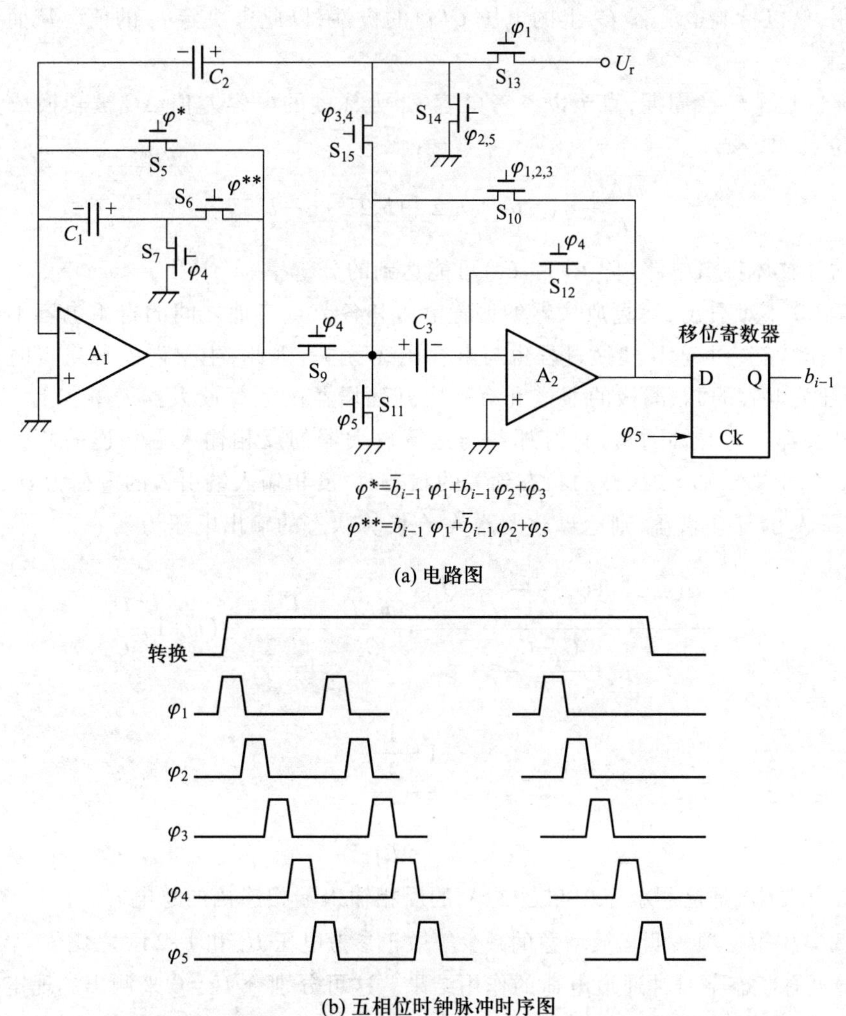

(a) 电路图

(b) 五相位时钟脉冲时序图

图 7.3.6 换算状态电路图和时序图

在时钟脉冲 φ_1 时：若 $b_{i-1}=1$，则运算电路构成反相积分器，其输入电压为 U_r。电容器 C_1 两端的电压变成 $\lambda[U(i-1)-U_r]$，式(7.3.3)执行减法运算。若 $b_{i-1}=0$，则电容器 C_2 通过 S_{13} 和 S_5 充电至 U_r，C_1 两端的电压保持不变，而运算放大器 A_2 则通过电容器 C_3 将电压保持在 $U(i-1)$，直至时钟脉冲 $\varphi_4=1$。

在时钟脉冲 φ_2 时：若 $b_{i-1}=0$，则运算电路构成同相积分器，其输入电压为 U_r。该电压在 φ_1 时已存储在电容器 C_2 上。此时跨过电容器 C_1 的电压变为 $\lambda[U(i-1)+U_r]$，于是式

(7.3.3)执行加法运算。若 $b_{i-1}=1$,则 C_2 通过 S_5对地放电,而跨过电容器 C_1 的电压保持不变。

在时钟脉冲 φ_3时:起保持电路作用的运放 A_2通过 S_{15}和 S_5将电容器 C_2 上的电压充至 $U(i-1)$。

在时钟脉冲 φ_4时:运算电路形成同相积分器,其输入电压为跨过电容器 C_1 的电压。电容器 C_2 两端的电压变成由式(7.3.3)给出的 $U(i)$,并成为运放 A_1的输出电压。该电压也被电容器 C_3采样。

在时钟脉冲 φ_5时:作为同相放大器,运算电路把电容器 C_2 在时钟脉冲 φ_4中存储的电荷反充至电容器 C_1 上。此时,电容器 C_1、C_2、C_3 两端的电压分别为 $\lambda U(i)$、0、$U(i)$。运放 A_2起比较器作用,借以检验电容器 C_3 上的电压 $U(i)$的极性,以此来决定 b_i 的值。从而完成了一个运行周期。

重复 n 次这个转换周期,直至以参考电容 C_r 为标度的电容差值 ΔC 被转换成具有符号位 b_0的 n 位数,即

$$\frac{m\Delta C}{C_r}=(-1)^{b_0}(b_1 2^{-1}+b_2 2^{-2}+\cdots+b_n 2^{-n}) \tag{7.3.5}$$

下面估计整体接口电路(除 C_x 和 C_r)可能达到的分辨率。

由图 7.3.2 不难看出,运算放大器的偏置电压和各节点与地之间的寄生电容不会影响接口电路的工作状态,而 A/D 转换过程也与电容比 λ 无关,因此,主要误差源来自时钟信号通过的 MOS 开关电容的源、漏极的通道和有一定开环增益的运算放大器。事实上,在图 7.3.2 中的所有开关都含有时钟通道,只有那些与运算放大器的反相输入端相连的开关才造成明显的影响。令开关 S_5和 S_{12}从开的状态到关的状态时,反相输入端引入的电荷为 Q_f,A 为运算放大器 A_1和 A_2的开环增益,则运算放大器 A_1在换算状态的输出电压为

$$U_s=\frac{\alpha(\Delta CU_r+Q_f)\dfrac{1-\alpha^m}{1-\alpha}+Q_f}{C_r+\dfrac{C_T-C_x}{A}}=\frac{m\Delta C}{C_r}\frac{U_r}{1+\dfrac{2}{A}}+(m+1)\frac{Q_f}{C_r} \tag{7.3.6}$$

$$\alpha=\frac{1+\dfrac{1}{A}}{1+\dfrac{C_T}{AC_1}} \tag{7.3.7}$$

$C_T=C_x+C_r+C_1$,是检测状态中与运放 A_1的反相输入端相连接的总电容。

式(7.3.6)中第一项表明运放增益的减少等效于参考电压 U_r 和 $1+2A^{-1}$之比值;第二项则为检测和换算两种状态下时钟通道电荷的作用结果。这可分别令 $U_r=0$ 来测出。现定义最小可测得的电容增量和参考电容 C_r 之比为分辨率,该电容增量的极限取决于 A/D 转换的精度。

考虑到有限开环增益 A 和通道上的电荷量 Q_f,能够导出在“转换”状态中为执行变换算法的迭代方程为

$$U'(i)=\frac{2U'(i-1)}{1+\dfrac{2}{A}}+(-1)^{b_{i-1}}\alpha\frac{U_r}{1+\dfrac{2}{A}}+(2+\bar{b}_{i-1})\frac{Q_f}{C_1} \tag{7.3.8}$$

式(7.3.8)表明,定标的参考电压显然包括在“检测”和“换算”状态中对运放增量衰减的补偿。对式(7.3.8)执行 n 次计算,则 A/D 转换过程中产生的第一次电压误差近似值为

$$\begin{aligned}\Delta U &= \Delta U_A + \Delta U_f \\ &= 2^n\left[\left(1-\frac{2}{A}\right)^n - 1\right]U(0) + \sum_{i=0}^{n-1}(-1)^{\bar{b}_i}\times 2^i\left[\left(1-\frac{2}{A}\right)^i\left(1-\frac{1}{A}\right)-1\right]U_r + \\ &\quad \left(2^{n+1}+\sum_{i=1}^{n}\bar{b}_{i-1}\times 2^{n-1}\right)\frac{Q_f}{C_1}\end{aligned} \tag{7.3.9}$$

式中 $\Delta U_A,\Delta U_f$——有限增益 A 及通道电荷 Q_f 引起的误差电压,V。

当 $U(0)=U_f$ 时,假设 $b_i'S=0$,则误差电压变为最大,

$$\Delta U_{max}=2^n\left(3A^{-i}+\frac{4Q_f}{C_1U_r}\right)U_r \tag{7.3.10}$$

因为 A/D 转换可以精确到它的最低位以下,故该误差电压应小于参考电压 U_r。假设 $A=80$ dB,电荷的信噪比$\frac{C_1U_r}{Q_f}=2\times10^4$,这在目前实用的 MOS 技术中,借助于时钟通道中适当的补偿方案是能够达到的。这样,A/D 转换的精度估计可达到 11 位。

可以检测的最小电容差值为

$$\frac{|\Delta C|_{min}}{C_r}>\frac{1}{2^{11}m} \tag{7.3.11}$$

式中 m——重复次数。

m 增加可使分辨率提高,但相应地导致电压 U_s' 的相对误差的增加。将式(7.3.6)展为泰勒极数,便能发现 U_s' 的相对误差可表示为$\frac{m-1}{2A}$。为将该误差保持在 11 位的最低位的 1/2 以内,m 需小于 6。那么,这种由 IC 形式构成的接口电路分辨率估计可达到 13~14 位。

综上,与硅电容式集成压力传感器接口的开关-电容电路,由差动积分器和循环运行的 A/D 转换器组成。电容式传感器的电容,首先充电,其电荷量仅与存储在参考电容器中的电荷比较,二者的差值由差动积分器转换为电压,电容-电压转换的灵敏度受电荷累加率控制。电压再经 A/D 转换为二进制数输出。转换序列是根据循环运行的 A/D 转换算法得到。这种开关—电容电路的工作原理不受运算放大器的偏置电压和杂散电容的影响,具有高的灵敏度和精度,是硅电容式集成压力传感器较理想的接口电路。

7.3.2 电容-频率接口变换电路

采用电容-频率(C/F)接口变换电路可将电容输出的电压变换为频率信号输出。频率输出的硅电容式集成压力传感器无需 A/D 变换,只用简单的数字电路就能变成微处理器易于接受的数字信号。这种类型的传感器,当今已引起计算机应用为基础的测控系统的很大兴趣。

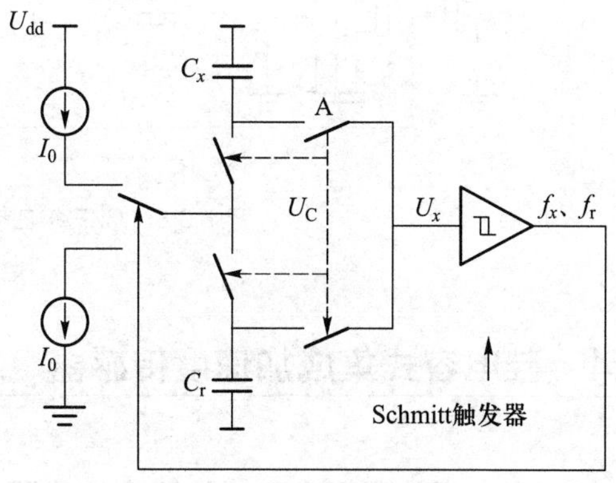

图 7.3.7 Schmitt 触发器型振荡器的 C/F 接口变换电路原理图

许多低功耗的振荡电路,可以选作为电容式集成压力传感器的接口变换电路使用。图 7.3.7 所示为一种由电流控制的应用 Schmitt 触发器型振荡器的 C/F 接口变换电路原理图。该电路与硅电容器同集成在一个

芯片上，其中 C_x 为敏感被测压力的压敏电容，C_x 的变化决定了电路振荡频率的变化，频率的变化对应着被测压力值。C_r 为参考电容，不受被测压力的影响，但要受到电路温度漂移和长期稳定性漂移的影响。压敏电容或参考电容的信号输出电压用 U_C 表示。

当电路中连接压敏电容，输出的频率变化对应被测压力，但也受电路的温度漂移和长期稳定性漂移等因素的影响。另外，当电路中连接参考电容 C_r，则其频率变化仅与电路的温度漂移和长期稳定性漂移等因素有关，而与被测压力无关。

考虑到压敏电容和参考电容受温度漂移和长期稳定性漂移等的影响是相同的或非常接近的，所以当电路连上参考电容后，温度漂移和长期稳定性漂移等效应造成的频率变化误差可以被补偿。

当 C/F 接口变换电路连接上压敏电容 C_x 时，其输出频率 f_x 可表述为

$$f_x=\frac{I_0}{2C_xU_H} \tag{7.3.12}$$

式中 I_0——电容器充电或放电电流，A；

U_H——Schmitt 触发器的滞后电压，V。

可见，输出频率正比于充电（或放电）电流，而反比于压敏电容器的电容量和 Schmitt 触发器的滞后电压。为了减小电路温度漂移和电路电源电压对输出频率的影响，应周密地确定电流 I_0 和 Schmitt 触发器的滞后电压 U_H，以使其对温度效应尽量保持稳定。这是设计集成式 C/F 接口变换振荡电路最重要的考虑点之一。

图 7.3.8 所示为一种 C/F 接口变换电路的详细电路图，其中电流源由耗尽型的 NMOS 晶体管和增强型 MOS 晶体管构成。关于电路的进一步选择和设计请读者参考有关数字电路设计方面的文献。

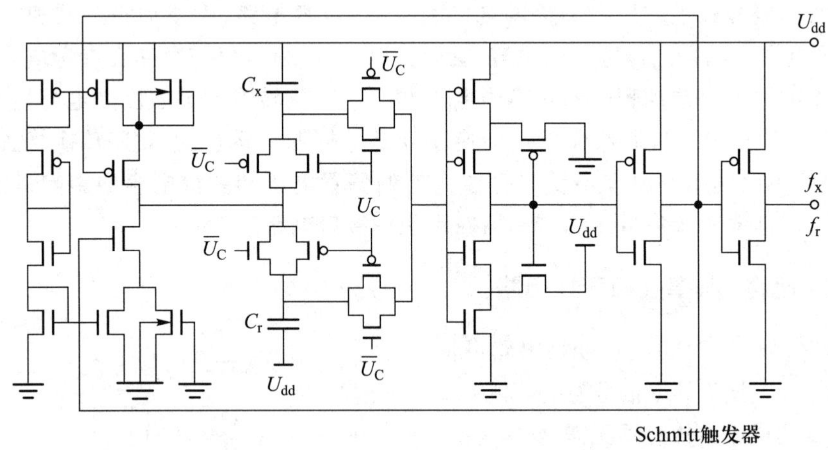

图 7.3.8 C/F 接口变换电路的详细电路图

7.4 硅电容式集成加速度传感器

7.4.1 零位平衡电容式加速度传感器

加速度传感器是惯性导航系统中最重要的传感器之一。20 世纪 80 年代后期至 90 年代

初，研制成不少种集成加速度传感器，图 7.4.1 所示为一种零位平衡（伺服）电容式加速度传感器芯片结构和原理简图。传感器芯片由玻璃/硅/玻璃结构构成。硅悬臂梁的自由端设置有敏感加速度的质量块，并在其上、下两侧面淀积有金属电极，形成电容的活动极板，把它安装在两固定电极板之间，组成一差动式平板电容器，见图 7.4.1(a)。当有加速度（惯性力）施加在加速度传感器上时，活动极板（质量块）将产生微小位移，引起电容变化，电容变化量 ΔC 由开关—电容电路检测并放大。两路脉宽调制信号 U_E 和 $\overline{U}_E$ 由脉宽调制器产生，并分别加在两对电极上，见图 7.4.1(b)。通过这两路脉宽调制信号产生的静电力去改变活动极板的位置，对任何加速度值，只要检测合成电容 ΔC 和控制脉冲宽度，便能够实现活动极板准确地保持在两固定电极之间的中间位置处（即保持在非常接近零位移的位置上）。因为这种脉宽调制产生的静电力总是阻止活动电极偏离零位，且与加速度 a 成正比，所以通过低通滤波器的脉宽信号 U_E，即为该加速度传感器输出的电压信号。

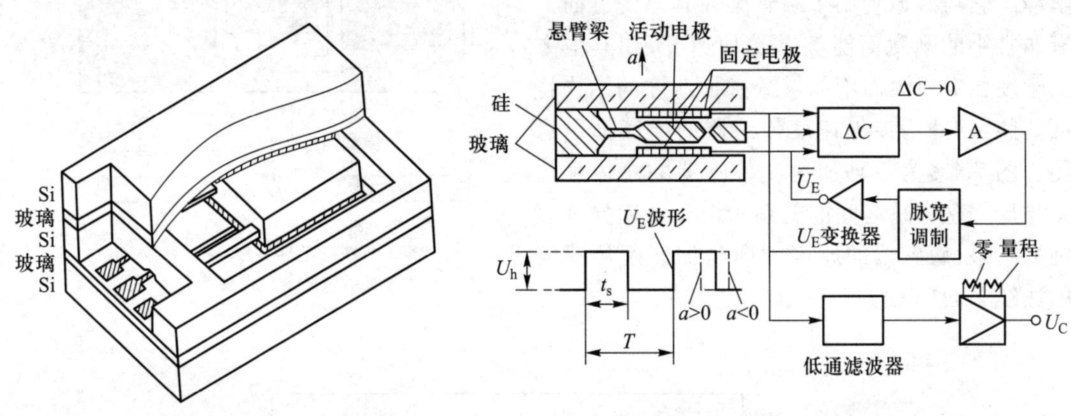

(a) 微型硅电容式加速度传感器芯片结构 (b) 脉宽调制伺服硅电容式加速度传感器原理图

图 7.4.1 一种零位平衡（伺服）电容式加速度传感器芯片结构和原理简图

7.4.2 基于组合梁的电容式加速度传感器

图 7.4.2 为一种已实用的、具有差动输出的基于组合梁的电容式单轴加速度传感器原理图。该传感器的敏感结构包括一个活动电极和两个固定电极。活动电极固连在连接单元的正中心；两个固定电极设置在活动电极初始位置对称的两端。连接单元将两组梁框架结构的一端连在一起，梁框架结构的另一端用连接“锚”固定。

该敏感结构的基本原理是基于惯性原理，被测加速度 a 使连接单元产生与加速度方向相反的惯性力 F_a；惯性力 F_a 使敏感结构产生位移，从而带动活动电极移动，与两个固定电极形成一对差动敏感电容 C_1、C_2（见图 7.4.2），将 C_1、C_2 组成适当的检测电路便可以解算出被测加速度 a。该敏感结构只能敏感沿连接单元主轴方向的加速度。对于其正交方向

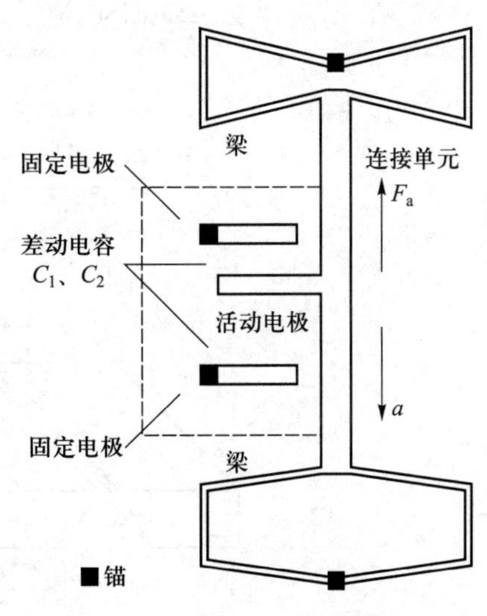

图 7.4.2 硅电容式单轴加速度传感器原理图

的加速度，由于它们引起的惯性力作用于梁的横向（宽度与长度方向），而梁的横向相对于其厚度方向具有非常大的刚度，因此这样的敏感结构不会（能）敏感与所测加速度 a 正交的加速度。

将两个或三个如图 7.4.2 所示的敏感结构组合在一起，就可以构成微结构双轴或三轴加速度传感器。

7.4.3 硅电容式三轴加速度传感器

图 7.4.3 所示为外形结构参数为 6 mm×4 mm×1.4 mm的一种新型硅微结构三轴加速度传感器。它有四个敏感质量块、四个独立的信号读出电极和四个参考电极。基于图 7.4.3 可以很好地对传感器敏感结构和作用机理进行解释。它巧妙地利用了敏感梁在其厚度方向具有非常小的刚度而能够感受加速度，在其他方向刚度相对很大而不能够敏感加速度的结构特征。图 7.4.4 为该加速度传感器的横截面示意图。图 7.4.5 为单轴加速度传感器的总体坐标系与局部坐标系之间的关系。由于各向异性腐蚀的结果，敏感梁的厚度方向与加速度传感器的法线方向（z 轴）成 35.26°。

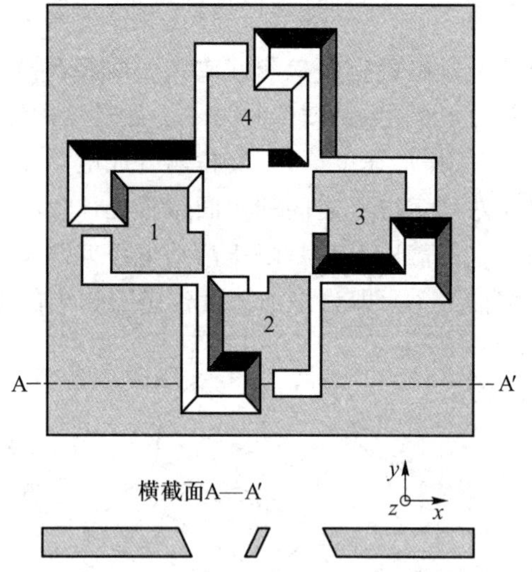

图 7.4.3 三轴加速度检测原理

（1～4 共四个敏感质量块设置于悬臂梁的端部）

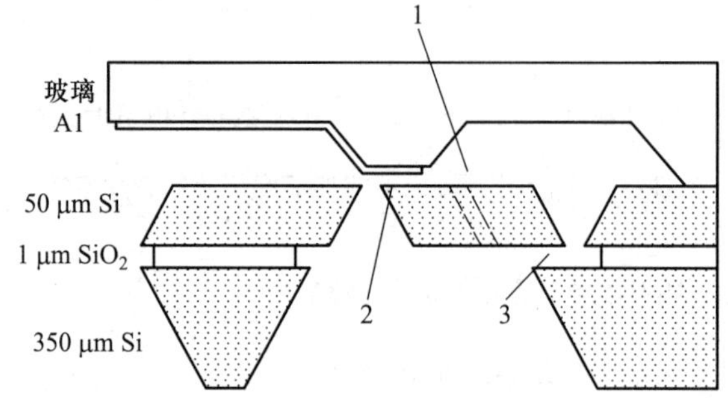

图 7.4.4 三轴加速度传感器的横截面示意图

1—敏感质量块和梁（虚线部分）；2—信号读出电容、超量程保护装置和压膜阻尼；3—超量程保护装置

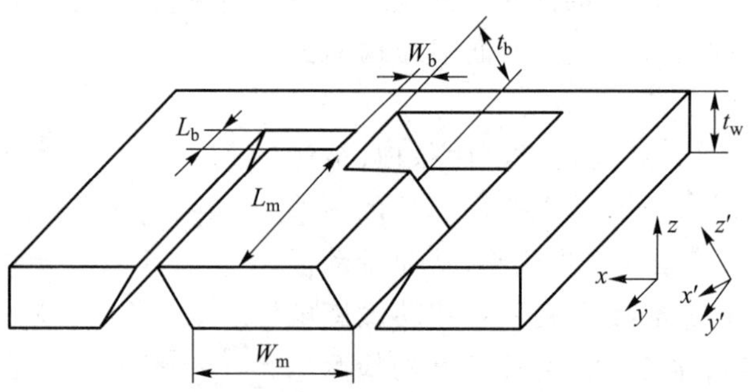

图 7.4.5 在梁局部坐标系下的单轴加速度传感器

（梁局部坐标系相对 y 轴转动 35.26°）

基于实际敏感结构特征,三个加速度分量为

$$\left.\begin{aligned} a_x &= C(S_2-S_4) \\ a_y &= C(S_3-S_1) \\ a_z &= \frac{C}{\sqrt{2}}(S_1+S_2+S_3+S_4) \end{aligned}\right\} \tag{7.4.1}$$

式中 C——由几何结构参数决定的系数,单位是 m/(s^2 · V);

S_i——第 i 个梁和质量块之间的电信号,单位是 V,$i=1\sim4$。

7.5 硅电容式角速度传感器

硅电容式角速度传感器又称硅电容式微机械陀螺。它有许多种结构形式,图 7.5.1 为一种结构对称并具有解耦特性的硅电容式表面微机械陀螺的结构示意图。该敏感结构在其最外边的四个角设置了支承"锚",并且通过梁将驱动电极和敏感电极有机地连接在一起。由于两个振动模态的固有振动相互不影响,故上述连接方式避免了机械耦合。此外,与常规的直接支承在"锚"上的实现方式不同,它利用一种对称结构将敏感质量块支承在连接梁上,通过支承梁与驱动电极和敏感电极连接在一起。

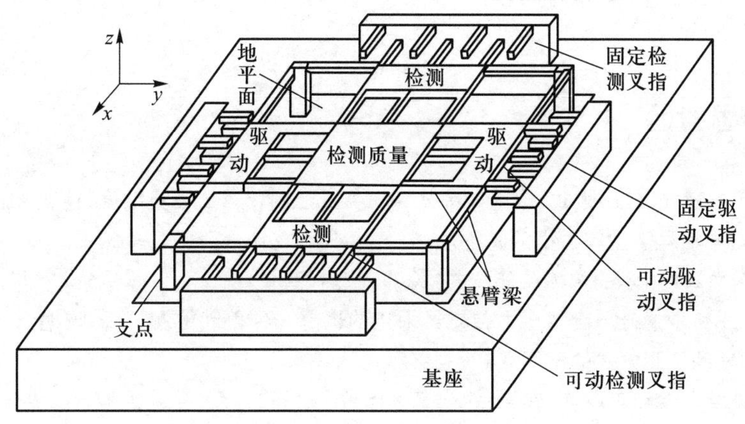

图 7.5.1 微机械陀螺的几何结构示意图

(所设计的整体结构具有对称性,驱动模态与检测模态相互解耦结构在 x 和 y 轴具有相同的谐振频率)

微机械陀螺的工作机理基于科氏效应,工作时,在敏感质量块上施加一直流偏置电压,在活动叉指和固定叉指间施加一适当的交流激励电压,从而使敏感质量块产生沿 y 轴方向的固有振动。当陀螺感受到绕 z 轴的角速度时,由于科氏效应,敏感质量块将产生沿 x 轴的附加振动。通过测量上述附加振动的幅值就可以得到被测的角速度。

通常振动陀螺的驱动模态和检测模态是相互耦合的。由于采用了相互解耦的弹簧设计思路,该结构在很大程度上解决了上述问题。因该设计仍然保持了整体结构的对称性,故该微机械陀螺的灵敏度仍然较高。

图 7.5.2 为制造的微机械陀螺的 SEM 图(扫描电子显微镜图),其平面外轮廓的结构参数为 1 mm^2,厚度为 2 μm。由于结构非常薄,驱动电极和检测电极的电容量约为 6.5 fF,这在

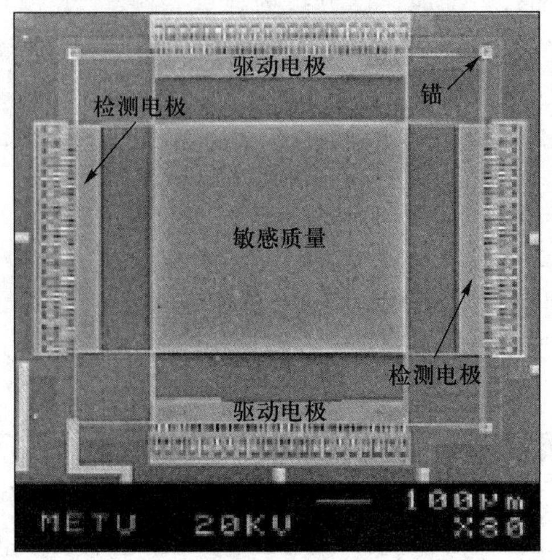

图 7.5.2 微机械陀螺的 SEM 图

一定程度上限制了其性能;但由于整体结构具有对称性,因此其性能仍然比较理想。

采取减小寄生电容和空气阻尼的措施,可以提高分辨力。如果采用更先进的加工手段,使膜片结构厚度增大,那么,敏感结构将具有更好的性能。另外,如果将整体敏感结构置于真空,则能够进一步提高陀螺的性能。

习题与思考题

7.1 试比较电容式、硅压阻式、溅射薄膜式和谐振式压力传感器在灵敏度、精度、温度误差、长期稳定性、功耗和输出电信号类型等方面的特性。

7.2 说明图 7.2.1 所示的传感器涉及的"关键词"。

7.3 图 7.2.1 所示的硅电容式压力传感器采用的也是一种差动检测方式,说明它与通常的硅压阻式压力传感器的差动检测方式的不同点。

7.4 试比较单电容和双电容(差动式)检测方案的原理和特点,并说明两者的零件加工、装配以及信号处理电路等的难易程度。

7.5 设电容膜片由熔凝石英制成,膜片半径 16 mm,厚 0.4 mm;熔凝石英的弹性模量 $E=73\times10^9$ Pa,泊松比 $\mu=0.17$;电极半径 15 mm,相对介电系数为 1。当压力 $p=0$,$C_x=C_r=125.17$ pF,试计算压力量程 $0\sim2\times10^5$ Pa 范围内的 C_x/C_r 值(计算点间隔 0.2×10^5 Pa),并画出 C_x/C_r 与压力 p 的关系曲线。

7.6 图 7.2.1 所示的硅电容式压力传感器,假设其敏感结构方平膜片的有关参数为:$E=1.9\times10^{11}$ Pa,$\mu=0.18$;$A=0.8\times10^{-3}$ m,$H=30\times10^{-6}$ m,电容电极处于方形平膜片正中央,为边长 1.5×10^{-3} m 的正方形,初始间隙 $\delta_0=12\times10^{-6}$ m,压力测量范围为 $p\in[0,2\times10^5]$ Pa。试计算 p-C_x 关系(计算点间隔 0.2×10^5 Pa),并进行简单分析。

7.7 参见图 7.3.2,说明开关—电容测量电路的特点及其工作原理。

7.8 查阅 CMOS 电路的书籍和文献,举出两种 C/F 接口变换电路,并说明工作原理及特点。

7.9 简要说明图 7.4.1 所示的零位平衡电容式加速度传感器的工作过程及应用特点。

7.10 建立图 7.4.1 所示的加速度传感器的方框图,简要说明提高其测量性能的可能措施。

7.11 简要分析图 7.4.2 所示的加速度传感器的设计思路，结合微机械电容式传感器的应用特点，给出实际的微电容的可能形式，并进行必要的分析。

7.12 影响图 7.4.2 所示的硅电容式加速度传感器测量灵敏度的参数有哪些？并分析其各自的影响规律。

7.13 建立图 7.4.2 所示的硅电容式加速度传感器的动态数学模型，并讨论其动态特性。

7.14 基于图 7.4.3~图 7.4.5，证明式(7.4.1)。

7.15 对于图 7.4.3 所示的微机械三轴加速度传感器，若要实现三轴不同的测量范围或灵敏度，如何实现？

7.16 查阅文献，给出一种硅电容式微机械陀螺的实现方案，简要说明其特点。

7.17 画出图 7.5.1 所示的硅电容式微机械陀螺的拓扑结构，并利用这个结构说明其工作原理。

7.18 建立图 7.5.1 所示的硅电容式微机械陀螺的数学模型。

7.19 对于图 7.5.1 所示的微机械陀螺，分析影响其测量灵敏度的因素。

7.20 对于图 7.5.1 所示的结构形式的微机械陀螺，是否可以实现双轴角速度的测量？若可以，给出一种可能的实现方案，并进行必要的分析。

第8章

谐振式传感器

基本内容

本章基本内容包括谐振技术、机械品质因数、谐振式传感器基本结构、闭环系统及其实现条件、谐振弦式压力传感器、谐振膜式压力传感器、谐振筒式压力传感器、压电激励谐振式圆柱壳角速度传感器、静电激励半球谐振式角速度传感器、谐振式直接质量流量传感器、硅微结构谐振式传感器、石墨烯谐振式传感器、谐振式传感器的差动检测方式、双模态谐振筒式压力传感器。

8.1 概述

过去,在发展模拟式控制系统时,相继发展了许多传感器。它们通过改变电阻、电容或电感等测量诸如压力、温度与位移等参数,并以电压和电流信号输出。这些传感器自身不适合数字式测量、控制系统,因而在传感器与控制电路之间需增加 A/D 或 V/F 变换器,这不仅降低系统的可靠性和响应速度,而且增加了成本。

发展自身具有数字输出的传感器,适应以微处理器为中心的数字式控制系统是许多技术领域的共同要求。严格地说,在现实中除了检测线位移和角位移的编码器外,几乎没有直接数字式传感器。另外,基于周期性触发机理的一族传感器正在相继出现和发展,如触发型传感器,CCDs 等一些光传感器。

基于谐振技术的谐振式传感器,自身为周期信号输出(准数字信号),只用简单的数字电路即可转换为微处理器容易接受的数字信号。谐振式传感器的敏感元件处于谐振状态,以最小能量原理工作,其重复性、分辨力和稳定性等非常优良,又便于和微处理器直接结合组成数字式测控系统,自然成为当今人们研究的重点。由于谐振式传感器有许多优点,也适用于多种参数测量,如压力、力、转角、流量、温度、湿度、液位、密度和气体成分等,这类传感器已发展成为一个新的传感器家族。

谐振式传感器可以利用振动频率、相位和幅值作为敏感信息的参数。现已实用的谐振式传感器主要是基于机械谐振敏感结构的固有振动特性实现的。按谐振敏感结构的特点可分为两类:一类是利用传统工艺实现的结构参数比较大的金属谐振式传感器,常用的谐振敏感结构如谐振筒、谐振梁、谐振膜和谐振弯管等。它们都是以精密合金用精密机械加工制成,其性能之优良已得到各行各业的满意。另一类是利用微机械加工工艺实现的新型硅或石英谐振式传感器。其敏感元件——微型谐振子品种多样,其尺寸一般为微米级甚至纳米级。研究成果已证明,微机构谐振式传感器除了具有结构微小、功耗低、响应快等特点外,还有更好的重复性、稳定性和可靠性,因此引起了人们的特别兴趣,已经成为谐振式传感器中的重要分支。

本章首先阐述基于机械谐振敏感结构的谐振式传感器所涉及的共同基础理论，然后重点讨论几种有代表性的谐振式传感器。

8.2 谐振式传感器的基础理论

8.2.1 基本结构

谐振式传感器绝大多数是在闭环自激状态下工作的，其基本结构见图 8.2.1。图中，R 为谐振敏感元件，又称谐振子。它是传感器的核心部件，工作时以其自身固有的振动模态持续振动，它的振动特性直接影响着谐振式传感器的性能。目前使用的谐振子有多种形式，如谐振梁、复合音叉、谐振筒、谐振膜、谐振半球壳和弹性弯管等。D、E 分别为信号检测器和激励器，是实现机电、电机转换的必要部件，为组成谐振式传感器的闭环自激系统提供条件。常用的激励方式有电磁效应、静电效应、逆压电效应、电热效应、光热效应等，常用的检测手段有磁电效应、电容效应、正压电效应、压阻效应、应变效应、光电效应等。A 为放大器。它与激励、检测手段密不可分，用于调节信号的幅值和相位，使系统能可靠稳定地工作于闭环自激状态。早期的放大器多采用分离元件组成，近来主要采用集成电路实现，而且正在向设计专用的多功能化的集成放大器方向发展。O 为系统检测输出装置，是实现对周期信号检测（有时也是解算被测量）的部件，用于检测周期信号的频率（或周期）、幅值（比）或相位（差）。C 为补偿装置，主要对温度误差进行补偿，有时系统也对零位和测量环境的有关干扰进行补偿。

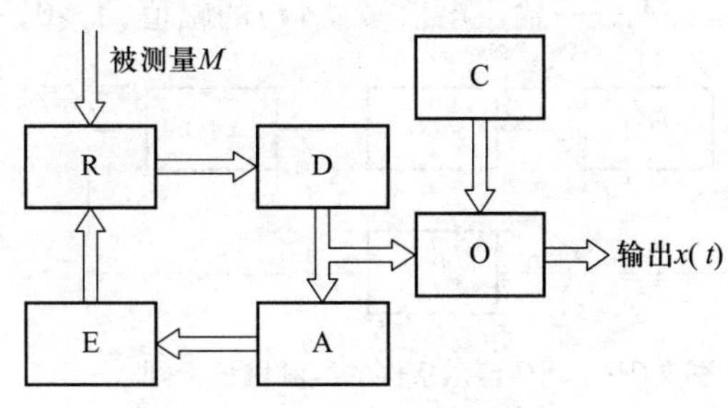

图 8.2.1 谐振式传感器基本结构

以上六个主要部件构成了谐振式传感器的三个重要环节：

(1) 由 E,R,D 组成的电—机—电谐振子环节，是谐振式传感器的核心。适当地选择激励和拾振手段，构成一个理想的 ERD，对设计谐振式传感器至关重要。

(2) 由 E,R,D,A 组成的闭环自激环节，是构成谐振式传感器的条件。

(3) 由 R,D,O(C) 组成的信号检测、输出环节，是实现检测被测量的手段。

8.2.2 闭环系统及其实现条件

1. 复频域分析

图 8.2.2 中 $R(s)$，$E(s)$，$A(s)$，$D(s)$ 分别为谐振子、激励器、放大器和拾振器的传递函数。闭环系统的等效开环传递函数为

$$G(s)=R(s)E(s)A(s)D(s) \tag{8.2.1}$$

显然，满足以下条件时，系统将以角频率 ω_V 产生闭环自激，即

$$|G(\mathrm{j}\omega_V)|\geqslant 1 \tag{8.2.2}$$

$$\angle G(\mathrm{j}\omega_V)=2n\pi,\quad n=0,\pm1,\pm2,\cdots \tag{8.2.3}$$

式(8.2.2)和式(8.2.3)称为系统可自激的复频域幅值、相位条件。

2. 时域分析

见图 8.2.3,从信号激励器来考虑,某一瞬时作用于激励器的输入电信号为

$$u_1(t)=A_1\sin\omega_V t \tag{8.2.4}$$

式中 A_1——激励电信号的幅值,$A_1>0$;

ω_V——激励电信号的角频率(即谐振子的振动角频率,非常接近于谐振子的固有角频率 ω_n)。

$u_1(t)$经谐振子、检测器和放大器后,输出为 $u_1^+(t)$,可写为

$$u_1^+(t)=A_2\sin(\omega_V t+\phi_T) \tag{8.2.5}$$

式中 A_2——输出电信号 $u_1^+(t)$的幅值,$A_2>0$。

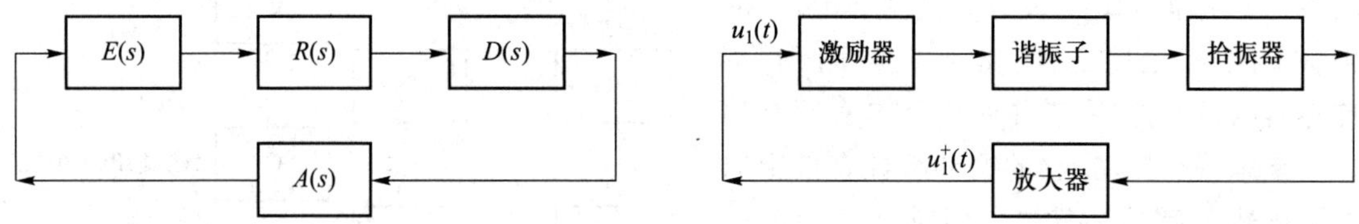

图 8.2.2 闭环自激条件的复频域分析图　　图 8.2.3 闭环自激条件的时域分析图

满足以下条件时,系统以角频率 ω_V 产生闭环自激,即

$$A_2\geqslant A_1 \tag{8.2.6}$$

$$\phi_T=2n\pi,\quad n=0,\pm1,\pm2\cdots \tag{8.2.7}$$

式(8.2.6)和式(8.2.7)称为系统可自激的时域幅值、相位条件。

以上考虑的是在一点处的闭环自激条件。对于谐振式传感器,应在其整个工作频率范围内$[f_L,f_H]$均满足闭环自激条件,这就给设计传感器提出了特殊要求。

8.2.3 敏感机理

由前述分析可知,对于谐振式传感器,从检测信号的角度,它的输出可以写为

$$x(t)=Af(\omega t+\phi) \tag{8.2.8}$$

式中 A——检测信号的幅值,V;

ω——检测信号的角频率,rad/s;

ϕ——检测信号的相位,(°)。

$f(\cdot)$为归一化周期函数。当 $nT\leqslant t\leqslant(n+1)T$ 时,$|f(\cdot)|_{\max}=1$;$T=2\pi/\omega$,为周期;A,ω,ϕ 称为谐振式传感器检测信号 $x(t)$的特性参数;ϕ 具有 360°(即 2π)同余。

显然,只要被测量能较显著地改变检测信号 $x(t)$的某一特征参数,谐振式传感器就能通过检测上述特征参数来实现对被测量的检测。

在谐振式传感器中,目前国内外使用最多的是检测角频率 ω 的传感器,如谐振筒式压力传感器、谐振膜式压力传感器等。

对于敏感幅值 A 或相位 ϕ 的谐振式传感器,为提高测量精度,通常采用相对(参数)测量,即通过测量幅值比或相位差来实现,如谐振式直接质量流量传感器。

8.2.4 谐振子的机械品质因数

1. 定义及其计算

在谐振式传感器中,谐振敏感元件——谐振子的机械品质 Q 值是一个极其重要的指标,

针对能量的定义式为

$$Q=2\pi\frac{E_s}{E_c} \tag{8.2.9}$$

式中 E_s——谐振子储存的总能量；

E_c——谐振子每个周期由阻尼消耗的能量。

谐振子在工作过程中，可以等效为一个单自由度振动系统，如图 8.2.4(a)所示。其动力学方程为

$$m\ddot{x}+c\dot{x}+kx-F(t)=0 \tag{8.2.10}$$

式中 m——振动系统的等效质量，kg；

c——振动系统的等效阻尼系数，N·s/m；

k——振动系统的等效刚度，N/m；

$F(t)$——作用外力，N。

$m\ddot{x}$、$c\dot{x}$和 kx 分别反映了振动系统的惯性力、阻尼力和弹性力，它们的方向参见图 8.2.4(b)。

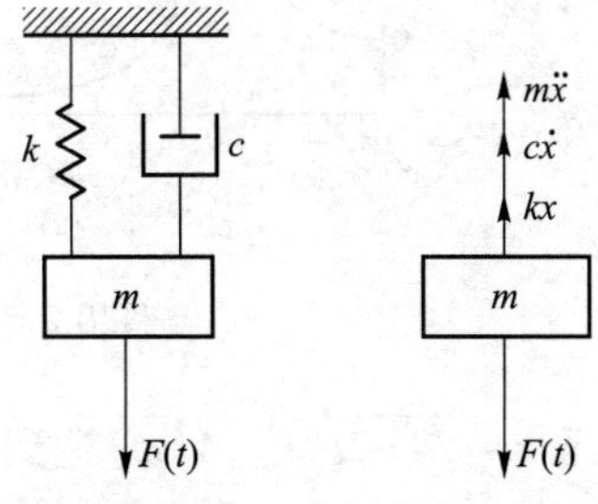

图 8.2.4 单自由度振动系统

根据谐振状态应具有的特性，当上述振动系统处于谐振状态时，作用外力应当与系统的阻尼力相平衡，惯性力应当与弹性力相平衡，系统以其固有频率振动，即

$$\left.\begin{aligned}c\dot{x}-F(t)=0\\ m\ddot{x}+kx=0\end{aligned}\right\} \tag{8.2.11}$$

这时振动系统的外力超前位移矢量 90°，与速度矢量同相位，弹性力与惯性力之和为零。系统的固有角频率为

$$\omega_n=\sqrt{\frac{k}{m}} \tag{8.2.12}$$

这是一个非常理想的情况，在实际应用中很难实现，原因是实际振动系统的阻尼力很难确定。因此，可以从系统的频谱特性来认识谐振现象。

当式(8.2.10)中的外力 $F(t)$ 是周期信号时，即

$$F(t)=F_m\sin\omega t \tag{8.2.13}$$

则系统的归一化幅值响应和相位响应分别为

$$A(\omega)=\frac{1}{\sqrt{(1-P^2)^2+(2\zeta P)^2}} \tag{8.2.14}$$

$$\phi(\omega)=\begin{cases}-\arctan\dfrac{2\zeta P}{1-P^2}, & P\leqslant 1\\ -\pi+\arctan\dfrac{2\zeta P}{P^2-1}, & P>1\end{cases} \tag{8.2.15}$$

$$P=\frac{\omega}{\omega_n}$$

式中 ω_n——系统的固有角频率，rad/s；

ζ——系统的阻尼比，$\zeta=\dfrac{c}{2\sqrt{km}}$，对谐振子而言，$\zeta\ll 1$，为弱阻尼系统；

P——相对于系统固有角频率的归一化频率。

图 8.2.5 为系统的幅频特性曲线和相频特性曲线。

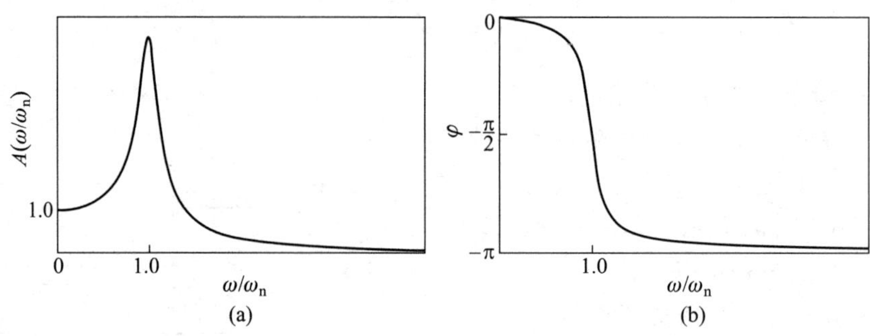

图 8.2.5 系统的幅频特性曲线和相频特性曲线

当 $P=\sqrt{1-2\zeta^2}$ 时,$A(\omega)$ 达到最大值,有

$$A_{\max}=\frac{1}{2\zeta\sqrt{1-\zeta^2}}\approx\frac{1}{2\zeta} \tag{8.2.16}$$

这时系统的相位为

$$\phi=-\arctan\frac{2\zeta P}{2\zeta^2}\approx-\arctan\frac{1}{\zeta}\approx-\frac{\pi}{2} \tag{8.2.17}$$

通常,工程上将系统的幅值增益达到最大值时的工作情况定义为谐振状态,相应的激励角频率($\omega_r=\omega_n\sqrt{1-2\zeta^2}$)定义为系统的谐振角频率。

在谐振式传感器中,谐振敏感结构为弱阻尼系统,$0<\zeta\ll1$,利用图 8.2.5(或图 8.2.6)所示的谐振子的幅频特性可给出

$$Q\approx\frac{1}{2\zeta}\approx A_m \tag{8.2.18}$$

$$Q\approx\frac{\omega_r}{\omega_2-\omega_1} \tag{8.2.19}$$

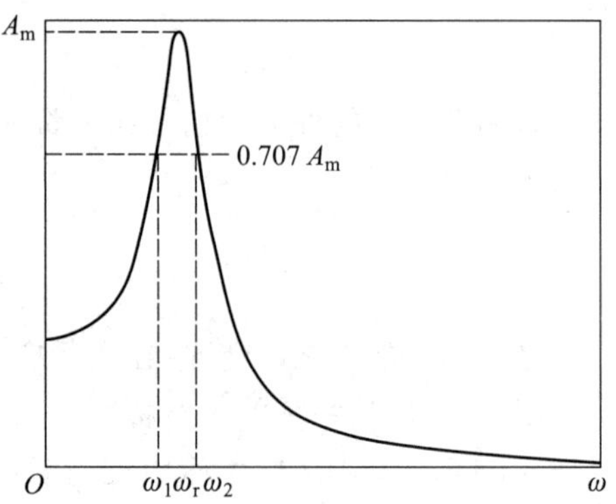

图 8.2.6 利用幅频特性获得谐振子的 Q 值

ω_1,ω_2 对应的幅值增益为$\frac{A_m}{\sqrt{2}}$,称为半功率点,参见图 8.2.6。

由上述分析可知,Q 值反映了谐振子振动中阻尼比的大小及消耗能量快慢的程度,也反映了幅频特性曲线谐振峰陡峭的程度,即谐振敏感元件选频能力的强弱。

从系统振动的能量来说,Q 值越高,表明相对于给定的谐振子每周储存的能量而言,由阻尼等消耗的能量就越少,系统的储能效率就越高,系统抗外界干扰的能力就越强;从系统幅频特性曲线来说,Q 值越高,表明谐振子的谐振角频率与系统的固有角频率 ω_n 越接近,系统的选频特性就越好,越容易检测到系统的谐振频率,同时系统的振动频率就越稳定,重复性就越好。总之,对于谐振式测量原理来说,提高谐振子的品质因数至关重要。采取各种措施提高谐振子的 Q 值,是设计谐振式传感器的核心问题。

2. Q 值对谐振式传感器影响的分析

由式(8.2.2)和图 8.2.6 可知,当 Q 增大时,幅值条件易于满足。由式(8.2.15)可知

$$\phi(\omega)=-\arctan\frac{P}{Q(1-P^2)} \tag{8.2.20}$$

$$\frac{\partial\phi(\omega)}{\partial P}=-\frac{Q(1+P^2)}{P^2+Q^2(1-P^2)^2} \tag{8.2.21}$$

当 $P=1$ 时，$\phi=-\pi/2$，$(\partial\phi/\partial P)=-2Q$，考虑以 $-\pi/2$ 为中心的相角范围 $\phi\in\left[-\frac{\pi}{2}-\phi_m,-\frac{\pi}{2}+\phi_m\right]$，当 $\phi_m\leqslant\frac{\pi}{4}$，$|\partial\phi/\partial P|$ 随 Q 单调增加。这表明，相同的频率变化所引起的相角变化值随 Q 值的增大而增加。当需要相同的相角变化时，Q 值大的，ω 对 ω_n 的相对偏差小，即在相同的幅值增益下，Q 值大的谐振子所提供的相角范围大，从而便于构成闭环自激系统。

再讨论 Q 值对传感器精度的影响。设系统工作的频率范围为 $[f_L,f_H]$（$[\omega_L,\omega_H]$），谐振子所提供的相移为 $[\phi_L,\phi_H]$。由式(8.2.15)可得在任意相角 ϕ 下对应的振频为

$$P\approx 1+\frac{1}{2Q\tan\phi} \tag{8.2.22}$$

显然，对于给定的 ϕ，Q 值大时，$|P-1|$ 减小，即 ω 越接近于这时谐振子所对应的固有角频率 ω_n；传感器自激频率的随机漂移就越小，系统的振动状态就越稳定，精度就越高。此外，由上式知，谐振式传感器有一个最佳激励点。$P_B=1$ 时，$\phi_B=-\pi/2$，$\omega=\omega_n$，系统的振动频率就是谐振子的固有频率，不受 Q 值影响。这表明，当系统以一个固定频率振动时，就把它设置在最佳激励点。当系统在 $[f_L,f_H]$ 范围内工作时，从减小干扰考虑，可将最佳激励点设置为

$$|1-P_L|=|1-P_H| \tag{8.2.23}$$

即

$$P_L+P_H=2$$

$$\omega_B=\frac{2\omega_L\omega_H}{\omega_L+\omega_H} \tag{8.2.24}$$

这一结果对于设计放大器有指导意义，为提高谐振式传感器的抗干扰能力，应使所设计的放大器满足

$$\angle E(j\omega_B)+\angle A(j\omega_B)+\angle D(j\omega_B)=\frac{\pi}{2}+2n\pi,\ n\text{ 为整数} \tag{8.2.25}$$

同时应尽可能使 $|\tan\alpha_L|$、$|\tan\alpha_H|$ 取大值。α_L、α_H 分别为

$$\left.\begin{aligned}\alpha_L&=\angle E(j\omega_L)+\angle A(j\omega_L)+\angle D(j\omega_L)\\ \alpha_H&=\angle E(j\omega_H)+\angle A(j\omega_H)+\angle D(j\omega_H)\end{aligned}\right\} \tag{8.2.26}$$

3. 提高 Q 值的措施

通过上面的分析得知，高 Q 值的谐振子对于构成闭环自激系统及提高系统的性能非常重要，应采取各种措施提高谐振子的 Q 值。这是设计谐振式传感器的核心问题。

通常，提高谐振子 Q 值的途径主要从以下四个方面考虑：

(1) 选择高 Q 值的材料。材料自身的特性由其晶格结构和内部分子运动状态决定，例如石英材料的 Q 值高达 10^6 量级，而一般金属材料的 Q 值为 10^4 量级。

(2) 采用较好的加工工艺手段，尽量减小由于加工过程引起的谐振子内部的残余应力。如对于测量压力的谐振筒敏感元件，由于其壁厚只有 0.08 mm 左右，所以通常采用旋拉工艺，

但在谐振筒的内部容易形成较大的残余应力,其 Q 值大约为 3 000~4 000;而采用精密车磨工艺,其 Q 值可达到 8 000 以上,远高于前者。

(3) 注意优化设计谐振子的边界结构及封装,即阻止谐振子与外界振动的耦合,有效地使谐振子的振动与外界环境隔离。为此,通常采用调谐解耦的方式,并使谐振子通过其"节点"与外界连接。

(4) 优化谐振子的工作环境,使其尽可能地不受被测介质的影响。

一般来说,实际的谐振子较其材料的 Q 值下降 1~2 个数量级。这表明在谐振子的加工工艺和装配中仍有许多工作要做。

8.2.5 设计要点

谐振子的选择及其振动特性(即振动模态,包括固有频率和振型)的分析、计算,确定谐振子的实际结构、参数及所敏感的振动特性参数等工作的核心是建立谐振式传感器的模型,优化出一个高 Q 值、高灵敏度的谐振子(请参见第 6 章的有关内容)。

检测源、激励源的选择以及与谐振子的配合问题,主要包括它们与谐振子的相对位置的选择与激励能量大小的确定。这部分内容将在下面详细讨论。

检测信号的接收、处理、转换及按幅值相位条件设计的放大电路,对于敏感频率的谐振式传感器要在满量程内综合考虑,而敏感幅值比、相位差的谐振式传感器要合理设计出"双闭环"系统,并选择好参考位置。

引入恰当的补偿机制,解算检测信号,给出被测量。

8.2.6 特征与优势

相对其他类型的传感器,谐振式传感器的本质特征和独特优势是:

(1) 输出信号是周期的,被测量能够通过检测周期信号而解算出来。这一特征决定了谐振式传感器便于与计算机连接和远距离传输。

(2) 传感器系统是一个闭环系统,处于谐振状态。这一特征决定了传感器系统的输出自动跟踪输入。

(3) 谐振式传感器的敏感元件即谐振子固有的谐振特性,决定其具有高的灵敏度和分辨率。

(4) 相对于谐振子的振动能量,系统的功耗是极小量,系统以最小能量原理工作。这一特征决定了传感器系统的抗干扰性强、稳定性好。

8.3 谐振弦式压力传感器 »»

8.3.1 基本结构

图 8.3.1 为谐振弦式压力传感器的原理示意图。它由振弦、磁铁线圈组件和夹紧机构等元部件组成。振弦是一根弦丝或弦带,其上端用夹紧机构夹紧,并与壳体固连,其下端用夹紧机构夹紧,并与膜片的硬中心固连,振弦夹紧时施加一固定的预紧力。

磁铁线圈组件是产生激振力和检测振动频率的。磁铁可以是永久磁铁和直流电磁铁。

根据激振方式的不同,磁铁线圈组件可以是一个或两个。当用一个磁铁线圈组件时,线圈既是激振线圈,又是拾振线圈。当线圈中通以脉冲电流时,固定在振弦上的软铁片被磁铁吸住,对振弦施加激励力。当不加脉冲电流时,软铁片被释放,振弦以某一固有频率自由振动,从而在磁铁线圈组件中感应出与振弦频率相同的感应电动势。

为了维持振弦工作于谐振点上,可以采用图 8.3.2 所示的闭环激励方式。图中线圈 1 为激振线圈,线圈 2 为拾振线圈,线圈 2 的感应电动势经放大后,一方面作为输出信号,另一方面又反馈到激振线圈 1,只要放大后的信号满足振弦系统振荡所需的幅值和相位条件,振弦就会维持振动。

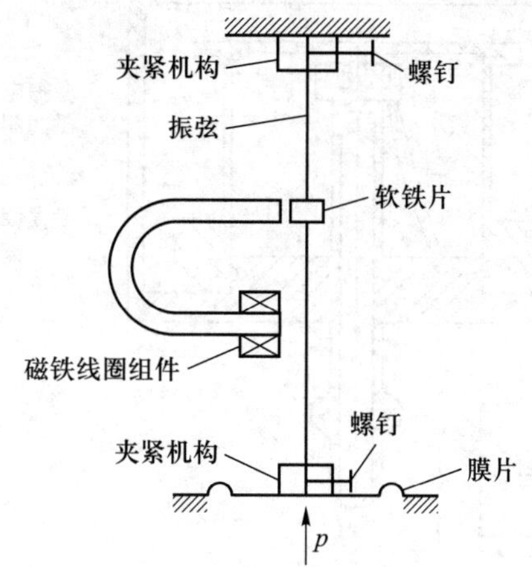

图 8.3.1 谐振弦式压力传感器原理示意图

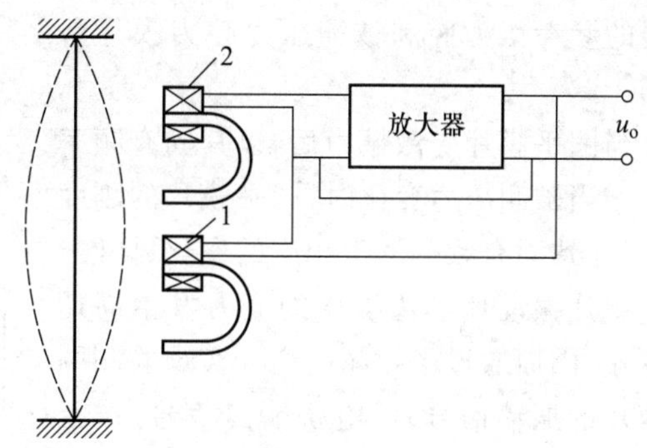

图 8.3.2 振弦的闭环激励方式

1—激励线圈;2—拾振线圈

8.3.2 特性方程

借助于式(6.1.86),振弦的最低阶固有频率为

$$f_1(p)=\frac{1}{2L}\sqrt{\frac{F_0+F_p}{\rho_0}} \tag{8.3.1}$$

式中 $f_1(p)$——压力 p 作用下,振弦的最低阶固有频率,Hz;

F_p——由被测压力 p 转换为作用于振弦上的张紧力,N;

F_0——振弦的初始张紧力,N;

L——振弦工作段长度,m;

ρ_0——振弦单位长度的质量,kg/m。

由式(8.3.1)可见,振弦的固有频率与张紧力是非线性函数关系。当被测压力不同时,加在振弦上的张紧力不同,因此振弦的固有频率不同。测量此固有频率就可以测出被测压力的大小,亦即拾振线圈中感应电动势的频率与被测压力有关。

振弦式压力传感器具有灵敏度高、测量精确度高、结构简单、体积小、功耗低和惯性小等优点,广泛用于压力测量中。

8.4 谐振膜式压力传感器

8.4.1 基本结构

图 8.4.1 为谐振膜式压力传感器的原理示意图。周边固支的圆平膜片是谐振弹性敏感元件，在膜片中心处安装激振电磁线圈，膜片的边缘贴有半导体应变片以拾取其振动，在传感器的基座上装有引压管嘴，传感器的参考压力腔和被测压力腔为膜片所分隔。

当圆平膜片受激振力后，以其固有频率振动。当被测压力变化时，圆平膜片的刚度变化，导致固有频率发生相应的变化；同时，圆平膜片振动使其边缘处的应力发生周期性变化，因而通过半导体应变片实现检测圆平膜片的振动信号，经电桥输出信号，送至放大电路。该信号一方面反馈到激振线圈，以维持膜片振动；另一方面经整形后输出方波信号给后续测量电路。

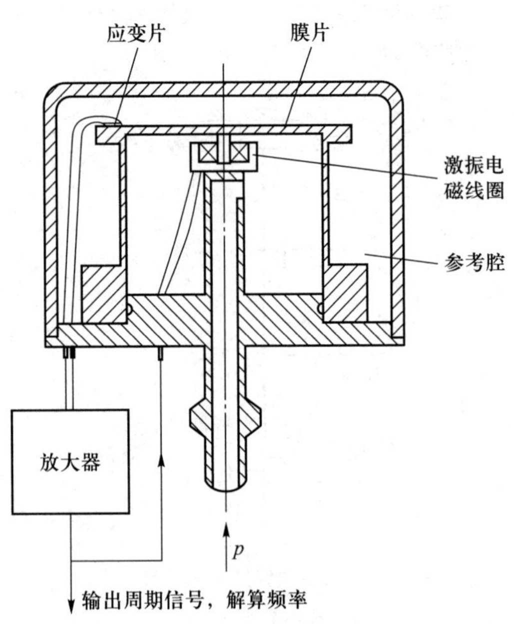

图 8.4.1 谐振膜式压力传感器原理示意图

8.4.2 特性方程

6.3.3 节提供的计算圆平膜片最低阶固有频率的近似公式为

$$f(p)=f(0)\sqrt{1+\frac{7\ 505+4\ 250\mu-2\ 791\mu^2}{5\ 880}\frac{C_0^2}{H^2}} \tag{8.4.1}$$

$$f(0)=\frac{2H}{3\pi R^2}\sqrt{\frac{5E}{\rho_{\mathrm{m}}(1-\mu^2)}} \tag{8.4.2}$$

$$\left(\frac{15\ 010+8\ 500\mu-5\ 582\mu^2}{6\ 615}\right)\frac{E}{1-\mu^2}\cdot\frac{H}{R}\left(\frac{C_0}{R}\right)^3+\frac{16E}{3(1-\mu^2)}\left(\frac{H}{R}\right)^3\frac{C_0}{R}-p=0 \tag{8.4.3}$$

式中 $f(p)$——压力 p 下圆平膜片最低阶固有频率，Hz；

$f(0)$——压力 $p=0$ 时圆平膜片最低阶固有频率，Hz。

应当指出：计算圆平膜片在不同压力下的最低阶固有频率 $f(p)$ 时，应首先由式(8.4.3)计算出压力 p 对应的圆平膜片的最大法向位移 C_0，然后将 C_0 代入式(8.4.1)再计算。利用上述模型，基于被测压力范围与圆平膜片适当的频率相对变化率，即可设计圆平膜片的几何结构参数，即半径 R 和厚度 H。

可见，谐振膜式压力传感器的工作原理就是利用振膜的固有频率随被测压力而变化来测量压力的。

谐振膜式压力传感器具有测量精度高、灵敏度高、体积小、质量小、结构简单等特点，但加工难度稍大些，已作为关键传感器应用于高性能超声速飞机上。

8.5 谐振筒式压力传感器

8.5.1 简述

谐振筒式压力传感器是一种典型的直接输出频率的谐振式传感器，于 20 世纪 60 年代末实用。图 8.5.1 为一种用于绝压测量的谐振筒式压力传感器最早选用的原理示意图。其测量敏感元件是一个由恒弹合金（如 3J53）制成的带有顶盖的薄壁圆柱壳；激励与拾振元件均由铁芯和线圈组成，为尽可能减小它们之间的电磁耦合，在空间呈正交安置，由环氧树脂骨架固定；圆柱壳与外壳之间形成真空腔，被测压力引入圆柱壳内腔；为减小温度引起的测量误差，在圆柱壳内腔安置了一个起补偿作用的感温元件。

对于这样结构的传感器，结合 6.7 节的分析知，应选用圆柱壳（4，1）次振动模态。因此，在选择圆柱壳的结构参数时，应保证其（4，1）次模的固有频率对压力有足够大的灵敏度，并尽可能使圆柱壳的这种模态在整个压力测量范围内处于各种模态中的最低频率模态。

采用电磁方式作为激励、拾振手段最突出的优点是与壳体无接触，但也有一些不足，如电磁转换效率低，激励信号中需引入较大的直流分量，磁性材料的长期稳定性差，易产生电磁耦合等。

近来发展了一种采用压电激励、压电拾振的新方案，见图 8.5.2。图中压电陶瓷元件直接贴于圆柱壳的波节处，筒内完全形成空腔。与图 8.5.1 相比，这种方案克服了电磁激励的一些缺陷，具有结构简单、机电转换效率高、易于小型化、功耗低、便于构成不同方式的闭环系统等优点；但迟滞误差较电磁方式略大些。下面对这种结构的谐振筒式压力传感器的有关问题进行详细讨论。

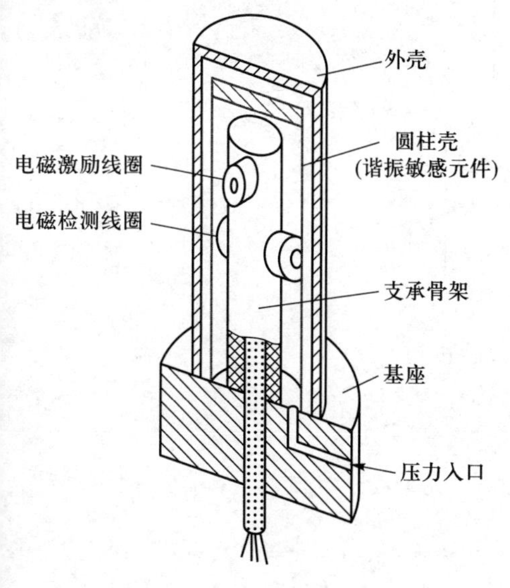

图 8.5.1 电磁激励谐振筒式压力传感器原理示意图

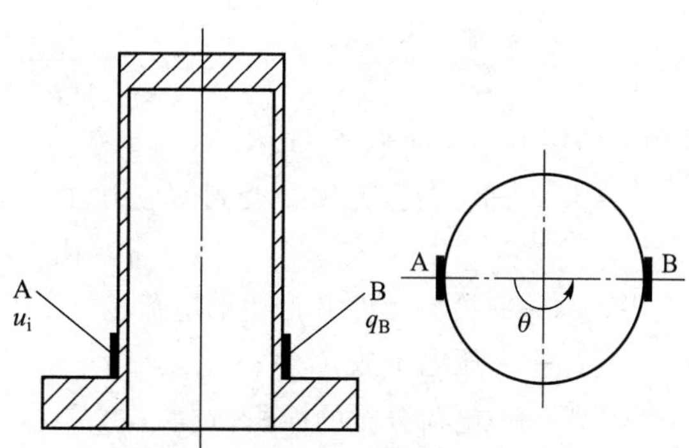

图 8.5.2 压电激励方案示意图

8.5.2 压电激励特性

在图 8.5.2 中，设 A 为激励压电元件，B 为拾振压电元件。由逆压电效应，激励电压 u_i 到激励元件 A 上产生的应力为

$$\left.\begin{aligned} T_1 &= \frac{E_t}{1-\mu_t} \cdot \frac{u_i}{\delta} k_{31} \\ T_2 &= T_1 \end{aligned}\right\} \tag{8.5.1}$$

式中 E_t、μ_t、δ——压电陶瓷元件的弹性模量(Pa)、泊松比和厚度(m)；

k_{31}——压电常数，m/V。

T_1、T_2 即为圆柱壳在 A 点处受到的机械应力。在其作用下，圆柱壳上的位移 u,v,w（统记为 d）对外力的传递函数为

$$\frac{d(s)}{T_j} = \sum_{m=1}^{\infty} \sum_{n=0}^{\infty} \frac{k_{nmd}}{\left(\dfrac{s}{\omega_{nm}}\right)^2 + 2\zeta_{nm}\left(\dfrac{s}{\omega_{nm}}\right) + 1} \tag{8.5.2}$$

式中 $\zeta_{nm}, \omega_{nm}, k_{nmd}$——分别为$(n,m)$次模（即环向波数为 n，母线半波数为 m）的振动模态的等效阻尼比，固有角频率(rad/s)和增益。

式(8.5.2)写成和式是基于圆柱壳振型的正交性。于是对于壳体的 n 阶对称振型，可以写为

$$\left.\begin{aligned} u &= u(s_1)\cos n\theta \\ v &= v(s_1)\sin n\theta \\ w &= w(s_1)\cos n\theta \end{aligned}\right\} \tag{8.5.3}$$

注意 θ 从 A 点算起，s_1 为轴线方向坐标。略去弯曲变形，由式(5.3.61)和式(6.7.1)知，圆柱壳的正应变和正应力分别为

$$\left.\begin{aligned} \varepsilon_{s_1} &= \frac{\partial u}{\partial s_1} \\ \varepsilon_\theta &= \frac{\partial v}{r\partial\theta} + \frac{w}{r} \end{aligned}\right\} \tag{8.5.4}$$

$$\left.\begin{aligned} \sigma_{s_1} &= \frac{E}{1-\mu^2}(\varepsilon_{s_1} + \mu\varepsilon_\theta) \\ \sigma_\theta &= \frac{E}{1-\mu^2}(\mu\varepsilon_{s_1} + \varepsilon_\theta) \end{aligned}\right\} \tag{8.5.5}$$

式中 r——中柱面半径，m。

σ_{s_1}、σ_θ 即为拾振元件 B 受到的应力，由正压电效应可得

$$q_B = d_{31}(\sigma_{s_1} + \sigma_\theta)A_0 \tag{8.5.6}$$

式中 q_B——拾振元件 B 产生的电荷量，C；

d_{31}——压电常数，C/N；

A_0——电荷分布的面积，m^2。

利用式(8.5.2)～式(8.5.6)可得

$$\frac{q_{\mathrm{B}}}{u_{\mathrm{i}}}=\sum_{m=1}^{\infty}\sum_{n=0}^{\infty}\frac{k_{nm}\cos n\theta}{\left(\dfrac{s}{\omega_{nm}}\right)^{2}+2\zeta_{nm}\left(\dfrac{s}{\omega_{nm}}\right)+1} \tag{8.5.7}$$

$$k_{nm}=2k_{\mathrm{t}}P_{\mathrm{t}}\left[\frac{\mathrm{d}}{\mathrm{d}s_{1}}k_{nmu}+\frac{1}{r}(nk_{nmv}+k_{nmw})\right]$$

$$k_{\mathrm{t}}=\frac{A_{0}d_{31}E}{1-\mu}$$

$$P_{\mathrm{t}}=\frac{k_{31}E_{\mathrm{t}}}{(1-\mu_{\mathrm{t}})\delta}$$

显然,k_{nm} 与圆柱壳的特性(包括边界条件),与压电陶瓷元件的特性有关。

由式(8.5.7)知,q_{B} 对 u_{i} 的相移只决定于圆柱壳本身的机械特性,在一定的环向区域是相同的,不同的区域相差 π 或 0,而且环向区域仅仅由环向波数 n 与激励点的位置所确定。

图 8.5.3 给出了 $n=3$ 的区域划分及说明。在 A 点激励时,在弧 a_1b_1、弧 a_2b_2、弧 a_3b_3 内任一点拾振均有相同的相移。由于弧 a_1b_1 包含着 A 点,称上述区域为“同相区”;反之,弧 b_1a_2、弧 b_2a_3、弧 b_3a_1 区域与上述区域相对应,称为“反相区”。

以上结论是基于压电激励方式得到的,不随压力而变。它对于选取振型及压电元件粘贴位置有重要的指导意义。

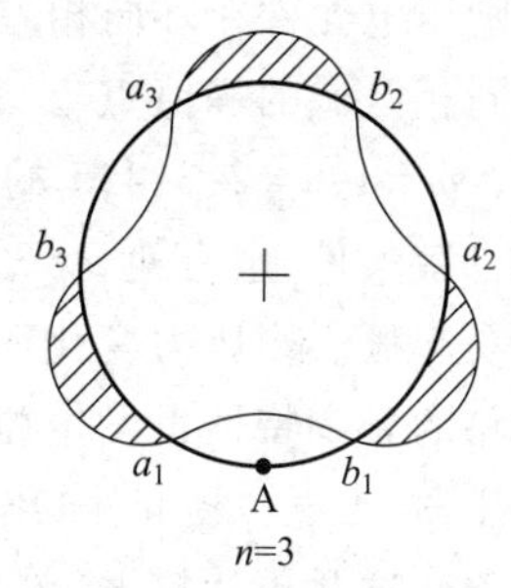

图 8.5.3 相位分布示意图

8.5.3 拾振信号的转换

当利用压电元件正压电效应时,压电元件的特殊工作机制使之相当于一个静电荷发生器或电容器,如图 8.5.4(a)所示。图中,C_0 为静电容,R_{x}、C_{x}、L_{x} 均为高频动态参数。因谐振子工作于低频段,又压电元件处于紧固状态,所以其等效电路可由图 8.5.4(b)表示。因此,在实际检测时,必须考虑阻抗匹配问题,即要用具有高输入阻抗的变换器,将高阻输出的 q_{B} 变换成低阻输出的信号。

图 8.5.5 给出了一种由运放构成的电荷放大器的方案,这时有

$$\frac{u_{\mathrm{o}}}{u_{\mathrm{B}}}=-\frac{R_{\mathrm{f}}C_{\mathrm{i}}s}{R_{\mathrm{f}}C_{\mathrm{f}}s+1} \tag{8.5.8}$$

$$C_{\mathrm{i}}=C_{0}+\Delta C \tag{8.5.9}$$

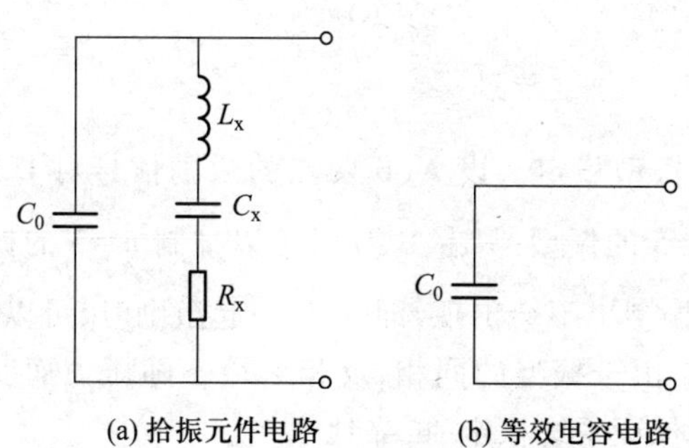

图 8.5.4 拾振元件及其等效电路

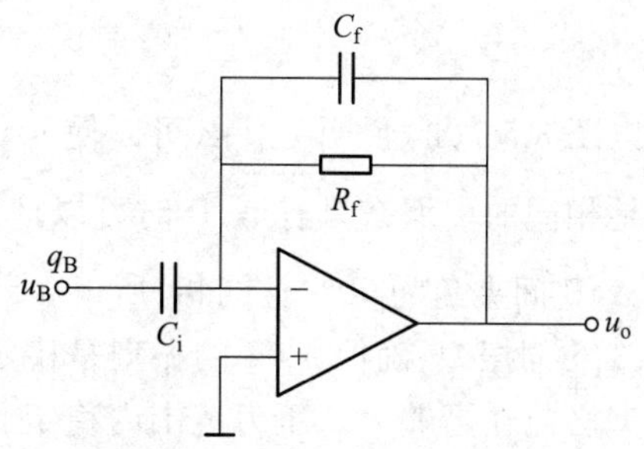

图 8.5.5 电荷放大器

$$\frac{u_o}{q_B}=-\frac{R_f s}{R_f C_f s+1} \tag{8.5.10}$$

这样经电荷放大器变换电路，可将不变量 q_B 转变为低阻抗输出的电压信号 u_o，接下去按幅值、相位条件设置放大器的工作十分容易。此问题不再讨论。

8.5.4 稳定的单模态自激系统的实现

根据对圆柱壳压力—频率特性的分析，$n=4$，$m=1$ 的(4,1)次模具有很高的灵敏度，因此选用它为工作模态。下面讨论如何构成稳定的单模态自激系统。

单片激励和单片拾振的系统，抗扰性较差，很难确保系统在全量程内满足唯一模态的自激条件。如图 8.5.6 所示，当拾振与激励压电元件在环向相差 90°粘贴于壳壁上，由于 A、B 位于 $n=4$ 的同相区域的峰值点上，因而这样的配置使 $n=4$ 的振型最易自激。$m=1$，$n=2,3,4,5$ 的圆柱壳的固有频率比较接近，满足 $n=4$ 的自激条件，也有使 $n=3$ 或 $n=5$ 自激的可能。只是由于 $n=4$ 更容易起振。当压力变化时，圆柱壳的选频特性产生明显变化，使电路的频率特性也发生相应的变化，于是 $n=3$ 或 $n=5$ 的振型可能比 $n=4$ 更容易起振，出现由 $n=4$ 向 $n\neq4$ 的过渡，产生“跳频”现象。这是单片拾振、单片激励方式较难避免的。

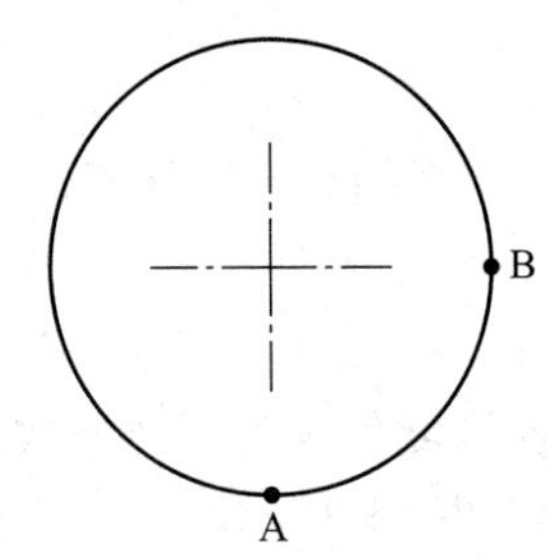

图 8.5.6 A、B 相差 90°示意图

依照前面讨论的关于振型同相、反相区域的概念，根据激励片的位置可以画出 n 为不同值时的同相、反相区域。若希望出现环向波数为 n_0 的振型，那么激励、拾振元件一定要贴于 n_0 的峰值点上，考虑到峰值点有许多个，所以选择的原则是：只产生所希望的振型 n_0，而不出现其他相邻的振型。

图 8.5.7 给出了 $n=3,4,5$ 时两个激励片的位置，即图中的 A、B 点，D 为拾振点位置；字母上加“-”者为与 D 反相，反之同相。

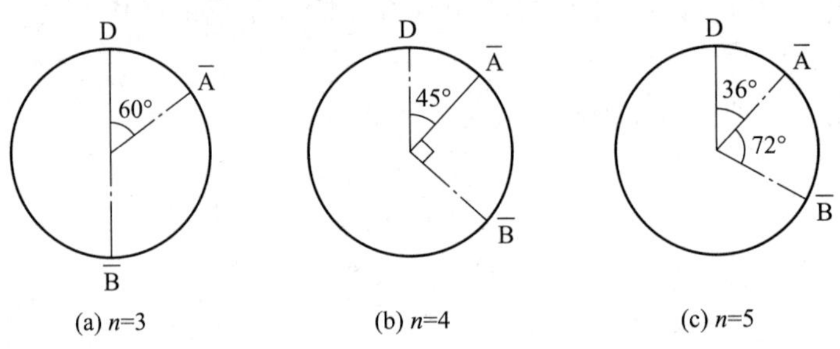

图 8.5.7 激励、拾振位置图

以图 8.5.7(b)说明为什么可以使 $n=4$ 的振型稳定。设 A、B 两点的激励信号对 D 起的作用是相同的。那么只有 $\bar{A}$、D 时可以抑制 $n=5$ 的振型；只有 $\bar{B}$、D 时可以抑制 $n=3$ 的振型，又因 $\bar{A}$、$\bar{B}$ 间夹角为 90°，且同相，所以 $n=2$ 的振型也不会出现，即 $\bar{A}$、$\bar{B}$ 一起激励时，可以抑制 $n=2,3,5$ 的振型，确保 $n=4$ 的振型是稳定的。由于振型的同相，反相区域不随压力而变，所以振型必能在足够大的压力范围内稳定，从而保证系统稳定、可靠地工作。

通常 $n=4$ 的振动模态可以采用图 8.5.8 的方式构成稳定的闭环自激系统。图中的 R、R_1、R_2 均为电荷放大器，称为接收级；K 为放大级。理论上(a)、(b)方案是一样的，但考虑到

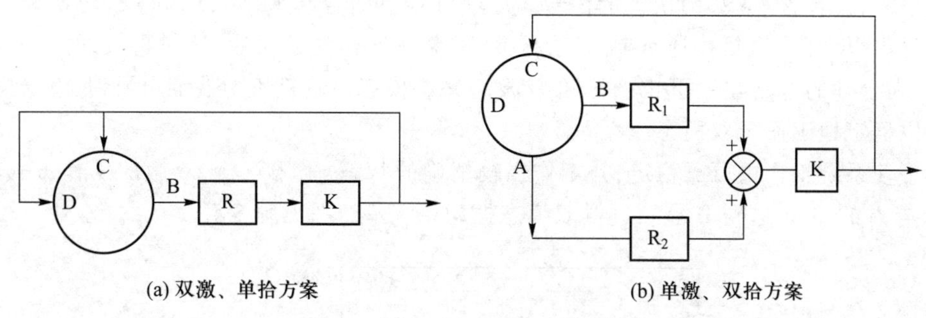

图 8.5.8 闭环激励示意图

实际壳体加工时存在的各种误差,双激、单拾方案要比单激、双拾方案稍差一些。

8.5.5 双模态的有关讨论

上面讨论了单模态系统在足够大的压力量程范围内稳定可靠工作的有关问题。由于圆柱壳的谐振频率不仅是压力的函数,也受温度、老化、环境污染、气体密度等因素的影响。为抑制这些因素的影响,基于差动检测的思路,可以采用在圆柱壳上同时实现两个模态独立自激的方案,依敏感元件自身的特性进行改善。下面以(4,1)次模和(2,1)次模来讨论这两个模态独立自激的实现问题。

对于稳定的单模态振动,可以采用一个拾振元件;而对于双模态振动的实现,一般要用两个拾振的压电元件。这里以两个拾振元件讨论振型的选择。如图 8.5.9 所示,设 A、B 两点为拾振点。依上述讨论知:当系统以(2,1)次模振动,则 A、B 点拾出的信号是反相的;对(4,1)次模的振动则是同相的。

由上述各点信号的相位关系可以看出:如果 A、B 两点信号相加再送回去作为激励信号,则系统稳定的振型必定是(4,1)次模,而把 A、B 两点的信号相减再送回去作为激励信号,则系统稳定的振型必然是(2,1)次模。

进一步考虑,对拾振压电元件 A、B 引出的信号进行相加、相减处理,相加的信号记为 E,相减后的信号记为 F,如图 8.5.10 所示。这样 E 点与 C 点闭合起来可以产生稳定的(4,1)次模,F 点与 C 点闭合起来可以产生稳定的(2,1)次模。当然这都要与适当的电路配合起来。这时如将 E 和 F 再相加,记为 P,它与 A 点信号完全相同。这样做的结果使 P 既包含了(4,1)

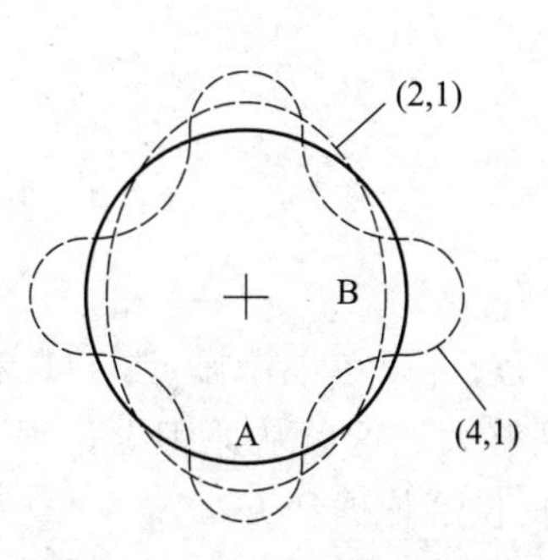

图 8.5.9 (2,1)次模与(4,1)次模振型分布示意图

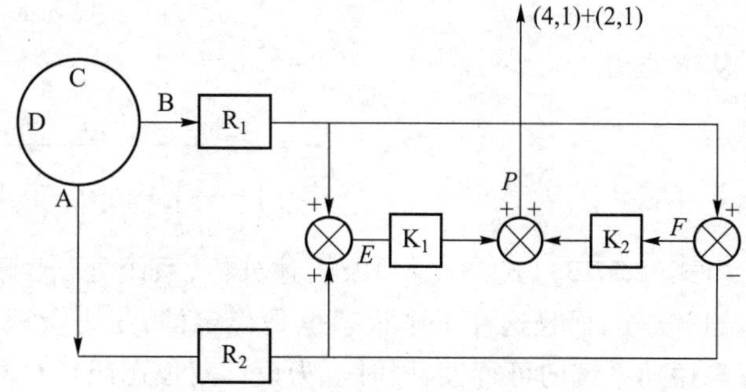

图 8.5.10 信号综合示意图

次模的信号,又包含了(2,1)次模的信号。P 点与 C 点闭合起来,(4,1)和(2,1)次模均可起振。而且可以做到:当只接通 A 或 B 拾振元件,某一次模先起振后,这时再接通另一拾振压电元件,在合理的电路配置下也一定可以激起另一模态。这就充分保证了谐振筒式压力传感器可以稳定地工作于双模态。

为了使系统工作更可靠稳定,并工作在较精确的状态,采用双拾、双激的工作方式,即将信号 E 与 F 的差 M 送到 D 点。这样双模态振动系统示意图见图 8.5.11。

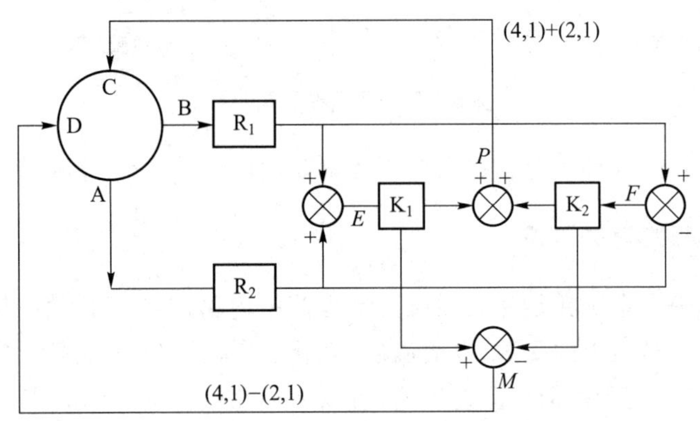

图 8.5.11 双模态振动系统示意图

对于图 8.5.11 所示的系统,从传递函数上考虑,式(8.5.7)可以简写为

在 A 点

$$\frac{q_{\mathrm{A}}}{u_{\mathrm{i}}}=\frac{k_{21}}{\left(\frac{s}{\omega_{21}}\right)^2+2\zeta_{21}\left(\frac{s}{\omega_{21}}\right)+1}+\frac{k_{41}}{\left(\frac{s}{\omega_{41}}\right)^2+2\zeta_{41}\left(\frac{s}{\omega_{41}}\right)+1} \tag{8.5.11}$$

在 B 点

$$\frac{q_{\mathrm{B}}}{u_{\mathrm{i}}}=\frac{-k_{21}}{\left(\frac{s}{\omega_{21}}\right)^2+2\zeta_{21}\left(\frac{s}{\omega_{21}}\right)+1}+\frac{k_{41}}{\left(\frac{s}{\omega_{41}}\right)^2+2\zeta_{41}\left(\frac{s}{\omega_{41}}\right)+1} \tag{8.5.12}$$

于是从 E 点看

$$\frac{q_{\mathrm{E}}}{u_{\mathrm{i}}}=\frac{2k_{41}}{\left(\frac{s}{\omega_{41}}\right)^2+2\zeta_{41}\left(\frac{s}{\omega_{41}}\right)+1} \tag{8.5.13}$$

从 F 点看

$$\frac{q_{\mathrm{F}}}{u_{\mathrm{i}}}=\frac{2k_{21}}{\left(\frac{s}{\omega_{21}}\right)^2+2\zeta_{21}\left(\frac{s}{\omega_{21}}\right)+1} \tag{8.5.14}$$

由式(8.5.13)、式(8.5.14)及上述分析,系统处于"解耦"状态,可以单独激励起(4,1)次和(2,1)次模;而且这种工作状态也是稳定的,压力量程可以足够大。这就从原理上论证了双模态振动系统的可行性,同时也为设计双模态闭环自激系统提供了依据和方法。

下面采用等效的方法讨论双模态系统抑制某些干扰因素的问题。选定上述两个模态的频率比 γ 来实现测量压力。

由上述讨论知,当系统独立地以(4,1)次和(2,1)次模振动时,假定圆柱壳谐振子这时的

(4,1)次模和(2,1)次模提供的相移分别为 ϕ_{41}、ϕ_{21}，由式(8.2.22)可得到系统检测的振动角频率分别为

$$\omega_{41V}\approx\omega_{41}\left(1+\frac{1}{2Q_{41}\tan\phi_{41}}\right) \tag{8.5.15}$$

$$\omega_{21V}\approx\omega_{21}\left(1+\frac{1}{2Q_{21}\tan\phi_{21}}\right) \tag{8.5.16}$$

检测的频率比为

$$\gamma=\frac{\omega_{21V}}{\omega_{41V}}=\frac{\omega_{21}\left(1+\dfrac{1}{2Q_{21}\tan\phi_{21}}\right)}{\omega_{41}\left(1+\dfrac{1}{2Q_{41}\tan\phi_{41}}\right)}=\gamma_{\mathrm{n}}\beta \tag{8.5.17}$$

$$\gamma_{\mathrm{n}}=\frac{\omega_{21}}{\omega_{41}}$$

$$\beta=\frac{1+\dfrac{1}{2Q_{21}\tan\phi_{21}}}{1+\dfrac{1}{2Q_{41}\tan\phi_{41}}}\approx1+\frac{1}{2Q_{21}\tan\phi_{21}}-\frac{1}{2Q_{41}\tan\phi_{41}}$$

由式(8.5.15)、式(8.5.16)知，闭环系统的谐振频率含有两部分，即与圆柱壳有关的固有角频率 ω_{21}、ω_{41} 和与等效阻尼比(或 Q 值)及工作点(ϕ_{21}、ϕ_{41})有关的量。采用等效的方法是将引起谐振频率变化的环境因素等看成是圆柱壳的物理参数(弹性模量、泊松比、密度)的变化和系统等效阻尼比的变化。

由 6.7 节分析知，圆柱壳的固有频率与$\sqrt{E/\rho_m}$成比例，所以当 ρ_m 或 E 变化时，ω_{41}、ω_{21} 均变化较大，从而影响 ω_{41V}、ω_{21V}。但 ρ_m 不影响 γ_{n}，对弹性模量 E，γ_{n} 可以抑制由于 E 变化引起的误差。至于泊松比 μ 变化引起的误差，γ_{n} 没有抑制作用。所以有如下关系

$$\left|\frac{\Delta\omega_{41V}}{\omega_{41V}}\right|>\left|\frac{\Delta\gamma_{\mathrm{n}}}{\gamma_{\mathrm{n}}}\right| \tag{8.5.18}$$

再从闭环看，环境干扰因素的影响可以等效为 Q_{41}、Q_{21} 的变化。由式(8.5.17)知，在设计双模态系统时，总可以做到 $\tan\phi_{21}\ \tan\phi_{41}>0$，$(Q_{41}\tan\phi_{41})^{-1}$ 与 $(Q_{21}\tan\phi_{21})^{-1}$ 接近，所以有

$$\left|\frac{1}{2Q_{21}\tan\phi_{21}}-\frac{1}{2Q_{41}\tan\phi_{41}}\right|<\left|\frac{1}{2Q_{41}\tan\phi_{41}}\right| \tag{8.5.19}$$

γ 的变化率为

$$\alpha_1=\beta\frac{\Delta\gamma_{\mathrm{n}}}{\gamma_{\mathrm{n}}}+\Delta\beta \tag{8.5.20}$$

ω_{41V}的变化率为

$$\alpha_2=\left(1+\frac{1}{2Q_{41}\tan\phi_{41}}\right)\frac{\Delta\omega_{41}}{\omega_{41}}+\Delta\left(\frac{1}{2Q_{41}\tan\phi_{41}}\right) \tag{8.5.21}$$

由上面分析知

$$|\alpha_2|>|\alpha_1| \tag{8.5.22}$$

这表明，由(4,1)次和(2,1)次模组成的双模态系统的测量值 γ 的变化率要比(4,1)次模组成的单模态系统的测量值 ω_{41V}变化率小得多，即双模态谐振系统在闭环系统设计合理

时,可以抑制环境因素等引起的测量误差。

应当指出,由 6.7 节分析知,圆柱壳的(4,1)次模的固有频率对压力的灵敏度远远高于(2,1)次模,所以频率比 γ 的灵敏度也足够大。

表 8.5.1 给出由图 8.5.2 组成的一个双模态谐振筒式压力传感器的测量结果,壳体材料为 3J53,圆柱壳有效长度为 54 mm,直径 18 mm,壁厚 0.08 mm。

理论和实践证明,组成双模态传感器的两个模态,其谐振频率的范围应相差较大些为好。这是设计圆柱壳几何参数的主要依据。

表 8.5.1 (4,1)、(2,1)次模的输出周期值(μs)

(n,m) / $p(\times10^5\,\text{Pa})$	正行程		反行程	
	(2,1)	(4,1)	(2,1)	(4,1)
0	151.964	229.671	151.960	229.674
0.2	151.707	222.973	151.705	222.970
0.4	151.473	216.709	151.468	216.712
0.6	151.234	210.895	151.231	210.891
0.8	150.971	206.837	150.973	206.831
1.0	150.837	201.045	150.840	201.038
1.2	150.628	196.511	150.626	196.505
1.4	150.340	192.123	150.341	192.119
1.6	150.133	188.604	150.135	188.599
1.8	149.958	184.379	149.959	184.385
2.0	149.705	180.971	149.707	180.976
2.2	149.457	177.764	149.456	177.760

8.6 石英振梁式加速度传感器 》》》

8.6.1 基本结构

如图 8.6.1 所示为石英振梁式加速度传感器,其结构包括石英谐振敏感元件、挠性支承、敏感质量、测频电路等。敏感质量块由精密挠性支承约束,使其具有单自由度。用挤压膜阻尼间隙作为超量程时对质量块的进一步约束,还用作机械冲击限位,以保护晶体免受过压而损坏。该开环结构是一种典型的二阶机械系统。石英振梁式加速度传感器中的谐振敏感元件采用双端固定调谐音叉结构。其主要优点有:两个音叉臂在其结合处所产生的应力和力矩相互抵消,从而使整个谐振敏感元件在振动时具有自解耦的特性,对周围的结构无明显的反作用力,谐振敏感元件的能耗可忽略不计。

当有加速度输入时,在敏感质量块上产生惯性力,该惯性力按照机械力学中的杠杆原理,把质量块上的惯性力放大 N 倍。放大了的惯性力作用在梁谐振敏感元件的轴线方向(长度方向)上,使梁谐振敏感元件的频率发生变化。一个石英谐振敏感元件受到轴线方向拉力,其谐振频率升高;而另一个石英谐振敏感元件受到轴线方向压力,其谐振频率降低。石

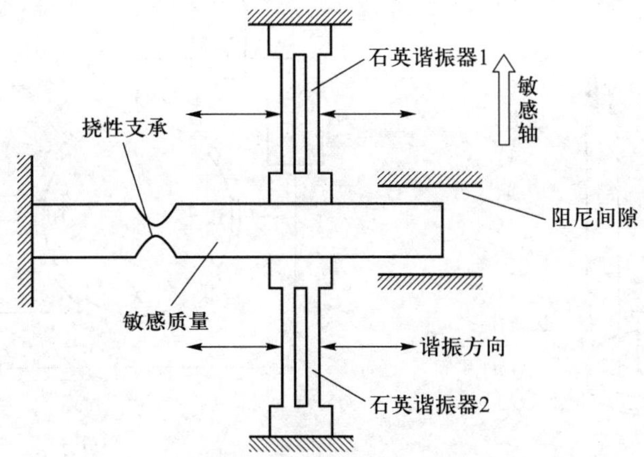

图 8.6.1 石英振梁式加速度传感器的原理示意图

英振梁谐振器在内部的振荡器电子线路的驱动下,梁敏感元件发生谐振。在测频电路中对上述两个输出信号进行补偿与计算,就可以解算出被测加速度。

由于图 8.6.1 所示的石英振梁式加速度传感器为差动检测结构,所以该谐振式加速度传感器具有对共模干扰,如温度、随机干扰振动等对传感器的影响具有很好的抑制作用。

8.6.2 特性方程

石英振梁加速度传感器的工作原理可以描述为

$$\Delta f = K_f f_0^2 F_a \tag{8.6.1}$$
$$F_a = -ma$$

式中 f_0——石英谐振敏感元件的初始频率(Hz),与谐波次数、敏感元件材料、结构参数,外壳材料、结构参数等有关;

Δf——石英谐振敏感元件的频率改变量(Hz);

K_f——与谐波次数、谐振敏感元件材料、结构参数,外壳材料、结构参数等有关的修正系数;

F_a——由被测加速度与敏感质量块引起的惯性力,与被测加速度反方向。

当作用于石英谐振敏感元件上的惯性力的值为正时,石英谐振敏感元件受拉伸,谐振频率增加;当惯性力的值为负时,石英谐振敏感元件受压缩,谐振频率减小。

8.7 谐振式角速度传感器

谐振式角速度传感器(即谐振陀螺)是一种典型的敏感幅值(比)的谐振式传感器。20 世纪 70 年代以前,这类传感器的敏感元件多采用振弦、调谐音叉等,实用价值较小。近年来,采用圆柱壳或半球壳作为敏感元件的谐振式角速度传感器得到很大发展,受到有关应用领域的极大重视。

8.7.1 压电激励谐振式圆柱壳角速度传感器

图 8.7.1、图 8.7.2 分别给出了电激励谐振式角速度传感器的结构示意图和闭环结构原理

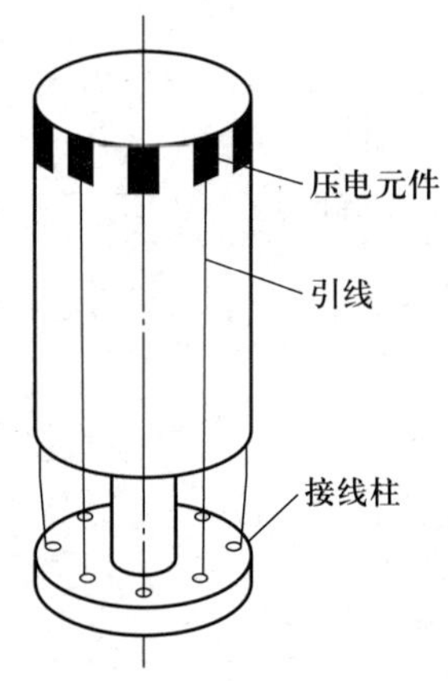

图 8.7.1 谐振式圆柱壳角速度传感器机构示意图

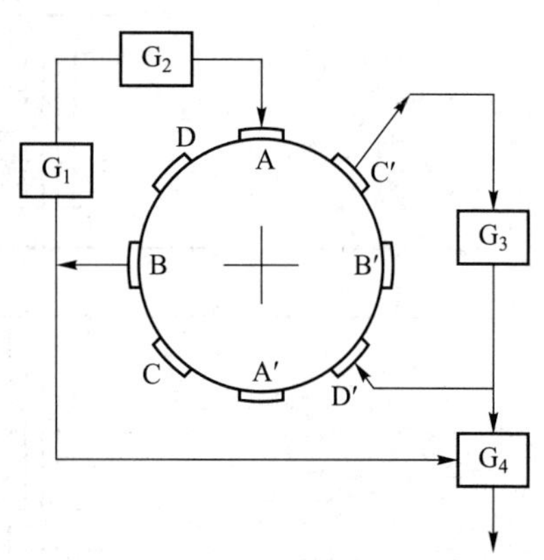

图 8.7.2 圆柱壳角速度传感器闭环结构原理图

图。它采用顶端开口的圆柱壳为敏感元件,A、D、C、B、A′、D′、B′、C′为在开口端环向均布的 8 个压电换能元件。图 8.7.2 给出了两个独立的回路。其中由 B 测到的信号经锁相环 G_1,低通滤波器 G_2,送到 A 构成的回路,称为维持谐振子振动的激励回路;由 C′检测到的信号经带通滤波器 G_3 送到 D′的回路,称为测量的阻尼回路。由 B 和 C′得到的两路信号经鉴相器 G_4 可解算出绕圆柱壳中心轴的旋转角速度,并可断明方向。

顶端开口的圆柱壳自由振动的分析详见 6.8 节。其运动方程可简写为

$$\boldsymbol{L}\boldsymbol{V}=0 \tag{8.7.1}$$

$$\boldsymbol{V}=[u\ v\ w]^{\mathrm{T}}$$

式中 $\boldsymbol{L}$——3×3 的算子矩阵。

对于环向波数为 n 的对称振型,即取

$$\left.\begin{aligned}u&=A\cos n\theta\sin\omega t\\v&=B\sin n\theta\sin\omega t\\w&=C\cos n\theta\sin\omega t\end{aligned}\right\} \tag{8.7.2}$$

式中 ω——壳体振动相应振型的振动角频率,rad/s,为壳体固有的物理特性。

这类传感器的特点是有等效的合成谐振力作用于壳体的固定点上,因此在实际振动问题中考虑到阻尼的影响和外界等效激励力的作用,式(8.7.1)可写为

$$(\boldsymbol{L}+\boldsymbol{L}_{\mathrm{d}})\boldsymbol{V}=\boldsymbol{F} \tag{8.7.3}$$

$$\boldsymbol{F}=[f_u\quad f_v\quad f_w]^{\mathrm{T}}$$

$$\boldsymbol{L}_{\mathrm{d}}=\begin{bmatrix}\beta_{uu}&\beta_{uv}&\beta_{uw}\\\beta_{vu}&\beta_{vv}&\beta_{vw}\\\beta_{wu}&\beta_{wv}&\beta_{ww}\end{bmatrix}\frac{\partial}{\partial t}$$

式中 β_{ij}——等效的阻尼比($i,j=u,v,w$);

f_u,f_v,f_w——在轴线、环线、法线三个方向上的等效激励力,N。

对于式(8.7.3)的求解十分困难,考虑到实际问题的物理意义,式(8.7.3)在时域的稳态解为

$$
\left.\begin{aligned}
u_0 &= A\cos\ n\theta\sin\ \omega_v t \\
v_0 &= B\sin\ n\theta\sin\ \omega_v t \\
w_0 &= C\cos\ n\theta\sin\ \omega_v t
\end{aligned}\right\} \tag{8.7.4}
$$

式中 ω_v——构成系统时壳体的振动角频率,rad/s,不同于式(8.7.2)中的谐振角频率。

于是可以将式(8.7.3)写成等效的时域解耦形式

$$
\boldsymbol{L}_{\mathrm{e}}\boldsymbol{V} = \boldsymbol{F} \tag{8.7.5}
$$

$$
\boldsymbol{L}_{\mathrm{e}} = G(t)\boldsymbol{I}_3
$$

$$
G(t) = \frac{\partial^2}{\partial t^2} + \frac{\omega_v}{Q}\frac{\partial}{t} + \omega_v^2
$$

式中 $\boldsymbol{I}_3$——3×3 单位矩阵;

Q——所考虑的弯曲振动的等效品质因数,它在 u、v、w 三个方向上的等效值是相同的。

式(8.7.5)在复频域的解为

$$
\left.\begin{aligned}
u_0(s) &= \frac{f_u(s)}{G(s)} \\
v_0(s) &= \frac{f_v(s)}{G(s)} \\
w_0(s) &= \frac{f_w(s)}{G(s)}
\end{aligned}\right\} \tag{8.7.6}
$$

$$
G(s) = s^2 + \frac{\omega_v}{Q}s + \omega_v^2
$$

显然,式(8.7.6)在时域的稳态解的表达式为式(8.7.4)。

当壳体以任意角速度 $\boldsymbol{\Omega} = \boldsymbol{\Omega}_x + \boldsymbol{\Omega}_{yz}$ 旋转时,(如图 8.7.3 所示),在 Ω 旋转的动坐标系中建立动力学方程,引入由 Ω 产生的惯性力

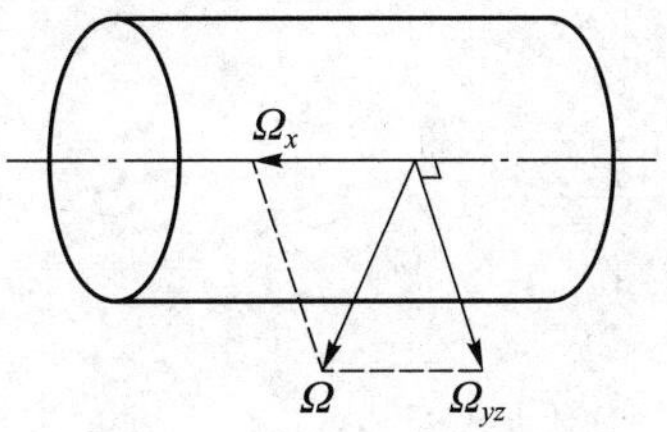

图 8.7.3 圆柱壳以任意角速度 $\boldsymbol{\Omega} = \boldsymbol{\Omega}_x + \boldsymbol{\Omega}_{yz}$ 旋转示意图

$$
F = F_0 + F_v \tag{8.7.7}
$$

$$
F_0 = \rho_m hr\mathrm{d}s_1\mathrm{d}\theta\left[r\left(\Omega_x^2 + \frac{1}{2}\Omega_{yz}^2\right)\boldsymbol{e}_\rho - r\dot{\Omega}_x\ \boldsymbol{e}_\theta - s_1\Omega_{yz}^2\boldsymbol{e}_s\right] \tag{8.7.8}
$$

$$
\begin{aligned}
F_v = \rho_m hr\mathrm{d}s_1\mathrm{d}\theta\Bigg\{&\left[w\left(\Omega_x^2 + \frac{1}{2}\Omega_{yz}^2\right) + v\dot{\Omega}_x + 2\Omega_x\frac{\partial v}{\partial t}\right]\boldsymbol{e}_\rho + \\
&\left[-2\Omega_x\frac{\partial w}{\partial t} - w\dot{\Omega}_x + v\left(\Omega_x^2 + \frac{1}{2}\Omega_{yz}^2\right)\right]\boldsymbol{e}_\theta + u\Omega_{yz}^2\boldsymbol{e}_s\Bigg\}
\end{aligned} \tag{8.7.9}
$$

式中 s_1——壳体轴线方向的坐标;

其他符号与 6.7 节和 6.8 节的相同。

与 u、v、w 无关的 F_0 将引起壳体的初始应变能,影响壳体的谐振角频率 ω,故可略去 F_0,于是壳体振动的动力学方程可以写为

$$\left.\begin{aligned}&\frac{\partial^2 u}{\partial t^2}+\frac{\omega}{Q}\frac{\partial u}{\partial t}+(\omega^2-\Omega_{yz}^2)u=f_u\\&\frac{\partial^2 v}{\partial t^2}+\frac{\omega}{Q}\frac{\partial v}{\partial t}+\left(\omega^2-\Omega_x^2-\frac{1}{2}\Omega_{yz}^2\right)v+2\Omega_x\frac{\partial w}{\partial t}+w\dot{\Omega}_x=f_v\\&\frac{\partial^2 w}{\partial t^2}+\frac{\omega}{Q}\frac{\partial w}{\partial t}+\left(\omega^2-\Omega_x^2-\frac{1}{2}\Omega_{yz}^2\right)w-2\Omega_x\frac{\partial v}{\partial t}-v\dot{\Omega}_x=f_w\end{aligned}\right\}\tag{8.7.10}$$

考查式(8.7.10)的第一式,它仍为解耦形式,故着重讨论相互耦合着的第二、三式,即有

$$\begin{bmatrix}v(s)\\w(s)\end{bmatrix}=\frac{1}{D}\begin{bmatrix}s^2+\frac{\omega}{Q}s+\omega_0^2 & -2\Omega_x s-\dot{\Omega}_x\\2\Omega_x s+\dot{\Omega}_x & s^2+\frac{\omega}{Q}s+\omega_0^2\end{bmatrix}\begin{bmatrix}f_v(s)\\f_w(s)\end{bmatrix}\tag{8.7.11}$$

$$D=\left(s^2+\frac{\omega}{Q}s+\omega_0^2\right)^2+(2\Omega_x s+\dot{\Omega}_x)^2\tag{8.7.12}$$

$$\omega_0^2=\omega^2-\Omega_x^2-\frac{1}{2}\Omega_{yz}^2\tag{8.7.13}$$

由于 $\Omega_x^2+\frac{1}{2}\Omega_{yz}^2\gg\omega^2,\omega^4\gg(\dot{\Omega}_x)^2$,故式(8.7.12)的常数项决定着壳体的谐振角频率,设这时的谐振角频率为 $\omega(\Omega)$,则有

$$\omega^4(\Omega)=\omega_0^4+\dot{\Omega}_x^2\tag{8.7.14}$$

由式(8.7.13)、式(8.7.14)可得 Ω_x、Ω_{yz}、$\dot{\Omega}_x$ 对谐振角频率 $\omega(\Omega)$ 产生的变化率分别为

$$\alpha(\Omega_x)=\frac{\Omega_x}{\omega}\tag{8.7.15}$$

$$\alpha(\Omega_{yz})=\frac{\Omega_{yz}}{2\omega}\tag{8.7.16}$$

$$\alpha(\dot{\Omega}_x)=\frac{\dot{\Omega}_x}{2\omega^3}\tag{8.7.17}$$

在通常意义下,$\omega\geqslant2\pi\times1\ 000$ rad/s,$\Omega\leqslant2\pi$rad/s,且 $\dot{\Omega}_x$ 也很小,则由式(8.7.15)~式(8.7.17)可得 $\alpha(\Omega_x)$、$\alpha(\Omega_{yz})$、$\alpha(\dot{\Omega}_x)$ 均很小,于是式(8.7.11)可写为

$$\begin{bmatrix}v(s)\\w(s)\end{bmatrix}=\frac{1}{G^2(s)}\begin{bmatrix}s^2+\frac{\omega}{Q}s+\omega^2 & -2\Omega_x s-\dot{\Omega}_x\\2\Omega_x s+\dot{\Omega}_x & s^2+\frac{\omega}{Q}s+\omega^2\end{bmatrix}\begin{bmatrix}f_v(s)\\f_w(s)\end{bmatrix}\tag{8.7.18}$$

$$v(s)=v_0(s)-P_v(s)\tag{8.7.19}$$

$$\begin{aligned}P_v(s)&=\frac{2\Omega_x s+\dot{\Omega}_x}{s^2+\frac{\omega}{Q}s+\omega^2}w_0(s)=\frac{2\Omega_x s+\dot{\Omega}_x}{s^2+\frac{\omega}{Q}s+\omega^2}\cdot\frac{\omega_v^2}{s^2+\omega_v^2}C\cos n\theta\\&=P_{vs}(s)+P_{vi}(s)\end{aligned}\tag{8.7.20}$$

式中 $P_{vs}(s)$、$P_{vi}(s)$——$P_v(s)$的稳态解和瞬态解。

经推导有

$$P_{vs}(s)=\frac{\omega_v^2(L_1s+L_2)}{s^2+\omega_v^2}C\cos n\theta \tag{8.7.21}$$

$$P_{vi}(s)=\frac{\omega_v^2(L_3s+L_4)}{s^2+\frac{\omega}{Q}s+\omega^2}C\cos n\theta \tag{8.7.22}$$

$$\left.\begin{aligned}
&L_1=\frac{2\Omega_x(\omega^2-\omega_v^2)-\dot{\Omega}_x\frac{\omega}{Q}}{(\omega^2-\omega_v^2)^2+\frac{\omega^2\omega_v^2}{Q^2}}\\
&L_2=\frac{2\Omega_x\omega\frac{\omega_v^2}{Q}+\dot{\Omega}_x(\omega^2-\omega_v^2)}{(\omega^2-\omega_v^2)^2+\frac{\omega^2\omega_v^2}{Q^2}}\\
&L_3=-L_1\\
&L_4=\frac{1}{\omega_v^2}(\dot{\Omega}_x-L_2\omega^2)
\end{aligned}\right\} \tag{8.7.23}$$

于是在时域的稳态解为

$$P_{vs}(t)=KC\cos n\theta\sin(\omega_vt+\phi) \tag{8.7.24}$$

$$K=\frac{2\Omega_xQ}{\omega}\left[\frac{1+\frac{\dot{\Omega}_x^2}{4\Omega_x^2\omega_v^2}}{1+\frac{\omega^2-\omega_v^2}{\omega^2\omega_v^2}}\right] \tag{8.7.25}$$

$$\left.\begin{aligned}
&\phi=\arctan\frac{2\Omega_x\omega_v}{\dot{\Omega}_x}-\phi_1\\
&\phi_1=\begin{cases}\arctan\dfrac{\omega\omega_v}{(\omega^2-\omega_v^2)Q} & (\omega\geqslant\omega_v)\\[2ex] \pi-\arctan\dfrac{\omega\omega_v}{(\omega_v^2-\omega^2)Q} & (\omega<\omega_v)\end{cases}
\end{aligned}\right\} \tag{8.7.26}$$

依上述分析,可得在 v、w 两方向的稳态解为

$$\left.\begin{aligned}
v&=B\sin n\theta\sin\omega_vt-KC\cos n\theta\sin(\omega_vt+\phi)\\
w&=C\cos n\theta\sin\omega_vt+KB\sin n\theta\sin(\omega_vt+\phi)
\end{aligned}\right\} \tag{8.7.27}$$

由式(8.7.10)和式(8.7.27)看出:在这种角速度传感器中,圆柱壳轴线方向的振型基本保持不变,环线方向和切线方向的振型在原有对称振型的基础上,产生了由哥氏效应引起的附加的"反对称振型"。"反对称振型"量基本上正比于 Ω_x,从动坐标系来看,振型只出现较小的偏移,不出现持续的进动。其原因是有等效的激励力作用于壳体的固定点上。当采用压电陶瓷作为换能元件,在壳体振动振型的波节处检测时有

$$q=\frac{KA_0d_{31}E(nC+B)}{[r(1-\mu)]\sin(\omega_vt+\phi)} \tag{8.7.28}$$

式中 A_0、d_{31}——压电陶瓷元件的电荷分布的面积(m^2)和压电常数(C/N);

r——圆柱壳的中柱面半径,m。

由式(8.7.25)和式(8.7.28)知:

(1) 检测信号 q 与 Ω_x 成正比,与谐振子的振幅成正比。所以直接检测 q 便可以求得 Ω_x。为消除闭环系统激励能量变化引起的振幅变化对测量结果的影响,在实际解算中可以采用"波节处"振幅与"波腹处"振幅之比的方式确定 Ω_x。

(2) 检测信号 q 与被测角速度的变化率 $\dot{\Omega}_x$(角加速度)有关,因此对于该类谐振式角速度传感器而言,在动态测量过程中,应考虑其测量误差。

8.7.2 静电激励半球谐振式角速度传感器

图 8.7.4 给出了半球谐振式角速度传感器(半球谐振陀螺 HRG, hemispherical resonator Gyro)的结构示意图。其敏感元件是熔凝石英制成的开口半球壳,实现测量的机理基于壳体振型的进动特性,详见 6.9 节。

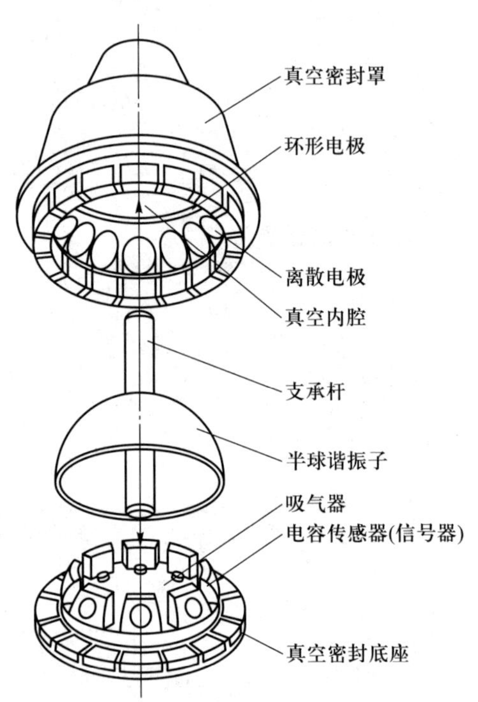

图 8.7.4 半球谐振陀螺的结构示意图

半球谐振陀螺的主要部件包括吸气器、真空密封底座、信号器、半球谐振子、发力器和真空密封罩。吸气器的作用是把真空壳体内的残余气体分子吸收掉。密封底座上装有连接内外导线的密封绝缘子;采用真空密封的目的是减小空气阻尼,提高 Q 值,使其工作时间常数提高(已做到长达 27 min)。信号器有 8 个电容信号拾取元件,用来拾取并确定谐振子振荡图案的位置,给出壳体绕中心轴转过的角度,进而利用半球壳振型的进动特性确定壳体转过的角信息。半球谐振子是陀螺的核心部件,支悬于中心支承杆上,而中心支撑杆两端由发力器和信号器牢固夹紧,以减小支承结构的有害耦合;此外要精修半球壳周边上的槽口,以使谐振子达到动平衡,使谐振子在各个方向具有等幅振荡,且对外界干扰不敏感。发力器包括环形电极构成的发力器,它产生方波电压以维持谐振子的振幅为常值,补充阻尼消耗的能量;还有 16 个离散电极,它们等距分布,控制着振荡图案,抑制住四波腹中不符合要求的振型(主要是正交振动)。为了提高谐振子的品质因数 Q 值,并使之对温度变化不敏感,谐振子、发力器、信号器均由熔凝石英制成,并用铟连于一起;谐振子上镀有薄薄的铬,发力器、信号器表面镀金。

由半球谐振陀螺的测量原理可知,要构成半球谐振陀螺的闭环系统,首要的是使半球谐振子在环向处于等幅的"自由谐振"状态。而实际中,谐振子振动时总存在着阻尼,要使其持续不断地振动,外界必须不断地对其补充能量,当激励力等效地作用于谐振子振型的"瞬时"波腹上,且能量补充与振动合拍,就可以实现上面所说的谐振子的"自由谐振"。当然,这不是典型物理意义上的自由谐振,这里称之为"准自由谐振状态"。

依上面讨论,可给出如图 8.7.5 所示的半球谐振陀螺闭环系统原理图。图中 C_1、S_1 为检测谐振子振型的位移传感器，增益均为 G_d；C_2、S_2 为作用于谐振子上的激励源，对谐振子产生的同频率激励力的等效增益均为 G_f；设谐振子是均匀对称的，在环向的各个方向具有相等的振幅，回路放大环节为 KC、KS，具有相等的幅值增益 G_K；C_1、C_2 位于壳体环向的同一 θ_C，S_1、S_2 位于谐振子环向的同一 θ_S，θ_C、θ_S 在环向相差 1/4 波数，即

$$\theta_S-\theta_C=\frac{\pi}{2n} \tag{8.7.29}$$

式中　n——环向波数。

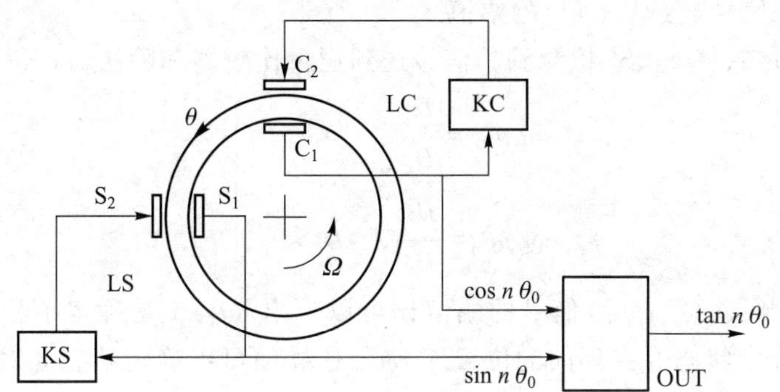

图 8.7.5　半球谐振陀螺闭环系统原理图

处于自激状态的谐振子，其环向波数为 n 的法线方向的振型为

$$w(\theta,t)=W_0\cos n(\theta-\theta_0)\cos \omega t \tag{8.7.30}$$

依上述假设 C_1、S_1 检测到的位移为

$$\left.\begin{aligned} x_C(t)&=G_dW_0\cos(\theta_C-\theta_0)\cos \omega t\\ x_S(t)&=G_dW_0\cos(\theta_S-\theta_0)\cos \omega t\end{aligned}\right\} \tag{8.7.31}$$

信号 $x_C(t)$、$x_S(t)$ 经放大环节 KC、KS 送到激励源 C_2、S_2 产生的激励力分别为

$$\left.\begin{aligned} F_C(t)&=G_KG_fx_C(t)\delta(\theta-\theta_C)\\ F_S(t)&=G_KG_fx_S(t)\delta(\theta-\theta_S)\end{aligned}\right\} \tag{8.7.32}$$

依叠加原理，在 $F_C(t)$、$F_S(t)$ 作用下，谐振子产生的振型正比于

$$\begin{aligned}\overline{w}(\theta,t)=G\{[&\cos^2 n(\theta_C-\theta_0)+\cos^2 n(\theta_S-\theta_0)]\cos n(\theta-\theta_0)+\\ &\sin n(\theta_S+\theta_C-2\theta_0)\cos n(\theta_S-\theta_0)\sin n(\theta_C-\theta_0)\}\cos \omega t\end{aligned} \tag{8.7.33}$$

$$G_T=G_KG_fG_dW_0$$

将式(8.7.29)代入式(8.7.33)有

$$\overline{w}(\theta,t)=G_T\cos(\theta-\theta_0)\cos \omega t \tag{8.7.34}$$

于是在上述闭环控制下，系统可跟踪谐振子原有振型 $\cos(\theta-\theta_0)$，即可实现谐振子的“准自由谐振状态”。

对于图 8.7.5 所示的闭环系统，不失一般性，取 $\theta_C=0,\theta_S=\dfrac{\pi}{2n}$，下面考虑两个不同的振动状态。

状态Ⅰ：环向振型为 $\cos n(\theta-\theta_0)\left(0\leqslant n\theta_0\leqslant\dfrac{\pi}{2}\right)$。由于壳体处于“准自由谐振状态”，因此当谐振子绕惯性空间转过 ψ_1 角时，环向振型相对于谐振子转了 ψ 角，记为状态Ⅱ，环向振

型为 $\cos n(\theta-\theta_0-\psi)$[设 $0\leqslant n(\theta_0+\psi)\leqslant\frac{\pi}{2}$,否则可利用三角函数的性质和逻辑比较进行变换]。

对于状态 Ⅰ,由 C_1、S_1 检测到的信号为

$$\left.\begin{aligned}x_C(t)&=G_dW_0\cos n\theta_0\cos\omega t=D_C\cos\omega t\\x_S(t)&=G_dW_0\cos n\left(\frac{\pi}{2n}-\theta_0\right)\cos\omega t=D_S\cos\omega t\end{aligned}\right\}\tag{8.7.35}$$

式中 D_C、D_S——信号 $x_C(t)$、$x_S(t)$ 的幅值。

由式(8.7.35)知,将 C_1、S_1 检测到的信号送到逻辑比较器和除法器可得

$$\left.\begin{aligned}\tan n\theta_0&=\frac{D_S}{D_C},\quad D_S\leqslant D_C\\\cot n\theta_0&=\frac{D_C}{D_S},\quad D_S>D_C\end{aligned}\right\}\tag{8.7.36}$$

从而通过检测 $x_S(t)$、$x_C(t)$ 信号的幅值比可以求出 $n\theta_0$,于是确定了状态 Ⅰ 的环向位置 θ_0,类似地,可以确定状态 Ⅱ 在环向的位置 $\theta_0+\psi$。这样便可以确定状态 Ⅱ 对状态 Ⅰ 产生的环向振型的角位移 ψ。由振动相对谐振子的进动规律知:壳体(谐振子)绕惯性空间转过的角位移 $\psi_1=\frac{\psi}{K}$,所以,通过闭环系统(见图 8.7.5)实现了测角,对 ψ_1 微分便可以实现角速度的测量。

图 8.7.5 所示闭环系统是利用两个独立信号器和两个独立的激励源实现的。在实际中,一方面为了提高测量精度,可配置多个信号器来拾取振动信号;另一方面,为使谐振子处于理想的振动状态,仅出现所需要的环向波数 n 的振型,可配置多个激励源,如对于常用的 $n=2$ 的四波腹振动,可配置 8 个独立的信号器,16 个独立的激励源。

图 8.7.6 给出了检测两路同频率周期信号幅值比的原理图。设计思想是:首先对 $x_S(t)$、$x_C(t)$ 进行整流,产生经整流后的半波正弦脉冲串;将这些脉冲串分别供给积分器,并保持积分器接近平衡,在给定的计算机采样周期结束时,幅值较大的脉冲数量与幅值较小的脉冲数量之比,可粗略看成信号幅值之比;同时,积分器在采样周期结束时的失衡信息提供了精确计算所需的附加信息。

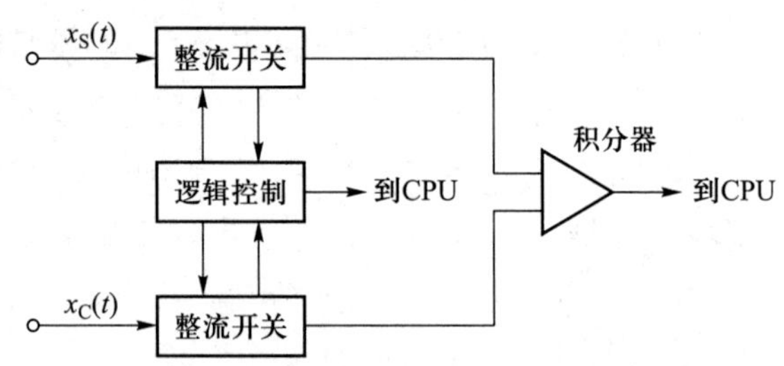

图 8.7.6 半球谐振陀螺信号检测系统原理图

对应 θ_S 检测到的信号 $x_S(t)$ 经全波整流后被送入积分器,见图 8.7.7(a)。假定积分从时刻 $t=0$ 开始,该时刻波形正好过零点,在时刻 t_1 积分结束,其中完整半波的个数为 N_S,最后不足一个半波的时间小间隔为 $M_S=t_1-\frac{T}{2}N_S$,于是积分值为

$$\begin{aligned}A_S&=\frac{1}{\tau}\int_0^{t_1}|x_S(t)|\mathrm{d}t=\frac{1}{\tau}\left[D_SN_S\int_0^{\frac{T}{2}}\sin\omega t\mathrm{d}t+D_S\int_0^{M_S}\sin\omega t\mathrm{d}t\right]\\&=\frac{2D_S}{\pi\tau}\left[\frac{T}{2}N_S+B(T,M_S)\right]\end{aligned}\tag{8.7.37}$$

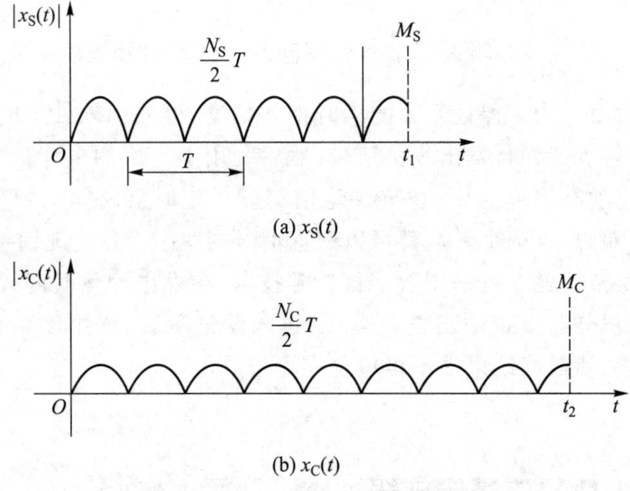

(a) $x_S(t)$

(b) $x_C(t)$

图 8.7.7 整形后信号示意图

$$B(T,M_S)=\frac{T}{4}\left(1-\cos\frac{2\pi M_S}{T}\right) \tag{8.7.38}$$

式中 τ——积分器的时间常数,s;

T——信号的周期,s。

由式(8.7.37)知,积分值 A_S 主要与前 N_S 个半波的时间有关,另一项 $B(T,M_S)$ 小量正是前面指出的失衡时的附加信息。在实际计算中,由于振动信号的周期 T 是个确定的常量,$B(T,M_S)$ 可以通过分段插值获得,即给定一个 M_S,可"查出"一个对应的 $B(T,M_S)$ 值。

类似地,可以给出 $x_C(t)$ 经整形、积分后的值[参见图 8.7.7(b)]为

$$A_C=\frac{2D_C}{\pi\tau}\left[\frac{T}{2}N_C+B(T,M_C)\right] \tag{8.7.39}$$

由式(8.7.37)、式(8.7.39)得

$$\frac{D_S}{D_C}=\frac{A_S\left[\frac{T}{2}N_C+B(T,M_S)\right]}{A_C\left[\frac{T}{2}N_S+B(T,M_C)\right]} \tag{8.7.40}$$

式(8.7.40)是图 8.7.6 检测两周期信号幅值比方案的数学模型。只要测出 A_S、A_C、N_S、N_C,M_S、M_C、T 七个参数就可以得到两路信号的幅值比。其中 A_S、A_C 通过 A/D 转换得到数字量,另外五个本身就是数字量,所以通过对数字量的测量,就可以得到幅值比的测量值。

该方案的优点是:把幅值的测量间接转换成时间间隔的测量和两个直流电信号的 A/D 转换,便可以获得高精度;其次,由上面的理论分析知,该方法不必要求两路信号精确同相位;对某些非严格正弦波、相位误差、随机干扰具有一定的抑制性;再就是可进行连续测量,实时性好。

应当指出,在设计硬件和软件时,还应考虑以下几个实际问题:

(1) 两路信号幅值大小的比较。为的是在测量解算 ψ 角时提高精度,已由式(8.7.36)反映出来。

(2) 2ψ 角的象限问题。可通过判断 $x_S(t)$、$x_C(t)$ 是同相,还是反相,以及 $x_S(t)$、$x_C(t)$ 上

一次采样的状态来定。

(3) 接近 0°、45°$\left(0,\frac{\pi}{4}\right)$等附近的信号处理问题。这时信号幅值小的一路可能积很长时间也难达到预定参数值。为了保证系统的实时性和精度,可采用软件定时中断的技术,规定某一时间到达后,不再等待强行发出复位信号;然后利用上一次的采样信息和本次的采样信息进行解算。为提高动态解算品质,积分预定值与软件定时器时间参数值均采用动态确定法,即每一个测量周期内,这两个参数都可以根据信号的实际变化情况而被赋予 CPU。

(4) 测量零位误差问题。可采用数字自校零技术,在发出测量时间控制信号以前,安插一校零阶段,检测出积分器模拟输出偏差电压;进入测量阶段后,用该误差电压去补偿正在发生影响的误差因素,使最终结果中不再包含零点偏差值。

8.8 谐振式直接质量流量传感器 »»

基于科里奥利效应(Coriolis effect)的谐振式直接质量流量传感器自 20 世纪 70 年代问世以来,因其可以直接测量质量流量和密度受到人们的重视,并已在一些工业领域得到应用。目前国外有多家大公司,如美国的 Rosemount、Fisher,德国的 Krohne、Reuther 和日本的东机等研制出多种结构形式测量管的谐振式直接质量流量传感器,精度已达到 0.1%,主要用于石油、化工以及机场地面测试系统等。国内从 20 世纪 80 年代末开始研制谐振式直接质量流量传感器,也推出了一些产品,性能指标也达到了国外产品的水平,在一些应用领域获得了成功的应用。本节以图 8.8.1 所示的 U 形管式质量流量传感器进行讨论。

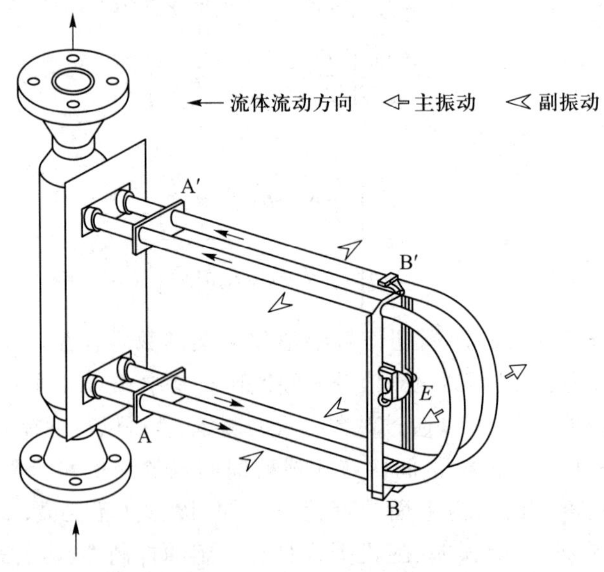

图 8.8.1 U 形管式谐振式直接质量流量传感器结构示意图

B、B′——测量元件;E—激励元件

8.8.1 结构与工作原理

图 8.8.1 中,该传感器的谐振敏感结构为一对完全对称的 U 形管,其根部通过定距板固

连在底板上,悬臂端通过弹性支撑连在一起;设置于弹性支撑上的激励单元 E 使这对平行的 U 形管作一阶弯曲主振动,建立谐振式传感器的工作点。当管内流过质量流量时,由于科氏效应的作用,使 U 形管产生关于中心对称轴的一阶扭转"副振动"。该一阶扭转"副振动"相当于 U 形管自身的二阶弯曲振动(参见图 8.8.2)。同时,该"副振动"直接与所流过的"质量流量"成比例。因此,通过 B、B′测量元件检测 U 形管的"合成振动",就可以直接得到流体的质量流量。

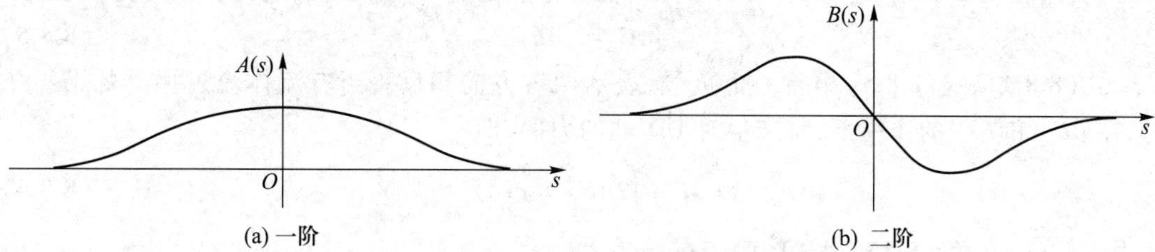

图 8.8.2 U 形管一、二阶弯曲振动振形示意图

图 8.8.3 为 U 形管质量流量传感器的数学模型。当管中无流体流动时,谐振子在激励器的激励下,产生绕 CC′轴的弯曲主振动,其位移与速度分别为

$$x(s,t)=A(s)\sin\omega t \tag{8.8.1}$$

$$v_1(s,t)=A(s)\omega\cos\omega t \tag{8.8.2}$$

式中 ω——系统的主振动角频率(rad/s),由包括弹性弯管、弹性支承在内的谐振敏感结构决定;

$A(s)$——对应于 ω 的主振型;

s——沿管子轴线方向的曲线坐标。

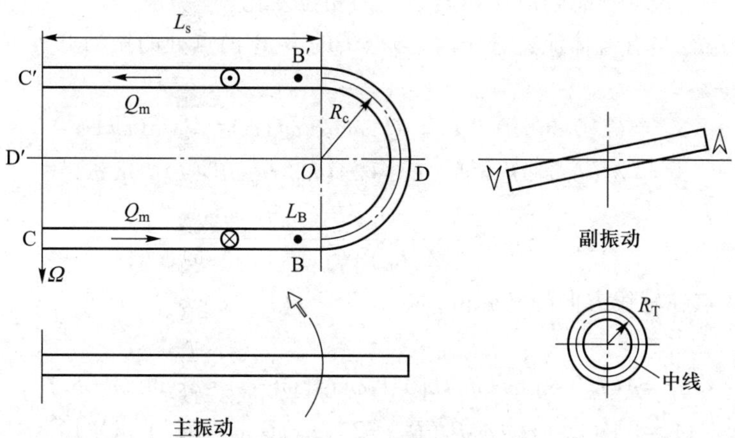

图 8.8.3 U 形管式谐振式直接质量流量传感器数学模型

管子的振动可以看成绕 CC′轴的周期性的转动,转动角速度为

$$\Omega(s,t)=\frac{v_1(s,t)}{R(s,t)}=\frac{A(s)}{R(s,t)}\omega\cos\omega t \tag{8.8.3}$$

式中 $R(s,t)$——管子上任一点到等效 CC′轴的距离,m。

以速度 $\boldsymbol{v}$ 在管中流动的流体,可以看成在转动的坐标系中同时伴随着相对线运动,于是便产生了科氏加速度。科氏加速度引起科氏惯性力。当弹性弯管向正向振动时,在 CBD 段,

ds 微段上所受的科氏力为

$$\mathrm{d}\boldsymbol{F}_\mathrm{C}=-\boldsymbol{a}_\mathrm{C}\mathrm{d}m=-2\boldsymbol{\Omega}(s)\times\boldsymbol{v}\mathrm{d}m=-2Q_\mathrm{m}\omega\cos\alpha\cos\omega t\frac{A(s)}{R(s,t)}\mathrm{d}s\boldsymbol{n} \tag{8.8.4}$$

式中 Q_m——流体流过管子的质量流量(kg/s)；

α——流体的速度方向与 DD′轴的夹角(图 8.8.3 中未给出)；

$\boldsymbol{n}$——垂直于 U 形管平面的外法线方向的单位矢量。

同样，在 C′B′D 段，与 CBD 段关于 DD′轴对称点处的 ds 微段上所受的科氏力为

$$\mathrm{d}\boldsymbol{F}'_\mathrm{C}=-\mathrm{d}\boldsymbol{F}_\mathrm{C} \tag{8.8.5}$$

式(8.8.4)、式(8.8.5)相差一个负号，表示两者方向相反。当有流体流过振动的谐振子时，在 $\mathrm{d}\boldsymbol{F}_\mathrm{C}$ 和 $\mathrm{d}\boldsymbol{F}'_\mathrm{C}$的作用下，将产生对 DD′轴的力偶，即

$$\boldsymbol{M}=\int 2\mathrm{d}\boldsymbol{F}_\mathrm{C}\times\boldsymbol{r}(s) \tag{8.8.6}$$

式中 $\boldsymbol{r}(s)$——微元体到轴 DD′的距离，m。

由式(8.8.4)、式(8.8.6)得

$$M=2Q_\mathrm{m}\omega\cos\alpha\cos\omega t\int\frac{A(s)r(s)}{R(s,t)}\mathrm{d}s \tag{8.8.7}$$

式中 Q_m——流体流过管子的质量流量，kg/s。

科氏效应引起的力偶将使谐振子产生一个绕 DD′轴的扭转运动。相对于谐振子的主振动而言，它称为“副振动”，其稳态响应可描述为

$$x_2(s,t)=B(s)\cos(\omega t+\phi)=B_2(s)Q_m\omega\cos(\omega t+\phi) \tag{8.8.8}$$

式中 $B_2(s)$——副振动稳态响应的灵敏系数($\mathrm{m\cdot s^2/kg}$)，与敏感结构、参数以及检测点所处的位置有关；

ϕ——副振动稳态响应对扭转力偶的相位变化。

根据上述分析，当有流体流过管子时，谐振子的 B、B′两点处的振动方程可以分别写为：

B 点处

$$S_\mathrm{B}=A(L_\mathrm{B})\sin\omega t-B_2(L_\mathrm{B})Q_\mathrm{m}\omega\cos(\omega t+\phi)=A_1\sin(\omega t+\phi_1) \tag{8.8.9}$$

$$A_1=[A^2(L_\mathrm{B})+Q_\mathrm{m}^2\omega^2B_2^2(L_\mathrm{B})+2A(L_\mathrm{B})Q_\mathrm{m}\omega B_2(L_\mathrm{B})\sin\phi]^{0.5}$$

$$\phi_1=-\arctan\frac{Q_\mathrm{m}\omega B_2(L_\mathrm{B})\cos\phi}{A(L_\mathrm{B})+Q_\mathrm{m}\omega B_2(L_\mathrm{B})\sin\phi}$$

式中 L_B——B 点在轴线方向的坐标值，m。

B′点处

$$S_{\mathrm{B}'}=A(L_\mathrm{B})\sin\omega t+B_2(L_\mathrm{B})Q_\mathrm{m}\omega\cos(\omega t+\phi)=A_2\sin(\omega t+\phi_2) \tag{8.8.10}$$

$$A_2=[A^2(L_\mathrm{B})+Q_\mathrm{m}^2\omega^2B_2(L_\mathrm{B})-2A(L_\mathrm{B})Q_\mathrm{m}\omega B_2(L_\mathrm{B})\sin\phi]^{0.5}$$

$$\phi_2=\arctan\frac{Q_\mathrm{m}\omega B_0(L_\mathrm{B})\cos\phi}{A(L_\mathrm{B})-Q_\mathrm{m}\omega B_2(L_\mathrm{B})\sin\phi}$$

于是 B′、B 两点信号 $S_{\mathrm{B}'}$、S_B 之间产生了相位差 $\phi_{\mathrm{B'B}}=\phi_2-\phi_1$，图 8.8.4 给出了示意图。由式(8.8.9)和式(8.8.10)得

$$\tan\phi_{\mathrm{B'B}}=\frac{2A(L_\mathrm{B})Q_\mathrm{m}B_1(L_\mathrm{B})\omega\cos\phi}{A^2(L_\mathrm{B})-Q_\mathrm{m}^2B_2^2(L_\mathrm{B})\omega^2} \tag{8.8.11}$$

实用中满足 $A^2(L_\mathrm{B})\gg Q_\mathrm{m}^2B_2^2(L_\mathrm{B})\omega^2$，于是式(8.8.11)可写为

$$Q_m=\frac{A(L_B)\tan\phi_{B'B}}{2B_2(L_B)\omega\cos\phi} \tag{8.8.12}$$

式(8.8.12)便是基于 S_B、$S_{B'}$ 相位差 $\phi_{B'B}$ 直接解算质量流量 Q_m 的基本方程。由式(8.8.12)可知,若 $\phi_{B'B}\leqslant 5°$,有

$$\tan\phi_{B'B}\approx\phi_{B'B}=\omega\Delta t_{B'B} \tag{8.8.13}$$

于是

$$Q_m=\frac{A(L_B)\Delta t_{B'B}}{2B_2(L_B)\cos\phi} \tag{8.8.14}$$

这时质量流量 Q_m 与弹性结构的振动频率无关,而只与 B′、B 两点信号的时间差 $\Delta t_{B'B}$ 成正比。这是该类传感器非常好的一个优点。但由于它与 $\cos\phi$ 有关,故实际测量时会带来一定误差,同时检测的实时性也不理想,因此可以考虑采用幅值比检测的方法。

由式(8.8.9)、式(8.8.10)得

$$S_{B'}-S_B=2B_2(L_B)Q_m\omega\cos(\omega t+\phi) \tag{8.8.15}$$

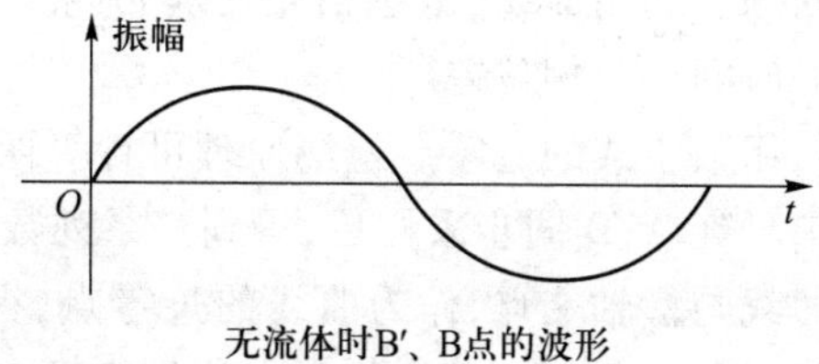

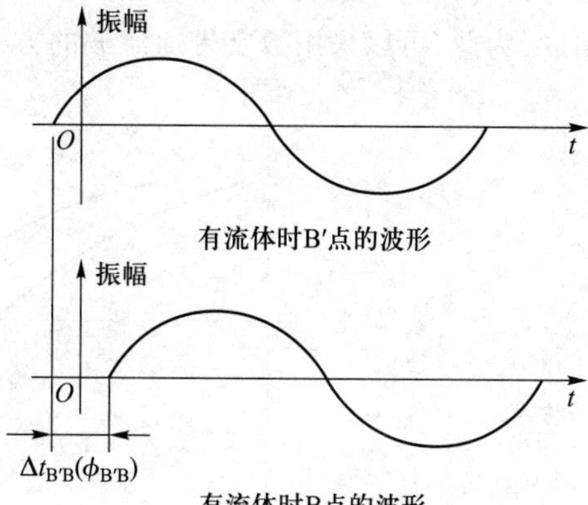

图 8.8.4 B′、B 两点信号示意图

$$S_{B'}+S_B=2A(L_B)\sin\omega t \tag{8.8.16}$$

设 R_a 为 $S_{B'}-S_B$ 和 $S_{B'}+S_B$ 的幅值比,则

$$Q_m=\frac{R_aA(L_B)}{B_2(L_B)\omega} \tag{8.8.17}$$

式(8.8.17)就是基于 B′、B 两点信号"差"与"和"的幅值比 R_a 而直接解算 Q_m 的基本方程。

8.8.2 信号检测电路

基于以上理论分析,谐振式直接质量流量传感器输出信号检测的关键,是对两路同频率周期信号的相位差(时间差)或幅值比的检测。

1. 相位差检测

关于相位差的检测,通常采用模拟式检测原理,即利用模拟比较器进行过零点检测,从而实现相位差检测。考虑到实际使用现场存在各种震动及电磁干扰,造成检测电路的输入信号中存在各种噪声,改变正弦波的过零点位置,从而影响相位差检测精度,因此必须采用模拟滤波器滤除噪声。但是模拟滤波器阶数有限,难以消除与有用信号频率接近的噪声,而且存在两路滤波器特性不一致及元件参数漂移等问题,造成检测误差。数字信号处理方法可以有效避免元件参数漂移等问题,而且使更有效的噪声抑制方法成为可能。目前基于数字信号处理技术的相位差检测方法主要有两种,一种是利用 FFT(快速傅里叶变换)在频域计算,一种是互相关求相位差。由于这两种算法要求整周期采样,而测量系统的信号周期不是固定的,因此需要一套较为复杂的测量电路来保证采样周期和信号周期的整数倍关系,而且运算方法较复杂。

基于先进的数字处理技术实现的数字式过零点的相位差检测原理,可以较好地解决上

述问题。利用 DSP(数字信号处理)对信号波形进行实时的时域分析,计算出两路信号过零点的时间差与相位差。

用数字式的过零点检测原理可计算两路信号的相位差。如图 8.8.5 所示,B′、B 两点的拾振信号经 A/D 同步采样后,得到一系列数据点,在过零点附近,对数据进行曲线拟合,求出拟合曲线与横轴交点,作为曲线的过零点,得到两路信号的过零点的时间差,由时间差即可算出信号的相位差。原始信号中叠加的噪声,有可能改变信号过零点的位置,影响相位差的计算精度,为此,可以采用数字带通滤波的方案来解决。

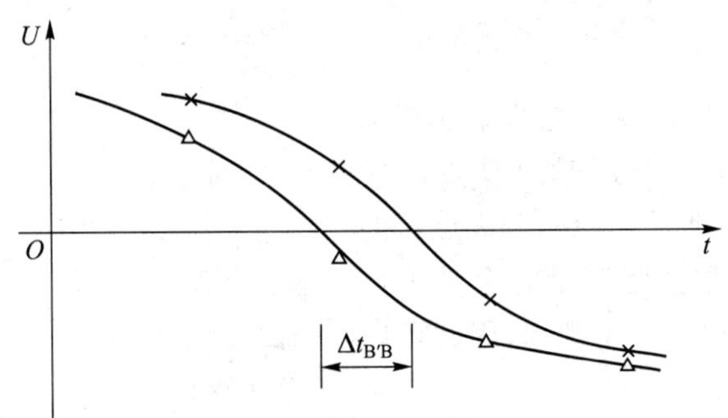

图 8.8.5 相位差检测原理示意图

2. 幅值比检测

图 8.8.6 为一种检测幅值比的原理电路。其中 u_{i1} 和 u_{i2} 是质量流量传感器输出的两路信号。微处理器系统通过对两路信号的幅值检测算出幅值比,进而求出流体的质量流量。

图 8.8.7 为周期信号幅值检测的原理电路,利用二极管正向导通、反向截止的特性对交流信号进行整流,利用电容的保持特性获取信号幅值。

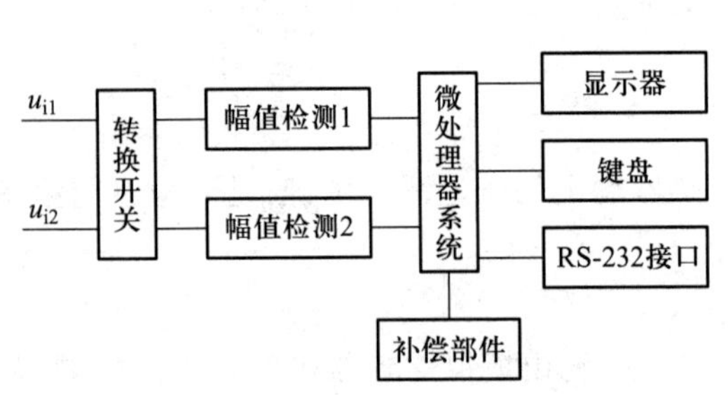

图 8.8.6 检测幅值比的原理电路

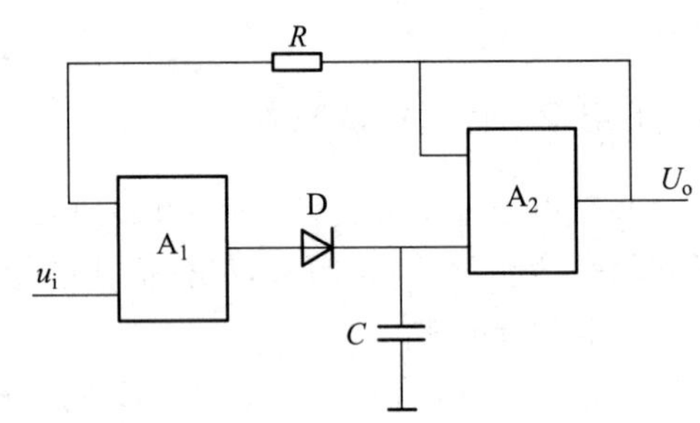

图 8.8.7 周期信号幅值检测的原理电路

图 8.8.6 给出的电路中,两路幅值检测部件的对称性越好,系统的精度就越高,但是由于器件的原因可能会产生不对称,所以在幅值测量及幅值比测量过程中,应按以下步骤进行:

(1) 用幅值检测 1 检测输入信号 u_{i1} 的幅值,记为 A_{11};用幅值检测 2 检测输入信号 u_{i2} 的幅值,记为 A_{22}。

(2) 用幅值检测 2 检测输入信号 u_{i1} 的幅值,记为 A_{12};用幅值检测 1 检测输入信号 u_{i2} 的幅值,记为 A_{21}。

(3) $B_1=A_{11}+A_{12}$,$B_2=A_{21}+A_{22}$,用 $C=B_1/B_2$ 作为输入信号的幅值比。

此外,根据前面的分析可知,传感器输出的两路正弦信号,其中一路是基准参考信号,在整个工作过程中会有微小的漂移,不会有大幅度的变化;另一路的输出和质量流量存在着函数关系,所以,利用这两路信号的比值解算也可以消除某些环境因素引起的误差,如电源波动等。同时,检测周期信号的幅值比还具有较好的实时性和连续性。

8.8.3 密度的测量

基于图 8.8.1 所示的谐振式直接质量流量传感器的结构及其工作原理,测量管弹性系统的等效刚度可以描述为

$$k=k(E,\mu,L,R_C,R_f,h)=Ek_0(\mu,L,R_C,R_f,h) \tag{8.8.18}$$

式中 $k(\cdot)$——描述弹性系统等效刚度的函数;

R_C——U 形测量管圆弧部分的中轴线半径,m;

L——U 形测量管直段工作部分的长度,m;

R_f——测量管的内半径,m;

h——测量管的壁厚,m。

测量管弹性系统的等效质量可以描述为

$$m=m(\rho_m,L,R_C,R_f,h)=\rho_m m_0(L,R_C,R_f,h) \tag{8.8.19}$$

式中 $m(\cdot)$——描述弹性系统等效质量的函数。

流体流过测量管引起的附加等效质量可以描述为

$$m_f=m_f(\rho_f,L,R_C,R_f)=\rho_f m_{f0}(L,R_C,R_f) \tag{8.8.20}$$

式中 $m_f(\cdot)$——描述流体流过测量管引起的附加等效质量的函数;

ρ_f——流体密度,kg/m^3。

于是,在流体充满测量管的情况下(实际测量情况),系统的固有角频率为

$$\omega_f=\sqrt{\frac{k}{m+m_f}}=\sqrt{\frac{Ek_0(\mu,L,R_C,R_f,h)}{\rho_m m_0(L,R_C,R_f,h)+\rho_f m_{f0}(L,R_C,R_f)}}\ (\mathrm{rad/s}) \tag{8.8.21}$$

式(8.8.21)描述了系统的固有角频率与测量管结构参数、材料参数和流体密度的函数关系,揭示了谐振式直接质量流量传感器同时实现流体密度测量的机理。

由式(8.8.21)可知,当测量管没有流体时(即空管),有如下关系

$$\omega_0^2=\frac{k}{m} \tag{8.8.22}$$

而当测量管内充满流体时,有如下关系

$$\omega_f^2=\frac{k}{m+m_f} \tag{8.8.23}$$

结合式(8.8.18)~式(8.8.23)可得

$$\rho_f=K_D\left(\frac{\omega_0^2}{\omega_f^2}-1\right) \tag{8.8.24}$$

$$K_D=\frac{\rho_m m_0(L,R_C,R_f,h)}{m_{f0}(L,R_C,R_f)}$$

式中 K_D——与测量管材料参数、几何参数有关的系数,kg/m^3。

8.8.4 双组分流体的测量

一般情况下,当被测流体是两种不互溶的混合液时(如油和水),可以很好地对双组分流

体各自的质量流量与体积流量进行测量。

基于体积守恒与质量守恒的关系,考虑在全部测量管内的情况,有

$$V=V_1+V_2 \tag{8.8.25}$$

$$V\rho_f=V_1\rho_1+V_2\rho_2 \tag{8.8.26}$$

式中 V_1、V_2——在全部测量管内体积 V 中,密度为 ρ_1、ρ_2 的流体所占的体积(m^3);

ρ_1、ρ_2——组成双组分流体的组分1和组分2的密度(kg/m^3),为已知设定值;

ρ_f——实测的混合组分流体密度,kg/m^3。

由式(8.8.25)、式(8.8.26)可得:密度为 ρ_1 的组分1和密度为 ρ_2 的组分2在总的流体体积中各自占有的比例为

$$R_{V1}=\frac{V_1}{V}=\frac{\rho_f-\rho_2}{\rho_1-\rho_2} \tag{8.8.27}$$

$$R_{V2}=\frac{V_2}{V}=\frac{\rho_f-\rho_1}{\rho_2-\rho_1} \tag{8.8.28}$$

流体组分1与流体组分2在总的质量中各自占有的比例为

$$R_{m1}=\frac{V_1\rho_1}{V\rho_f}=\frac{\rho_f-\rho_2}{\rho_1-\rho_2}\frac{\rho_1}{\rho_f} \tag{8.8.29}$$

$$R_{m2}=\frac{V_2\rho_2}{V\rho_f}=\frac{\rho_f-\rho_1}{\rho_2-\rho_1}\frac{\rho_2}{\rho_f} \tag{8.8.30}$$

由式(8.8.29)与式(8.8.30)可得,组分1和组分2的质量流量分别为

$$Q_{m1}=\frac{\rho_f-\rho_2}{\rho_1-\rho_2}\frac{\rho_1}{\rho_f}Q_m \tag{8.8.31}$$

$$Q_{m2}=\frac{\rho_f-\rho_1}{\rho_2-\rho_1}\frac{\rho_2}{\rho_f}Q_m \tag{8.8.32}$$

式中 Q_m——质量流量传感器实测得到的双组分流体的质量流量,kg/s。

组分1和组分2的体积流量分别为

$$Q_{V1}=\frac{\rho_f-\rho_2}{\rho_1-\rho_2}\frac{1}{\rho_f}Q_m \tag{8.8.33}$$

$$Q_{V2}=\frac{\rho_f-\rho_1}{\rho_2-\rho_1}\frac{1}{\rho_f}Q_m \tag{8.8.34}$$

利用式(8.8.31)~式(8.8.34)就可以计算出某一时间段内流过质量流量传感器的双组分流体各自的质量和各自的体积。

在有些工业生产中,尽管被测双组分流体不发生化学反应,但会发生物理上的互溶现象,即两种组分的体积之和大于混合液的体积。这时上述模型不再成立,但可以通过工程实践,给出有针对性的工程化处理方法。

8.8.5 应用特点

(1) 科氏质量流量传感器除了可直接测量质量流量,受流体的黏度、密度、压力等因素的影响很小,性能稳定、实时性好,是目前精度最高的直接获取流体质量流量的传感器。

(2) 多功能性。可同步测出流体的密度(从而可以解算出体积流量);并可解算出双组分液体(如互不相溶的油和水)各自所占的比例(包括体积流量和质量流量以及他们的累计

量);同时,在一定程度上将此功能扩展到具有一定的物理相溶性的双组分液体的测量上。

(3) 信号处理,质量流量、密度的解算都是直接针对周期信号、全数字式的,便于与计算机连接构成分布式计算机测控系统;便于远距离传输;易于解算出被测流体的瞬时质量流量(kg/s)和累计质量(kg);也可以同步解算出体积流量(m^3/s)及累积量(m^3)。

(4) 可测量流体范围广泛,包括高黏度的各种液体、含有固形物的浆液、含有微量气体的液体、有足够密度的中高压气体。

(5) 测量管路内无阻碍件和活动件,测量管的振动幅小,可视为非活动件;对迎流流速分布不敏感,因而无上、下游直管段要求。

(6) 涉及多学科领域,技术含量高、加工工艺复杂。

8.9 硅微结构谐振式传感器

8.9.1 简述

从 20 世纪 80 年代中期开始,人们逐渐将微机械加工技术和谐振传感技术结合在一起,研制出多种微结构谐振式传感器。所谓"微结构"是指利用微机械加工技术,将常规机械结构和巧妙的新结构以微型化的型式再现出来。由微结构组成的微谐振传感器,除具有经典谐振式传感器的优良性能外,还具有质量小、功耗低、快响应和便于集成化的特点;实现了微型化、低功耗,测量机制相应地出现了一些新变化,例如,可以做出热激励的工作方式等。

由于硅微结构谐振式传感器具有诸多优点,现今已成为传感器发展的一个新方向,特别在精密测量场合,会得到越来越受欢迎的应用。

8.9.2 硅微结构谐振式压力传感器

1. 敏感结构及数学模型

图 8.9.1 为一种典型的热激励微结构谐振式压力传感器的敏感结构,由方平膜片、梁谐振子和边界隔离部分构成。方平膜片作为一次敏感元件,直接感受被测压力,将被测压力转化为膜片的应变与应力;在膜片的上表面制作浅槽和硅梁,以硅梁作为二次敏感元件,感受膜片上的应力,即间接感受被测压力。外部压力 p 的作用使梁谐振子的等效刚度发生变化,从而梁的固有频率随被测压力的变化而变化。通过检测梁谐振子固有频率的变化,即可间接测出外部压力的变化。为了实现微传感器的闭环自激系统,可以采用电阻热激励、压阻拾振方式。基于激励、拾振的作用与信号转换过程,热激励电阻设置在梁谐振子的正中间,拾振压敏电阻设置在梁谐振子一端的根部。

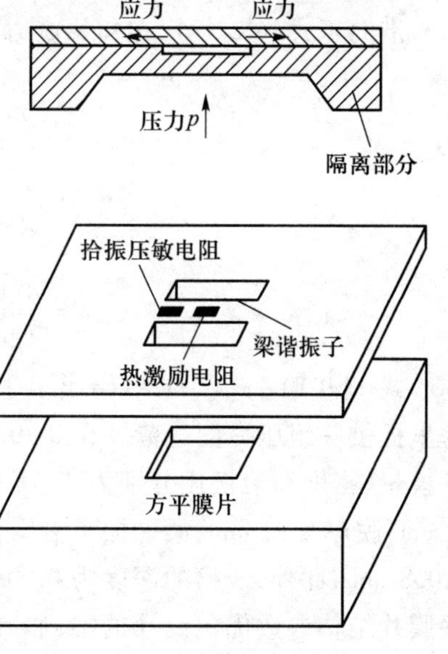

图 8.9.1 硅谐振式压力微传感器敏感结构示意图

在膜片的中心建立直角坐标系，如图 8.9.2 所示。xOy 平面与膜片的中平面重合，z 轴向上。借助于 6.4.1 节的结论，在压力 p 的作用下，方平膜片的法向位移为

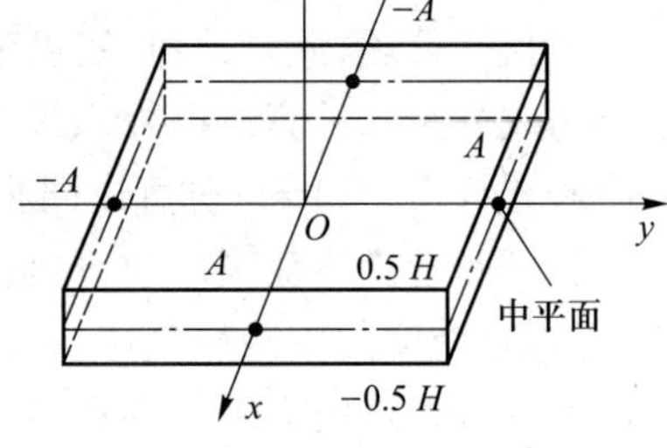

图 8.9.2 方平膜片坐标系（中平面）

$$w(x,y)=\overline{W}_{\mathrm{S,max}}H\left(\frac{x^2}{A^2}-1\right)^2\left(\frac{y^2}{A^2}-1\right)^2$$

［见式(6.4.19)］

$$\overline{W}_{\mathrm{S,max}}=\frac{49p(1-\mu^2)}{192E}\left(\frac{A}{H}\right)^4$$

［见式(6.4.20)］

式中 A、H——膜片的半边长(m)和厚度(m)；

$\overline{W}_{\mathrm{S,max}}$——在压力 p 的作用下，膜片的最大法向位移与其厚度之比。

根据敏感结构的实际情况及工作机理，当梁谐振子沿着 x 轴设置在 $x\in[x_1,x_2]$($x_1<x_2$)时，借助于式(6.4.21)，由压力 p 引起梁谐振子的初始应力为

$$\sigma_0=E\,\frac{u_2-u_1}{L} \tag{8.9.1}$$

$$u_1=-2H^2\overline{W}_{\mathrm{S,max}}\left(\frac{x_1^2}{A^2}-1\right)\frac{x_1}{A^2} \tag{8.9.2}$$

$$u_2=-2H^2\overline{W}_{\mathrm{S,max}}\left(\frac{x_2^2}{A^2}-1\right)\frac{x_2}{A^2} \tag{8.9.3}$$

式中 σ_0——梁所受到的轴向应力，Pa；

u_1、u_2——梁在其两个端点 x_1、x_2 处的轴向位移，m；

x_1、x_2——梁在方平膜片的直角坐标系中的坐标值；

L、H——梁的长度(m)、厚度(m)，且有 $L=x_2-x_1$。

借助于式(6.2.37)，在初始应力 σ_0(即压力 p)的作用下，双端固支梁的一阶固有频率为

$$f_1(p)=f_1(0)\sqrt{1+0.294\,9\,\frac{KL^2p}{h^2}} \tag{8.9.4}$$

$$f_1(0)=\frac{4.730^2h}{2\pi L^2}\sqrt{\frac{E}{12\rho_m}}$$

$$K=\frac{49(1-\mu^2)}{96EH^2}(-L^2-3x_2^2+3x_2L+A^2)$$

式(8.9.1)~式(8.9.4)给出了上述硅微结构谐振式压力传感器的压力、频率特性方程。这里提供一组压力测量范围在 0~0.12 MPa 的微传感器敏感结构参数的参考值：硅材料的弹性模量、密度和泊松比分别为 $E=1.9\times10^{11}$ Pa，$\rho_m=2.33\times10^3$ kg/m^3，$\mu=0.18$；方平膜片边长 5 mm，膜厚 0.12 mm；梁谐振子沿 x 轴设置于方平膜片的正中间，长 1.2 mm，宽 0.08 mm，厚 0.008 mm；此外，浅槽的深度为 0.008 mm。基于对方平膜片的静力学分析结果，可以给出方平膜片结构参数优化设计的准则。结合对加工工艺实现的考虑，可以取方平膜片的边界隔离部分的内半边长为 2 mm，厚为 2 mm。

利用上述模型，可计算出梁谐振子的一阶固有频率范围为 51.57~70.07 kHz；利用式

(6.4.19)可计算出方平膜片的最大法向位移约为 3.53 μm。

2. 信号转换过程

图 8.9.3 为微传感器敏感中梁谐振子部分的激励、拾振结构示意图,热激励电阻 R_E 设置于梁的正中间,拾振压敏电阻 R_D 设置在梁端部。当敏感元件开始工作时,在激励电阻上加载交变的正弦电压 $U_m\cos\omega t$ 和直流偏压 U,激励电阻 R_E 上将产生热量。

$$P(t)=\frac{U^2+0.5U_m^2+2UU_m\cos\omega t+0.5U_m^2\cos 2\omega t}{R_E} \tag{8.9.5}$$

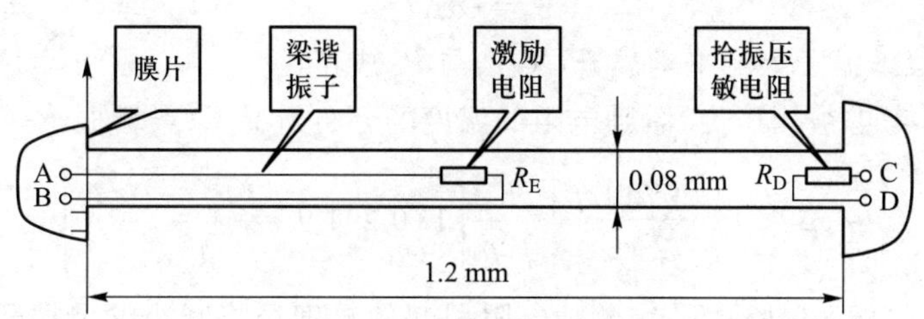

图 8.9.3 梁谐振子平面结构示意图

$P(t)$包含常值分量 P_S、与激励角频率相同的交变分量 $P_{d1}(t)$和二倍频交变分量 $P_{d2}(t)$,它们分别为

$$P_S=\frac{2U^2+U_m^2}{2R_E} \tag{8.9.6}$$

$$P_{d1}(t)=\frac{2UU_m\cos\omega t}{R_E} \tag{8.9.7}$$

$$P_{d2}(t)=\frac{U_m^2\cos 2\omega t}{2R_E} \tag{8.9.8}$$

交变分量 $P_{d1}(t)$将使梁谐振子产生交变的温度差分布场 $\Delta T(x,t)\cos(\omega t+\phi_1)$,从而在梁谐振子上产生交变热应力

$$\sigma_{ther}=-E\alpha\Delta T(x,t)\cos(\omega t+\phi_1+\phi_2) \tag{8.9.9}$$

式中 α——硅材料的热应变系数(1/℃);

x、t——梁谐振子的轴向位置(m)和时间(s);

ϕ_1——由热功率到温度差分布场产生的相移(°);

ϕ_2——由温度差分布场到热应力产生的相移(°)。

显然,相移 ϕ_1、ϕ_2 与激励电阻在梁谐振子上的位置、激励电阻的参数、梁的结构参数及材料参数等有关。

设置在梁根部的拾振压敏电阻 R_D 感受此交变的热应力。由压阻效应,其电阻变化为

$$\Delta R_D=\beta R_D\sigma_{axial}=\beta R_D E\alpha\Delta T(x_0,t)\cos(\omega t+\phi_1+\phi_2) \tag{8.9.10}$$

式中 σ_{axial}——电阻感受的梁端部的应力值(Pa);

β——压敏电阻的灵敏系数(Pa^{-1});

x_0——梁端部坐标(m)。

利用电桥可以将拾振电阻的变化转换为交变电压信号 $\Delta u(t)$的变化,可描述为

$$\Delta u(t)=K_B\frac{\Delta R_D}{R_D}=K_B\beta E\alpha\Delta T(x_0,t)\cos(\omega t+\phi_1+\phi_2) \tag{8.9.11}$$

式中 K_B——电桥的灵敏度(V)。

当 $\Delta u(t)$ 的角频率 ω 与梁谐振子的固有角频率一致时,梁谐振子发生谐振,故 $P_{d1}(t)$ 是所需要的交变信号,由它实现了"电—热—机"转换。

3. 梁谐振子的温度场模型和热特性分析

常值分量 P_S 将使梁谐振子产生恒定的温度差分布场 ΔT_{av},在梁谐振子上引起初始热应力,从而对梁谐振子的谐振频率产生影响。

梁谐振子的温度场引起的初始热应变为

$$\varepsilon_T=-\alpha\Delta T_{av} \tag{8.9.12}$$

式中 ΔT_{av}——梁谐振子上的平均温升(℃),与 P_s 成正比。

于是,在综合考虑被测压力、激励电阻的温度场分布情况下,梁谐振子一阶固有频率为

$$f_{B1}(p,\Delta T_{av})=\frac{4.730^2 h}{2\pi L^2}\left\{\frac{E}{12\rho}\left[1+0.294\ 9\frac{(Kp+\varepsilon_T)L^2}{h^2}\right]\right\}^{0.5} \tag{8.9.13}$$

由上述分析及式(8.9.13)可知,激励电阻引起的温度场将减小梁谐振子的等效刚度,因此,必须对这个刚度的减小量加以限制,以保证梁谐振子稳定可靠地工作。通常加在梁谐振子上的常值功率 P_s 由下式确定

$$0.294\ 9\alpha\Delta T_{av}\frac{L^2}{h^2}\leqslant\frac{1}{K_s} \tag{8.9.14}$$

式中 K_s——安全系数,通常可以取为 5~7。

由式(8.9.13)可知,温度场对梁谐振子压力、频率特性的影响规律是:当考虑激励电阻的热功率时,梁谐振子的频率将减小,而且减小的程度与激励热功率 P_s 成单调变化;当激励电阻的热功率保持不变时,温度场对梁谐振子压力、频率特性的影响是固定的。

4. 闭环系统

基于图 8.9.3 所示的微传感器梁谐振子激励、拾振结构以及相关的信号转换规律,当采用激励电阻上加载交变的正弦电压 $U_m\cos\omega t$ 和直流偏压 U 时,重点需要解决二倍频交变分量 $P_{d2}(t)$ 带来的干扰信号问题。通常可选择适当的交直流分量,使 $U\gg U_m$,或在调理电路中进行滤波处理,于是可以给出如图 8.9.4 所示的传感器闭环自激系统原理框图。图中,由拾振桥路测得的交变信号 $\Delta u(t)$ 经差分放大器进行前置放大,通过带通滤波器滤除掉通带范围以外的信号,再由移相器对闭环电路其他各环节的总相移进行调整。

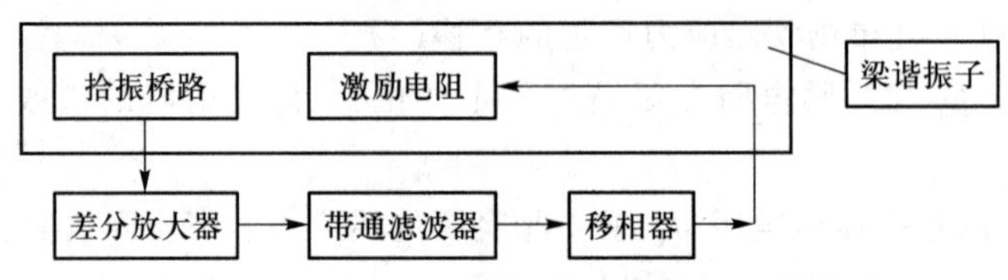

图 8.9.4 加直流偏置的闭环自激系统原理框图

利用幅值、相位条件[式(8.2.2)和式(8.2.3)],可以设计、计算放大器的参数,以保证谐振式压力微传感器在整个工作频率范围内自激振荡,使传感器稳定、可靠地工作。但这种方案易受到温度差分布场 ΔT_{av} 对传感器性能的影响。

为了尽量减小 ΔT_{av} 对梁谐振子频率的影响,可以考虑采用单纯交流激励的方案。借助于式(8.9.5),这时的热激励功率为

$$P(t)=\frac{U_{m}^{2}+U_{m}^{2}\cos 2\omega t}{2R_{E}} \tag{8.9.15}$$

考虑到梁谐振子的机械品质因数非常高,激励信号 $U_{m}\cos \omega t$ 可以选得非常小,因此,这时的常值功率 $P_{s}=\frac{U_{m}^{2}}{2R_{E}}$ 非常低,可以忽略其对梁谐振子谐振频率的影响。而交流分量不再包含一倍频的信号,只有二倍频交变分量 $P_{d2}(t)=\frac{U_{m}^{2}\cos 2\omega t}{2R_{E}}$,纯交流激励的闭环自激系统必须解决分频问题。一个实用的方案是在电路中采用锁相分频技术,即在设计的基本锁相环的反馈支路中接入一个倍频器×N,以实现分频,其原理如图 8.9.5 所示。假设由拾振电阻相位比较器中进行比较的两个信号角频率是 $2\omega_{D}$ 和 $N\omega_{E}$,当环路锁定时,则有 $2\omega_{D}=N\omega_{E}$,即 $\omega_{E}=\frac{2\omega_{D}}{N}$。其中 N 为倍频系数,由它决定分频次数。当 $N=2$ 时,压控振荡器 VCO 的输出角频率 ω_{o} 就等于检测到的梁谐振子的固有角频率 ω_{D}。由于该角频率受被测压力的调制,因此直接检测压控振荡器的输出角频率 ω_{o} 就可以实现对压力的测量;同时,以 $\omega_{E}=\omega_{o}$ 为激励信号角频率反馈到激励电阻,构成微传感器的闭环自激系统。

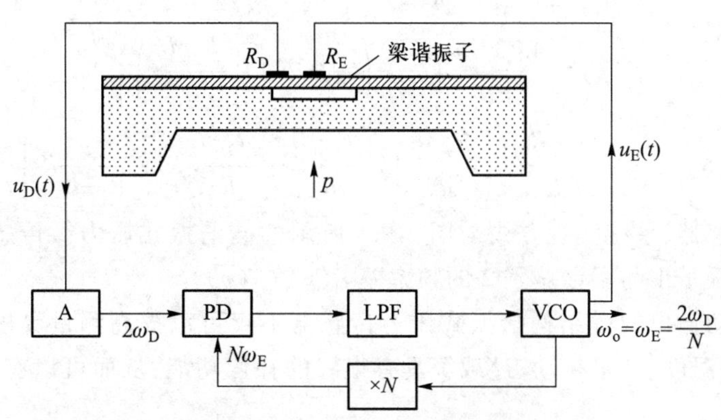

图 8.9.5 纯交流激励的闭环自激系统示意图

5. 一种具有差动输出的微结构

图 8.9.6 为差动输出的微结构谐振式压力传感器结构示意图。这是一种利用硅微机械加工工艺制成的一种精巧的复合敏感结构,被测压力 p 直接作用于 E 形圆膜片的下表面;在其环形膜片的上表面,制作一对起差动作用的硅梁谐振子,封装于真空内。考虑到梁谐振子 1 设置在膜片的内边缘,梁谐振子 2 设置在膜片的外边缘,借助于图 6.6.12 可知,梁谐振子 1 受拉伸应力,梁谐振子 2 受压缩应力。因此梁谐振子 1 与被测压力是单调递增的规律,而梁谐振子 2 与被测压力是单调递减的规律,即被测压力 p 增加时,梁谐振子 1 的固有频率增大,梁谐振子 2 的固有频率减小。上述分析结果为由梁谐振子 1 与梁谐振子 2 构成差动输出的微结构谐振式压力传感器提供了理论依据。

基于 6.6.3 节与式(8.9.4)的有关结论,当 E 形圆膜片下表面作用有被测压力 p 时,梁谐振子产生的初始应力导致梁谐振子的一阶固有频率发生变化,当梁谐振子设置在 E 形圆膜片上表面的内、外边缘时,梁谐振子 1 与梁谐振子 2 的频率特性方程分别为

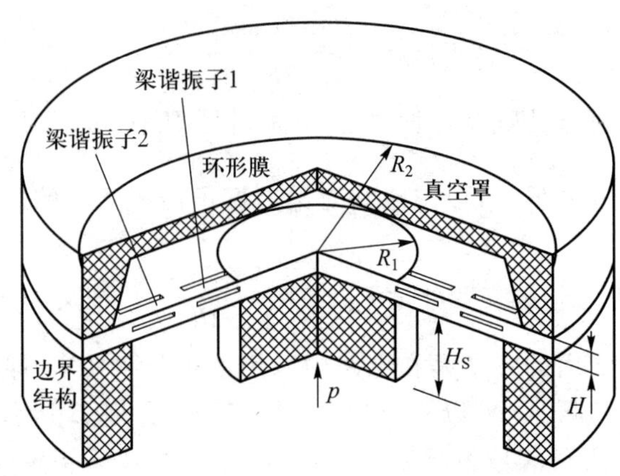

图 8.9.6 差动输出的微结构谐振式压力传感器结构示意图

$$f_1(p)=\frac{4.730^2h}{2\pi L^2}\left[\frac{E}{12\rho}\left(1+0.294\ 9\frac{K_1^p pL^2}{h^2}\right)\right]^{0.5} \tag{8.9.16}$$

$$K_1^p=\frac{-3(1-\mu^2)R_2^3}{8EH^2L}\left[\left(\frac{R_1+L}{R_2}\right)^3-\frac{R_1+L}{R_2}-\frac{R_1+L}{R_2}K^2+\frac{R_2}{R_1+L}K^2\right]$$

$$f_2(p)=\frac{4.730^2h}{2\pi L^2}\left[\frac{E}{12\rho}\left(1+0.294\ 9\frac{K_2^p pL^2}{h^2}\right)\right]^{0.5} \tag{8.9.17}$$

$$K_2^p=\frac{3(1-\mu^2)R_2^3}{8EH^2L}\left[\left(\frac{R_2-L}{R_2}\right)^3-\frac{R_2-L}{R_2}-\frac{R_2-L}{R_2}K^2+\frac{R_2}{R_2-L}K^2\right]$$

对于该微传感器,系统实现方式与图 8.9.1 所示的硅谐振式压力微传感器一样,只是其输出信号为梁谐振子 1 与梁谐振子 2 的频率差 $f_1(p)-f_2(p)$。

这种具有差动输出的微结构谐振式压力传感器不仅可以提高测量灵敏度,而且对于共模干扰的影响,如温度、环境振动、过载等具有很好的补偿功能,从而可以有效地提高其性能指标。

8.9.3 谐振式硅微结构加速度传感器

图 8.9.7 给出了一种谐振式硅微结构加速度传感器的原理结构示意图,它由支承梁、敏感质量块、梁谐振敏感元件、激励单元、检测单元组成,通过两级敏感结构将加速度的测量转化为谐振敏感元件谐振频率的测量。第一级敏感结构由支承梁和质量块构成,质量块将加速度转化为惯性力向外输出;第二级敏感结构是梁谐振敏感元件,惯性力作用于梁谐振敏感元件轴线方向引起谐振频率的变化。加速度传感器的谐振敏感元件工作于谐振状态,通常是通过自激闭环实现对谐振敏感元件固有频率的跟踪。其闭环回路与 8.9.2 节的谐振

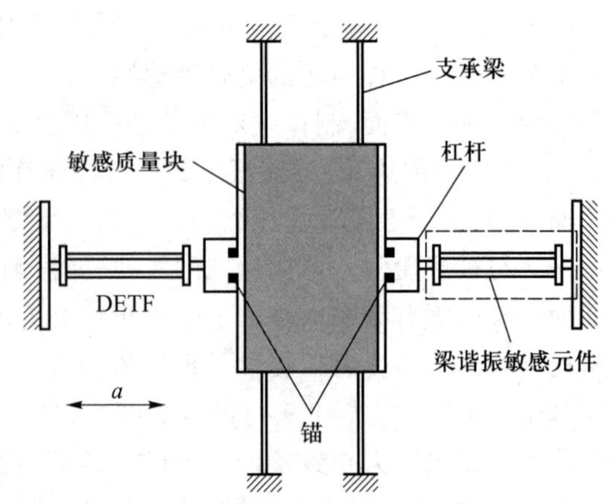

图 8.9.7 谐振式硅微结构加速度传感器原理结构示意图

式硅微结构压力传感器类似，主要包括谐振敏感元件、激励单元、检测单元、调幅环节、移相环节组成，激励信号通过激励单元将激励力作用于谐振敏感元件，检测单元将谐振敏感元件的振动信号转化为电信号输出，调幅、移相环节用来调节整个闭环回路的幅值增益和相移，以满足自激闭环的幅值条件和相位条件。

图 8.9.7 所示的谐振式硅微结构加速度传感器，包括两个调谐音叉谐振子（double-ended tuning fork：DETF），每个调谐音叉谐振子包含一对双端固支梁谐振子。两个调谐音叉谐振子工作于差动模式，即一个 DETF 的谐振频率随着被测加速度的增加而增大，另一个 DETF 的谐振频率随着被测加速度的增加而减小。考虑理想情况，加速度引起的惯性力平均地作用于两个梁谐振子上，因此，借助于式（8.9.4），工作于基频时的 DETF 的频率可以描述为

$$f_{1,2}(a)=f_0\left(1\pm 0.147\,5\frac{F_{\mathrm{a}}L^2}{Ebh^3}\right)^{0.5}=f_0\left(1\mp 0.147\,5\frac{maL^2}{Ebh^3}\right)^{0.5} \tag{8.9.18}$$

$$f_0=\frac{4.730^2h}{2\pi L^2}\left(\frac{E}{12\rho_m}\right)^{0.5}$$

$$F_{\mathrm{a}}=-ma$$

式中 f_0——梁谐振子的初始频率；

L、b、h——梁谐振子的长、宽、厚，为充分体现梁的结构特征，有 $L\gg b\gg h$；

F_{a}——由被测加速度与敏感质量块引起的惯性力。

由于图 8.9.7 所示的谐振式硅微结构加速度传感器也是差动检测结构，具有对共轭干扰，如温度、随机振动干扰等对传感器的影响具有很好的抑制作用。

8.9.4 输出频率的硅微机械陀螺

图 8.9.8 为一种具有直接频率量输出能力的谐振陀螺工作原理结构示意图。中心敏感质量块沿着 x 方向作简谐振动。当有绕 z 方向角速度时，x 方向上的简谐振动将感受 Coriolis 加速度，产生 y 方向的惯性力。简要说明如下。

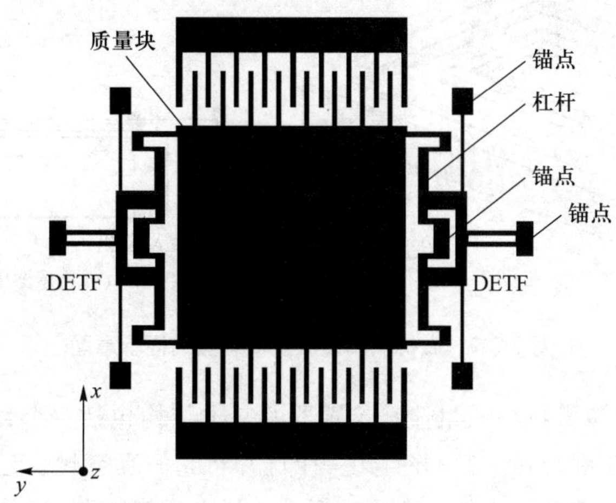

图 8.9.8 直接输出频率量的谐振式微机械陀螺原理结构示意图

中心敏感质量块沿着 x 方向的简谐振动位移与速度可以分别描述为

$$x(t)=X_0\sin\omega_x t \tag{8.9.19}$$

$$v_x(t)=\omega_x X_0\cos\ \omega_x t \tag{8.9.20}$$

式中 X_0——敏感质量块在 x 方向振动的幅值(m);

ω_x——敏感质量块在 x 方向振动的角频率(rad/s)。

当有绕 z 方向角速度时,x 方向上的简谐振动将感受 Coriolis 加速度,产生 y 方向的科氏惯性力,该惯性力可以描述为

$$f_C(t)=2m\Omega_z v_x=2m\Omega_z\omega_x X_0\cos\ \omega_x t \tag{8.9.21}$$

式中 Ω_z——敏感质量块绕 z 方向角速度(rad/s);

m——敏感质量块的质量(kg)。

该惯性力通过外框结构和杠杆机构将此惯性力施加于两侧的谐振音叉的轴向,从而改变调谐复合音叉 DETF 的谐振频率。调谐复合音叉的谐振频率改变量就反映了角速度的大小。

需要指出的是,由于加载于左右两个调谐复合音叉 DETF 上的惯性力是由作用于中心敏感质量块沿 x 方向的简谐振动引起的,这个惯性力是一个与上述简谐振动频率相同的简谐力。这与一般的以音叉作为谐振敏感元件实现测量的传感器差别很大。音叉自身的谐振状态处于调制状态,其调制频率就是上述中心敏感质量块沿着 x 方向简谐振动的频率。为了准确解算出音叉的谐振频率,保证该谐振陀螺的正常工作,要求音叉的谐振频率远远高于上述简谐振动的频率。此外,左右两个调谐复合音叉 DETF 构成了差动工作模式,有利于提高灵敏度和抗干扰能力。

8.9.5 硅微结构谐振式质量流量传感器

图 8.9.9 为一种基于科氏效应的微机械谐振式质量流量传感器。其中,(a)为传感器三维视图;(b)为传感器横截面视图。它与图 8.8.1 介绍的科氏质量流量传感器工作原理一样,可以实现对质量流量的直接测量,同时也可以测量流体的密度。硅微机械质量流量传感器除了具有体积小的优势外,还具有一些独特的优势:成本低、响应快、分辨率高。

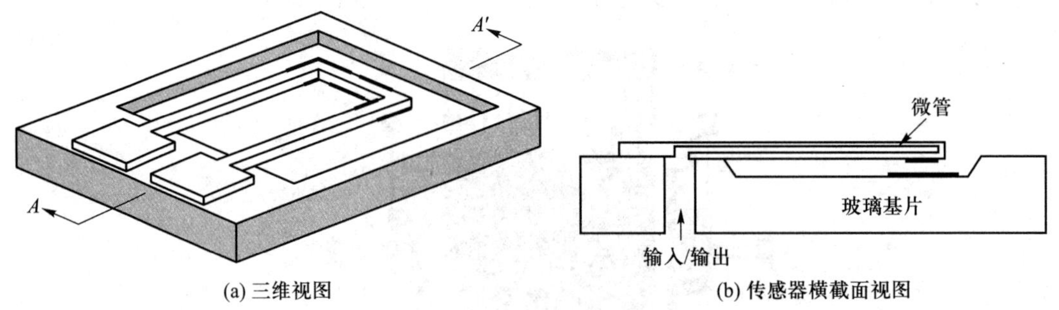

(a) 三维视图　　(b) 传感器横截面视图

图 8.9.9 微机械质量流量传感器结构示意图

如图 8.9.10 所示,该微机械质量流量传感器的基本结构包括一个微管和一个玻璃底座,微管的根部与玻璃底座键合在一起,并且用一个硅片将它们真空封装起来。U 形的微管是在硅基底上通过深度的硼扩散形成的。微管的振动通过电容来检测,简单实用,精度较高。

图 8.9.10(a)和(b)为所研制的微机械质量流量传感器的整体结构视图和横截面视图。微管的横截面可以制成矩形的或梯形的,其与硅基底平行。微管可以很方便地实现不同的形状和参数,例如,微管的横截面可以制成一根头发丝(100 μm)截面的大小,也可以制成一

根头发丝截面 1/10 的大小,详见图 8.9.10 的(b)和(c)。

对于一个具体的微机械质量流量传感器样机,实测的微管振动频率约为 16 kHz,机械品质因数为 1 000,具有 2 μg/s 非常出色的质量流量分辨率和优于 2.0 mg/cm^{3}流体密度分辨率。

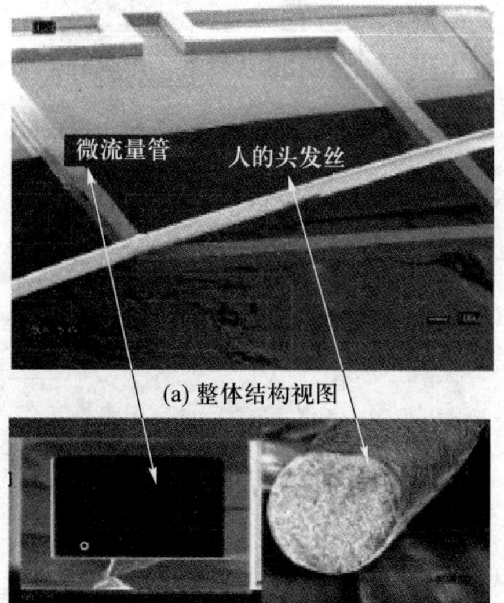

(a) 整体结构视图

(b) 微测量管的横截面视图

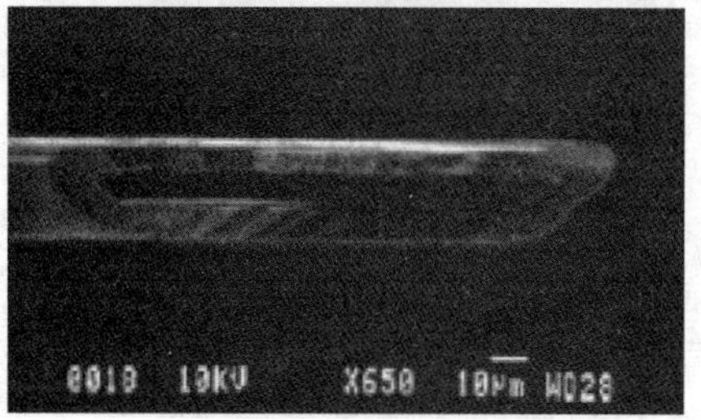

(c) 扁平微测量管的横截面视图

图 8.9.10 微机械质量流量传感器测量管剖面示意图

8.9.6 硅微结构谐振式传感器开环特性测试仪

1. 问题的引出

高性能的谐振式传感器就是要在其工作的全量程内始终保证其谐振敏感结构处于接近理想的谐振状态。这对于硅微机械谐振式传感器不仅是重要的问题,也是非常难的问题。谐振式传感器工作时,就必须要让这个敏感结构处于谐振状态,这就必须要对谐振敏感结构施加一定的激励。从理论上讲,谐振敏感结构实际工作状态不可能处于理想的谐振状态。对于微机械传感器而言,如果激励能量"过低",表征谐振敏感结构的谐振状态展示不充分或出不来,同时,由于信噪比太低,传感器闭环系统不能正常工作,通常称之为"欠激励";而当激励能量"过高"时,就容易使微小的微机械谐振敏感结构处于较为显著的非线性振动状态,甚至有可能毁坏传感器,通常称之为"过激励"。因此,如何确保微机械谐振敏感结构处于最佳工作状态是能否实现高性能硅微机械谐振式传感器的关键。而如何准确评估微机械谐振敏感结构的工作状态,包括敏感结构的力学行为,激励、检测单元的电学行为,以及机-电耦合行为更是重中之重。这些研究内容归于硅微结构谐振式传感器的开环特性测试,对于深入研究硅微结构谐振式传感器的工作机理,有关关键技术的突破,高性能微机械谐振式传感器闭环系统的实现具有重要意义,更是高性能微机械谐振式传感器生产的重要技术支撑。

由于硅微结构谐振式传感器开环特性测试的重要性和专业性,以及技术需求的特殊性,目前国际商业市场上还没有单一的专用仪器系统来实现上述功能,国外实力雄厚的科研机构与生产厂商,多采用由若干台价格昂贵、性能优异的通用仪器搭建成一个测试系统的方法,辅以较为强大的信息综合处理系统的方法实现上述重要功能。图 8.9.11 为一个典型的特性测试系统。显然该测试系统庞大、不方便携带、价格昂贵,只用到其中一小部分功能,有些浪费。因此,研制谐振式硅微机械传感器的专用开环特性测试仪显得尤为必要。

2. 开环特性测试仪工作原理

图 8.9.12 所示为谐振式硅微机械传感器的专用开环特性测试仪,它通常采用单点稳态频率扫描的方法获得谐振器的频率响应特性,在此基础上,分析谐振敏感结构的特性。测试仪主要包括以下功能模块:激励信号发生单元、微弱信号处理单元、频率扫描控制单元、输出

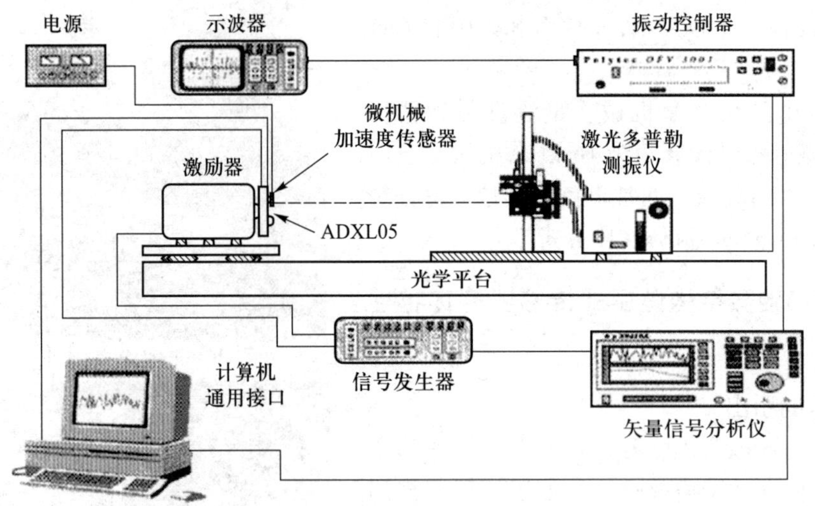

图 8.9.11 一个典型的硅微结构谐振式加速度传感器开环特性测试系统

图 8.9.12 谐振式硅微结构传感器专用开环特性测试仪功能示意图

显示单元等。其中,微弱信号处理单元是其核心部件。

该测试仪工作过程为频率扫描控制单元发出控制指令给激励信号发生单元,使之产生某一频率的正弦激励信号,谐振器在该激励信号下受迫振动,待其达到稳态响应后,由微弱信号处理单元对该微弱振动输出信号进行检测和处理,然后送由输出显示单元绘制频率响应曲线,并计算相关参数,如机械品质因数 Q 值、谐振频率、相位等。

3. 几个典型的开环特性测试仪

在谐振式硅微机械传感器开环特性测试中的微弱信号处理技术中,逐步取得了阶段性的突破和进步,基于每阶段的微弱信号处理技术,分别研制了三类开环特性测试仪。

(1) 第一类开环特性测试仪

相关检测是一种在强噪声背景下提取微弱周期信号的有效手段,通常由乘法器和积分器组成。现有的模拟乘法器自身输入等效噪声大,且存在直流失调和非线性,无法直接用到谐振式硅微机械传感器的输出信号处理中。因此,基于相关检测原理,利用欧姆定律的直接相关算法,巧妙地将拾振电阻作为乘法器,有效地克服了模拟乘法器的缺陷,突破了微弱信号检测的技术瓶颈,实现了谐振式硅微机械压力传感器的开环特性测试。如图 8.9.13 所示为某一谐振式硅微机械传感器样件的测试结果:谐振频率为 71.588 9 kHz,Q 值约为 500。

该开环特性测试仪的最小频率扫描步长为 0.01 Hz,弱信号测试精度为 110 nVp-p,具有友好的交互式图形界面,操作简单、结果直观;不足之处在于测量速度慢,每个点的测量时间为 120 ms。此外,该测试仪不够智能化,需要手动调节扫频范围、扫描步长以及参考相位,直至精确搜索到谐振频率,且每次测量时需要手动调节初始参考相位直至曲线对称,无法直接获得谐振频率点处的相位信息。

(2) 第二类开环特性测试仪

在已有技术基础上,针对第一类开环特性的不足,经过改进和优化,研制了第二类开环

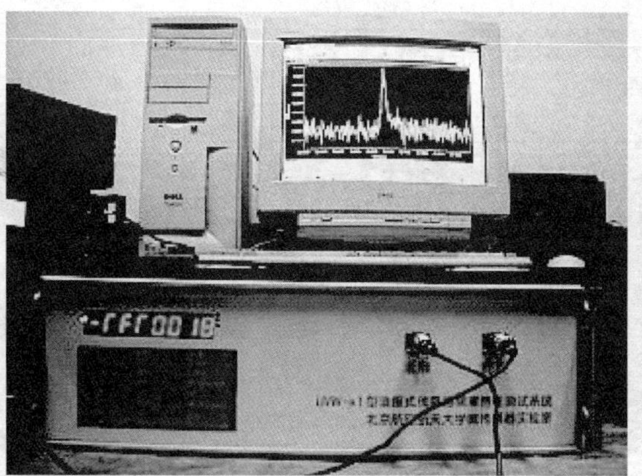
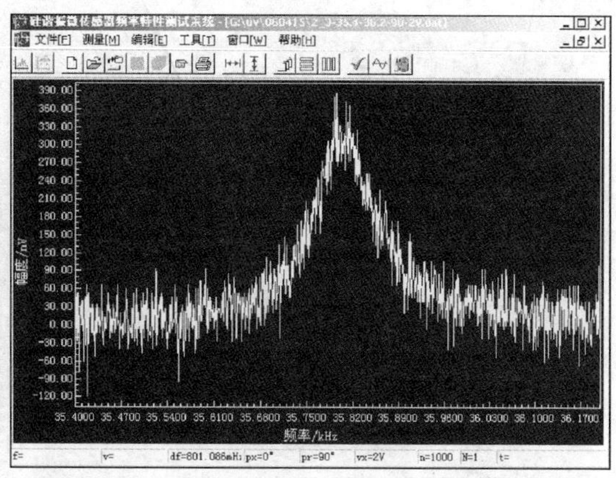

图 8.9.13 开环特性测试仪及对一硅微结构谐振敏感元件的测试结果

特性测试仪,如图 8.9.14 所示。其中微弱信号检测方法沿用了基于欧姆鉴相的直接相关算法,但提出了分时正交差动的概念,即分别在四个相邻时刻对拾振电阻施加相位相差 90°的参考信号获得对应的输出,用两对反相信号进行差动,消除共模干扰,再将这一组差动后所得的正交信号进行矢量运算,即可同时获得该频率点的振幅和相位。该方法不仅提高了检测信噪比,而且能够将相位独立解算出来。图 8.9.14 所示为某一谐振式硅微机械传感器样件的测试结果:谐振频率为 57.525 8 kHz,相位为 8°,Q 值约为 3 000。

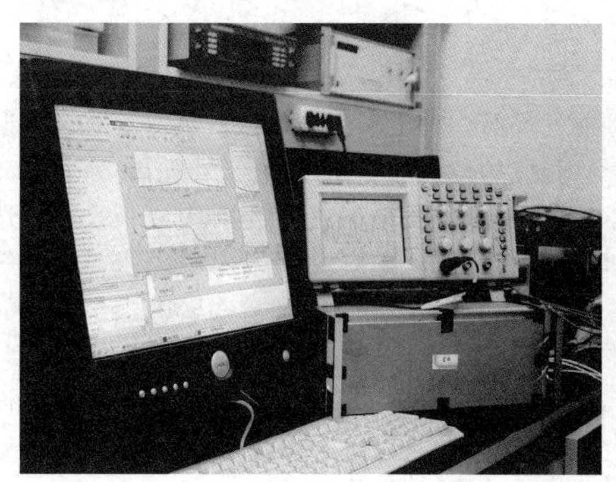
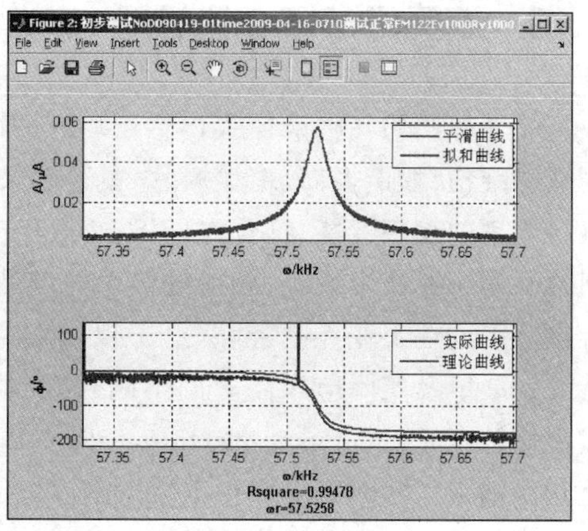

图 8.9.14 第二类开环特性测试仪和一硅微结构谐振敏感元件测试结果

第二类开环特性测试仪的优点是扫频控制算法智能化,不仅能自动调整扫频范围和步长搜索到谐振频率,而且增加了传感器测试仪的控制接口和算法,能够对谐振式硅微机械传感器进行一系列基于开环特性的整体特性测试分析,如灵敏度、重复性、时漂和温漂等;测试界面友好,操作方便。其不足是只能针对电阻拾振的谐振式传感器。

(3) 第三类开环特性测试仪

为了拓宽仪器的适用范围,开发了第三类开环特性测试仪,如图 8.9.15 所示。该仪器采用板卡式电路体系结构设计,将压阻式、电容式、磁电式的拾振检测信号处理模块以板卡的形式集成到同一个测试平台上,使得仪器具有很好的开放性和灵活性。目前,针对压阻拾振的微弱信号处理技术又有了新的突破,提出并实现了快速互相关检测方法,借助第一类开环特性测试仪的显示软件,对其进行了实验验证,图 8.9.15 所示为某一谐振式硅微机械传感器

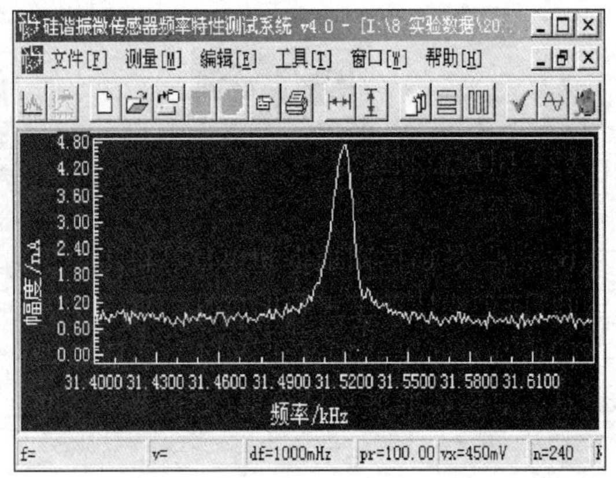

图 8.9.15 第三类开环特性测试仪和对某一硅微结构谐振敏感元件快速互相关检测结果

样件的测试结果：谐振频率为 71.040 2 kHz，Q 值约为 3 000。

第三类开环特性测试仪的压阻检测模块的检测精度提高到 50 nVp-p，比第一类开环特性测试仪有所提高，同时单点测量时间降至 10 ms，缩短到第一类测试仪的 1/12，大大提高了测试效率。

8.10 石墨烯谐振式传感器 》》》

前面介绍的几种谐振式传感器均有高性能的产品。其中采用金属或石英等材料制备谐振敏感结构，如谐振筒、谐振膜片、复合音叉等，相应的传感器产品尺寸大、功耗高；而利用硅材料优良的物理性能，结合 MEMS 加工工艺制作出硅微结构谐振式传感器，其特征尺寸可达到微米乃至亚微米量级，相应的传感器产品尺寸小、功耗低、响应快、易集成化与批量生产等特点。因此在工业控制、消费电子以及航空航天等领域应用广泛。随着 MEMS 加工技术的持续发展以及实际应用需求的不断提高，微机械谐振式传感器继续朝着高性能、高灵敏度、微型化乃至纳机电（nano-electro-mechanical systems，NEMS）方向发展。由于硅微结构在降低至几百纳米尺寸时容易产生缺陷，相应的传感器特征尺寸难以进一步降低，从而限制了硅微谐振式传感器的测量性能和其应用领域。因此，有必要探索可用于性能优、体积更小的新型材料、发展新型谐振式传感器自然成为了微机械谐振式传感器的潜在发展趋势。

事实上，利用石墨烯材料制成的谐振器件具有的传感效应的研究工作也得到了快速发展，已成功研制了基于单层和多层石墨烯膜制备的纳机电谐振器，从实验的角度证实了石墨烯作为谐振器的可行性；也有学者从理论和数值仿真角度探究了石墨烯的谐振特性，显示了石墨烯的谐振特性在超高灵敏度压力、加速度、角速度和质量等物理量传感方面的巨大潜力，有望实现针对不同物理量测量的石墨烯 NEMS 谐振式传感器。

8.10.1 石墨烯谐振器

极高的杨氏模量、单原子层厚度、密度低等特点赋予了石墨烯优异的谐振特性。在长宽尺寸为微米量级时，石墨烯的振动基频达到兆赫兹，比同等尺寸硅的基频高一个量级。图 8.10.1 是一个早期采用悬浮单层和多层石墨烯薄膜制备的谐振器原型图，在实验条件下成功实现了振动激励和检测,谐振频率处于兆赫兹(MHz)量级。

已有研究表明,石墨烯薄膜谐振器可等效为张力薄膜模型。显然,如果被测量能够改变石墨烯薄膜谐振器的等效张力,就可以设计实现相应的石墨烯谐振式传感器。借助经典弹性力学理论和分子动力学等手段可以对石墨烯谐振特性进行理论研究。为设计石墨烯谐振式传感器提供理论基础。

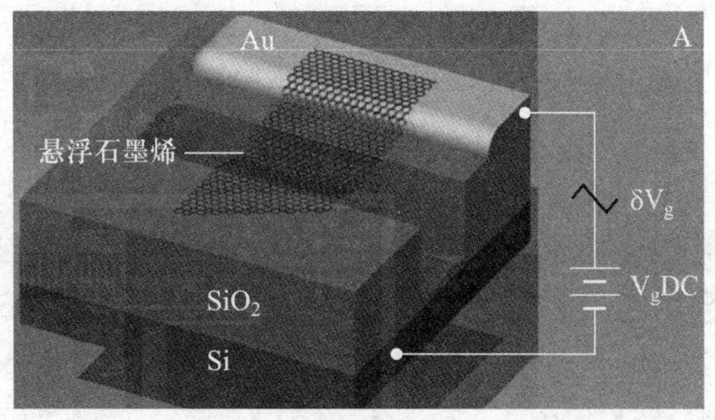

图 8.10.1 石墨烯谐振器原型

8.10.2 石墨烯制备工艺

石墨烯作为谐振敏感元件,其制备过程中可能会带来高温、残余应力等从而制约元件本身优良性能的发挥。因此,若要研制高性能的石墨烯谐振式 NEMS 传感器,首先需要选取合理的工艺制备高质量的石墨烯材料。石墨烯最初是通过机械剥离法获得,该方法利用特殊胶带在高定向热解石墨表面反复撕揭,把得到的石墨烯薄片置于丙酮溶液,然后加入单晶硅片并施加超声振荡;石墨烯薄片通过分子间范德华力吸附在单晶硅片表面。这种工艺简单可行,易于获得结构完整、缺陷少的石墨烯膜;缺点是石墨烯的生产效率低且难以控制形状和尺寸,因此主要适用于实验室研究而难以量产。

近年来,随着石墨烯制备工艺的研究不断取得进步,高质量、大面积的石墨烯得以批量生产,且制作成本迅速降低。目前主要的制备方法还包括氧化还原法、化学气相沉淀法(chemical vapor deposition, CVD)、外延生长法等。

(1) 氧化还原法

氧化还原法通常包括“氧化、剥离、还原”三个过程。具体是利用强氧化剂对石墨进行氧化处理,使石墨层间带有含氧基团(如羧基、羟基等),得到氧化石墨(graphene oxide, GO),经过超声分散形成单层氧化石墨烯,再进一步还原成所需石墨烯。常用的还原方法包括化学液相还原、热还原、溶剂热还原等,其中化学还原法的研究及应用更为广泛。氧化还原法由于过程简单、工艺多元化等优点,已经成为目前功能化石墨烯制备的常用方法之一。但是氧化、还原等处理过程可能会造成碳原子缺失,导致制备的石墨烯含有较多的缺陷。

(2) 外延生长法

外延生长法通常以碳化硅作为衬底材料,在高真空下对氢气处理过的碳化硅晶体进行高温加热,晶体表面的硅原子被气化消除,而剩余的碳原子则在冷却过程中重新排列形成石墨烯层。这种方法生成的石墨烯可通过温度控制层数,但是高温、高真空的苛刻条件增加了制备难度和成本,不利于批量生产。

近年来,在金属表面可控外延生长石墨烯的技术也在研究中,对多种金属单晶(Ru,Pt,Ni,Ir 等)表面上石墨烯的外延制备工艺和结构特性进行了深入研究,并在 Ru(0001)单晶表面获得了毫米量级高质量、连续无缺陷的单层石墨烯材料。

(3) 化学气相沉淀法

化学气相沉淀法制备石墨烯是采用有机分子或含碳化合物作为碳源,经过高温加热分解为碳原子,其中一些碳原子向金属基底扩散;冷却后,碳原子从金属内向表面析出,在金属表面发生二维重构形成石墨烯。如使用甲烷作为碳源在铜基底上生长了厘米量级的大面积石墨烯。由于铜对碳原子的溶解度较低,因此铜箔表面生成的单层石墨烯膜覆盖率约为 95%。也可以利用 ZnS 纳米带作为模板,通过 CVD 法制备了具有可控形状的石墨烯纳米带,该方法为批量合成具有规则形状的石墨烯膜提供了可能性。利用 CVD 法可以批量生产多组具有同样性能的石墨烯膜,且生长的石墨烯膜与通过机械剥离法得到的石墨烯膜具有同样优异的机械和电学性能。CVD 方法制备石墨烯通常需要进行基底转移,即把石墨烯从金属基底转移至待加工器件的基底上,转移过程要求尽可能保证石墨烯清洁不受污染,不能出现褶皱、破裂等。

CVD 法的特点是能够制备大面积、高质量的石墨烯,且容易控制石墨烯生长的速率和尺寸,目前已经成为石墨烯制备的主流方法。

以上几种方法中,由 CVD 和碳化硅外延生长法制备的石墨烯能应用于标准的晶片级光刻技术且和现阶段的集成电路工艺兼容。相对于碳化硅外延生长法,CVD 法制备效率更高、易于基底转移,因此,在未来的电子器件、NEMS 传感器领域会有更广阔的应用前景。

8.10.3 石墨烯谐振式压力传感器

图 8.10.2 所示为一种新型的石墨烯谐振式压力传感器原型示意图,此结构借鉴了经典的硅微谐振式压力传感器复合敏感思想。采用单晶硅制作方形平膜片为一次敏感元件直接感受被测压力;悬置于空腔上方的双端固支石墨烯梁谐振子(DEGB:double ended clamped graphene beam resonator)作为二次谐振敏感元件间接感受被测压力。石墨烯梁通过范德华力与 SiO_2绝缘层紧密连接,形成受张力作用的双端固支梁模型。被测压力作用于硅膜片使其变形,引起石墨烯梁轴向应变和应力变化,从而导致谐振梁固有频率的变化,通过测量石墨烯梁谐振子的固有频率就可以解算出被测压力。

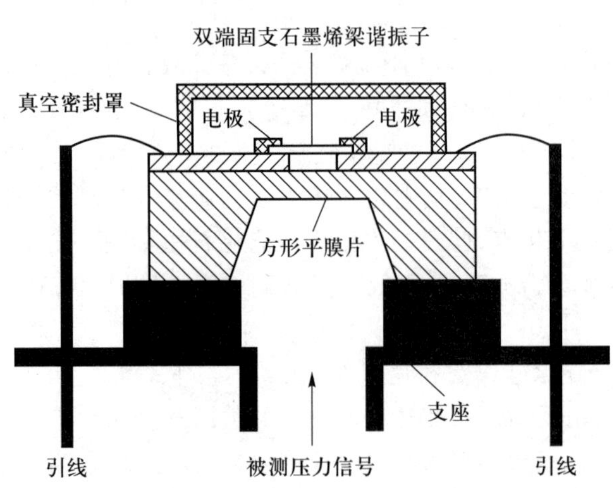

图 8.10.2 新型石墨烯谐振式压力传感器原型示意图

图 8.10.3 给出了 A、B 两类典型的二次敏感差动检测结构原理示意图,其中 A 类的两个 DEGB,一个设置于压力最敏感区域,另一个设置于压力弱敏感区域;B 类的两个 DEGB,一个设置于压力的正向最敏感区域,另一个设置于压力的负向最敏感区域。由于敏感结构极其微小,两个 DEGB 所处的温度场相同,温度对这两个 DEGB 谐振频率的影响规律也是相同的,因此,通过差动检测方案可显著减小温度对测量结果的影响,提高测量精度和稳定性,实现

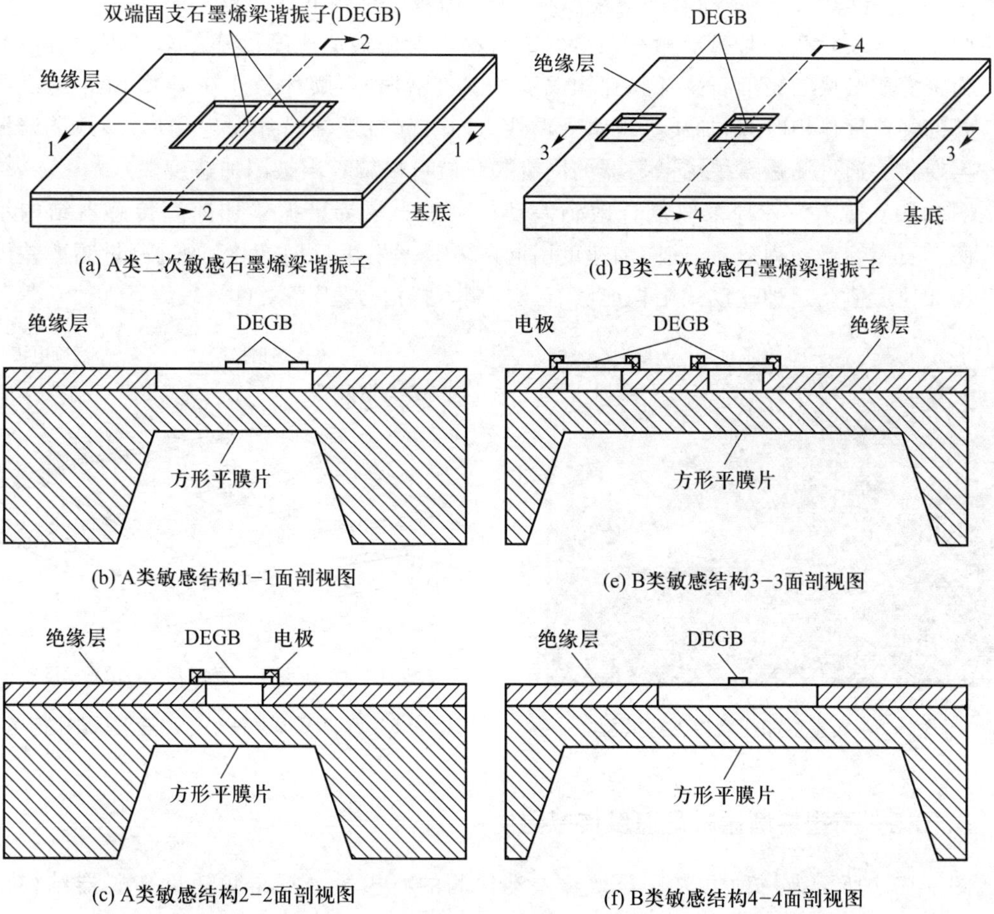

双端固支石墨烯梁谐振子(DEGB)
绝缘层
1
2
基底
(a) A类二次敏感石墨烯梁谐振子
DEGB
绝缘层
3
4
基底
(d) B类二次敏感石墨烯梁谐振子
绝缘层
DEGB
方形平膜片
(b) A类敏感结构1-1面剖视图
电极
DEGB
绝缘层
方形平膜片
(e) B类敏感结构3-3面剖视图
绝缘层
DEGB
电极
方形平膜片
(c) A类敏感结构2-2面剖视图
绝缘层
DEGB
方形平膜片
(f) B类敏感结构4-4面剖视图

图 8.10.3 复合敏感差动检测石墨烯谐振式压力传感器原理示意图

高性能测量。这种设计为后续石墨烯谐振式压力传感器的研发提供了一种参考方案，但若要制备成压力传感器样机，还需要设计合理可行的整体结构微加工工艺流程。

8.10.4 石墨烯谐振式加速度传感器

加速度会引起等效的惯性力，当惯性力通过某种途径改变了石墨烯的应变或者应力，其振动特性会发生变化，从而实现谐振式加速度检测方案。

图 8.10.4 给出了一种石墨烯纳米带谐振式加速度传感器，石墨烯纳米带悬浮在基底之上，与基底之间构成一个等效的平行板电容器，外部加速度引起的惯性力会改变石墨烯纳米带的机械振动状态，从而导致平行板电容器的电容量及石墨纳米带本身的电导率发生变化；通过电流振荡电路测出电容量变化量或振动频率偏移即可计算出被测加速度大小。已有研究结果表明，石墨烯纳米带的品质因数随被测加速度值变化，当加速度很小时，纳米带的品质因数可以保持在一个很高

夹具
+
电流
-
夹具
石墨烯纳米带

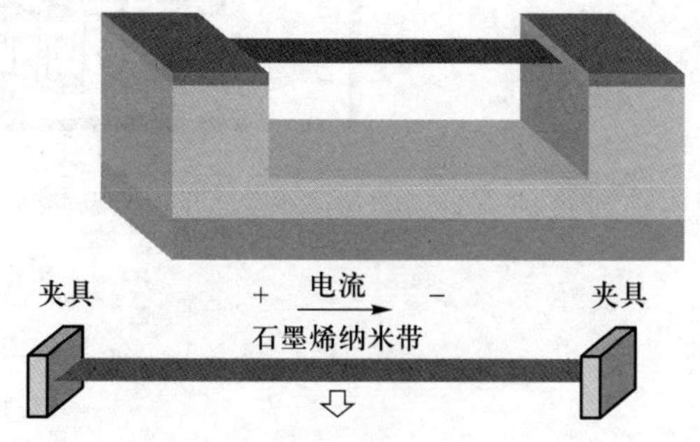

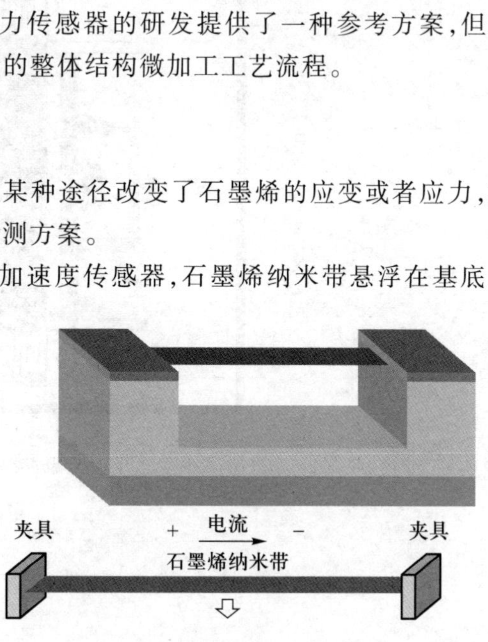

图 8.10.4 石墨烯纳米带加速度传感器示意图

的水平（约为 1×10^4），但是随着加速度增加，品质因数会急剧下降并趋于平缓。

图 8.10.5 所示为一种带有敏感质量块的石墨烯谐振式加速度传感器示意图。石墨烯谐振子为带有质量块的矩形石墨烯膜片构成双端固支谐振器，膜片悬浮在 U 型 SiO_2 绝缘层上方。外部加速度作用时，附加质量块感受惯性力而引起石墨烯膜片发生变形，导致其谐振频率发生变化。通过测量石墨烯谐振器的固有频率就可以解算出被测加速度。

图 8.10.6 所示为一种采取复合敏感差动检测的石墨烯谐振梁加速度传感器结构示意图。两个石墨烯梁差动放置，轴向加速度引起两者频率发生反向变化，通过测量频率差即可解算出加速度值。这种差动式结构能够有效抑制干扰信号，提高测量灵敏度。

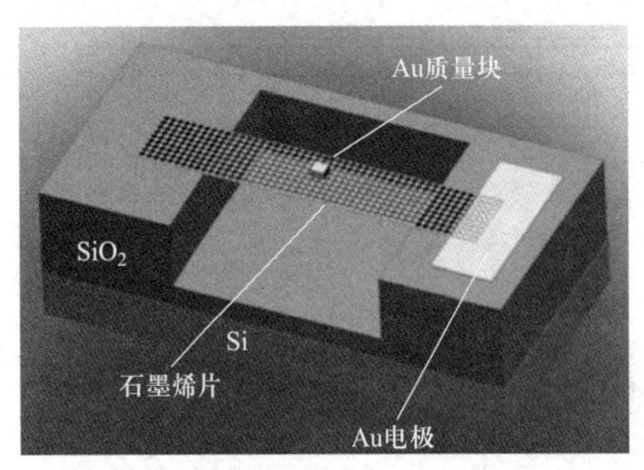

图 8.10.5 石墨烯加速度传感器模型

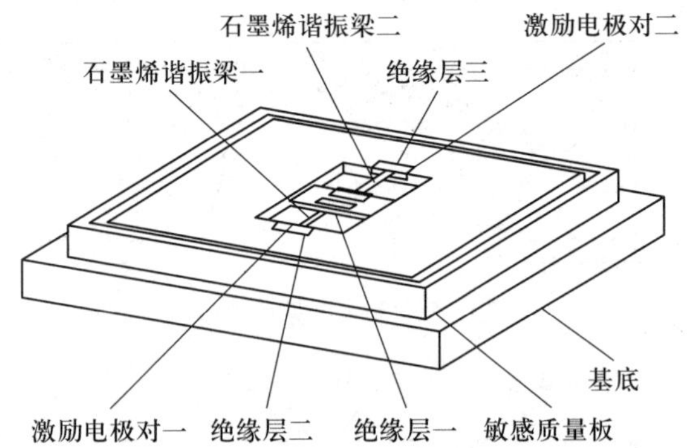

图 8.10.6 双石墨烯梁差动式加速度计结构示意图

8.10.5 石墨烯谐振式角速度传感器

图 8.10.7 所示为一种采取复合敏感差动检测的石墨烯谐振梁角速度传感器结构示意

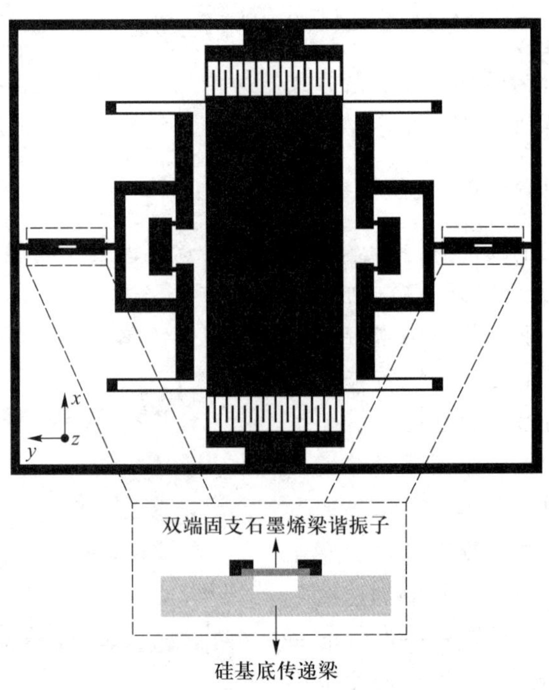

图 8.10.7 双石墨烯梁差动式角速度传感器结构示意图

图。其工作原理与 8.8.1 节介绍的输出频率硅微机械陀螺的工作原理相同,此不赘述。由于谐振子采用了石墨烯材料,其参数设计更加灵活,灵敏度变化范围更大。

8.10.6 石墨烯谐振式质量传感器

由于单层石墨烯膜片质量极小,其振动特性对附加质量非常敏感,远高于目前常使用的石英晶体微天平(QCM)和薄膜体声波谐振器的质量检测精度,有潜力应用于高灵敏度谐振式 NEMS 质量传感器。如图 8.10.8 所示为一种以双端固支悬浮石墨烯谐振器 GNR(graphene nanoresonator)为敏感结构示意图。附加质量 Δm 沉积在石墨烯膜片上改变了膜片等效质量 M_{eq},从而改变其固有振动频率,通过检测固有频率实现对附加质量的测量。理论研究表明该双端固支石墨烯谐振器可以达到 10^{-24} g 的质量分辨率,并且当附加质量在 10^{-21} g~10^{-19} g 范围内,谐振器的频率-质量响应曲线表现出非常好的线性关系。

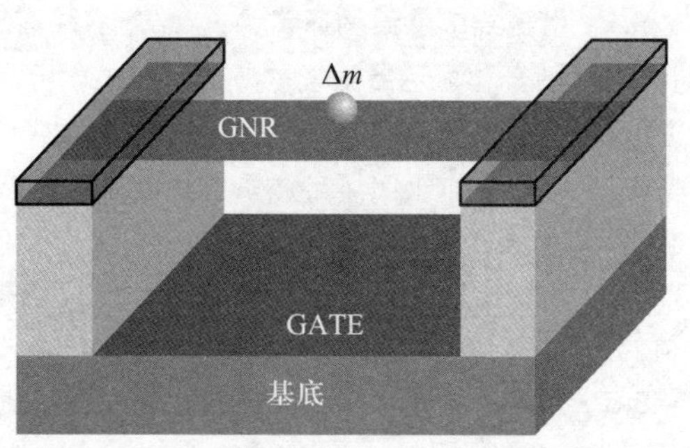

图 8.10.8 石墨烯谐振器与附加质量示意图

石墨烯谐振式质量传感器不仅可以做气体检测、生物检测(如细胞、DNA、病毒、抗体等等),也可以做金属粒子的质量测量。在环境监测、医学诊断、太空实验等多个方面都大有可为。

8.10.7 石墨烯谐振式传感器需要解决的技术难点

石墨烯谐振式传感器的研究目前尚处于起步阶段,为实现实用的石墨烯谐振式传感器产品,仍然存在很多富有挑战性的难题亟待解决:

(1) 加工工艺

制备高质量、形状规则的石墨烯仍然比较困难,且石墨烯基体转移过程中容易引入初始应力和应变,从而影响石墨烯谐振器的可调谐性。另外,还需要充分考虑加工过程中静电力、温度等干扰因素的影响。

(2) 整体结构设计

对于石墨烯谐振式传感器,谐振器本身的角度研究其传感效应,涉及传感器整体结构建模及优化分析的研究仍处于空白。合理的结构有助于改善传感器的测量灵敏度和测量范围,同时便于器件加工工艺的设计。这一部分需要充分考虑合理的加工工艺、边界条件和实际工作情况,合理运用理论和仿真分析手段,设计合理可行的石墨烯谐振式 NEMS 传感器整体结构模型。

(3) 闭环控制系统

石墨烯谐振式传感器工作在石墨烯谐振器的谐振状态,因此,采取何种合适的技术手段对谐振敏感结构的激励使之持续工作于谐振状态?采取何种合适的技术手段对处于谐振状态的石墨烯谐振子的微弱振动信号进行检测?采取何种合适的方式对石墨烯谐振敏感结构实现闭环控制,是必须要解决的关键技术难题。

习题与思考题

8.1 谐振式敏感结构通常为连续弹性体,有无穷多个自由度,为什么说谐振式敏感结构工作时可以用质量、弹簧和阻尼器组成的二阶系统力学行为来描述?

8.2 对于工作频率范围为[f_L,f_H]的谐振式传感器,如何设计其最佳工作谐振点。

8.3 对于工作于闭环自激系统的谐振式传感器,其闭环系统经常工作于非线性状态,说明该"非线性状态"对谐振式传感器的影响。

8.4 为什么说谐振子的机械品质因数 Q 值是谐振式传感器的关键参数?如何能够高精度地测定 Q 值?

8.5 对于谐振弦式压力传感器,为什么必须施加预紧力?如何考虑预紧力与被测压力形成的集中力的关系?

8.6 比较电磁激励的谐振筒式压力传感器与压电激励的谐振筒式压力传感器的应用特点。

8.7 从三个方面说明谐振筒式压力传感器圆柱壳选择 $n=4$、$m=l$ 的原因。

8.8 比较压电激励谐振式圆柱壳角速度传感器与静电激励半球谐振式角速度传感器工作原理的异同。

8.9 半球谐振式角速度传感器为什么要实现"准自由谐振状态"?如何实现这一状态?

8.10 画出描述图 8.8.1 所示的 U 形管式谐振式直接质量流量传感器,其测量原理的拓扑框图。

8.11 详细分析谐振式直接质量流量传感器用于测量气体和用于测量液体的不同点。

8.12 总结谐振式直接质量流量传感器的功能,并从传感器敏感原理与测试系统实现的角度进行说明。

8.13 半球谐振式角速度传感器与谐振式直接质量流量传感器都可以采用幅值比检测电路解算被测量,详细分析它们的不同点。

8.14 谐振式直接质量流量传感器有两种输出检测实现方式,它们各自的特点是什么?

8.15 对于图 8.8.1 所示的双管型谐振式直接质量流量传感器,若考虑双管不对称,测量中会带来哪些问题?

8.16 谐振式直接质量流量传感器可以实现双组分流体的测量,若考虑双组分液体介质互溶现象,可以采取哪些措施减小测量误差?

8.17 对于硅微结构谐振式压力传感器,除了采用热激励的方式外,查阅有关文献了解、掌握其他激励方式,并与热激励方式进行比较。

8.18 对于图 8.9.1 所示的硅微结构谐振式压力传感器,是否可以实现差动检查方式?若可以,给出实现方案并进行必要说明。

8.19 简要说明图 8.9.9 所示的硅微机械质量流量传感器应用时应注意的问题。

8.20 说明图 8.9.6 所示的微结构谐振式压力传感器可以实现对加速度测量的原理,并解释其不仅可以实现对加速度大小的测量,而且还可以敏感加速度方向的原理。

8.21 一谐振膜式压力传感器的圆平膜片敏感元件采用 3J53(弹性模量取 1.96×10^{11} Pa)加工而成,基于工艺条件将其厚度设计为 0.17 mm,如被测压力为 $0\sim3.5\times10^5$ Pa,当要求传感器具有 30%~40%的相对频率变化时,试设计圆平膜片的半径取值范围。

8.22 如图 8.9.6 所示压力微传感器的敏感结构有关参数为:E 形圆膜片内、外半径分别为 2.5 mm 和 4 mm,膜厚 0.25 mm,梁谐振子 1、2 沿径向分别设置于膜片的内、外边缘,它们长 0.6 mm、宽 0.06 mm、厚 0.007 mm,$E=1.3\times10^{11}$ Pa,$\rho_m=2.33\times10^3$ kg/m^3,$\mu=0.278$。当被测压力范围为 0~0.1 MPa 时,利用式(8.9.16)和式(8.9.17)的模型计算梁谐振子 1、2 的频率特性(等间隔计算 6 个点)。

8.23　说明图 8.9.8 所示的直接输出频率量的微机械陀螺的工作原理，建立其数学模型，说明其工作特点。

8.24　研究表明，图 8.9.8 所示的直接输出频率量的微机械陀螺敏感谐振音叉 1 与 2 的谐振频率应远远高于传感器敏感结构在 x 方向上的简谐振动的工作频率。试分析其原因。

8.25　简要说明图 7.5.1 和图 8.9.8 所示的两种微机械陀螺，在工作原理上的主要差异。

8.26　简要说明硅微结构谐振式传感器开环特性测试仪的重要性。

8.27　简要说明图 8.9.11 所示的硅微结构谐振式加速度传感器开环特性测试系统的工作原理及其应用特点。

8.28　简要说明图 8.10.1 所示的石墨烯谐振器的工作原理与应用特点。

8.29　设计一种不同于图 8.10.1 所示的石墨烯谐振器结构，并说明设计要点以及两者的不同点。

8.30　针对图 8.10.2 所示的石墨烯谐振式压力传感器，说明影响其测量灵敏度的因素，并进行简要分析。

8.31　简要比较说明图 8.10.4、图 8.10.5、图 8.10.6 所示的三种典型的石墨烯谐振式加速度传感器工作原理的差异。

8.32　简述图 8.10.8 所示的石墨烯谐振式质量传感器的基本工作原理，分析影响测量性能的因素。

第 9 章 »»

声表面波传感器

基本内容

本章基本内容包括声表面波的主要性质、声表面波叉指换能器、叉指换能器的基本特性、叉指换能器的基本分析模型、声表面波谐振器及其特性、SAW 应变传感器、SAW 压力传感器、SAW 加速度传感器、SAW 流量传感器、SAW 气体传感器、SAW 湿度传感器。

9.1 概述 »»

声表面波(surface acoustic wave,SAW)是英国物理学家瑞利在 1886 年研究地震波过程中发现的一种能量集中于地表面传播的声波。1965 年,美国的 R.M.White 和 F.M.Voltmov 发明了能在压电材料表面激励声表面波的叉指换能器(interdigital transducer,IDT)之后,大大加速了声表面波技术的发展,相继出现了许多各具特色的声表面波器件,使声表面波技术逐渐应用到通信、广播电视、航空航天、石油勘探和无损检测等许多技术领域。而随着声表面波谐振器的出现,声表面波传感器(SAW transducer/sensor)的研究已经成为声表面波技术的一个重要应用领域;同时,声表面波传感器也逐渐引起了传感器技术领域的重视,成为传感器技术领域的重要分支之一,特别在欧美和日本发展非常迅速。

声表面波谐振器的核心是叉指换能器。基于声表面波谐振器的频率特性,配上必要的电路和结构,可以实现敏感许多参数的声表面波传感器。近 20 年来,利用 SAW 谐振器的频率特性对温度、压力、磁场、电场和某些气体成分等敏感的规律,设计、研制和开发了十几种声表面波传感器。尽管 SAW 传感器的历史并不长,还没有在较多的领域实用化,但由于它符合传感器向小型化、数字化、智能化和高精度的发展方向,因而受到人们的高度重视,将具有十分广阔的应用前景。SAW 传感器主要有以下优点。

(1) 高精度、高灵敏度。例如,SAW 压力传感器的相对灵敏度可达 0.1×10^{-6}/Pa。若传感器的中心频率为 200 MHz,可以检测出 2 Hz 的频率变化时,该传感器可反映出 0.1 Pa 压力的变化;又如 SAW 温度传感器的理论分辨率可达 10 μ℃。因此,SAW 传感器非常适用于微小量程的测量。

(2) 结构工艺性好,便于批量生产。SAW 传感器是平面结构,设计灵活;片状外形,易于组合和实现单片多功能化;易于实现智能化;能获得良好的热性能和机械性能。SAW 传感器中的关键部件——SAW 器件,包括谐振子或延迟线,极易集成化、一体化。由于 SAW 传感器易于大规模生产,故可以降低成本。

(3) 体积小,质量小,功耗低,易于集成。由于声表面波 90%以上的能量集中在距表面一个波长左右的深度内,因而损耗低。此外,SAW 传感器电路相对简单,所以整个传感器的功耗很小,这对于煤矿、油井或其他有防爆要求的场合特别重要。

(4) 与微处理器相连,接口简单。SAW 传感器直接将被测量的变化转换成频率的变化(为准数字式信号),便于传输与进一步处理。

9.2 表面波的基本理论

9.2.1 表面波的基本类型

在无边界各向同性的固体中传播的声波称为体波或体声波,根据质点的振动方向可将它分为纵波与横波两大类。纵波质点振动平行于传播方向,横波质点垂直于传播方向。两者的传播速度取决于材料的弹性模量、泊松比和质量密度,可表述为

$$v_L=\sqrt{\frac{E_S}{\rho_S}\cdot\frac{1-\mu_S}{(1+\mu_S)(1-2\mu_S)}} \tag{9.2.1}$$

$$v_S=\sqrt{\frac{E_S}{\rho_S}\cdot\frac{1}{2(1+\mu_S)}} \tag{9.2.2}$$

式中 v_L——纵波速度,m/s;

v_S——横波速度,m/s。

本章 E_S、μ_S、ρ_S 均分别代表声表面波材料的弹性模量、泊松比、质量密度。固体材料的泊松比 μ_S 一般在 0~0.5 之间,因此由式(9.2.1)和式(9.2.2)可知,横波的速度要低于纵波的速度。

在一般各向异性的晶体材料中,质点振动方向与声波传播方向的关系比较复杂。通常,质点振动方向既不平行也不垂直于波的传播方向,而且质点振动有三个相互垂直的偏振方式,偏振方向较接近于传播方向的波称为“准纵波”;另外两个偏振方向较接近垂直于传播方向的波称为“准横波”。这三个波的速度各异,其中准纵波最快,两个准横波中,速度较快的一个称为准快横波,较慢的一个称为准慢横波。这三个波的波前法线方向,即波的相速度方向与波的能流方向不一致(见图 9.2.1),这种现象称为“波束偏离”。只有在某些特殊的方向,才能得到纯纵波与纯横波,也即这些波的能流方向与波的相速度一致。这些方向也称为纯波方向。

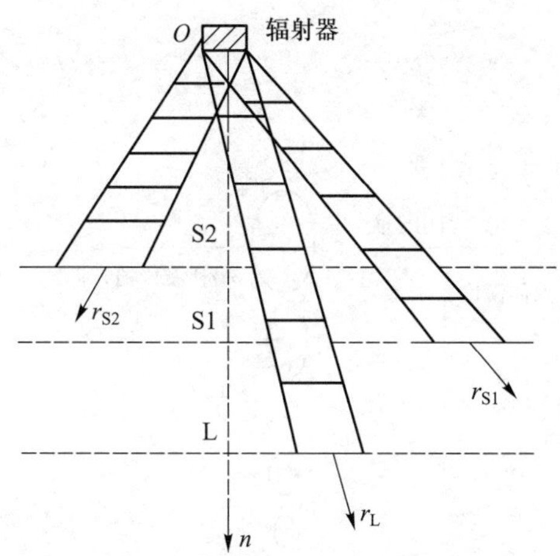

图 9.2.1 在各向异性固体材料中传播的声波

在图 9.2.1 中,n 为波前的法线方向;r_L、r_{S1}、r_{S2}分别为准纵波、准快横波、准慢横波的能流方向,一般这三束波并不共面;OL、$OS1$、$OS2$ 分别正比于 r_L、r_{S1}、r_{S2}的相速度。

对于压电晶体,由于压电效应,在声波传播过程中,将有一个电动势随同传播,且使声波的速度变快,这种现象称为“速度劲化”。

当固体有界时,由于边界的限制,可出现各种类型的声表面波。

1. 瑞利波

声表面波技术所应用的绝大部分是这种类型的波。其传播速度的计算公式比较复杂，在最简单的非压电各向同性的固体材料中，其速度满足

$$r^3-8r^2+8r(3-2s)-16(1-s)=0 \tag{9.2.3}$$

$$s=\left(\frac{v_S}{v_L}\right)^2=\frac{1-2\mu_S}{2(1-\mu_S)}$$

$$r=\left(\frac{v_R}{v_S}\right)^2$$

式中 v_R——瑞利波传播速度，m/s。

通过分析，比值$\frac{v_R}{v_S}$在 0.874～0.955 之间。图 9.2.2 为不同的$\frac{v_S}{v_L}$值下比值$\frac{v_R}{v_S}$的变化曲线，可见瑞利波速度要比横波慢。

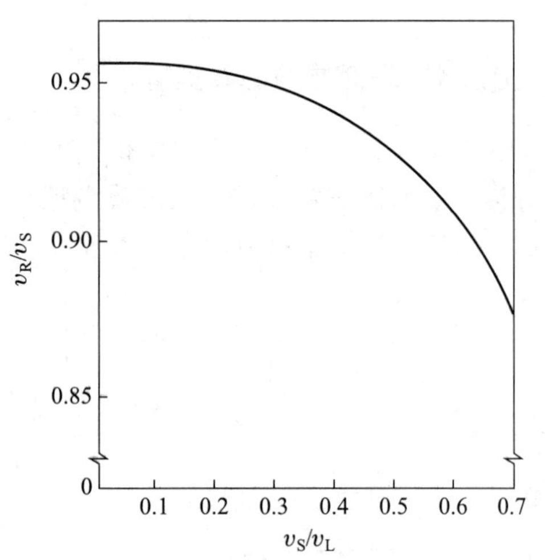

图 9.2.2 各向同性的固体材料中$\frac{v_R}{v_S}$与$\frac{v_S}{v_L}$的关系

瑞利波质点的运动是一种椭圆的偏振，是相位差为 90°的纵振动和横振动合成的结果。表面质点做逆时针方向的椭圆振动的幅值随离开表面的深度而衰减，如图 9.2.3 所示；而且纵波与横波的衰减不一致，其衰减规律如图 9.2.4 所示。

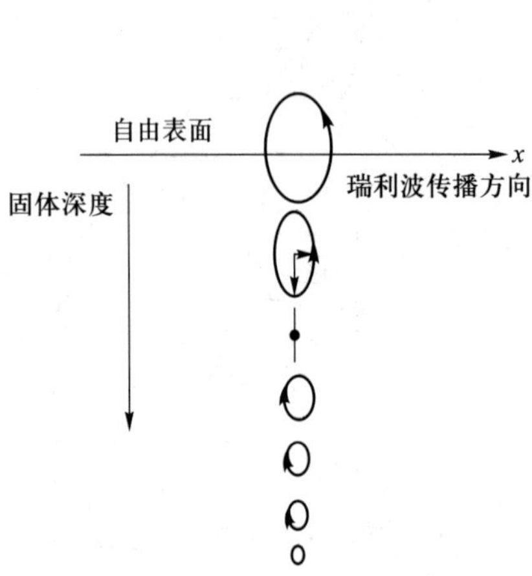

图 9.2.3 在各向同性固体材料中瑞利波质点运动随深度的变化

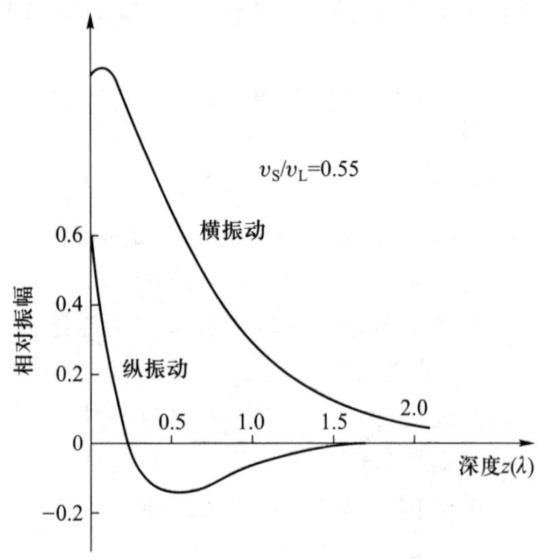

图 9.2.4 在各向同性固体材料中瑞利波的纵波振动与横波振动分量随深度的变化

从图 9.2.4 中不难得到，瑞利波能量集中在约一个波长深度的表面层内，频率越高，集中能量的层越薄。这一特点使声表面波较体波更易于获得高声强，同时该特点也使基片对声表面波传播的影响很小，因此，就声表面波器件本身而言，对基片的厚度无严格的要求。但作为传感器而言，有时基片厚度对其性能有较大的影响，必须认真考虑。

在各向异性晶体材料中，瑞利波基本上保持了上述特点。

2. 电声波

这是一种质点振动垂直于传播方向和表面法线方向的横表面波，1968 年由 Bleustein 和 Gulyaev 首先发现。

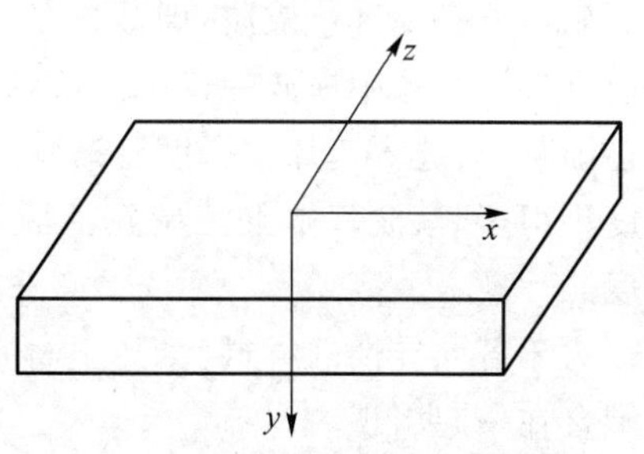

图 9.2.5 电声波传播的坐标系

电声波的传播如图 9.2.5 所示。图中 x、y、z 分别为波的传播方向、表面法线方向和电声波的质点振动方向。若材料是电自由的，则沿 x 方向传播的速度为

$$v=v_{\mathrm{S}}\sqrt{1-\frac{K^4}{(1+\varepsilon_{11})^2}} \tag{9.2.4}$$

$$K^2=\frac{d_{15}^2}{\varepsilon_{11}\bar{c}_{44}}$$

$$\bar{c}_{44}=c_{44}+\frac{d_{15}^2}{\varepsilon_{11}}$$

式中 v_{S}——同方向传播的体横波速度，m/s；

ε_{11}——材料的介电常数；

K——体横波速度的机电耦合系数；

d_{15}——材料的压电常数；

$\bar{c}_{44}$——材料的劲化弹性常数；

c_{44}——材料的弹性常数。

电声波在这种表面为电自由的材料中传播时，沿深度 y 方向的衰减常数为

$$\zeta_2=\frac{K^4}{1+\varepsilon_{11}}\zeta_1 \tag{9.2.5}$$

$$\zeta_1=\frac{2\pi}{\lambda}$$

式中 λ——电声波的波长，m。

当晶体材料表面短路时，沿 x 方向传播的电声波的速度为

$$v=v_{\mathrm{S}}\sqrt{1-K^4} \tag{9.2.6}$$

这时的衰减系数为

$$\zeta_2=K^2\zeta_1 \tag{9.2.7}$$

一般晶体材料的介电常数 $\varepsilon_{11}\gg1$，故在表面为压电自由晶体中传播的电声波的速度更接近于体横波的速度，而其透入深度远较表面电短路的电声波为深。

当材料的压电系数 $d_{15}\to0$，即非压电材料，$v\to v_{\mathrm{S}}$，$\zeta_2\to0$，也即电声波退化为体声波。

3. 乐甫波

在声表面波器件中，常见到一种复合结构，即在基片上面覆盖一层薄膜。在这种结构中，解波动方程需要两个边界条件，一是在膜的自由表面，另一是在膜与基片上面覆盖的分界面。在这种情况下可出现两种类型的波；一是质点作椭圆偏振的瑞利型波；另一是当薄膜材料的体横波速度 v_{S}' 小于基片材料的体横波速度 v_{S} 时出现的横表面波，其质点振动垂直于传播方向 x 和表面法线方向 y，该波称为乐甫波。

乐甫波是一种色散波，即波速与频率有关。在截止频率附近，波透入基片中很深，其传播速度接近基体中横波的速度。低频时，膜仅相当于对基体的一种微扰。当频率增高时，波速逐渐减小，透入基片中深度逐渐减小，即波的能量逐渐集中于薄膜层中。当波长比薄膜层厚度小很多时，波基本上集中在薄膜层中，这时波的传播速度接近于薄膜层材料中的横波速度。

对于各向异性的材料（如压电材料）情况比较复杂，除某些特殊方向外，乐甫波与瑞利型波耦合在一起出现。

4. 瑞利型波

瑞利型波与瑞利波有些特点不一样，简要说明如下。

瑞利型波的出现不受 $v_S'<v_S$ 的限制，即不论薄膜材料的体横波速度 v_S' 大于还是小于基片材料的体横波速度 v_S 都可出现瑞利型波。当 $v_S'>v_S$ 时，称膜为劲化基体；当 $v_S'<v_S$ 时，称膜为加载基体。对于各向同性材料，前者是各向同性硅膜片覆盖在各向同性氧化锌基体上，后者是金膜覆盖在熔凝石英上。不论哪一种情况，瑞利波均为色散波。对于 $v_S'>v_S$ 的情况，只有一种基本模式，不存在高次模式。在这种情况下，当基体上不存在膜时，在基体中传播的即为瑞利波；当膜层增厚或频率增高，瑞利型波波速也逐渐增加，直至与基体的体横波速度相同，这时波的投射速度增大，类似于体横波。对于 $v_S'<v_S$ 的情况，则类似于乐甫波，除了色散外，还存在高次谐波。

9.2.2 声表面波的主要性质

1. 声表面波的反射与模式转换

在声表面波传播表面上常会发生声阻抗不连续。例如，压电晶体表面蒸上金属指条，金属化区域由于电场短路而使其声速比自由表面区域小；或者因金属条有质量加载而使声阻抗发生变化；或者因表面刻蚀了沟槽而使声阻抗不连续等等。声表面波与一般波动一样，当遇到声阻抗不连续时便会发生反射。对于瑞利波，由于其质点做椭圆振动，既有横振动又有纵振动，因此遇到阻抗不连续时，入射波除了以瑞利波形式反射回来外，还有一部分能量在反射时回转换为体波，这种现象称为模式转换。正是由于这一点，对瑞利波的反射处理比体型波要复杂得多。

用于激励瑞利波的叉指换能器，其金属指条在基片表面上也构成了声阻抗不连续区，因此，瑞利波在换能器下传播时，在指边缘处会产生反射。通常因声阻变化不大，因而反射量很小，属于二阶效应。但当指条数很多，而且各反射信号的相位不同时，对器件的性能会造成很大影响。因此在器件设计时常要采取一些措施抑制上述二阶效应。另一方面，又可以利用这一效应实现某些功能。例如，由许多条等间距的金属条或沟槽构成的分布式反射阵列，在某些特殊的频率点，这些反射波可以做到同相叠加，当条数足够多时，就可以实现几乎百分之百的反射波，而转换的体波能量很少。

2. 波束偏离与衍射效应

在各向异性固体中，波的相速与群速或者说相位传播方向与能量传播方向一般是不一致的，这种现象称为波束偏离。两者之间的夹角 ϕ 称为偏离角度。而声表面波器件绝大部分是由各向异性的单晶体作成，因此存在着波速偏离现象，如图 9.2.6 所示。由于波束偏离，接收换能器只能接收到波束的一部分能量，由此引起能量损失。ϕ 角越大，换能器越短，距离越远，能接收到的能量越少。

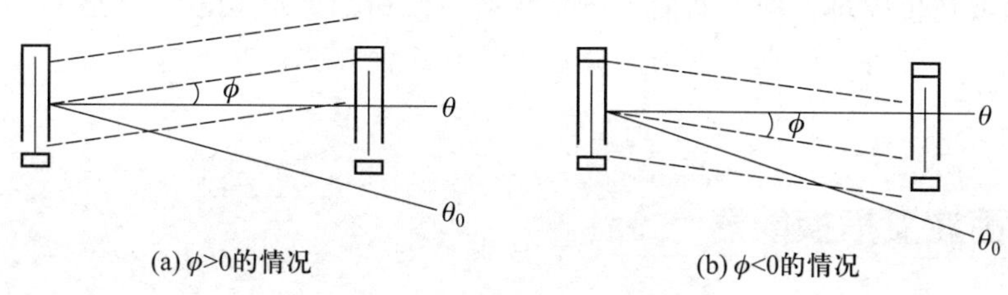

(a) $\phi>0$的情况　　(b) $\phi<0$的情况

图 9.2.6　波速偏离现象示意图

波速偏离角 ϕ 的计算公式为

$$\phi=\arctan\left(\frac{1}{v}\ \frac{\mathrm{d}v}{\mathrm{d}\theta}\right) \tag{9.2.8}$$

式中　θ——声表面波的传播方向；

v——沿 θ 方向的声表面波速度，m/s。

在各向同性材料中，v 与 θ 无关，$\frac{\mathrm{d}v}{\mathrm{d}\theta}=0$，因此 $\phi=0$，即不存在偏离。对于各向异性材料，也能找到某些 θ 方向，使$\frac{\mathrm{d}v}{\mathrm{d}\theta}=0$，$\phi=0$，即不出现偏离现象，这些方向即为纯波方向。

声表面波与一般波动一样，也存在着衍射现象。衍射会造成沿垂直于弧矢平面方向（即图 9.2.7 中的 y 方向）上的振幅与相位的变化。对于简单的叉指换能器所发射的表面波束可借用光学中狭缝衍射理论来处理。叉指换能器的孔径 $2a$ 相当于狭缝的宽度。图 9.2.7 所示为在各向同性材料上，当叉指换能器一端辐射均匀的声表面波时，衍射声场的剖面图。纵坐标 $W=(\lambda/a^2)x$ 称为归一化距离，x 为到叉指换能器的距离。由图可知：衍射场可分为近场区和远场区两个区域，$W=1$ 可以作为划分近场区与远场区的分界线。在 $W<1$ 的近场区，声场剖面有较大的起伏，但能量基本上限制在宽度为 $2a$ 的波束内。在 $W>1$ 的远场区，声场剖面只有一个峰，其强度与距离成反比，能量基本上限制在某一角度的波束内。

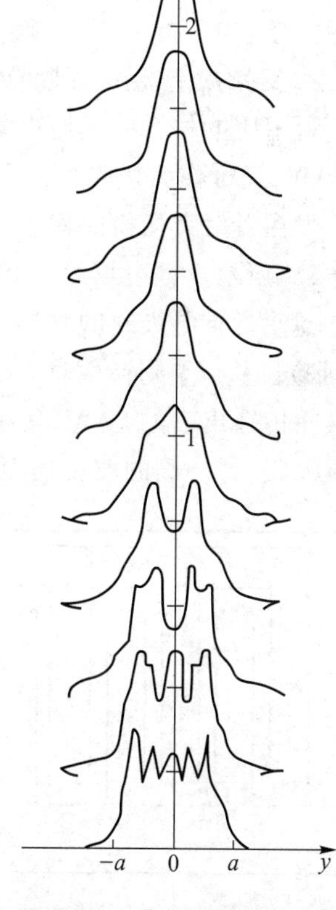

图 9.2.7　各向同性基片上衍射声场的强度剖面示意图

3. 声表面波的衰减

波束偏离与衍射效应会引起波束能量改变方向或发散出去，使接收换能器不能全部截获到发射波束的能量，因而导致器件插入损耗的增加。此外，还有三种原因引起传播过程中声表面波的衰减；

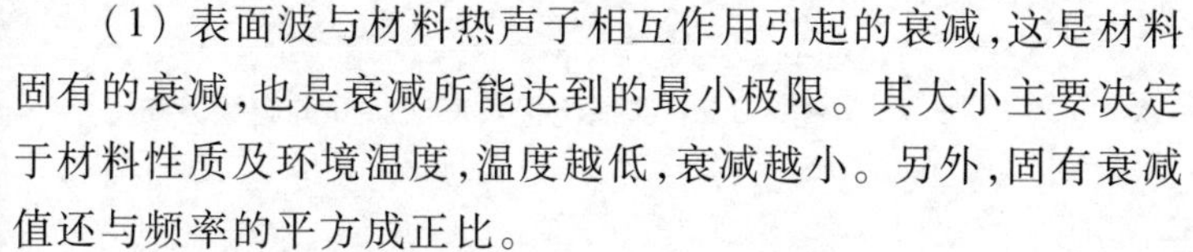

（1）表面波与材料热声子相互作用引起的衰减，这是材料固有的衰减，也是衰减所能达到的最小极限。其大小主要决定于材料性质及环境温度，温度越低，衰减越小。另外，固有衰减值还与频率的平方成正比。

（2）材料表面粗糙引起的表面波散射所产生的衰减，其大小与材料质量和抛光工艺水平有关，与温度无关。

(3) 表面波在传播过程中不断向气体中辐射声波所引起的衰减。其值与表面上气体性质和气压有关。一般可采取真空密封的办法来消除这种衰减损耗。

9.3 声表面波叉指换能器

声表面波叉指换能器是一个非常重要的声表面波器件。自从出现了叉指换能器,才使声表面波技术以及声表面波传感器得到了具有实用价值的飞速发展。到目前为止,叉指换能器是唯一可实用的声表面波换能器。

9.3.1 叉指换能器的基本特性

1. 叉指换能器的基本结构

图 9.3.1 所示为叉指换能器的基本结构,它由若干淀积在压电衬底材料上的金属膜电极组成,这些电极条互相交叉放置,两端由汇流条连在一起,其形状如同交叉平放的两排手指,故称为均匀(或非色散)叉指换能器。叉指周期 $T=2a+2b$。两相邻电极构成一电极对,其相互重叠的长度为有效指长,即换能器的孔径,记为 W。若换能器的各电极对重叠长度相等,则叫等孔径(或等指长)叉指换能器。

2. 叉指换能器激励 SAW 的物理过程

利用压电材料的逆压电效应与正压电效应,叉指换能器既可以作为发射换能器,用来激励 SAW,又可作为接收换能器,用来接收 SAW。因而这类换能器是可逆的。

当在发射叉指换能器上施加适当频率的交流电信号后,在压电基片内部的电场分布如图 9.3.2 所示。该电场可分解为垂直与水平两个分量 E_V 和 E_H。由于基片的逆压电效应,这个电场使指条电极间的材料发生形变,使质点发生位移,E_H 使质点产生平行于表面的压缩(膨胀)位移,E_V 则产生垂直于表面的剪切位移。这种周期性的应变就产生沿叉指换能器两侧表面传播出去的 SAW,其频率等于所施加电信号的频率。一侧无用的波可用一种高损耗介质吸收,另一侧的波传播至接收叉指换能器,借正压电效应将 SAW 转换为电信号输出。

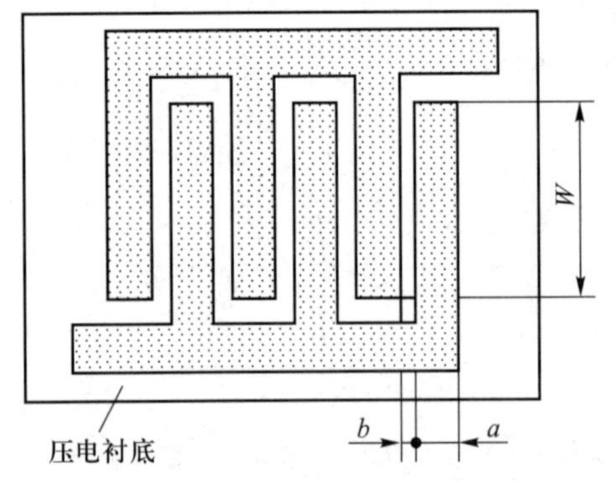

图 9.3.1 叉指换能器的基本结构

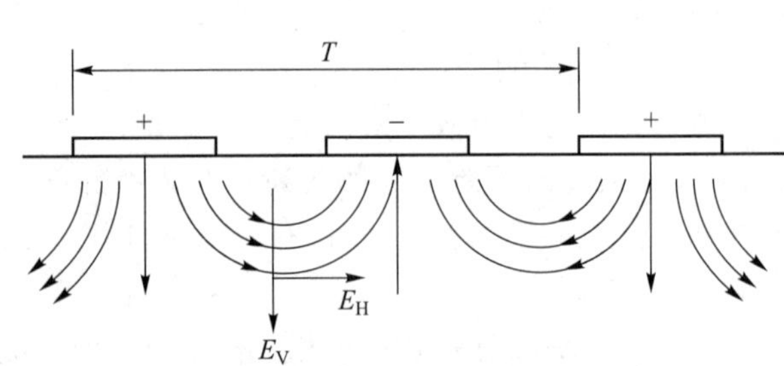

图 9.3.2 叉指电极下某一瞬间的电场分布

3. 叉指换能器的基本特性

(1) 工作频率(f_0)高。由图 9.3.2 可知,基片在外加电场作用下产生局部形变,当声波波长与电极应变周期一致时得到最大激励(同步)。这时电极应变周期 T 即为声波波长 λ,可

表示为

$$\lambda = T = \frac{v}{f_0} \tag{9.3.1}$$

式中 v——材料的表面波声速，m/s；

f_0——SAW 的工作频率，即外加电场的同步频率，Hz。

当指宽 a 与间隔 b 相等时，$T = 4a$，则工作频率 f_0 为

$$f_0 = \frac{v}{4a} \tag{9.3.2}$$

可见，对于确定的声速 v，叉指换能器的最高工作频率只受工艺上所能获得的最小电极宽度 a 的限制。叉指电极由平面工艺制造，随着集成电路工艺技术的发展，现已能获得 0.3 μm 左右的线宽。对石英基片，换能器的工作频率可高达 2.6 GHz。工作频率高是这类器件的一大特点。

(2) 时域(脉冲)响应与空间几何图形的对应性。叉指换能器的每对叉指电极的空间位置直接对应于时间波形的取样。在图 9.3.3 所示的多指对发射、接收情况下，将一个 δ 脉冲加到发射换能器上，在接收端收到的信号是到达接收换能器的声波幅度与相位的叠加，能量大小正比于指长。图中单个换能器的脉冲为矩形调制脉冲，如同几何图形一样，卷积输出为三角形调制脉冲。

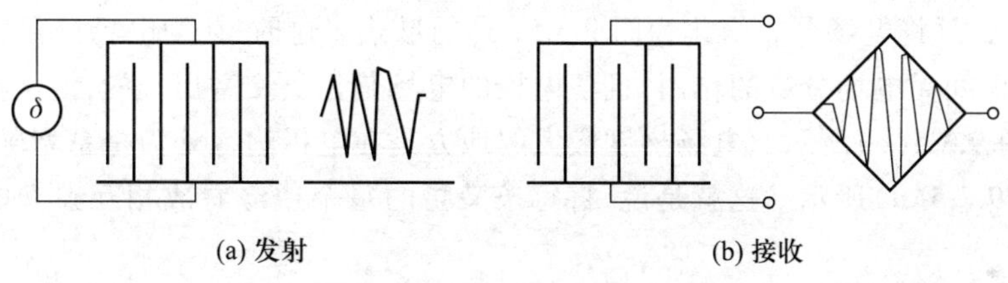

图 9.3.3 叉指换能器脉冲响应几何图形示意图

换能器的传输(转移)函数为脉冲响应的傅氏变换。这一关系为设计换能器提供了极简单的方法。

(3) 带宽直接取决于叉指对数。对于均匀的叉指换能器，即等指宽、等间隔的叉指换能器，带宽可简单地表示为

$$\Delta f = \frac{f_0}{N} \tag{9.3.3}$$

式中 f_0——中心频率(工作频率)，Hz；

N——叉指对数。

由式(9.3.3)可知，中心频率一定时，带宽只决定于叉指对数。叉指对数越多，换能器带宽越窄。声表面波器件的带宽具有很大的灵活性，相对带宽可窄到 0.1%，可宽到 1 倍频程(即 100%)。

(4) 具有互易性。作为激励 SAW 用的叉指换能器，同样(且同时)也可作接收用。这对分析和设计都很方便，但因此也带来麻烦，如声电再生等次级效应将使器件性能变坏。

(5) 可作内加权。由特性(2)可知，在叉指换能器中，每对叉指辐射的能量与指长重叠的有效长度即孔径有关。这就可以用改变指长重叠的办法实现对脉冲信号幅度的加权。同时，因为叉指位置是信号相位的取样，因此，刻意改变叉指的周期，就可实现信号的相位加

权,如色散换能器;或者两者同时使用,以获得某种特定的信号谱,如脉冲压缩滤波器。图9.3.4简单地表示了叉指换能器的内加权特性。

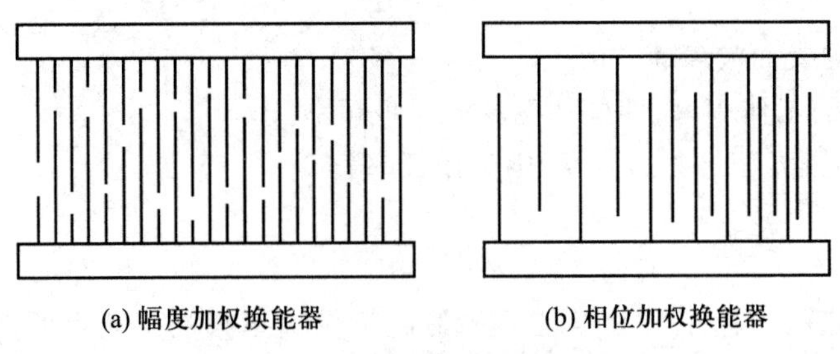

图9.3.4 叉指换能器的内加权特性

(6) 制造简单,重复性、一致性好。SAW器件制造过程类似半导体集成电路工艺,一旦设计完成,制得掩膜母版,只要复印就可获得一样的器件。所以这种器件具有很好的一致性、互换性和重复性。

9.3.2 叉指换能器的基本分析模型

1. δ 函数模型

叉指换能器截面的电场分布如图9.3.5(a)所示。若近似地认为只有垂直表面的电场才激励SAW,那么可将电场分布简化为图9.3.5(b)的形式。这时,认为电场仅存在于叉指电极的下方,而电极间无电场分量的作用,且各电极的电场是正负交替出现的,沿x轴传播方向的电场分布如图9.3.5(c)所示。电场梯度最大的地方是在电极边缘处为一系列脉冲,且两两同号相间,如图9.3.5(d)所示。这就是说,将每条叉指的每个边缘看成相互独立的δ函数声源输出的叠加。

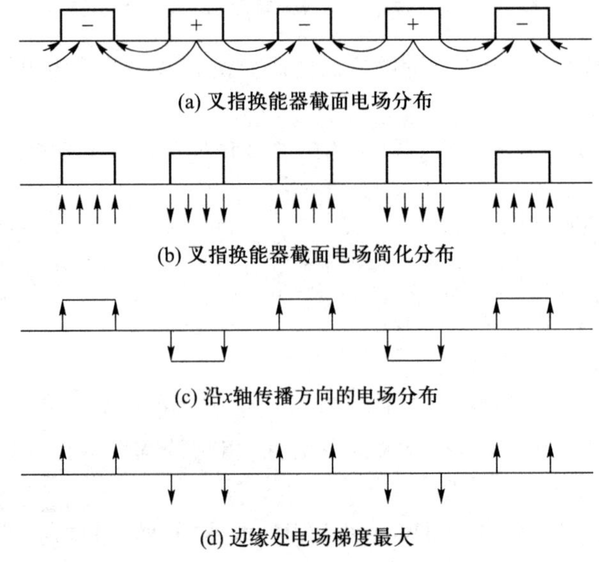

−
+
−
+
−
(a) 叉指换能器截面电场分布
(b) 叉指换能器截面电场简化分布
(c) 沿x轴传播方向的电场分布
(d) 边缘处电场梯度最大

图9.3.5 δ函数模型电场分布及简化形式

如图9.3.6所示,考虑一叉指换能器有N个指边缘(即$N/2$条指):$x_1,x_2,\cdots,x_n,\cdots,x_N$;δ脉冲声源作用在指中心,且两个δ声源脉冲间距为$\lambda_0/2$,如图9.3.6(b)所示。各叉指重叠长度相等，即 $W_1=W_2=\cdots=W_n=W$。于是，对有 N 对指的换能器（$2N+1$ 根指，$2N$ 个间隔），当考虑到 $\Delta\omega/\omega_0\ll 1$ 时，其转移函数为

$$H(\omega)=2NW\frac{\sin X}{X}\mathrm{e}^{-\mathrm{j}\left(\frac{2N-1}{2}\right)\pi} \tag{9.3.4}$$

$$X=N\pi\frac{\Delta\omega}{\omega}$$

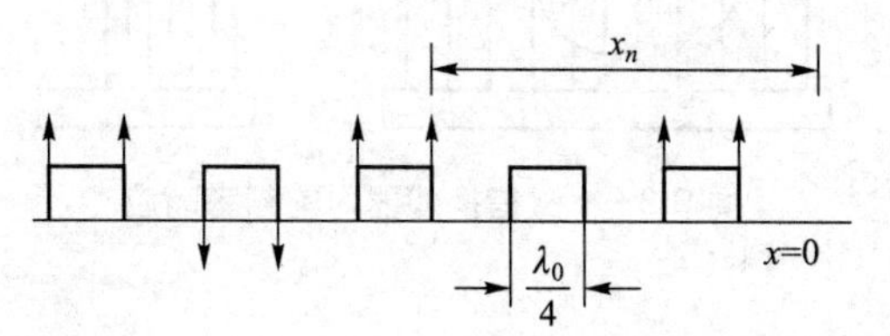

(a) 有N个指边缘的叉指换能器

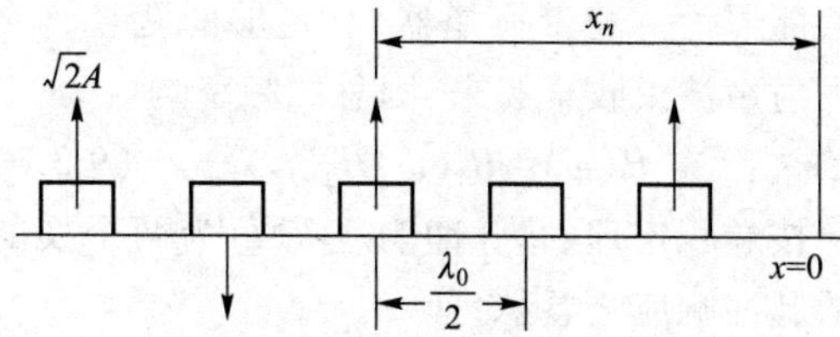

(b) 作用于指中心，δ声源脉冲间距0.5 λ_0

图 9.3.6 δ 函数模型的离散平面波源

由式(9.3.4)可知，等指长的均匀叉指换能器的转移函数为辛格函数。其图形如图 9.3.7 所示。

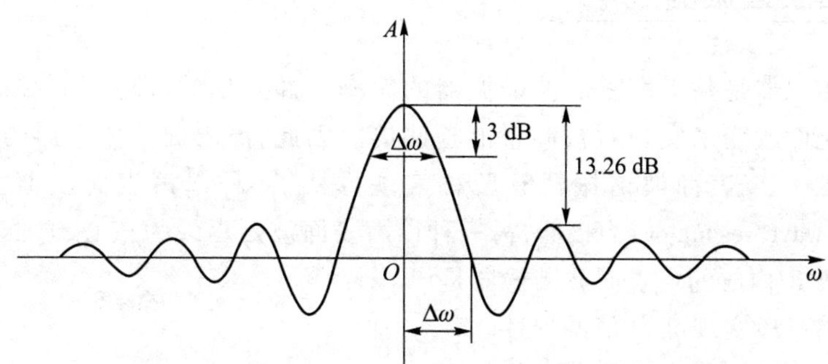

图 9.3.7 均匀、等孔径叉指换能器的转移函数波形

将主峰值下降 3 dB 时的频谱宽度定义为带宽。由此定义可求得

$$\left(\frac{\Delta\omega}{\omega}\right)_{3\ \mathrm{dB}}\approx\frac{1}{N} \tag{9.3.5}$$

一个有两个 IDT 的 SAW 器件，分别用于发射与接收，其位置如图 9.3.8 所示。

设两个 IDT 相同，且接收换能器有 M 个边缘，则总的输出应为 M 个边缘输出的叠加，其频率响应简化为

$$H(\omega)=\left(\sum_{n=1}^{N}W_n\mathrm{e}^{\mathrm{j}\frac{2\pi f}{v}x_n}\right)^2\mathrm{e}^{-\mathrm{j}\frac{2\pi f}{v}B} \tag{9.3.6}$$

$$B=y_m-x_n$$

式中 y_m——两个叉指换能器中心之间的距离，m；

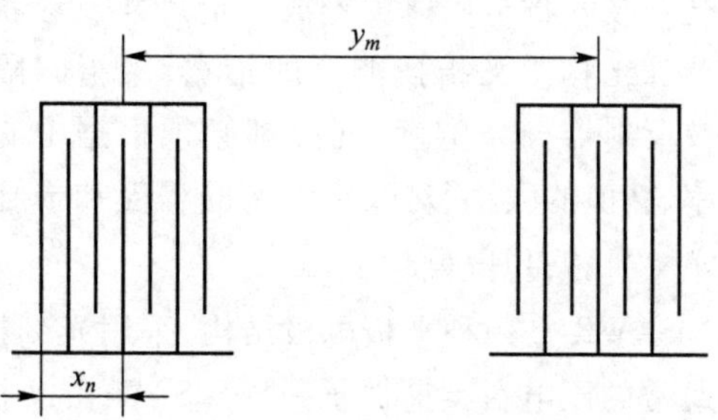

图 9.3.8 一对完全相同换能器的 δ 函数模型分析示意图

$e^{-j\frac{2\pi f}{v}B}$——固定延迟。

δ 函数模型的主要优点在于简单、直观。在同步频率附近，δ 函数模型能给出通带形状的较好描述。

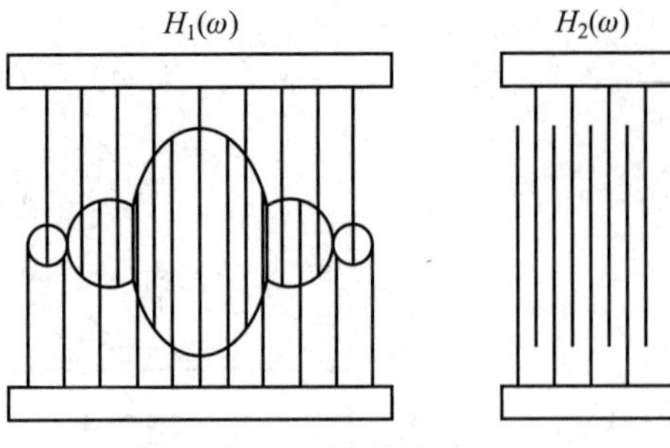

图 9.3.9 叉指换能器对的频率响应

2. 脉冲响应模型

对于如图 9.3.9 所示的一对换能器，若接收换能器为一宽带换能器，有足够的孔径将全部发射声波束收集起来，则总的频率响应为

$$H(\omega) = H_1(\omega)H_2(\omega) \tag{9.3.7}$$

按卷积定理，总脉冲响应 $h(t)$ 为两个换能器的脉冲响应之卷积，即

$$h(t) = \int_{-\infty}^{\infty} h_1(\tau)h_2(t-\tau)\mathrm{d}\tau \tag{9.3.8}$$

利用脉冲响应模型，可求得换能器的转移函数。

9.4 声表面波谐振器

声表面波传感器是基于声表面波谐振器的频率特性实现的，即基于谐振器的频率随着被测参量的变化而改变来实现对被测量的检测的。因此，声表面波传感器的关键器件就是声表面波谐振器。声表面波谐振器有两种实现方式：一种以声表面波谐振子（SAWR—surface acoustic wave resonator）为核心；另一种以声表面波延迟线为核心，再配以适当的放大器组成。由 SAWR 构成的声表面波谐振器是在甚高频和超高频段实现高 Q 值的器件。

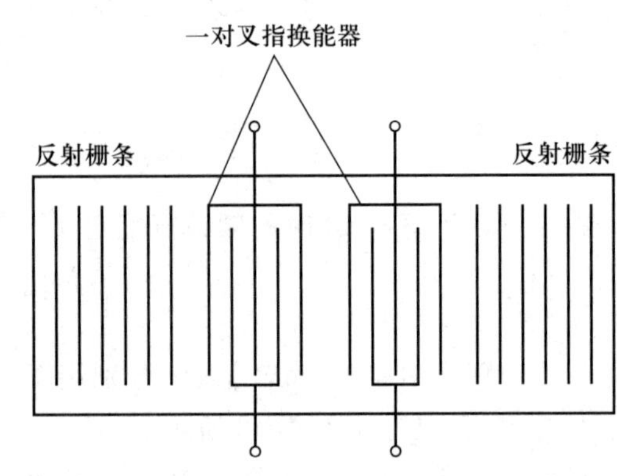

图 9.4.1 SAWR 基本结构

SAWR 由一对叉指换能器及金属栅条式反射器构成，如图 9.4.1 所示。两个叉指换能器一个用作发射声表面波，一个用作接收声表面波。叉指换能器及反射器是用半导体集成工艺将金属铝淀积在压电基底材料上，再用光刻技术将金属薄膜刻成一定尺寸及形状的特殊结构。叉指换能器的指宽、叉指间隔以及反射器栅条宽度、间隔都必须根据中心频率、Q 值的大小、对噪声抑制的程度和损耗大小来进行设计、制作。

SAWR 是一种平板电极结构，采用光刻技术在一个合适的压电材料上制成。其工作原理和通常的压电石英谐振子一样。SAW 由叉指换能器产生，叉指换能器可将机械信号变换成电信号，或将电信号变换成机械信号。SAW 被限制在谐振腔内，谐振腔的 Q 值由材料的插入损耗和空腔泄漏损耗决定。图 9.4.2 是三种常用谐振子的简图。图 9.4.2(a)是单叉指换能器式谐振子，是最简单的一种，属于单端对、单通道谐振子结构，具有低的相互干扰和低的插入损耗。而图 9.4.2(b)和图 9.4.2(c)所示的是双叉指换能器式谐振子和带耦合的双叉指换能

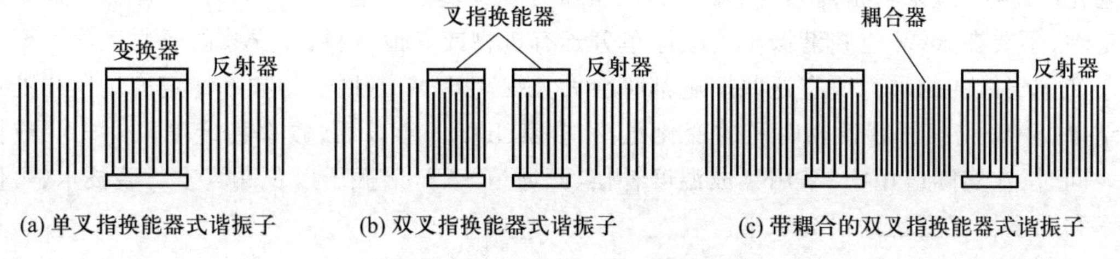

图 9.4.2 SAW 谐振子不同的谐振腔结构

器式谐振子的结构,由于在谐振腔中心,声信号的传播损耗大,而使整个谐振器具有较高的插入损耗。但它们都具有受正反馈谐振子控制的振荡结构所必需的180°相移。

在输入或输出换能器两边有许多周期性排列的反射栅条。当 SAW 的波长近似等于栅条周期的 2 倍时,反射栅的作用就像一面镜子。在这个频率范围内,所有的表面波能量都被限制在由这两个栅条组成的谐振腔内。每个栅条就像一个阻抗不匹配的传输线那样产生反射。用足够数目的栅条,就可以使来自所有反射栅条的总反射几乎等于来自叉指换能器的入射波;在谐振频率点处,所有的反射叠加在一起,就产生一个高 Q 值的窄带信号。

虽然单端对谐振子有许多合乎要求的特性,但它没有双端对谐振子设计来得灵活。当用它组成谐振器时,单端对谐振器反馈到谐振器放大器的输入端的信号必须设计成具有180°的相移。实际上,单端对谐振器所要求的180°相移虽然能够得到,但相位噪声却超过了双端对谐振器。

在选择 SAW 谐振子基片材料时,可考虑相对带宽、插入损耗、工作温度要求以及与温度有函数关系的频率稳定度等一些因素。各种不同的压电材料,它们的应用特性不大相同。当要求宽频带且温度系数不大于 $10^{-4}/℃$ 时,可采用高耦合材料——铌酸锂;而石英材料由于插入损耗大,不适合应用于宽频带;当要求窄频带时,由于石英晶体有很高的稳定性而常常被采用。在 0~80℃ 的温度范围内,使用温度补偿振荡电路,也可使石英晶体制作的 SAW 谐振子标称频漂小于 10^{-4}。

由 SAWR 与放大器组成的谐振器结构框图如图 9.4.3 所示。将声表面波谐振子的输出信号经放大后,正反馈到它的输入端。只要放大器的增益能补偿谐振子及其连接导线的损耗,同时又能满足一定的相位条件,那么谐振子就可以起振、自激。起振后的声表面波谐振子的谐振频率会随着温度、压电基底材料的变形等因素影响而发生变化。因此,声表面波谐振器可用来做成测量各种物理量的传感器。

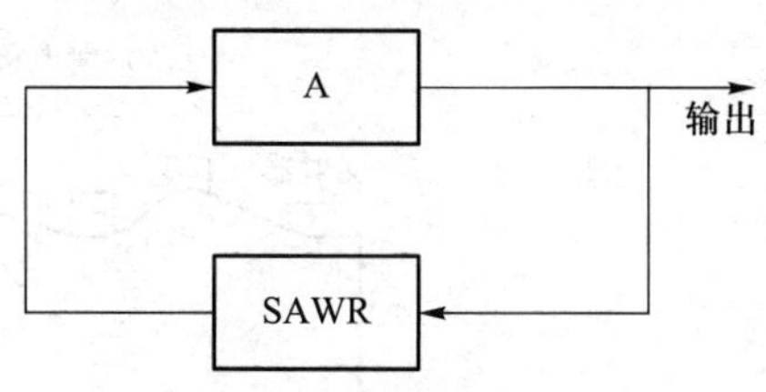

图 9.4.3 由 SAWR 与放大器组成的谐振器结构框图

若用声表面波延迟线为核心作成谐振器,并在两叉指电极之间涂覆一层对某种气体或湿度敏感的材料,就可制成 SAW 气体或湿度传感器。

为了提高 SAW 谐振器的工作频率对温度变化的稳定性,需要在电路中加入一定的补偿电路。这样,在很宽的温度范围内,SAW 谐振器就能以高精度在一个给定的频率上振荡。

此外,为了提高稳定性,在制造 SAW 器件时,在工作频率范围内要进行老化试验。为减小老化的影响，应采取密封装置、真空烘干和抽真空封装等措施。为了提高 SAW 器件的长期稳定性，不要在 SAW 空腔谐振子内喷涂单分子有机物或其他材料；在安装的密封盒内不要有易于产生气体的物质。所有这些措施都将会大大提高 SAW 谐振子的频率稳定度。这样处理的结果，SAW 谐振子特性随时间的变化很小，在其工作一年以后，频率稳定度可达 10^{-7} 或更优。同时，在实际应用中，采用集成温度补偿、双通道 SAW 谐振子以及高真空封装技术，可使频率和温度稳定度达到很高水平。

9.5 SAW 应变传感器 》》》

在力或力矩等被测量的作用下，SAWR 均产生应变，如图 9.5.1 所示。因此，许多被测量的检测，可以通过对由其引起的应变的测量来实现。

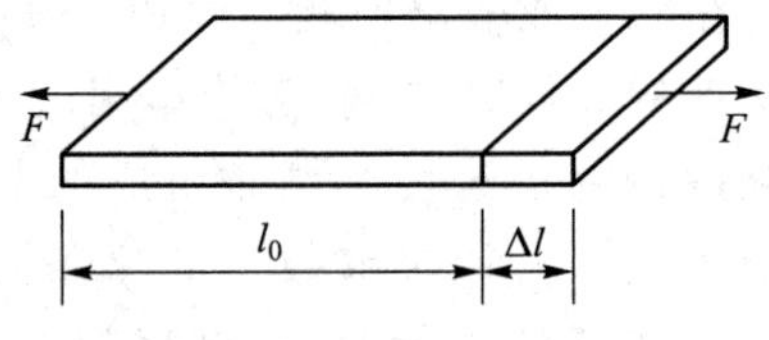

图 9.5.1 加力后 SAWR 产生变形示意图

通常，SAWR 的谐振频率可表示为

$$f=\frac{v}{\lambda} \tag{9.5.1}$$

式中 v——声波在压电基底材料表面传播的速度(m/s)，$v\approx\sqrt{\dfrac{E_S}{\rho_S}}$；

λ——声波的波长(m)。

对于均匀分布的叉指换能器，声表面波的波长 λ 与叉指换能器两相邻电极中心距 d 之间有下列关系，即

$$\lambda=2d \tag{9.5.2}$$

式(9.5.2)的关系由图 9.5.2 很容易得到。若指宽 a 与指间距 b 相等，则

$$a=b=\frac{\lambda}{4} \tag{9.5.3}$$

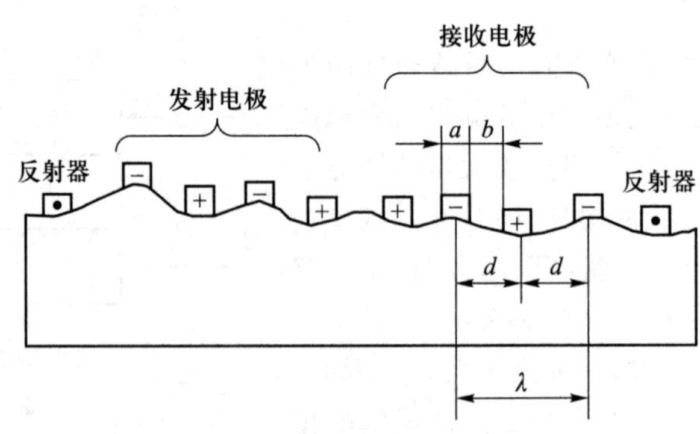

图 9.5.2 激振后 SAWR 表面状态示意图

设未加载的 SAWR 表面波传播速度为 v_0，波长为 λ_0，则谐振频率为

$$f_0=\frac{v_0}{\lambda_0} \tag{9.5.4}$$

当作用力沿着声波传播方向加在 SAWR 基片上时，使之产生应变 ε（参见图 9.5.1），则有

$$\varepsilon=\frac{\Delta l}{l_0} \tag{9.5.5}$$

由于叉指电极是淀积在压电基底材料上的，所以两叉指中心距 d 也因基底材料应变而改变。这样，SAWR 的应变也可写成

$$\varepsilon=\frac{\Delta d}{d_0} \tag{9.5.6}$$

声表面波器件受力作用产生应变之后，叉指中心距 d 与应变 ε 的关系为

$$d(\varepsilon)=d_0+\Delta d=d_0+\varepsilon d_0=d_0(1+\varepsilon) \tag{9.5.7}$$

又因 $\lambda_0=2d_0$，所以

$$\lambda(\varepsilon)=2d(\varepsilon)=2d_0(1+\varepsilon)=\lambda_0(1+\varepsilon) \tag{9.5.8}$$

式(9.5.8)表明：压电材料表面声波的波长随着应变 ε 的增加而增加。

同时，在压电材料发生应变时，会引起材料密度 ρ_S 的变化，从而影响声波传播速度的变化。应变 ε 对传播速度 v 的影响可用下面的形式表示，即

$$v(\varepsilon)=v_0(1+k_\varepsilon\varepsilon) \tag{9.5.9}$$

式中 k_ε——材料常数。

因此，声表面波谐振器的谐振频率与应变 ε 有关，即可描述为

$$f(\varepsilon)=\frac{v(\varepsilon)}{\lambda(\varepsilon)}=\frac{v_0(1+k_\varepsilon\varepsilon)}{\lambda_0(1+\varepsilon)} \tag{9.5.10}$$

由应变所引起的谐振频率的绝对变化为

$$\Delta f=f(\varepsilon)-f_0=f_0\left(\frac{1+k_\varepsilon\varepsilon}{1+\varepsilon}-1\right)=f_0\frac{\varepsilon(k_\varepsilon-1)}{1+\varepsilon} \tag{9.5.11}$$

一般情况下，由于 $\varepsilon<10^{-3}$，故式(9.5.11)分母中的 ε 可以略去不计，于是得到下面的近似线性关系式：

$$\Delta f=f(\varepsilon)-f_0\approx f_0\varepsilon(k_\varepsilon-1) \tag{9.5.12}$$

$$f(\varepsilon)=f_0+\Delta f\approx f_0(1-k\varepsilon) \tag{9.5.13}$$

式中 $k=1-k_\varepsilon$。

若 SAWR 的基底材料是石英晶体，则有

$$k_\varepsilon=-0.4$$

$$k=1-k_\varepsilon=1-(-0.4)=1.4$$

所以

$$f(\varepsilon)=f_0+\Delta f=f_0(1-1.4\varepsilon) \tag{9.5.14}$$

由理论分析可知，叉指换能器的电极对声波在基底材料表面的传播速度 v 有影响。其影响程度与叉指电极覆盖的厚度有关，参见图 9.5.3。实际上，由于叉指电极是非常薄的金属镀层($t/\lambda=0.01\sim0.1$)，因此，叉指电极对传播速度的影响不大，在计算中可忽略。

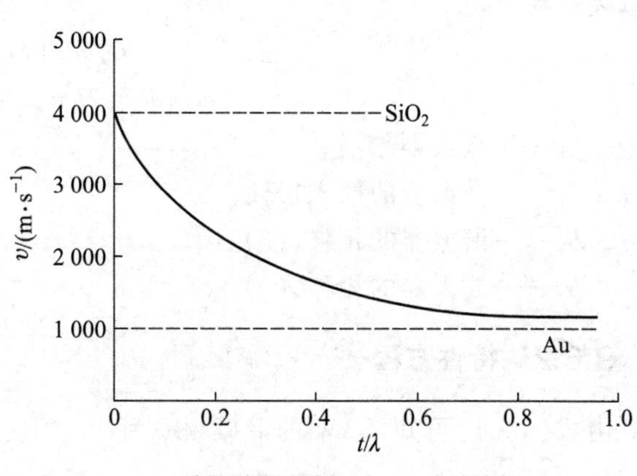

t——质量覆盖层厚度；λ——声波波长

图 9.5.3 石英晶体上覆盖的质量厚度对声波传播速度的影响

9.6 SAW 压力传感器

9.6.1 结构与闭环实现

图 9.6.1 为 SAW 压力传感器的原理示意图。这是一个具有温度补偿的差动结构的 SAW 压力传感器。该 SAW 传感器的关键部件是在石英晶体膜片上制备的压力敏感芯片，其上制备有两个完全相同的声表面波谐振器，分别置于膜片的中央和边缘。两个 SAW 谐振器分别连接到放大器的反馈回路中，构成输出频率的谐振器。两路输出的频率经混频、低通滤波和放大，得到一个与外加压力一一对应的差频输出。

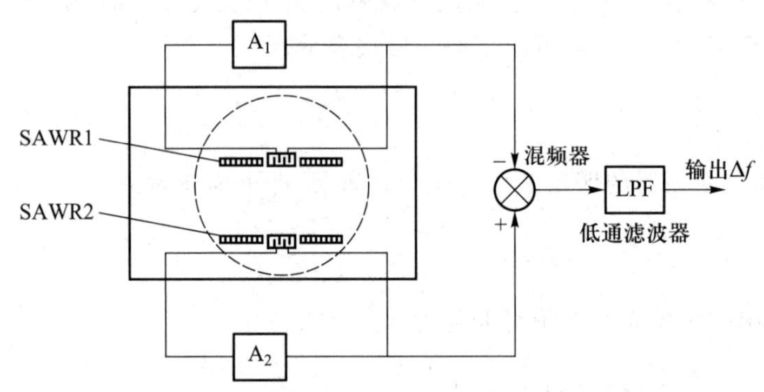

图 9.6.1 差动式双谐振器 SAW 压力传感器的原理示意图

由图 9.6.1 可知，因为敏感膜片上的两个谐振器相距很近，故认为环境温度变化对两个谐振器的影响所引起的频率偏移近似相等，经混频取差频信号就可以减小或抵消温度对输出的影响，即具有差动结构的 SAW 压力传感器可以实现温度补偿。

在两个振荡回路内，一旦设计的放大器的增益能补偿谐振器的插入损耗，同时又能满足一定的相位条件，系统就可以起振，实现闭环工作。借助于式(8.2.2)、式(8.2.3)，起振条件可以表述为

$$G_A > L_S(f) \tag{9.6.1}$$

$$\phi_R + \phi_A = 2n\pi, n \text{ 为整数} \tag{9.6.2}$$

式中 G_A——放大器增益；

$L_S(f)$——谐振器的插入损耗；

ϕ_R——谐振器的相移，(°)；

ϕ_A——放大器的相移，(°)。

9.6.2 特性方程

由式(9.3.1)可知，SAW 的谐振频率为

$$f = \frac{v}{\lambda}$$

对于均匀叉指换能器，SAW 波长 λ 是叉指电极中心距 d 的 2 倍，即 $\lambda = 2d$。所以，当外力作用于敏感膜片上时，基片受应力作用产生应变，使叉指电极的中心距发生变化，亦即波长 λ

发生变化。同时，材料弹性模量和密度也发生变化，使声表面波速度发生变化。波长 λ 及声速 v 的变化引起谐振器输出频率变化。其变化大小与外加压力的大小有对应的关系。

由于基片中传播的声速 v 和叉指电极中心距 d 都是压力和温度的函数，因此谐振频率也是压力 p 和温度 T 的函数，可以描述为

$$f(p,T)=\frac{v(p,T)}{\lambda(p,T)} \tag{9.6.3}$$

由式(9.6.3)可知

$$\mathrm{d}f=\frac{\mathrm{d}v}{\lambda}-\frac{v\mathrm{d}\lambda}{\lambda^2}=\frac{v}{\lambda}\left(\frac{\mathrm{d}v}{v}-\frac{\mathrm{d}\lambda}{\lambda}\right) \tag{9.6.4}$$

又因为

$$\mathrm{d}v=\frac{\partial v}{\partial p}\mathrm{d}p+\frac{\partial v}{\partial T}\mathrm{d}T \tag{9.6.5}$$

$$\mathrm{d}\lambda=\frac{\partial \lambda}{\partial p}\mathrm{d}p+\frac{\partial \lambda}{\partial T}\mathrm{d}T \tag{9.6.6}$$

则当压力和温度都发生变化时，由式(9.6.5)、式(9.6.6)可知，这两种因素变化而引起的谐振频率的相对变化量为

$$\frac{\mathrm{d}f}{f}=\frac{\mathrm{d}v}{v}-\frac{\mathrm{d}\lambda}{\lambda}=-(\alpha_p\mathrm{d}p+\alpha_T\mathrm{d}T) \tag{9.6.7}$$

$$\alpha_p=\frac{1}{\lambda}\frac{\partial \lambda}{\partial p}-\frac{1}{v}\frac{\partial v}{\partial p} \tag{9.6.8}$$

$$\alpha_T=\frac{1}{\lambda}\frac{\partial \lambda}{\partial T}-\frac{1}{v}\frac{\partial v}{\partial T} \tag{9.6.9}$$

式中 α_p——一阶压力系数，1/Pa；

α_T——一阶温度系数，1/℃。

叉指换能器各电极的中心距 d 与沿着声表面波传播方向上的应变 ε 有关，其关系式为

$$d+\Delta d=d(1+\varepsilon) \tag{9.6.10}$$

由式(9.6.10)及 $\lambda=2d$，可得到

$$\frac{1}{\lambda}\frac{\partial \lambda}{\partial p}=\frac{1}{d}\frac{\partial d}{\partial p}=\frac{\partial \varepsilon}{\partial p} \tag{9.6.11}$$

而 SAW 速度与应变间的关系可以表示为

$$v+\mathrm{d}v=v(1+\delta_1\varepsilon_1+\delta_2\varepsilon_2) \tag{9.6.12}$$

式中 $\varepsilon_1,\varepsilon_2$——与 SAW 传播方向平行和垂直的表面弯曲应变；

δ_1,δ_2——实验测定的应变系数，对于 ST 切型石英，$\delta_1=-0.044\pm0.002$，$\delta_2=-0.164\pm0.01$。

将式(9.6.11)和式(9.6.12)代入式(9.6.8)可得一阶压力系数为

$$\alpha_p=\frac{\partial \varepsilon_1}{\partial p}-\delta_1\frac{\partial \varepsilon_1}{\partial p}-\delta_2\frac{\partial \varepsilon_2}{\partial p} \tag{9.6.13}$$

借助于圆平膜片在均布压力作用下，其上表面各处的应变关系式(6.3.24)，同时考虑到叉指换能器的孔径与圆平膜片的半径相比是小量，因此，可给出周边固支的圆平膜片上声表面波谐振器的平均压力系数为

$$\overline{\alpha}_p(x_0,y_0)=\overline{\alpha}_{p0}\left[(\delta_1-1+\delta_2)-\left(\frac{x_0}{R}\right)^2(\delta_1-1+3\delta_2)-\left(\frac{y_0}{R}\right)^2\left(\delta_1-1+\frac{\delta_3}{3}\right)\right] \tag{9.6.14}$$

$$\overline{\alpha}_{p0}=\frac{3(1-\mu_S^2)}{8E_S}\left(\frac{R}{H}\right)^2 \tag{9.6.15}$$

式中 R,H——分别为圆平膜片的半径(m)和厚度(m);

x_0,y_0——SAW 叉指换能器中心点位置,m;

对 ST 切型石英,$E_S=8.3\times10^{10}$ Pa,$\mu_S=0.26$。

9.6.3 差动检测输出

由于两个谐振器在同一个圆平膜片上且靠得很近,故认为所受环境温度影响近似相等,在工作过程中有相同的温度变化量 ΔT。

由式(9.6.7)经简单推导,可以写出两路通道的输出频率分别为

$$\left.\begin{aligned}f_1&=f_{10}[1-\overline{\alpha}_{p1}p-\overline{\alpha}_T\Delta T]\\f_2&=f_{20}[1-\overline{\alpha}_{p2}p-\overline{\alpha}_T\Delta T]\end{aligned}\right\} \tag{9.6.16}$$

式中 f_{10}、f_{20}——设置于圆平膜片中心和边缘处的谐振子 1 和 2 在未加压时的输出频率,Hz;

$\overline{\alpha}_{p1}$、$\overline{\alpha}_{p2}$——圆平膜片中心和边缘处的平均压力系数,1/Pa;

$\overline{\alpha}_T$——基片的平均温度系数,1/℃;

ΔT——温度的变化量,℃。

由式(9.6.16)可得传感器的输出差频为

$$f_D=f_1-f_2=f_{D0}-(\overline{\alpha}_{p1}\cdot f_{10}-\overline{\alpha}_{p2}\cdot f_{20})p-\overline{\alpha}_T(f_{10}-f_{20})\Delta T \tag{9.6.17}$$

其中 $f_{D0}=f_{10}-f_{20}$,是未加压力时两个谐振器的差频输出,所以由外加压力而引起的频率偏移为

$$\Delta f_{Dp}=f_D-f_{D0}=-(\overline{\alpha}_{p1}\cdot f_{10}-\overline{\alpha}_{p2}\cdot f_{20})p \tag{9.6.18}$$

由温度差 ΔT 引起的漂移为

$$\Delta f_{DT}=-\overline{\alpha}_T f_{D0}\Delta T=-\overline{\alpha}_T(f_{10}-f_{20})\Delta T=-(\overline{\alpha}_T f_{10}\Delta T-\overline{\alpha}_T f_{20}\Delta T)=\Delta f_{1T}-\Delta f_{2T} \tag{9.6.19}$$

式中 Δf_{1T}、Δf_{2T}——由于温度变化而引起的两个谐振器的频率偏移,Hz。

分析式(9.6.18)可知,只要参数选择合适,采用差动结构的压力传感器,其灵敏度将比单通道结构大大提高。从式(9.6.19)可知,如果设计的两个谐振器的初始固有频率(未加压力时)较为接近,即使 $f_{D0}=f_{10}-f_{20}\ll f_{10}$(或 f_{20}),则由温度变化引起的差频输出偏移远小于由温度所引起的单通道内的频率偏移 Δf_{1T} 或 Δf_{2T}。这样,就得到一个具有温度补偿的高灵敏度的声表面波谐振式压力传感器。

9.7 SAW 加速度传感器 》》》

SAW 加速度传感器采用悬臂梁式弹性敏感结构,在由压电材料(如压电石英晶体)制成的悬臂梁的表面上设置 SAW 谐振器结构,加载到悬臂梁自由端的敏感质量块感受被测加速度,在敏感质量块上产生惯性力,使谐振器区域产生表面变形,改变 SAW 的波速,导致谐振器的中心频率变化。因此,SAW 加速度传感器实质上是加速度—频率变换器,输出的频率信号经相关处理,就可以得到被测加速度值。

图 9.7.1 所示为长 L、宽 b、厚 h 的一端固支的悬臂梁加速度传感器，自由端通过直径为 D 的质量块加载，以感受加速度。

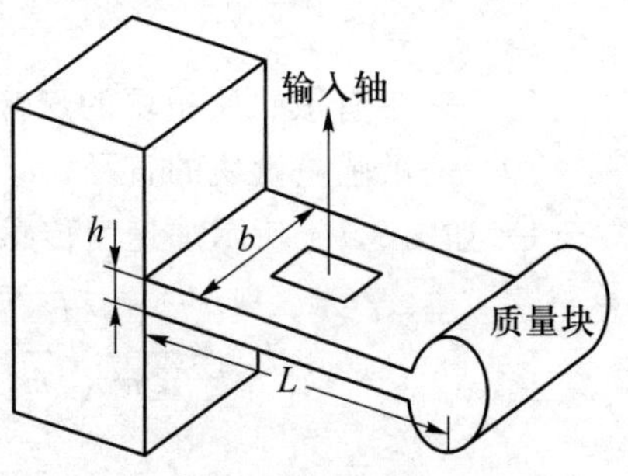

图 9.7.1 SAW 悬臂梁加速度传感器的结构示意图

9.7.1 特性方程

由式(9.3.1)可知，未加载时 SAWR 的谐振频率为

$$\left.\begin{aligned} f_0 &= \frac{v}{\lambda_0} \\ v_0 &\approx \sqrt{\frac{E_S}{\rho_S}} \end{aligned}\right\} \tag{9.7.1}$$

式中 v_0——表面波的传播速度，m/s；

λ_0——表面波的波长，m。

借助于式(6.2.3)和式(6.2.19)(令 $L_0=0$)，可得加速度 a 引起的梁上表面沿 x 方向的正应变为

$$\varepsilon_x(x) = \frac{-6ma(L-x)}{E_S bh^2} \tag{9.7.2}$$

当 SAW 谐振器置于悬臂梁的(x_1,x_2)时，则 SAW 谐振器感受到的平均应变为

$$\overline{\varepsilon}_x(x_1,x_2) = \frac{-6ma[L-0.5(x_1+x_2)]}{E_S bh^2} \tag{9.7.3}$$

利用式(9.5.14)、式(9.7.3)可得

$$f(\varepsilon) = f_0\left\{1+\frac{8.4ma[L-0.5(x_1+x_2)]}{E_S bh^2}\right\} \tag{9.7.4}$$

式(9.7.4)就是图 9.7.1 所示的加速度传感器的特性方程，利用它可以针对加速度传感器的检测灵敏度，来设计悬臂梁的有关结构参数和敏感质量块的结构参数。

9.7.2 动态特性分析

对于加速度传感器，多数情况是用于动态过程的测量。由于悬臂梁的厚度相对于其长度较小，因此其最低阶固有频率较低，这将限制传感器所测加速度的动态频率范围。

事实上，当不考虑悬臂梁自由端处敏感质量块的附加质量时，借助于 6.2.2 节的有关方程可得悬臂梁的最低阶固有频率为

$$f_{B1} = \frac{0.162h}{L^2}\sqrt{\frac{E_S}{\rho_S}} \tag{9.7.5}$$

显然，考虑敏感质量块后悬臂梁的最低阶弯曲振动固有频率远比由式(9.7.5)描述的弯曲振动固有频率要低得多，因此没有实用价值。

借助于式(6.2.18)，当把悬臂梁看成一个感受弯曲变形的弹性部件时，以其自由端的位移 W_{max} 作为参考点，其等效刚度为

$$k_{eq} = \left|\frac{F}{W_{max}}\right| = \frac{E_S bh^3}{4L_{eq}^3} \tag{9.7.6}$$

$$L_{eq}=L-0.5D \tag{9.7.7}$$

式中 L_{eq}——带有敏感质量块的悬臂梁的有效长度,m;

D——敏感质量块的直径,m。

于是,如图9.7.1所示加速度传感器的整体敏感结构的最低阶弯曲振动的固有频率为

$$f_{B,m}=\frac{1}{2\pi}\sqrt{\frac{k_{eq}}{m_{eq}+m}}\approx\frac{1}{2\pi}\sqrt{\frac{k_{eq}}{m}}=\frac{1}{4\pi}\sqrt{\frac{E_S bh^3}{L_{eq}^3 m}} \tag{9.7.8}$$

$$m=\frac{\rho_S \pi D^2 b}{4}$$

式中 m——敏感质量块的质量,kg;

m_{eq}——加速度敏感结构最低阶弯曲振动状态下,悬臂梁自身的等效质量,kg。

m_{eq}远远小于敏感质量块的质量m,故可以进行上述简化。

利用式(9.7.8)可以针对加速度传感器的最低固有频率,来设计悬臂梁的有关结构参数和敏感质量块的结构参数。

9.8 SAW流量传感器 》》》

9.8.1 结构与原理

SAW流量传感器主要由SAW延迟线、加热器、放大器以及供流体流动的通道等部分组成,如图9.8.1所示。其基本工作原理是:加热器对SAW基片加热,在热平衡状态时,基片温度T_{SAW}保持恒定;当有流体流过时,使基片热量散失,引起SAW波速变化,从而使谐振器频率改变,通过测量频率的变化就可以知道流量的大小。这就是基于SAW延迟线谐振器的SAW流量传感器的工作原理。

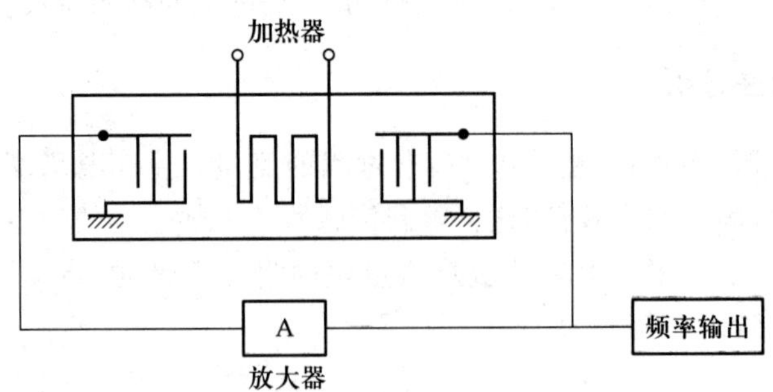

图9.8.1 SAW流量传感器的原理示意图

9.8.2 特性方程

当气体流动时,热量的损耗是通过热传导、自然对流和热辐射三种方式实现的。它们可以分别描述为

$$q_{cond}=G_{th}(T_{SAW}-T_0) \tag{9.8.1}$$

$$q_{nc}=h_n A(T_{SAW}-T_0) \tag{9.8.2}$$

$$q_{rad}=k\varepsilon A(T_{SAW}^4-T_0^4) \tag{9.8.3}$$

式中 q_{cond}、q_{nc}、q_{rad}——热传导损耗、自然对流损耗及热辐射损耗，W；

T_{SAW}——SAW 基片温度，K；

T_0——周围环境温度，K；

G_{th}——基片与环境间热传导，W/K；

h_n——自然对流系数，W/(m^2·K)；

A——基片的表面积，m^2；

k——玻耳兹曼常数，$k=1.381\times10^{-23}$ J/K；

ε——基片的辐射系数，m^{-2}·s^{-1}·K^{-3}。

通常，辐射损耗相对较小，可以忽略，故当热输入功率 P_{th}时，在热平衡状态下有

$$P_{th}=q_{cond}+q_{nc}=(G_{th}+h_nA)(T_{SAW}-T_0) \tag{9.8.4}$$

在 SAW 流量传感器中，SAW 装置与周围物体是隔热的。若装置用厚度为 d 的绝热体将它与壳体隔离，则

$$G_{th}=\frac{KA}{d} \tag{9.8.5}$$

式中 K——绝热材料的热传导系数，W/(m·K)。

进一步地引入

$$G_0\overset{\text{def}}{=\!=\!=}G_{th}+h_nA\overset{\text{def}}{=\!=\!=}Ag_0 \tag{9.8.6}$$

$$g_0=\frac{K}{d}+h_n$$

式中 G_0——在没有气体流动的情况下，基片和环境间的有效热导，W/K。

由式(9.8.4)和式(9.8.6)可得

$$T_{SAW}-T_0=\frac{P_{th}}{G_0}=\frac{P_{th}}{Ag_0} \tag{9.8.7}$$

气体流动引入了附加的热损耗源，即强迫对流。其损耗 q_{fc}可描述为

$$q_{fc}=h_fA(T_{SAW}-T_0) \tag{9.8.8}$$

式中 h_f——强迫对流的对流系数，W/(m^2·K)，它是流速 v_f 的函数，如可描述为 $h_f(v_f)$。

当出现强迫对流冷却时，考虑流量(流速)稳定后，式(9.8.7)应修改为

$$\Delta T_{SAW}=T_{SAW}-T_0=\frac{P_{th}}{A[g_0+h_f(v_f)]} \tag{9.8.9}$$

另一方面，SAW 谐振器频率变化 Δf 与 ΔT_{SAW}的关系式为

$$\frac{\Delta f}{f_0}=\alpha\Delta T_{SAW} \tag{9.8.10}$$

$$\alpha=\frac{\Delta f}{\Delta T_{SAW}f_0}=\frac{1}{\Delta T_{SAW}}\left(\frac{\Delta v}{v}-\frac{\Delta l}{l}\right) \tag{9.8.11}$$

式中 f_0——流速为零时的振荡器频率值，Hz；

α——SAW 器件频率温度系数，1/℃；

$\frac{\Delta v}{v}$——由于基片温度变化而引起 SAW 速度相对变化；

$\frac{\Delta l}{l}$——由于基片温度变化而引起SAW传播路径的相对变化。

由式(9.8.10)和式(9.8.11),可得到与流量变化或流速变化相关的频率变化

$$\Delta f=\frac{\alpha f_0 P_{\text{th}}}{A[g_0+h_{\text{f}}(v_{\text{f}})]} \tag{9.8.12}$$

体积流量 Q_V 与平均流速 v_{f} 的函数关系为

$$Q_V=A_{\text{c}}v_{\text{f}} \tag{9.8.13}$$

式中 A_{c}——基片上方通过流动气体的横截面积,m^2。

基于式(9.8.12)和式(9.8.13),就可以利用SAW谐振器(传感器)的频率偏移 Δf,解算出流体的体积流量 Q_V。

由式(9.8.13)可知:若想获得高灵敏度,就要求基片具有大的频率温度系数 α,并应使基片与环境之间有良好的热隔离(即 g_0 很小);在较高的基片静态温度下工作,将会获得较高的灵敏度;为降低加热功率,在给定的基片温度下,SAW装置的表面积要小。

9.9 SAW气体传感器 》》》

SAW气体传感器由于具有灵敏度高、选择性好、体积小、价廉,近年来得到迅速发展,目前可用于检测的气体主要有SO_2、水蒸气、丙酮、H_2、H_2S、CO、CO_2和NO_2等。

9.9.1 工作原理

早期的SAW气体传感器是以单通道SAW延迟线谐振器为基础的。在延迟线的SAW传播路径上覆盖一层选择性吸附膜,该薄膜只对所需敏感的气体有吸附作用。吸附了气体的薄膜会导致SAW谐振器频率变化,精确测量频率的变化量就可测得所需气体浓度。目前,SAW气体传感器大部分采用双通道延迟线结构,以实现对环境温度变化等共模干扰影响的补偿。

图9.9.1为双通道SAW气体传感器的原理示意图,在双通道SAW延迟线谐振器结构中,一个通道的SAW传播路径被气敏薄膜所覆盖,用于感知被测气体成分;另一个通道未覆盖薄膜,用于参考。两个谐振器的频率经混频器后,取差频输出,以实现对共模干扰(主要是环境温度变化)的补偿。

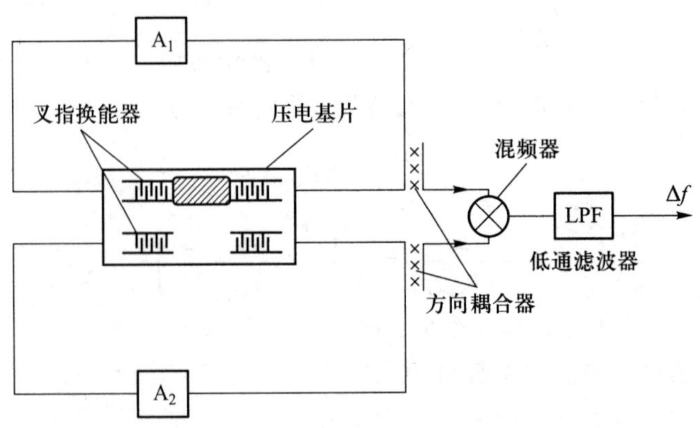

图9.9.1 双通道SAW气体传感器原理示意图

在 SAW 气体传感器中,除 SAW 延迟线之外,最关键的部件就是有选择性的气敏薄膜。SAW 气体传感器的敏感机理随气敏薄膜的种类不同而不同。当薄膜用各向同性绝缘材料时,它对气体的吸附作用转变为覆盖层密度的变化,SAW 延迟线传播路径上的质量负载效应使 SAW 波速发生变化,进而引起 SAW 谐振器频率的偏移。对这种情况,SAW 气体传感器提供的信号可近似描述为

$$\Delta f=f_0^2 h\rho_s(k_1+k_2+k_3) \tag{9.9.1}$$

式中 Δf——覆盖层由于吸附气体而引起的 SAW 谐振器的频率偏移,Hz;

k_1、k_2、k_3——压电基片材料常数,$m^2\cdot s\cdot kg^{-1}$;

f_0——SAW 谐振器初始谐振频率,即零被测气体浓度情况下的工作频率,Hz;

h——薄膜厚度,m;

ρ_s——气敏薄膜材料的密度,kg/m^3。

表 9.9.1 列出一些常用压电基片材料的声速 v_R 和材料常数 k_1、k_2、k_3。

表 9.9.1 一些常用压电基片的材料常数

基片	切型	传播方向	v_R(m/s)	k_1	k_2	k_3
				($\times10^{-9}m^2\cdot s/kg$)		
石英	y	x	3 159.3	-41.65	-10.23	-93.34
$LiNbO_3$	y	z	3 487.7	-17.30	0	-37.75
$LiTaO_3$	y	z	3 229.9	-21.22	0	-42.87
ZnO	z	x+45°	2 639.4	-20.65	-55.40	-54.69
Si	z	x	4 921.2	-63.32	0	-95.35

当薄膜采用导电材料或金属氧化物半导体材料时,由于薄膜的电导率随所吸附气体的浓度而变化,引起 SAW 波速变化和衰减,从而谐振频率发生变化。在这种情况下,SAW 气体传感器的输出响应可描述为

$$\Delta f=-f_0\frac{k^2}{2}\cdot\frac{\sigma_0^2h^2}{\sigma_0^2h^2+v_R^2c_f^2} \tag{9.9.2}$$

式中 k——机电耦合系数;

c_f——薄膜材料常数,A/V;

σ_0——薄膜电导率,A/(V·S);

v_R——SAW 的声速,m/s。

由式(9.9.2)可知,当采用导电膜或金属氧化物半导体膜时,膜层电导率的变化是 SAW 气体传感器响应被测量的主要机理。

9.9.2 薄膜与传感器特性之间的关系

覆盖的薄膜是 SAW 气体传感器直接的敏感部分,其特性与传感器的性能指标有着紧密的关系。

1. 薄膜与传感器的选择性

薄膜对气体的选择性是 SAW 气体传感器的一项重要性能指标,决定了 SAW 气体传感器的选择性。不同种类的化学气体需要使用不同材料的薄膜。目前用于 SAW 气体传感器的敏感膜主要有三乙醇胺薄膜(敏感SO_2)、Pd 膜(敏感 H_2)、WO_3 膜(敏感 H_2S)、酞菁膜(敏感 NO_2)等。可以说,只要研制出实用的可选择吸附某种特定气体的敏感膜,就能实现检测这种

气体的 SAW 传感器。因此,对于 SAW 气体传感器而言,研制选择性好的吸附膜是一项非常关键的任务。

2. 薄膜与传感器的可靠性

作为传感器,其输出响应必须是可重复和可靠的。SAW 气体传感器输出的可靠性在很大程度上取决于敏感膜的稳定性,特别是敏感膜特性的可逆性和高稳定性是对敏感膜的基本要求。

可逆性就是敏感膜对气体既有吸附作用,又有解吸作用。当待测气体浓度升高时,薄膜所吸附的气体量随之增加;而当待测气体浓度降低时,薄膜还能解吸待测气体。吸附过程与解吸过程应是严格互逆的,而且应当是相当快速的。这是气体传感器正常可靠工作的前提。

薄膜的稳定性取决于它的机械性质。薄膜中的内应力以及它与基片之间的附着力不适当,都会使薄膜产生蠕变、裂缝或脱落。而薄膜的机械性质在很大程度上取决于它的结构,即与薄膜的淀积方法有关。通常,用溅射法制备的薄膜,其内应力较小;同时,由于在其制备过程中,注入的粒子具有较高的能量,在基片上产生缺陷而增大结合能,所以溅射薄膜的附着力优于用其他方法制备的薄膜。

3. 薄膜与传感器的响应时间

SAW 气体传感器与其他传感器一样,希望其响应时间越短越好。SAW 气体传感器的响应时间与敏感层的厚度及延迟线谐振器的工作频率密切相关。工作频率较高时,由于气体扩散和平衡的速度更快,响应速度相应提高;但较高的工作频率也产生了较大的基底噪声,妨碍了对气体最低浓度的检测。当敏感层的厚度减小时,由于气体扩散的时间与膜层厚度的平方成正比,这就大大缩短了传感器的响应时间。一般而言,随着 SAW 谐振器工作频率的提高和更薄膜层的使用,SAW 气体传感器的响应时间可大大降低。

4. 薄膜与传感器的分辨率

SAW 气体传感器的分辨率主要由敏感薄膜的稳定性决定。研究结果表明:其分辨率与所使用膜层的稳定度处于同一数量级。目前,已经能研制出很高分辨率的气体传感器。例如声表面波 H_2S 传感器,产生可重复响应的 H_2S 气体的最低浓度低于 10^{-8}。

当薄膜涂覆在 SAW 延迟路径上时,不但使被覆盖的延迟线谐振器的谐振频率发生偏移,而且还使 SAW 信号产生衰减。当待测气体浓度足够高时,膜层吸附了足够的被测气体,以至于当 SAW 沿着被膜层覆盖的延迟线传播时,信号很快衰减而使谐振器无法工作。这样就产生了传感器的检测上限问题。提高检测上限的一个有效方法是减小由气敏膜所覆盖的延迟路径长度,以减小 SAW 衰减。但这样做可能会使传感器的灵敏度降低,所以在设计各项性能指标时要进行综合考虑。

最后还应指出,薄膜的制备是研制 SAW 气体传感器中的一个关键环节,有关内容请参考第 4 章、第 10 章的相关内容或其他资料。

9.10 SAW 湿度传感器

SAW 湿度传感器,一般采用 SAW 延迟线组成谐振器。在延迟线两叉指电极之间涂有感湿材料薄膜层。当满足一定的幅值、相位条件时,由 SAW 延迟线组成的谐振系统就会以一个

特定的中心频率 f_0 谐振,则有

$$f_0=(N-\varphi_E)\cdot\frac{v_0}{L} \tag{9.10.1}$$

式中 N——叉指电极的叉指对数;

φ_E——谐振回路中电路的附加相位(°);

v_0——在无感湿材料时,SAW 的传播速度(m/s);

L——两叉指中心之间的距离(m)。

涂覆在 SAW 延迟线传播路径上的感湿材料,使 SAW 谐振器产生频率漂移;产生频率偏移的程度取决于湿度的大小,两者之间存在着确定关系。通过对频率偏移的测量就可以检测出湿度的大小。对于通常的感湿材料,频率偏移可以近似描述为

$$\Delta f=A_H f_0^2\rho_H h \tag{9.10.2}$$

式中 Δf——频率偏移(Hz);

A_H——感湿材料的特性参数($m^2\cdot s/kg$);

ρ_H——感湿薄层材料的密度(kg/m^3);

h——感湿薄层材料的厚度(m)。

式(9.10.2)近似描述了 SAW 湿度传感器谐振器的频率偏移与所感受湿度的函数关系。研究表明:当相对湿度在 0~60% RH 范围内,线性关系较好;当相对湿度大于 60% RH 时,曲线变陡。这说明在整个湿度范围内,频率偏移与相对湿度呈非线性关系。

由式(9.10.2)可知:SAW 湿度传感器的灵敏度与感湿材料薄膜层的厚度 h 成正比。若从提高灵敏度角度出发,希望感湿膜层越厚越好。但在实际的应用过程中,为使传感器具有较宽的测量范围,压电基片表面的负载不能过重,否则有可能导致延迟线谐振器的停振。同时,薄膜层的厚度过大,上述理论结果也失去实际指导意义。所以,感湿材料薄膜层的厚度应适中,一般要求不超过 SAW 波长的 1%。

式(9.10.2)还表明:SAW 湿度传感器的灵敏度与谐振器的基频 f_0 平方成正比,因此,提高谐振器的基频可提高灵敏度。但对于 SAW 延迟线型谐振器,系统的噪声及 SAW 的衰减都随基频的增加而显著加大,这些不利因素反过来又影响检测的准确度。另外,由式(9.10.1)可知:要使 f_0 增加,必须增加叉指电极的指对数,在不改变电极的其他参数情况下,则需要增加器件的体积;若改变电极其他参数(如减小指宽及指间距),又会增加器件制作的难度,提高成本。通常采用半导体光刻技术,可使指条宽度控制在 1 μm 左右,再细则需要采用电子束加工技术。因此,必须综合考虑才能得到好的效果。

习题与思考题

9.1 简要说明声表面波传感器的主要应用特点。

9.2 简述声表面波的主要性质,说明声表面波传感器应用时应注意的主要问题。

9.3 为什么说叉指换能器是声表面波传感器的关键器件?

9.4 简要总结叉指换能器的基本特性。

9.5 基于声表面波传感器的工作机理,简要分析其优点与实现上的技术难点。

9.6 分析 SAW 传感器工作于差动检测模式的重要性。

9.7 通常认为,基于延迟线的声表面波谐振器构成的 SAW 传感器的性能要比基于声表面波谐振子的 SAW 传感器差,为什么?

9.8 比较图 8.4.1 所示的谐振式压力传感器与图 9.6.1 所示的声表面波压力传感器的异同。

9.9 分析图 9.6.1 所示的差动式双谐振器 SAW 压力传感器对过载干扰的影响。

9.10 对于图 9.7.1 所示的声表面波加速度传感器,分析影响其动态特性的主要因素,给出提高其动态品质的可能措施,并进行简单分析。

9.11 设计一种不同于图 9.7.1 所示的声表面波加速度传感器,给出原理结构图,说明其工作原理、参数设计的原则。

9.12 简述图 9.8.1 所示的 SAW 流量传感器的工作原理,查阅相关文献,比较该传感器的工作原理与热式质量流量传感器的工作原理。

9.13 基于声表面波谐振子 SAWR 的声表面波谐振器能否用来实现 SAW 气体传感器? 为什么?

9.14 简述图 9.9.1 所示的 SAW 气体传感器的工作原理,说明其实现测量的关键部件。

9.15 简要说明图 9.9.1 所示的 SAW 气体传感器中的薄膜对传感器性能的影响。

9.16 简要说明 SAW 湿度传感器基本原理。

第10章

薄膜传感器

基本内容

本章基本内容包括薄膜、薄膜材料、薄膜淀积、薄膜溅射、薄膜特性、薄膜应变电阻式传感器、薄膜离子敏式传感器、薄膜气敏式传感器。

10.1 概述

通过物理方法或化学/电化学反应，以原子、分子或离子颗粒形式受控地凝结于一固态撑物（即基底）上形成薄膜的固体材料，被认为是处于薄膜形态。或者说，在一定基底材料上用各种物理、化学方法制出导电或介质材料的薄膜，称为薄膜，其厚度约在数十埃至数微米间。通常薄膜厚度以10^{-10} m(=1 Å)计。

薄膜是一种特殊形态的物质，其某些特殊的性质能够敏感某些被测量，利用这些特性可以制成结构灵巧、性能优良的传感器。

本章讨论的“薄膜传感器”中的薄膜不是指用机械延展法得到的薄膜，而是利用真空蒸发、溅射、等离子化学气相淀积（即等离子 CVD）等薄膜技术所得到的薄膜，参见本教材第4章。薄膜的一些特殊性质除了与其非常微小的厚度密切相关外，更重要的原因在于运用上述独特制造工艺形成薄膜过程中所产生的微细结构，这些微细结构对薄膜的特殊性质影响更大。需要指出的是，采用喷涂法将材料附于基底上使其晾干所形成的“膜”或粘贴法用到的薄层材料，无论其厚度多薄，都被称为厚膜，它与本章讨论的薄膜有着本质的区别。

对薄膜结构、导电机理等一些特殊性质的研究需要采用先进的测试、分析手段，如光学测量方法、X射线分析方法、电子衍射及电子显微镜技术等。但一些问题目前还停在实验研究和定性解释上，尚不能做出定量分析。

薄膜按厚度可分为非连续金属膜、半连续膜和连续膜。非连续金属膜的厚度小于10^{-8} m。膜面呈一个个相互孤立的小岛，它们之间有通道，其电导作用是由隧道效应实现的。这种膜形成的应变电阻阻值很高，灵敏度也很高，性能极不稳定。半连续膜的膜厚在10^{-8} ~ 2×10^{-8} m之间，膜面呈不连续的岛状，各岛之间有若干通道。连续膜的膜厚一般大于2×10^{-8} m，膜面上基本看不到岛状结构。这种膜的稳定性优于前两种。用于力敏元件的均属这种膜。

薄膜按结构形式可分为多晶体薄膜、单晶体薄膜和无定形薄膜。多晶体薄膜由微小的晶粒无规则排列构成的，其晶核的形成、晶粒的大小取决于基底温度、淀积速度等工艺条件。若再经过退火处理，还可使该膜的晶粒增大。用于敏感元件的半导体 Ge、Si 和化合物半导体如锑化铟(InSb)、砷化镓(GaAs)等通常都制成多晶体薄膜。用各种方法获得的金属薄膜一般都是多晶体薄膜。单晶体薄膜是用处延生长法获得的半导体薄膜。用该法获得的硅薄膜,因其基底是单晶,所以生长出的薄膜也是单晶。外延生长法已十分成熟,广泛用于制造各种半导体器件和集成电路。无定形薄膜一般是非晶态的,用各种方法获得的金属氧化物介质薄膜就是无定型薄膜;在一定条件下,如基底温度很低,也可形成半导体的无定形薄膜,如无定形硅薄膜等。目前用于制造敏感元件和传感器的薄膜,大都是金属(包括合金)或半导体薄膜,而氧化介质薄膜通常用作绝缘层。

此外,薄膜还可以按功能分为应变式薄膜、热电式薄膜、光电式薄膜、电磁式薄膜、压电式薄膜等。

10.2 薄膜应变式传感器 》》

10.2.1 工作原理

薄膜应变式传感器的工作原理就是利用薄膜电阻受到应力作用引起的电阻变化实现测量的。薄膜电阻的变化包括两部分:一是基于材料的压阻效应;二是由电阻几何参数的变化,即应变效应引起的。对于由压阻效应引起电阻变化的薄膜电阻,主要是由于应力对电子自由程的影响而产生的,它使薄膜材料的电阻率发生了变化。

对于通常采用应变片粘贴于试件表面实现的应变式传感器,因为需要黏结剂粘贴,应力不可能完全传送至应变敏感元件,限制了测量的精度,同时也限制了这类传感器的最高工作温度。薄膜应变式传感器正好克服这些缺点,因为这类传感器直接由淀积在需要测量的表面上的压力电阻薄膜组成,通过用对应力相对不敏感的低电阻材料(如 Au 或 Al 等)等制成电极及引线。

考虑一宽度为 W、长度为 L、厚度为 t 的薄膜电阻,其电阻值为

$$R=\frac{L\rho}{A} \tag{10.2.1}$$

式中 ρ——薄膜材料的电阻率,$\Omega\cdot \mathrm{m}$;

A——横截面面积,m^2,$A=Wt$。

电阻的应变系数(也称灵敏系数 K)定义为

$$K=\frac{\mathrm{d}R/R}{\varepsilon_{\mathrm{L}}} \tag{10.2.2}$$

$$\varepsilon_{\mathrm{L}}=\frac{\mathrm{d}L}{L}$$

根据式(10.2.1)可导出电阻的灵敏系数 K 为

$$K=\frac{\mathrm{d}\rho}{\varepsilon_{\mathrm{L}}\rho}+(1+2\mu) \tag{10.2.3}$$

$$\mu=-\frac{1}{2}\left(\frac{\mathrm{d}A/A}{\mathrm{d}L/L}\right)$$

对于金属材料的薄膜电阻,在应力作用下其电阻率基本不变,它的灵敏系数 K 主要取决

于式(10.2.3)的后两项。因为泊松比一般为 0.25~0.5,故 K 大约为 1.7~2.2。对于半导体薄膜电阻,在应力作用下,它的灵敏系数 K 主要由电阻率变化($d\rho/\rho$)引起,电阻率的变化与压阻系数成比例。压阻系数可以很大,其值与晶向有关,有的可高达 100 以上,所以,半导体薄膜电阻的灵敏系数,远比金属薄膜电阻的高。

10.2.2 溅射薄膜应变片及传感器

由溅射工艺制造出来的薄膜称为溅射薄膜。这种薄膜的化学组分稳定性比真空镀膜的要好,膜同基片间的附着力也较强,从而有利于提高薄膜应变电阻的特性。

目前实用的一种溅射合金薄膜压力传感器,其敏感材料为 Ni-Cr 合金,该传感器具有良好的稳定性。一般的金属丝和箔式应变片,当温度高于 100℃时,其蠕变和滞后现象比较严重,上述薄膜传感器的蠕变和滞后则极小,约在 0.1%以下,当温度高达 230℃时,其蠕变和滞后低于 0.1%。

另一种具有多层结构的溅射薄膜力传感器,在 $1\ 500\times10^{-6}$ 应变工作时,可耐 10^{6} 次弯曲循环,其量程为 0.02 N~30 kN,工作温度范围为-100~180℃;灵敏系数的温度系数小(0.018%/℃),指示的温漂小于 0.018%/℃。

图 10.2.1 和图 10.2.2 分别为一种典型的薄膜应变式传感器和粘贴式、非粘贴式压力传感器的满量程漂移曲线及零点漂移曲线。图 10.2.3 是温度为 120℃时的满量程漂移曲线和零点漂移曲线。由图可看出,当温度升高时,满量程漂移和零漂都增大。无论哪种传感器,在使用时都必须考虑这一问题。值得注意的是,满量程漂移和零漂一般是不能补偿的,所以要根据不同要求来选择传感器。

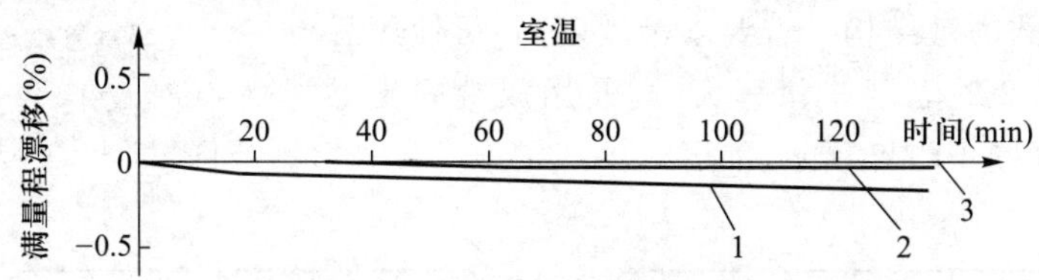

图 10.2.1 几种薄膜应变式传感器的满量程漂移曲线

1—非粘贴式;2—粘贴式;3—薄膜式

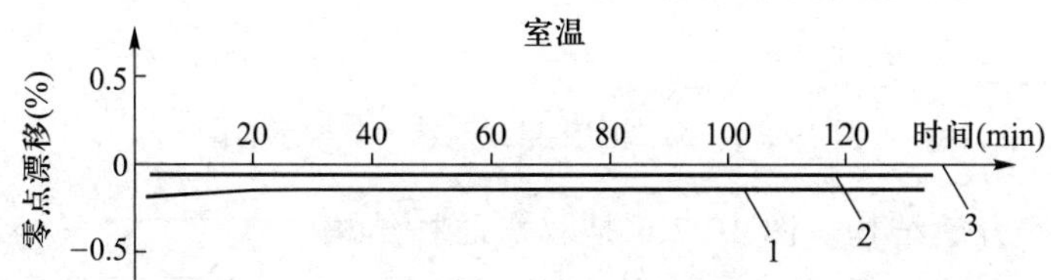

图 10.2.2 几种薄膜应变式传感器的零点漂移曲线

1—非粘贴式;2—粘贴式;3—薄膜式

溅射合金薄膜传感器的基本结构如图 10.2.4 所示。首先,在弹性基底上溅射一层介质层(如 Al_2O_3层),再溅射敏感层(如 Ni-Cr 层),然后在其上蒸发一层金属,用光刻法刻出电极端,在电极端用热压法焊上金丝作为电极引线;整个芯片密封在传感器壳体中,以某种方式与传压杆相连接。当传感器承受压力时,感压膜片通过传压杆将分布力变成集中力,传至梁的自由端,梁的表面产生应变,Ni-Cr 应变片承受应变后,电阻值产生变化,接入惠斯通电桥,

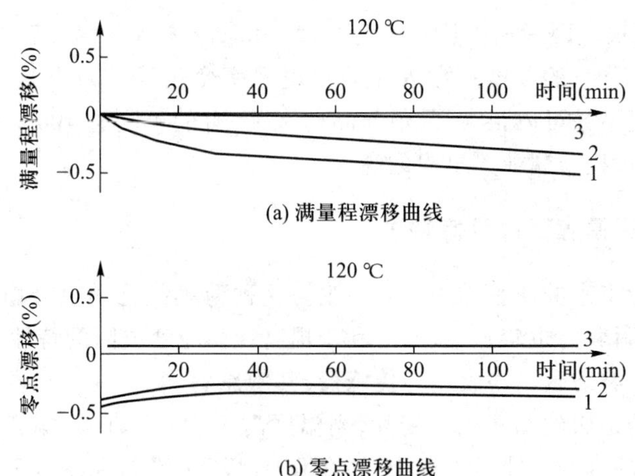

图 10.2.3 温度为 120℃时的满量程漂移曲线和零点漂移曲线

1—非粘贴式;2—粘贴式;3—薄膜式

电桥失衡,产生输出电压。

薄膜传感器芯体的制造工艺步骤大体如下:基底预处理→溅射介质层→溅射合金敏感层→蒸发 Au→光刻电极端→热压焊金丝→形成惠斯通电桥的连接→激光电阻值修剪→完成全部电连接→淀积钝化膜。

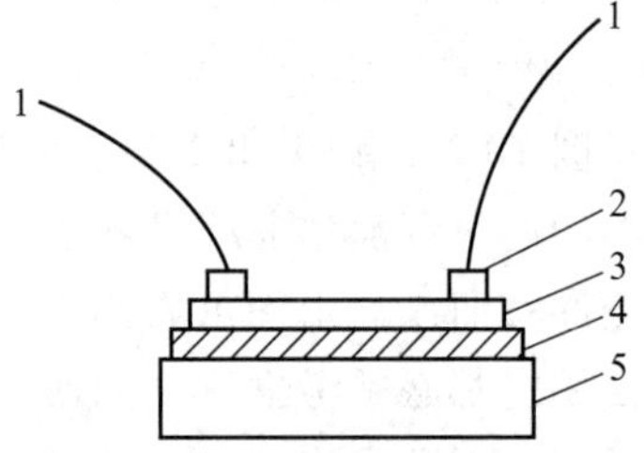

图 10.2.4 溅射合金薄膜传感器的基本结构示意图

1—Au 电极引线;2—Au 电极;3—应变敏感层;4—介质层;5—弹性基底

在薄膜力或压力传感器中,一般采取以下几种典型的弹性敏感元件作为其应变转换元件。

(1) 应变梁式力敏结构。若要求灵敏度高,可使用悬臂梁式,参见图 6.2.2;若要求量程大,则使用双端固支梁或双端简支梁,如图 10.2.5 所示。

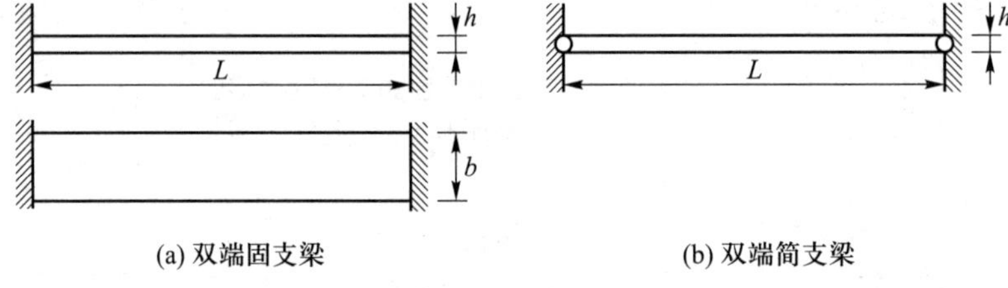

图 10.2.5 双端固支梁或双端简支梁示意图

(2) 双弯曲杆力敏结构。图 10.2.6 是双弯曲杆结构示意图。这种杆的末端夹紧,外力 F 加在杆的末端,使杆倾转。薄膜应变电阻条 1 和 4 淀积在杆的凹陷面,2 和 3 淀积在杆的凸出面,四个薄膜应变电阻条构成全桥输出电路,结构较简单,灵敏度高。

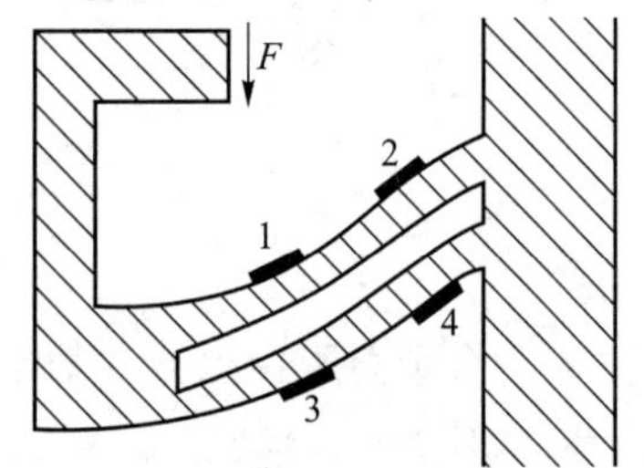

图 10.2.6 双弯曲杆结构示意图

1,2,3,4—薄膜电阻条

(3) 周边固支圆平膜片压力敏感结构。图 6.3.1 所示为承受均布压力的周边固支的圆平膜片的典型结构。圆平膜片上表面的应变分布规律如图 6.3.6 所示,依式(6.3.24)可知其径向应变 ε_ρ 与切向应变 ε_θ 为

$$\left.\begin{aligned}\varepsilon_{\rho}&=\frac{3p(1-\mu^{2})(R^{2}-3\rho^{2})}{8EH^{2}}\\\varepsilon_{\theta}&=\frac{3p(1-\mu^{2})(R^{2}-\rho^{2})}{8EH^{2}}\end{aligned}\right\}\qquad(10.2.4)$$

式中 R——圆平膜片的半径,m;

H——圆平膜片的厚度,m;

p——作用于膜片上的均布压力,Pa;

ρ——圆平膜片的径向坐标。

在设计与制造溅射合金薄膜时应注意以下几个问题。

(1) 要求绝缘介质层的热膨胀系数接近于弹性基底材料的热膨胀系数,否则会产生温度附加应变而造成误差。

(2) 绝缘介质层最好采用多层结构,一方面可使表面质量提高(表面针孔直径很小),另一方面能承受较大的应变(可承受 0.01 以上的应变)。

(3) 在溅射介质层时,要适当增加厚度,以增加绝缘电阻,弥补在以后工序中阻值的降低。

(4) 要避免在溅射以后工序中,使用超过溅射时的温度。

(5) 在溅射成膜并形成薄膜电阻条以后,其阻值不可能完全一致,因而必须进行阻值"修剪"。所谓"修剪"就是用激光束产生的高温(局部高温)对电阻进行烧灼,改变其宽度,以调整电阻值。具体做法是将四个薄膜电阻条组成电桥,根据电桥平衡原理,判定应该修剪的电阻条。用激光束进行"修剪"需要一套激光源及附加设备。

10.2.3 蒸发薄膜应变片及传感器

由真空蒸镀而制成的薄膜称蒸发薄膜。这种薄膜应变电阻及传感器的结构与溅射薄膜传感器基本相同。现介绍一种蒸发 Ge 薄膜应变片及传感器。这是一种压力传感器,它以耐腐蚀性及耐疲劳性均好的 Ti 为基底,在其上涂敷厚度为数微米的聚酰亚胺胶作为绝缘层。聚酰亚胺是一种很好的应变胶,它的顺从性好,能耐 350℃的温度。蒸镀时的基底温度为 300℃,由于受胶膜耐温性的限制,基底温度不宜超过 350℃。薄膜材料为 Ge,其电阻率为 50 Ω · cm,以 99.99%的纯金进行掺杂,掺金的比例约为质量的 5%。蒸镀速率约为 0.04 μm/min,Ge 膜厚为 1 μm。

成膜后,再蒸镀电极,先蒸镀一层 Cr 作为电极底层,然后蒸镀 Al 作为电极层。为使电阻条的电阻性能稳定,还需在空气中加热老化。

表 10.2.1 列出了 Ge 薄膜应变片同传统的体型半导体应变片和金属丝应变片的参数,以便进行比较。

表 10.2.1 有关应变片参数

应变片种类	特性				
	应变灵敏系数 K	电阻温度系数 α(1/℃)	灵敏度温度系数 β(1/℃)	α/K(1/℃)	β/K(1/℃)
金属丝	2	2×10^{-5}	2×10^{-4}	10^{-5}	10^{-4}
体型半导体	100	2×10^{-3}	2×10^{-3}	2×10^{-5}	2×10^{-5}
Ge 薄膜	30	2×10^{-4}	5×10^{-4}	6.7×10^{-6}	1.67×10^{-5}

由表10.2.1可看出,Ge薄膜应变片的 α/K 值及 β/K 值均较小,即视应变值小,这是个优点。

另一种蒸发合金薄膜传感器是以不锈钢为基底,先在真空度为 1.33×10^{-3} Pa的真空镀膜机中,将基底加热至200℃,然后在基片附近引入分压为 1.33×10^{-5} Pa的氧化流,以补充蒸发氧化物介质层时由于热分解作用而导致的氧气的不足;用一电子枪轰击 Al_2O_3 蒸发料,使其蒸镀在钢梁上,厚度约1 μm,蒸发速率约为 10^{-8} m/min,然后再在这一介质层上蒸镀一层 SiO_2 层,SiO_2 用氧化铍BeO坩埚盛放,以电阻丝加热;介质层蒸镀完毕后,再在200℃、133.3 Pa的 O_2 条件下进行数小时的热处理,使介质稳定。介质层制备后,将带有介质层的基片转入真空室的另一部分,或置于另一镀膜机中,真空度为 1.33×10^{-5} Pa,进行双源蒸发,即同时蒸发Cu和Ni。Cu仍由BeO坩埚盛放,加热使其蒸发;Ni则由电子枪加热蒸发;用两个石英晶体振荡器来分别监测Ni和Cu的蒸发速率,用一反馈系统来调节轰击Ni电子枪的温度,以使Cu与Ni的成分比保持在60%∶40%,从而得到成分均匀的康铜薄膜。最后在真空室内300℃下热处理48 h,再缓慢降温,使其阻值稳定。用上述方法形成的膜厚约为 8.75×10^{-8} m,蒸镀时用掩膜形成应变电阻条;它与基底间的绝缘电阻很高,直至300℃时,承受 $4\,000\times10^{-6}$ 应变情况下,其绝缘电阻仍保持很高数值;其灵敏系数2.2,在 $1\,500\times10^{-6}$ 应变情况下可经受 10^6 次循环;非线性及滞后小于0.5%;测定结果表明,在200℃时,$1\,800\times10^{-6}$ 应变情况下并不出现蠕变。

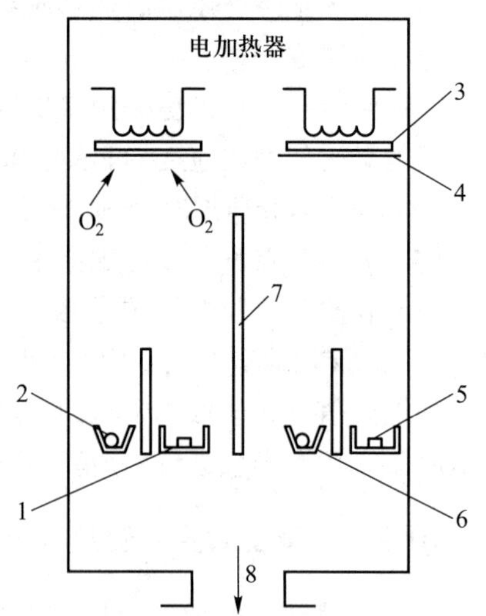

图10.2.7 康铜合金薄膜应变式传感器制造设备简图

1—Al_2O_3 电子枪;2—SiO_2 料;3—基底;4—掩膜;5—Ni电子枪;6—Cu料;7—屏蔽;8—接真空系统

由以上结果可看出,由于薄膜传感器免去了半导体体型应变片传感器的粘贴工艺,其性能却大大提高。

图10.2.7是康铜合金薄膜应变式传感器制造设备简图。实际上,这一设备包括控制系统在内是相当复杂的。

10.2.4 薄膜应变式传感器的特点

薄膜应变片式及传感器与压阻式传感器相比,其制造工艺环节要少得多。它的主要制造工艺环节是成膜工艺如溅射、蒸发等。由于工艺环节较少,工艺周期较短,成品率也就较高。这是它目前获得广泛使用的主要原因之一。

薄膜应变电阻可以同弹性体键合在一起,构成整体式薄膜传感器,也可以制成单一的薄膜应变片,再粘贴在弹性体上构成传感器。前者使用最多,也最好地体现了薄膜应变式传感器的优势,它可避免由于黏片工艺所带来的蠕变、滞后等误差。

用薄膜技术制成的合金型应变片和传感器,其稳定性很高,电阻温度系数又很小(一般为 10^{-5}~10^{-6}/℃数量级),适用于在航空航天工业,以及对稳定性要求较高的测控系统中。这都是半导体应变片式传感器和硅压阻式传感器所不及的。

合金型薄膜应变片的灵敏系数较低(一般约为1.7~2.2),大体同金属丝式和箔式应变片相当。半导体 Ge、Si 薄膜应变片及传感器具有较高的灵敏系数(一般为 30 以上),其电阻温度系数约为 10^{-5}/℃数量级。此外,薄膜应变片的阻值可做得很高,通常均可达到几千欧到上万欧,因而可以在低功耗的状态下工作。

薄膜应变片及传感器由于制造工艺的特点,使得参数一致性远较半导体型片和扩散型的高,适于大量生产,成本低廉。

对薄膜应变式传感器反复加载 10^6次以上,仍能正常工作,其耐疲劳性能较好。

薄膜应变式传感器的量程很大,可以制成如大量程称重、加速度、压力传感器等,远高于相同参数的硅压阻式传感器的量程。

总之,薄膜应变式传感器是很有发展前途的传感器。

10.3 薄膜热敏传感器

当薄膜材料吸收红外辐射或受热源直接加热后,将会导致薄膜材料温度特性的变化,而测量这种变化就可以作为红外辐射或热源能量的度量,这就是薄膜热敏元件及传感器的工作原理。

最常用的热敏元件及传感器就是根据薄膜的电阻随温度变化的性质来进行测量的。如果温度变化是由吸收红外辐射造成的,这种传感器就称为辐射热传感器;如果温度变化是由直接接触造成的,这种传感器可以通过淀积一层红外吸收膜转变成薄膜辐射热传感器。该传感器的敏感元件(电阻元件)通常是用具有高温度电阻率系数的材料制成的薄膜。图 10.3.1 为薄膜热辐射传感器的线路图和几何结构。

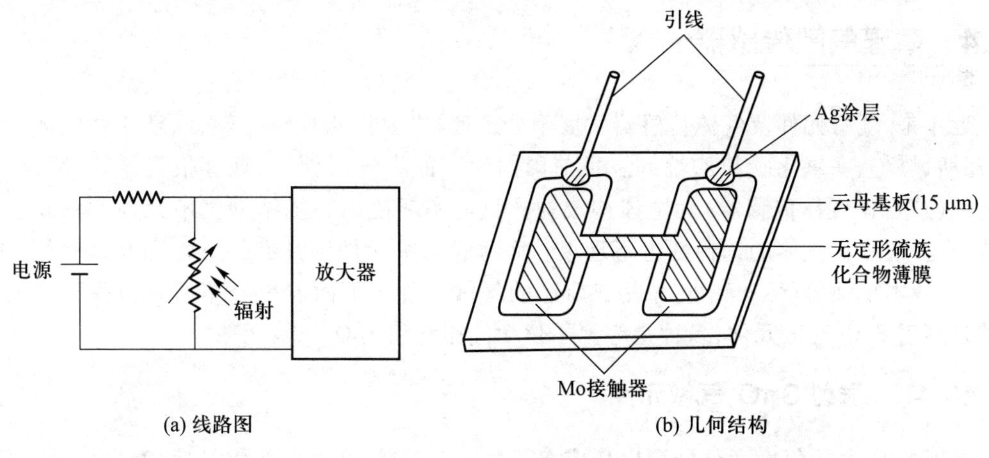

(a) 线路图　　(b) 几何结构

图 10.3.1　薄膜热辐射传感器

高精度高温型 SiC 薄膜热敏电阻以 Si 片为基底,采用先在大片上成膜的方法,成膜后再划分成一个个的小芯片。薄膜的制备过程是:①首先将 Si 片在高温下进行氧化处理(与集成电路的氧化工艺一样),形成一层 SiO_2 薄膜作为绝缘层。②然后用射频溅射法淀积一层 SiC 薄膜,此时基底温度约为 150~200℃。溅射时以氩为溅射气体,溅射时真空度为 2.66~4 Pa,溅射速率约为 0.8 μm/h,先预溅 30 min,再主溅 6 h。这样得到的 SiC 薄膜用 X 射线分析可知,它由 0.5 μm 以下的微细结晶物构成。③形成 SiC 薄膜热敏电阻敏感层以后,再在其表面用光刻法形成梳状电极，由于光刻法可保证尺寸的精度，因而对提高热敏电阻的一致性和精度都十分有益。电极材料为Au，使用温度范围约为-40～200℃。由于Si的导热率较大，所以响应速度较快。根据测定，其时间常数在水中只有0.05 s（有管壳时）。但由于Si较脆，这种芯片的机械强度较差，故必须装入管壳密封，内充惰性气体；然而，有了保护管壳会影响热响应速度，所以管壳要尽量薄，并采用导热率较高的金属材料。图10.3.2为这种高精度高温型SiC薄膜热敏电阻的结构和温度响应曲线。将这种热敏电阻接入所设计的电桥电路，就可构成薄膜温度传感器。

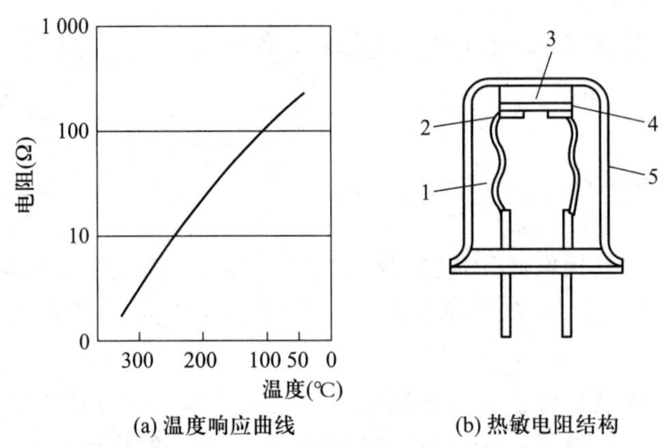

图10.3.2 高精度高温型SiC薄膜热敏电阻的结构和温度响应曲线

1—Au引线；2—Au电极；3—Si基底；4—SiC薄膜；5—铜壳

10.4 薄膜气敏传感器 》》》

近年来，气敏元件及气体传感器发展十分迅速，主要用于检测可燃性、还原性气体，如氢气、瓦斯、煤气、一氧化碳和乙烷等。目前国内生产的煤气报警器、烟雾报警器等，都是以气敏元件（或者说气体传感器）为主体构成的。目前实际使用的烧结型气敏元件的重复性、稳定性都比较差，对气体的选择性也不理想。而薄膜气敏元件则具有一致性和互换性好、机械强度高，成本低廉等优点，是很有发展前途的气敏元件。下面着重介绍两种薄膜气敏元件，一种是溅射SnO_2气敏元件，一种是等离子化学气相淀积SnO_2气敏元件。

10.4.1 溅射SnO_2气敏元件

溅射SnO_2薄膜气敏元件既可以作成NO_2气体传感器，又可以作成测量CO等气体浓度的传感器。这表明，同一种薄膜可以对多种气体浓度的变化有响应。为了提高元件对某种气体的敏感特性，就要特别注意选择适当的加热处理温度。因为SnO_2具有多晶结构，而加热处理条件对SnO_2薄膜多晶形成有很大影响。

溅射SnO_2薄膜气敏元件的制造过程：①以纯度较高的Al_2O_3片为基底，尺寸一般为5 mm×5 mm×0.5 mm，在基底的一面烧上一间隔为0.5 mm、长为5 mm的一对白金电极和白金引线。②然后再进行溅射，形成一层SnO_2薄膜。溅射时，以99.9%的Sn作靶，基底温度保持在60℃以下，溅射时的真空度为0.2 Pa。以Ar和O_2的混合气体为溅射气体，两者比例为

1∶1,溅射速度约为 9×10^{-9} m/min。这样得到的 SnO_2 薄膜的厚度为 5.5×10^{-7} m。SnO_2 膜将白金电极和引线与电极结点全部覆盖,这样,只有 SnO_2 膜本身暴露在空气中,减少了不稳定因素。③溅射完成后,还需在 600℃ 下热处理 2 h。当热处理温度超过 800℃ 时,膜的电阻值急剧增加。出现这种情况,可认为是由于随着热处理温度的增高,晶粒增大而缺氧性缺陷减少所致。对这种膜进行 X 射线分析结果表明,它是一种晶粒大小约为 10^{-8} m 左右的多晶结构。

这种 SnO_2 气敏薄膜的特性与工作温度有关。当工作温度接近 330℃ 时,能检出大气中由机动车辆排出的含量在百万分之几至百万分之几十之间有害的 NO_2 气体;当工作温度为 390℃ 时,能检出浓度为 18%~19% 的 O_2,缺氧状态空气中浓度为 0.001%~0.01% 的 CO。

这种薄膜气敏元件对 NO_2 气体浓度 C_{NO_2} 的灵敏度如图 10.4.1 所示。图中膜厚为 4.4×10^{-7} m 与 5.5×10^{-7} m 时,元件对 NO_2 的灵敏度相差很小;当膜厚为 7×10^{-8} m 时,则灵敏度较低。由图可知,厚度对灵敏度的影响并不明显,因而,在制造工艺过程中对厚度控制的要求并不高。图 10.4.2 表示 CO 气体浓度 C_{CO} 同气敏元件灵敏度的关系。由图可知,CO 气体灵敏度不仅取决于元件的工作温度,还与成膜以后的加热处理的温度有关。因此,选择适当的加热处理温度,对提高元件对某种气体的敏感特性非常重要。

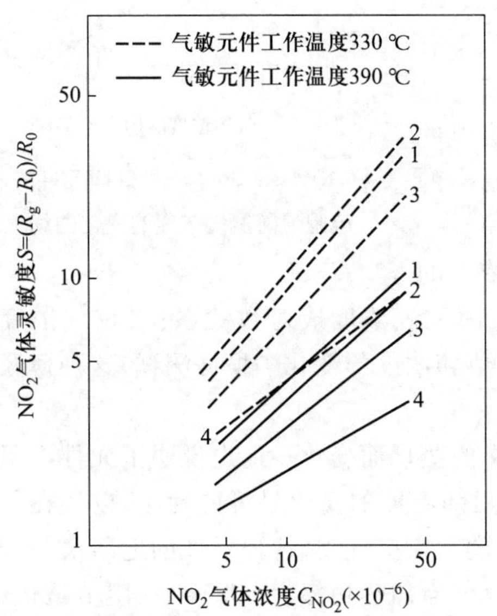

图 10.4.1 NO_2 气体浓度 C_{NO_2} 同气敏元件灵敏度的关系

(标定气体:NO_2/大气稀释;相对湿度:55%~65%;膜加热处理条件:600℃,2 h)

R_g—大气中,NO_2 浓度为 C_{NO_2} 时,气体敏感元件的电阻值(Ω);R_0—纯净气体中,气体敏感元件的电阻值(Ω);1—SnO_2 溅射薄膜厚度 5.5×10^{-7} m;2—SnO_2 溅射薄膜厚度 4.4×10^{-7} m;3—SnO_2 溅射薄膜厚度 1.9×10^{-7} m;4—SnO_2 溅射薄膜厚度 7×10^{-8} m

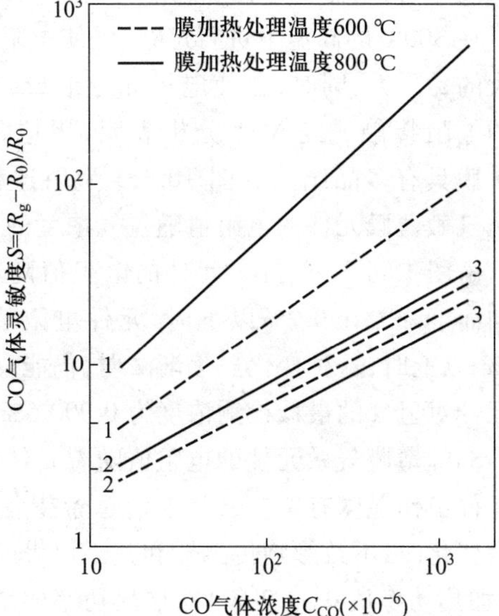

图 10.4.2 CO 气体浓度 C_{CO} 同气敏元件灵敏度的关系

(标定气体:CO/N_2 稀释;SnO_2 溅射薄膜厚度:5.5×10^{-7} m)

R_g—N_2 中,CO 浓度为 C_{CO} 时,气体敏感元件的电阻值(Ω);R_0—纯净 N_2 中,气体敏感元件的电阻值(Ω);1—气敏元件工作温度 510℃;2—气敏元件工作温度 390℃;3—气敏元件工作温度 250℃

10.4.2 等离子化学气相淀积 SnO_2 气敏薄膜元件

这种薄膜气敏元件对氢气、CO_2、液化石油气、管道煤气等均有较高的气敏效应。一般可根据元件在不同的温度下对各种气体的灵敏度不同这一特点,来选择元件的适当工作温度,以提高它对气体的选择性。此外,还可以在薄膜表面上涂上一层适当孔径的分子筛来提高这种选择,以检测混合气体中某一特定的气体。将元件用于检测上述气体时,其工作温度可在 260~340℃之间进行选择。

用等离子化学气相淀积法制备 SnO_2 的工艺过程:①先将陶瓷基底经处理后置于平板下电极上面。②将 $SnCl_4$ 和 O_2 分别通入真空室中,由流量传感器分别读取其流量。根据需要,控制其流量。③接通射频电源,加上高压,使其产生辉光放电,形成等离子区,使氧气和 $SnCl_4$ 产生化学反应,生成 SnO_2,淀积在基底上形成薄膜。④在基底的背面涂一层二氧化钌 RuO_2 膜供加热元件用,然后再在 RuO_2 和 SnO_2 膜上分别印刷出 AgPd 电极,焊上银丝或金丝,作为电极引线,即形成了气敏元件。需注意的是,在涂上 RuO_2 和 AgPd 电极,以及焊接引线之后,均需要进行烧结。前两步烧结温度较低,最后需在 800℃的高温下进行烧结,以使电阻膜在基底上有较大的黏附力;同时,也使电极充分形成合金,以获得良好的电阻接触。经 X 光分析表明,用这种工艺获得的 SnO_2 膜具有多晶结构。图 10.4.3 为用这种工艺制出的 SnO_2 气敏薄膜元件的电阻值随氢气浓度的变化曲线。

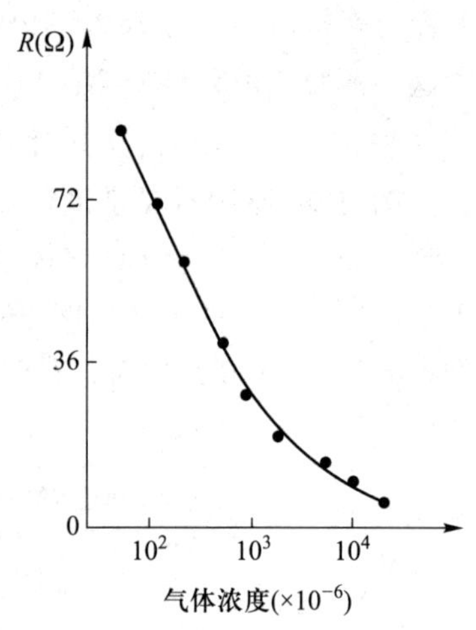

图 10.4.3 SnO_2 气敏薄膜元件的电阻值随氢气浓度的变化曲线

由图 10.4.3 可看出,元件的电阻值随着氢气浓度的增加而下降。在 0.2% 以下时,元件电阻值近似地同氢气浓度成对数关系;当氢气浓度达 0.5% 以上时,这种变化虽逐渐减弱,仍能反映出阻值随浓度的变化。根据测试,这种薄膜气敏元件对氢气的最低检测浓度为 0.000 5%。

SnO_2 薄膜气敏元件的电阻值随着元件加热功率的变化而变化。这也说明了元件电阻值与元件工作温度有关。通常人们总希望元件的电阻随温度的变化尽可能地小,以使在工作温度变化时,不致影响传感器和整个仪表的测量精度。在空气中,这种元件的电阻值一开始(即加热功率从 0~1.2 W)随加热功率的增大而降低,当加热功率为 1.2 W 时,阻值最低;超过这一功率时,电阻值又随加热功率而升高。在低浓度(如 0.002%)的氢气中,电阻同加热功率的关系曲线和在空气中的情况相似,只是曲线较为平坦。如图 10.4.4(a)所示,曲线 1 和曲线 2 接近,它们有一个共同的最低电阻值。当氢气浓度超过 0.1%时,加热功率从 2 W 至 3.2 W,其阻值变化较小。图 10.4.4(b)表示氢气浓度较高时,薄膜气敏元件电阻随加热功率的变化情况。

不论是哪种方法制备的 SnO_2 薄膜气敏元件,其稳定性都比较好,同目前较普遍使用的烧结型气敏元件相比,它的响应时间很短。一般的气敏元件停止工作一段时间后再工作,则需要较长时间才能恢复正常状态;但是这种薄膜元件经过停歇后重新工作,通常只需要 3 min 即可恢复到停歇前状态。

SnO_2 薄膜是目前使用最广的气敏元件,SnO_2 本身是一种 N 型氧化物半导体。其晶格

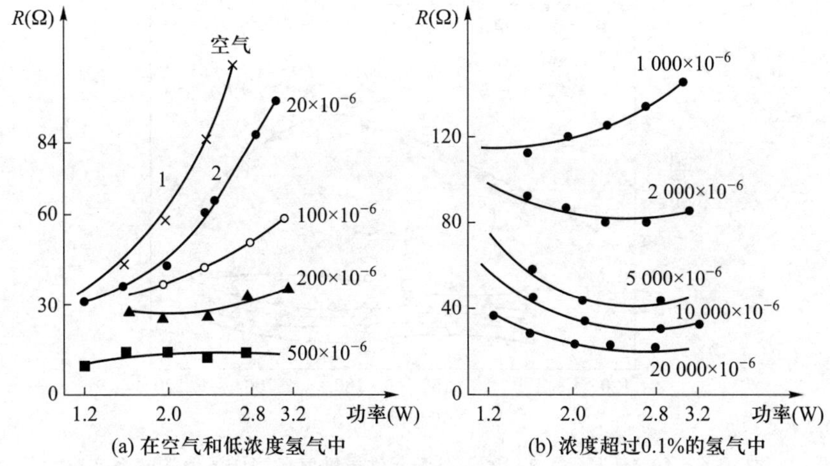

图 10.4.4 薄膜气敏元件电阻值随加热功率的变化曲线

表面不饱和的 Sn 原子和 O 原子都具有吸附 O_2、NO_2等氧化性气体和吸附 H_2、CO 等还原性气体的能力。吸附 O_2、NO_2等氧化性气体后电阻升高，吸附 H_2、CO 等还原性气体后则电阻降低。被吸附的氧分子又可再吸附还原性气体的分子。理论分析和实验研究表明，气敏效应主要靠吸附氧同待检测气体的作用，亦即主要靠吸附氧气的状况。SnO_2与气体的作用产生在表面极薄的一层内，响应速度很快，而且这种作用是可逆的。为了提高灵敏度，必须增加它的比表面积。在烧结型 SnO_2气敏元件的制造工艺中，为了得到多孔的 SnO_2烧结体，必须在高温下烧成，但这又导致 SnO_2本身气敏特性的下降，因而，还需增添 Pt、Ag 等催化剂才能提高灵敏度。用薄膜工艺制作的气敏元件，不需用催化剂也可得到较高的灵敏度。

近年来，超微粒子技术发展迅速，用这种技术制备的超微粒子薄膜，也可用于检测气体，作成超微粒子气敏元件。SnO_2超微粒子薄膜气敏元件就是其中的一种。超微粒子技术的发展，超微粒子薄膜气敏元件的问世，将进一步推动气敏元件向超小型化和集成化方向发展。

10.4.3 稀土掺杂薄膜型气敏元件

为了进一步提高薄膜气敏元件的性能，近年来，人们又在研究掺杂薄膜型气敏元件。使用添加剂，特别是使用稀土添加剂之后，气敏元件的性能得到了显著改善。在薄膜元件制作过程中，也进行了添加稀土的研究，例如，在 ZnO 中添加对乙醇气体具有选择性的元件。本小节将讨论在 SnO_2薄膜上添加稀土氧化物三氧化二铕 Eu_2O_3和三氧化二钕 Nd_2O_3的薄膜型气敏元件的制作工艺和敏感性能。

这种复合薄膜气敏元件的制作工艺：先将清洗过的陶瓷管两端镀上金电极，再用真空镀膜法镀上 Sn 膜，并在氧化炉中氧化成 SnO_2，然后在 SnO_2膜上镀上一层 Eu 膜或 Nd 膜，经热处理后形成 Eu_2O_3或 Nd_2O_3，最后再经引线、焊接加热线圈和老化等工序即成。

稀土氧化物 Eu_2O_3对 SnO_2薄膜的气敏特性主要有如下两个方面的影响。

(1) 气敏元件的选择性。用真空镀膜法将微量稀土元素蒸发在 SnO_2薄膜上，可明显地提高元件的灵敏度或改善元件的选择性。图 10.4.5 为掺有稀土氧化物 Eu_2O_3的 SnO_2薄膜元

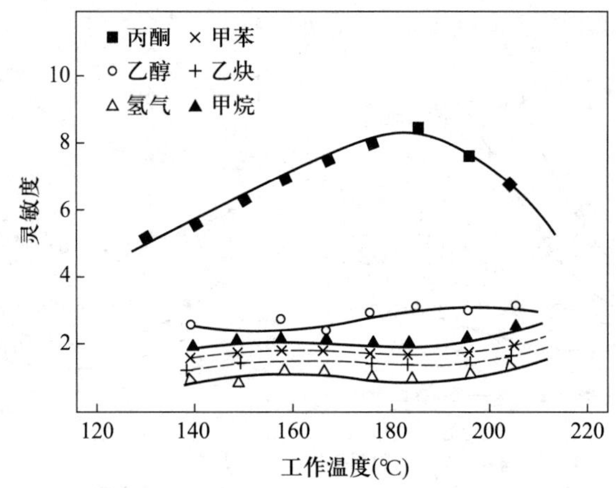

图 10.4.5 掺杂 Eu_2O_3 的 SnO_2 薄膜元件灵敏度和工作温度的关系曲线

件在 0.1%的样气和 10 V 的回路电压下测出的灵敏度和工作温度的关系曲线。由图可知,灵敏度随工作温度而变化。气敏元件对丙酮气灵敏度较高,其峰值可达 8(V/0.1%)以上,而对乙醇、氢气、甲苯、乙炔和甲烷等气体的灵敏度均在 4(V/0.1%)以下。若将元件工作温度选在 185℃时,气敏元件对丙酮的灵敏度最高,选择性也好。

(2) 气敏元件的响应特性。SnO_2 薄膜的响应特性随着稀土含量的变化而变化。在一定范围内,稀土含量增加,其灵敏度变高。但也要注意,稀土含量不能太高,否则对气敏元件其他参数有影响,因此,在制作元件时要使稀土元素的含量适当。

在上面的影响中,灵敏度的大小与稀土的含量、被测气体浓度以及元件热处理温度等都有关系。图 10.4.6 表示灵敏度与稀土氧化物含量的关系曲线。在丙酮气氛中,当 Eu_2O_3 在气敏元件中的掺杂含量小于 1.1%时,气敏元件的灵敏度随含量的增加而升高;当 Eu_2O_3 在气敏元件中的掺杂含量大于 1.1%时,其灵敏度随含量的增加而下降;当 Eu_2O_3 含量为 1.1%左右时,其灵敏度出现一个峰值。图 10.4.7 给出了在气敏元件中 Eu_2O_3 掺杂含量一定时(图中所示含量为 1.25%),其灵敏度随被测丙酮气体浓度变化的曲线。当浓度在 0.05%~0.4%范围内,曲线近似于线性,在浓度为 0.4%时出现灵敏度的峰值。

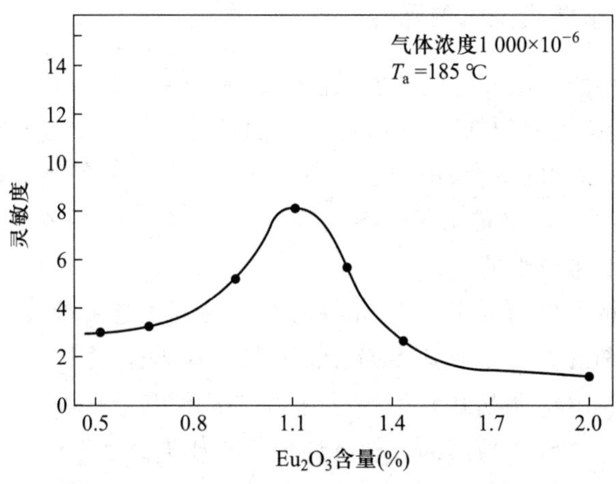

图 10.4.6 灵敏度与稀土氧化物含量的关系曲线

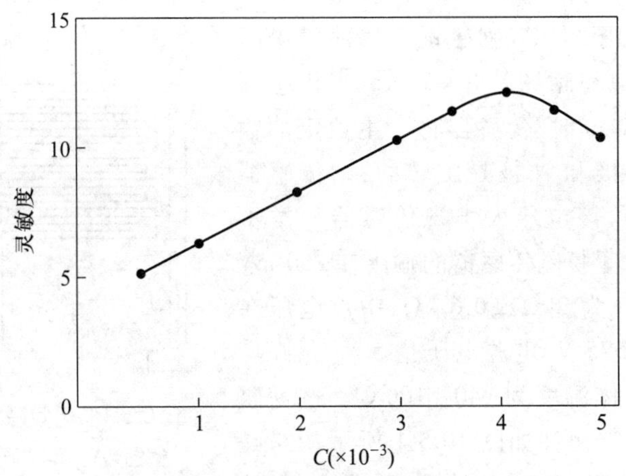

图 10.4.7 灵敏度与被测气体浓度的关系

另一种稀土氧化物 Nd_2O_3对 SnO_2薄膜气敏特性的影响，主要表现在提高对乙炔气体的敏感性上。例如，掺有 1.6%的 Nd_2O_3的 SnO_2薄膜元件分别放在浓度为 0.4%的乙炔、H_2、甲烷和 CO_2等气体中测量，其灵敏度分别为 11.8，3.9，4.9 和 5.9。

本小节仅讨论在稀土掺杂 SnO_2气敏元件中受稀土氧化物催化作用。当气体与固体催化剂接触时，气体可以在催化剂表面发生吸附现象，且化学吸附比物理吸附更重要。因反应物在催化剂表面上化学吸附成为活化吸附态，从而降低反应活化能，提高反应速度，控制反应方向。由于稀土氧化物具有特殊的电子结构，其化学活性较高，氧化反应特别活泼，能吸附大量的氧，有较快的反应速度，所以它是活性较高的催化物质。当将稀土氧化物加入 SnO_2以后，通过接触而吸引电子，降低了 SnO_2的导电性。由于稀土氧化物是活性较高的催化剂，所以它的加入，也降低此气敏材料的活化能，加快 β 氧的吸附、脱附速度，从而提高敏感元件的动态响应，也提高敏感元件的灵敏度。不同的稀土氧化物具有不同的外层电子结构，所以它们的催化活性中化学吸附选择性也不同。因此，用不同种类的稀土氧化物掺杂，气敏元件对某种还原性气体的吸附量和反应速度就不同，从而导致它们对某些还原性气体具有不同的灵敏度和选择性。例如，掺杂 Eu_2O_3的元件对丙酮气敏感，而掺杂 Nd_2O_3的元件却对乙炔气特别敏感。

总之，掺杂 Eu_2O_3和 Nd_2O_3的 SnO_2薄膜提高了灵敏度的选择性，Eu_2O_3在薄膜中的含量以 1.1%左右为宜；而 Nd_2O_3在薄膜中的含量以 1.6%为佳。热处理温度一般取 600℃。掺稀土的薄膜元件均具有较好的响应特性，而且响应时间大于恢复时间。

10.5 薄膜磁敏传感器

薄膜磁敏传感器的工作原理是建立在磁性金属薄膜的磁阻效应基础上的。若给通有电流的金属或半导体薄膜加以与电流垂直（或平行）的外磁场，则薄膜的电阻值就增加，这种现象称为磁致电阻变化效应，或简称为磁阻效应。

图 10.5.1 所示为一种典型的具有互相垂直的强磁性金属薄膜的磁阻效应元件，主要用于盒式磁带录音机的终点检测和自动反转，也可用来控制磁带录像机电动机旋转以及用于

定位的无触点开关等。

磁阻效应元件利用 Ni-Co 强磁性金属薄膜磁阻效应的磁传感器，其饱和磁场是 8 kA/m。当传感器周围的磁场超过 8 kA/m 时，传感器将产生恒定的输出电压。如果磁场 S 极和 N 极是旋转的，则传感器就会输出正弦波电压，该电压大小视传感器种类不同而异，例如，DM106 薄膜磁传感器的输出在±60 mV 以上，总电阻（R_A+R_B）为 2 kΩ±0.6 kΩ，中点电压在无磁场时是 2.5 V±0.575 V，电源电压是 5 V，允许功率损耗是 200 mW，工作温度为-40～100℃。这种磁传感器所用的磁阻效应元件如图 10.5.1 所示。它是在硅基底上蒸发淀积 Ni-Co 合金薄膜而成，大小约为 1.2 mm×2.4 mm，为三端器件；电极 a、c 是偏置电压（电流）端子，电极 b 是输出电压端子；折线图案 A、B 是感磁部分。这种元件的阻抗将随着同一平面内磁场方向的变化而变化，即随着 θ 角而变。设感磁元件 A 在磁场 H 中被磁化的方向与 H 相同，而且磁场大于元件的饱和磁场，那么，元件 A 的电阻 $R_A(\theta)$ 可表示为

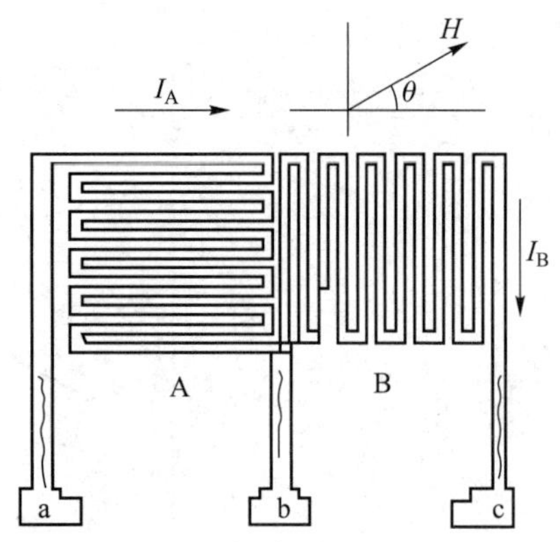

图 10.5.1 薄膜磁阻效应元件的结构示意图（A、B 两元件方向相互垂直）

$$R_A(\theta)=R_1\sin^2\theta+R_2\cos^2\theta \tag{10.5.1}$$

式中 R_1——θ 为 90°、270°时的电阻，Ω；

R_2——θ 为 0°、180°时的电阻，Ω。

与元件 A 垂直的元件 B（感磁部分）的电阻 $R_B(\theta)$ 为

$$R_B(\theta)=R_1\cos^2\theta+R_2\sin^2\theta \tag{10.5.2}$$

由式（10.5.1）和式（10.5.2）可得元件 A、B 中的中点 b 和端子 c 之间的电压为

$$U_{bc}(\theta)=\frac{U_0}{2}-\frac{\Delta R\cos 2\theta}{2(R_1+R_2)}U_0 \tag{10.5.3}$$

$$\Delta R=R_2-R_1(\Omega)$$

式中 U_0——加在 a、c 之间的电源电压，V。

在式（10.5.3）中，由于 $U_0/2$ 是常数，所以输出电压 $U_{bc}(\theta)$ 与 $\cos 2\theta$ 成正比。

在实际应用中，DM106 磁传感器要与集成电路 CX-10006 配套使用。例如，在磁带录音机中用来检测磁带终点时，一旦传感器的检测旋转信号输出为零，就会输出驱动插棒式铁芯的信号，使磁带盒停止工作。在集成电路内有放大器、旋转检测电路、单稳多谐振荡电路、磁传感器用稳压电源、执行元件驱动电路等，电源电压 8～18 V，电源电流 7～13 mA，执行元件（插棒式铁芯）响应时间 1.0～1.6 s，执行元件驱动时间 0.1～0.2 s，驱动用晶体管饱和电压是 1.2～2 V（100 mA），最大负载约为 700 mW。集成块的大小为21.9 mm×4.5 mm×3.0 mm，是 9 脚单列直插式元件。磁传感器用稳压电路的输出是 5～6 V。

习题与思考题

10.1 简要说明薄膜的分类。

10.2 比较薄膜型和一般金属电阻应变片对应变式传感器性能的影响。

10.3 说明图 10.2.6 所示的力传感器的工作原理以及设计敏感单元时应考虑的问题。

10.4 参考图 10.2.4，归纳溅射合金薄膜传感器的设计与制造中的几项关键技术问题。

10.5 说明图 10.4.1 在设计气敏传感器中的应用。

10.6 用 SnO_2 薄膜气敏元件主要可以制作哪几种传感器？简要说明工作原理。

10.7 论述用蒸镀和溅射两种工艺制造的薄膜敏感器件及传感器在特性上的异同。

10.8 简要总结稀土氧化物 Eu_2O_3 对 SnO_2 薄膜气敏特性的影响规律。

10.9 基于图 10.5.1，利用式(10.5.1)和式(10.5.2)证明式(10.5.3)。

10.10 查阅有关文献，论述薄膜传感器当前需要完善和提高的技术问题。

第11章

磁 传 感 器

基本内容

本章基本内容包括电磁效应、洛伦兹力、霍尔效应、磁阻效应、量子力学电磁效应、霍尔传感器、硅谐振式磁传感器。

11.1 概述

磁传感器的历史悠久,古代人就已开始利用指南针来辨别方向,可以说指南针是最古老的磁传感器。但是,现代特别要求传感器输出容易处理的电信号。为此,目前主要采用将磁量转换成电量的磁传感器,直接用于测量磁场强度,也可间接用来测量某些物理量。

线圈是将磁量变成电量的最简单的元件。在线圈中通以电流就会产生磁场,而当线圈中的磁场随时间变化时,就会在线圈上感应出电动势,这就是电磁感应,它是有关电和磁相互转换最基本的物理现象。利用该现象进行直接变换的元件就是线圈。磁传感器就是利用线圈的磁场变化率来进行被测量的检测的。从灵敏度来看,因为感应电动势与磁场变化率成比例,所以对面积很小或强度很弱的磁场来说,所需线圈的匝数就很多,结构尺寸会受到限制。如今,借助微细加工技术制造微小尺寸线圈的难度已经化解,所以采用线圈的磁传感器仍在广泛应用。如计算机用以记录并读出信号的磁头(磁传感器),其基本结构就是把线圈绕在能聚束磁通的硅钢片上。

将磁场加在半导体等固体上,固体的电性质就会发生变化,这种现象称为电(流)磁效应(galvanomagnetic effect)。基于这种物性变化制成的固体磁传感器,可以精确地检测从静磁场到交变磁场的强度,并转换成电信号输出。

固体磁传感器(或称物性磁传感器)具有体积小、功耗低、便于集成化等许多优点,并且通过材料选择与合理设计,能够获得很高的灵敏度和稳定度。因此,近年来,对它的技术开发给予了足够的重视,特别是半导体磁传感器,随着它所用的材料和加工技术的进步,其应用范围正在日益扩大。

制作固体磁传感器的材料有磁性体、半导体、超导体等。材料不同,其工作原理及特性也不相同。

本章根据磁传感器的发展,重点介绍几种固体磁传感器。

11.2 磁传感器的工作原理

11.2.1 基本效应

在磁场中，运动的带电粒子（载流子）要受到一个与磁场和运动方向垂直的洛伦兹（Lorenz）力的作用。设载流子电荷量为$-e$（电子），电场强度为E，载流子瞬时速度为v，外加磁场强度（或称磁通密度）为B，则这个载流子所受的力为

$$\boldsymbol{F}=-e(\boldsymbol{E}+\boldsymbol{v}\times\boldsymbol{B}) \tag{11.2.1}$$

该式表明了电量与磁量的密切关系。由式（11.2.1）可知，载流子除受电场E的作用力（$-e\boldsymbol{E}$）外，在磁场中还受到洛伦兹力（$-e\boldsymbol{v}\times\boldsymbol{B}$）的作用，洛伦兹力与速度和磁场相垂直。

换言之，磁通的变化，将会在与它交链的电路中产生电动势，可写成

$$E=-\frac{\mathrm{d}\phi}{\mathrm{d}t} \quad 或 \quad E\propto-\frac{\mathrm{d}B}{\mathrm{d}t} \tag{11.2.2}$$

式中，ϕ为磁通，$\phi=LI$。

式（11.2.2）直接表明了电与磁的感应效应，即电磁效应。

绝大部分检测磁量的传感器都是基于电磁关系式（11.2.1）或式（11.2.2）阐述的基本原理设计而成的。

首先分析真空中的电子运动，若无电场而只有磁场的情况下，电子（$-e$）只受到洛伦兹力（$-evB$）的作用。由于洛伦兹力总是跟电子（$-e$）的运动方向和磁场相垂直，故不对电子做功，它只改变电子的运动方向，而不改变电子的速率。结果，洛伦兹力对运动着的电子来说，起着向心力的作用，如图11.2.1所示。

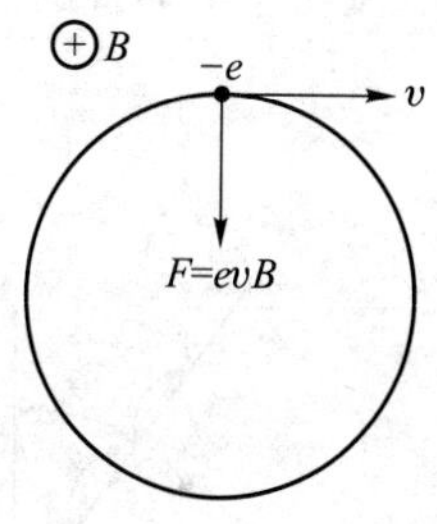

图11.2.1 磁场中运动电子的受力示意图

若无外加磁场时，电流沿着电场方向流动，即电子朝着与电场相反的方向移动。

图11.2.2（a）所示为在真空中电场和磁场同时存在而且相互垂直情况下电子所作的运动。设电子在原点处最初为静止状态。$-X$方向的电场使电子沿X方向加速运动，由于Z方向的磁场影响，导致电子逐渐向Y方向弯曲，图中所示的①点处电子速度达到最大，此后减

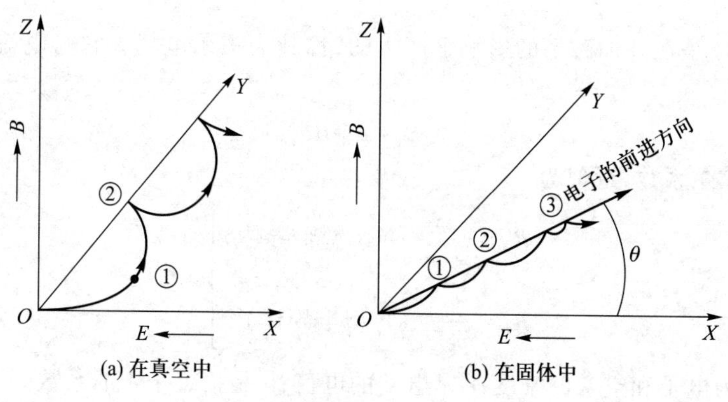

图11.2.2 在相互垂直的电场和磁场中电子的运动

速到②点,电子速度又变为零。反复进行这样的运动,使电子移动的轨迹实际上是一个接一个的半圆弧形。由于这是朝与电场平均成直角方向运动,故无能量损失,最终电子沿 Y 方向前进。

再来研究固体中电子的运动。在固体中,由于杂质原子和晶格的振动,阻碍了电子的运动。这些阻碍物与电子相碰撞,会造成能量损失,经过一段碰撞缓和时间后,电子的速度下降直到为零,电子的运动轨迹就出现了如图 11.2.2(b)所示的那样,在①、②、③点上电子的速度为零,电子的平均运动方向不会再沿 Y 方向运动,而是沿与 X 轴成 θ 角的方向前进。这种现象于 1879 年由美国科学家 E.H.Hall(霍尔)发现,故称其为霍尔效应,θ 角称为霍尔角。

另外,固体的电阻系数也随磁场的作用而变化,即产生磁阻效应。

还有,即使在超导体中,磁场也具有重要作用,表现出超导等量子效应的现象,主要体现为某些金属的磁性。

11.2.2 霍尔效应

利用霍尔效应的磁传感器,主要材料是Ⅲ-Ⅴ族化合物半导体。因为它们具有较高的电子迁移率,而金属材料的迁移率较小,几乎不出现霍尔效应,也不能用于磁传感器。

在图 11.2.3 所示为半导体中的霍尔效应。把电场 E 分为与电流密度 i 平行的分量 E_X 和与电流密度 i 垂直的分量 E_Y,如图 11.2.4 所示。E_Y 与 E_X 之间有下列关系

$$\tan\theta=\frac{E_Y}{E_X} \tag{11.2.3}$$

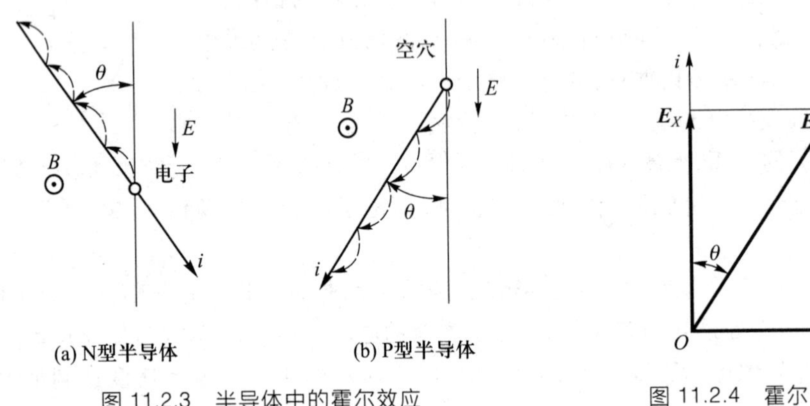

(a) N型半导体 (b) P型半导体

图 11.2.3 半导体中的霍尔效应

图 11.2.4 霍尔电场

横向电场 E_Y 是在外加磁场的影响下产生的,称其为霍尔电场。它与电流密度和磁场强度 B 成正比,即

$$E_Y=R_H iB \tag{11.2.4}$$

比例系数R_H称霍尔系数,近似为

$$\left.\begin{aligned}R_H&=-\frac{\gamma}{ne}\quad(\text{N 型半导体})\\R_H&=\frac{\gamma}{pe}\quad(\text{P 型半导体})\end{aligned}\right\} \tag{11.2.5}$$

式中,n,p 分别为电子和空穴的密度;e 是电子的电荷;γ 是接近于 1 的系数。

用电导率 σ 的电流密度和电场之间的关系式

$$i=\sigma E_X \tag{11.2.6}$$

可以得到霍尔角的一般表达式为

$$\tan\theta=\frac{E_Y}{E_X}=\sigma R_H B \tag{11.2.7}$$

对N型半导体而言,电导率可用 $\sigma=ne\mu_n$(μ_n为半导体中电子的迁移率)表示,从而可得到

$$\tan\theta=-\mu_n B \tag{11.2.8}$$

以空穴代替电子则有

$$\tan\theta=\mu_p B \tag{11.2.9}$$

式中,μ_p为半导体中空穴的迁移率。

由式(11.2.8)和式(11.2.9)可知,半导体的迁移率越大或外加磁场强度 B 越大,霍尔角 θ 就越大,极限值为90°。

表11.2.1列出几种用于半导体磁传感器的材料及其主要性质。

表11.2.1 磁传感器用半导体材料的物理性质

半导体材料	电子迁移率 μ[cm^2/(V·s)]	禁带宽度 E_g(eV)
InSb	78 000	0.17
InAs	33 000	0.36
GaAs	8 000	1.40
Ge	3 500	0.66
Si	1 500	1.12

表11.2.1中的InSb是迁移率最大的半导体材料,也是对磁场灵敏度最高的材料,但受温度影响较大,因此,在使用时应视温度变化范围采取温度补偿措施。还有,这种材料的禁带幅度也小,所以近年来,已经开始使用禁带幅度大、电子迁移率也相当大的GaAs材料,这种材料不易受温度影响,可在200℃左右的高温下使用。

Si材料的电子迁移率小,单纯使用它来作磁传感器性能欠佳。但是它能与配套的电子线路实现集成化,因而广泛用于制造把机械量变换成电量的磁传感器。

11.2.3 磁阻效应

早在19世纪末(1883年),由Lord Kelvin在研究金属材料时发现了物质的电阻值在外加磁场作用下增大的现象。在半导体材料出现后,促进了对这种现象的进一步研究,称这种现象为磁电阻效应。磁电阻效应有两层含意:其一是强调电阻率随磁场强度的增加而增加,这是有关物体性质的变化现象;其二是指电阻值随磁场强度的增加而增加,这是有关物体的电特性现象。显然,后者包含前者。前者称为磁电阻率效应,后者称为磁电效应,以示区别。在半导体材料中,常基于磁电阻率效应制作磁阻元件,并设计成磁传感器。

现对磁电阻率效应产生的机理分析如下:

(1) 在半导体内存在外界电场 E_X,霍尔电场 E_Y,在合成电场 E 的作用下,如11.2.2节所述的那样,电子沿着斜的方向加速,获得速度后,由于和晶格与杂质原子存在碰撞,所以作圆弧状运动,运动轨迹从宏观上看是与外界电场 E_X 平行,如图11.2.5中a所示。虽然电子是沿外界电场 E_X 的方向移动,但由于外加磁场的作用,电子与晶格和杂质原子碰撞概率增加,故

电阻率也增加,这就是半导体产生磁电阻率效应的原因。

(2) 半导体中载流子的能量并不完全相等,而是具有某种分布,随着各自的能量不同,每个载流子的碰撞和时间也有不同的值。若对载流子全体的碰撞缓和时间进行平均,那么,霍尔电场产生的静电力和由于运动产生的洛伦兹力将保持平衡。但是比全体平均碰撞缓和时间要长的载流子,所发生的碰撞过程要长,因此该部分载流子的平均速度要大,如图 11.2.5 中 b 所示。当洛伦兹力超过静电力时,将发生较大的偏转。另外,比全体平均碰撞缓和时间要短的载流子所发生的碰撞过程要短,故这部分载流子的平均速度要小,如图 11.2.5 中 c 所示。当静电力超过洛伦兹力时,发生的偏转就小。不过,b、c 两种情况中的载流子都是沿着偏离外电场的方向移动,所以在外电场方向的迁移率就变小,导致电阻率增加,这就是半导体产生磁电阻率效应的原因。这种磁电阻率效应在硅或锗半导体材料中都能见到。

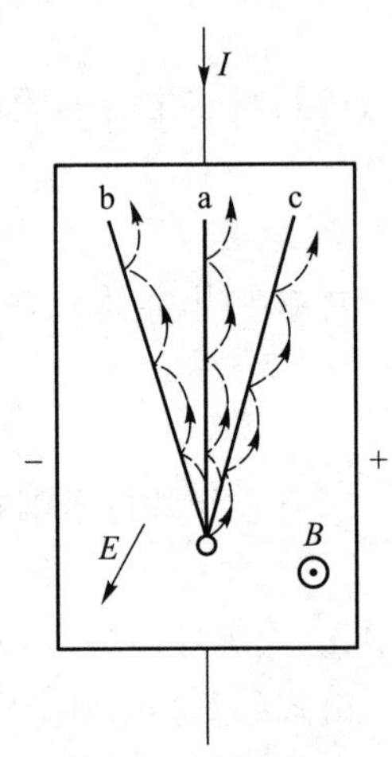

图 11.2.5 缓和时间不同的电子运动

a—具有平均缓和时间的电子运动;b—比平均缓和时间长的电子运动;c—比平均缓和时间短的电子运动

(3) 产生电阻率效应的第三个原因是存在电子与空穴这两种载流子。如图 11.2.3 所示,在外加磁场作用下,由电子和空穴复合形成的电流,分别朝相反方向作倾斜运动,在这种电流的合成方向上的迁移率减小,导致电阻率增加。在常温下的 InSb 与其他本征半导体中都能观测到这种磁电阻率效应。

设电子与空穴各自的碰撞缓和时间是常数,各自的密度为 n、p,迁移率为 μ_n、μ_p,且 $\mu_n/\mu_p \gg 1$,$\mu_n n/\mu_p p \gg 1$,$\mu_n/\mu_p \gg \mu_n B$。在此条件下,电阻率的相对增加量可表达为

$$\frac{\rho-\rho_0}{\rho_0}=\frac{\Delta\rho}{\rho_0}=\frac{p}{n}\mu_n\,\mu_p B^2 \tag{11.2.10}$$

或写成

$$\frac{\rho}{\rho_0}=1+\frac{p}{n}\mu_n\,\mu_p B^2 \tag{11.2.11}$$

式中,ρ 和 ρ_0 分别为有磁场和无磁场时的电阻率。

11.2.4 量子力学电磁效应(超导体电磁效应)

从量子力学效应可观测到,某些金属,如铅(Pb)、铌(Nb)等,在超低温状态下其电阻值会突变为零,这种性质称为超导。在超导体中,电子作规则运动。若将绝缘薄膜夹在两超导体之间,由于隧道效应的影响,超导电流将穿过绝缘膜,称这种现象为约瑟夫逊效应。在约瑟夫逊效应的超导状态,磁场也具有重要作用,相耦合的电与磁也将发生电磁效应。

基于超导体的约瑟夫逊效应,利用超导量子干涉器件(SQUID-superconducting quantum interferometric device)可以对各种物理量做超精密测量。超精密测量的精度可达 10^{-6},而一般传感器的测量精度,若达到 0.1%~0.01%,就已经很满意了。

图 11.2.6 是借助 SQUID 器件制作的对微弱磁场进行测量的超精密磁传感器,由铅或铌制作的超导环和与其耦合的超导电感线圈,以及信号变换的射频反馈电路(图中未画出)组成,它们构成闭环回路。流经超导环的射频感应电流和穿过超导环的磁通密度之间成一定的函数关系。射频电路的工作频率则受射频感应电流的调制,所以输出的反馈电流即相当

于要测量的磁通密度的变化。这就是超精密磁传感器的基本测量原理。

超精密磁传感器具有极高的灵敏度,并且灵敏度还可以通过超导环与超导线圈的耦合来调制改善。它能敏感到 $10^{-15}\sim10^{-12}$T 的弱磁场强度,特别适用于生物医学方面的弱磁场检测,如心磁性图和脑磁性图的测量。前者的磁场强度约为 10^{-11}T,后者为 10^{-13}T,都是很弱的磁场。所以测量时要在多层屏蔽中进行,以隔离外部磁场的干扰。图 11.2.7 给出的是在磁屏蔽室内进行心磁性图测量的示意图。

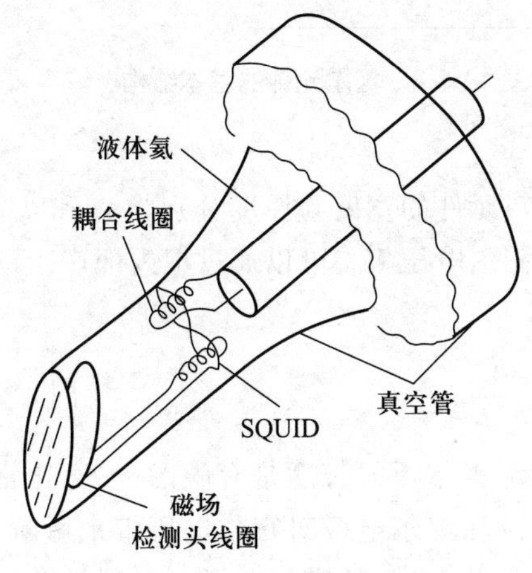

图 11.2.6　SQUID 磁传感器部分

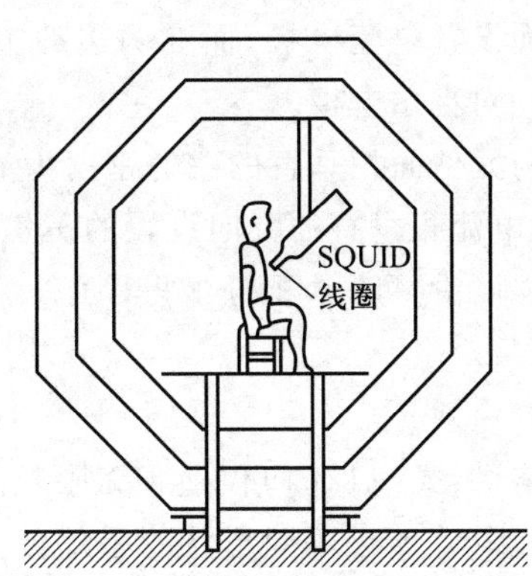

图 11.2.7　在磁屏蔽室内进行心磁性图测量

11.3　霍尔元件与霍尔传感器 >>>

11.3.1　霍尔元件

实用化的磁传感器主要用霍尔元件和磁阻效应元件。图 11.3.1 所示长方形半导体元件中电流通常沿正面平行流过,若无外加磁场,电子则均匀分布,见图 11.3.1(a);但在加上与正面垂直的磁场的瞬间,由于受到洛伦兹力的作用,电子向左侧偏移,见图 11.3.1(b);于是,元

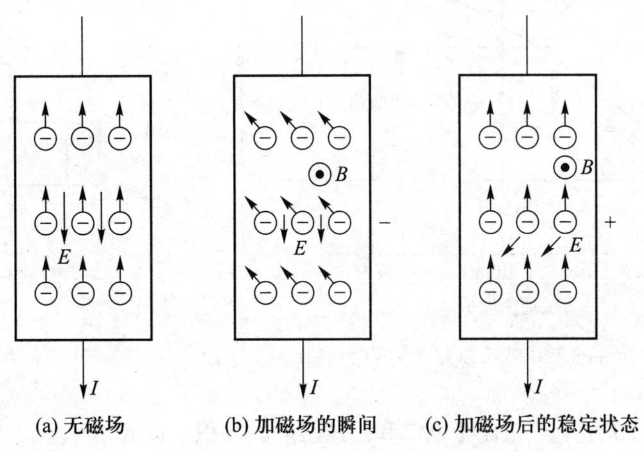

图 11.3.1　霍尔元件原理简图

件左侧电子过剩，右侧电子不足，就会产生一个横向的电场，见图 11.3.1(c)。这就是霍尔电场。霍尔电场产生一定大小的静电力与洛伦兹力相平衡，使得电子仍平行地沿正面向前运动，但在半导体两侧都存在一个电压。

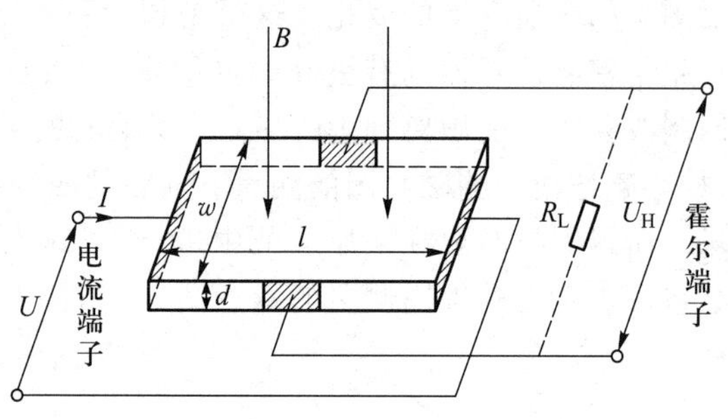

图 11.3.2 霍尔元件的基本结构

图 11.3.2 给出一个具体的长方形霍尔元件，为四端子结构。在长方形元件的两个端面设置电流电极，而在两边的中央部设置一对霍尔电极。

设与元件面相垂直的磁通密度为 B，控制电流为 I，元件的宽度与厚度分别为 w 和 d。那么，在与电流相垂直的方向设置的霍尔电极上出现的霍尔电压 U_H，可以通过把内部产生的霍尔电场强度沿宽度 w 积分求得

$$U_H = \int_0^w E_Y = R_H iBw = \frac{R_H}{d} IB \tag{11.3.1}$$

严格讲，式(11.3.1)仅适于无限长的霍尔板，实际上霍尔板的长度是有限的，长宽比常设置在 $l/w \geqslant 4$。所以不同形状的霍尔板，将导致电流电极和霍尔电极对霍尔电压带来影响，常使用元件的形状效应系数 f_H 来修正这种影响。考虑到这些，实际的霍尔电压 U_H 可描述为

$$U_H = \frac{R_H}{d} IB f_H \tag{11.3.2}$$

形状效应系数 f_H 值随元件的形状而异，从图 11.3.3 所示的实例可见，十字形的元件，f_H 受磁场的影响较小，为了得到较高的 f_H 值，实际应用的霍尔元件，大都采用十字形，见图 11.3.4。

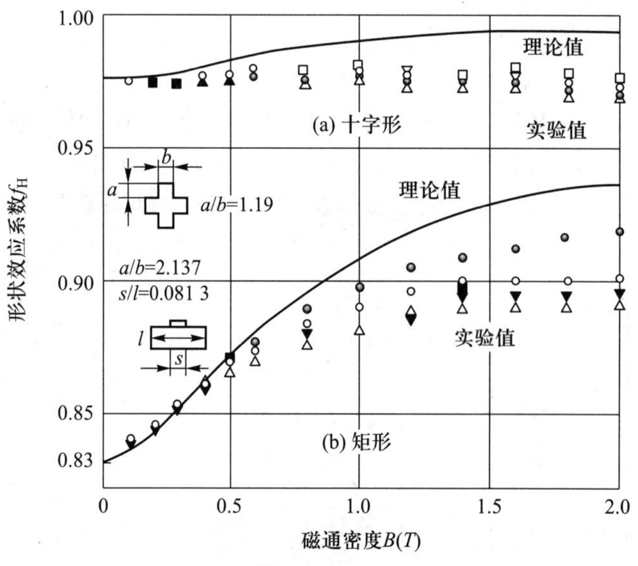

图 11.3.3 霍尔元件的形状效应系数（InAs 元件）

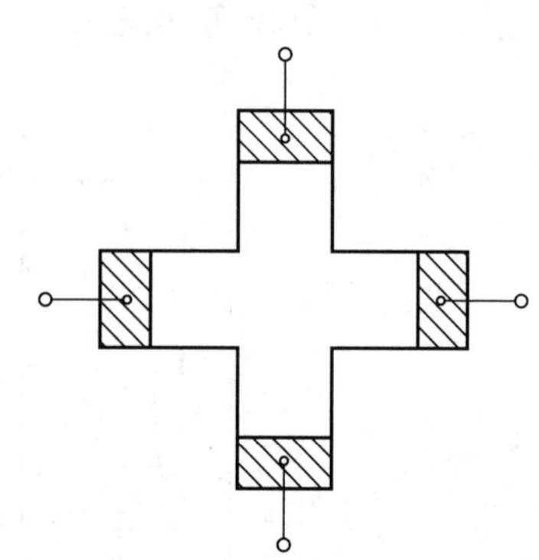

图 11.3.4 十字形霍尔元件原理结构

式(11.3.3)表明，霍尔电压正比于电流和磁通密度的乘积。设 K_H 为比例系数，则有下列关系

$$U_H = K_H IB \tag{11.3.3}$$

$$K_H = \frac{R_H}{d} f_H \tag{11.3.4}$$

式中，K_H称为乘积灵敏度，常用来表示霍尔元件的灵敏度。元件电流为 1 A，磁通密度为 1 T，相对应的霍尔电压为 1 V，则乘积灵敏度为 1 V/(A·T)。

实用化的霍尔元件，其灵敏度取决于$\frac{R_H}{d}$。由式(11.2.5)可见，R_H值大的材料最好是高纯度的半导体，但是 n 值变小时，元件的内电阻值就会变大，限制了元件的电流。为了检测一定强度的磁场，大多数情况下通过增加电流来获得较大的输出电压。据此，要求材料的迁移率应该大一些。

此外，元件的厚度越薄越好，为此，可采用机械研磨、化学腐蚀、外延生长和离子注入等多种加工方法来实现。

目前，有各种半导体材料制成的霍尔元件，常用的有：

(1) InAs 霍尔元件。InAs 材料的迁移率较高(仅次于 InSb)，其温度特性也较好。InAs 霍尔元件具有内阻小、信噪比高、零漂移小、控制电流大和输出功率大等优点，适用于强磁场、超导磁场、脉冲磁场的测量。

(2) InAsP(磷砷化铟)材料的禁带宽度比 InAs 材料的大，所以由 InAsP 制作的霍尔元件，其霍尔电压的温度系数、线性偏差均比 InAs 霍尔元件的小。

(3) InSb 材料的电子迁移率最大，用它制造的霍尔元件有最高的灵敏度，故常被用作磁敏感元件，对磁泡进行检测。InSb 霍尔元件有体型和薄膜型两类。体型的是由 InSb 单晶体研磨成所需厚度的薄片；薄膜型是用蒸镀方法制成。该类元件适用于测量狭窄缝隙中的磁场，且薄膜型的霍尔元件灵敏度比片状的能高出几倍之多。InSb 霍尔元件的缺点是受温度影响较大。

(4) GaAs 材料具有极好的温度稳定性，利用外延生长技术制成的 GaAs 霍尔元件，具有工作温度范围宽、线性度好、灵敏度高等优点，主要应用于高、低温下磁场的精密测量，以及某些物理量的间接测量。GaAs 霍尔元件是一种很有发展前途的霍尔元件。

表 11.3.1 列出几种典型的霍尔元件的性能参数。

表 11.3.1 几种霍尔元件的性能

项目 / 种类	输入电流 I (mA)	不加负载的霍尔电压 U_H(mV) $B=0.1$ T	输入电阻 r_1(Ω)	输出电阻 r_2(Ω)	乘积灵敏度 K_H [V/(A·T)]	不平衡电压 U_{unb}(mV)	U_H 的温度系数 β(%/℃)	r_1 和 r_2 的温度系数 α(%/℃)
InAs 霍尔元件	100	≥8.5	约 3	约 1.5	≥0.85	<0.5	约-0.1	约 0.2
	150	≥12	约 2	约 1.5	≥0.8	<0.3	约-0.1	约 0.2
	400	≥30	约 1.4	约 1.1	≥0.75	<1	约-0.07	约 0.2
InAsP 霍尔元件	100	≥13	约 6.5	约 2.4	≥1.30	<0.15	约-0.06	约 0.2
	100	≥14.5	约 5	约 3	≥1.45	<0.1	约-0.04	约 0.2
	200	≥29.5	约 5	约 3	≥1.45	<0.2	约-0.04	约 0.2
InSb 霍尔元件	5	250~550	240~550	240~550	500~1 100	10	-1.0~-1.3	-1.0~-1.3
	10	80~300	10~30	10~30	80~300	10	-2.0(最大)	-2.0(最大)
GaAs 霍尔元件	5	15~110	200~800	200~800	30~220	U_H 的 20%以内	-0.05	0.5

目前，借助于较成熟的微细加工技术，已能制作出微型霍尔元件。图 11.3.5 是用于测定磁泡的霍尔元件。图 11.3.5(a)是从 InSb 单晶半导体上采用化学腐蚀和光刻技术制作而成的霍尔元件，图 11.3.5(b)是用外延生长技术制作的 GaAs 微型霍尔元件。表 11.3.2 给出几个微型霍尔元件样件的尺寸。图 11.3.6 所示为微型霍尔元件的磁灵敏度与输入功率的函数关系。

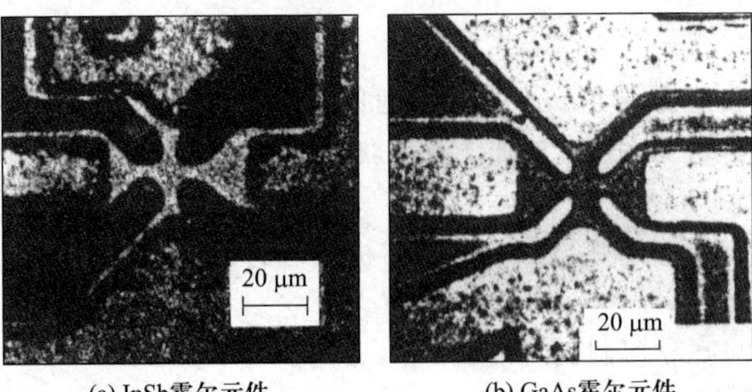

图 11.3.5 由单晶 InSb 和 GaAs 制成的微型霍尔元件图像

表 11.3.2 微型霍尔元件样件尺寸

样件	l(μm)	w(μm)	d(μm)	样件	l(μm)	w(μm)	d(μm)
InSb-1-2	25	4.5	2.6	GaAs-2-3	23	4.0	1.0
InSb-1-7	32	20	2.4	GaAs-5-3	23	5.0	1.4
GaAs-1-1	26	4.0	1.4				

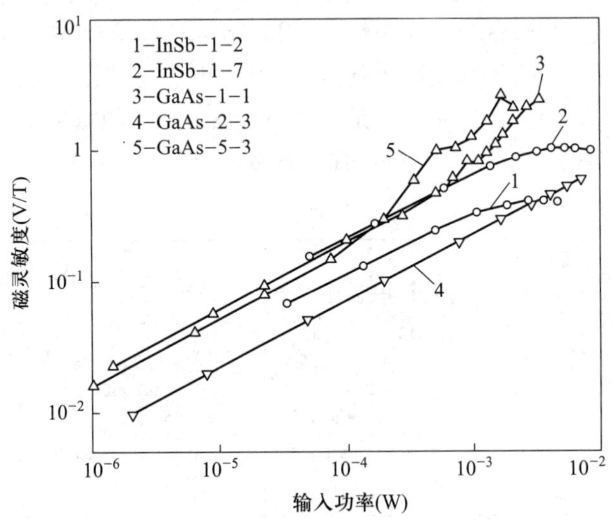

图 11.3.6 微型霍尔元件的磁灵敏度与输入功率的函数关系

尽管微型霍尔元件有极高的磁灵敏度，但有效的敏感区很小，约在 5 μm×5 μm 以内。所以，单一的微型霍尔元件只适用于磁泡的测量，欲测定从磁泡产生的磁场分布，可用微型霍尔元件阵列来实现。

离子注入技术是大量生产高性能的微型霍尔元件的先进技术之一。如在具有绝缘性 GaAs 半导体表面上注入 Se 离子，形成亚微米级厚度的活性层，就能得到具有极高磁灵敏度的微型霍尔元件。由于使用了 GaAs 材料,温度特性也有明显地改善,U_H的温度系数 β 达到 0.01%/℃左右。图 11.3.7 是一个具体霍尔元件实例的特性曲线。

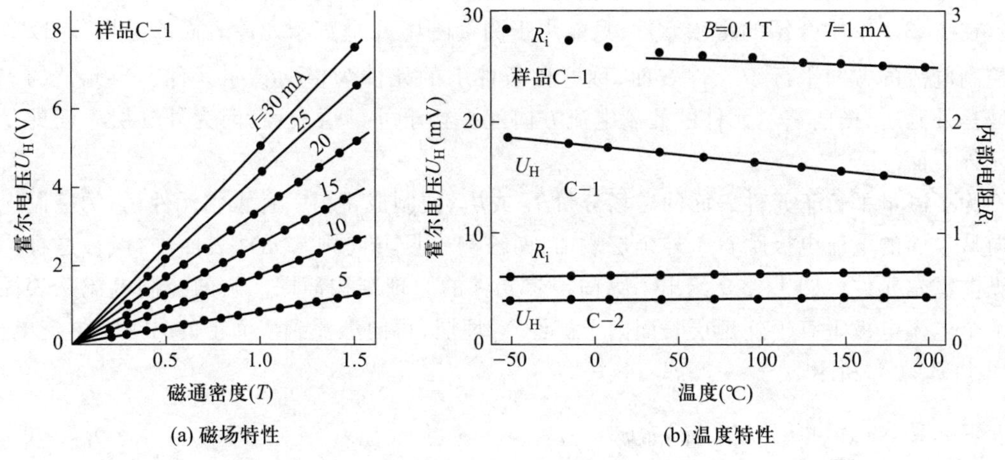

图 11.3.7 离子注入技术制作的 GaAs 霍尔元件的特性曲线

11.3.2 霍尔传感器应用举例

霍尔元件是霍尔传感器的核心。霍尔电压U_H、磁通密度 B 和控制(或输入)电流 I 之间的相互关系是霍尔传感器的基本工作原理[见关系式(11.3.4)]。利用霍尔传感器可以测量多种参数,直接测量磁场和通过磁场变化间接测量其他物理量。现举例如下。

1. 磁场测量

图 11.3.8 是一种用于测量较弱磁场的 GaAs 磁场传感器,为了提高传感器的灵敏度,借助了磁场集中器技术。图中 3 为梯形片状磁场集中器,由高磁导率的非晶态合金制成,用以增强被测的较弱磁场。在一对梯形片状中间的缝隙内装有 GaAs 霍尔元件 1 来测量被磁场集中器增强后的弱磁场。例如,地磁场(0.5×10^{-4}T)是较弱的磁场,未采用磁场集中器的霍尔磁传感器,霍尔电压仅有 15 μV;采用磁场集中器后,霍尔电压可达 1.5 mV,灵敏度提高了 100 倍。

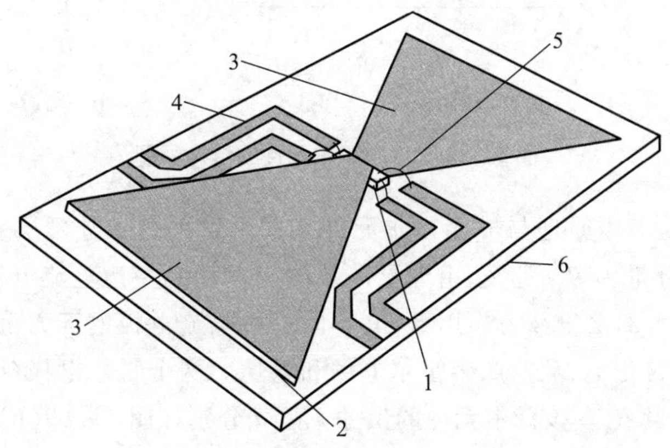

图 11.3.8 GaAs 磁场传感器

1—GaAs 霍尔元件;2—铝隔层;3—磁场集中器;4—金导线;5—金丝线;6—铝衬底

霍尔磁罗盘是测量地磁场方向的磁场传感器，由于地磁场较弱，故在霍尔磁罗盘中常采用磁场集中器技术，将地磁场增强后再用霍尔元件来测量。

2. 三维磁向量霍尔传感器

在 11.3.1 节中介绍的霍尔元件，只能用于测量磁场 B 垂直于元件表面的磁场分量B_Z，它的控制电流的方向平行于元件表面，称这种条件下的元件为横向霍尔元件。当元件的工作区域是外延层，横向霍尔元件的控制电流方向就平行于外延层表面，因为外延层表面即是霍尔元件表面。

为了测量平行于元件表面的磁场分量B_X 或B_Y，便制成了另一种霍尔元件，它的控制电流方向从表面的电流电极垂直于外延层表面，而被测磁场方向则与元件表面平行，称这种元件为纵向霍尔元件。图 11.3.9 给出了纵向霍尔元件的原理结构简图。它的控制电流从表面上的一个电流电极垂直于外延层表面向下流经 N^+埋层，再向上流到表面上的另一个电流电极，如图 11.3.9(b)所示。

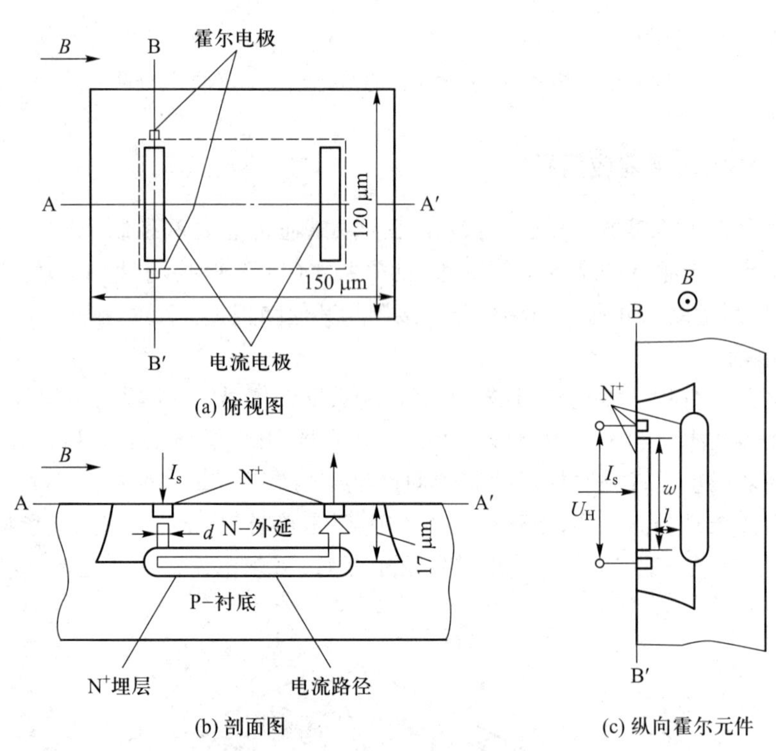

图 11.3.9 纵向霍尔元件的结构视图

纵向霍尔元件的工作原理与横向霍尔元件相同。设平行于外延层表面，且垂直于电流电极条的磁场 B 的分量为 B_X，那么，由埋层一端向上运动到左边电流电极的电子，其方向必垂直于 B_X，在 B_X 产生的洛伦兹力作用下，电子向左边电流电极的下方偏转，因此，下方积累的电子带负电，上方带正电，从而产生霍尔电场和电压。两个霍尔电极分别制作在左边电流电极的附近，用于测量 B_X。该霍尔元件的尺寸 l、w、d 分别如图 11.3.9(b)、(c)所示。

在用于测量 B_X 的那个纵向霍尔元件旁边，制备一个垂直于它的纵向霍尔元件，用于测量 B_Y，紧挨着这两个纵向霍尔元件，再制备一个横向霍尔元件，用于测量 B_Z，这就是图 11.3.10 所示的三维磁向量霍尔元件，由两个纵向霍尔元件分别测量 B_X、B_Y，一个横向霍尔元件测量 B_Z。

图 11.3.10 的三维磁向量霍尔元件与相应的信号变换处理电路匹配，便构成三维磁向量霍尔传感器，即可把B_X、B_Y 和B_Z进行合成运算，$B=\sqrt{B_X^2+B_Y^2+B_Z^2}$得到磁场 B 的大小，并且示出 B 的方向。图 11.3.11 示出其原理框图。

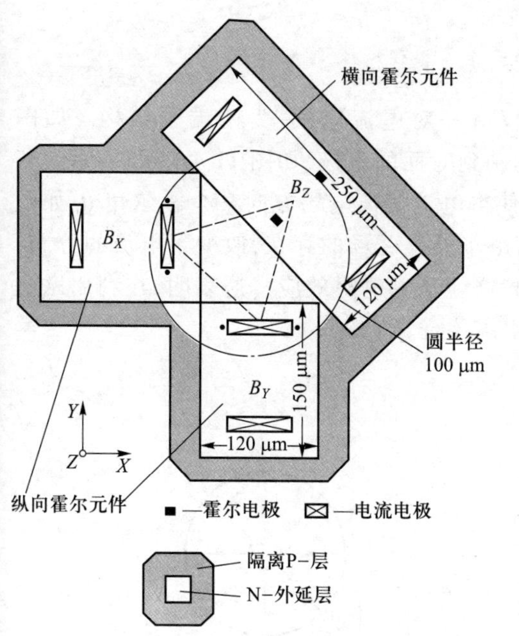

图 11.3.10 三维磁向量霍尔元件俯视图

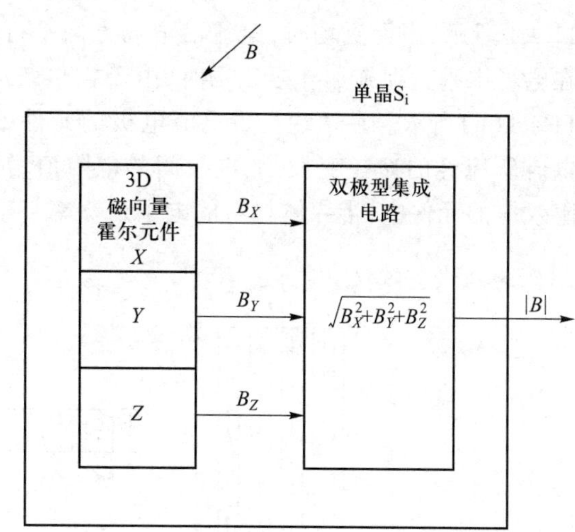

图 11.3.11 三维磁向量霍尔传感器原理框图

3. 无触点开关（接近开关）

图 11.3.12 所示是由霍尔元件及相应的霍尔开关信号处理电路组成的无触点霍尔开关磁传感器电路。利用永久磁铁提供一定的磁场强度（约为 5～100 mT）。当霍尔元件接近永久磁铁时就会产生霍尔电压，再根据需要将该信号加以放大便可实现无触点开关的功能。

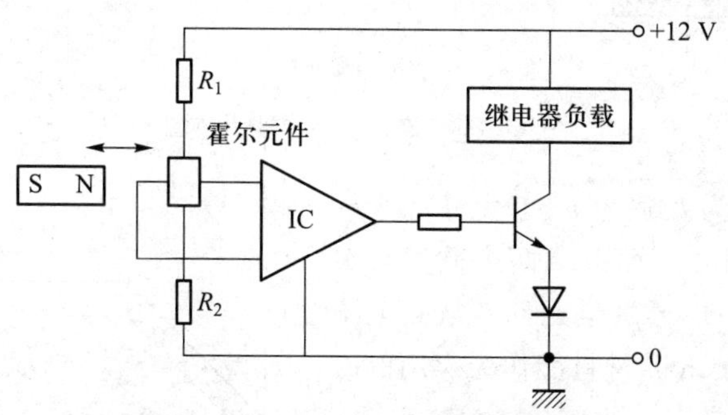

图 11.3.12 无触点霍尔开关磁传感器电路

无触点开关是霍尔传感器最有希望的应用领域。由于用了无触点开关，故可以制作出无刷电机，非接触型键盘，用于油箱（如飞机油箱）中的高、低位油面控制以及小位移测量等。

11.4 磁阻元件与传感器 »»

11.4.1 磁阻元件

与四端子结构的霍尔元件相比，磁阻元件仅有一对电流电极，为两端子结构。如图 11.4.1 所示，当无磁场时，电流沿电场方向平行运动到对面的电极，如图 11.4.1(a)所示。若在电场中垂直地施加外界磁场时，由于霍尔效应使得电流偏离电场方向某个霍尔角 θ，如图 11.4.1(b)所示。在两端设置电流电极的元件中，由于外界磁场的存在，改变了电流的分布，电流所流经的途径变长，故电极间的电阻值增加，这就是磁电阻效应。这表明，在利用磁电阻效应的元件中，半导体材料的电子迁移率必须很高才行。

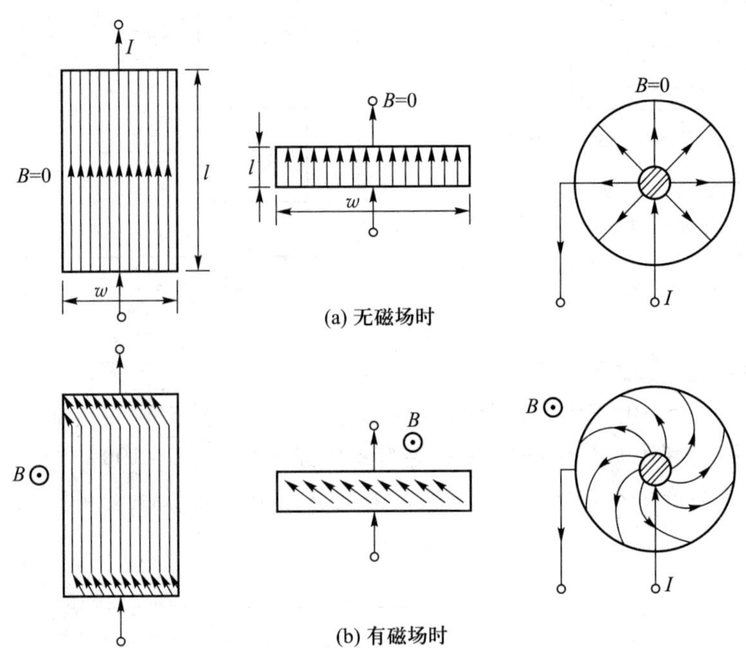

图 11.4.1 磁阻元件原理示意图

图 11.4.2 是一长为 l、宽为 w、厚为 d 的半导体矩形薄片，在 l 的两个端面形成两个欧姆接触作为电流电极，构成一矩形磁阻元件。从高电子迁移率考虑，可能只有 InSb 材料能作为实用的磁阻元件。

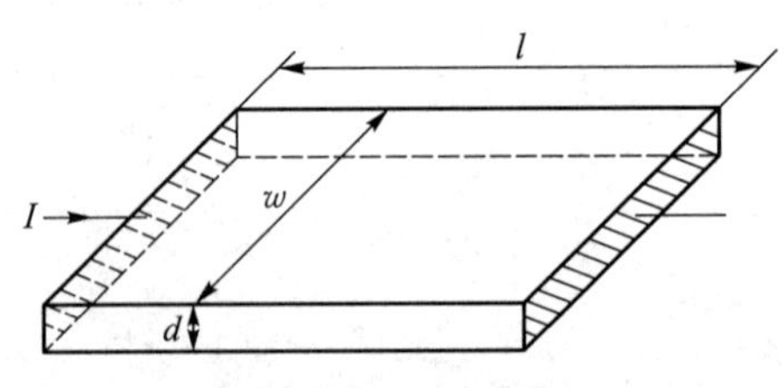

图 11.4.2 矩形磁阻元件

如果知道霍尔角 θ 和磁场的关系，就可以了解磁阻效应和磁场的相互关系，可表示为

$$\tan\theta=\frac{\mu_n B}{1+\left(\frac{p}{n}\right)\mu_n\mu_p B^2} \tag{11.4.1}$$

关于 InSb 的霍尔角与磁场相互关系的分析结果绘制在图 11.4.3 上。据此，即可从理论上求出用 InSb 制作的矩形元件的磁阻效应的大小。

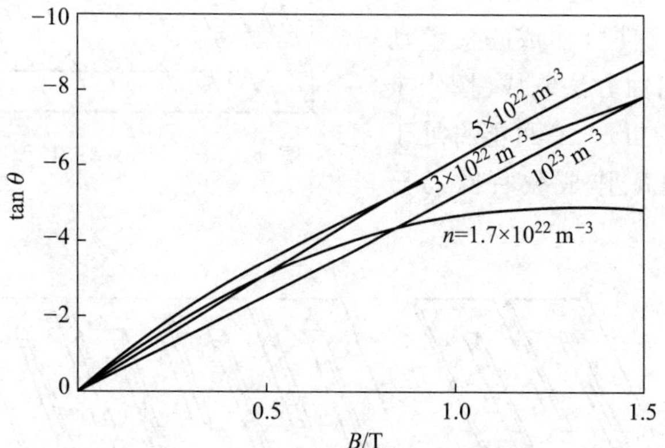

图 11.4.3 InSb 的霍尔角与磁场的关系

高纯度 InSb($n=p$)的磁阻效应的解析结果如图 11.4.4 所示。从图可见：①元件的长宽比 l/ω 越小，磁阻效应 $\Delta R_B/R_0$ 越大。这是因为随着磁场而变化的电流分布，只在电极附近才产生明显偏斜现象，如图 11.4.1 所示。②磁通密度高的地方，电阻呈线性增加。

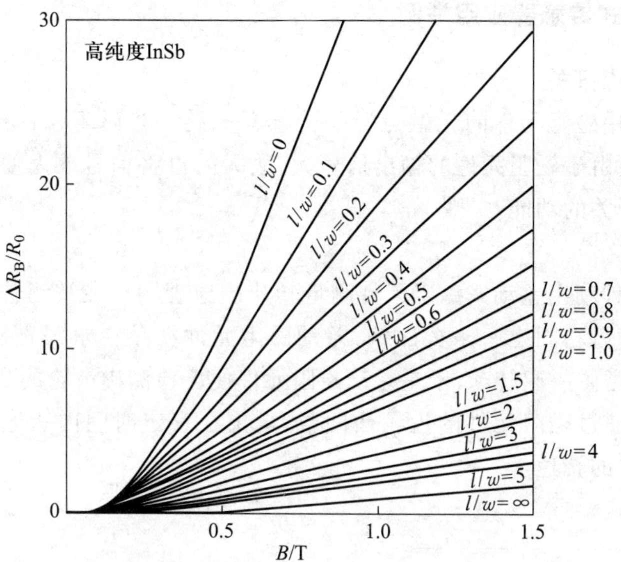

图 11.4.4 高纯度的 InSb 的磁阻效应

实用的磁阻元件，大都把 InSb 切成薄片，然后粘贴在玻璃片上，再用机械和化学的方法使其厚度减薄到 5~10 μm 的薄片，最后通过光刻方法插入金属电极和金属边界，按预定框线整形成为一个完整的磁阻元件，元件尺寸从 1 mm^2 到数平方毫米。

为了增加元件的磁阻效应，设计了 InSb-NiSb 型磁阻元件。制备时先将 InSb 和 NiSb 熔化在一起，冷却过程中 NiSb 晶体从 InSb 中析出，呈细针状，并平行地排列在 InSb 中，致使导电性能良好，能自动地使电流垂直于 NiSb 针状晶体流动，如图 11.4.5 所示。由于 NiSb 针状晶体起着电极作用，所以 InSb-NiSb 型磁阻元件本身就会表现出较强的磁阻效应。

实用的 InSb－NiSb 型磁阻元件，常采用如图 11.4.6 所示的曲折形结构。图 11.4.6(a)为单个曲折形元件。图 11.4.6(b)是将两个曲折形元件合作成一对差动式结构，外框用化学腐蚀方法制成(图中未画出)。由于元件为曲折形，有可能将处于零磁场中的元件阻值R_0作成数百欧乃至千欧。

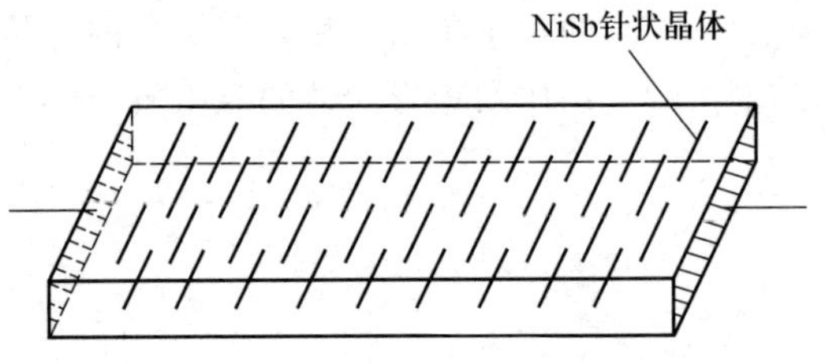

图 11.4.5 InSb－NiSb 型磁阻元件原理结构

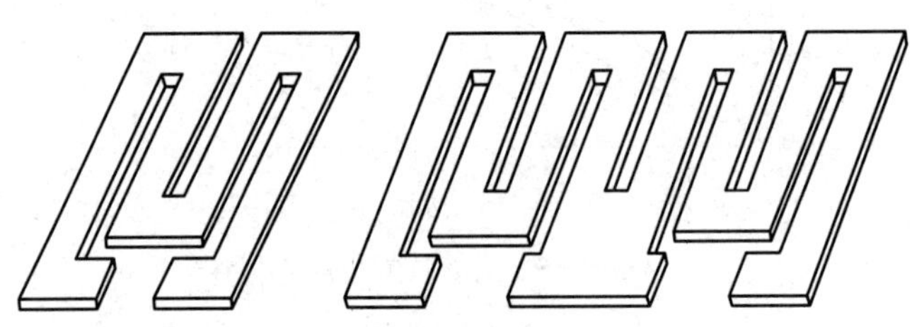

(a) 单个曲折形元件
(b) 两个曲折形元件构成的差动结构

图 11.4.6 曲折形 InSb－NiSb 型磁阻元件

11.4.2 磁阻式传感器应用举例

1. 磁阻式无触点开关

图 11.4.7 为使用磁阻元件的无触点开关传感器电路。当磁阻元件接近永久磁铁时，会使元件的阻值增大，由于磁阻元件的输出信号大，故无需再将信号放大便可直接驱动功率三极管，实现无触点开关的功能。

2. 转速传感器

图 11.4.8 是一种利用差动式磁阻元件测量转速的原理图。在被测转速的轴上装一个齿轮状的导磁体，对着齿轮固定一永久磁铁，差动磁阻元件粘贴在永久磁铁上面，当被测轴旋转时带动齿轮状导磁体一起转动，于是差动磁阻元件便可检测出齿轮的凸凹所产生的磁场变化。从而便可测出通过磁阻元件的齿轮凸凹数，求出在一定时间内所通过的齿轮凸凹的数目，便可知道被测轴的转速。

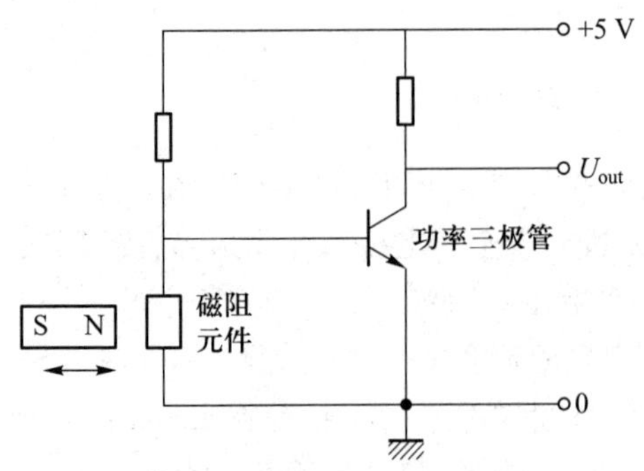

图 11.4.7 磁阻式无触点开关传感器电路

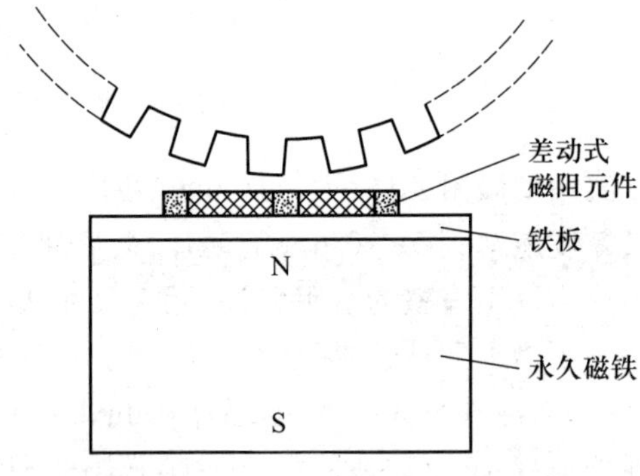

图 11.4.8 磁阻式转速传感器原理

由于使用差动式磁阻元件,利用其电压分压比的方法,还可测出轴的旋转方向,也能测定齿轮的位置。

11.5 硅谐振式磁传感器简介 》》》

如前面所述,基于霍尔效应的霍尔传感器,在许多领域有着广泛的应用,响应范围宽,从直流到高频均能适用;但是,对于弱磁场测量的灵敏度比较低。近期,借助微机械加工技术制作出一些高灵敏度的磁敏结构,例如,硅材料的迁移率低,不太适宜直接用来制作霍尔元件。但是,采用薄膜淀积技术,将磁导率高的磁性材料淀积在硅表面上,即可增加其对磁的灵敏度,以适应微弱磁场的测量。

图 11.5.1 是一种谐振式磁传感器原理图。图中在刻蚀成形的硅矩形薄膜片表面上,淀积有矩形线圈,在硅膜片的长边两侧经扭杆与框架相连,一起组成硅膜片谐振结构。其测量原理如下:

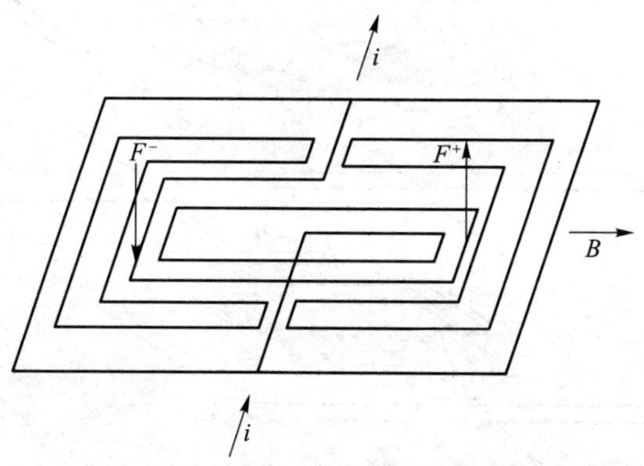

图 11.5.1 谐振式磁场传感器原理示意图

当正弦交变电流 i 流经线圈时,将激励硅膜片以其扭转固有频率绕扭杆谐振,与此同时,施加在平面内的外磁场 B,便产生垂直于磁场和电流方向的洛伦兹力 F^+、F^-。在洛伦兹力的作用下,扭转谐振的振幅必将发生变化,利用电容器(图中未画出)检测出该振幅的变化量,即可得知被测磁场的强度。

由于谐振结构对洛伦兹力的灵敏度很高,对磁感应强度的分辨率可以达到 10^{-9}T 级左右,故这种谐振结构的磁传感器可用来对较弱磁场进行测量。另外,谐振结构的磁传感器还具有噪声低、响应速度快和功耗低的特点。

图 11.5.2 所示为一种利用磁场激励和电容检测的谐振式角速度传感器原理。其谐振敏感元件为由硅晶体制成的音叉结构,传感器整体由玻璃—硅—玻璃组合制成(见图 11.5.3),音叉置于永久磁铁提供的磁场中,两端通过扭杆支撑。传感器的工作原理如下:

当交变电流流经音叉时,由于受洛伦兹力的作用,激励音叉在平面内发生弯曲谐振。在此基础上,当有角速度 Ω 绕 X 轴转动时,又引起科氏效应,导致谐振状态下的音叉又通过扭杆绕 X 轴作扭转谐振动,称其为检测振动。检测振动的振幅正比于角速度。借助于电容器(见图 11.5.3)检测出振幅值的变化,便可得知角速度。

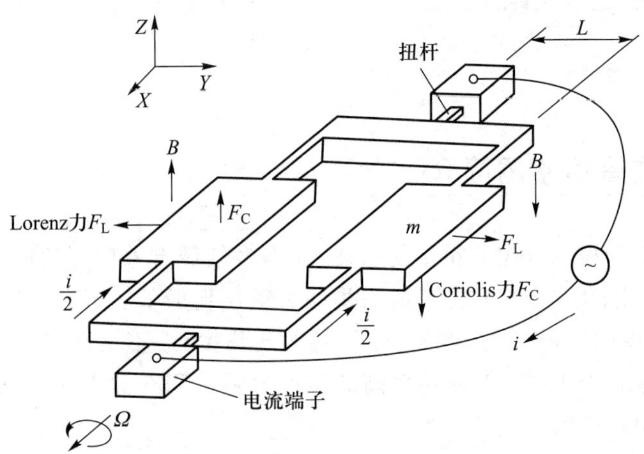

图 11.5.2 谐振式角速度传感器原理示意图

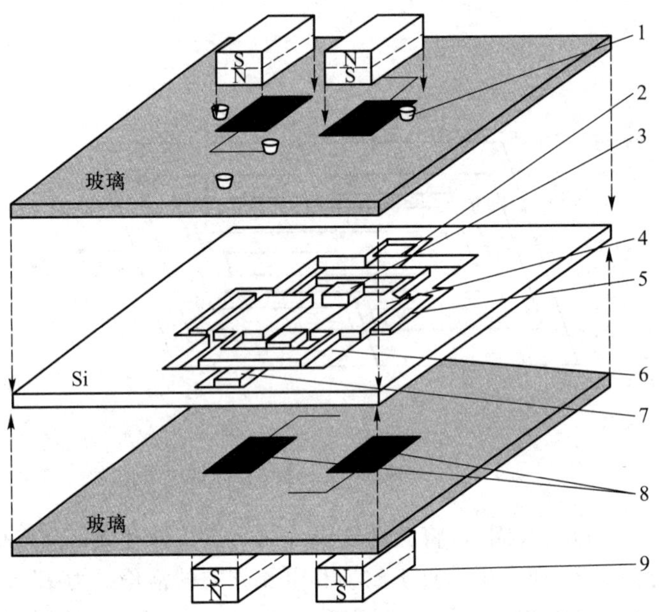

图 11.5.3 谐振式角速度传感器部件分解图

1—输送孔;2—扭杆;3—检测电极区;4—质量块;5—谐振检测区;6—梁;7—电流端子;8—检测电极;9—永久磁铁

习题与思考题

11.1 如何理解半导体材料中的磁阻效应? 简要说明其产生的机理。

11.2 说明图 11.3.8 所示的磁场传感器的工作原理。

11.3 论述半导体磁传感器的种类和特性(用曲线表示)。

11.4 论述半导体磁传感器得到广泛应用的原因,并尽量举出其具体应用领域和典型示例。

11.5 磁性金属材料为何不出现像半导体材料那样明显的霍尔效应? 并论述霍尔元件的工作

原理。

11.6 本章介绍的超精密测量是基于何种效应实现的？说明其工作机理和理由。

11.7 巨磁效应近年来得到广泛应用，查阅文献，给出利用巨磁效应实现的两种传感器的结构示意图，并说明其工作原理与应用特点。

部分习题与思考题参考答案

第 2 章　传感器的特性

2.12

0.741%

第 6 章　传感器的建模

6.8

$F(\times10^{-3})$/N	-10	-8	-6	-4	-2	0	2	4	6	8	10
f_1/kHz	64.99	67.51	69.94	72.29	74.57	76.78	78.93	81.02	83.05	85.04	86.99
f_2/kHz	196.30	199.46	202.57	205.64	208.66	211.64	214.57	217.47	220.33	223.15	225.94

6.14

$p(\times10^{-5})$/Pa	0	0.1	0.2	0.3	0.4	0.5	0.6	0.7	0.8	0.9	1
$\overline{W}_{R,max}$	0	0.087 3	0.173	0.255	0.333	0.406	0.474	0.538	0.598	0.653	0.706

6.21

最大法向位移 0.185 4 mm

6.22

频率范围:4 697~6 435 Hz,频率变化率:37%

6.24

最大法向位移 4.91 μm;最大径向位移 0.11 μm

6.32

相对变化为 1.89%

第 7 章　硅电容式集成传感器

7.5

$p(\times10^{-5})$/Pa	0	0.2	0.4	0.6	0.8	1.0	1.2	1.4	1.6	1.8	2.0
C_x/C_r	1	1.021	1.044	1.069	1.096	1.124	1.156	1.191	1.229	1.273	1.321

7.6

$p(\times10^{-5})$/Pa	0	0.2	0.4	0.6	0.8	1.0	1.2	1.4	1.6	1.8	2.0
C_x	1.660	1.676	1.692	1.710	1.727	1.746	1.766	1.786	1.808	1.830	1.854

第 8 章　谐振式传感器

8.21

6.944~7.366 mm

8.22

$p(\times10^5)$/Pa	0	0.2	0.4	0.6	0.8	1.0
$f_1(p)$/kHz	149.29	150.88	152.44	153.99	155.52	157.04
$f_2(p)$/kHz	149.29	147.69	146.07	144.44	142.78	141.11

参考文献

1. 樊尚春.传感器技术案例教程.北京:机械工业出版社,2020

2. 刘广玉,樊尚春,周浩敏.微机械电子系统及其应用.2版.北京:北京航空航天大学出版社,2015

3. 刘广玉,陈明,吴志鹤等.新型传感器技术及应用.北京:北京航空航天大学出版社,1995

4. 中华人民共和国国家标准 GB/T 7665-2005 传感器通用术语.北京:中国标准出版社,2005

5. 樊大钧,刘广玉.新型弹性敏感元件设计.北京:国防工业出版社,1995

6. [美]S.铁木辛柯,S.沃诺斯基著.板壳理论.北京:科学出版社,1977

7. 刘广玉,张金池.谐振膜压力敏感元件的频率特性.仪器仪表学报,1986,7(3):303-311

8. Eric D.Park.Fiber-Optic Sensing in the military Sensors.January,1986

9. Kiyoshi Takahashi. Sensor Materials for the Future: Intelligent Materials. Sensors and Actuators.15,1988

10. Luo,R.C.Sensor Technologies and microsensor issues for mechatronics systems(Invited Paper)[J]IEEE/ASME Trans.on Mechatronics.1996,1(1):39-49

11. Proceeding of the 11th International Conference on Solid-State Sensors and Actuators, Munich,Germany,June 10-14,2001

12. Budynas R.G.Advanced Strength and Applied Stress Analysis [M]. 2nd ed. New York: McGraw Hill.北京:清华大学出版社,2001

13. Chia Chuen-Yuan.Nonlinear Analysis of Plates[M].New York:McGraw Hill,1980

14. Mario Di Giovanni.Flat and Corrugated Diaphragm Design Handbook.1982

15. Lin Gau-Feng Analytical solution for open nonshallow shell vibration. AD 74269, Sept,1979

16. Huang,C.Some experiments on the vibration of a hemispherical shell.J.App.Mech.,33(4),817-824,1966

17. Grandke T, KO W. H.Sensors, Vol. 1, Chap. 12. Smart sensors,1989

18. 刘广玉.几种新型传感器——设计与应用.北京:国防工业出版社,1988

19. 樊尚春.传感器技术及应用.3版.北京:北京航空航天大学出版社,2016

20. 金篆芷,王明时.现代传感技术.北京:电子工业出版社,1995

21. 张维新,朱秀文,毛赣如.半导体传感器.天津:天津大学出版社,1990

22. [日]森村正直,山崎弘郎.传感器技术.黄香泉译.北京:科学出版社,1988

23. [日]高桥清,小长井诚.传感器电子学.秦起佑,蒋冰译.北京:宇航出版社,1987

24. 梅遂生.光电子技术.北京:国防工业出版社,1999

25. Beckwith T. G. and Marangoni R. D. Mechanical Measurements [M]. 6th ed. Boston: Addison-Wesley Publishing Company,2006

26. Ernesst O. Doebelin. Measurement Systems Application and Design. [M].5th ed. New York: McGraw Hill,2004

27. Grandke T,KO W.H.Sensors,Vol.1,Chap.8.Optic Fibers and Integrated Optics,1989

28. Krohn D.A. Fiber Optic Sensors. Instrument Society of America,1988

29. Middelhoek S. Silicon Sensors. Meas.Sci.Technol.6,1995

30. Kazusuke Maenaka, et al. Integrated Magnetic Sensors Detecting x,y and z Components of the Magnetic Field. Transducers'87,523~526

31. Roman Forke, et al. Electrostatic force coupling of MEMS oscillators for spectral vibration measurements[J].Sensors and Actuators A 142(2008)276-283

32. Nathan Siwak, Xiao Zhu Fan, Dan Hines, et al. Indium Phosphide MEMS Cantilever Resonator Sensors Utilizing a Pentacene Absorption Layer[J].Journal of Microelectromechanical Systems, 2009,Vol.18,No.1:103-110

33. Guenter Martin, Reinhard Kunze, and Bert Wall. Temperature-Stable Double SAW Resonators[J]. IEEE Transactions on Ultrasonics, Ferroelectrics, and Frequency Control, 2008, Vol.55,No.1:199-207

34. 蔡晨光.硅微机械谐振式压力传感器闭环的研究与实现[D].北京航空航天大学博士论文,2007

35. 邢维巍.硅微机械谐振式传感器参数辨识层的理论与实现 [D].北京航空航天大学博士论文,2007

36. Chi-Yuan Lee,Shuo-Jen Lee and Guan-Wei Wu.Fabrication of micro temperature sensor on the lexible substrate[J]. IEEE Review of Advancements in Micro and Nano Technologies,2007: 1050-1053

37. Yoshiyuki Watanabe,Toshiaki Mitsui,Takashi Mineta,et al.SOI micromachined 5-axis motion sensor using resonant electrostatic drive and non-resonant capacitive detection mode [J]. Sensors and Actuators A 2006,130-131,116-123

38. Bongsang Kim, Chandra Mohan Jha, Taylor White, et al. Temperature Dependence of Quality Factor in Mems Resonators[C].Istanbul: MEMS 2006,2006.1.

39. Alper, S. E., Azgin, K. Akin, T. High-performance SOI-MEMS gyroscope with decoupled oscillation modes[C]. Proceedings of the 19th IEEE International Conference on Micro Electro Mechanical Systems,2006:70-73

40. Said Emre Alper, Tayfun Akin. A Single-Crystal Silicon Symmetrical and Decoupled MEMS Gyroscope on an Insulating Substrate[J].Journal Of Microelectromechanical Systems,2005, 14(4)

41. Istvan Kollar,Jerome J.Blair.Improved Determination of the Best fitting Sine Wave in ADC Testing[J]. IEEE Transactions on Instrumentation and Measurement, Oct, 2005, Vol. 54 (5): 1978-1983

42. Pradeep Gupta, K.Srinivasan,and S.V.Prabhu.Tests on various configurations of coriolis mass flow meters[J].Measurement,May 2006,39(4):296-307.

43. Martin Anklin, Wolfgang Drahm,and Alfred Rieder. Coriolis mass flow meters: Overview of the current state of the art and latest research[J]. Flow Measurement and Instrumentation,

December 2006,17(6):317-323.

44. 樊尚春,朱黎明,邢维巍.石墨烯纳机电谐振式传感器研究进展[J].计测技术,2019,39-04,1-11

45. BUNCH J S, ZANDE A M V D, VERBRIDGE S S, et al. Electromechanical Resonators from Graphene Sheets[J].Science,2007, 315(5811):490-493.

46. KWON O K, KIM K S, PARK J, et al. Molecular dynamics modeling and simulations of graphene-nanoribbon-resonator-based nanobalance as yoctogram resolution detector[J].Computational Materials Science,2013,67:329-333.

47. KANG J W, LEE J H, HWANG H J, et al. Developing accelerometer based on graphene nanoribbon resonators[J].Physics Letters A,2012,376(45):3248-3255.

48. JIE W, HU F, WANG X, et al. Acceleration sensing based on graphene resonator[C]//International Conference on Photonics and Optical Engineering. 2017:102562E.

49. 樊尚春,石福涛,邢维巍.一种差动式石墨烯谐振梁加速度传感器[P].北京:CN107015025A, 2017-08-04